W0269382

Von der Naturforschung zur Naturwissenschaft

Vorträge, gehalten auf
Versammlungen der Gesellschaft
Deutscher Naturforscher und Ärzte
(1822–1958)

Herausgegeben von
HANSJOCHEM AUTRUM

Springer-Verlag
Berlin Heidelberg New York
London Paris Tokyo

Prof. Dr. Dr. h.c. HANSJOCHEM AUTRUM
Maximilianstraße 46
8000 München 22

ISBN-13:978-3-642-93368-4   e-ISBN-13:978-3-642-93367-7
DOI: 10.1007/978-3-642-93367-7

Gesamtherstellung: Universitätsdruckerei H. Stürtz AG, Würzburg
3100/3114-54321

Inhaltsverzeichnis

Vorwort

1822 lud Lorenz Oken (1779–1857) Naturforscher und
Ärzte zu einer Versammlung nach Leipzig ein. Das Ziel dieses und der folgenden Treffen an immer wechselnden Orten sollte vor allem sein, sich über die Grenzen der deutschen Kleinstaaten hinaus kennenzulernen, »sich zusam-
menzutun und zu besprechen« (Oken 1823). Kleinstaate-
rei: Den Deutschen fehlte ein geistiges Zentrum, wie es damals Paris für Frankreich, London für England war.

Wohl keine Institution hat die Entwicklung der Naturwissenschaften in Deutschland so beeinflußt wie die »Gesellschaft Deutscher Naturforscher und Ärzte«. Den Auf-
bruch der Naturforschung im letzten Jahrhundert hat sie
wesentlich stimuliert, und von ihr als Muttergesellschaft
sind zahlreiche weitere wissenschaftliche Gesellschaften
ausgegangen. Nahezu alle großen Forscher fanden in dieser Vereinigung das Forum für die Darstellung ihrer Ideen.
In den Berichten von ihren Versammlungen spiegelt sich
die Entwicklung von der romantisch bestimmten Naturforschung zur modernen Naturwissenschaft.

Auf der ersten Versammlung hielt Carl Gustav Carus eine
Rede »Von den Anforderungen an eine künftige Bearbeitung der Naturwissenschaften«. Diese Anforderungen
sind bestimmt durch den Geist der Romantik und Naturphilosophie: »Nur das freie, geistige, zur Einheit aufschauende Auge der Spekulation, gleichzeitig mit treuer einfacher geordneter Beobachtung wesentlicher Sinneserscheinungen« kann als Naturforschung gelten. Welch ein Wandel seitdem: Das Wort »Spekulation« hat heute abwerten-

den Unterton, ist oft ein Verdammungsurteil. Gewiß fordert Carus, es soll »treu, einfach und geordnet« beobachtet werden, aber er betont ebenso, daß es schon »eine fast unübersehbare Masse einzelner Beschreibungen und Beobachtungen« gibt, »weit weniger aber sieht man ein ruhiges und klares Bestreben, ... in der Mannigfaltigkeit der Phänomene die einfachsten, die Urphänomene zu erkennen und aus diesen kombinatorisch die Vielheit abzuleiten«.

Wenige Jahre später, 1829, spricht Alexander von Humboldt, gerade aus Paris zurückgekehrt, von dem »wahren und tiefen Gefühle der Einheit der Natur, alle Zweige des physikalischen Wissens (des beschreibenden, messenden und experimentierenden) innigst miteinander vereinigt« zu sehen – physikalisch hier von ihm im Sinne der »Physis«, der Natur überhaupt zu verstehen. Das ist ein Programm, das in nuce bereits den Umschwung von der romantischen Naturphilosophie und Naturforschung zur Wissenschaft von der Natur vorwegnimmt.

Gewiß häuften sich die Kenntnisse von Einzelheiten, und 1840 ist dann die Rede von dem »inneren Mißbehagen, welches uns bei dem Wuste dieser Auswüchse der Erfahrungswissenschaft überfällt« (E.Ph. Peipers, 18. Vers.). Mit dem »Wust« und den »Auswüchsen« ist die Flut von Einzelfakten gemeint, die damals – und heute – viele solcher Treffen und Symposien belasten.

Deutlich wurde 1864 von Rudolf Virchow gesagt: »Wir wollen die Interpreten von Tatsachen sein«. Schon 1858 war er für konsequente mechanische Naturerklärung eingetreten (»Über die mechanische Auffassung der Lebensvorgänge«, 34. Vers.) und hatte betont, daß »Grenzen des Wissens« anerkannt werden müssen. Für einen »Vitalismus« – so Virchow – »gibt es keinen empirischen Beleg«. Freilich wurde ein »Vitalismus« in der Biologie bis ins 20. Jahrhundert vertreten, vor allem von Hans Driesch (1861–1941). »Manche Theorien sterben erst mit ihren Vertretern aus« (Max Planck).

Aus den Vorträgen wird weiterhin deutlich, wie sich die Sprache des Wissenschaftlers gewandelt hat. Präzis ist sie immer, aber sie wird nüchterner, kaum eine Metapher wird in den späteren Vorträgen verwendet.

Dies darzustellen war aber nicht der einzige, nicht einmal der wesentliche Gesichtspunkt bei der Auswahl aus den mehr als 1000 Vorträgen, die auf den Versammlungen der Gesellschaft in den Jahren 1822 bis 1958 gehalten wurden. Auch sollte nicht der bedeutende Name maßgebend sein, sondern die überzeugende Meisterschaft der Darstellung. Es überrascht nicht, daß als Folge davon vorwiegend, wenn auch nicht ausschließlich, große und bedeutende Forscher zu Wort kommen. Sie verstanden es, Fragen an die Natur zu stellen, die sie beantworten konnte. Ihnen lag nicht daran, enzyklopädisches Wissen zu vermehren und zu vermitteln, sondern in einer über die Fachsprache hinaus verständlichen Weise die Gesetze darzustellen, die allem Naturgeschehen zugrunde liegen.

All das allein reicht aber als Begründung nicht aus, diese vor vielen Jahrzehnten, ja vor über 100 Jahren gehaltenen Vorträge wieder auszugraben. Für den Herausgeber steht im Vordergrund das intellektuelle Vergnügen an einer solchen Lektüre. Er hofft, auch dem Leser werden diese Vorträge in ihrer sprachlichen Klarheit und ihren weitgespannten Gedanken ein Genuß sein. »Eine wissenschaftliche Arbeit muß ein Kunstwerk sein« – mit diesen Worten gab Theodor Boveri seinem Schüler Hans Spemann einmal eine geplante Veröffentlichung zur Überarbeitung zurück. Die Vorträge sind – auch – Kunstwerke.

Die Ergebnisse der Wissenschaft – auch das demonstrieren diese Vorträge – lassen sich ohne Zwang zur Ungenauigkeit auch für den verständlich darstellen, der nicht vom Fach ist. Freilich erfordert das Disziplin in der Sprache und bewußtes Vermeiden nicht erläuterter Fachwörter. Zuweilen, leider nur selten, ist auch der Humor nicht vergessen. Wenn wissenschaftliche Darstellung eine Kunst ist, dann darf sie auch heiter sein.

Nicht immer geben die Vorträge die allgemein akzeptierten Resultate (auch keineswegs den heutigen Stand) wieder. Auch heute wird oft den Wissenschaftlern vorgeworfen, sie seien nicht einmal untereinander einig. Das kann aber nicht anders sein. Programmatisch sagt Alexander von Humboldt schon 1828 (7. Vers.):

»Entschleierung der Wahrheit ist ohne Divergenz der Meinungen nicht denkbar, weil die Wahrheit nicht in ihrem ganzen Umfang auf einmal, und nicht von allen zugleich, erkannt wird ... Wer golden die Zeit nennt, wo Verschiedenheiten der Ansichten, oder wie man sich auszudrücken pflegt, der Zwist der Gelehrten, geschlichtet sein wird, hat von den Bedürfnissen der Wissenschaft, von ihrem rastlosen Fortschreiten, ebensowenig einen klaren Begriff, als derjenige, welcher, in träger Selbstzufriedenheit, sich rühmt, in der Geognosie, Chemie oder Physiologie seit mehreren Jahrzehnten dieselben Meinungen zu verteidigen.«

Auch von diesem Geist der Wahrheitssuche, nicht des Wahrheitsbesitzes zeugen die folgenden Vorträge.

H. Autrum

CARL GUSTAV CARUS

Von den Anforderungen an eine künftige Bearbeitung der Naturwissenschaften

1822

Wie es jedem Menschen eine schöne Anregung zur innern Läuterung und Veredelung ist, wenn er oft sich die Frage aufwirft: was ihm bisher vornehmlich gemangelt, wo er vorzüglich gefehlt, und welchen Weg er einzuschlagen habe, um ähnliches Irren in Zukunft zu vermeiden, vielmehr ein Höheres zu erreichen; also frommt es auch der Wissenschaft sich von Zeit zu Zeit es möglichst klar zu machen, wie weit ihr gegenwärtiger Standpunkt von ihrem eigentlichen Ziele entfernt sei, und welche Richtung sie zu nehmen habe, auf daß sie immer kräftiger jenem Ziele entgegen wachse. Soll aber eine Selbstprüfung des Menschen so wie der Wissenschaft in Wahrheit Frucht bringen, so ist eines vor allen Dingen not, nämlich, daß die Selbstliebe überwunden werde, daß man sich frei mache von der Einseitigkeit, welche gern uns den gegenwärtigen Zustand als den fürtrefflichsten vorspiegeln möchte, daß man sich nicht überreden lasse von der süßen Gewohnheit, welche ein verjährtes Gängelband als das allein Heil bringende darzustellen sucht, daß man Überwindung genug besitze, um ein Streben, welches vielleicht lange mit größter Liebe verfolgt worden war, als einen offenbaren Irrtum zu erkennen, daß man aber zugleich Ruhe und Festigkeit genug zeige, um das wahrhaft Gute bisheriger Anstrengungen zu würdigen, und dadurch gegen einen unbedingten Zug nach Neuem als Neuem sich zu sichern. Sei es mir denn vergönnt hier einige Gedanken mitzuteilen, welche über den Gang der Naturwissenschaften im Allgemeinen, und über Erforschung der organischen Natur insbesondere mir gekommen sind! Andere werden sie prüfen, läutern, und vielleicht können sie dadurch auch bei der Unvollkommenheit, in welcher sie jetzt ausgesprochen werden, für eine Anregung zu etwas wahrhaft Gutem gelten.

Nicht unternommen aber kann es werden, von der Richtung und Läuterung im gegenwärtigen Zustande der Naturwissenschaft zu sprechen, wenn das Ziel nicht klar ist, welches die Wissenschaft als ihr höchstes betrachten muß, denn ohne diese Erkenntnis werden wir dem Schiffer gleichen, der ohne Magnet und bei bewölktem Himmel, auf gut Glück das lecke Schiff vor dem Winde treiben läßt. Wenden wir daher zuförderst unsere Blicke dem Gestirn zu, welches unser Bestreben leiten soll, und versuchen wir es uns deutlich zu machen, was der Mensch von der Naturwissenschaft zu fordern berechtigt sei. – Daß hierbei nur von der Wissenschaft an und für sich die Rede sein dürfe, und daß wir jenen traurigen Abweg ganz abseiten zu lassen haben, der das Wissen nur, inwiefern es Erlangung gewöhnlicher Lebensbedürfnisse erleichtere, zu achten anrät, versteht sich von selbst. Erwähnt mußte dies aber doch werden, denn wer wüßte nicht, wie dick das Buch sein könnte, welches als Kommentar über Schillers Distichon zu schreiben wäre.

Einem ist sie die hohe, die himmlische Göttin, dem andern
Eine tüchtige Kuh, die ihn mit Butter versorgt.

Rein also sei es ins Auge gefaßt, was die Naturwissenschaft sein könne, was sie den reinen und hellen wissenschaftlichen Menschen aller Zeiten, mehr oder weniger klar, gewesen ist und welche Bedeutung auch für uns ihr fernerhin werden müsse. Es kann aber die rechte Bedeutung der Wissenschaft, ihr eigentlich höchstes und herrliches Ziel offenbar nur erkannt werden aus klarer Anschauung des eigentlichen und höchsten Zieles im Menschheitleben überhaupt; und als solches sei es frei ausgesprochen, daß wir mit den Weisen alter und neuer Zeit dafür halten, es bestehe im vollkommensten Vereinleiben des Menschen mit göttlichem Wesen, dessen irdisches Abbild zu sein, seine hohe Bestimmung ist, und in einem Dartun dieses Vereinlebens durch Anerkennung von Wahrheit, Schönheit und Güte, als den einzigen Bestimmungsgründen aller unserer Kräfte. Fragen wir nun, welche Bedeutung die Wissenschaft, und die Naturwissenschaft überhaupt, bei solcher Stellung des Menschen haben könne, und es scheint nur eine Antwort möglich, nämlich, daß dem Menschen in ihr und durch sie in der Gesamtheit der Welt klar werde, wie eine harmonische Entfaltung von Vernunftgesetzen und Naturbildungen in innerer Wahrheit, Schönheit und Güte das Grundwesen alles Daseins erfülle, und wie dadurch dem Menschen, als Gliede dieses Daseins, eine ewige Anregung geworden sei, sein eigenes Leben nach gleichen Maßen immer tüchtiger zu gestalten. Dieses anerkannt, so ist klar, daß zweierlei der Wissenschaft obliegt, nämlich einerseits ein anhaltendes treues, Großes und Kleines mit gleicher Liebe umfassendes Beobachten der Natur, wie sie unsrer eigenen Natur, unsrer sinnlichen Seite sich darstellt, ein Eindringen in die unendliche Mannigfaltigkeit der Gestalten und Wirkungen, welche am Weltganzen wie an jeder Natur-Individualität sich darbieten, und ein so scharfes als einfaches Darstellen der Ergebnisse, welche eine solche Naturbeobachtung uns liefert.

Andrerseits aber wird gefordert ein gleich inniges und anhaltendes Hinwenden der uns einwohnenden andern Seite unsrer Existenz, d. i. der Vernunft, nach Erforschung jener unendlichen Mannigfaltigkeit ewiger Gesetze, welche in und aus der Einheit göttlichen Wesens sich entfalten, und indem sie die Gesamtheit der Natur durchdringen, durch ihre ernste Würdigung unserm Innern erst die volle Befriedigung jeglicher Anschauung der Welt geben können. Aus welchem allen sich dann ergibt, daß der Mensch, um diesen zweien Forderungen der Wissenschaft Genüge zu leisten, gleich streng und stetig auf Schärfe seiner Sinne und Reinheit ihrer Beobachtung zu halten, als an innerer Läuterung des Geistes, an Befreiung desselben von jeglicher Verworrenheit und Schlechtheit, mit reinem Willen zu arbeiten

3

habe; denn nur der reinen freien Seele, nicht der befangnen oder lasterhaften tritt die Erkenntnis der großen Gesetzmäßigkeit der Welt entgegen, wie nur das gesunde Auge die Schönheit der Naturbildungen zu fassen vermögend ist.

> Die Geisterwelt ist nicht verschlossen,
> Dein Sinn ist zu, dein Herz ist tot;
> Auf! bade Schüler unverdrossen
> Die ird'sche Brust in Morgenrot.

Wohl zu erwägen ist übrigens das Verhältnis und die Bedeutung von jeder dieser beiden Seiten der Wissenschaft an und für sich, und das Verhältnis derselben gegeneinander. Die reine Naturbeobachtung betreffend, so öffnet sie den Blick für eine unendliche Mannigfaltigkeit von Erscheinungen; sie ist es, welche den Menschen gegen jede Art von Einseitigkeit bewahren kann, sie erfreut durch den Anblick so reich ausgebreiteter Naturschönheit, sie belehrt durch das Wahrnehmen von gewissen organisch verbundenen Reihen der Phänomene, sie nützt durch die Verfügung der Naturmannigfaltigkeit zu menschlichen Zwecken.

Die spekulative Betrachtung hinwiederum erfüllt das zweite Begehren menschlicher Individualität, welche nicht bloß Mannigfaltigkeit, sondern gleichzeitig die Einheit fordert. In ihr entfaltet sich nach reiner gesetzmäßiger Folge die Beziehung der Mannigfaltigkeit der Welt auf die Einheit unseres geistigen Ichs, und zuhöchst auf die Einheit ursprünglich göttlichen Wesens, wir lernen durch sie mit Deutlichkeit die Gesetze erkennen, welche das Fortschreiten der Naturbildungen von Einheit zu Mannigfaltigkeit bestimmen, mit einem Worte, wir lernen der Natur in ihrem Gange, den wir sinnlich wahrnehmen, auch geistig nachfolgen, und so erst können wir Natur und eigenes Ich, als gleiche Emanationen höchster Wesenheit, mit wahrer Befriedigung und voller Genüge empfinden.

Naturbetrachtung und spekulative Betrachtung können und dürfen demnach nicht geschieden sein, ja sie können es nie ganz, und nur ein Mehr oder Weniger von einer Seite bedingt Ab-Irrungen wissenschaftlicher Tätigkeit, als welche in voller Kraft immer nur bei vollkommen gleichmäßiger Ausbildung beider Seiten sich darstellen wird. Wie denn da, wo von Seele und Leib eines auf Kosten des andern das Übergewicht nimmt, ein nicht rein menschlicher Zustand gedacht werden kann, so auch da, wo im Wissenschaftlichen bald Beobachtung allein, bald bloße Spekulation auftreten; dahingegen die gleiche Verbindung beider auch die vollkommenste Befriedigung ausspricht.

Beachte man doch nur z.B. den reinen unbefangenen Menschen, welchem, nachdem sinnlich ihm längst die Formen des Dreiecks, Vierecks u.s.w. bekannt waren, nun die kunstgemäße Konstruktion der geometrischen Figuren, wie sie nach bestimmten Gesetzen eine aus der andern hervorgehen, gegeben wird. Diese Harmonie der Begriffe wird ihn geistig beleben, ein reines Vergnügen wird ihn durchdringen, und jene Formen, die er sonst nur allenfalls äußerlich kannte und nützte, haben nun ein inneres geistiges Leben, eine höhere, schönere Bedeutung für ihn gewonnen.

Jetzt aber ist auch der Ort, noch über das Verhältnis der Spekulation und sinnlichen Beobachtung gegeneinander ein Wort beizufügen. So unerläßlich nämlich die Vereinigung, ja die Durchdringung beider für echte Wissenschaft ist, so harmonisch auch im Ganzen der Welt Natur und Vernunft sich begegnen, so muß doch nicht übersehen werden, daß an und für sich jedes ein Anderes ist, Vernunft durchaus nie ganz Natur, oder vollkommen der Natur entsprechend, Natur durchaus nie ganz Vernunft, oder vollkommen der Vernunft entsprechend sein könne, vielmehr jede Sphäre eine gewisse Eigentümlichkeit notwendig behaupten müsse. — Hierin eben liegt die ewige Ursache, daß Vernunft-Konstruktion stets nur bis auf einen gewissen Grad der Naturbeobachtung entsprechen, und diese hinwiederum nur bis auf einen gewissen Grad vernünftige Gesetzmäßigkeit erkennen lassen werde. Ein Gesetz, von dem jede

Wissenschaft Belege in Menge darbietet. Nehmen wir nur das Einfachste! Es ist z.B. anerkannt, daß der reinen Konstruktion einer Linie, eines Dreiecks, eines Kreises, eines mathematischen Körpers usw. nie eine wirklich gezogene Linie, ein wirklich sinnlich dargestelltes Dreieck, ein wirklich geformter Körper vollständig entsprechen könne, die Natur der Mittel, welche uns dafür zu Gebote stehen, macht es unmöglich, der geistigen Schärfe der Konstruktion gleich zu kommen; und doch gibt uns jene Linie, jenes Dreieck usw. ein sinnliches, zum weitern Verkehr völlig brauchbares Abbild des durch die Konstruktion aufgestellten Ideals.

Noch fühlbarer wird uns die Kluft zwischen Natur und Vernunft, bei anderweitiger Anwendung mathematischer Betrachtungen auf die Natur. Da ist nichts, wir mögen nun die Form der Himmelskörper, ihre Bahnen, die Bestimmung von Tag- und Nachtlänge, von Jahreslänge, oder die Berechnung irdischer Kräfte und Körper nehmen, was nicht immer zuletzt zu einem Bruch, einem unvollkommenen Aufgehen und dergleichen führte, mit einem Worte, nirgends sind, um einen mathematischen Ausdruck zu brauchen, Naturbetrachtung und spekulative Konstruktion rein einander deckend, und können es schlechterdings nie sein.

Dieses Grundverhältnis also muß wohl beachtet werden, wenn jeder Seite der Wissenschaft ihr Recht werden soll, und wenn man aufhören soll den Vorwurf der Unfruchtbarkeit einer oder der andern Seite gerade darauf zu bauen, daß nur mehr oder weniger genau, nie aber ganz vollständig sich das Entsprechen zwischen Natur- und Vernunftgesetz dartun läßt. – Und sei es nur dabei gleich mit erwähnt, wie ertötend und schlecht überhaupt ein jedes Beruhen auf einer einzelnen Richtung, mit gänzlichem Negieren der entgegengesetzten im Wissenschaftlichen wirke, und wie daraus eigentlich, daß z.B. der Beobachter alle Spekulation als Hirngespinst von sich weist, oder der Philosoph, ohne gleichzeitige Ausbildung der ihm zu niedrig dünkenden Beobachtung verfahren will, eben das wahre Stagnieren, die Ertötung alles wissenschaftlichen Lebens, hervorgehen müsse, denn nur das freie, geistige, zur Einheit aufschauende Auge der Spekulation, gleichzeitig mit treuer einfacher geordneter Beobachtung wesentlicher Sinneserscheinungen, kann hier, wie die *mens sana in corpore sano,* etwas Tüchtiges leisten. Ja, es kann nicht einmal zugegeben werden, daß so etwas doch für eine gewisse Zeit getrennt werden dürfe; denn so wenig als die Natur etwa erst den organischen Körper ausbildet, und dem fertigen dann den Lebensodem einhaucht, ebensowenig kann etwa eine ungeregelte Empirie die Tatsachen aufgreifen und dann eine reine vernunftsmäßige Spekulation der rohen Masse eingepfropft werden; vielmehr wie Bilden und Beleben eins ist, muß die Konstruktion zur Auffindung der Ur-Phänomene und der an sie sich anknüpfenden Erscheinungen die Beobachtung aufregen, und die gemachte reine Beobachtung wieder zur Weiterführung der Konstruktion auffordern, denn so nur wird das schon genannte Ziel der Wissenschaft erfüllt werden, nämlich daß in ihr und durch sie dem Menschen in der Gesamtheit der Welt klar werde, wie eine harmonische Entfaltung von Vernunftgesetzen und Naturbildungen in innerer Wahrheit, Schönheit und Güte das Grundwesen alles Daseins erfülle, und wie dadurch dem Menschen, als Gliede dieses Daseins, eine ewige Anregung geworden sei, sein eigenes Leben nach gleichem Maße immer tüchtiger zu gestalten.

Möge man nun nach diesen Betrachtungen sich selbst fragen, welche Zweige der Naturwissenschaft, vorzüglich in unserer Zeit, mehr nach der einen oder nach der andern Seite hin ausgebildet sind und ferner auszubilden sein möchten; was mich betrifft, so erlaube ich mir nur noch über das, was wir in Zukunft für die Bearbeitung der Wissenschaft von den organischen Körpern, und insbesondere für die Lehre von Bildung und Leben im Tierreiche zu wünschen berechtigt sein dürften, einige nähere Erörterungen. Mit Freudigkeit ist aber hier zunächst anzuerkennen, wie vieles bereits in diesem Felde neuerlich gefördert worden sei, und in wievieler Hinsicht die philosophische Erkenntnis Fackeln aufgesteckt habe, um die chaotische Mannigfaltigkeit des Tierreichs, wie sie die sinnliche Beobachtung allein darstellt, zu erleuchten und zu ordnen. Die Philosophie hat die Nötigung dargetan, das Tierreich als ein Ganzes, begriffen in verschiedenen Stufen und einzelnen Reihefolgen der Entwicklung, zu betrachten. Sie hat die Beobachtung aufgeregt sowohl in Berücksichtigung innerer Bildung als äußerer Form, die sinnlich nachweisbaren Belege aufzusuchen, und nicht zufrieden mit diesen Betrachtungen der Tierheit im Ganzen, hat sie das Studium der Entwicklung des Einzelnen hervorgerufen, um nachzuweisen, wie das Vernunftgesetz, demzufolge die Geschichte des Einzelnen mehr oder weniger vollständig wiederholen müsse die Idee und Geschichte des Ganzen, sich auf so entschiedene Weise der sinnlichen Beobachtung anschaulich machen lasse. Kurz! es ist hier vieles im Sinne wahrer Vernunft- und Naturwissenschaft geschehen, und die Früchte, welche solche Bestrebungen für zoologische Systematik, für Physiologie, für Pathologie (man gedenke nur der Lehre von den Mißgeburten) getragen haben, liegen am Tage, und werden bereits häufig genug von solchen genossen, die gern vergessen möchten, welchem Eingreifen der Vernunftwissenschaft sie sie eigentlich verdanken. Ja, ein eigener völlig neuer Wissenschaftszweig ist aus diesem Stamme aufgesproßt, welcher die schönsten Blüten verspricht; es ist die Lehre von der Bedeutung der Organe, die Philosophie der Anatomie, oder besser, die Morphologie.

Hat nun allerdings die neuere Zeit in diesem Sinne vieles geleistet, so dürfen wir uns doch auch nicht verschweigen, wie groß noch die Lücken sind, welche künftige Generationen zu fernerer Ausfüllung überlassen bleiben. Die erste Bedingung aber, welche nach allem Vorhererwähnten aufzustellen sein möchte, wenn für genügende Ausfüllung solcher Lücken gearbeitet werden soll, ist wohl, daß dem Naturforscher künftighin nicht ausreichen könne eine

Schärfe der Sinne und Sicherheit der Beobachtung, ein anhaltender Fleiß, eine Emsigkeit im Sammeln und eine Belesenheit in den Schriften seines Fachs, sondern daß gleich wesentlich gehalten werden müsse eine gründliche philosophische Ausbildung, eine Entwicklung des Geistes an der strengen Folgerichtigkeit mathematischer Wissenschaft, und eine Fähigkeit, das was Sinn und Vernunft ihm an gewissen Welterscheinungen aufgeschlossen haben, in klarer Ordnung kunstgemäß und schön darzustellen.

Betrachten wir aber den gegenwärtigen Stand der Naturwissenschaften, von welcher Seite wir wollen, so ist nicht zu verkennen, daß die philosophische Seite, die Seele derselben, unverhältnismäßig in ihrer Ausbildung hinter der sinnlichen Seite, gleichsam dem Leibe derselben, zurückgeblieben sei. Eine fast unübersehbare Masse einzelner Beschreibungen und Beobachtungen hat sich gesammelt, und unermüdet werden immer neue Formen, immer verwickeltere Erscheinungen aufgesucht. Weit weniger aber sieht man ein ruhiges und klares Bestreben, die Bedeutung der bekanntesten Formen zu erforschen, in der Mannigfaltigkeit der Phänomene die einfachsten, die Ur-Phänomene, zu erkennen, und aus diesen kombinatorisch die Vielheit abzuleiten.

Welch eine große Aufgabe bleibt es z.B. zur Zeit noch, die Elementarteile des Tierkörpers, sowohl in chemischer als anatomischer Hinsicht, zu erkennen, ihre gesetzlichen Verhältnisse zu den irdischen Elementen festzustellen, und in reiner gesetzmäßig fortschreitender Konstruktion nachzuweisen, wie und warum diese Elementarteile durch unendliche Modifikationen und Kombinationen endlich die Mannigfaltigkeit des höhern Tierorganismus darbieten. Forschungen, aus denen sich die Notwendigkeit einer gewissen Anzahl von Tierklassen sowohl, als von Tierorganen, und die Bedeutung dieser Zahl, endlich mit Bestimmtheit ergeben müßten, welches uns dann in den Stand setzen würde, durch den Ausdruck einer mathematischen Formel, einer geometrischen Gestalt usw. verwandte Mannigfaltigkeiten zu einer Einheit zu verbinden, und so einen einfachen Überblick des gesamten Tierreichs immer mehr zu erleichtern. Dasselbe mag wohl auch von den Betrachtungen des Pflanzen- und des Mineralreichs gelten.

Werfe man solchen Bestrebungen nicht vor, daß sie nur zu leicht zu Irrtümern und phantastischen Reverien und dergl. führen könnten! Die Schwierigkeit derselben kann und darf nicht in Abrede gestellt werden, aber auch noch so viele Fehlgriffe heben die Notwendigkeit derselben nicht auf, und nur der ernste Wille mit ruhiger klarer Umsicht, auch auf diesem Wege vorzuschreiten, kann und muß nach und nach zum Ziele führen. Bedenken wir doch nur, wie unzähligemal wir irren, wenn wir in der Kindheit unsre Sinne zu brauchen anfangen, vergessen wir nicht, wie man so oft tut, die Masse von Erfahrungen, welche uns eben bei diesem Anfangen erst zu einiger Sicherheit im Beobachten sinnlicher Erscheinungen führen muß. Es ist im Reiche der Vernunft nicht anders, und kann nicht anders sein! – und halten wir den gegenwärtigen Stand des Menschengeschlechts an das Ideal eines Vernunftzeitalters, so mögen wir nur gestehen, daß wir uns in dieser Beziehung noch immer in wahrer Kindheit befinden. Aber das Bedürfnis, auch hier sich kräftiger zu entwickeln, regt sich unter den mannigfaltigsten Gestalten, und was die Wissenschaft betrifft, so darf uns die Schwierigkeit, es dürfen noch so viele mißlungene Versuche nicht abhalten, nach einem Ziele zu streben, welches uns durch seine Einheit allein das Gegengewicht gegen eine erdrückende Vielheit gewähren kann. Ja, es zeigt sich die Wichtigkeit der Ausbildung dieser Seite auch insofern, als durch die Auffindung gesetzmäßiger Konstruktion der Naturbildungen, gleichsam die Rechenprobe auf unsre sinnliche Beobachtung gemacht wird, denn erst wenn der Mensch so weit ist, eine aufgenommene Mannigfaltigkeit gleichsam rekonstruierend, schematisch, einfach und kurz darzulegen, darf er überhaupt sagen, daß er zu einem lebendigen Wissen über diese Mannigfaltigkeit gelangt sei.

Übrigens möge das Aussprechen des Wunsches einer künftigen tiefern Bearbeitung der Naturwissenschaften von philosophischer Seite, durchaus nicht als eine Zurücksetzung der beobachtenden Seite betrachtet werden, denn nur als Hinweisung auf die Notwendigkeit gleichmäßiger Ausbildung beider Richtungen, sollen diese Worte angesehen sein, und jeder, der die Welt überhaupt nur, inwiefern sie ein Ganzes ist, zu denken vermag, wird von der Notwendigkeit dieser Gleichmäßigkeit sich überzeugt halten; wer hingegen nur Stückwerk sieht und Stückwerk will, wird auch für die Notwendigkeit innern Gleichgewichts wissenschaftlicher Ausbildung keinen Sinn haben, und es wäre vergeblich für solche Gesinnung Beweise zu häufen, welche notwendig fruchtlos bleiben müssen, wo das Organ sie zu fassen mangelt.

Dies alles aber habe ich gesagt, nicht aus Lust jenen zu gefallen, und ohne Scheu diesen zu mißfallen, sondern aus innerer tiefster Überzeugung.

ALEXANDER VON HUMBOLDT

Über die Verschiedenartigkeit des Naturgenusses und eine wissenschaftliche Ergründung der Weltgesetze

1836

Wenn ich es unternehme, nach langer Abwesenheit aus dem deutschen Vaterlande, in freien Unterhaltungen über die Natur die allgemeinen physischen Erscheinungen auf unserem Erdkörper und das Zusammenwirken der Kräfte im Weltall zu entwickeln, so finde ich mich mit einer zwiefachen Besorgnis erfüllt. Einesteils ist der Gegenstand, den ich zu behandeln habe, so unermeßlich und die mir vorgeschriebene Zeit so beschränkt, daß ich fürchten muß, in eine enzyklopädische Oberflächlichkeit zu verfallen, oder, nach Allgemeinheit strebend, durch aphoristische Kürze zu ermüden. Anderenteils hat eine vielbewegte Lebensweise mich wenig an öffentliche Vorträge gewöhnt; und in der Befangenheit meines Gemüts wird es mir nicht immer gelingen, mich mit der Bestimmtheit und Klarheit auszudrücken, welche die Größe und die Mannigfaltigkeit des Gegenstandes erheischen. Die Natur aber ist das Reich der Freiheit; und um lebendig die Anschauungen und Gefühle zu schildern, welche ein reiner Natursinn gewährt, sollte auch die Rede stets sich mit der Würde und Freiheit bewegen, welche nur hohe Meisterschaft ihr zu geben vermag.

Wer die Resultate der Naturforschung nicht in ihrem Verhältnis zu einzelnen Stufen der Bildung oder zu den individuellen Bedürfnissen des geselligen Lebens, sondern in ihrer großen Beziehung auf die gesamte Menschheit betrachtet, dem bietet sich, als die erfreulichste Frucht dieser Forschung, der Gewinn dar, durch Einsicht in den Zusammenhang der Erscheinungen den Genuß der Natur vermehrt und veredelt zu sehen. Eine solche Veredlung ist aber das Werk der Beobachtung, der Intelligenz und der

Zeit, in welcher alle Richtungen der Geisteskräfte sich reflektieren. Wie seit Jahrtausenden das Menschengeschlecht dahin gearbeitet hat, in dem ewig wiederkehrenden Wechsel der Weltgestaltungen das Beharrliche des Gesetzes aufzufinden und so allmählich durch die Macht der Intelligenz den weiten Erdkreis zu erobern, lehrt die Geschichte den, welcher den uralten Stamm unseres Wissens durch die tiefen Schichten der Vorzeit bis zu seinen Wurzeln zu verfolgen weiß. Diese Vorzeit befragen, heißt dem geheimnisvollen Gange der Ideen nachspüren, auf welchem dasselbe Bild, das früh dem inneren Sinne als ein harmonisch geordnetes Ganze, Kosmos, vorschwebte, sich zuletzt wie das Ergebnis langer, mühevoll gesammelter Erfahrungen darstellt.

In diesen beiden Epochen der Weltansicht, dem ersten Erwachen des Bewußtseins der Völker und dem endlichen, gleichzeitigen Anbau aller Zweige der Kultur, spiegeln sich zwei Arten des Genusses ab. Den einen erregt, in dem offenen kindlichen Sinne des Menschen, der Eintritt in die freie Natur und das dunkle Gefühl des Einklangs, welcher in dem ewigen Wechsel ihres stillen Treibens herrscht. Der andere Genuß gehört der vollendeteren Bildung des Geschlechts und dem Reflex dieser Bildung auf das Individuum an: er entspringt aus der Einsicht in die Ordnung des Weltalls und in das Zusammenwirken der physischen Kräfte. So wie der Mensch sich nun Organe schafft, um die Natur zu befragen und den engen Raum seines flüchtigen Daseins zu überschreiten, wie er nicht mehr bloß beobachtet, sondern Erscheinungen unter bestimmten Bedingungen hervorzurufen weiß, wie endlich die Philosophie der Natur, ihrem alten dichterischen Gewande entzogen, den ernsten Charakter einer denkenden Betrachtung des Beobachteten annimmt; treten klare Erkenntnis und Begrenzung an die Stelle dumpfer Ahndungen und unvollständiger Induktionen. Die dogmatischen Ansichten der vorigen Jahrhunderte leben dann nur fort in den Vorurteilen des Volks und in gewissen Disziplinen, die, in dem Bewußtsein ihrer Schwäche, sich gern in Dunkelheit hüllen. Sie erhalten sich auch als ein lästiges Erbteil in den Sprachen, die sich durch symbolisierende Kunstwörter und geistlose Formen verunstalten. Nur eine kleine Zahl sinniger Bilder der Phantasie, welche, wie vom Dufte der Urzeit umflossen, auf uns gekommen sind, gewinnen bestimmtere Umrisse und eine erneute Gestalt.

Die Natur ist für die denkende Betrachtung Einheit in der Vielheit, Verbindung des Mannigfaltigen in Form und Mischung, Inbegriff der Naturdinge und Naturkräfte als ein lebendiges Ganzes. Das wichtigste Resultat des sinnigen physischen Forschens ist daher dieses: in der Mannigfaltigkeit die Einheit zu erkennen, von dem Individuellen alles zu umfassen, was die Entdeckungen der letzteren Zeitalter uns darbieten, die Einzelheiten prüfend zu sondern und doch nicht ihrer Masse zu unterliegen, der erhabenen Bestimmung des Menschen eingedenk, den Geist der Natur zu ergreifen, welcher unter der Decke der Erscheinungen verhüllt liegt. Auf diesem Wege reicht unser Bestreben über die enge Grenze der Sinnenwelt hinaus, und es kann uns gelingen, die Natur begreifend, den rohen Stoff empirischer Anschauung gleichsam durch Ideen zu beherrschen.

Wenn wir zuvörderst über die verschiedenen Stufen des Genusses nachdenken, welchen der Anblick der Natur gewährt, so finden wir, daß die erste unabhängig von der Einsicht in das Wirken der Kräfte, ja fast unabhängig von dem eigentümlichen Charakter der Gegend ist, die uns umgibt. Wo in der Ebene, einförmig, gesellige Pflanzen den Boden bedecken und auf grenzenloser Ferne das Auge ruht, wo des Meeres Wellen das Ufer sanft bespülen und durch Ulven und grünenden Seetang ihren Weg bezeichnen: überall durchdringt uns das Gefühl der freien Natur, ein dumpfes Ahnen ihres »Bestehens nach inneren ewigen Gesetzen«. In solchen Anregungen ruht eine geheimnisvolle Kraft; sie sind erheiternd und lindernd, stärken und erfrischen den ermüdeten Geist, besänftigen oft das Gemüt, wenn es schmerzlich in seinen Tiefen erschüttert oder vom wilden Drange der Leidenschaften bewegt ist. Was ihnen ernstes und feierliches beiwohnt, entspringt aus dem fast bewußtlosen Gefühle höherer Ordnung und innerer Gesetzmäßigkeit der Natur; aus dem Eindruck ewig wiederkehrender Gebilde, wo in dem Besondersten des Organismus das Allgemeine sich spiegelt; aus dem Kontraste zwischen dem sinnlich Unendlichen und der eigenen Beschränktheit, der wir zu entfliehen streben. In jedem Erdstriche, überall wo die wechselnden Gestalten des Tier- und Pflanzenlebens sich darbieten, auf jeder Stufe intellektueller Bildung sind dem Menschen diese Wohltaten gewährt.

Ein anderer Naturgenuß, ebenfalls nur das Gefühl ansprechend, ist der, welchen wir, nicht dem bloßen Eintritt in das Freie (wie wir tief bedeutsam in unserer Sprache sagen), sondern dem individuellen Charakter einer Gegend, gleichsam der physiognomischen Gestaltung der Oberfläche unseres Planeten verdanken. Eindrücke solcher Art sind lebendiger, bestimmter und deshalb für besondere Gemütszustände geeignet. Bald ergreift uns die Größe der Naturmassen im wilden Kampfe der entzweiten Elemente oder, ein Bild des Unbeweglich-Starren, die Öde der unermeßlichen Grasfluren und Steppen, wie in dem gestaltlosen Flachlande der Neuen Welt und des nördlichen Asiens; bald fesselt uns, freundlicheren Bildern hingegeben, der Anblick der bebauten Flur, die erste Ansiedelung des Menschen, von schroffen Felsschichten umringt, am Rande des schäumenden Gießbachs. Denn es ist nicht sowohl die Stärke der Anregung, welche die Stufen des individuellen Naturgenusses bezeichnet, als der bestimmte Kreis von Ideen und Gefühlen, die sie erzeugen und welchen sie Dauer verleihen.

Darf ich mich hier der eigenen Erinnerung großer Naturszenen überlassen, so gedenke ich des Ozeans, wenn in der Milde tropischer Nächte das Himmelsgewölbe sein planetarisches, nicht funkelndes Sternenlicht über die sanftwogende Wellenfläche ergießt; oder der Waldtäler der

Kordilleren, wo mit kräftigem Triebe hohe Palmenstämme das düstere Laubdach durchbrechen und als Säulengänge hervorragen, »ein Wald über dem Walde«; oder des Pics von Teneriffa, wenn horizontale Wolkenschichten den Aschenkegel von der unteren Erdfläche trennen, und plötzlich durch eine Öffnung, die der aufsteigende Luftstrom bildet, der Blick von dem Rande des Kraters sich auf die weinbekränzten Hügel von Orotava und die Hesperidengärten der Küste hinabsenkt. In diesen Szenen ist es nicht mehr das stille, schaffende Leben der Natur, ihr ruhiges Treiben und Wirken, die uns ansprechen; es ist der individuelle Charakter der Landschaft, ein Zusammenfließen der Umrisse von Wolken, Meer und Küsten im Morgendufte der Inseln; es ist die Schönheit der Pflanzenformen und ihrer Gruppierung. Denn das Ungemessene, ja selbst das Schreckliche in der Natur, alles was unsere Fassungskraft übersteigt, wird in einer romantischen Gegend zur Quelle des Genusses. Die Phantasie übt dann das freie Spiel ihrer Schöpfungen an dem, was von den Sinnen nicht vollständig erreicht werden kann; ihr Wirken nimmt eine andere Richtung bei jedem Wechsel in der Gemütstimmung des Beobachters. Getäuscht, glauben wir von der Außenwelt zu empfangen, was wir selbst in diese gelegt haben.

Wenn nach langer Seefahrt, fern von der Heimat, wir zum ersten Male ein Tropenland betreten, erfreut uns, an schroffen Felswänden, der Anblick derselben Gebirgsarten (des Tonschiefers oder des basaltartigen Mandelsteins), die wir auf europäischem Boden verließen und deren Allverbreitung zu beweisen scheint, es habe die alte Erdrinde sich unabhängig von dem äußeren Einfluß der jetzigen Klimate gebildet; aber diese wohlbekannte Erdrinde ist mit den Gestalten einer fremdartigen Flora geschmückt. Da offenbart sich uns, den Bewohnern der nordischen Zone, von ungewohnten Pflanzenformen, von der überwältigenden Größe des tropischen Organismus und einer exotischen Natur umgeben, die wunderbar aneignende Kraft des menschlichen Gemütes. Wir fühlen uns so mit allem Organischen verwandt, daß, wenn es anfangs auch scheint, als müsse die heimische Landschaft, wie ein heimischer Volksdialekt, uns zutraulicher, und durch den Reiz einer eigentümlichen Natürlichkeit uns inniger anregen als jene fremde üppige Pflanzenfülle, wir uns doch bald in dem Palmen-Klima der heißen Zone eingebürgert glauben. Durch den geheimnisvollen Zusammenhang aller organischen Gestaltung (und unbewußt liegt in uns das Gefühl der Notwendigkeit dieses Zusammenhangs) erscheinen unserer Phantasie jene exotischen Formen wie erhöht und veredelt aus denen, die unsere Kindheit umgaben. So leiten dunkle Gefühle und die Verkettung sinnlicher Anschauungen, wie später die Tätigkeit der kombinierenden Vernunft, zu der Erkenntnis, welche alle Bildungsstufen der Menschheit durchdringt, daß ein gemeinsames, gesetzliches und darum ewiges Band die ganze lebendige Natur umschlinge.

Es ist ein gewagtes Unternehmen, den Zauber der Sinnenwelt einer Zergliederung seiner Elemente zu unterwerfen. Denn der großartige Charakter einer Gegend ist vorzüglich dadurch bestimmt, daß die eindrucksreichsten Naturerscheinungen gleichzeitig vor die Seele treten, daß eine Fülle von Ideen und Gefühlen gleichzeitig erregt werde. Die Kraft einer solchen über das Gemüt errungenen Herrschaft ist recht eigentlich an die Einheit des Empfundenen, des Nicht-Entfalteten geknüpft. Will man aber aus der objektiven Verschiedenheit der Erscheinungen die Stärke des Totalgefühls erklären, so muß man sondernd in das Reich bestimmter Naturgestalten und wirkender Kräfte hinabsteigen. Den mannigfaltigsten und reichsten Stoff für diese Art der Betrachtungen gewährt die landschaftliche Natur im südlichen Asien oder im Neuen Kontinent, da wo hohe Gebirgsmassen den Boden des Luftmeers bilden und wo dieselben vulkanischen Mächte, welche einst die lange Andenmauer aus tiefen Erdspalten emporgehoben, jetzt noch ihr Werk zum Schrecken der Anwohner oft erschüttern. [...]
Tiefere Einsicht in das Wirken der physischen Kräfte

hat sich [...] doch nur, wenn gleich spät, bei den Volksstämmen gefunden, welche die gemäßigte Zone unserer Hemisphäre bewohnen. Von daher ist diese Einsicht in die Tropenregion und in die ihr nahen Länder durch Völkerzüge und fremde Ansiedler gebracht worden: eine Verpflanzung wissenschaftlicher Kultur, die auf das intellektuelle Leben und den industriellen Wohlstand der Kolonien, wie der Mutterstaaten, gleich wohltätig eingewirkt hat. Wir berühren hier den Punkt, wo, in dem Kontakt mit der Sinnenwelt, zu den Anregungen des Gemütes sich noch ein anderer Genuß gesellt, ein Naturgenuß, der aus Ideen entspringt: da wo in dem Kampf der streitenden Elemente das Ordnungsmäßige, Gesetzliche nicht bloß geahndet, sondern vernunftmäßig erkannt wird, wo der Mensch, wie der unsterbliche Dichter sagt: »sucht den ruhenden Pol in der Erscheinungen Flucht«.

Um diesen Naturgenuß, der aus Ideen entspringt, bis zu seinem ersten Keime zu verfolgen, bedarf es nur eines flüchtigen Blicks auf die Entwickelungsgeschichte der Philosophie der Natur oder der alten Lehre vom Kosmos.

Ein dumpfes, schauervolles Gefühl von der Einheit der Naturgewalten, von dem geheimnisvollen Bande, welches das Sinnliche und Übersinnliche verknüpft, ist allerdings (und meine eigenen Reisen haben es bestätigt) selbst wilden Völkern eigen. Die Welt, die sich dem Menschen durch die Sinne offenbart, schmilzt, ihm selbst fast unbewußt, zusammen mit der Welt, welche er, inneren Anklängen folgend, als ein großes Wunderland, in seinem Busen aufbaut. Diese aber ist nicht der reine Abglanz von jener; denn so wenig auch noch das Äußere von dem Inneren sich loszureißen vermag, so wirkt doch schon unaufhaltsam, bei den rohesten Völkern, die schaffende Phantasie und die symbolisierende Ahndung des Bedeutsamen in den Erscheinungen. Was bei einzelnen mehr begabten Individuen sich als Rudiment einer Naturphilosophie, gleichsam als eine Vernunftanschauung darstellt, ist bei ganzen Stämmen das Produkt instinktiver Empfänglichkeit. Auf diesem Wege, in der

Tiefe und Lebendigkeit dumpfer Gefühle, liegt zugleich der erste Antrieb zum Kultus, die Heiligung der erhaltenden, wie der zerstörenden Naturkräfte. Wenn nun der Mensch, indem er die verschiedenen Entwicklungsstufen seiner Bildung durchläuft, minder an den Boden gefesselt, sich allmählich zu geistiger Freiheit erhebt, genügt ihm nicht mehr ein dunkles Gefühl, die stille Ahndung von der Einheit aller Naturgewalten. Das zergliedernde und ordnende Denkvermögen tritt in seine Rechte ein; und wie die Bildung des Menschengeschlechts, so wächst gleichmäßig mit ihr, bei dem Anblick der Lebensfülle, welche durch die ganze Schöpfung fließt, der unaufhaltsame Trieb, tiefer in den ursachlichen Zusammenhang der Erscheinungen einzudringen.

Schwer ist es, einem solchen Triebe schnelle und doch sichere Befriedigung zu gewähren. Aus unvollständigen Beobachtungen und noch unvollständigeren Induktionen entstehen irrige Ansichten von dem Wesen der Naturkräfte, Ansichten, die, durch bedeutsame Sprachformen gleichsam verkörpert und erstarrt, sich, wie ein Gemeingut der Phantasie, durch alle Klassen einer Nation verbreiten. Neben der wissenschaftlichen Physik bildet sich dann eine andere, ein System ungeprüfter, zum Teil gänzlich mißverstandener Erfahrungs-Kenntnisse. Wenige Einzelheiten umfassend, ist diese Art der Empirik um so anmaßender, als sie keine der Tatsachen kennt, von denen sie erschüttert wird. Sie ist in sich abgeschlossen, unveränderlich in ihren Axiomen, anmaßend wie alles Beschränkte; während die wissenschaftliche Naturkunde, untersuchend und darum zweifelnd, das fest Ergründete von dem bloß Wahrscheinlichen trennt, und sich täglich durch Erweiterung und Berichtigung ihrer Ansichten vervollkommnet.

Eine solche rohe Anhäufung physischer Dogmen, welche ein Jahrhundert dem andern überliefert und aufdringt, wird aber nicht bloß schädlich, weil sie einzelne Irrtümer nährt, weil sie hartnäckig, wie das Zeugnis schlecht beobachteter Tatsachen ist; nein, sie hindert auch jede großartige Betrachtung des Weltbaus. Statt den mittleren Zustand zu erforschen, um welchen, bei der scheinbaren Ungebundenheit der Natur, alle Phänomene innerhalb enger Grenzen oszillieren, erkennt sie nur die Ausnahmen von den Gesetzen; sie sucht andere Wunder in den Erscheinungen und Formen, als die der geregelten und fortschreitenden Entwickelung. Immer ist sie geneigt, die Kette der Naturbegebenheiten zerrissen zu wähnen, in der Gegenwart die Analogie mit der Vergangenheit zu verkennen, und spielend, bald in den fernen Himmelsräumen, bald im Innern des Erdkörpers, die Ursach jener erdichteten Störungen der Weltordnung aufzufinden. Sie führt ab von den Ansichten der vergleichenden Erdkunde, die, wie Karl Ritters großes und geistreiches Werk bewiesen hat, nur dann Gründlichkeit erlangt, wenn die ganze Masse von Tatsachen, die unter verschiedenen Himmelsstrichen gesammelt worden sind, mit Einem Blicke umfaßt, dem kombinierenden Verstande zu Gebote steht.

Es ist ein besonderer Zweck dieser Unterhaltungen über die Natur, einen Teil der Irrtümer, die aus roher und unvollständiger Empirie entsprungen sind und vorzugsweise in den höheren Volksklassen (oft neben einer ausgezeichneten literarischen Bildung) fortleben, zu berichtigen und so den Genuß der Natur durch tiefere Einsicht in ihr inneres Wesen zu vermehren. Das Bedürfnis eines solchen veredelten Genusses wird allgemein gefühlt; denn ein eigener Charakter unseres Zeitalters spricht sich in dem Bestreben aller gebildeten Stände aus, das Leben durch einen größeren Reichtum von Ideen zu verschönern. [...]

Ich kann daher der Besorgnis nicht Raum geben, zu welcher Beschränkung oder eine gewisse sentimentale Trübheit des Gemüts zu leiten scheinen, zu der Besorgnis, daß, bei jedem Forschen in das innere Wesen der Kräfte, die Natur von ihrem Zauber, von dem Reize des Geheimnisvollen und Erhabenen verliere. Allerdings wirken Kräfte, im eigentlichen Sinne des Worts, nur dann magisch, wie im Dunkel einer geheimnisvollen Macht, wenn ihr Wirken außerhalb des Gebietes allgemein erkannter Naturbedingungen liegt. Der Beobachter, der durch ein Heliometer oder einen prismatischen Doppelspat den Durchmesser der Planeten bestimmt, jahrelang die Meridian-Höhe desselben Sternes mißt, zwischen dichtgedrängten Nebelflecken teleskopische Kometen erkennt, fühlt (und es ist ein Stück für den sichern Erfolg dieser Arbeit) seine Phantasie nicht mehr angeregt, als der beschreibende Botaniker, so lange er die Kelcheinschnitte und die Staubfäden einer Blume zählt, und in der Struktur eines Laubmooses die einfachen oder doppelten, die freien oder ringförmig verwachsenen Zähne der Samenkapsel untersucht; aber das Messen und Auffinden numerischer Verhältnisse, die sorgfältigste Beobachtung des Einzelnen bereitet zu der höheren Kenntnis des Naturganzen und der Weltgesetze vor. Dem Physiker, welcher (wie Thomas Young, Arago und Fresnel) die ungleich langen Ströme der durch Interferenz sich vernichtenden oder verstärkenden Lichtwellen mißt; dem Astronomen, der mittelst der raumdurchdringenden Kraft der Fernröhre nach den Monden des Uranus am äußersten Rande unseres Sonnensystems forscht, oder (wie Herschel, South und Struve) aufglimmende Lichtpunkte in farbige Doppelsterne zerlegt; dem eingeweihten Blick des Botanikers, welcher die Chara-artig kreisende Bewegung der Saftkügelchen in fast allen vegetabilischen Zellen, die Einheit der Gestaltung, das ist die Verkettung der Formen in Geschlechtern und natürlichen Familien, erkennt; gewähren die Himmelsräume, wie die blütenreiche Pflanzendecke der Erde, gewiß einen großartigern Anblick, als dem Beobachter, dessen Natursinn noch nicht durch die Einsicht in den Zusammenhang der Erscheinungen geschärft ist. Wir können daher dem geistreichen Burke nicht beipflichten, wenn er behauptet, daß »aus der Unwissenheit von den Dingen der Natur allein die Bewunderung und das Gefühl des Erhabenen entstehe«.

Während die gemeine Sinnlichkeit die leuchtenden Gestirne an ein krystallenes Himmelsgewölbe heftet, erweitert der Astronom die räumliche Ferne; er begrenzt unsere Weltengruppe, nur um jenseits andere und andere ungezählte Gruppen (eine aufglimmende Inselflur) zu zeigen. Das Gefühl des Erhabnen, insofern es aus der einfachen Naturanschauung der Ausdehnung zu entspringen scheint, ist der feierlichen Stimmung des Gemüts verwandt, die dem Ausdruck des Unendlichen und Freien in den Sphären ideeller Subjektivität, in dem Bereich des Geistigen angehört. Auf dieser Verwandtschaft, dieser Bezüglichkeit der sinnlichen Eindrücke beruht der Zauber des Unbegrenzten, sei es auf dem Ozean und im Luftmeere, wo dieses eine isolierte Bergspitze umgibt, sei es im Weltraume, in den die Nebelauflösende Kraft großer Fernrohre unsere Einbildungskraft tief und ahnungsvoll versenkt.

Einseitige Behandlung der physikalischen Wissenschaften, endloses Anhäufen roher Materialien konnten freilich zu dem, nun fast verjährten Vorurteile beitragen, als müßte notwendig wissenschaftliche Erkenntnis das Gefühl erkälten, die schaffende Bildkraft der Phantasie ertöten und so den Naturgenuß stören. Wer in der bewegten Zeit, in der wir leben, noch dieses Vorurteil nährt, der verkennt, bei dem allgemeinen Fortschreiten menschlicher Bildung, die Freuden einer höheren Intelligenz, einer Geistesrichtung, welche Mannigfaltigkeit in Einheit auflöst und vorzugsweise bei dem Allgemeinen und Höheren verweilt. Um dies Höhere zu genießen, müssen in dem mühsam durchforschten Felde spezieller Naturformen und Naturerscheinungen die Einzelheiten zurückgedrängt und von dem selbst, der ihre Wichtigkeit erkannt hat und den sie zu größeren Ansichten geleitet, sorgfältig verhüllt werden.

Zu den Besorgnissen über den Verlust eines freien Naturgenusses unter dem Einfluß denkender Betrachtung oder wissenschaftlicher Erkenntnis gesellen sich auch die, welche aus dem, nicht Allen erreichbaren Maße dieser Erkenntnis oder dem Umfange derselben geschöpft werden. In dem wundervollen Gewebe des Organismus, in dem ewigen Treiben und Wirken der lebendigen Kräfte führt aller-

dings jedes tiefere Forschen an den Eingang neuer Laby-
rinthe. Aber gerade diese Mannigfaltigkeit unbetretener,
vielverschlungener Wege erregt auf allen Stufen des Wissens freudiges Erstaunen. Jedes Naturgesetz, das sich dem
Beobachter offenbart, läßt auf ein höheres, noch uner-
kanntes schließen; denn die Natur ist, wie Carus trefflich
sagt, und wie das Wort selbst dem Römer und dem Griechen andeutete, »das ewig Wachsende, ewig im Bilden und
Entfalten Begriffene«. Der Kreis der organischen Typen
erweitert sich, je mehr die Erdräume auf Land- und Seerei-
sen durchsucht, die lebendigen Organismen mit den abge-
storbenen verglichen, die Mikroskope vervollkommnet
und verbreitet werden. In der Mannigfaltigkeit und im periodischen Wechsel der Lebensgebilde erneuert sich unab-
lässig das Urgeheimnis aller Gestaltung, ich sollte sagen,
das von Goethe so glücklich behandelte Problem der Meta-
morphose, eine Lösung, die dem Bedürfnis nach einem
idealen Zurückführen der Formen auf gewisse Grundty-
pen entspricht. Mit wachsender Einsicht vermehrt sich das
Gefühl von der Unermeßlichkeit des Naturlebens; man erkennt, daß auf der Feste, in der Lufthülle, welche die Feste
umgibt, in den Tiefen des Ozeans, wie in den Tiefen des
Himmels, dem kühnen wissenschaftlichen Eroberer, auch
nach Jahrtausenden, nicht »der Weltraum fehlen wird«.

[...] Wie die Weltgeschichte, wo es ihr gelingt, den wahren ursachlichen Zusammenhang der Begebenheiten darzustellen, viele Rätsel in den Schicksalen der Völker und ihrem intellektuellen, bald gehemmten, bald beschleunigten
Fortschreiten löset; so würde auch eine physische Weltbeschreibung, geistreich und mit gründlicher Kenntnis des
bereits Entdeckten aufgefaßt, einen Teil der Widersprüche
heben, welche die streitenden Naturkräfte in ihrer zusammengesetzten Wirkung dem ersten Anschauen darbieten.
Generelle Ansichten erhöhen den Begriff von der Würde
und der Größe der Natur; sie wirken läuternd und beruhigend auf den Geist, weil sie gleichsam den Zwiespalt der
Elemente durch Auffindung von Gesetzen zu schlichten

streben, von Gesetzen, die in dem zarten Gewebe irdischer Stoffe, wie in dem Archipel dichtgedrängter Nebelflecke und in der schauderhaften Leere weltenarmer Wüsten walten. Generelle Ansichten gewöhnen uns, jeden Organismus als Teil des Ganzen zu betrachten, in der Pflanze und im Tier minder das Individuum oder die abgeschlossene Art, als die mit der Gesamtheit der Bildungen verkettete Naturform zu erkennen; sie erweitern unsere geistige Existenz und setzen uns, auch wenn wir in ländlicher Abgeschiedenheit leben, in Berührung mit dem ganzen Erdkreise. Durch sie erhält die Kunde von dem, was durch Seefahrten nach dem fernen Pole oder auf den neuerlichst fast unter allen Breiten errichteten Stationen über das gleichzeitige Eintreten magnetischer Ungewitter erforscht wird, einen unwiderstehlichen Reiz; ja wir erlangen ein Mittel, schnell den Zusammenhang zu erraten, in dem die Resultate neuer Beobachtungen mit den früher erkannten Erscheinungen stehen.

[...] In der Mannigfaltigkeit der Gegenstände, die ich hier geflissentlich zusammengedrängt, bietet sich von selbst die Frage dar, ob generelle Ansichten der Natur zu einer gewissen Deutlichkeit gebracht werden können ohne ein tiefes und ernstes Studium einzelner Disziplinen, sei es der beschreibenden Naturkunde oder der Physik oder der mathematischen Astronomie? Man unterscheide sorgfältig zwischen dem Lehrenden, welcher die Auswahl und die Darstellung der Resultate übernimmt, und dem, der das Dargestellte, als ein Gegebenes, nicht selbst Gesuchtes, empfängt. Für jenen ist die genaueste Kenntnis des Speziellen unbedingt notwendig; er sollte lange das Gebiet der einzelnen Wissenschaften durchwandert sein, selbst gemessen, beobachtet und experimentiert haben, um sich mit Zuversicht an das Bild eines Naturganzen zu wagen. Der Umfang von Problemen, deren Untersuchung der physischen Weltbeschreibung ein so hohes Interesse gewährt, ist vielleicht nicht ganz zu vollständiger Klarheit zu bringen, da wo spezielle Vorkenntnisse fehlen; aber auch ohne Voraussetzung dieser können die meisten Fragen befriedigend erörtert werden. Sollte sich nicht in allen einzelnen Teilen das große Naturgemälde mit scharfen Umrissen darstellen lassen, so wird es doch wahr und anziehend genug sein, um den Geist mit Ideen zu bereichern und die Einbildungskraft lebendig und fruchtbar anzuregen.

Man hat vielleicht mit einigem Rechte wissenschaftlichen Werken unserer Literatur vorgeworfen, das Allgemeine nicht genugsam von dem Einzelnen, die Übersicht des bereits Ergründeten nicht von der Herzählung der Mittel zu trennen, durch welche die Resultate erlangt worden sind. Dieser Vorwurf hat sogar den größten Dichter unserer Zeit zu dem humoristischen Ausruf verleitet: »Die Deutschen besitzen die Gabe, die Wissenschaften unzugänglich zu machen«. Bleibt das Gerüste stehen, so wird uns durch dasselbe der Anblick des Gebäudes entzogen. Wer kann zweifeln, daß das physische Gesetz in der Verteilung der Kontinental-Massen, welche gegen Süden hin eine pyramidale Form annehmen, indem sie sich gegen Norden in der Breite ausdehnen (ein Gesetz, welches die Verteilung der Klimate, die vorherrschende Richtung der Luftströme, das weite Vordringen tropischer Pflanzenformen in die gemäßigte südliche Zone so wesentlich bedingt), auf das klarste erkannt werden kann, ohne die geodätischen Messungen und die astronomischen Ortsbestimmungen der Küsten zu erläutern, durch welche jene Pyramidal-Formen in ihren Dimensionen bestimmt worden sind? Eben so lehrt uns die physische Weltbeschreibung, um wie viel Meilen die Äquatorial-Achse unseres Planeten größer als die Polar-Achse ist; daß die südliche Hemisphäre keine größere Abplattung als die nördliche hat; ohne daß es nötig ist, speziell zu erzählen, wie durch Gradmessungen und Pendel-Versuche die wahre Gestalt der Erde, als eines nicht regelmäßigen, elliptischen Revolutions-Sphäroids, gefunden ist und wie diese Gestalt in der Bewegung des Mondes, eines Erd-Satelliten, sich abspiegelt. [...]

Je tiefer man eindringt in das Wesen der Naturkräfte,

desto mehr erkennt man den Zusammenhang von Phäno-
menen, die lange, vereinzelt und oberflächlich betrachtet,
jeglicher Anreihung zu widerstreben schienen; desto mehr
werden Einfachheit und Gedrängtheit der Darstellung
möglich. Es ist ein sicheres Kriterium der Menge und des
Wertes der Entdeckungen, die in einer Wissenschaft zu erwarten sind, wenn die Tatsachen noch unverkettet, fast
ohne Beziehung auf einander dastehen, ja wenn mehrere
derselben, und zwar mit gleicher Sorgfalt beobachtete, sich
zu widersprechen scheinen. Diese Art der Erwartungen erregt der Zustand der Meteorologie, der neueren Optik und
besonders, seit Mellonis und Faradays herrlichen Arbeiten,
der Lehre von der Wärmestrahlung und vom Elektro-Ma-
gnetismus. Der Kreis glänzender Entdeckungen ist hier
noch nicht durchlaufen, ob sich gleich in der Voltaischen
Säule schon ein bewundernswürdiger Zusammenhang der
elektrischen, magnetischen und chemischen Erscheinungen offenbart hat. Wer verbürgt uns, daß auch nur die Zahl
der lebendigen, im Weltall wirkenden Kräfte bereits er-
gründbar sei?

In meinen Betrachtungen über die wissenschaftliche
Behandlung einer allgemeinen Weltbeschreibung ist nicht
die Rede von Einheit durch Ableitung aus wenigen, von der
Vernunft gegebenen Grundprinzipien. Was ich physische
Weltbeschreibung nenne (die vergleichende Erd- und Him-
melskunde), macht daher keine Ansprüche auf den Rang
einer rationellen Wissenschaft der Natur; es ist die denkende Betrachtung der durch Empirie gegebenen Erscheinungen, als eines Naturganzen. In dieser Beschränktheit
allein konnte dieselbe, bei der ganz objektiven Richtung
meiner Sinnesart, in den Bereich der Bestrebungen treten,
die meine lange wissenschaftliche Laufbahn ausschließlich
erfüllt haben. Ich wage mich nicht auf ein Feld, das mir
fremd ist und vielleicht von Andern erfolgreicher bebaut
wird. Die Einheit, welche der Vortrag einer physischen
Weltbeschreibung, wie ich mir dieselbe begrenze, erreichen
kann, ist nur die, welcher sich geschichtliche Darstellungen

zu erfreuen haben. Einzelheiten der Wirklichkeit, sei es in der Gestaltung oder Aneinanderreihung der Naturgebilde, sei es in dem Kampfe des Menschen gegen die Naturmächte, oder der Völker gegen die Völker, alles, was dem Felde der Veränderlichkeit und realer Zufälligkeit angehört, kann nicht aus Begriffen abgeleitet (konstruiert) werden. Weltbeschreibung und Weltgeschichte stehen daher auf derselben Stufe der Empirie; aber eine denkende Behandlung beider, eine sinnvolle Anordnung von Naturerscheinungen und von historischen Begebenheiten durchdringen tief mit dem Glauben an eine alte innere Notwendigkeit, die alles Treiben geistiger und materieller Kräfte, in sich ewig erneuernden, nur periodisch erweiterten oder verengten Kreisen, beherrscht. Sie führen (und diese Notwendigkeit ist das Wesen der Natur, sie ist die Natur selbst in beiden Sphären ihres Seins, der materiellen und der geistigen) zu Klarheit und Einfachheit der Ansichten, zu Auffindung von Gesetzen, die in der Erfahrungs-Wissenschaft als das letzte Ziel menschlicher Forderung erscheinen.

Das Studium jeglicher neuen Wissenschaft, besonders einer solchen, welche die ungemessenen Schöpfungskreise, den ganzen Weltraum umfaßt, gleicht einer Reise in ferne Länder. Ehe man sie in Gemeinschaft unternimmt, fragt man, ob sie ausführbar sei; man mißt seine eigenen Kräfte, man blickt mißtrauisch auf die Kräfte der Mitreisenden, in der vielleicht ungerechten Besorgnis, sie möchten lästige Zögerung erregen. Die Zeit, in der wir leben, vermindert die Schwierigkeit des Unternehmens. Meine Zuversicht gründet sich auf den glänzenden Zustand der Naturwissenschaften selbst, deren Reichtum nicht mehr die Fülle, sondern die Verkettung des Beobachteten ist. Die allgemeinen Resultate, die jedem gebildeten Verstande Interesse einflößen, haben sich seit dem Ende des 18. Jahrhunderts wundervoll vermehrt. Die Tatsachen stehen minder vereinzelt da; die Klüfte zwischen den Wesen werden ausgefüllt. [...] Unser Zeitalter erkennt, nach der Tendenz, die ihm seinen individuellen Charakter gibt, daß Tatsachen nur dann fruchtbringend werden, wenn der Reisende den dermaligen Zustand und die Bedürfnisse der Wissenschaft kennt, deren Gebiet er erweitern will, wenn Ideen, das heißt Einsicht in den Geist der Natur das Beobachten und Sammeln vernunftmäßig leiten.

Durch diese Richtung des Naturstudiums, durch diesen glücklichen, aber oft auch allzuleicht befriedigten Hang nach allgemeinen Resultaten kann ein beträchtlicher Teil des Naturwissens das Gemeingut der gebildeten Menschheit werden, ein gründliches Wissen erzeugen, nach Inhalt und Form, nach Ernst und Würde des Vortrags, ganz von dem verschieden, das man bis zum Ende des letzten Jahrhunderts dem populären Wissen genügsam zu bestimmen pflegte. Wem daher seine Lage es erlaubt, sich bisweilen aus den engen Schranken des bürgerlichen Lebens heraus zu retten, errötend, »daß er lange fremd geblieben der Natur und stumpf über sie hingehe«, der wird in der Abspiegelung des großen und freien Naturlebens einen der edelsten Genüsse finden, welche erhöhte Vernunfttätigkeit dem Menschen gewähren kann. Das Studium der allgemeinen Naturkunde weckt gleichsam Organe in uns, die lange geschlummert haben. Wir treten in einen innigeren Verkehr mit der Außenwelt, bleiben nicht unteilnehmend an dem, was gleichzeitig das industrielle Fortschreiten und die intellektuelle Veredlung der Menschheit bezeichnet.

Je klarer die Einsicht ist, welche wir in den Zusammenhang der Phänomene erlangen, desto leichter machen wir uns auch von dem Irrtume frei, als wären für die Kultur und den Wohlstand der Völker nicht alle Zweige des Naturwissens gleich wichtig; sei es der messende und beschreibende Teil, oder die Untersuchung chemischer Bestandteile, oder die Ergründung allgemein verbreiteter physischer Kräfte der Materie. In der Beobachtung einer anfangs isoliert stehenden Erscheinung liegt oft der Keim einer großen Entdeckung. Als Galvani die sensible Nervenfaser durch Berührung ungleichartiger Metalle reizte, konnten seine nächsten Zeitgenossen nicht hoffen, daß die Kontakt-Elektrizität der Voltaischen Säule uns in den Alkalien silber-glänzende, auf dem Wasser schwimmende, leicht entzündliche Metalle offenbaren, daß die Säule selbst das wichtigste Instrument für die zerlegende Chemie, ein Thermoskop und ein Magnet werden würde. Als Huyghens die Lichterscheinungen des Doppelspats zu enträtseln anfing, ahnete man nicht, daß durch den bewunderungswürdigen Scharfsinn eines Physikers unserer Zeit farbige Polarisations-Phänomene dahin leiten würden, mittelst des kleinsten Fragments eines Minerals zu erkennen, ob das Licht der Sonne aus einer festen Masse, oder aus einer gasförmigen Umhüllung ausströme, ob Kometen selbstleuchtend sind, oder fremdes Licht wiedergeben. [...]

Wie in jenen höheren Kreisen der Ideen und Gefühle, in dem Studium der Geschichte, der Philosophie und der Wohlredenheit, so ist auch in allen Teilen des Naturwissens der erste und erhabenste Zweck geistiger Tätigkeit ein innerer, nämlich das Auffinden von Naturgesetzen, die Ergründung ordnungsmäßiger Gliederung in den Gebilden, die Einsicht in den notwendigen Zusammenhang aller Veränderungen im Weltall. Was von diesem Wissen in das industrielle Leben der Völker überströmt und den Gewerbfleiß erhöht, entspringt aus der glücklichen Verkettung menschlicher Dinge, nach der das Wahre, Erhabene und Schöne mit dem Nützlichen, wie absichtslos, in ewige Wechselwirkung treten. Vervollkommnung des Landbaus durch freie Hände und in Grundstücken von minderem Umfang, Aufblühen der Manufakturen, von einengendem Zunftzwange befreit, Vervielfältigung der Handelsverhältnisse, und ungehindertes Fortschreiten in der geistigen Kultur der Menschheit, wie in den bürgerlichen Einrichtungen, stehen (das ernste Bild der neuen Weltgeschichte dringt diesen Glauben auch dem Widerstrebendsten auf) in gegenseitigem, dauernd wirksamen Verkehr miteinander.

Ein solcher Einfluß des Naturwissens auf die Wohlfahrt der Nationen und auf den heutigen Zustand von Europa bedurfte hier nur einer flüchtigen Andeutung. Die Laufbahn, welche wir zu vollenden haben, ist so unermeßlich, daß es mir nicht geziemen würde, von dem Hauptziele unseres Bestrebens, der Ansicht des Naturganzen, abschweifend, das Feld geflissentlich zu erweitern. An ferne Wanderungen gewöhnt, habe ich ohnedies vielleicht den Mitreisenden den Weg gebahnter und anmutiger geschildert, als man ihn finden wird. Das ist die Sitte derer, die gern Andere auf den Gipfel der Berge führen. Sie rühmen die Aussicht, wenn auch ganze Teile der Gegend in Nebel verhüllt bleiben. Sie wissen, daß auch in dieser Verhüllung ein geheimnisvoller Zauber liegt, daß eine duftige Ferne den Eindruck des Sinnlich-Unendlichen hervorruft, ein Bild, das (wie ich schon oben erinnert habe) im Geist und in den Gefühlen sich ernst und ahnungsvoll spiegelt. Auch von dem hohen Standpunkte aus, auf den wir uns zu einer allgemeinen, durch wissenschaftliche Erfahrungen begründeten Weltanschauung erheben, kann nicht allen Anforderungen genügt werden. In dem Naturwissen, dessen gegenwärtigen Zustand ich hier entwickeln soll, liegt noch Manches unbegrenzt; vieles (wie sollte ich es, bei dem Umfange einer solchen Arbeit, nicht gern eingestehen?) wird nur darum unklar und unvollständig erscheinen, weil Befangenheit dem Redenden dann doppelt nachteilig wird, wenn er sich des Gegenstandes in seiner Einzelheit minder mächtig fühlt. [...]

Gedanken und Sprache stehen in innigem alten Wechselverkehr miteinander. Wenn diese der Darstellung Anmut und Klarheit verleiht, wenn durch ihre angestammte Bildsamkeit und ihren organischen Bau sie das Unternehmen begünstigt, die Totalität der Naturanschauung scharf zu begrenzen; so ergießt sie zugleich, und fast unbemerkt, ihren belebenden Hauch auf die Gedankenfülle selbst. Darum ist das Wort mehr als Zeichen und Form, und sein geheimnisvoller Einfluß offenbart sich am mächtigsten da, wo er dem freien Volkssinn und dem eigenen Boden entsprießt. Stolz auf das Vaterland, dessen intellektuelle Einheit die feste Stütze jeder Kraftäußerung ist, wenden wir

froh den Blick auf diese Vorzüge der Heimat. Hochbe-
glückt dürfen wir den nennen, der bei der lebendigen Darstellung der Phänomene des Weltalls aus den Tiefen einer
Sprache schöpfen kann, die seit Jahrhunderten so mächtig
auf Alles eingewirkt hat, was durch Erhöhung und unge-
bundene Anwendung geistiger Kräfte, in dem Gebiete
schöpferischer Phantasie, wie in dem der ergründenden
Vernunft, die Schicksale der Menschheit bewegt.

Über die Entwicklungsgeschichte der neueren Naturwissenschaften

1869

[...] Wir können nicht verkennen, daß, je mehr der Einzelne gezwungen ist, das Feld seiner Arbeit zu verengern, desto mehr das geistige Bedürfnis sich ihm fühlbar machen muß, den Zusammenhang mit dem Ganzen nicht zu verlieren. Wo soll er die Kraft und die Freudigkeit für seine mühsame Arbeit hernehmen, wo die Zuversicht, daß das, woran er sich gemüht, nicht ungenützt vermodern, sondern einen dauernden Wert behalten werde, wenn er sich nicht die Überzeugung wach erhält, daß auch er einen Baustein geliefert hat zu dem großen Ganzen der Wissenschaft, welche die vernunftlosen Mächte der Natur den sittlichen Zwecken der Menschheit dienstbar unterwerfen soll?

Auf einen unmittelbaren praktischen Nutzen ist freilich bei den einzelnen Untersuchungen gewöhnlich im voraus nicht zu rechnen. Zwar haben die Naturwissenschaften das ganze Leben der modernen Menschheit durch die praktische Verwertung ihrer Ergebnisse umgestaltet. Aber in der Regel kommen diese Anwendungen bei Gelegenheiten zum Vorschein, wo man es am wenigsten vermutet hatte; ihnen nachzujagen führt gewöhnlich nicht zu irgend einem Ziele, wenn man nicht schon ganz sichere nahe Anhaltspunkte dafür hat, so daß es sich nur noch um Beseitigung einzelner Hindernisse für die Ausführung handelt. Sieht man die Geschichte der wichtigsten Erfindungen durch, so sind sie entweder, namentlich in älterer Zeit, von Handwerkern und Arbeitern gemacht, die ihr ganzes Leben hindurch nur eine Arbeit trieben, und bald durch günstigen Zufall, bald durch hundertfältig wiederholte tastende Versuche einen neuen Vorteil in ihrem Geschäftsbetriebe fanden; oder sie sind – und zwar ist dies bei den neueren Erfindungen meist der Fall – Früchte der ausgebildeten wissenschaftlichen Kenntnis des betreffenden Gegenstands, welche Kenntnis zunächst immer ohne direkte Aussicht auf möglichen Nutzen nur um der wissenschaftlichen Vollständigkeit der Gesamterkenntnis willen gewonnen worden war. [...] Hier und an dieser Stelle scheint es mir wünschenswert, daß Rechenschaft gegeben werde über die Fortschritte des großen Ganzen der Naturwissenschaften, über die Ziele, denen es nachstrebt, über die Größe der Schritte, um die es sich diesen Zielen genähert hat.

Eine solche Rechenschaft ist wünschenswert; daß ein Einzelner kaum im Stande sein wird, diese Aufgabe auch nur annähernd vollständig zu lösen, liegt in dem begründet, was ich vorausgeschickt habe. Daß ich selbst heute hier stehe, mit einer solchen Aufgabe betraut, mag hauptsächlich dadurch entschuldigt werden, daß kein anderer sich daran wagen wollte, und ich meinte, ein halb mißlungener Versuch, ihr gerecht zu werden, sei immerhin noch besser als gar keiner. Außerdem hat ein Physiologe vielleicht am meisten unmittelbare Veranlassung, sich einen gewissen Ausblick auf das Ganze fortdauernd klar zu halten. Denn in der jetzigen Lage der Dinge ist gerade die Physiologie besonders darauf angewiesen, von allen anderen Zweigen der Naturwissenschaft Hilfe zu empfangen und mit ihnen in Zusammenhang zu bleiben. Gerade in der Physiologie hat sich die Wichtigkeit der großen Fortschritte, von denen ich reden will, am fühlbarsten gemacht, und durch die prinzipiellen Streitfragen der Physiologie sind einige der hervortretendsten dieser Fortschritte geradezu veranlaßt worden.

Wenn ich erhebliche Lücken lasse, so bitte ich diese teils mit der Größe der Aufgabe, teils damit zu entschuldigen, daß die dringende Aufforderung der verehrten Geschäftsführer dieser Versammlung an mich sehr spät und während einer Sommerfrische im Gebirge kam. Und was ich an Lücken lasse, werden die Sektionsverhandlungen jedenfalls reichlich ergänzen.

Die erste Frage, die uns entgegentritt, wenn wir vom Fortschritt der gesamten Naturwissenschaft reden wollen, wird sein: Nach welchem Maßstab sollen wir einen solchen Fortschritt beurteilen?

Dem Uneingeweihten ist diese Wissenschaft eine Zusammenhäufung einer unübersehbaren und verwirrenden Menge von Einzelheiten, unter denen sich einige durch praktische Nützlichkeit hervorheben, andere als Kuriosa, als Gegenstände des Erstaunens. Aber in diesem Zustande unzusammenhängender Einzelheiten, selbst, wenn es etwa durch eine systematische Ordnung, wie in dem Linnéschen Pflanzensystem oder in lexikalischen Enzyklopädien, leicht gemacht wäre, eine jede derselben schnell nach Bedürfnis wiederzufinden, würde solches Wissen nicht den Namen der Wissenschaft verdienen, und weder dem wissenschaftlichen Bedürfnisse des menschlichen Geistes, noch dem Verlangen nach fortschreitender Herrschaft des Menschen über die Naturmächte Genüge tun. Denn das erstere fordert geistig faßbaren Zusammenhang der Kenntnisse; das zweite fordert die Voraussicht des Erfolges in noch unbekannten Fällen und unter Bedingungen, die wir durch unsere Handlungen erst herbeizuführen beabsichtigen. Beides ist offenbar erst durch die Kenntnis des Gesetzes der Erscheinungen zu erreichen.

Nicht die einzelnen beobachteten Tatsachen und Versuche an sich haben Wert; und wenn ihre Zahl noch so unermeßlich wäre. Erst dadurch erhalten sie Wert, theoretischen wie praktischen, daß sie uns das Gesetz einer Reihe gleichartig wiederkehrender Erscheinungen erkennen lassen, oder vielleicht auch nur negativ erkennen lassen, daß eine bisher als vollständig betrachtete Kenntnis eines solchen Gesetzes unvollständig war. Bei der strengen und allverbreiteten Gesetzlichkeit der Naturerscheinungen genügt freilich unter Umständen schon eine einzige Beobachtung eines Verhältnisses, das wir als streng gesetzmäßig voraussetzen dürfen, um darauf mit höchstem Grade von Wahrscheinlichkeit eine Regel zu begründen; wie wir zum

Beispiel die Kenntnis des Skeletts eines urweltlichen Tieres als vollständig voraussetzen, wenn wir auch nur ein vollständiges Skelett eines einzelnen Individuums gefunden haben. Aber wir müssen uns nur besinnen, daß auch hier die einzelne Beobachtung nicht als einzelne ihren Wert hat, sondern weil sie zur Kenntnis der gesetzlichen Regelmäßigkeit im Körperbau einer ganzen Spezies von Organismen verhilft. Und ebenso ist die Kenntnis der spezifischen Wärme von einem einzigen kleinen Stückchen eines neuen Metalls wichtig, weil wir nicht zu zweifeln brauchen, daß alle anderen ebenso behandelten Stücke desselben Metalls sich ebenso verhalten werden.

Das Gesetz der Erscheinungen finden, heißt sie begreifen. In der Tat ist das Gesetz der allgemeine Begriff, unter den sich eine Reihe von gleichartig ablaufenden Naturvorgängen zusammenfassen lassen. Wie wir in dem Begriff »Säugetier« alles zusammenfassen, was dem Menschen, dem Affen, dem Hunde, dem Löwen, dem Hasen, dem Pferde, dem Walfische usw. gemeinsam ist, so fassen wir im Brechungsgesetz zusammen, was wir regelmäßig wiederkehrend finden, wenn irgend ein Lichtstrahl von irgend einer Farbe in irgend einer Richtung durch die gemeinsame Grenzfläche irgend zweier durchsichtiger Medien dringt.

Ein Naturgesetz ist aber nicht bloß ein logischer Begriff, den wir uns zurecht gemacht haben als eine Art mnemotechnischen Hilfsmittels, um die Tatsachen besser zu behalten. Auch sind wir modernen Menschen jetzt so weit in der Einsicht vorgeschritten, um zu begreifen, daß die Naturgesetze nicht etwas sind, was wir uns auf spekulativem Wege vielleicht ausdenken könnten. Wir müssen sie vielmehr in den Tatsachen entdecken; wir müssen sie in immer wiederholten Beobachtungen oder Versuchen, an immer neuen Einzelfällen, unter immer wieder veränderten Umständen prüfen, und nur in dem Maße, als sie unter einem immer größeren Wechsel der Bedingungen und in einer immer größeren Zahl von Fällen und bei immer genaueren Beobachtungsmitteln ausnahmslos sich bewähren, steigt unser Vertrauen in ihre Zuverlässigkeit.

So treten uns die Naturgesetze gegenüber als eine fremde Macht, nicht willkürlich zu wählen und zu bestimmen in unserem Denken, wie man etwa verschiedene Systeme der Tiere und Pflanzen hintereinander aufstellen konnte, so lange man bloß den mnemotechnischen Zweck verfolgte, ihre Namen gut zu behalten. Wo wir ein Naturgesetz vollständig kennen, müssen wir auch Ausnahmslosigkeit seiner Geltung fordern und diese zum Kennzeichen seiner Richtigkeit machen. Wenn wir uns vergewissern können, daß die Bedingungen eingetreten sind, unter denen das Gesetz zu wirken hat, so müssen wir auch den Erfolg eintreten sehen ohne Willkür, ohne Wahl, ohne unser Zutun, mit einer die Dinge der Außenwelt ebenso gut, wie unser Wahrnehmen, zwingenden Notwendigkeit. So tritt uns das Gesetz als eine objektive Macht entgegen, und demgemäß nennen wir es Kraft.

Wir objektivieren zum Beispiel das Gesetz der Lichtbrechung als eine Lichtbrechungskraft der durchsichtigen Substanzen, das Gesetz der chemischen Wahlverwandtschaften als eine Verwandtschaftskraft der verschiedenen Stoffe zueinander. So sprechen wir von einer elektrischen Kontaktkraft der Metalle, von einer Adhäsionskraft, Kapillarkraft und anderen mehr. In diesen Namen sind Gesetze objektiviert, welche zunächst erst kleinere Reihen von Naturvorgängen umfassen, deren Bedingungen noch ziemlich verwickelt sind. Mit solchen mußte die Begriffsbildung in den Naturwissenschaften anfangen, bis man von einer Anzahl wohlbekannter spezieller Gesetze zu allgemeineren fortschreiten konnte. Man mußte hierbei namentlich die Zufälligkeiten der Form und der räumlichen Verteilung, welche die mitwirkenden Massen darbieten konnten, zu beseitigen suchen, indem man aus den an großen sichtbaren Massen beobachteten Erscheinungen die Gesetze für die Wirkungen der verschwindend kleinen Massenteilchen herauszulesen suchte; das heißt, objektiv ausgedrückt, indem man die Kräfte der zusammengesetzten Massen auflöste in die Kräfte ihrer kleinsten Elementarteile. Aber gerade in der so gewonnenen reinsten Form des Ausdrucks der Kraft, dem der mechanischen Kraft, die auf einen Massenpunkt wirkt, tritt es besonders deutlich heraus, daß die Kraft nur das objektivierte Gesetz der Wirkung ist. Die durch die Anwesenheit solcher und solcher Körper gegebene Kraft wird gleichgesetzt der Beschleunigung der Masse, auf die sie wirkt, multipliziert mit dieser Masse. Der tatsächliche Sinn einer solchen Gleichung ist, daß sie das Gesetz ausspricht: Wenn solche und solche Massen vorhanden sind und keine anderen, so tritt solche und solche Beschleunigung ihrer einzelnen Punkte ein. Diesen tatsächlichen Sinn können wir mit den Tatsachen vergleichen und an ihnen prüfen. Der abstrakte Begriff der Kraft, den wir einschieben, fügt nur das noch hinzu, daß dieses Gesetz nicht willkürlich erfunden, sondern daß es ein zwingendes Gesetz der Erscheinungen sei.

Unsere Forderung, die Naturerscheinungen zu begreifen, das heißt ihre Gesetze zu finden, nimmt so eine andere Form des Ausdrucks an, die nämlich, daß wir die Kräfte aufzusuchen haben, welche die Ursachen der Erscheinungen sind. Die Gesetzlichkeit der Natur wird als kausaler Zusammenhang aufgefaßt, sobald wir die Unabhängigkeit derselben von unserem Denken und unserem Willen anerkennen.

Wenn wir also nach dem Fortschritt der Naturwissenschaft als Ganzem fragen, so werden wir ihn nach dem Maße zu beurteilen haben, in welchem die Anerkennung und die Kenntnis eines alle Naturerscheinungen umfassenden ursächlichen Zusammenhanges fortgeschritten ist.

Blicken wir zurück auf die Geschichte unserer Wissenschaften, so ist das erste große Beispiel von Unterordnung einer ausgedehnten Mannigfaltigkeit von Tatsachen unter ein umfassendes Gesetz von der theoretischen Mechanik ausgegangen, deren Grundbegriffe Galilei zuerst klar hingestellt hatte. Es handelte sich damals darum, die allgemeinen Sätze zu finden, die uns jetzt so selbstverständlich erscheinen, daß alle Masse träge sei, und daß die Größe der Kraft nicht durch die Geschwindigkeit, sondern durch deren Veränderung zu messen sei. Zunächst wußte man die Wirkung einer kontinuierlich wirkenden Kraft sich nur als eine Reihe kleiner Stöße darzustellen. Erst als Leibniz und Newton mit der Erfindung der Differentialrechnung das alte Dunkel, in welches der Begriff des Unendlichen gehüllt war, zerstreut und den Begriff des Kontinuierlichen und kontinuierlich Veränderlichen klargestellt hatten, konnte man zu einer reichen und fruchtbaren Anwendung der neu gefundenen mechanischen Begriffe fortschreiten. Das geeignetste und glänzendste Beispiel einer solchen Anwendung war die Bewegung der Planeten, und ich brauche hier nur daran zu erinnern, welch leuchtendes Vorbild die Astronomie für die Entwicklung aller anderen Naturwissenschaften gewesen ist. In ihr wurde durch die Gravitationstheorie zum ersten Male eine ungeheure und verwickelte Masse von Tatsachen unter ein einziges Prinzip von größter Einfachheit zusammengefaßt, eine Übereinstimmung der Theorie und der Tatsachen erreicht, wie sie weder früher noch später in einem anderen Felde je wieder erreicht werden konnte. An den Bedürfnissen der Astronomie haben sich fast alle genaueren Messungsmethoden, sowie die meisten Fortschritte der neueren Mathematik entwickelt; sie war besonders geeignet, auch die Augen der Laien auf sich zu ziehen, teils durch die Erhabenheit ihrer Gegenstände, teils durch den praktischen Nutzen, den sie der Schiffahrt, der Geodäsie und dadurch einer Menge von industriellen und sozialen Interessen brachte.

Galilei begann mit dem Studium der irdischen Schwere; Newton dehnte deren Anwendung, anfangs vorsichtig und zögernd auf den Mond, dann kühner auf alle Planeten aus. Die neuere Zeit hat gelehrt, daß dieselben Gesetze der aller wägbaren Masse gemeinsamen Trägheit und Gravitation ihre Anwendung finden bis hinein in die Bahnen der entferntesten Doppelsterne, von denen das Licht noch zu uns kommt.

In der zweiten Hälfte des vorigen und der ersten Hälfte des laufenden Jahrhunderts reihte sich daran die große Entwicklung der Chemie, welche die alte Aufgabe, die Elemente zu finden, woran sich so viele metaphysische Spekulationen geknüpft hatten, endlich tatsächlich löste; und wie sich dann immer die Wirklichkeit viel reicher erweist, als die kühnste und phantasiereichste Spekulation, so traten nun an die Stelle der vier alten metaphysischen Elemente, Feuer, Wasser, Luft und Erde, die später bis auf die Zahl von 65 vermehrten Elemente der neueren Chemie. Die Wissenschaft hat erwiesen, daß diese Elemente wirklich unzerstörbar sind, unveränderlich in ihrer Masse, unveränderlich auch in ihren Eigenschaften, insofern als sie aus jedem Zustande, in den sie übergeführt worden sind, immer wieder ausgeschieden und auf dieselben Eigenschaften, die sie früher irgend einmal in isoliertem Zustande gehabt haben, zurückgeführt werden können. In allem bunten Wechsel der Erscheinungen der belebten und unbelebten Natur, soweit sie uns zugänglich sind, in allen den überraschenden Resultaten chemischer Zersetzung und Verbindung, deren Anzahl und Mannigfaltigkeit unsere Chemiker mit unermüdlichem Fleiße jedes Jahr in steigendem Maße vermehren, herrscht das eine Gesetz von der Unveränderlichkeit der Stoffe mit ausnahmsloser Notwendigkeit. Und schon ist die Chemie mit der Spektralanalyse hinausgedrungen in die Tiefen des unermeßlichen Raumes, und hat in dessen fernsten Sonnen- und Nebelflecken die Spuren wohlbekannter irdischer Elemente aufgefunden, so daß an der durchgehenden Gleichartigkeit der Stoffe im Weltall nicht zu zweifeln ist, wenn auch immerhin einzelne Elemente auf einzelne Gruppen von Weltkörpern beschränkt sein mögen.

An diese Konstanz der Elemente schließt sich eine andere weitergehende Folgerung. Die Chemie erwies durch tatsächliche Untersuchung, daß alle Masse aus den von ihr gefundenen Elementen zusammengesetzt ist. Die Elemente können ihre Verbindung und Mischung untereinander, die Art ihrer Aggregation oder ihrer Molekularstruktur mannigfach verändern, das heißt sie können die Art ihrer Verteilung im Raume verändern. Dagegen zeigen sie sich als durchaus unveränderlich in ihren Eigenschaften; das heißt, wenn sie in dieselbe Verbindung, beziehlich Isolierung, und in dieselbe Aggregation zurückgeführt werden, zeigen sie immer wieder dieselben Eigenschaften. Sind aber alle elementaren Substanzen unveränderlich nach ihren Eigenschaften und nur veränderlich nach ihrer Mischung, nach ihrer Aggregation, das heißt nach ihrer Verteilung im Raume, so ist alle Veränderung in der Welt Änderung der räumlichen Verteilung der elementaren Stoffe und kommt in letzter Instanz zustande durch Bewegung.

Ist aber Bewegung die Urveränderung, welche allen anderen Veränderungen in der Welt zu Grunde liegt, so sind alle elementaren Kräfte Bewegungskräfte, und das Endziel der Naturwissenschaften ist, die allen anderen Veränderungen zugrunde liegenden Bewegungen und deren Triebkräfte zu finden, also sich in Mechanik aufzulösen.

Wenn dies nun auch offenbar die letzte Konsequenz der nachgewiesenen quantitativen und qualitativen Unveränderlichkeit der Materie ist, so bleibt sie doch zuvörderst nur als eine ideale Forderung stehen, von deren Verwirklichung wir noch weit entfernt sind. Erst in beschränkten Gebieten ist es gelungen, die Rückführung der unmittelbar beobachteten Veränderungen auf Bewegungen und Bewegungskräfte bestimmter Art zustande zu bringen. Außer der Astronomie sind hier die rein mechanischen Teile der Physik, dann die Akustik, Optik, Elektrizitätslehre zu nennen; in der Wärmelehre und in der Chemie wird schon eifrig an der Ausbildung bestimmter Vorstellungen über die Form der Bewegungen und Lagerungen der Molekeln gearbeitet, in den physiologischen Wissenschaften sind kaum erst unbestimmte Anfänge davon vorhanden.

Um so wichtiger ist es, daß sich im Laufe des letzten Vierteljahrhunderts ein bedeutender und allgemeingültiger Fortschritt vollzogen hat, der geradezu auf das bezeichnete Ziel hin gerichtet ist. Wenn alle elementaren Kräfte Bewegungskräfte, alle also gleicher Natur sind, so müssen sie alle nach dem gleichen Maße, nämlich dem Maße der mechanischen Kräfte, zu messen sein. Und daß dies der Fall sei, ist in der Tat schon als erwiesen zu betrachten. Das Gesetz, welches dies ausspricht, ist unter dem Namen des Gesetzes von der Erhaltung der Kraft bekannt.

Für einen beschränkten Kreis von Naturerscheinungen war dasselbe schon von Newton ausgesprochen worden, deutlicher und allgemeiner dann von Bernoulli, von wo ab es in anerkannter Gültigkeit für den größeren Teil der bekannten rein mechanischen Vorgänge stehen blieb. Einzelne Erweiterungen tauchten gelegentlich auf, namentlich bei Rumford, Humphrey Davy, Montgolfier. Aber als der, welcher zuerst den Begriff dieses Gesetzes rein und klar erfaßt und seine absolute Allgemeingültigkeit auszusprechen gewagt hat, ist zu nennen Dr. Robert Mayer von Heilbronn. Während Herr Mayer durch physiologische Fragen zu der Entdeckung der allgemeinsten Form dieses Gesetzes geleitet wurde, waren es technische Fragen des Maschinenbaues, die gleichzeitig und unabhängig von ihm Herrn Joule in Manchester zu denselben Überlegungen führten, und letzterem verdanken wir namentlich die wichtigen und mühsamen Experimentaluntersuchungen über dasjenige Gebiet, in welchem die Gültigkeit des Gesetzes von der Erhaltung der Kraft am zweifelhaftesten erscheinen konnte, und wo die wichtigsten Lücken unserer tatsächlichen Kenntnisse bestanden, nämlich die Erzeugung von Arbeit durch Wärme und von Wärme durch Arbeit.

Um das Gesetz klar hinzustellen, mußte im Gegensatze zu dem früher von Galilei gefundenen Begriffe der Intensität der Kraft ein neuer mechanischer Begriff ausgearbeitet werden, den wir als den Begriff der Quantität der Kraft bezeichnen können, und der auch sonst Quantität der Arbeit oder der Energie genannt worden ist.

Dieser Begriff der Quantität der Kraft war vorbereitet worden teils in der theoretischen Mechanik durch den Begriff des Quantums lebendiger Kraft einer bewegten Masse, teils in der praktischen Mechanik durch den Begriff der Triebkraft, die nötig ist, um eine Maschine in Gang zu halten. Auch hatten die Maschinentechniker schon das Maß gefunden, nach welchem eine jede Triebkraft zu messen ist, indem sie bestimmten, wie viel Pfunde dadurch in der Sekunde um einen Fuß gehoben werden können; so wird bekanntlich eine Pferdekraft definiert gleich der zur Hebung von 70 Kilogramm um einen Meter für jede Sekunde nötigen Triebkraft.

In der Tat tritt an den Maschinen und den zu ihren Bewegungen nötigen Triebkräften die durch das Gesetz von der Erhaltung der Kraft ausgesprochene Gleichartigkeit aller Naturkräfte in der am meisten populären Form heraus. Jede Maschine, welche in Tätigkeit gesetzt werden soll, bedarf einer mechanischen Triebkraft. Wo diese hergenommen wird und welche Form sie hat, ist einerlei, wenn sie nur groß genug ist und anhaltend wirkt. Bald brauchen wir eine Dampfmaschine, bald ein Wasserrad oder eine Turbine, bald Pferde oder Ochsen an einem Göpelwerk, bald eine Windmühle oder, wenn nicht viel Kraft nötig ist, den menschlichen Arm, ein aufgezogenes Gewicht oder eine elektro-magnetische Maschine. Welche von diesen Triebkräften wir wählen, ist nur abhängig von der Größe der Kraft, die wir brauchen, und von der Gunst der Gelegenheit. In der Wassermühle wirkt die Schwere des von den Bergen herabfließenden Wassers; hinaufgeschafft auf die Berge wird es durch die meteorologischen Prozesse, diese sind die Quelle der Triebkraft für die Mühle. In der Windmühle ist es die lebendige Kraft der bewegten Luft, welche die Flügel umtreibt; auch diese Bewegung stammt aus den meteorologischen Prozessen der Atmosphäre. In der Dampfmaschine ist es die Spannkraft der erhitzten Dämpfe, welche den Stempel hin- und herschiebt; diese wird hervorgerufen durch die Wärme, die im Feuerraume durch Verbrennung der Kohlen, das heißt durch einen chemischen Prozeß, erzeugt wird. Letzterer ist hier die Quelle der Triebkraft. Ist es ein Pferd oder der menschliche Arm, welche arbeiten, so sind es deren Muskeln, welche, angeregt durch die Nerven, unmittelbar die mechanische Kraft erzeugen. Damit aber der lebende Körper Muskelkraft erzeugen könne, muß er genährt werden und atmen. Die Nahrungsmittel, die er einnimmt, scheiden wieder aus ihm aus, nachdem sie sich mit dem Sauerstoff der geatmeten Luft zu Kohlensäure und Wasser verbunden haben. Wiederum ist also auch hier ein chemischer Prozeß nötig, um dauernd die Muskelkraft zu unterhalten. Dasselbe gilt für die elektro-magnetischen Maschinen unserer Telegraphen.

So gewinnen wir mechanische Triebkraft aus den allerverschiedenartigsten Naturprozessen in der verschiedenartigsten Weise, aber, wie wir gleich dabei bemerken müssen, auch immer nur in begrenzter Quantität. Wir verbrauchen immer etwas dabei, was uns die Natur liefert. Wir verbrauchen in der Wassermühle eine Quantität in der Höhe angesammelten Wassers, wir verbrauchen Kohlen in der Dampfmaschine, Zink und Schwefelsäure in der elektro-magnetischen Maschine, Nahrungsmittel für das arbeitende Pferd; wir verbrauchen in der Windmühle die Bewegung des Windes, welche an deren Flügeln gehemmt wird.

Umgekehrt, steht uns eine Triebkraft zur Verfügung, so können wir die verschiedenartigsten Wirkungen damit erreichen. Ich brauche hier die zahllose Mannigfaltigkeit industrieller Maschinen und die verschiedenartige Arbeit, die sie leisten, nicht aufzuzählen.

Achten wir vielmehr auf die physikalischen Unterschiede der möglichen Leistungen einer Triebkraft. Wir können mit ihrer Hilfe Lasten heben, Wasser in die Höhe pumpen, Gase verdichten, Eisenbahnzüge in Bewegung setzen, durch Reibung Wärme erzeugen. Wir können durch sie magnet-elektrische Maschinen drehen, dadurch elektrische Ströme erzeugen, und mit deren Hilfe Wasser oder andere chemische Verbindungen von stärkster Verwandtschaft zersetzen, Drähte glühend machen, Eisen magnetisieren usw.

So können wir, wenn uns eine ausreichende mechanische Triebkraft zu Gebote steht, alle diejenigen Zustände und Bedingungen wieder restituieren, von denen ausgehend wir nach der zuerst gegebenen Aufzählung mechanische Triebkraft gewinnen konnten.

Wie aber die aus einem bestimmten Naturprozeß zu gewinnende Triebkraft eine begrenzte ist, so ist auch andererseits der Betrag der Veränderungen begrenzt, die wir durch Aufwendung einer bestimmten Triebkraft hervorbringen können.

Diese Erfahrungen, die zunächst vereinzelt an Maschinen und physikalischen Apparaten gemacht waren, haben sich nun vereinigen lassen in ein Naturgesetz von weitreichendster Gültigkeit. Jede Veränderung in der Natur ist äquivalent einer gewissen Erzeugung oder einem gewissen Verbrauch an Triebkraft. Wird Triebkraft erzeugt, so kann sie entweder als solche zur Erscheinung kommen, oder unmittelbar wieder verbraucht werden, um andere Veränderungen von äquivalenter Größe hervorzubringen. Die hauptsächlichsten Bestimmungen dieser Äquivalenz beruhen auf Joules Messungen des mechanischen Wärmeäquivalents. Wenn wir eine Dampfmaschine durch zugeleitete Wärme in Bewegung setzen, so verschwindet in ihr Wärme proportional der geleisteten · Arbeit; und zwar ist die Wärme, welche ein bestimmtes Gewicht Wasser um einen Grad der hundertteiligen Skala erwärmen kann, fähig, in Arbeit verwandelt, dasselbe Gewicht Wasser zur Höhe von 425 Meter zu heben. Und wenn wir Arbeit durch Reibung in Wärme verwandeln, brauchen wir wiederum, um ein bestimmtes Gewicht Wasser um einen Zentesimalgrad zu erwärmen, die Triebkraft, welche dasselbe Gewicht Wasser gegeben haben würde, wenn es von 425 Meter Höhe herabgeflossen wäre. Die chemischen Prozesse erzeugen Wärme in bestimmtem Verhältnis; dadurch ist auch die solchen chemischen Kräften äquivalente Triebkraft bestimmt, und somit auch die Energie der chemischen Verwandtschaftskraft nach mechanischem Maße meßbar. Dasselbe gilt für alle anderen Formen der Naturkräfte, was hier nicht weiter ausgeführt zu werden braucht.

So stellt sich denn als Ergebnis der betreffenden Untersuchungen heraus, daß alle Naturkräfte nach demselben mechanischen Maße meßbar, und daß alle in Bezug auf Arbeitsleistung reinen Bewegungskräften äquivalent sind. Dadurch ist zunächst ein erster und bedeutender Fortschritt vollführt zu der Lösung der umfassenden theoretischen Aufgabe, alle Naturerscheinungen auf Bewegungen zurückzuführen.

Während die bisher angestellten Überlegungen mehr den logischen Wert des Gesetzes von der Erhaltung der Kraft klarzustellen suchen sollten, spricht sich seine faktische Bedeutung für die allgemeine Auffassung der Naturprozesse in dem großartigen Zusammenhange aus, den es zwischen sämtlichen Vorgängen des Weltalls über alle Entfernungen in Raum und Zeit hinaus eröffnet. Das Weltall erscheint, nach diesem Gesetze, ausgestattet mit einem Vorrate an Energie, der durch allen bunten Wechsel der Naturprozesse nicht vermehrt, aber auch nicht vermindert werden kann; der da fortbesteht in stets wechselnder Erscheinungsweise, aber, wie die Materie, von Ewigkeit zu Ewigkeit in unveränderlicher Größe; wirkend im Raume, aber nicht, wie die Materie, teilbar mit dem Raume. Alle Veränderung in der Welt besteht nur in einem Wechsel der Erscheinungsform dieses Vorrats von Energie. Hier erscheint ein Teil desselben als lebendige Kraft bewegter Massen, dort als regelmäßige Oszillation in Licht und Schall, dann wieder als Wärme, das heißt als unregelmäßige Bewegung der unsichtbar kleinen Körperteilchen; bald erscheint die Energie in Form der Schwere zweier gegeneinander gravitierenden Massen, bald als innere Spannung und Druck elastischer Körper, bald als chemische Anziehung, elektrische Ladung oder magnetische Verteilung. Schwindet sie in einer Form, so erscheint sie sicher in einer anderen; und wo sie in neuer Form erscheint, sind wir auch sicher, daß eine ihrer anderen Erscheinungsformen verbraucht ist.

Das von Clausius berichtete Carnotsche Gesetz der mechanischen Wärmetheorie läßt uns sogar erkennen, daß dieser Wechsel im Allgemeinen fortdauernd in einer bestimmten Richtung fortschreitet, indem immer mehr von dem großen Vorrate der Energie des Weltalls in die Form von Wärme übergehen muß.

So können wir im Geiste zurückgehen auf den Anfangszustand, wo die Masse unserer Weltkörper noch kalt, wahrscheinlich als chaotischer Dampf oder Staub im Weltraum verteilt war. Wir sehen, daß sie sich erwärmen mußte, wenn sie sich unter dem Einflusse der Schwerkraft zusammenballte. Auch jetzt noch erkennen wir Reste der lose verteilten Materie mittels der Spektralanalyse (einer Methode, deren theoretische Prinzipien selbst aus der mechanischen Wärmetheorie herfließen) in den Nebelflecken, wir erkennen sie in den Meteorschwärmen und Kometen; der Ballungsprozeß und die Wärmeentwicklung gehen noch immer fort, wenn sie auch in unserem Teile des Weltraums größtenteils vollendet sind. Der größte Teil der ehemaligen Energie der Masse, welche jetzt unserem Sonnensystem angehört, besteht gegenwärtig als Wärme der Sonne. Aber diese Energie bleibt nicht ewig unserem Systeme erhalten; fortdauernd strahlen Teile von ihr hinaus als Licht und Wärme in die unendlichen Weltenräume. Bei diesem Hinausstrahlen empfängt auch unsere Erde ihren Anteil. Die einstrahlende Sonnenwärme aber ist es, welche an der Erdfläche die Winde und die Meeresströme erzeugt, die die Wasserdämpfe aus den tropischen Meeren aufsteigen und herüber auf Gebirge und Länder destillieren läßt, wonach sie wieder als Quellen und Ströme zum Meere zurückfließen. Die Sonnenstrahlen geben den Pflanzen die Kraft, aus der Kohlensäure und dem Wasser wieder verbrennliche Stoffe abzuscheiden, welche den Tieren als Nahrung dienen, und so ist auch in dem bunten Wechsel des organischen Lebens die treibende Kraft nur aus dem ewigen großen Vorrate des Weltalls herzuleiten.

Dies erhabene Bild des Zusammenhangs aller Naturvorgänge ist in neuerer Zeit oft ausgemalt worden; ich brauche hier nur an seine große Züge zu erinnern. Wenn die Aufgabe der Naturwissenschaften darin besteht, die Gesetze zu finden, so ist hier in der Tat ein Schritt nach vorwärts von umfassendster Bedeutung geschehen.

Die eben erwähnte Anwendung des Gesetzes von der Erhaltung der Kraft auf die Vorgänge in Tieren und Pflanzen führt uns zu einer anderen Richtung hinüber, in welcher die Erkenntnis der Gesetzmäßigkeit der Natur Fortschritte gemacht hat. Das genannte Gesetz ist nämlich auch in den prinzipiellen Fragen der Physiologie von der eingreifendsten Bedeutung; und eben deshalb wurden Robert Mayer und ich selbst gerade von Seite der Physiologie her zu den auf die Erhaltung der Kraft bezüglichen Untersuchungen geführt.

Den Erscheinungen der unorganischen Natur gegenüber bestand, die Grundsätze der Methode betreffend, schon längst kein Zweifel mehr. Es war klar, daß feste Gesetze der Erscheinungen zu suchen waren, und es gab Beispiele genug, daß solche Gesetze sich finden ließen.

Der größeren Verwicklung der Lebensvorgänge, ihrer Verbindung mit den Seelentätigkeiten und der unverkennbaren Zweckmäßigkeit der organischen Bildungen gegenüber konnte indessen selbst die Existenz einer festen Gesetzmäßigkeit zweifelhaft erscheinen, und in der Tat hat die Physiologie von jeher mit der Prinzipienfrage gekämpft: Sind alle Lebensvorgänge absolut gesetzmäßig? oder gibt es irgend einen kleineren oder größeren Umkreis derselben, innerhalb dessen Freiheit herrscht? Mehr oder weniger durch Worte verdeckt war und ist, namentlich außerhalb Deutschlands, noch jetzt die Ansicht von Paracelsus, Helmont und Stahl verbreitet, daß eine »Lebensseele«, die mehr oder weniger ähnlich begabt sei, wie die bewußte Seele des Menschen, die organischen Vorgänge reagiere.

Zwar wurde der Einfluß der unorganischen Naturkräfte auch in den Organismen anerkannt, indem man annahm, daß die Lebensseele Macht über die Materie nur mittels der physikalischen und chemischen Kräfte der Materie selbst habe, und also ohne deren Hilfe nichts ausführen könne, daß ihr aber die Fähigkeit zukomme, die Wirksamkeit dieser Kräfte zu binden und zu lösen, je nachdem es ihr gut scheine.

Nach dem Tode, nicht mehr gebunden durch den Einfluß der Lebensseele oder Lebenskraft, seien es gerade die chemischen Kräfte der organischen Masse, welche die Fäulnis herbeiführten. Übrigens blieb die Fähigkeit, den Körper planmäßig aufzubauen und sich zweckmäßig den äußeren Umständen zu akkommodieren, bei allem Wechsel der Ausdrucksweise, mochte man nun von dem Archäus, oder von der Anima inscia, oder von der Lebenskraft und Naturheilkraft sprechen, das wesentlichste Attribut dieses hypothetischen regierenden Prinzips der vitalistischen Theorie, für welches deshalb seinen Attributen nach auch nur der Name einer »Seele« wirklich paßte.

Es ist aber klar, daß die genannte Vorstellung dem Gesetze von der Erhaltung der Kraft direkt widerspricht. Könnte die Lebenskraft die Schwere eines Gewichtes zeitweilig aufheben, so würde dasselbe ohne Arbeit zu beliebiger Höhe geschafft werden können, und später, wenn die Wirkung seiner Schwere wieder freigegeben wäre, beliebig große Arbeit zu leisten vermögen. So wäre Arbeit ohne Gegenleistung aus Nichts zu schaffen. Könnte die Lebenskraft zeitweilig die chemische Anziehung des Kohlenstoffs zum Sauerstoff aufheben, so würde Kohlensäure ohne Arbeitsaufwand zu zerlegen sein, und der freigewordene Kohlenstoff und Sauerstoff würde wieder neue Arbeit leisten können.

In der Tat finden wir aber keine Spur davon, daß die lebenden Organismen irgend welches Quantum Arbeit ohne entsprechenden Verbrauch erzeugen könnten. Wenn wir nur auf die Arbeitsleistung Rücksicht nehmen, so sind die

Leistungen der Tiere denen der Dampfmaschinen durchaus ähnlich. Die Tiere, wie die Maschinen, können sich bewegen und arbeiten, nur wenn sie fortdauernd Brennmaterial, nämlich Nahrungsmittel, und sauerstoffhaltige Luft zugeführt erhalten; beide geben die aufgenommenen Stoffe in verbranntem Zustande wieder aus, und beide erzeugen dabei Wärme und Arbeit. Die bisherigen Untersuchungen über das Quantum der Wärme, welche ein ruhendes Tier erzeugt, widersprechen auch durchaus nicht der Annahme, daß diese Wärme genau gleich ist dem Arbeitsäquivalent der in Tätigkeit gesetzten chemischen Verwandtschaftskräfte.

Für die Leistungen der Pflanzen ist in den Sonnenstrahlen eine jedenfalls genügende Kraftquelle vorhanden, deren sie bedürfen, um das organische Material ihres Körpers zu vermehren. Indessen sind allerdings für sie sowohl, wie für die Tiere, genaue quantitative Untersuchungen der verbrauchten und erzeugten Kraftäquivalente noch erst auszuführen, um die strenge Übereinstimmung beider Größen tatsächlich zu konstatieren.

Ist aber das Gesetz von der Erhaltung der Kraft auch für die lebenden Wesen gültig, so folgt daraus, daß die physikalischen und chemischen Kräfte der zum Aufbau ihres Körpers verwendeten Stoffe ohne Unterbrechung und ohne Willkür fortdauernd tätig sind, und daß ihre strenge Gesetzlichkeit in keinem Augenblick durchbrochen wird.

Die Physiologie mußte sich also entschließen, mit einer unbedingten Gesetzlichkeit der Naturkräfte auch in der Erforschung der Lebensvorgänge zu rechnen; sie mußte Ernst machen mit der Verfolgung der physikalischen und chemischen Prozesse, die innerhalb der Organismen vor sich gehen. [...]

Eine nicht hoch genug zu schätzende Unterstützung für diese Klärung der Grundprinzipien der Lehre vom Leben kam von der Seite der beschreibenden Naturwissenschaften durch Darwins Theorie von der Fortbildung der organischen Formen, indem durch sie die Möglichkeit einer ganz

neuen Deutung der organischen Zweckmäßigkeit gegeben
wurde.

Die in der Tat wunderbare und vor der wachsenden Wissenschaft immer reicher sich entfaltende Zweckmäßigkeit im Aufbau und den Verrichtungen der lebenden Wesen war wohl das Hauptmotiv gewesen, welches zur Vergleichung der Lebensvorgänge mit den Handlungen eines seelenartig wirkenden Prinzips herausforderte. Wir kennen in der ganzen uns umgebenden Welt nur eine einzige Reihe von Erscheinungen, die einen ähnlichen Charakter zeigen, das sind die Werke und Handlungen eines intelligenten Menschen; und wir müssen anerkennen, daß in unendlich vielen Fällen die organische Zweckmäßigkeit den Fähigkeiten der menschlichen Intelligenz so außerordentlich überlegen erscheint, daß man ihr eher einen höheren als einen niederen Charakter zuzuschreiben geneigt sein möchte.

Man wußte daher vor Darwin nur zwei Erklärungen der organischen Zweckmäßigkeit zu geben, welche aber beide auf Eingriffe freier Intelligenz in den Ablauf der Naturprozesse zurückführten. Entweder betrachtete man der vitalistischen Theorie gemäß die Lebensprozesse als fortdauernd geleitet durch eine Lebensseele, oder aber man griff für jede lebende Spezies auf einen Akt übernatürlicher Intelligenz zurück, durch die sie entstanden sein sollte. Die letztere Ansicht nahm zwar seltenere Durchbrechungen des gesetzlichen Zusammenhanges der Naturerscheinungen an, und erlaubte die gegenwärtig zu beobachtenden Vorgänge in den jetzt bestehenden Arten lebender Wesen streng wissenschaftlich zu behandeln. Aber auch sie wußte jene Durchbrechungen nicht vollständig zu beseitigen, und erfreute sich deshalb kaum einer erheblichen Gunst der vitalistischen Ansicht gegenüber, welche gleichsam durch den Augenschein, das heißt durch das natürliche Streben hinter ähnlichen Erscheinungen auch ähnliche Ursachen zu suchen, mächtig gestützt wurde.

Darwins Theorie enthält einen wesentlich neuen schöpferischen Gedanken. Sie zeigt, wie Zweckmäßigkeit der Bildung in den Organismen auch ohne alle Einmischung von Intelligenz durch das blinde Walten eines Naturgesetzes entstehen kann. Es ist dies das Gesetz der Forterbung der individuellen Eigentümlichkeiten von den Eltern auf die Nachkommen; ein Gesetz, das längst bekannt und anerkannt war, und nur eine bestimmtere Abgrenzung zu erhalten brauchte. Wenn beide Eltern gemeinsame individuelle Eigentümlichkeiten haben, so nimmt auch die Majorität ihrer Nachkommen an denselben Teil, und wenn auch einige unter diesen vorkommen, die eine Verminderung der genannten Eigentümlichkeiten zeigen, so finden sich dagegen unter einer größeren Anzahl von Nachkommen regelmäßig auch andere, die eine Steigerung derselben Eigenschaften zeigen. Werden nun vorzugsweise die letzteren zur Erzeugung neuer Nachzucht benutzt, so kann eine immer weiter und weiter gehende Steigerung solcher Eigentümlichkeiten erzielt und vererbt werden. Dies ist in der Tat das Verfahren, welches Tierzüchter und Gärtner anwenden, um mit großer Sicherheit neue Rassen und Varietäten von sehr merklich abweichenden Eigenschaften zu erziehen. Die Erfahrungen der künstlichen Züchtung sind wissenschaftlich als eine Bestätigung des angeführten Gesetzes durch das Experiment zu betrachten, und zwar ist dieses Experiment mit Arten aus allen Klassen der organischen Reiche, in einer ungeheuren Anzahl von Fällen und in Beziehung auf die verschiedensten Organe des Körpers schon geglückt, und wird fortdauernd tausendfältig wiederholt.

Nachdem auf diese Weise die allgemeine Wirksamkeit des Erblichkeitsgesetzes festgestellt war, handelte es sich für Darwin nur noch darum, zu diskutieren, welche Folgen dasselbe Gesetz für die wild lebenden Tiere und Pflanzen haben müsse. Das bekannte Ergebnis ist, daß diejenigen Individuen, welche im Kampfe um das Dasein sich durch irgend welche vorteilhafte Eigenschaften auszeichnen, auch am meisten Wahrscheinlichkeit haben, Nachkommenschaft zu erzeugen, und dieser ihre vorteilhaften Eigenschaften zu vererben. Dadurch ist also eine allmählich von Generation zu Generation sich vervollkommnende Anpassung jeder Art lebender Wesen an die Umstände bedingt, unter denen sie zu leben haben, bis ihr Typus so weit ausgebildet ist, daß jede erhebliche Abweichung von ihm unvorteilhaft wird. Dann wird der Typus fest für so lange Zeit, als die äußeren Bedingungen seiner Existenz im wesentlichen unverändert bleiben. Einen solchen nahehin festen Zustand scheinen die jetzt lebenden Geschöpfe erreicht zu haben; daher, für die Zeiten der Menschengeschichte wenigstens, vorwiegend die Konstanz der Spezies beobachtet wird.

Noch besteht um die Wahrheit oder Wahrscheinlichkeit von Darwins Theorie lebhafter Streit; er dreht sich aber doch eigentlich nur um die Grenzen, welche wir für die Veränderlichkeit der Arten annehmen dürfen. Daß innerhalb derselben Spezies erbliche Rassenverschiedenheiten auf die von Darwin beschriebene Weise zustande kommen können, ja daß viele der bisher als verschiedene Spezies derselben Gattung betrachteten Formen von derselben Urform abstammen, werden auch seine Gegner kaum leugnen. Ob wir uns aber hierauf beschränken müssen, oder ob wir vielleicht alle Säugetiere von einem ersten Beuteltier, oder auch weiter alle Wirbeltiere von einem ersten Lancettfischchen, oder gar alle Tiere und Pflanzen zusammengenommen aus dem schleimigen Protoplasma eines Eozoon ableiten dürfen, darüber entscheiden im Augenblick allerdings mehr die Neigungen der einzelnen Forscher, als die Tatsachen. Doch häufen sich schon immer mehr die Bindeglieder zwischen den Klassen von scheinbar unvereinbarem Typus; schon sind in regelmäßig gelagerten geologischen Schichten wirklich nachweisbare Übergänge sehr verschiedener Formen ineinander gefunden worden, und es wächst unverkennbar, seitdem man danach sucht, die Zahl der Tatsachen, welche mit Darwins Theorie übereinstimmen und ihr im einzelnen immer speziellere Ausführung geben.

Daneben wollen wir nicht vergessen, welches klare Verständnis Darwins großer Gedanke in die bis dahin so mysteriösen Begriffe der natürlichen Verwandtschaft, des natürlichen Systems und der Homologie der Organe bei verschiedenen Tieren gebracht hat; wie die wunderbare Wiederholung der niederen Tierbildungen bei den Embryonen der höheren, die der natürlichen Verwandtschaft folgende Entwicklung der paläontologischen Formen, die eigentümlichen Verwandtschaftsverhältnisse innerhalb der geographisch beschränkten Faunen und Floren sich aus ihm erklärt haben. Die natürliche Verwandtschaft erschien sonst nur als eine rätselhafte, aber vollkommen grundlose Ähnlichkeit der Formen; jetzt ist sie zur wirklichen Blutsverwandtschaft geworden. Das natürliche System drängte sich zwar der Anschauung als solches auf, aber die Theorie leugnete eigentlich jede reelle Bedeutung desselben; jetzt erhält es die Bedeutung eines wirklichen Stammbaumes der Organismen. Die Tatsachen der paläontologischen und embryologischen Entwicklung, der geographischen Verteilung waren rätselhafte Wunderlichkeiten, solange man jede einzelne Spezies durch einen unabhängigen Schöpfungsakt erzeugt glaubte, oder warfen gar ein kaum vorteilhaft zu nennendes Licht auf das seltsam herumtastende Verfahren, welches dem Weltenschöpfer dabei zugemutet wurde. Darwin hat alle diese vereinzelten Gebiete aus dem Zustand einer Anhäufung rätselhafter Wunderlichkeiten in den Zusammenhang einer großen Entwicklung erhoben. Er hat an die Stelle einer Art von künstlerischer Anschauung oder Ahnung, wie sie für die Tatsachen der vergleichenden Anatomie und der Morphologie der Pflanzen schon für Goethe als einen der ersten aufgegangen war, bestimmte Begriffe gesetzt.

Damit ist auch die Möglichkeit bestimmter Fragestellung für die weitere Forschung gegeben; ein großer Gewinn jedenfalls, auch wenn sich herausstellen sollte, daß Darwins Theorie nicht die ganze Wahrheit umfaßt, und daß vielleicht neben den von ihm aufgewiesenen Einflüssen noch andere bei der Umformung der organischen Formen sich geltend gemacht haben sollten.

Während Darwins Theorie sich ausschließlich auf die durch die Reihe der geschlechtlichen Zeugungen eintretende allmähliche Umformung der Arten bezieht, ist bekannt, daß auch das einzelne Individuum sich den Bedingungen, unter denen es zu leben hat, bis zu einem gewissen Grade anpaßt, oder, wie wir zu sagen pflegen, eingewöhnt; daß also auch noch während des einzelnen Lebens eines Individuums eine gewisse höhere Ausbildung der organischen Zweckmäßigkeit gewonnen werden kann. Und gerade in demjenigen Gebiete des organischen Lebens, wo die Zweckmäßigkeit seiner Bildung den höchsten Grad erreicht und die meiste Bewunderung erlangt hat, nämlich im Gebiete der Sinneswahrnehmungen, lehren die neueren Fortschritte der Physiologie, daß diese individuelle Anpassung eine ganz hervorragende Rolle spielt.

Wer hat nicht schon die Treue und Genauigkeit der Nachrichten bewundert, welche unsere Sinne uns von der umgebenden Welt zuführen, vor allem die des in die Ferne dringenden Auges. Diese Nachrichten sind ja die Voraussetzungen für die Entschlüsse, die wir fassen, für die Handlungen, die wir ausführen; und nur wenn unsere Sinne uns richtige Wahrnehmungen zugeführt haben, können wir erwarten, richtig zu handeln, so daß der Erfolg unseren Erwartungen entspricht. Durch diesen Erfolg prüfen wir immer wieder die Treue der Berichte, welche die Sinne uns geben; und millionenfach wiederholte Erfahrung lehrt uns, daß diese Treue sehr groß, fast ausnahmslos ist. Wenigstens sind die Ausnahmen, die sogenannten Sinnestäuschungen, selten, und werden nur durch ganz besondere und ungewöhnliche Bedingungen herbeigeführt.

Sooft wir die Hand ausstrecken, um etwas zu ergreifen, oder den Fuß vorsetzen, um auf einen Gegenstand zu treten, müssen wir vorher richtige Gesichtsbilder über die Lage des zu berührenden Gegenstandes, seine Form, seine Entfernung usw. gebildet haben, sonst würden wir fehlgreifen oder fehltreten. Die Sicherheit und Genauigkeit unserer Sinneswahrnehmungen muß mindestens so weit gehen, als die Sicherheit und Genauigkeit, welche unsere Handlungen bei guter Einübung erreichen können; und der Glaube an die Zuverlässigkeit unserer Sinne ist deshalb kein blinder Glaube, sondern ein nach seiner praktischen Richtigkeit durch unzählbare Versuche immer wieder geprüfter und bewährter.

Ist nun diese Übereinstimmung zwischen den Sinneswahrnehmungen und ihren Objekten, diese Grundlage aller unserer Erkenntnisse, ein vorbereitetes Produkt der organischen Schöpfungskraft: so hat hier in der Tat deren zweckmäßiges Bilden den Gipfel seiner Vollendung erreicht. Aber gerade hier hat die Untersuchung der wirklichen Tatsachen den Glauben an die vorbestimmte Harmonie der inneren und äußeren Welt auf das Unbarmherzigste in Stücke zerschlagen.

Ich schweige von dem immerhin unerwarteten Ergebnisse der ophthalmometrischen und optischen Untersuchungen, wonach das Auge keineswegs ein vollkommenres optisches Instrument ist, als ein von Menschenhänden gemachtes, sondern im Gegenteil, außer den unvermeidlichen Fehlern eines jeden dioptrischen Instrumentes auch solche zeigt, die wir an einem künstlichen Instrumente bitter tadeln würden; daß auch das Ohr uns die äußeren Töne keineswegs im Verhältnis ihrer wirklichen Stärke zuträgt, sondern sie eigentümlich zerlegt, verändert und nach der Verschiedenheit ihrer Höhe in sehr verschiedenem Maße verstärkt oder schwächt.

Diese Abweichungen verschwinden gegen diejenigen, welche wir finden, wenn wir die Qualitäten der Sinnesempfindungen untersuchen, durch welche uns von den verschiedenen Eigenschaften der äußeren Dinge Kunde gegeben wird. In bezug auf letztere können wir geradezu den Beweis führen, daß gar keine Art und kein Grad von Ähnlichkeit besteht zwischen der Qualität einer Sinnesempfindung und der Qualität des äußeren Agens, durch welches sie erregt ist, und welches durch sie abgebildet wird.

Es war dies der Hauptsache nach schon durch das von
Johannes Müller aufgestellte Gesetz von den spezifischen
Sinnesenergien dargelegt worden. Danach kommt jedem
Sinnesnerven eine eigentümliche Weise der Empfindung
zu; jeder kann zwar durch eine ganze Anzahl von Erre-
gungsmitteln in Tätigkeit gebracht werden, aber dasselbe
Erregungsmittel kann meist auch verschiedene Sinnesorgane affizieren, und wie dies auch geschehen mag, immer
entsteht im Sehnerven nur Lichtempfindung, im Hörnerven nur Tonempfindung, überhaupt in jedem einzelnen
empfindenden Nerven nur eine seiner besonderen spezifischen Energie entsprechende Empfindung. Die allerein-
greifendsten Unterschiede der Qualitäten der Empfindung, nämlich die zwischen den Empfindungen verschiedener Sinne, hängen also durchaus nicht von der Natur des
äußeren Erregungsmittels, sondern nur von der Natur des
getroffenen Nervenapparates ab.

Die Tragweite dieses Müllerschen Gesetzes ist durch die
weiteren Forschungen nur vergrößert worden. Es ist
höchstwahrscheinlich geworden, daß selbst die Empfindungen verschiedener Farben und verschiedener Tonhö-
hen, also auch die qualitativen Unterschiede der Licht-
empfindungen untereinander und der Tonempfindungen
untereinander, von der Erregung verschiedener und mit
verschiedenen spezifischen Energien begabter Fasersy-
steme des Sehnerven, beziehlich des Hörnerven abhängen.
Die unendlich viel größere objektive Mannigfaltigkeit der
Lichtmischungen wird dadurch in der Empfindung auf
eine nur dreifache Verschiedenartigkeit, nämlich auf die
der Mischungen von drei Grundfarben, zurückgeführt.
Wegen dieser Reduzierung der Unterschiede können sehr
verschiedene Lichtmischungen gleich aussehen. Dabei hat
sich gezeigt, daß keinerlei Art von physikalischer Gleichheit
der subjektiven Gleichheit verschieden gemischter Licht-
mengen von gleicher Farbe entspricht. Es geht aus diesen
und ähnlichen Tatsachen die überaus wichtige Folgerung
hervor, daß unsere Empfindungen nach ihrer Qualität nur

Zeichen für die äußeren Objekte sind, und durchaus nicht Abbilder von irgendwelcher Ähnlichkeit. Ein Bild muß in irgendeiner Beziehung seinem Objekt gleichartig sein; wie zum Beispiel eine Statue mit dem abgebildeten Menschen gleiche Körperform, ein Gemälde gleiche Farbe und gleiche perspektivische Projektion hat. Für ein Zeichen genügt es, daß es zur Erscheinung komme, so oft der zu bezeichnende Vorgang eintritt, ohne daß irgendwelche andere Art von Übereinstimmung, als die Gleichzeitigkeit des Auftretens zwischen ihnen existiert; nur von dieser letzteren Art ist die Korrespondenz zwischen unseren Sinnesempfindungen und ihren Objekten. Sie sind Zeichen, welche wir lesen gelernt haben, sie sind eine durch unsere Organisation uns mitgegebene Sprache, in der die Außendinge zu uns reden; aber diese Sprache müssen wir durch Übung und Erfahrung verstehen lernen, ebensogut wie unsere Muttersprache.

Und nicht bloß mit den qualitativen Unterschieden der Empfindungen verhält es sich so, sondern auch jedenfalls mit dem größten und wichtigsten Teil, wenn nicht mit der Gesamtheit der räumlichen Unterschiede in unseren Wahrnehmungen. In dieser Beziehung ist namentlich die neuere Lehre vom binokularen Sehen und die Erfindung des Stereoskops von Wichtigkeit geworden. Was die Empfindung der beiden Augen uns unmittelbar und ohne Vermittlung psychischer Tätigkeiten liefern könnte, wären höchstens zwei etwas verschiedene flächenhafte Bilder der Außenwelt von je zwei Dimensionen, wie sie auf den beiden Netzhäuten liegen; statt dessen finden wir in unserer Anschauung ein räumliches Bild der uns umgebenden Welt von drei Dimensionen vor. Wir erkennen sinnlich ebensogut die Entfernung der nicht allzu entfernten Gegenstände von uns, wie ihr perspektivisches Nebeneinanderstehen, und vergleichen die wahre Größe zweier verschieden weit entfernter Objekte von ungleicher scheinbarer Größe viel sicherer miteinander, als die gleiche scheinbare Größe eines Fingers etwa und des Mondes.

Eine vor allen einzelnen Tatsachen stichhaltende Erklärung der räumlichen Gesichtswahrnehmungen gelingt es, meines Erachtens, nur zu geben, wenn man mit Lotze annimmt, daß den Empfindungen der räumlich verschieden gelagerten Nervenfasern gewisse Verschiedenheiten, Lokalzeichen, anhaften, deren Raumbedeutung von uns gelernt wird. Daß eine Kenntnis dieser Bedeutung unter solchen Voraussetzungen und unter Beihilfe der Bewegungen unseres Körpers gewonnen werden kann, und daß dabei gleichzeitig zu lernen ist, wie die Bewegungen richtig ausgeführt werden, um ihren erwarteten Erfolg zu erreichen und dessen Erreichung wahrzunehmen, ist von mehreren Seiten ausgeführt worden.

Auch diejenigen Physiologen, welche möglichst viel von der angeborenen Harmonie der Sinne mit der Außenwelt retten möchten, geben zu, daß die Erfahrung bei der Deutung der Gesichtsbilder außerordentlich einflußreich ist, und im Falle des Zweifels meist endgültig entscheidet. Der Streit bewegt sich gegenwärtig fast nur noch um die Frage, wie breit beim Neugeborenen etwa die Einmischung angeborener Triebe ist, welche die Einübung in das Verständnis der Sinnesempfindungen erleichtern könnten. Notwendig ist die Annahme solcher Triebe nicht; ja sie erschwert eher die Erklärung der gut beobachteten Phänomene beim Erwachsenen, als daß sie sie erleichtert.

Daraus geht nun hervor, daß diese feine und viel bewunderte Harmonie zwischen unseren Sinneswahrnehmungen und ihren Objekten im wesentlichen und mit nur zweifelhaften Ausnahmen eine individuell erworbene Anpassung ist, ein Produkt der Erfahrung, der Einübung, der Erinnerung an die früheren Fälle ähnlicher Art.

Hier schließt sich der Ring unserer Betrachtungen wieder zusammen und führt zu seinem Ausgangspunkt zurück. Wir sahen im Anfang, daß das, was unsere Wissenschaft zu erstreben hat, die Kenntnis der Gesetze sei, das heißt die Kenntnis, wie zu verschiedenen Zeiten auf gleiche Vorbedingungen gleiche Folgen eintreten. Wir sahen, wie in letzter Instanz alle Gesetze in Gesetze der Bewegung aufgelöst werden müssen. Wir sehen nun hier am Schluß, daß unsere Sinnesempfindungen nur Zeichen für die Veränderungen in der Außenwelt sind, und nur in der Darstellung der zeitlichen Folge die Bedeutung von Bildern haben. Eben deshalb sind sie aber auch imstande, die Gesetzmäßigkeit in der zeitlichen Folge der Naturphänomene direkt abzubilden. Wenn unter gleichen Umständen in der Natur die gleiche Wirkung eintritt, so wird auch der unter gleichen Umständen beobachtende Mensch die gleiche Folge von Eindrücken sich gesetzmäßig wiederholen sehen. So genügt, was unsere Sinnesorgane leisten, gerade für die Erfüllung der Aufgabe der Wissenschaft, und genügt auch gerade für die praktischen Zwecke des handelnden Menschen, der sich auf die teils unwillkürlich durch die alltägliche Erfahrung, teils absichtlich durch die Wissenschaft erworbene Kenntnis der Naturgesetze stützen muß.

Indem wir hiermit unsere Übersicht schließen, dürfen wir wohl ein uns befriedigendes Fazit ziehen. Die Wissenschaft von der Natur ist rüstig vorgeschritten, und zwar nicht nur zu vereinzelten Zielen, sondern in einem gemeinsamen großen Zusammenhang; das schon Geleistete mag die Erreichung weiterer Fortschritte verbürgen. Die Zweifel an der vollen Gesetzmäßigkeit der Natur sind immer mehr zurückgedrängt worden, immer allgemeinere und umfassendere Gesetze haben sich enthüllt. Daß diese Richtung des wissenschaftlichen Strebens eine gesunde ist, haben namentlich ihre großen praktischen Folgen deutlich erwiesen; und hier mag es mir erlaubt sein, die von mir speziell vertretene Wissenschaft besonders hervorzuheben. Gerade in der Physiologie war die wissenschaftliche Arbeit durch die Zweifel an der notwendigen Gesetzlichkeit, das heißt also an der Begreiflichkeit der Lebenserscheinungen, von lähmendem Einflusse gewesen, und derselbe erstreckte sich natürlich auch auf die von der Physiologie abhängende praktische Wissenschaft, die Medizin. Beide haben einen seit Jahrtausenden nicht dagewesenen Auf-

schwung gewonnen, seit man mit Ernst und Eifer sich der
naturwissenschaftlichen Methode, der genauen Beobachtung der Erscheinungen, dem Versuch zugewendet hat. Ich
kann als früherer praktischer Arzt persönlich davon Zeugnis ablegen. Meine Ausbildung fiel in eine Entwicklungsperiode der Medizin, wo bei den nachdenkenden und gewis-
senhaften Köpfen völlige Verzweiflung herrschte. Daß die
alten, überwiegend theoretisierenden Methoden, die Medizin zu betreiben, gänzlich haltlos waren, war nicht schwer
zu erkennen; mit diesen Theorien aber waren die wirklich
ihnen zugrunde liegenden Erfahrungstatsachen so unent-
wirrbar verstrickt, daß auch diese meist über Bord geworfen
wurden. Wie man die Wissenschaft neu aufbauen müsse,
war am Beispiel der übrigen Naturwissenschaften wohl
klar geworden; aber die neue Aufgabe stand riesengroß vor
uns; sie zu bewältigen war kaum ein Anfang gemacht, und
diese ersten Anfänge waren zum Teil recht grob und unge-
schickt. Wir dürfen uns nicht wundern, wenn viele redliche
und ernsthaft denkende Männer sich damals in Unbefriedi-
gung von der Medizin abwendeten, oder grundsätzlich sich
einem übertriebenen Empirismus ergaben.

Aber die rechte Arbeit brachte auch schneller ihre rechten Früchte, als es von vielen gehofft wurde. Die Einführung der mechanischen Begriffe in die Lehre von der Zir-
kulation und Respiration, das bessere Verständnis der Wär-
meerscheinungen, die feiner ausgebildete Physiologie der
Nerven ergaben schnell praktische Konsequenzen von der
größten Wichtigkeit; die mikroskopische Untersuchung
der parasitischen Gewebeformen, die großartige Entwicklung der pathologischen Anatomie lenkten von nebelhaf-
ten Theorien unwiderstehlich auf die Wirklichkeit hin.
Hier fand man viel bestimmtere Unterschiede und ein viel
deutlicheres Verständnis des Mechanismus der Krankheits-
prozesse, als es das Pulszählen, die Harnsedimente und der
Fiebertypus der älteren Medizin je gegeben hatten. Darf ich
einen Zweig der Medizin nennen, in welchem sich der Einfluß der naturwissenschaftlichen Methode wohl am glän-

zendsten gezeigt hat, so ist es die Augenheilkunde. Die eigentümliche Beschaffenheit des Auges begünstigt die Anwendung physikalischer Untersuchungsmethoden, sowohl für die funktionellen, wie für die anatomischen Störungen des lebenden Organs. Einfache physikalische Hilfsmittel, Brillen, bald sphärisch, bald zylindrisch, bald prismatisch, genügen heute in vielen Fällen zur Beseitigung von Mißständen, die früher das Organ dauernd leistungsunfähig erscheinen ließen; andererseits sind eine große Anzahl von Veränderungen, die früher erst zu erkennen waren, nachdem sie unheilbare Blindheit herbeigeführt hatten, jetzt in ihren Anfängen sicher zu entdecken und zu beseitigen. Die Augenheilkunde hat auch wohl deshalb, weil sie der wissenschaftlichen Methode die günstigsten Anhaltspunkte darbietet, besonders viele ausgezeichnete Forscher angezogen und sich schnell zu ihrer jetzigen Stellung entwickelt, in der sie den übrigen Zweigen der Medizin etwa ebenso als leuchtendes Beispiel der Leistungsfähigkeit der echten Methoden vorangeht, wie es lange Zeit die Astronomie den übrigen Naturwissenschaften tat.

Während in der Erforschung der unorganischen Natur die verschiedenen Nationen Europas ziemlich gleichmäßig vorschritten, gehört die neuere Entwicklung der Physiologie und Medizin vorzugsweise Deutschland an. Ich habe die Hindernisse schon bezeichnet, welche dem Fortschritt in diesen Gebieten früher entgegenstanden. Die Fragen über die Natur des Lebens hängen eng mit psychologischen und ethischen Fragen zusammen. Zunächst handelt es sich freilich auch hier um den unermüdlichen Fleiß, der für ideale Zwecke und ohne nahe Aussicht auf praktischen Nutzen, der reinen Wissenschaft zugewendet werden muß. Und wir dürfen es ja wohl von uns rühmen, daß gerade durch diesen begeisterten und entsagenden Fleiß, der für die innere Befriedigung und nicht für den äußeren Erfolg arbeitet, sich die deutschen Forscher von jeher ausgezeichnet haben.

Aber das Entscheidende war meiner Meinung nach in diesem Falle etwas anderes, nämlich, daß bei uns eine größere Furchtlosigkeit vor den Konsequenzen der ganzen und vollen Wahrheit herrscht, als anderswo. Auch in England und Frankreich gibt es ausgezeichnete Forscher, welche mit voller Energie in dem rechten Sinne der naturwissenschaftlichen Methode zu arbeiten imstande wären; aber sie mußten sich bisher fast immer beugen vor gesellschaftlichen und kirchlichen Vorurteilen, und konnten, wenn sie ihre Überzeugung offen aussprechen wollten, dies nur zum Schaden ihres gesellschaftlichen Einflusses und ihrer Wirksamkeit tun.

Deutschland ist kühner vorgegangen; es hat das Vertrauen gehabt, welches noch nie getäuscht worden ist, daß die vollerkannte Wahrheit auch die Heilmittel mit sich führt gegen die Gefahren und Nachteile, welche halbes Erkennen der Wahrheit hier und da zur Folge haben mag. Ein arbeitsfrohes, mäßiges, sittenstrenges Volk darf solche Kühnheit üben, es darf der Wahrheit voll in das Antlitz zu schauen suchen; es geht nicht zugrunde an der Aufstellung einiger voreiligen und einseitigen Theorien, wenn diese auch die Grundlagen der Sittlichkeit und der Gesellschaft anzutasten scheinen.

FERDINAND VON RICHTHOFEN

Die Gebirgsprovinz Sz'-tshwan in China

1874

Es ist mir die ehrenvolle Aufgabe zuteil geworden, in einem der bei diesen Versammlungen üblichen öffentlichen Vorträge einige der auf meinen Reisen in China gewonnenen Resultate zur Mitteilung zu bringen. Nicht ohne Befangenheit kann ich eine Bühne betreten, von welcher im Laufe der Jahre so viele glänzende und hochwichtige Ansprachen gehalten worden sind.

Es dürfte angemessen erscheinen, vor einer Naturforscher-Versammlung ein naturwissenschaftliches Thema zu behandeln. Allein da bei derselben seit zwei Jahren die Geographie als eine selbständige Sektion aufgenommen worden ist, darf ich mich der Hoffnung hingeben, daß auch ein Gegenstand aus diesem Zweige des Wissens nicht ohne allgemeines Interesse sein wird.

Der Name der Provinz Sz'-tshwan, von welcher ich versuchen will, Ihnen ein Bild vorzuführen, ist denjenigen, welche sich mit der Geographie des östlichen Asiens befaßt haben, wohl bekannt; eine allgemeine Kenntnis derselben ist aber wohl kaum vorauszusetzen. Und doch bezeichnet er ein Land, welches Deutschland an Bodenfläche wenig nachsteht und ihm mit seiner Bevölkerungszahl von wahrscheinlich 35 Millionen nahe kommt; ein Land voll großer und reicher Städte, unter denen zwei eine Seelenzahl von 700 000 und 800 000, und mehrere andere eine solche von 150 000 bis 300 000 erreichen, mit einem herrlichen Klima und einer Fülle der kostbarsten Produkte ausgestattet.

[...] Wenn Sie die politischen Grenzen der achtzehn Provinzen, in welche China geteilt ist, betrachten, so finden Sie Sz'tshwan als die westlichste Provinz des mittleren China und die größte des ganzen Reiches. Damit aber ist nur ein oberflächliches und unzureichendes Bild gewonnen. Eine höhere Aufgabe ist es, die geographische Lage eines Landes aus der Gestaltung der Oberfläche ausgedehnterer umgebender Gebiete heraus zu entwickeln. Um dies für Sz'-tshwan zu versuchen, muß ich weit ausholen und Sie bitten, sich an jenen merkwürdigen Knotenpunkt im fernen Westen zu versetzen, wo aus einer noch beinahe unbekannten Gebirgswelt die zwei gewaltigen Züge des Kwenlun und des Himalaya ostwärts ausstrahlen und sich ihnen nördlich der Pamir, das Dach der Welt, vorlagert, welcher, von Humboldt für eine Meridiankette gehalten und von ihm als Bolor-tagh bezeichnet, sich mehr und mehr als zum System der Ketten des Tïen-shan gehörig erweist, während der nach Westen gerichtete Hindu-kush, der Paropamisus der Alten, eine schmale Brücke zwischen dem östlichen und dem westlichen Hoch-Asien bildet, dem engen Hals vergleichbar, welcher die beiden weiten Körper einer Sanduhr verbindet. Noch hat uns kein Forschungsreisender genaue Kunde von der Natur dieses Knotenpunktes gebracht, und es bleibt hier ein geographisches Problem zu lösen, das von keinem zweiten auf der Erde an Interesse übertroffen wird. Aber wohl hat die Völkergeschichte den Ort, wo die Landschaften Bactriens nur durch einen schmalen Gebirgsdamm von denen am Indus getrennt sind, ausfindig gemacht. Lange ehe Alexander der Große seine Heere dort hinüber führte, waren Völker vom rauhen Nordwesten über den Paropamisus gestiegen, um sich verheerend über die Fluren Indiens zu wälzen, für eine Zeit zu den Trägern der Kultur emporzuschwingen, und später von anderen nachdrängenden Völkern erdrückt zu werden.

Wenden wir uns aus dem unbekannten Gebirgsland gegen Osten, so finden wir an der einzigen von wissenschaftlichen Reisenden erforschten Stelle den Himalaya und den Kwen-lun als zwei selbständige Gebirge, deren Hochkämme kaum 30 deutsche Meilen voneinander entfernt sind. Es ist dort wo Hayward und Shaw im Jahre 1868 von

Indien nach Kashgar zogen, und ihnen später Herr Forsyth zweimal folgte, das zweite Mal im Jahre 1873, um Handelsverträge zwischen der Regierung von Indien und derjenigen des Jakub-Begh, des gegenwärtigen Beherrschers von Ost-Turkestan, abzuschließen. Hochländer von 12000 bis 17000 Fuß über dem Meere breiten sich zwischen beiden Gebirgen aus, und mitten heraus erhebt sich die hohe Kette des Karakorum, welche zuerst von deutschen Reisenden, den Gebrüdern v. Schlagintweit, erforscht wurde und vor wenigen Monaten die traurige Grabstätte eines hervorragenden deutschen Forschers, des Geologen Dr. Ferdinand Stoliczka, geworden ist. Er begleitete die Mission von Herrn Forsyth, und vermochte auf Grund seiner durch elfjährige rastlose Tätigkeit in Indien gewonnenen Kenntnisse die Expedition mit wissenschaftlichen Resultaten von hoher Bedeutung zu bereichern, erlag aber auf dem Karakorum den unsäglichen Beschwerden der Rückreise.

Schreiten wir weiter östlich vor, so treten die beiden Gebirge des Kwen-lun und des Himalaya weiter und weiter auseinander, indem die Richtung des ersteren östlich, mit einer geringen südlichen Abweichung, die des zweiten aber südöstlich ist. Der Raum zwischen ihnen wächst an Breite, der Karakorum verschwindet als ein besonderes Gebirge, aber das ganze Land bleibt von so außerordentlicher Höhe, daß es die mächtigste Bodenanschwellung der Erde bildet. Eine Reise quer über dasselbe hinweg, von Süden nach Norden, wird am besten geeignet sein, eine Vorstellung von seinem allgemeinen Bau zu geben. Wir brechen von den üppigen Ebenen des Ganges auf, wo Klima, Bodencharakter und geographische Lage sich vereinigt haben, um einen der urältesten Sitze menschlicher Kultur zu schaffen, und eigenartige Formen der Religion wie des sozialen und staatlichen Lebens sich entwickelt haben. Die Südgehänge des Himalaya, an denen wir allmählich zu höheren Regionen ansteigen, bieten einen Wechsel schroffer und sanfter Gebirgsformen, steil eingeschnittener Felsschluchten und lieblicher Täler. Ein außerordentlich starker atmosphärischer

Niederschlag vereinigt sich in den tieferen Regionen mit einer tropischen Temperatur, um die üppigste Waldvegetation hervorzubringen, und auch noch in den höheren Teilen, bis dorthin wo ewige Schneebedeckung eine Grenze setzt, reichen Pflanzenwuchs gedeihen zu lassen, wie der berühmte englische Botaniker Hooker in der anziehenden Beschreibung seiner Himalaya-Reisen gezeigt hat. Mit 15 000 Fuß erreichen wir die allgemeine Kammhöhe; einzelne Kämme steigen bis 20 000 und die Gipfel bis 27 000 Pariser Fuß an. Sowie wir auf die Nordseite gelangen, ist die Landschaft öde und starr. Die mit Feuchtigkeit beladenen Südwinde haben sich derselben entledigt und streichen trocken über das Land. Nur an den Gipfelketten vermögen sie noch einen Niederschlag zu erzeugen, von welchem die Flüsse gespeist werden. Der Abstieg von den Kämmen des Himalaya ist gering. In einer denselben parallel gerichteten Depression strömen noch zwei Flüsse dem Meere zu; sie sind der Indus und der Yalu-dzang, welche, auf einer mit heiligen Seen bedeckten Hochfläche gemeinsam entspringend, nach entgegengesetzten Richtungen auseinanderfließen, um in einer gegenseitigen Entfernung von über 300 deutschen Meilen den Himalaya zu durchbrechen und, der eine in den Persischen Meerbusen, der andere, als Bramaputra, in den von Bengalen zu münden. Ihre Becken sind langgestreckt, aber schmal und nehmen nur einen Bruchteil des Hochlandes zwischen Himalaya und Kwenlun ein. Der Rest desselben sendet dem Meere keine Gewässer zu. Dort gibt es, soviel wir aus den sparsamen Reiseberichten über jene Gegenden wissen, keine schroffen Alpengebirge und keine tief eingeschnittenen Täler. Einförmig und nur mit Steppenvegetation bedeckt breitet sich das Hochland aus, bald höher ansteigend, bald sich tiefer herabsenkend. Könnten wir es aus der Vogelperspektive überblicken, so würden wir eine Anzahl flacher Depressionen bemerken, und am Boden einer jeden derselben einen Salzsee, in dem die wasserarmen Flüsse in seichtem, sandigem Lauf radial zusammenströmen. Sie führen die lösbaren

Produkte der Zersetzung der umgebenden Gebirge hinein und bedingen dadurch den Salzgehalt; das Wasser aber verdunstet und die Lösung wird konzentrierter. Die festen Zerstörungsprodukte werden teils auch durch die Flüsse, teils durch Wind und Regen, wo dieser noch stattfindet, über die Steppe verbreitet und erhöhen ihren Boden. Im Lauf vorangegangener Jahrtausende haben dieselben Agentien die früher vorhanden gewesenen Ungleichheiten des Bodens ausgeebnet, die Höhen abgetragen, die Tiefen ausgefüllt. Es ist eine salzhaltige Decke über das Land gebreitet, welche den geologischen Bau verschleiert und die Gebirge, mit Ausnahme der Wasserscheiden, gleichsam einhüllt.

Der Kwen-lun scheint im Norden von Tibet nur als eine Bodenanschwellung zu existieren. Wir werden seine Höhe zu mindestens 15 bis 18000 Fuß anzunehmen haben. Nördlich davon dacht sich das Land ganz allmählich ab, bis wir uns am See Lob nor in einer Meereshöhe von wahrscheinlich weniger als 2000 Fuß befinden. Aber trotz des tiefen Abstiegs kommt doch hier der Steppencharakter noch intensiver zur Geltung; noch mehr sind wir in das Land der abflußlosen Wasserbecken hineingekommen. Weithin breitet es sich aus »ein Kontinent im Kontinent«. Wohin wir uns wenden mögen, von dem Hochland von Tibet im Süden nach dem Tiën-shan und Altai im Norden, von den Quellen des Oxus im Westen bis zu denen der Riesenströme Chinas und der Mandschurei im Osten – allenthalben, mit verschwindend kleinen Ausnahmen, finden wir nur geringe Unterschiede im Charakter der Landschaft. Wohl hat dieses Gebiet größere Höhenunterschiede aufzuweisen als Europa; wohl erstreckt es sich durch so viele Grade der Breite, daß man große Unterschiede im Charakter des organischen Lebens erwarten dürfte. Und doch dehnt sich eine monotone Steppenflora über das gesamte Land, und physiognomisch bildet Zentral-Asien ein einförmiges Ganzes, in welchem selbst der Geograph nur wenige Anhaltspunkte zu einer natürlichen Gliederung finden kann.

Gleichsam als hätten die Bewohner den Mangel dieser Gliederung und der Individualisierung bestimmter Gebiete gefühlt, haben sie dort seit den ältesten Zeiten der Menschengeschichte ein wanderndes, unstetes Leben geführt. Zeitweise seinen Wohnsitz in einem bestimmten Teil aufschlagend und sich den friedlichsten aller Beschäftigungen, dem Weiden der Herden, hingebend, hat doch jedes Volk die Steppe im weitesten Sinn als sein Eigentum betrachtet, und in Zeiten kriegerischer Erhebung seine Ansprüche geltend gemacht. Dann sehen wir einen Stamm gegen den andern vordrängen und ihn entweder in Trümmer schlagen, oder ihn zwingen, andere Wohnsitze aufzusuchen, um sich selbst auf dessen Boden niederzulassen und später entweder weiter vorzudringen, oder von anderen Stämmen zurückgedrängt zu werden. Bald finden wir das ganze Gebiet unter verschiedene Stämme verteilt, bald einen Stamm die Oberhand gewinnen, wie ein Sturm über Meereswogen sich über die Steppe wälzen, und in furchtbaren Verheerungskriegen seine Herrschaft auf das ganze Steppenland und über seine Grenze hinaus ausdehnen.

Es dürfte erscheinen, als ob dieser Gegenstand dem Thema, welches ich mir gestellt habe, fern läge. Allein der Kontrast mit den hier dargestellten Landstrichen wird den Charakter unserer chinesischen Provinz um so klarer hervortreten lassen, und das Reich, dem sie angehört, können wir nie verstehen, ohne uns der Bedeutung der Völkerscheide, welche Zentral-Asien bildet, bewußt zu sein, sowie des Einflusses, den der Charakter der abflußlosen Salzsteppen auf die Bewegungen der Völker gehabt hat. Wie sie wesentlich von der Steppe stets nach Westen, südlich von ihr nach Süden gegen die Fluren Indiens, so waren sie östlich von derselben nach Osten gerichtet. Während aber im ersten Falle das westliche Asien und das vorliegende Europa Raum zur Ausbreitung boten, und daher auch die Völkerschiebungen viel weitere Wirkung ausüben, und die verheerenden Einfälle der Steppenbarbaren (wie der erst bei Wahlstatt zurückgeschlagene im 13. Jahrhundert) einen halben Kontinent überfluten konnten, waren im Osten die einfallenden Nomaden ohnmächtig gegen die geschlossenen Massen des auf einen bestimmt abgegrenzten Bezirk angewiesenen und durch hohe Kultur mächtigen Volkes der Chinesen. Waren sie selbst für einige Zeit erfolgreich, so mußten sie doch entweder später zurückweichen oder lösten sich in dem Kulturvolk auf.

Wir verlassen nun alles Gebiet, welches südlich vom Himalaya und nördlich vom Kwenlun gelegen ist und kehren zu diesen beiden Gebirgen und dem von ihnen eingeschlossenen Land zurück. Die Breite des letzteren beträgt im 88. Längengrad schon zwischen 100 und 120 Meilen. Der Kwenlun schwillt nun zu einem breiten System von Parallelketten an und schiebt sich als ein mächtiger Keil östlich nach China ein. In der Provinz Honan fällt er plötzlich in die große Ebene ab, erhebt sich aber noch einmal aus derselben und setzt als ein Hügelzug bis beinahe an das Meer fort. Der Himalaya hingegen erreicht bald ein Ende; wo und wie, das wissen wir nicht. Die Meinung von Humboldt, der sich auch Ritter anschloß, daß er durch das südliche China bis nach Formosa fortsetze, ist längst als irrig erwiesen. Die weite Bodenanschwellung aber, welche zwischen beiden Gebirgen liegt, entwickelt sich zu der überaus formenreichen Gebirgswelt des südöstlichen Asiens. Wie aus einem Füllhorn quillt sie heraus, und, als ob ihr der Himalaya bis dahin eine unbequeme Schranke gesetzt hätte, schäumt sie östlich vom Bramaputra gewissermaßen über sein Ostende und breitet sich nach Süden aus. Man könnte sie einem Baume vergleichen, der seine Wurzeln fern im Westen an dem Knotenpunkt des Hindu-kush hat und, nach Osten als ein mächtiger Stamm fortwachsend, seine Zweige und Blätter treibt, seine Blüten aber in jenen Kulturländern hat, die sich um das südöstliche Asien herumlagern. Das Geäst des Baumes betreten wir dort, wo wir, ostwärts wandernd, mit dem 89. bis 90. Grad die Gebiete der abflußlosen Wasserbecken verlassen und zum ersten Mal zu Flüssen kommen, welche nach dem Meere fließen. Sofort ändert sich die Landschaft.

In tiefen Schluchten fließen die Gewässer. Die Gebirge sind bloßgelegt, und zeigen ihre Felsstruktur vom starren Kamm bis auf den Grund der Wasserrisse. Die Produkte der Zersetzung werden nach dem Meere geführt und dienen nicht mehr dazu, die Unebenheiten des Bodens auszuebnen. Wir befinden uns in dem merkwürdigsten Quellenland, das die Erde aufzuweisen hat. Denn auf kleinem Raum entspringen, in meist parallelen Schluchten wie es scheint, eine Anzahl von Flüssen, welche bald radial auseinandergehen und sich zu einigen der mächtigsten Ströme der Welt entwickeln. Der Hwang-ho oder Gelbe Fluß und der Yang-tsze-kiang, die beiden Ströme von China, der Mekong, der Salwén, der Bramaputra – alle gehören diesem Radialsystem an; es wird durch andere Ströme vervollständigt, welche sich zwischen jene einschieben, ihre Quellen aber erst weiter abwärts haben, wie der Si-kiang oder Fluß von Canton, der Songka oder Fluß von Tongking, der Menam oder Strom von Siam, und der Irawaddy oder der Strom von Birma. Die erstgenannten haben miteinander gemein, daß der Oberlauf eines jeden in Hochgebirgsland liegt und mit seinen Zuflüssen überaus tiefe Schluchten erfüllt, welche von wilden, zum Teil in die Schneeregion aufragenden Gebirgsgräten voneinander getrennt werden, daß ihr Mittellauf sich tief hinab erstreckt und ebenfalls ganz in Gebirgsland eingesenkt ist, wo aber durch Verbreiterung der Flußbecken, häufigeres Auftreten sanfterer Formen und Ebenen, und geringere Paßhöhen die Bedingungen für Verkehr und Massenansiedlung gegeben sind; und daß ihre Mündungsebenen die Sitze uralter selbständiger Kultur geworden sind. Den Flüssen zweiter Ordnung fehlt das erste Moment fast ganz; das zweite und dritte sind auch bei ihnen entwickelt. In den Mündungsebenen finden wir die indische Kultur im Delta des Bramaputra; die birmanische am Irawaddy und Salwén, die siamesische am Menam, diejenige, welche sich in den Altertümern vom Cambodja kennzeichnet, am Mekong, diejenige von Canton am Si-kiang, und die eigentlich chinesische, die höchste unter allen, in der weiten Mündungsebene des Yangtsze und Hwangho.

Damit sind wir bei dem eigentlichen Gegenstand unserer Betrachtung, der Provinz Sz'-tshwan, angekommen; denn sie begreift den Mittellauf des Yang-tsze-kiang, und ihre politischen Grenzen umfassen einen Teil seines Oberlaufes. Wir können nun von den anderen Flüssen absehen, deren Heranziehung nur nötig war, um das Gesamtbild vollständiger zu machen. Sz'-tshwan bedeutet »das Vierstromland«, und ist nach dem Hauptfluß und drei schiffbaren Zuflüssen desselben so genannt. Es ist ein durch und durch gebirgiges Land, und allseitig von Gebirgen umgeben. Ehe wir uns in die Details seiner Beschaffenheit vertiefen, dürfte es zweckmäßig sein, eine Rundschau der Nachbargebiete nach den einzelnen Weltgegenden zu halten, da sich daraus die Einflüsse, welche den Gang der politischen und Kultur-Geschichte unserer Provinz bestimmten, erkennen lassen werden. Nach Westen blicken wir auf das uns bereits bekannte Hochgebirgsland, das von den Oberläufen der Riesenströme des südöstlichen Asien durchfurcht ist. Seine natürliche Beschaffenheit schließt auf der einen Seite das Nomadenleben aus, und ist auf der anderen die ungünstigste zur Entwicklung eines staatlichen Organismus und einer höheren Kulturform. Die Bewohner, dem tibetischen Stamm der Sifan angehörig, leben in abgeschlossenen Gruppen, jede mit ihrem Häuptling, in den einzelnen Strecken der tiefen Talschluchten. Sie beschäftigen sich mit der Jagd, dem Sammeln von Heilkräutern und spärlichem Ackerbau. Der Verkehr auf den ungemein beschwerlichen Gebirgspfaden ist auf das äußerste Maß beschränkt, und niemals konnte eine Vereinigung der Bewohner zu großem gemeinsamem Handeln stattfinden. Von dort konnte keine Kultur nach Sz'-tshwan kommen. Jenseits liegt das eigentliche Tibet mit seinen Steppen im nördlichen Teil und dem Kulturtal des Yarudzang im südlichen; jeder Versuch einer Machtentfaltung von dieser Seite würde an der Barriere des durchfurchten Hochgebirges gescheitert sein. – Im Süden dehnt sich weithin ein leichter zugängliches Gebirgsland aus, in dem der Mittellauf des Mekong eingesenkt ist und die Flüsse zweiter Ordnung ihren Ursprung haben; an seinen Enden finden wir die birmanischen und hinterindischen Kulturvölker in den Mündungsebenen angesiedelt. Sie haben niemals die Macht gehabt, ihre staatliche Verfassung stromaufwärts in die Gebirge auszudehnen; im Gegenteil waren hier die Völkerbewegungen vorwaltend stromabwärts gerichtet, und wiederholt verdrängten die Bergstämme ein verweichlichtes Kulturvolk, schoben seine Reste seitlich auseinander in die Hügel und setzten sich an seine Stelle. So war auch von dort das Vordringen einer höheren Kultur nicht möglich. — Im Norden lehnt sich Sz'-tshwan zum Teil an das Kwenlun-Gebirge, welches hier einen so festgeschlossenen Wall bildet, daß es durch Jahrtausende die Völker beinahe hermetisch voneinander abschloß. Jenseits desselben, am Wei-Fluß, waren die ältesten Kultursitze der Chinesen. Es wäre ihnen schwer gewesen, die Barriere jemals zu überschreiten, wenn nicht an einer Stelle, im Tal des Han-Flusses, ein Vordringen an der Südseite des Kwen-lun leicht ausführbar gewesen wäre. — Im Osten endlich lagert sich vor Sz'-tshwan die große Ebene des nordöstlichen China, ein Gebiet von 8000 Quadratmeilen Flächeninhalt und jetzt von ungefähr 140 Millionen Menschen bewohnt, die städtereichste und produktivste aller Ebenen der gemäßigten Zonen. Aber eine hohe, wild durchfurchte Gebirgs-Barriere trennt Sz'-tshwan von ihr. Der schiffbare Yangtsze durchbricht sie in furchtbaren Engen, und es konnte stets eine Machtentfaltung leichter von Sz'-tshwan aus gegen die Ebene als in umgekehrter Richtung stattfinden.

Die Tatsache dieser allseitigen Abgeschlossenheit verleiht dem Problem der Verbreitung chinesischer Macht über Sz'-tshwan Interesse. Die genauen geschichtlichen Aufzeichnungen geben uns über die Vorgänge Aufschluß, und ich bitte, für einen Augenblick Ihre Aufmerksamkeit auf einige Hauptzüge der historischen Entwicklung richten zu dürfen. Daß die Chinesen in grauer Vorzeit von Nordwesten, aus Zentral-Asien her, einwanderten, und sich zuerst in den fruchtbaren Talebenen von Shensi zu einem Ackerbauvolk entwickelten, wird durch ihre frühen und zum Teil bis heute erhaltenen Sitten, durch ihre sagenhaften Überlieferungen und die Ausdehnung ihres frühen Landbesitzes bekundet. Ihre geschriebene Geschichte beginnt mit dem Jahr 2356 v. Chr. Damals hatten sie sich über alle Ebenen am Gelben Fluß und am Unterlauf des Yangtsze ausgebreitet und waren ein hoch entwickeltes Agrikulturvolk. Aber alles Gebirgsland war noch von teils unabhängigen und teils tributpflichtigen Stämmen einer Urbevölkerung bewohnt. Die exakte geographische Beschreibung, welche von dem damaligen Reich gegeben wird, zeigt, daß die Chinesen bereits das heutige Land Sz'-tshwan kannten; wahrscheinlich unterhielten sie mit den Bewohnern politische und Handels-Beziehungen. Aber es währte noch volle zwei Jahrtausende, ehe sie den Versuch machten, das abgeschlossene Gebirgsland zu erobern. Dies geschah durch den Kaiser Tsin-shi-hwang (255 bis 210 v. Chr.), eine der größten und schrecklichsten Gestalten in der langen Reihe der Beherrscher von China. Ich will Ihnen nur kurz die bekannten Tatsachen ins Gedächtnis rufen, daß er die große Mauer, das größte Bauwerk von Menschenhand, errichtete, daß er der Macht der Lehensfürsten ein Ende machte und dadurch die Grundlage zu der kräftigen Zentralregierung legte, von der die nachfolgende Dynastie der Han (202 v. Chr. bis 220 n. Chr.) einen so geschickten Gebrauch machte; daß er, um jedes Andenken der Vorzeit zu vertilgen und die Weltgeschichte mit sich anfangen zu lassen, die Vernichtung sämtlicher Exemplare der Bücher des Confucius und die Verbrennung von 500 Gelehrten, die sie vielleicht hätten wiederherstellen können, anordnete. Eine seiner größten Taten war die Ausdehnung seiner Herrschaft über die Provinz Sz'-tshwan, welche damals von dem Volk der Man-tse bewohnt wurde. Eine Legende, welche im Volk fortlebt, erzählt von der Kriegslist, deren er sich bediente, um den König der Man-tse zu veranlassen, eine mit guten Brücken versehene Straße von seiner Hauptstadt bis nach der Grenze seines Reiches an den Quellen des Han-Flusses anzulegen. Als sie fertig war, drang der Kaiser von hier aus mit seiner Heeresmacht ein. Die Hauptstadt und ein Teil des Landes wurden erobert, die Bewohner ausgerottet, und chinesische Einwanderer an ihre Stelle gesetzt. Der König wurde verschont, und noch heute lebt der Sprößling des uralten Herrschergeschlechtes, mit dem Rang eines chinesischen Mandarins bekleidet, bei der Stadt Ta-tsiën-lu inmitten der Reste des Volkes der Man-tse. Im eigentlichen Sz'-tshwan sieht man die Spuren ihrer Anwesenheit noch in Reihen von Höhlenwohnungen, welche an den Sandsteinufern der Flüsse in einiger Höhe über dem Wasser ausgegraben sind. Es folgten nun für die Provinz anderthalb Jahrtausende wechselnder Geschicke. Wiederholt benutzten die Bewohner ihre abgeschlossene Lage, um sich vom Reich unabhängig zu machen. Das chinesische Element wurde mehr und mehr vorwaltend und drang südlich in die jetzigen Provinzen Kwei-tshou und Yünnan vor. Der erste schwere Schlag, der über das Land kam, war seine Eroberung durch Kublai-Khan, kurz vor der wunderbaren Reise von Marco Polo. Sz'-tshwan wurde verwüstet, die Hauptstadt in Trümmer gelegt, die Bevölkerung vernichtet. Massenhafte Einwanderung aus den Nachbarprovinzen füllte die Lücken aus, und unter der glänzenden Dynastie der Ming (1368 bis 1644) blühte das Land auf. Aber ein Ereignis furchtbarer als alle vorhergehenden stand noch bevor. Mit Blut ist der Name des Rebellenführers Tshanghiën-tshung in die Annalen der Provinz eingeschrieben. Er benutzte die Unruhen, welche den Sturz der Ming und die Erhebung der jetzt regierenden Mantshu-Dynastie auf den Thron von China begleiteten, um die Bevölkerung von Sz'-tshwan zu vertilgen und die Städte zu verwüsten, damit seine Armee keinen Rückhalt finden und ihm blindlings folgen möge. Sparsam zerstreut sind jetzt die Abkömmlinge der wenigen, welche diese Katastrophe überlebten.

Die gegenwärtigen Bewohner sind die Nachkommen einer Flut von Einwanderern, welche die ersten Mantshu-Kaiser unter leichten, noch heute bestehenden Bedingungen zur Ansiedlung in der entvölkerten Provinz einluden. Jeder Teil von China lieferte sein Kontingent, und auf dem Boden von Sz'-tshwan verschmolzen die verschiedenen Elemente, die man in den einzelnen Teilen des Reiches findet, zu einem einheitlichen Stamm, der eben deshalb in physischer Beziehung am meisten dem durchschnittlichen Typus des Chinesen entsprechen sollte. Fragt man heute einen Bewohner der Provinz, woher er sei, so wird er Honan oder Hupè oder eine andere Provinz als sein Vaterland angeben, und fragt man ihn weiter, wie lange er in Sz'-tshwan sei, so wird er antworten, 10 oder 12 Generationen. Seit mehr als zwei Jahrhunderten hat Friede und Ruhe im Land geherrscht. Der Zensus von 1812 gab eine Bevölkerung von 22 Millionen, und heute wird sie zu 35 Millionen angegeben.

Nachdem wir so an der Hand eines Überblickes der Umgebungen von Sz'-tshwan ersehen haben, wann und in welcher Weise die politische Vereinigung dieser Provinz mit China und seine Besiedlung mit der chinesischen Rasse stattgefunden hat, lassen Sie uns die Natur des Bodens betrachten, welche die Kultur zu ihrer Ausbreitung und Entwicklung vorfand. Wir müssen zu diesem Zweck die Gestaltung und Beschaffenheit der Oberfläche näher kennen lernen. Gestatten Sie mir dieselbe aufgrund einer kurzen geologischen Betrachtung darzustellen. Es ist ja nicht möglich, irgendeinen Teil der Erdoberfläche zu verstehen ohne ihren inneren Bau zu kennen, und es wird voraussichtlich nicht lange dauern, daß die Geographie von dem hohen Standpunkt, den sie durch Carl Ritter erreicht hat, sich zu einem noch höheren dadurch aufschwingen wird, daß die Geologie die methodische Grundlage der Betrachtung und Behandlung bilden wird.

Denken Sie sich ein Land von der Gestalt von Böhmen, und wie dieses rings von Gebirgen umgeben, aber so weit

ausgedehnt, daß es das halbe Deutschland umfaßt, und die
Gebirge vier bis fünffach aufeinander getürmt; stellen Sie
sich diese nach drei Richtungen kontinuierlich in noch höheres Gebirgsland fortsetzend vor, während nach der vierten eine große Ebene vorlagert, ähnlich wie die norddeut-
sche Ebene vor Böhmen lagert – so haben Sie ein allgemeines Bild des Rahmens von Sz'-tshwan. Hohe Randgebirge
umgeben einen Kessel von ungefähr 5000 Quadratmeilen
Flächeninhalt. Sie bestehen aus vorsilurischen und siluri-
schen Formationen, und nach dem Schluß der letzteren Periode, als das organische Leben auf der Erde noch auf einer
tiefen Stufe der Entwicklung stand, waren jene Gebirge bereits hoch aufgerichtet. Während aber das Innere des böh-
mischen Kessels großenteils von den reichen Alluvialebe-
nen der Elbe, Moldau und anderer Flüsse eingenommen
wird, wurden in Sz'-tshwan schon früh ganz andere Verhältnisse vorbereitet, indem das Meer den Kessel als eine Bucht
ausfüllte, und große Ströme, wahrscheinlich von Westen
her, in dieselbe mündeten und Sedimente hineinführten.
Durch die lange Dauer der devonischen, Steinkohlen-, Per-
mischen- und Trias-Periode fand eine, durch wenige hefti-
gere Ereignisse unterbrochene Ablagerung sandiger und
toniger Sedimente statt, welche das Becken allmählich zur
Höhe von vielen tausend Fuß ausfüllten. Dann zog sich das
Meer zurück, oder vielmehr, das jetzige Land Sz'-tshwan
wurde mit dem gesamten China aus dem Meer gehoben
und ist fortan, während den Lias-, Jura-, Kreide-, Tertiär-
und Diluvial-Perioden nicht mehr von demselben bedeckt
gewesen. Damals bildete es eine tonig-sandige Ebene, umgeben von einem weiten Gebirgskranz, und hing durch
Lücken in dem letzteren mit anderen, ähnlichen Ebenen
zusammen. Die weitere Umgestaltung der Oberfläche seit
jener Zeit ist ein Werk der zerstörenden Tätigkeit des Wassers, welche in dem Maße wuchs, als die trocken gelegte Fläche über den Meeresspiegel erhoben wurde. Jetzt beträgt
ihre Höhe 4 bis 5000 Fuß, zu Zeiten hat sie noch mehr be-
tragen. Der Yangtsze, offenbar ein sehr alter Fluß, betrat

das Becken an der Westseite, durchströmte es in seiner ganzen Länge und verließ es an der Ostseite. Hier hatte er eine Gebirgsbarriere aus altem festen Gestein zu durchschneiden, und je tiefer er sich in diese eingrub, desto tiefer auch nagte er sein Bett in den leicht zerstörbaren Sand- und Ton-Schichten des Beckens. Von Süden und Norden strömten ihm die Gewässer von den Rändern des Beckens zu, um es mit ihm vereinigt zu verlassen. So wurde im langen Lauf der Zeit ein System von natürlichen Kanälen ausgefurcht, die jetzt eine Tiefe von 1500 bis 2500 Fuß haben, aber sich doch noch, wie durch Bohrungen festgesetzt ist, mehrere tausend Fuß über dem Boden des Beckens befinden, und die alte Sedimentausfüllung wurde in ein durch und durch hügeliges Land aufgelöst, dessen Schichtenbau allenthalben aufgeschlossen ist. Rote Sandsteine und tonige Schichten, ähnlich den Formationen, welche in Thüringen vorwalten und dort die schönen Waldschluchten und den fruchtbaren Boden der Gehänge und Talböden bedingen, setzen das Hügelland zusammen. Man kann es, im Gegensatz zu den starren älteren Randgebirgen, als das Rote Becken bezeichnen. Auch in Sz'-tshwan ist der rote Sandstein ein fruchtbarer Boden, ebenso förderlich für eine üppige natürliche Vegetation als für reichen Anbau. Ein überaus günstiges Klima trägt dazu bei, die Gegend zu einer der schönsten und ertragreichsten von China zu machen.

Überaus scharf ist der Kontrast zwischen dem Roten Becken und seinen Umgebungen. Dort herrscht eine anmutige Szenerie und in ihr eine Fülle des Lebens. Neben den großen Städten und Dörfern wimmelt es von Gruppen menschlicher Ansiedelungen, und auf dem labyrinthischen Netz von sorgfältig gepflasterten Saumwegen und Fußpfaden, die den Verkehr vermitteln, herrscht stete Bewegung. Die größeren Flüsse konnten sich in den weichen Gesteinen leicht tief genug eingraben, um fast sämtlich schiffbar zu sein. Das rege Treiben auf ihnen gibt von der Menge der Produkte Zeugnis, welche der Gegenstand des Transports sind. Folgt man aber einem Fluß aufwärts in die

Randgebirge, von denen er herkommt, so wird sein Bett eng und wild; Stromschnellen und Kaskaden hindern die Schiffahrt. Die Natur wird großartig, aber zugleich ungastlich und tot. Still ist es auf den Bergen, und nur hier und da sind in den Talgründen noch einzelne volkreiche Städte und Dörfer zerstreut, die aber doch die Bevölkerungsdichtigkeit kaum auf den zehnten oder zwanzigsten Teil derjenigen des Roten Beckens kommen lassen würden, wenn man sie berechnen könnte.

Lassen Sie uns nach dieser übersichtlichen Darstellung noch auf einzelne Elemente, die den Charakter von Sz'-tshwan bestimmen, näher eingehen, und zunächst das Rote Becken näher betrachten. In seiner ganzen Ausdehnung findet sich eine einzige größere Ebene. Der ganze Rest besteht, sozusagen, aus Gehängen; denn weder finden sich größere alluviale Ausbreitungen an den Flüssen, noch sind auf den Höhen größere zusammenhängende Strecken der ehemaligen Oberfläche übrig geblieben. Wohl aber läßt sich diese noch erkennen, wenn man sich auf einem der zahlreichen Rücken befindet und über die beiderseits angrenzenden Vertiefungen hinweg das Land überblickt. Allenthalben decken sich die gleichförmigen Umrisse der Kämme und begrenzen in ebenen Linien den Horizont ringsum; man erkennt in ihnen die Überreste der einstigen Oberfläche des Bodens. Fast unmerklich senkt sie sich, zugleich mit den Schichten, gegen die Mitte des Beckens, um jenseits wieder ebenso anzusteigen. Nirgends gibt es getrennte Hügel oder Hügelgruppen, sondern als vielverzweigte Zungen erstrecken sich die schmalen Rücken von den oberen nach den unteren Teilen der einzelnen Flußgebiete. Die Abfälle zu ihren Seiten sind zuweilen steil, meist aber unter geringen Winkeln geneigt, und die hier und da eingelagerten härteren Schichten bedingen eine terrassenförmige Gestalt derselben. Auf ihnen und am Boden der Einschnitte sind die menschlichen Ansiedlungen ausgebreitet, dort mehr zerstreut, hier zusammengedrängt. Der Weg am Gehänge hinab macht uns bald mit den wesentlichsten Produkten des Landes bekannt. Es ist mir bei der kurz zugemessenen Zeit nicht möglich, näher auf diesen fortdauernden Gegenstand der Beobachtung des Reisenden einzugehen; doch will ich die wichtigeren von ihnen nicht unerwähnt lassen.

Fragt man die Leute in Sz'tshwan nach den besten Produkten ihres Landes, so nennen sie zuerst Seide und Honig, und dann erst kommt die lange Reihe der anderen. Man fühlt sich an die Beschreibung von Kanaan erinnert. Und in der Tat wird Honig in unglaublicher Menge gewonnen. Was die Seidenkultur betrifft, so hat kein anderes Land eine so allgemeine Verbreitung derselben aufzuweisen. Überall gedeiht der Maulbeerbaum, und nur der Absatz beschränkt die Ausdehnung seiner Anpflanzung. Die Qualität der Seide hängt, wie die Bewohner behaupten, ähnlich wie die des Weines, von der Beschaffenheit des Bodens, der Art der Exposition, dem örtlichen Klima und dem Wasser ab, und deshalb beschränkt sich der lebhafte Betrieb auf einzelne besonders begünstigte Gegenden. Dort widmet sich die ganze Bevölkerung der Seiden-Industrie. In allen Häusern wird gehaspelt, gesponnen, gewebt, gefärbt. Seide ist daher ein sehr allgemeines Material der Kleidung im Lande selbst, und große Quantitäten werden nach Tibet, Zentral-Asien und Peking ausgeführt. Nach Europa hat sie erst angefangen, ihren Weg zu nehmen. Wenn aber der Seidenbedarf der Welt sich fernerhin ähnlich steigern sollte wie bisher, so wird Sz'-tshwan es übernehmen können, einen großen Teil des Mehrbedarfs zu liefern; denn die Seidenkultur ist dort einer unbegrenzten Ausdehnung fähig. Merkwürdig ist es, daß dies die einzige Provinz in China ist, wo der Maulbeerbaum auf geneigtem Grunde gepflanzt wird; man findet ihn sonst nur in Ebenen.

Eine ähnliche Verbreitung wie der Maulbeerbaum hat der Teestrauch. Die Landleute bauen ihren eigenen Bedarf und versorgen außer den Städten noch die westlichen Nachbarländer. Der Strauch wird bedeutend höher als in den südöstlichen Provinzen, aber das gewonnene Produkt ist von geringer Qualität, und bis jetzt geht kein Tee von dort nach Europa. Ein von Jahr zu Jahr an Bedeutung zunehmendes Erzeugnis ist das Opium. Ich schätzte das jährliche Erträgnis auf 133 000 Zentner im Wert von ungefähr 40 Millionen Talern. Keine andere Provinz von China produziert annähernd diese Quantität, und in keiner ist dieser Artikel von so großer ökonomischer Bedeutung. Denn während im Norden die besten Felder für Mohnpflanzungen reserviert werden und dadurch ein erheblicher Ausfall an Nährstoffen entsteht, pflanzt man in Sz'-tshwan den Mohn an steilen Gehängen, welche für Getreidebau zu unvorteilhaft sind, und er verdrängt daher andere Ernten in geringem Maße. Allerdings nimmt das Opium unserer Provinz im Verhältnis zum indischen eine nicht viel bessere Stelle ein, als der Pfälzer Tabak im Vergleich zu dem von Havanna; aber es wird seiner Billigkeit wegen in allen Nachbarprovinzen von den ärmeren Klassen geraucht und bildet einen bedeutenden Artikel des Exportes nach denselben.

Andere wichtige Produkte des Pflanzenreiches sind Tabak und Zucker, welche für den Bedarf der Bevölkerung vollkommen ausreichen. Zucker wird noch an die Nachbarn bis nach Tibet, Turkestan und Ili hin abgegeben, der Tabak aber bis jetzt im Lande behalten. Er dürfte aber einige Zukunft haben; denn ein Distrikt von Sz'-tshwan war die einzige Gegend von China, wo mir das Aroma des Tabaks wohltätige Erinnerungen an den Duft des Blattes von Havanna weckte; es ist zugleich die einzige, wo die Eingeborenen von selbst auf das Rauchen von Zigarren verfallen sind. Unter den zahlreichen anderen Erzeugnissen der organischen Welt, welche zum Teil in Europa unbekannt sind, darf ich das weiße Wachs und das Tung-Öl nicht unerwähnt lassen, da ihr Export bedeutende Geldsummen nach dem Lande bringt. Der Tung-Baum, eine Art von Elaeococcus, wächst überall im Lande, wo man ihn anpflanzt, und gedeiht an felsigen Gehängen. Das aus den Früchten gepreßte Öl dient zum Präservieren des Holzes, insbesondere der

Schiffe, welche außen und innen damit bestrichen werden. Viele Millionen Taler kommen jährlich nach Sz'-tshwan für das Tung-Öl, welches den Yangtsze hinabgeführt wird. Das weiße Wachs ist der Stolz der Bevölkerung; denn nirgends wird es so gut und in so großer Menge bereitet. Aber einen gerechteren Grund zum Stolz gibt die ungemein ingeniöse Methode seiner Gewinnung. Dieses Wachs ist das Sekret einer Blattlaus. Die Erfahrung hat gezeigt, daß das Insekt nicht in einer und derselben Gegend gezüchtet und zur Wachsbereitung benutzt werden kann. Daher teilen sich in den Gewinn zwei Gebiete, welche durch ein hohes Gebirge getrennt sind. In dem heißen Tal von Ning-yuen-fu, einem zwischen wilden Gebirgen eingeschlossenen Gartenland, dem Caindu von Marco Polo, wird das Insekt auf einem großblättrigen, immergrünen Baume gezüchtet. Der Besitz dieser Bäume ist so wertvoll, daß sie nicht mit dem Lande verkauft werden, sondern ein besonderes Eigentum bilden. Zu Ende April ziehen die Bewohner, jeder mit einer Ladung der Eier des Insekts, in Scharen nach Kiating-fu. Es soll eine wahre Prozession stattfinden. Die Reise ist äußerst beschwerlich und dauert 14 Tage. Das Wandern darf nur in der Nacht geschehen, da die Sonne die Eier ausbrüten würde. In dem paradiesischen Lande von Kiating-fu werden die Eier verkauft und auf Bäume einer ganz anderen Art gesetzt. Bald überziehen sie die Äste und sondern eine schneeige Substanz ab, die durch heißes Wasser abgeschieden wird und in Gestalt großer Kuchen in den Handel kommt. Der Preis schwankt von 100 bis 500 Taler für den Zentner, und danach fällt der jährliche Gewinn sehr ungleich aus.

Ich will Sie nicht mit einer Aufzählung der Produkte des Ackerbaus ermüden. Sie sind außerordentlich mannigfaltig. Reis und Weizen sind die vorherrschenden Zerealien und bilden nebst Bohnen die Grundlage der Nahrung. Hülsenfrüchte und Ölfrüchte sind in großem Artenreichtum vorhanden, und was die Gemüse betrifft, so birgt Sz'-tshwan kulinarische Schätze, welche wohl wert wären, im

Laufe der Zeit einen Platz auf europäischen Tafeln zu finden.

Auch die Produkte, welche Sz'-tshwan aus dem Mineralreich bezieht, sind nicht unbedeutend. Von besonderer Wichtigkeit für das Land ist die Steinkohle. Wenn Sie sich das vorher entworfene geologische Bild in das Gedächtnis zurückrufen, werden sie sich leicht eine Vorstellung von der Verbreitung dieses Brennstoffes machen können. Die Flötze sind nämlich dem unteren Teil jener Schichten eingelagert, welche das Rote Becken ausfüllen. Allenthalben neigen sich diese vom Rande gegen das Innere hin. Von welcher Seite auch man von dem Ringwall nach dem Becken hinabsteigt, überall findet man hier und da die Randschichten durch Flüsse durchschnitten, und an jeder solchen Stelle sind Kohlenflötze zwischen den Sandsteinen eingelagert. Man darf mit einiger Sicherheit behaupten, daß das ganze Rote Becken ein einziges Steinkohlenfeld bildet, dessen zentrale Teile aber wohl zu tief unter der Oberfläche liegen, um ausgebeutet werden zu können. Am Rande herum aber wird an zahlreichen Orten Kohle abgebaut. Ist sie auch nicht von vorzüglicher Beschaffenheit, so ist sie doch ein äußerst wichtiges Element für das Land. Auf den schiffbaren Flüssen kann sie leicht nach allen Teilen des bevölkerten Roten Beckens gebracht werden und den häuslichen Bedarf an Brennmaterial befriedigen. Der Holzbestand braucht deshalb nur in geringem Maß dazu herangezogen zu werden, und während in den östlich angrenzenden Provinzen die Berge kahl und nackt sind, verleiht ihnen die grüne Bekleidung in Sz'-tshwan einen hohen Reiz. In der Zukunft wird die Verbreitung der Kohle besonders für die Dampfschiffahrt auf dem Yangtsze von Wichtigkeit sein.

Auch der Salzbedarf der großen Bevölkerung wird aus dem Boden des Landes selbst gewonnen. In mehreren Teilen desselben wird in Tiefen, die von 200 bis 2000 Fuß schwanken, eine Salzsole erbohrt, und aus Bohrlöchern von 3000 Fuß Tiefe strömt Leuchtgas aus, das unter die Siedepfannen geleitet wird.

China ist arm an Metallen, mit Ausnahme des allgemein verbreiteten und vielfach ausgebeuteten Eisens. Auch Sz'-tshwan gewinnt seinen eigenen Bedarf an diesem. Außerdem aber nimmt der Südosten der Provinz an dem enormen Metallreichtum des benachbarten Yünnan teil, und noch auf dem Boden der ersteren befinden sich große Lagerstätten von Kupfererz und Zinkerz. Beide Metalle gehen zusammen mit denen von Yünnan den Yangtsze hinab, um in den übrigen Provinzen verteilt zu werden.

Sie werden aus dieser kurzen Übersicht ersehen, welche Fülle wertvoller Produkte die Provinz Sz'-tshwan besitzt. Sie hat alles, was die Bevölkerung zur Nahrung braucht, und liefert außerdem vieles für den Export. Nur eins fehlt ihr, nämlich die Baumwolle zur Kleidung. Seide, Hanf und andere Gespinstpflanzen geben nur einen teilweisen Ersatz dafür, und ein bedeutender Teil des großen Gewinnes, der aus dem Verkauf der Produkte erzielt wird, fließt nach den Provinzen Chinas ab, welche Baumwolle erzeugen. Wo es sich um die Versorgung von 35 Millionen Menschen handelt, ist natürlich die Handelsbewegung ungemein großartig, besonders wenn Sie in Betracht ziehen, daß sie mit Ausnahme der großen Wasserstraße des Yangtsze nur wenige unbedeutende Wege nimmt. Auf diesem Fluß herrscht daher ein überaus bewegtes Treiben und es sind große Handelsplätze an ihm entstanden. Der wichtigste unter ihnen ist Tshung-king-fu, eine Stadt von 700000 Einwohnern und einer der Knotenpunkte des Handels von China.

Es bleibt uns noch der Mensch zu betrachten, der die Provinz bewohnt, beherrscht und die Produkte dem Boden entzieht. Um Ihnen denselben darzustellen, gestatten Sie mir, Sie nach Tshing-tu-fu, der Hauptstadt von Sz'-tshwan zu führen. In Europa kaum dem Namen nach bekannt, zählt sie doch 800000 Einwohner und ist die schönste Stadt von China. Ihre Lage ist ebenso merkwürdig als schön. Im Westen erhebt sich eine steile Gebirgsmauer, hinter der schon in geringer Entfernung majestätische Gipfel zu 10-, 12- und wahrscheinlich bis 15000 Fuß ansteigen. Sie ist der

östlichste Abfall der tibetanischen Hochgebirge gegen das
Rote Becken. An ihrem Fuß liegt eine Ebene, die einzige
umfangreiche in Sz'-tshwan, ungefähr 17 Meilen lang,
8 Meilen breit, und von 110 Quadratmeilen Flächeninhalt.
Aus ihr steigen im Osten die Hügel des Roten Beckens an.
Sie wird von ungefähr 20 breiten, wasserreichen Strömen
bewässert, und die natürliche Fruchtbarkeit wird durch ein
System der Berieselung unterstützt, welches selbst in China
nicht seinesgleichen an Vollkommenheit hat. Es werden
drei Ernten gewonnen, und die Kultur ist zu ungemeiner
Höhe gediehen. Obgleich 1900 Seemeilen vom Meere entfernt, kann die Ebene doch durch Schiffahrt auf dem
Yangtsze und seinem großen Nebenfluß, dem Min, erreicht
werden. In dieser Ebene liegt Tshing-tu-fu. Lange Vor-
städte, der Sitz einer ausgedehnten Industrie und bedeutenden Kleinhandels, bringen den von Norden kommenden Reisenden an die mächtige Umfassungsmauer. Durch
ein großes Tor treten wir ein. Im Innern finden wir schöne
gerade Straßen, welche sich rechtwinklig schneiden und
mit roten Sandsteinplatten gepflastert sind. Die Häuser-
fronten sind aus Holz gearbeitet, oft schön geschnitzt und
kunstreich verziert. Durch das große Portal der besseren
Gebäude sehen wir in eine Flucht von Höfen, die durch
Quergebäude mit offenen Hallen getrennt sind. Im Innern, wenn man von den uns zugänglichen großen Clubs
und den Häusern der Gilden schließen darf, herrscht Ordnung, Reinlichkeit und eine gewisse Eleganz. Komfort und
Luxus, soweit wenigstens als der Chinese diese Begriffe
kennt, vereinigen sich harmonisch. So wohltuend der Eindruck der Stadt im Gegensatz zu dem Schmutz und dem
unästhetischen Charakter anderer Städte von China ist, so
angenehm berührt uns der Anblick der Bewohner. Sie sind
wohl gekleidet, insbesondere ist Seide ein vielfach verwendeter Stoff; und wenn die Reinlichkeit auch den Anforderungen des gebildeten Europäers nicht ganz entspricht, so
fehlt doch nicht der Sinn für dieselbe. Neben einer strengen, noch mehr als sonst in China ausgebildeten Etikette be-

gegnet man einem natürlichen Anstandsgefühl. Während
der Reisende in China, besonders wenn er, wie ich es ausnahmslos tat, die europäische Tracht beibehält, sich stets in
einem Knäuel von Menschen bewegt und der fortdauernde
Gegenstand unangemessener und unverhohlener Neugier
ist, wußten die Bewohner von Tshing-tu-fu, obwohl sie jenes Gefühl gewiß vollständig teilten, doch dasselbe zu zäh-
men, und hielten es für unter ihrer Würde, die Neugier zur
Schau zu tragen. Frei bewegte ich mich unter der Bevölkerung, und ich konnte aus den Unterhaltungen mit einzelnen Personen angenehme Erinnerungen mitnehmen.

Ein überraschender Zug ist der hochentwickelte Kunst-
sinn, der gegenwärtig in allen anderen Teilen von China er-
storben ist. Es gibt in Tshing-tu noch Maler, welche nicht
bloß kopieren, sondern, wenn auch schablonenhaft, Neues
produzieren. In zahlreichen Kunstläden werden alte Bilder
zu hohen Preisen angeboten. Alle Häuser, Zimmer, Kauflä-
den, Speisehäuser sind mit Malereien geziert, und am
Abend sieht man kaum eine Papierlaterne ohne eine recht
geschickt darauf angebrachte Gruppe von Blumen oder
Vögeln. Noch mehr als die Malerei blüht die Skulptur,
wenn sie auch ganz dekorativ bleibt und im Dienst der Ar-
chitektur steht. Tempel und Brücken, insbesondere aber
die zahlreichen, den tugendhaften Witwen errichteten Eh-
renpforten sind reich mit Skulpturarbeiten von nicht unbe-
deutender Vollendung geschmückt.

Treten wir aus Tshing-tu heraus, so liegt die Ebene in aller Pracht vor uns. Der Eindruck des Wohlstandes und der
Verfeinerung verläßt uns auch hier nicht. Achtzehn große
Städte, deren Einwohnerzahl von 50 000 bis 250 000
schwanken dürfte, liegen auf der kleinen Ebene zerstreut,
dazu viele große Marktflecken. Die meisten dieser Orte
sind, in kleinerem Maßstab, ein Abbild der Hauptstadt.
Dazwischen ist das Land mit Gehöften und kleinen Häu-
sergruppen besät. Ich veranschlagte die Bevölkerung
der 110 Quadratmeilen, nach geringer Schätzung, auf
3 600 000. Die Geographie kennt kein zweites Beispiel einer

so weit im Inneren eines Kontinents gelegenen Kulturstätte von ähnlicher Bedeutung. Daß sie so wenig Beachtung gefunden hat und in der Tat fast unbekannt geblieben ist, liegt zum Teil darin, daß sie nur wenig besucht worden ist, und zum Teil in dem Umstand, daß die Bewohner nicht herauskommen. Die Leute von Sz'-tshwan überhaupt blicken mit Stolz auf ihr Land und sind sich ihrer Überlegenheit in Hinsicht auf Verfeinerung gegenüber den Chinesen der anderen Provinzen bewußt. Sie verlassen deshalb ihre Heimat nur ungern. Allerdings ist die hohe Kultur nicht in gleicher Weise durch das ganze Land verbreitet, und in manchen Distrikten, wo sich, wie bei den Salzwerken, ein zahlloses Arbeiter-Proletariat zusammendrängt, herrscht große Rohheit.

Das Bild von Sz'-tshwan würde unvollständig bleiben, wollte ich es auf das Rote Becken beschränken. Es bleiben noch die dasselbe umgebenden Gebirge übrig. Lassen Sie uns nur auf diejenigen im Westen einen flüchtigen Blick werfen. In grellem Kontrast zu der hohen Kultur des Tales von Tshingtu steht die Wildnis, in welche uns die Heerstraße gegen Tibet führt. Der Weg geht unmittelbar in die im Westen sich erhebende hohe Gebirgsmauer hinein, und damit sind wir aus dichtem Menschengetümmel plötzlich in eine einsame Natur versetzt. Bald geht es auf einen Paß von 9000 Fuß hinauf, dann wieder tief hinab, und abermals hinauf auf Pässe, die den ersten an Höhe überragen. An der Straße gibt es chinesische Städte und Dörfer; aber die Gebiete zur Seite sind von anderen Stämmen bewohnt, die teils tributpflichtig sind, teils sich unabhängig erhalten haben. Befestigte Plätze, in denen Truppen stationiert sind, halten die Bewohner in Ruhe und die Straße in Sicherheit. Bald zweigt sich eine Straße nach Süden, gegen Yünnan hin ab; es ist diejenige, auf welcher Marco Polo reiste. Er nennt das Land von der Grenze der Ebene von Tshingtu an »Tebet« oder Tibet, denn damals gehörte es dazu, und der Geograph hat es jener durchfurchten Hochgebirgsregion zuzureihen, welche sich zwischen dem Kulturland China und dem eigentlichen Tibet ausbreitet, und in welcher, wie ich vorher erwähnte, ein Mosaik von Stämmen unter eigenen Häuptlingen wohnt. Nur unvollkommen ist die Macht, welche einerseits die politische Grenze von China nach Westen, andererseits die von Tibet nach Osten so weit vorschiebt, daß sich beide Reiche berühren. Soweit das Gebiet zu Sz'-tshwan gehört, wohnen darin, außer den an den Straßen und in einzelnen Tälern und Festungen angesiedelten Chinesen, drei Stämme. Der erste besteht in den Überresten des Volkes der Man-tse. Der zweite sind die Lolo, welche, nach der Überlieferung, das Land Sz'-tshwan in grauer Vorzeit inne hatten, ehe die Man-tse davon Besitz ergriffen, und sie durch diese in das Gebirge westlich vom Min-Fluß zurückgedrängt wurden. Dort haben sie sich durch Jahrtausende unabhängig erhalten und sind es noch heute. Die Länge ihres Gebietes von Süd nach Nord beträgt vier Breitengrade, seine Breite ist gering. Zu beiden Seiten wohnen Chinesen; aber der Verkehr über das Lolo-Gebiet hinüber ist unmöglich, und die zahlreichen Garnisonen sind nicht imstande, die Einfälle dieser Halbwilden in die chinesischen Distrikte abzuwehren. Der dritte und verbreitetste Volksstamm sind die Sifan, den Tibetanern verwandt, und zum größeren Teile dem chinesischen Kaiser tributpflichtig. Die Bevölkerung dieser Gebirgswildnis ist, mit Ausnahme der mitten in ihr gelegenen, von den Chinesen als feenhaft beschriebenen und ihnen gehörigen Kulturoase von Ning-yuen-fu, äußerst spärlich, und außer Moschus und einer unglaublichen Mannigfaltigkeit medizinischer Heilkräuter sind die Produkte nicht nennenswert.

Ich hoffe, Ihnen in dem von der Gebirgsprovinz Sz'-tshwan entworfenen Bild gezeigt zu haben, wie sie ein blühendes und reiches Kulturland zwischen dem Hochgebirge im Osten von Tibet, dem Kwenlun im Norden, der Großen Ebene im Osten und einem ausgedehnten Bergland im Süden bildet, und allseitig von schwer übersteiglichen Bodenschwellungen umgeben ist; wie sie hinsichtlich ihrer Produkte fast selbständig dasteht und im Austausch gegen die

Baumwolle, welche sie einführen muß, eine Menge der wertvollsten Gegenstände des Handels zu liefern hat. Wir dürfen wohl fragen, wie es kommt, daß sie nicht ein selbständiges Reich für sich bildet, sondern ein einheitliches Glied in dem gewaltigen Organismus des chinesischen Staates ist, und von dem weitab gelegenen Sitz der Regierung ohne Störung verwaltet werden kann. Das Problem liegt zu tief, um es auch nur oberflächlich hier zu behandeln, und bildet nur einen Teil der großen Frage, wie es überhaupt bewerkstelligt wird, daß ein Reich, welches an Areal ganz Europa mit Ausnahme von Rußland gleichkommt, und fast die doppelte Bevölkerung des entsprechenden Flächenraumes in Europa hat, von der exzentrisch gelegenen Hauptstadt Peking aus einheitlich verwaltet werden kann. Von dort gehen die Befehle des Kaisers durch das ganze Land, und es sind nur Zeiten kurzer Unterbrechung, in denen sie in einem oder dem andern fernen Teil nicht befolgt werden; stets wird Ruhe und Ordnung wieder hergestellt. Ein Grund dieser Erscheinung liegt in der rücksichtslosen Art, mit welcher, wie es in Sz'-tshwan mit dem Volk der Man-tse geschah, fremdartige Bevölkerungen ausgerottet worden sind; ein zweiter in der friedlichen Amalgamation von Stämmen von geringerer Kultur mit den andrängenden Chinesen, wobei die höhere geistige Bildung der letzteren dem Mischvolk ihren ausschließlichen Stempel aufdrückte. Durch diese beiden Wege vollzog sich die Ausbreitung einer trotz mancher Verschiedenheiten einheitlichen Rasse, mit gleicher Sprache, gleichen Sitten und gleichen Überlieferungen, über ein so gewaltiges Reich. Beiden Vorgängen liegt aber die dritte Ursache der erfolgreichen Verwaltung zugrunde, und diese ist Chinas eigenartige Kulturform. Es ist eine alte Betrachtung, daß, während die hohe Zivilisation in Europa die Frucht des Zusammenwirkens vieler Nationen, der Vererbung der Errungenschaften verschwundener Kulturvölker auf neu entstandene, des Wettkampfes, der gegenseitigen Befruchtung und des Strebens nach Macht ist, der ferne Osten unseres Kontinentes niemals die

Elemente der Entwicklung gekannt hat. Dort glänzen in früher Zeit die Chinesen als die einzigen Träger der Kultur, und nie hat ein anderes Volk neben ihnen eine andere hervorragende Form derselben zu schaffen vermocht. Nie kamen jene mit einem ebenbürtigen oder höher zivilisierten Volk in Berührung, höchstens mit Ausnahme des sehr entfernten Indien, aus dem sie den Buddhismus erhielten, von dem es sehr zweifelhaft ist, ob er den Chinesen von Nutzen gewesen ist. Daher auch konnten niemals neue Prinzipien zur Geltung kommen. Dieselben Grundlagen der gesellschaftlichen und staatlichen Ordnung, die wir in den Aussprüchen des Kaisers Yau vor 4000 Jahren finden, haben sich unverändert erhalten. Der Aufbau auf ihnen entwikkelte sich in mancher Periode so großartig, daß er höher stand als die gleichzeitige Kultur in Europa, und in anderen Zeiten fielen die erhabensten Teile des Gebäudes in Trümmer; aber nie wurde an den Grundlagen gerüttelt, denn sie hatten sich bewährt, und ein Wachstum konnte nur nach denselben Normen stattfinden. Noch heute bewährt sich die Grundlage; denn sie allein macht es möglich, das große Reich zusammenzuhalten, und die in den letzten Jahrzehnten oft gehegten Befürchtungen oder Hoffnungen, daß es altersschwach zusammenbrechen möge, stets wieder als nichtig zu erweisen. Mit Staunen muß es uns erfüllen, daß ein Volk aus sich heraus, ohne jegliche Zutat von außen, imstande gewesen ist, so Großes zu erreichen, und die Tatsache ist wohl geeignet, zum Denken und Forschen anzuregen. Wir unterschätzen die Chinesen gewöhnlich, indem wir, im stolzen und wohlbegründeten Selbstgefühl dessen, was wir erreicht haben, ihren Mangel an Bereitwilligkeit sich dieses anzueignen als Maßstab unseres Urteils annehmen, oder, unserer Vielseitigkeit gegenüber, unsere Aufmerksamkeit auf die einseitig starre Bildung der Chinesen und die Mängel, welche der Entwicklung nach einem einzigen festgehaltenen Prinzip stets eigentümlich sein müssen, richten. Wir bewundern und überschätzen dagegen die Japaner wegen der Leichtigkeit, mit der sie alles Alte über

Bord werfen und das Neue sich aneignen. Aber der Grund des Kontrastes liegt darin, daß der Chinese eine eigenartige, selbstgeschaffene Kultur hat und mit ihr harmonisch verwachsen ist, während der Japaner nie imstande war, aus sich selbst etwas zu entwickeln und die chinesische Kultur, als er sie zuerst kennen lernte, umhing wie ein Gewand, das man wieder abwerfen kann. Sie war für seinen Charakter nicht geeignet, und sowie er die Vorzüge der europäischen erkannte, ließ er jene ohne weiteres fallen. Es ist aber gerade jenes Element einer vollständigen Harmonie in der chinesischen Kulturform, welches ihre historische Bedeutung begründet und sie als eine gespenstisch große Macht in der Zukunft erscheinen läßt. Denn es ist nicht denkbar, daß der Chinese auf lange Zeit hinaus seine durch Jahrtausende geheiligte Grundlage der Bildung verlassen wird, und nur auf ihr wird er, das Fremde langsam aber gründlich erfassend, soweit es ihm paßt, vorwärts schreiten. Das siegreiche Element aber liegt wohl in der Natürlichkeit jenes Grundprinzips. Denn was ist natürlicher als das Verhältnis von Vater und Sohn? Und darauf beruht bei dem Chinesen das soziale und staatliche Leben. Die unbedingte Autorität des Vaters, der unbedingte Gehorsam des Sohnes, die Stellung des Kaisers als eines Vaters des Volkes und der Mandarine als seiner Stellvertreter, sowie diejenige des Volkes als gehorsamer Kinder, die Pflicht endlich des Kaisers, nach den heiligen Maximen der Vorfahren und den Lehren des Konfuzius zu handeln, dies ist das feste Fundament des chinesischen Reiches. Zeiten des Verfalles, des Mißbrauchs, der Korruption der Beamten, wie die gegenwärtige, sind zuweilen dagewesen, aber ein kräftiger Regent hat vermittelst der allmächtigen Handhabe, die ihm jenes Prinzip gab, stets vermocht, die Zustände wieder zum bessern umzugestalten. In dieser Grundlage beruht, nächst der Amalgamation der Rasse, die Möglichkeit, das Reich von Peking aus zusammenzuhalten und eine so abgesonderte Provinz wie Sz'-tshwan vollkommen zu beherrschen.

RUDOLF VIRCHOW

Über Wunder

1874

Ich bin ebenso erfreut als dankbar, daß Sie Ihren Beifall im
Anfang meines Vortrags ausgesprochen haben, denn ich
betrete heute in der Tat mit einer gewissen Schüchternheit
diese Tribüne, da das Thema, welches ich besprechen will,
ein etwas heikles ist und da es außerdem, wie Sie bald ersehen werden, scheinen kann, als behandelte ich eine persönliche Angelegenheit. Die nächste Veranlassung, welche ich
habe, die Wunder zu besprechen, liegt vielleicht dem Kreise
der Provinz Schlesien fern; ich kann jedoch sagen, daß ein
großer Teil unseres Vaterlandes und namentlich die am
Rhein liegenden Gebiete dadurch ziemlich ernsthaft getroffen werden. Ja, es greift diese Sache über die Grenzen
unseres Vaterlandes hinaus auf benachbarte Gebiete über.

Es war während des Großen Französischen Krieges, als
mir durch einen aufmerksamen holländischen Arzt, Herrn
Hartsen, der mit großer Sorgfalt die Publikationen unserer
westlichen Nachbarn verfolgt, das ziemlich dickleibige
Werk eines belgischen Kollegen, des Herrn Lefebvre zuge-
sandt wurde, das den Namen führt: »Louise Lateau, sa vie,
ses extases, ses stigmates« (1870). Ich habe damals dieses
Werk mit lebhaftestem Erstaunen gelesen; indes schien es
mir gerade nicht notwendig zu sein, anderen davon Kenntnis zu geben, daß ich dies getan hätte; ich habe auch nachher darüber gar nicht gesprochen, bis es einem Lands-
mann, dem Herrn Prof. Rohling an der Akademie zu Münster gefiel, eine Schrift zu publizieren, welche den Titel
führt »Louise Lateau, die Stigmatisierte von Bois d'Haine,
nach authentischen medizinischen und theologischen
Dokumenten für Juden und Christen aller Bekenntnisse«.

Diese Schrift hat, wiewohl erst in diesem Jahre (1874) erschienen, schon 9 Auflagen erlebt, und man schätzt die Zahl der ins Publikum gelangten Exemplare auf mehr als 50000. In der Tat handelt es sich auch ausgesprochenermaßen für diejenigen Männer, welche sich damit beschäftigen, den Gegenstand dieser Schrift zu einem anerkannten zu machen, um sehr weitgehende Gesichtspunkte. Es handelt sich für sie nicht etwa darum, ein einfaches Faktum zu konstatieren, sondern darum, ein Ereignis ersten Ranges zur Anerkennung zu bringen, ein Ereignis, weit erhaben über alle sonstigen Vorgänge unserer Tage, ein wirkliches Wunder, von dem Herr Rohling selbst im ersten Alinea sagt, »es gehe die ganze Menschheit an«. »Den Katholiken dient es zur Stärkung des Glaubens; es entzündet das Feuer der Liebe; es ist ein Trost in bedrängten Zeiten; es erhöht den Mut, mit Begeisterung für die Sache des Kreuzes zu streiten und freudig Blut und Leben für sie hinzugeben. – Den Protestanten aber auch geht das Wunder an. Es ist noch nicht erhört worden, daß im Schoße des Protestantismus von Luther bis auf unsere Tage ein Wunder geschehen ist. Wir laden also unsere getrennten Brüder ein, mit Aufmerksamkeit zu lesen, was wir beschreiben werden. Mit loyalem Sinn mögen sie den Bericht durchgehen und sie werden erkennen, daß Gott der Herr sie abermals ruft, in den Schoß der Mutterkirche zurückzukehren; sie werden es nicht leugnen können, daß die römische Kirche allein sie retten kann.« Endlich meint Herr Rohling, daß »in der Masse Israels sich noch empfängliche Herzen finden werden, welche ihr Auge einem Lichtstrahle von oben zu öffnen bereit sind«. Diese werden aufgefordert, »der Stimme Gottes zu folgen, die sie durch ein erhabenes Wunder in die Kirche des Erlösers ruft«. In der weiteren Auseinandersetzung wird auch der Nachweis versucht, daß das Wunder, welches sich nun seit mehreren Jahren mit einer gewissen Regelmäßigkeit vollzieht, in einer größeren Stärke hervortritt jedesmal, wenn der Kirche Gefahr droht, so daß es gleichsam ein kirchenpolitisches Barometer darstellt.

Ich habe nun die besondere Ehre gehabt, als unus pro multis aufgerufen zu werden, um Zeugnis abzulegen, daß dieses Wunder ein wahrhaftiges sei. Als Herr Rohling sein Buch publizierte, hatte er die Güte, es mir persönlich zu schicken und mich dabei nicht bloß um mein Urteil zu bitten, sondern hinzuzufügen: »Hätten Sie etwa den Wunsch, sich durch Autopsie von der Wahrheit der Tatsachen zu überzeugen, so würde die zuständige Behörde auf das Bereitwilligste Ihrem Verlangen entsprechen.« Ich habe sodann eine ganze Reihe ähnlicher Zusendungen von allen möglichen Seiten erhalten, die in dem Maße, als ich mich schweigend verhielt, intensiver wurden.

Die katholische Presse hat sich der Sache sehr ernsthaft angenommen und die »Germania« hat erst neulich gesagt: »Warum sollte Prof. Virchow, der nach Norwegen und Italien zu reisen sich im Interesse der Wissenschaft entschließen konnte und längst versunkenen Pfahlbauten seine kostbare Zeit widmen mochte, nicht auch den leichten und bequemen Weg nach Bois d'Haine finden können?« Ja, kürzlich ist mir eine Zeitung von St. Gallen mit einem Artikel zugeschickt worden, welcher am Schluß, nachdem er mich eines Mangels an Mut beschuldigt hat, in dem allgemeinen Satze gipfelt: »Die Möglichkeit der Wunder leugnen, heißt überhaupt das ganze Christentum wegleugnen, das von Anbeginn, in seiner Gründung und Verbreitung ein fortgesetzes Wunder war und noch ist. Drum auf! Ihr Häupter der Weisheit! (Das ist der Ruf, der an Sie Alle ergeht.) Frisch die Sandalen unter die Füße geschnallt und fort nach Belgien, und der Welt das Stücklein dieses › Pfaffentruges ‹ aufgedeckt! Gelingt Euch dies, so machen wir uns anheischig, Euch dafür die Reisespesen zu vergüten.«

Die Sache könnte wenig wichtig erscheinen, aber ich habe hier z. B. den Brief eines Mannes, der ganz unzweifelhaft liberal ist. Dieser schreibt: »Jedes Dorf, jeden Flecken, jedes Haus überschwemmt die ultramontane Kolportage am Rhein mit beiliegendem Schriftchen.« In der Tat, dieses »grüne Heftchen« enthält alles, was Herr Rohling erzählt, nebst den gröbsten Angriffen auf die Naturforschung unserer Tage. Nun möchte ich freilich nicht gerne in den Ruf kommen, daß ich irgend jemandes religiöse Überzeugung anzutasten gewillt wäre, wenn sie sich innerhalb der Grenzen des Privateigentums hält. Es ist ja selbstverständlich, daß in diesem Gebiete dem Einzelnen volle und absolute Freiheit gewährleistet werden muß. Aber die Sache wird eine andere und ganz kardinale, wenn die religiöse Überzeugung verlangt, maßgebend zu sein für staatliche Einrichtungen, wenn sie verlangt, maßgebend zu sein für die Wege und Richtungen der Wissenschaft, d. h. wenn sie in letzter Instanz bestimmen will über die Gesamtheit der höchsten Aufgaben, welche der Mensch in seinem irdischen Leben zu erfüllen hat. Deshalb kann man sich der Frage nicht entziehen, wenn sie sich in einem so frappanten Beispiel darstellt: Wie weit ist das Wunder berechtigt, anerkannt zu werden? Welche Kriterien sind maßgebend, welche Merkmale zwingen uns, die Existenz des Wunders zuzugeben?

Herr Rohling sagt in dieser Beziehung in ganz anerkennenswerter Weise: »Die katholische Apologetik befolgt den Grundsatz, eine Erscheinung nur dann als Wunder gelten zu lassen, wenn die Wissenschaft das klare unzweifelhafte Urteil spricht, daß dieselbe nach unumstößlich feststehenden Gesetzen der Natur unmöglich sei.« Er setzt dann ferner auseinander, daß, da die Wissenschaft selbst in Veränderung begriffen sei, es notwendig werde, die Berechtigung des Wunders auf die Fälle zu beschränken, wo sich zweifellos nachweisen lasse, daß sie nach einem gänzlich sichergestellten Gesetz der Natur unmöglich, ja daß sie das Gegenteil dieses Gesetzes sei. Sei eine Erscheinung tatsächlich vorhanden, welche mit solchen Naturgesetzen nicht übereinstimmt, so müsse sie als direkter Eingriff einer höheren Gewalt angesehen werden, wobei übrigens keineswegs zu befürchten sei, daß diese höhere Gewalt, welche dem bestehenden Gesetz zum Trotz wirke, Schaden anrichten könne; denn sie sei in gleicher Weise eine Macht, welche den bösen Folgen einer solchen Abweichung vorzubeugen vermöge.

Bevor ich jedoch die bezeichnete Frage weiter bespreche, möchte ich noch kurz die historische Lage der Sache erwähnen, um dann meine allgemeinen Betrachtungen daran anzuknüpfen.

Die fragliche Person, Louise Lateau, ist 1850 in einem kleinen Dorfe Bois d'Haine in der Diözese Tournay, im Wallonischen Gebiet Belgiens geboren. Nach durch allerlei krankhafte Verhältnisse gestörten Entwicklungsjahren, in denen frühzeitig eine gewisse Neigung zu kirchlichen Leistungen und wohltätigen Arbeiten bemerklich wurde, ist, etwa seit dem Jahre 1868, jene Reihe von Erscheinungen bei ihr aufgetreten, welche man als eine fortgesetzte Reihe von Wundererscheinungen bezeichnet. In kurzer Zeit haben sie sich von einfachen kleinen Anfängen an sehr schnell zu einem großen Zyklus von Erscheinungen gesteigert. Letztere lassen sich leicht in vier Gruppen oder Reihen bringen. Die erste Reihe, welche mit dem 21. April 1868, einem Freitag, begann, gerade in der Zeit, als Louise Lateau ihr Noviziat bei dem 3. Orden des heiligen Franziskus von Assisi vollendet hatte, bestand in dem Auftreten der sogenannten Stigmata. Stigmata nennt man nach der kirchlichen Tradition blutige Flecken, welche zuerst als rote Stellen am Körper erscheinen und aus welchen späterhin Blutungen erfolgen, in manchen Fällen bloß in die Haut, in anderen auch auf die Haut, und von welchen die Kirche angenommen hat, daß sie denjenigen analog seien, welche der Heiland bei seinen Marterungen und seinem Tode erfahren habe, und daß sie zugleich Mahnungen darstellten, welche von Zeit zu Zeit durch die göttliche Vorsehung den Völkern vor Augen gerückt werden, damit die Erinnerung jenes Ereignisses wieder lebendig werde. Es ist nicht zu übersehen, daß gerade der heilige Franziskus von Assisi diese Erscheinungen in hohem Maße an sich erlebt hat; es wird dadurch, für uns wenigstens, leichter verständlich, daß diese Stigmata gerade bei einer Novize des Franziskaner-Ordens sich wiederholen.

Am ersten Freitag zeigten sich in der linken Seite Blutungen; am nächsten Freitag kam der Fußrücken an die Reihe, dann die Hände und endlich am 25. September die Stirne, an welcher sich Erscheinungen wie von den Wirkungen einer Dornenkrone darstellten. In der ersten Zeit wurde ein Arzt, Dr. Gonne, veranlaßt, die Person zu sehen. Derselbe sprach die Meinung aus, daß es nicht möglich sein werde, die Sache im Hause der Familie zu heilen; er wollte sich nur mit der Sache beschäftigen, wenn es ihm gestattet würde, die Kranke aus dem elterlichen Hause zu nehmen. Es wurde ihm verweigert und Dr. Gonne verschwindet seitdem aus den Protokollen. Dafür erscheint ein sehr gelehrter Mann, Dr. Lefebvre, der denn auch nachher Professor geworden ist. Nunmehr wurde eine große Reihe von sehr merkwürdigen Untersuchungen veranstaltet und z. B. erwiesen, daß die rote Flüssigkeit, welche sich ergoß, wirklich Blut war, nicht etwa etwas anderes. Herr Lefebvre hat auch eine sehr genaue Beschreibung der Stigmata geliefert und untersucht, ob etwas in der medizinischen Literatur vorhanden wäre, was damit verglichen werden könne. Und da ich unglücklicherweise ein besonderes Kapitel über Blutungen verfaßt habe, so bin ich ein ganz besonderes Objekt seiner komparativen Aufmerksamkeit geworden. Nun muß ich in der Tat beistimmen, daß die Annalen der Medizin kein Beispiel enthalten, wo im Wege einer gewöhnlichen Krankheit jemals beobachtet worden wäre, daß eine Person von selber an einem Freitag in der linken Seite, am zweiten in der linken Seite und am Fußrücken, am dritten an der Seite, am Fußrücken und am Handrücken und am vierten auch an der Stirne blutete. Dafür haben wir absolut keine Beispiele. Wir müssen es anerkennen und es hätte gar nicht dieser großen und weitläufigen Analyse des Herrn Lefebvre bedurft, um jeden Arzt zu der Anerkennung zu veranlassen, daß das nicht mit rechten Dingen zugehen könne, das heißt nicht nach dem gewöhnlichen Gange pathologischer und physiologischer Ereignisse. Wenn man aber zugesteht, »das ist etwas Besonderes«, so bleiben freilich nur die zwei

Fälle übrig, welche in einem der mir zugegangenen Briefe von einem katholischen Geistlichen formuliert werden.

»Nach meinem Dafürhalten«, sagt der Herr Kaplan Trän aus Dingelstädt in Thüringen, »ist entweder die angegebene Erscheinung ein sehr fein angelegter Betrug oder es ist eine höchst merkwürdige Tatsache, welche die Annahme eines Wunders – dem gläubigen Gemüte wenigstens – sehr nahe legt, jedenfalls aber einer genauen streng wissenschaftlichen Prüfung in hohem Grade wert ist.« Ich würde nun nicht so formulieren, daß es ein sehr fein angelegter Betrug sein müsse; ich würde auch die Möglichkeit statuieren, daß es ein sehr grob angelegter Betrug sei. Indes die Sache liegt allerdings so: Entweder muß es ein Betrug sein oder es ist ein Wunder. Ich hätte nun die Vorstellung gehabt, wenn es ein Wunder sein sollte, welches die Leiden Christi in strengster Weise wieder der Erinnerung des Volkes entgegenbringen sollte, so würde der Mechanismus der Blutungen anders angelegt worden sein. Die ganze Erscheinung, wenn sie dadurch Wert haben soll, daß sie mit einer gewissen Genauigkeit dasjenige reproduziert, was sich vor Christi Tode ereignet hat, sollte auch in gleicher Weise vor sich gehen: der Mechanismus sollte wenigstens ungefähr ähnlich sein, also es sollten direkte Löcher in der Haut entstehen, aus welchen das Blut herauskäme. Merkwürdigerweise ist die Sache in diesem Falle anders und viel umständlicher angelegt. Die Herren Rohling und Lefebvre erzählen sehr weitläufig, wie das vor sich geht: »An Händen und Füßen beginnt donnerstags, selten schon mittwochs, eine Blasenbildung, welche die Oberhaut emporhebt. In der Freitagsnacht ist die Blase ganz entwickelt, ihre Basis beträgt 2½ Centim. in der Länge, 1½ Centim. in der Breite, die anliegende Haut ist weder geschwollen noch gerötet; dann platzt die Blase und ergießt ihre Flüssigkeit, die klar und durchsichtig ist; gleichzeitig dringt aber nun aus der Lederhaut das Blut hervor, ohne daß sich auch mit dem besten Vergrößerungsglas eine Verletzung des Corium entdecken ließe. Die Epidermis öffnet sich bald mit einer länglichen Spalte, bald kreuzweise, bald mit einer dreieckigen Zerteilung.«

Sie sehen, das ist ein Mechanismus, der Tage in Anspruch nimmt, ehe er zur Vollendung kommt, der nebenbei auch so ungewöhnlich ist für die pathologische Bildung, daß wir ihm nichts an die Seite stellen können. Aber niemand wird behaupten können, daß dieser Vorgang eine Ähnlichkeit hätte mit dem, was der Geschichte nach bei Christi Leiden vor sich gegangen ist. Es ist also nur das endliche Resultat, das Bluten, was die Ähnlichkeit darstellt, und der Ort, an dem es sich darstellt. Ich bin weit entfernt davon, diesen Vorgang erklären zu wollen; nichts weniger. Ich will auch zugestehen, wenn weiter nichts vorläge, als diese Reihe von Erscheinungen, das Stigmatisieren nämlich, dann wäre vielleicht ein Grund vorhanden, die Angelegenheit einer persönlichen Prüfung zu unterziehen. Aber wie es eben geht, der Erfolg steigert den Mut, und so hat sich auch das Wunder allmählich immer mehr entwickelt, bis es dann Formen angenommen hat, die es in der Tat unnötig machen, eine Reise zu unternehmen, und die auch den Grund darstellen, weshalb ich es nicht für nötig halte, eine solche überflüssige Beschäftigung zu veranstalten.

Es sind nämlich nach und nach noch drei andere Erscheinungsreihen hinzugekommen. Erstens eine Reihe von Ekstasen, sehr komplizierte Vorgänge, welche darin bestehen, daß gewöhnlich freitags, zuweilen aber auch zu anderen Zeiten Louise in einen Zustand gerät, wo sie nach kurzer Aufregung gegen die Außenwelt unempfindlich wird, so sehr, daß sogar behauptet wird, sie sei gegen die stärksten elektrischen Schläge unzugänglich, was freilich durch andere Angaben etwas in Zweifel gezogen wird. In diesem Zustand hat sie Visionen und wird nur durch besondere geistliche Einwirkung noch in Verbindung mit der diesseitigen Welt gehalten. Eine dritte Erscheinung, welche sich in ihren Spuren schon bis in den September 1868 verfolgen lassen soll, ist im Oktober 1871 bestimmt hervorgetreten, nämlich eine vollständige Enthaltung des Schlafes. Endlich soll sich der Zustand seit dem 30. März 1871, dem Festtage der sieben Schmerzen Mariae, dahin entwickelt haben, daß sie auch aufhörte, irgend etwas anderes zu genießen, als täglich eine Hostie und nebenbei wöchentlich ein paar Löffel Wasser. Das ist alles, was sie seit dem 30. März 1871, seit länger als drei Jahren, genossen haben soll, und trotzdem befindet sie sich in dem blühendsten Gesundheitszustande.

Ich denke, nun wird jeder von den Anwesenden hier anerkennen, man brauche nicht nach Bois d'Haine zu reisen, um sich zu überzeugen, daß dieses absolut unmöglich ist. Wenn Herr Rohling den Widerspruch mit anerkannten Naturgesetzen verlangt, so liegt dieser hier in vollstem Maße vor. Daß ein lebendiges Individuum, namentlich ein menschliches, drei Jahre lang gleichsam auf nichts gestellt sein sollte und daß es doch dabei alle körperlichen Verrichtungen, wenn auch in vermindertem Maße leistet, Verrichtungen, von denen wir wissen, daß sie in der einen oder der anderen Weise mit Konsumption von Substanz verbunden sind, das würde allerdings einen solchen Eingriff in die Gesetze der organischen Natur mit sich bringen, daß man sagen könnte, etwas Stärkeres kann eigentlich nicht passieren. Gegenüber dieser Enthaltung von aller Speise, wie sie in den Geschichten anderer Heiligen schon verzeichnet ist, erscheint, wissenschaftlich betrachtet, die Geschichte von den Siebenschläfern als eine Kleinigkeit; denn daß das Schlafen sich sehr lange prolongieren läßt, dafür haben wir Anhaltspunkte, aber daß absolute Enthaltung von Speise und Trank solche Dimensionen annehmen kann, das ist absolut unerhört, und die Frage, ob Betrug oder Wunder, ist hier ganz unmittelbar in der strengsten Form vorliegend.

Nun sagt man, »warum bist Du denn nicht hingereist und hast konstatiert, daß das so ist oder nicht ist?« Meine Herren, da muß man einigermaßen wissen, was es für Schwierigkeiten hat, derartige Konstatierungen vorzunehmen. Ich bin 16 oder 17 Jahre lang Arzt einer Abteilung für kranke Gefangene gewesen und kenne jede Art von Simulation, auch die Simulation der Enthaltung von Nahrung und

sogar die des Gegenteils, die Enthaltung nämlich jeder
Stoffabgabe; ich kann versichern, es hat die allergrößten
Schwierigkeiten selbst in einem vollständig organisierten
Hospital, dessen Personal man in der Hand zu haben
glaubt, allen Schlichen und Winkelzügen auf die Spur zu
kommen. Ich halte es für eine der allerschwierigsten Aufgaben, manche Simulationen zu enthüllen. Nichtsdestoweniger würde ich mich keinen Augenblick bedenken, Fräulein
Louise Lateau in mein Gewahrsam zu nehmen und das Experiment zu veranstalten; aber allerdings werde ich es immer ablehnen, mich in das Haus zu Bois d'Haine hinzuset-
zen und unter Bedingungen, welche andere Personen auf-
stellten, Beobachtungen über diese Simulation zu machen,
die ich allerdings annehme. Ich habe schon erwähnt, daß
derjenige Arzt, der die Entfernung aus dem Hause verlangte, nicht zum Ziele kam, und ich kann hinzufügen, daß
weder die Mutter noch die Tochter irgendwie verlangen,
daß jemand das Wunder anerkenne; wenn sie jemand zulassen, so ist dies eben bloß eine besondere Freundlichkeit.
Man kann ja auch nicht allzuviel fremde Personen aufnehmen. Ich erkläre also ausdrücklich: Ich bin sehr gern bereit, unter den von mir gestellten Bedingungen eine Obser-
vation zu veranstalten, halte mich aber nicht verpflichtet,
mich in Verhältnisse zu begeben, deren Besonderheiten ich
nicht zu übersehen vermag.

Nun muß ich aber noch eines hinzufügen. Es sind allerdings mancherlei Veranstaltungen getroffen worden, welche auch für uns in einem hohen Maße entscheidend erscheinen könnten, zumal da als Zeugen Personen genannt
werden, deren Namen uns in hohem Maße teuer sein müssen. Ich erwähne in dieser Beziehung namentlich einen
Vorgang, der mit Recht in einer besonderen Weise betont
wird und bei dem man aufs Äußerste bedauern muß, daß
wir keine direkten Zeugnisse darüber besitzen; ich meine einen Vorgang, an welchem unser berühmter Kollege, Herr
Schwann, beteiligt ist. Die Sache betrifft die schon erwähnte
Ekstase. Im Laufe der Ekstase, wo Louise so unempfindlich

gegen die Außenwelt ist, daß die größten Einwirkungen spurlos an ihr vorübergehen, ist sie doch auf das Äußerste und sofort empfindlich gegen die Einwirkungen ihrer geistlichen Oberen, aber allerdings nur dann, wenn ein regelmäßig konstituierter geistlicher Oberer da ist, also der Prediger ihrer Diözese, der Bischof, der diesem vorgesetzt ist, der Erzbischof. Sie allein sind diejenigen, welche die Sache machen können; die anderen fremden Bischöfe und Pfarrer sind ganz außerstande dazu. Aber es ist allerdings möglich, daß der vorgesetzte Bischof, der von Tournay, einem anderen seine Jurisdiktion temporär überträgt und dadurch auch diesen anderen befähigt, seine Autorität auszuüben. Letzteres geschah in dem berührten Falle. Eines Tages begaben sich Lefebvre, Schwann und der Bischof nach Bois d'Haine; der Bischof gab seine Vollmacht dem Dr. Schwann. Dieser fragte: »Louise, hörst Du mich?« Sie lag mit dem Kopfe auf dem Boden. Als sie Schwanns Worte hörte, hob sie den Kopf auf, wie um ihm zu horchen. Darauf befahl Schwann: »Erhebe Dich!« Und sie tat es. »Louise, aufrecht!« Sie stand auf. Darauf befahl der Bischof: »Setze Dich!« Es geschah. Dr. Schwann war zufrieden. »Diese Probe genügt«, sagte er zum Bischof; »hätte sie bloß Ihnen gehorcht, so könnte ich etwa denken, Sie seien Ihr Magnetiseur; nun aber kann von Spiritismus und derlei nicht die Rede sein. Jeder Mann von Ehrlichkeit muß sich hier beugen.«

Trotzdem ist Zweifel zulässig; denn immer bleibt die Frage offen: handelt es sich nicht um eine verabredete Sache? Und in dieser Beziehung erlaube ich mir noch ein paar allgemeine Worte in bezug auf die Wunder überhaupt hinzuzusetzen.

Wenn das Problem so gestellt wird, wie ich es nach Herrn Rohling stellte, also: Wunder kontra Gesetz, Wunder als Negation des Gesetzes, so werden wir uns fragen müssen, wann tritt der Fall ein, wo wir uns verpflichtet erachten, eine solche Schlußfolgerung anzuerkennen? Wie Sie wissen, ist das, was wir mit dem Namen der Naturgesetze belegen, ein veränderliches Werk, veränderlich, weil diese Naturgesetze eben von Menschen aufgestellt und insofern menschliche Satzungen sind; wir formulieren unsere Erfahrungen in jedem Augenblick nach unserm besten Wissen, möglicherweise nur nach der größten Wahrscheinlichkeit. Eine neue Erfahrung kann uns zeigen, daß diese Formulierung nicht richtig, daß, was wir bisher als Gesetz betrachteten, ungültig ist. Die bloße Tatsache der Negation des anerkannten Gesetzes konstatiert daher noch keine Wunder; sonst würden die großen Fortschritte der Wissenschaft überhaupt nicht existieren; sie bestehen ja nur darin, daß, was bisher als Gesetz anerkannt wurde, als Gesetz vernichtet wird. Es würde also z. B., wenn bewiesen wäre, daß Louise ohne Nahrung existiert und dabei doch fungiert wie ein anderer Mensch, immer erst zu untersuchen sein, ob wir es nicht auch dahin bringen könnten, durch irgendwelche Fortschritte in unserer Entwicklung, ohne Nahrung zu existieren und zu fungieren. Sie werden anerkennen, daß dieses ein so großes Problem ist, daß man damit sogar die soziale Frage lösen könnte. Auf diese Art der Untersuchung läßt man sich aber nicht ein. Ferner wäre es eine interessante wissenschaftliche Aufgabe zu sehen, was jemand, der gar nichts zu sich nimmt, ausscheidet und wie der Stoffwechsel bei Louise Lateau denn eigentlich beschaffen ist. Woher nimmt sie durch $3^1/_2$ Jahre die Kohlensäure, die sie ausscheidet? Das müßte doch auf irgendeine Weise zu konstatieren sein. Es wäre in der Tat eine sonderbare Sache, wenn man sich vorstellen müßte, daß die göttliche Absicht dahin führte, ein neues Quantum von Kohlenstoff in die Welt zu setzen, daraus Kohlensäure entstehen zu lassen und so das auf der Erde gegebene Maß von Kohlenstoff zu vermehren. Während bisher alle Chemiker und Physiker an der Unveränderlichkeit der Materie festhalten, ja behaupten, daß die gegebene Quantität Kohlenstoff invariabel sei, bringt Louise täglich ein neues Quantum Kohlenstoff herbei, wie die Meteoriten neues Eisen bringen, nur daß diese nach unweigerlichen Gesetzen zirkulieren, hier aber eine neue Kreation den Kohlenstoff erzeugt, ja sogar in den Körper der Louise Lateau hineinbringt. Sicherlich ein sehr schwieriges Problem, aber eines, welches doch angreifbar ist. Denn daß eine so anhaltende Entziehung der Nahrung ohne Abgabe von Kohlensäure durch die Lunge stattfinden sollte, daß etwa die Kohlensäure in der ausgeatmeten Luft fehlte, Louise also vielleicht atmete, ohne Kohlensäure zu erzeugen, was ein noch viel größeres Wunder sein würde, als die Stigmata, das ist bisher nicht behauptet worden.

Ich darf vielleicht daran erinnern, wie lange es gedauert hat, ehe die Begriffe über die Elemente sich gereinigt haben. Wie lange hat es als höchstes philosophisches und naturwissenschaftliches Gesetz gegolten, daß wir nur vier Elemente hätten, bis allmählich die chemische Analyse, zuerst im ungläubigen Orient, dann allmählich auch im Okzident den Nachweis führte, daß diese prätendierten Elemente gar keine seien, bis wir neue Elemente kennen lernten und diese an die Stelle der alten gesetzt wurden. So ist die revolutionäre Wissenschaft. Aber auch in der Wissenschaft gibt es Wunder, welche nicht minder auffällig sind, wie wenn der Bischof von Tournay durch ein einzelnes Wort die ekstatische Louise aus ihren ungewöhnlichen Stellungen herausbringt; das sind jene plötzlichen Inspirationen, wo irgendein hervorragender Geist plötzlich eine neue Wahrheit findet. Wenn man erzählt, daß Galilei durch das Schwanken einer Ampel in einer Kirche zu Pisa auf das Gesetz der Pendel-Bewegung kam, wenn behauptet wird, daß Newton bei der Betrachtung eines fallenden Apfels das Gesetz der Gravitation vorgeahnt habe, wenn Goethe selber schreibt, wie er durch einen Hammelschädel, den er im Sande des Lido in Venedig vor seinen Füßen sah, plötzlich die kaum geahnte Tatsache der vertebralen Natur der Kopfknochen entschieden sah, so sind das solche eingegebene, wie die Kirche sicherlich gesagt hätte, vom Himmel geschenkte Anschauungen, welche durch die Bedeutung, die sie für die Nachwelt haben, gewiß den Wert höherer Eingebung beanspruchen können. Das sind in der Tat Wunder. Wenn gegenüber den herrschenden Lehrsätzen ein vielleicht durch lange Studien präparierter Geist durch eine einzelne Beobachtung in die Lage gesetzt wird, das neue Gesetz beim Schopf zu fassen, dann können wir das sicher preisen als eine höchste und in der Tat wunderbare Errungenschaft. Aber verstehen wir uns wohl, dieses Wunder ist ein ganz anderes, als das, was hier prätendiert wird. Es ist nämlich die plötzliche Offenbarung des Gesetzes selbst, welches sich hier darstellt. Dieses Wunder offenbart das Gesetz, es negiert nur das falsche Gesetz, es vernichtet eine unrichtige Formel, aber es erklärt das wahre Gesetz. Das Wunder von Bois d'Haine dagegen proklamiert das »wahre« Gesetz nur im Sinne der Hierarchie; wenn es verlangt, daß für eine gewisse Reihe von Personen, für eine gewisse Zeit oder einen gewissen Raum die herrschenden Naturgesetze suspendiert werden, so heißt das mit anderen Worten, die Beständigkeit und Ewigkeit dieser Gesetze wird negiert; dann zwingt man uns anzuerkennen, daß diese Gesetze überhaupt nicht ewig sind. Die Naturgesetze unterscheiden sich ja wesentlich von jenen Gesetzen, mit denen man anderswo zu operieren hat. Sie sind nicht wie die Gesetze der Grammatik, die aus Regeln und Ausnahmen bestehen; sie sind auch nicht wie die Staatsgesetze, die man halten kann und nicht halten kann, sondern es sind Gesetze, welche immer gehalten werden müssen, welche unweigerlich existieren, deren Bedeutung hinfällig sein würde, wenn sie auch nur einen Augenblick in ihrer Wirksamkeit suspendiert würden. Hier liegt die große Scheidung. Keinerlei Ausnahme ist zulässig im Sinne der Naturwissenschaft und der denkenden Menschen überhaupt für die Geltung eines Naturgesetzes. Nichts berechtigt uns, diesem Gesetz einen bestimmten Anfang oder ein bestimmtes Ende zu geben oder die Möglichkeit zuzugestehen, daß seine Wirksamkeit auch nur einen Augenblick unterbrochen werden könnte. Wohl ist es denkbar, daß eine Hemmung in seiner Äußerung eintritt. Wenn es z. B. in der Geschichte der Heiligen als möglich angenommen wird, daß ein Mensch ohne irgendeine sichtbare Einwirkung vom Erdboden erhoben wird und in der Luft schwebt, so kann man sich vorstellen, daß das Gesetz der Schwere hier eine Hemmung erfährt, gerade wie wenn ein Mensch auf einem Tisch steht und dadurch gehindert wird, den Boden darunter mit seinen Füßen zu erreichen; aber jeder wird zugestehen müssen, daß die Gewalt, welche das Individuum vom Boden erhebt, eine meßbare sein muß. Nichts würde hindern, wenn der gedachte Fall heute einträte, daß man durch bestimmte Gewichte konstatierte, welche Gewalt angewendet ist, um die Gravitation soweit zu hindern, daß das Schweben möglich wird. Wir würden dann sagen können, die fremde Gewalt hebt mit 2 oder 3 Kilo. So werden wir den Ausdruck finden, den wir überall brauchen, wo es sich um mechanische Ereignisse handelt.

Meine Erörterung soll nicht verletzend sein. Aber ich muß sagen, wenn man in dieser Weise die Errungenschaft ganzer Jahrhunderte abstreitet, dann dürfen wir doch darauf hinweisen, daß in jedem Falle, wo es möglich gewesen ist, das vermeintliche Wunder unter volle naturwissenschaftliche Kontrolle zu stellen, es sich als natürlich enthüllt hat. Es war sicher etwas höchst Auffälliges und Wunderbares vom Standpunkt einer früheren Zeit, etwas was in gewisser Beziehung an die heutigen Vorgänge erinnert, das Erscheinen des Blutes auf Hostien und anderen Dingen, jenes so oft angerufene Wunder, welches bald hier, bald da im Mittelalter erzählt worden ist und welches die größte Rückwirkung auf die gesellschaftlichen Zustände und die Existenz vieler Menschen gehabt hat. Und doch hat sich ergeben, als man zum ersten Mal das Mikroskop zur Untersuchung nahm, daß es kleine Organismen waren, wie man damals glaubte, Monaden, wie man jetzt annimmt, kleine Pflänzchen, welche eine blutartige Substanz ausschwitzen; sie sind die Ursache, daß blutrote Flecke entstehen wie andere Schimmelflecke auch. Das »Wunder« konnte sich also nur ereignen, wo kein Mikroskop war; seitdem man ein Mikroskop hat, ist es kein Wunder mehr.

Aber eins muß ich noch erwähnen, wodurch sich die Vorgänge, um welche es sich hier handelt, von allem unterscheiden, was der Naturforscher beobachtet. Jedes Wunder ist tendenziös, und ich behaupte, jedes wirkliche Naturereignis ist nicht tendenziös. In dieser Tendenz liegt der Wert des Wunders, nicht in der Erscheinung als solcher. Man freut sich nicht, eine neue Erscheinung zu sehen; im Gegenteil, sie ist oft peinlich. Aber man sieht darin den Finger Gottes. Es ist ein Zeichen, ein Signum, ein Monstrum, wie man in alten Zeiten sagte (von monstrare). Es bezeichnet etwas, was der Mensch sonst nicht beachten würde. Das Wunder hat objektiv keinen Wert, aber es wird publik zu einem bestimmten Zweck.

Das ist eben das Mißliche: »Man merkt die Absicht und man wird verstimmt.« Wir werden jeder objektiven Überzeugung, welche mit Ehrlichkeit sich von der Realität eines Vorganges Kenntnis schaffen will, unsere Anerkennung nicht versagen; aber wir sind ganz berechtigt, mißtrauisch zu sein in einem Augenblick, wo wir uns sagen müssen: »hier ist Absicht«. – Das Wunder ist immer unbescheiden; es will sich zeigen. Es will Aufmerksamkeit erregen, ja Aufsehen; es will womöglich, wie Herr Rohling sagt, die ganze Menschheit angehen. Die Naturgesetze sind gewöhnlich verschwiegen; die Menschen aber haben ein Interesse daran, sich darum zu bekümmern. Nicht das Naturgesetz hat Ursache, sich für die Menschen zu interessieren, sondern die Menschen haben Ursache, sich für die Gesetze zu interessieren. Beim Wunder ist es umgekehrt: es will dem Menschen etwas zeigen, ihn in einer bestimmten Weise belehren, nicht über seine Erscheinung als solche, sondern über etwas ganz Anderes. Und das Merkwürdigste ist, daß das, wodurch diese Erscheinung verständlich werden soll, nicht in ihr selbst liegt, sondern in der Interpretation, die man hinzutut.

Es ist gewiß kein Übermut der Naturwissenschaft, auch keine Prätention, daß wir behaupten, die Naturgesetze seien unweigerlich, absolut, unter allen Umständen wirksam und gar nicht in irgendeinem Zeitraum zu suspendieren. Keine Gewalt ist dazu imstande. Nicht daß ich behaupten wollte, es könnte nicht anders sein, aber ich behaupte: Es ist so. Man soll eben erst auf strenge Weise demonstrieren, daß jemals eine Suspension der Naturgesetze stattfindet, aber man soll nicht von uns verlangen, daß wir auf jede beliebige Aufforderung hin und unter ungewöhnlichen und uns nicht konvenablen Bedingungen uns dazu hergeben sollen, die Probe zu machen. So wenig, wie ich mich berufen fühle, alles zu essen, was mir vorgesetzt wird, so wenig fällt es mir ein, alles zu untersuchen, was jemand mir vorlegt. Tausend Untersuchungen werden mir im Laufe des Jahres zugemutet, von denen ich die einen mache, die anderen nicht, nicht weil die einen ein Wunder angehen und die anderen nicht, sondern weil mein Interesse an den einen größer ist als an den anderen. Zu diesen letzteren gehören aber diejenigen Wunder, die man uns jetzt in modernster Form vorführt. Ist das Wunder von Bois d'Haine in der Tat eine Sache, die die ganze Menschheit angeht, warum veranlaßt man nicht Männer, wie Schwann und andere in der Nähe befindliche Gelehrte, sich in wissenschaftlicher Form darüber auszulassen? Die Erzählung, die ich vorlas, genügt nicht; ich habe sie gerade deshalb zitiert, um darauf aufmerksam zu machen, daß es im Interesse des Herrn Schwann liegen würde, uns durch genauere Mitteilungen es möglich zu machen, die Äußerungen eines so hervorragenden Gelehrten, der durch sein Werk über die Zellentheorie allgemein bekannt ist, kritisch zu prüfen. So wenig wie wir uns genieren, diesen oder jenen Satz seiner Zellentheorie zu ändern oder umzustoßen, so wenig würden wir uns genieren, einen etwaigen Satz seiner Wunderlehre zu kritisieren. Jedoch glaube ich nicht, daß es notwendig sein wird, Herrn Schwann zu widerlegen; vielmehr scheint es mir, daß man die große Autorität des Mannes gemißbraucht hat, um uns ein scheinbares Zugeständnis vorzuführen, welches in Wirklichkeit gar nicht existiert. Fortgesetztes Schweigen seinerseits würde als volles Zugeständnis betrachtet werden und nur dazu beitragen, großen Kreisen des Volkes die Erkenntnis der Wahrheit zu erschweren. Denn Wunder, wie die von Bois d'Haine, sind keine Offenbarungen des Gesetzes, sondern Verdunkelungen desselben.

AUGUST WEISMANN

Über die Bedeutung der geschlechtlichen Fortpflanzung für die Selektionstheorie
1885

In dem Vierteljahrhundert, welches verflossen ist, seitdem die Biologie sich allgemeinen Problemen wieder zugewandt hat, ist durch die vereinte Arbeit zahlreicher Forscher wenigstens doch der eine Hauptpunkt zur Klarheit gebracht worden, daß die einzige, wissenschaftlich mögliche Hypothese über die Entstehung der organischen Welt die Deszendenz-Hypothese ist, die Vorstellung einer Entwicklung der Organismenwelt. Nicht nur gewinnen zahlreiche Tatsachen erst in ihrem Licht Sinn und Bedeutung, nicht nur fügt sich unter ihrem Einfluß alles, was bis jetzt an Tatsachen vorliegt, zu einem harmonischen Gesamtbild zusammen, sondern auf einzelnen Gebieten hat sie sogar jetzt schon das Höchste geleistet, was von einer Theorie überhaupt erwartet werden kann, sie hat es möglich gemacht, Tatsachen vorauszusagen, nicht mit der absoluten Sicherheit der Rechnung, aber doch immerhin mit einem hohen Grad von Wahrscheinlichkeit. Man hat es vorausgesehen, daß der Mensch, der im erwachsenen Zustand bekanntlich nur 12 Rippen besitzt, im embryonalen deren 13–14 haben würde, man hat es vorausgesehen, daß er in derselben frühesten Periode seiner Existenz den unscheinbaren Rest eines kleinen Knöchelchens in seiner Handwurzel haben würde, das sog. Os centrale, das seine weit in grauer Vorzeit zurückliegenden Ahnen in erwachsenem Zustande besessen haben müssen. Beide Voraussagen trafen ein, ähnlich wie seinerzeit der Planet Neptun entdeckt wurde, nachdem man seine Existenz aus den Störungen in der Bahn des Saturn vorausgesagt hatte.

Daß die heutigen Arten von anderen, jetzt meist ausgestorbenen abstammen, daß sie nicht selbständig entstanden sind, sondern sich aus andern entwickelt haben und daß im allgemeinen diese Entwicklung in der Richtung vom Einfacheren zum Verwickelteren stattgefunden hat, das dürfen wir mit derselben Bestimmtheit behaupten, mit welcher die Astronomie behauptet, die Erde bewege sich um die Sonne, denn für die Gültigkeit eines Schlusses ist es gleichgültig, ob er durch Rechnung oder sonstwie gefunden wird.

Wenn ich diesen Satz so bestimmt hinstelle, so tue ich es nicht, weil ich etwa glaube, Ihnen damit etwas Neues zu sagen, auch nicht, weil ich glaube, eine etwa noch vorhandene Opposition bekämpfen zu müssen, sondern vielmehr deshalb, weil ich zuerst den sicheren Boden bezeichnen möchte, auf dem wir stehen, ehe ich dazu übergehe, das viele noch Unsichere ins Auge zu fassen, welches sich zeigt, sobald man von dem »daß« zu dem »wie« weiter fortgeht, sobald man von dem Satz: »die Organismenwelt ist durch Entwicklung entstanden«, zu der Frage kommt: »wie aber ist dies geschehen, durch welche Kräfte, durch welche Mittel, unter welchen Umständen?«

Hier ist noch nichts weniger als Sicherheit, hier stehen sich noch widerstreitende Meinungen entgegen, aber hier ist auch das Gebiet für die weitere Forschung, das unbekannte Land, in welches einzudringen ist.

Ganz unbekannt freilich ist es nicht, und wenn ich nicht irre, so hat der moderne Wiedererwecker der so lange in tiefem Schlaf begrabenen Deszendenzhypothese, Ch. Darwin, bereits eine Skizze dieses Gebietes geliefert, die als Grundlage für die spätere vollständige Karte sehr wohl dienen kann, wenn auch vielleicht noch gar manches hinzuzufügen sein wird. Ich meine: Darwin hat in dem Selektionsprinzip den Weg gezeigt, auf welchem wir in das unbekannte Land eindringen können. [...]

Jedenfalls kann der Tier-Biologe gar nicht genug betonen, wie genau und wie bis ins kleinste hinein Form und Funktion zusammenhängen, wie vollkommen beherrschend die Anpassung an bestimmte Lebensbedingungen sich im tierischen Körper geltend macht. Da ist nichts Gleichgültiges, nichts, was auch anders sein könnte; jedes Organ, ja jede Zelle und jeder Zellteil ist gewissermaßen abgestimmt auf die Rolle, welche er der Außenwelt gegenüber zu übernehmen hat.

Gewiß sind wir nicht imstande, bei irgendeiner Art alle diese Anpassungen nachzuweisen, aber wo immer es uns auch gelingt, die Bedeutung eines Strukturverhältnisses zu ergründen, entpuppt es sich immer wieder als eine Anpassung, und wer je es versucht hat, den Bau irgendeiner Art eingehend zu studieren und sich Rechenschaft zu geben von der Beziehung seiner Teile zur Funktion des Ganzen, der wird sehr geneigt sein, mit mir zu sagen: es beruht alles auf Anpassung, es gibt keinen Teil des Körpers, und sei es der kleinste und unbedeutendste, überhaupt kein Strukturverhältnis, das nicht entstanden wäre unter dem Einfluß der Lebensbedingungen, sei es bei der betreffenden Art selbst, sei es bei ihren Vorfahren; keines, das nicht diesen Lebensbedingungen entspräche, wie das Flußbett dem in ihm strömenden Fluß.

Das sind Überzeugungen – ich gebe es zu – keine absoluten Beweise, denn bis jetzt sind wir eben nicht imstande, irgend eine Art so zu durchschauen, daß wir Wesen und Bedeutung aller ihrer Teile in allen ihren Beziehungen nachweisen könnten, und sind noch viel weniger imstande, in jedem einzelnen Fall in die Geschichte der Vorfahren hinabzusteigen und die Entstehung solcher Bauverhältnisse zu eruieren, deren Vorhandensein bei den Nachkommen in erster Linie auf Vererbung beruht. Aber es liegt doch bereits ein recht beachtenswerter Anfang eines Induktionsbeweises vor, denn die Zahl der nachweisbaren Anpassungen ist jetzt schon eine überaus große und sie mehrt sich mit jedem Tage. Wenn der Organismus überhaupt nur aus Anpassungen auf Grundlage der Konstitution der Vorfahren besteht, dann ist nicht abzusehen, was noch zu tun übrig bliebe für eine phyletische Kraft, mag man sie sich auch

noch in der verfeinerten Form des Nägelischen selbstverän-
derlichen Idioplasmas vorstellen.

Vielleicht ist es nicht nutzlos, meine Ansicht an einem
bestimmten Beispiel anschaulich zu machen; ich wähle eine
bekannte Tiergruppe: die Wale, oder wie sie wegen ihres
fischähnlichen Aussehens gewöhnlich genannt werden: die
Walfische. Es sind Säugetiere und zwar plazentale Säuger,
welche zur Sekundärzeit durch Anpassung an das Wasserleben aus Landsäugetieren hervorgingen.

Alles nun, was für sie charakteristisch ist, was sie von
den übrigen Säugetieren scheidet, beruht auf Anpassung,
auf Anpassung an das Wasserleben. Ihre Arme sind zu stei-
fen, nur noch im Schultergelenk beweglichen Flossen umgewandelt, auf ihrem Rücken, an ihrem Schwanz breitet
sich ein Hautkamm aus, ähnlich der Rücken- und Schwanz-
flosse der Fische; ihr Gehör ist ohne Ohrmuschel und die
Nase öffnet sich nicht vorn an der Schnauze, sondern oben
an der Stirn, so daß das luftbedürftige Tier auch im sturm-
bewegten Meer atmen kann, sobald es an die Oberfläche
emportaucht.

Der ganze Körper hat sich in die Länge gestreckt, ist
spindelförmig, fischähnlich geworden, geschickt zum raschen Durchschneiden des flüssigen Elements. Bei keinem
andern Säugetier, die Sirenen ausgenommen, fehlen die
Extremitäten, die Beine; bei den Walen aber sind sie durch
den mächtig entwickelten Ruderschwanz überflüssig geworden, sind rudimentär geworden und stecken jetzt tief
im Fleisch des Tieres verborgen als eine Reihe kleiner Knochen und Muskeln, die noch den ursprünglichen Bau des
Beines bei einzelnen Arten erkennen lassen. Aus demselben Grund, weil es überflüssig war, ist das den Säugetieren
zukommende Haarkleid geschwunden; die Wale brauchen
es nicht mehr, weil eine dicke Specklage unter der Haut ihnen einen noch besseren Wärmeschutz verleiht. Diese aber
wiederum war notwendig, um ihr spezifisches Gewicht her-
abzusetzen und dem des Seewassers gleichzumachen. Sehen wir uns den Bau des Schädels an, so zeigt auch dieser

eine ganze Reihe von Eigentümlichkeiten, die alle direkt
oder indirekt mit der Lebensweise zusammenhängen. Bei
den Bartenwalen fällt besonders die ungeheure Größe des
Gesichtsteils des Schädels auf, die ganz enormen Kiefer,
welche einen ungeheuren Rachen umschließen. Ist vielleicht diese so sehr charakteristische Bildung ein Ausfluß jener innern Bildungskraft, jener selbständigen Umwandlungen des Idioplasmas? Keineswegs! Denn es läßt sich
leicht zeigen, daß sie auf Anpassung an ganz eigentümliche
Ernährungsweise beruht. – Zähne fehlen, sie sind nur noch
als Zahnkeime beim Embryo vorhanden, eine Reminiszenz
an die bezahnten Ahnen. Von der Decke der Mundhöhle
hängen große Platten von Fischbein senkrecht herab, an
den Enden in Fransen zerschlissen. Diese Wale leben von
kleinen, etwa zollangen Weichtieren, welche in zahllosen
Scharen im Meer umherschwimmen oder -treiben. Um
nun von so winzigen Bissen leben zu können, ist es unerläßlich, daß die Tiere sie in kolossaler Menge bekommen können, und dies wird erreicht durch den ungeheuren Rachen, der große Wassermassen auf einmal aufnehmen und
durch die Barten durchseihen kann; das Wasser läuft ab,
die kleinen Weichtiere aber bleiben im Rachen zurück. Soll
ich nun noch hinzufügen, daß auch die inneren Organe, soweit wir ihre Funktion im Genaueren verstehen, insofern
sie abweichen vom Bau der andern Säuger, direkt oder indirekt durch die Anpassung an das Wasserleben verändert
sind? Daß sehr eigentümliche Einrichtungen an der inneren Nase und dem Kehlkopf vorhanden sind, die gleichzei-
tiges Atmen und Schlucken ermöglichen, daß die Lungen
von ungewöhnlicher Länge sind, und dadurch dem Wal die
horizontale Lage im Wasser geben, ohne daß Muskelanstrengung stattzufinden braucht; daß das Zwerchfell in
Folge dieser Länge der Lungen beinahe horizontal liegt,
daß gewisse Einrichtungen an den Blutgefäßen getroffen
sind, die dem Tier das lange Tauchen gestatten?

Und nun wiederhole ich meine vorhin gestellte Frage in
bezug auf diesen speziellen Fall: Wenn alles, was an den Tie-

ren charakteristisches ist, auf Anpassung beruht, was bleibt dann noch zu tun übrig für die innere Entwicklungskraft? Was bleibt noch vom Walfisch übrig, wenn man die Anpassungen hinwegnimmt? Nichts als das allgemeine Schema eines Säugetiers; dieses aber war schon vor der Entstehung der Wale in ihren Vorfahren vorhanden! Wenn aber das, was die Wale zu Walen macht, durch Anpassung entstanden ist, dann hat also eine innere Entwicklungskraft keinen Anteil an der Entstehung dieser Gruppe von Tieren.

Und doch soll diese Kraft der Hauptfaktor der Transmutationen sein, und Nägeli sagt ganz ausdrücklich, daß das Tier- und Pflanzenreich ungefähr so, wie es tatsächlich ist, auch dann geworden sein würde, wenn es auf der Erde gar keine Anpassung an neue Verhältnisse und keine Konkurrenz im Kampf ums Dasein gäbe.

Aber gesetzt auch, es sei nicht bloß ein Verzicht auf eine Erklärung, sondern eine Erklärung selbst, wenn man sagt, ein Organismus, dessen charakteristische Eigentümlichkeiten alle auf Anpassung beruhen, sei durch innere Entwicklungskraft ins Dasein gerufen worden, so bliebe doch immer noch unbegreiflich, wie es kommt, daß dieser für ganz bestimmte Lebensbedingungen berechnete und unter anderen Bedingungen gar nicht existenzfähige Organismus gerade an der Stelle der Erde auftrat und zu der Zeit der Erdentwicklung, welche die geeigneten Existenzbedingungen darbot. Wie ich schon früher einmal sagte: Die Anhänger einer inneren Entwicklungskraft sind genötigt, eine Hilfshypothese zu erfinden, eine Art von prästabilierter Harmonie, welche es mit sich bringt, daß die Veränderungen der Organismenwelt Schritt für Schritt parallel gehen den Veränderungen der Erdrinde und der Lebensbedingungen, sowie nach Leibniz Körper und Geist, obgleich unabhängig voneinander, doch vollkommen parallel gehen, wie zwei gleichgehende Chronometer. Und selbst mit einer solchen Annahme käme man nicht aus, weil eben nicht bloß die Zeit, sondern auch der Ort in Betracht kommt, und weil es einem Walfisch nichts nützt, wenn er auf dem Trocknen entsteht. Und wie unzählige Fälle kennen wir nicht, in denen eine Art ausschließlich einem ganz bestimmten Fleckchen der Erde genau angepaßt ist und nirgends anders gedeihen könnte! Denken Sie nur an die Fälle von Nachäffung, in welchen ein Insekt das andere kopiert und dadurch Schutz erhält, oder an die schützende Nachahmung einer bestimmten Baumrinde, eines bestimmten Blattes, oder an die oft so wunderbaren Anpassungen an ganz bestimmte Teile eines ganz bestimmten Wirtes bei den parasitisch lebenden Tieren!

Solche Arten können sich an keiner anderen Stelle gebildet haben, als an der, an welcher sie allein leben können; sie können nicht entstanden sein durch eine innere Umwandlungskraft! Wenn aber einzelne Arten und zwar ganze Ordnungen, wie die der Wale unabhängig von ihr entstanden sein müssen, dann dürfen wir kühn behaupten: eine solche Kraft existiert überhaupt nicht, wir haben weder einen Grund, noch ein Recht zu ihrer Annahme.

So wird es denn gerechtfertigt erscheinen, wenn wir den Versuch Darwins fortführen, auf die Annahme unbekannter Kräfte verzichtend die Umwandlungen der Organismen aus den bekannten Kräften und Erscheinungen abzuleiten. Ich sage: fortführen, weil ich nicht glaube, daß unsere Erkenntnis mit Darwin nach dieser Richtung hin abgeschlossen ist, ja weil es mir scheint, daß wir inzwischen zu Vorstellungen gekommen sind, die unverträglich sind mit wichtigen Punkten seiner Auffassung, die somit eine Änderung derselben nötig machen.

Die Selektionstheorie läßt neue Arten daraus hervorgehen, daß veränderte Lebensbedingungen den Organismus ändern, falls er ihnen auf die Dauer standhalten soll, und daß infolgedessen Selektionsprozesse eintreten, welche bewirken, daß unter den vorhandenen Variationen allein diejenigen erhalten bleiben, welche den veränderten Lebensbedingungen am meisten entsprechen. Durch stete Auswahl in der gleichen Richtung häufen sich die anfangs noch unbedeutenden Abweichungen.

Dabei möchte ich schärfer, als es Darwin getan hat, betonen, daß die Veränderungen der Lebensbedingungen sowohl, als die des Organismus in kleinsten Schritten erfolgen müssen, langsam, und zwar so, daß in keinem Augenblick des ganzen Umwandlungsvorgangs die Art den Lebensbedingungen nicht genügend angepaßt bliebe. Die plötzliche, sprungweise Umwandlung ist nicht denkbar, weil sie die Art existenzunfähig machen müßte. Wenn die gesamte Organisation eines Tieres auf Anpassung beruht, wenn der Tierkörper gewissermaßen eine ungemein komplizierte Kombination von alten und neuen Anpassungen ist, dann würde es doch ein höchst wunderbarer Zufall sein, wenn bei einer plötzlichen Abänderung zahlreicher Körperteile diese alle gerade so abänderten, daß sie zusammen wieder ein Ganzes bildeten, welches mit den veränderten äußeren Bedingungen genau stimmt. Diejenigen, welche eine sprungweise Umwandlung annehmen, übersehen dabei, wie genau alles an einem tierischen Organismus auf die Existenzfähigkeit der Art berechnet ist, wie es gerade dazu ausreicht, nicht aber darüber hinaus, und wie die kleinste Veränderung des unscheinbarsten Organs genügen kann, um Existenzunfähigkeit der Art herbeizuführen.

Man wird mir vielleicht einwerfen, daß dies bei Pflanzen anders sei, wie die verschiedenen amerikanischen Unkräuter beweisen, die in Europa sich ausgebreitet haben, oder die europäischen Pflanzen, die in Australien heimisch geworden sind. Solche Beispiele gibt es auch auf tierischem Gebiet. Das Kaninchen, welches vor 400 Jahren ein Matrose auf der afrikanischen Insel Porto Santo aussetzte, hat sich dort in zahlreichen Nachkommen festgesetzt; die europäischen Frösche, welche man nach Madeira brachte, haben sich dort bis zu einer förmlichen Landplage vermehrt und der europäische Sperling gedeiht heute in Australien so gut wie bei uns. Aber beweist dies, daß es auf die Anpassung an die Lebensbedingungen nicht so genau ankommt? Daß ein Organismus, der für ein bestimmtes Wohngebiet angepaßt ist, auch unter anderen Existenzbedingungen existenzfähig bleibt? Es beweist meines Erachtens nichts anderes, als daß die betreffenden Arten in jenen fremden Ländern dieselben Lebensbedingungen vorfanden, wie zu Hause, oder doch solche, denen sich ihr Organismus unterwerfen konnte, ohne sich zu ändern. Nicht jede Verschiedenheit eines Wohngebietes setzt auch schon für jede Tierart veränderte Bedingungen. Das Kaninchen von Porto Santo nährt sich gewiß von anderen Kräutern als seine wilden Verwandten in Deutschland, aber das bedeutet für die Art keine Veränderung der Lebensbedingungen, denn beide bekommen ihm gleich gut.

Nehmen Sie aber dem wilden Kaninchen, wie es in Europa noch vorkommt, nur ein Minimum von seiner Scheuheit, oder seiner Scharfsichtigkeit oder seinem feinen Gehör oder Geruch, oder geben Sie ihm eine andere, als seine natürliche Körperfärbung, so wird es als Art nicht mehr existenzfähig sein und wird durch seine Feinde ausgerottet werden. Sehr wahrscheinlich würde dieselbe Folge eintreten, wenn Sie imstande wären, irgendeine Veränderung an inneren Organen, der Lunge, der Leber, den Kreislauforganen eintreten zu lassen; das einzelne Tier würde dadurch vielleicht nicht lebensunfähig werden, aber die Art würde nach irgendeiner Seite hin von dem Maximum ihrer Leistungsfähigkeiten herabsinken und dadurch als Art existenzunfähig werden. Die sprungweise Umwandlung der Arten erscheint mir – auf zoologischem Gebiet mindestens – als physiologisch undenkbar.

So würde denn also die Umwandlung der Arten nur in kleinsten Schritten erfolgt sein und würde beruhen auf der Summation jener Unterschiede, welche ein Individuum vom andern kennzeichnen, der individuellen Unterschiede. Es leidet keinen Zweifel, daß solche überall vorhanden sind, und es erscheint sonach auf den ersten Blick ganz selbstverständlich, daß sie auch alle das Material darstellen können, mittelst dessen Selektion neue Formen hervorbringt. Die Sache ist indessen nicht so einfach, als sie bis vor kurzem noch erschien, wenn wenigstens richtig ist, was ich selbst für richtig halte, daß bei allen durch echte Keime sich fortpflanzenden Tieren und Pflanzen nur solche Charaktere auf die folgende Generation übertragen werden können, welche der Anlage nach schon im Keim enthalten waren.

Ich stelle mir vor, daß die Vererbung darauf beruht, daß von der wirksamen Substanz des Keimes, dem Keimplasma, stets ein Minimum unverändert bleibt, wenn sich der Keim zum Organismus entwickelt, und daß dieser Rest des Keimplasmas dazu dient, die Grundlage der Keimzellen des neuen Organismus zu bilden. Es besteht demnach also Kontinuität des Keimplasmas von einer zur anderen Generation. Man kann sich das Keimplasma vorstellen als eine lang dahinkriechende Wurzel, von welcher sich von Strecke zu Strecke einzelne Pflänzchen erheben: die Individuen der aufeinanderfolgenden Generationen.

Daraus folgt nun: Die Nichtvererbbarkeit erworbener Charaktere, denn wenn das Keimplasma nicht in jedem Individuum wieder neu erzeugt wird, sondern sich von dem vorhergehenden ableitet, so hängt seine Beschaffenheit, also vor allem seine Molekularstruktur, nicht von dem Individuum ab, in dem es zufällig gerade liegt, sondern dies ist gewissermaßen nur der Nährboden, auf dessen Kosten es wächst; seine Struktur aber ist von vornherein gegeben.

Nun hängen aber die Vererbungstendenzen, deren Träger das Keimplasma ist, eben an dieser Molekularstruktur und es können somit nur solche Charaktere von einer auf die andere Generation übertragen werden, welche anererbt sind, d.h. welche virtuell von vornherein in der Struktur des Keimplasmas gegeben waren, nicht aber Charaktere, die erst im Laufe des Lebens infolge besonderer äußerer Einwirkungen erworben wurden.

Man hat bisher bekanntlich das Gegenteil angenommen; es galt als selbstverständlich, daß auch erworbene Eigenschaften sich vererben könnten, und man suchte sich durch verschiedene, immer sehr komplizierte und künstliche Theorien plausibel zu machen, wie es möglich sei, daß

Abänderungen, die im Laufe des Lebens durch äußere Einwirkungen entstehen, sich dem Keim mitteilen und so übertragbar werden. Bis jetzt liegt noch keine Tatsache vor, welche wirklich bewiese, daß erworbene Eigenschaften vererbt werden können. Vererbung künstlich erzeugter Krankheiten ist nicht beweisend, und solange dies nicht der Fall ist, hat man kein Recht, diese Annahme zu machen, es sei denn, daß wir dazu gezwungen würden durch die Unmöglichkeit, die Artumwandlung ohne diese Annahme zu beweisen.

Offenbar war es auch das dunkle Gefühl, daß die Sache so liege, welches es bisher verhindert hat, an das Axiom der Vererbbarkeit erworbener Charaktere zu rühren; man glaubte dasselbe nicht entbehren zu können zur Erklärung der Artumwandlung. Nicht nur solche, die der direkten Einwirkung äußerer Einflüsse viel einräumen, sondern auch diejenigen, die das meiste auf Selektionsprozesse beziehen.

Die erste und nicht zu missende Grundlage der Selektionstheorie ist die individuelle Variabilität; diese liefert das Material kleinster Unterschiede, durch deren Summation im Laufe der Generationen neue Formen entstehen sollen. Wo sollen aber vererbbare individuelle Merkmale herkommen, wenn die Veränderungen, welche das Individuum im Laufe seines Lebens infolge äußerer Einflüsse erfährt, nicht vererbbar sind? Es muß möglich sein, eine andere Quelle erblicher individueller Verschiedenheiten nachzuweisen, sonst würde entweder die Selektionstheorie hinfällig werden – in dem Fall nämlich, daß sich das tatsächliche Fehlen erblicher individueller Unterschiede herausstellte –, oder, wenn solche Unterschiede unzweifelhaft existieren, so würde dies zeigen, daß in der Ihnen soeben skizzierten Theorie von der Kontinuität des Keimplasmas und der damit verbundenen Nichtvererbung erworbener Eigenschaften ein Fehler stecken müsse. Ich glaube indessen, daß es sehr wohl möglich ist, sich die Entstehung vererbbarer individueller Unterschiede noch in anderer Weise vorzustellen, als es bisher geschehen ist, und dies zu tun, ist die Aufgabe, die ich mir heute gestellt habe.

Man konnte bisher sich die Entstehung der individuellen Variabilität etwa folgendermaßen zurechtlegen: Aus den Erscheinungen der Vererbung muß geschlossen werden, daß ein jeder Organismus die Fähigkeit besitzt, Keime zu liefern, aus welchen genaue Kopien seiner selbst hervorgehen können – theoretisch wenigstens. In Wirklichkeit aber wird dies nun nie vollständig genau der Fall sein, und zwar deshalb, weil jeder Organismus zugleich auch die Eigenschaft besitzt, auf die verschiedenen äußeren Einflüsse, welche ihn treffen und ohne welche er sich weder entwikkeln, noch überhaupt existieren könnte, in verschiedener Weise zu reagieren, in dieser oder jener Weise verändert zu werden. Gute Ernährung läßt ihn stark und groß, schlechte klein und schwach werden, und was für das Ganze gilt, gilt auch für die einzelnen Teile. Da nun selbst die Kinder ein und derselben Mutter vom Beginn ihrer Existenz immer schon von verschiedenartigen und verschieden starken Einwirkungen getroffen werden, so müssen sie notwendigerweise auch dann ungleich werden, wenn sie von absolut identischen Keimen abstammten mit genau den gleichen Verbesserungstendenzen.

Damit hätten wir denn also individuelle Verschiedenheiten. Sobald nun aber erworbene Eigenschaften nicht vererbbar sind, wird diese ganze Deduktion hinfällig, denn alle Veränderungen, welche durch bessere oder schlechtere Ernährung einzelner Teile oder des ganzen Organismus hervorgerufen werden, die Resultate der Übung, des Gebrauchs oder Nichtgebrauchs einzelner Teile, sie alle können keine erblichen Unterschiede abgeben, können nicht auf die folgende Generation übertragen werden. Sie sind, sozusagen, vorübergehende, passante Charaktere.

Die Kinder des Klaviervirtuosen erben nicht die Kunst des Klavierspiels, sie müssen sie ebenso mühsam lernen, wie der Vater; sie erben nichts, als was der Vater auch als Kind schon besessen hat, eine geschickte Hand und ein musikalisches Gehirn. Auch die Sprache erben unsere Kinder nicht von uns, obwohl doch nicht nur wir, sondern eine beinah endlos scheinende Reihe von Vorfahren dieselbe ausgeübt hat. Erst kürzlich sind wieder die Tatsachen zusammengestellt und verarbeitet worden, welche lehren, daß menschliche Kinder hochzivilisierter Nationen, wenn sie isoliert von Menschen in der Wildnis aufwachsen, keine Spur einer Sprache aufweisen. Die Fähigkeit zu sprechen ist eine erworbene oder passante, keine ererbte Eigenschaft; sie vererbt sich nicht, sie vergeht mit ihrem Träger.

Damit stimmen auch die Erfahrungen auf pflanzlichem Gebiet, ja sie sind hier ganz besonders prägnant.

Wenn Nägeli Alpenpflanzen von ihrem natürlichen Standort in den botanischen Garten von München versetzte, so veränderten sich manche Arten dadurch so bedeutend, daß man sie kaum wieder erkannte; die kleinen Alpen-Hieracien wurden groß, stark verzweigt und reichblütig. Wurden aber dann solche Pflanzen oder auch erst ihre Nachkommen wieder auf mageren Kiesboden verpflanzt, so blieb nichts von allen den Neuerungen erhalten; sie verwandelten sich wieder zurück in die ursprüngliche alpine Form und zwar war die Rückkehr zur Stammform stets eine vollständige, und auch dann, wenn die Art mehrere Generationen hindurch in fetter Gartenerde kultiviert worden war. Diese Versuche bestätigen also, daß äußere Einflüsse das Individuum zwar verändern können, daß aber diese Veränderungen sich nicht auf die Keime übertragen, nicht erblich sind.

Nägeli behauptet nun freilich, es gäbe überhaupt keine angeborenen individuellen Verschiedenheiten bei den Pflanzen, die Unterschiede, welche wir tatsächlich zwischen der einen und der andern Buche oder Eiche sehen, seien alle nur Standorts-Modifikationen, hervorgerufen durch die Verschiedenartigkeit der lokalen Einflüsse. Darin geht er indessen offenbar zu weit, wenn auch zugegeben werden kann, daß die angebornen individuellen Verschiedenheiten bei den Pflanzen viel schwerer von den erworbenen zu unterscheiden sind, als bei den Tieren.

Bei diesen unterliegt es keinem Zweifel, daß angeborene und vererbbare individuelle Charaktere vorkommen. Ganz besonders wichtig ist uns in dieser Beziehung der Mensch. Bei ihm ist unser Auge geübt, die kleinsten Verschiedenheiten scharf aufzufassen, ganz besonders die Gesichtszüge. Jedermann weiß, daß bestimmte Züge durch ganze Generationsfolgen gewisser Familien sich forterben – ich erinnere nur an die breite Stirn der Julier, das vorstehende Kinn der Habsburger, die gebogene Nase der Bourbonen. Beim Menschen also gibt es sicherlich erbliche individuelle Charaktere; mit derselben Sicherheit darf dies von allen unseren Haustieren gesagt werden und es ist nicht abzusehen, warum wir an ihrer Existenz bei andern Tieren und bei den Pflanzen zweifeln sollten.

Nun erhebt sich aber die Frage: Wie können wir ihr Vorhandensein erklären, wenn wir auf der Vorstellung einer Kontinuität des Keimplasmas fußen, wenn wir die Annahme einer Vererbung erworbener Charaktere zurückweisen müssen? Wie können die Individuen ein und derselben Art verschiedenartige Charaktere erblicher Natur annehmen, da doch alle Veränderungen, welche durch äußere Einflüsse an ihnen entstehen, vergänglicher Natur sind und mit dem Individuum wieder verschwinden? Warum unterscheiden sich die Individuen nicht bloß durch jene flüchtigen Verschiedenheiten, welche wir vorhin als passante bezeichneten, und wodurch entstehen jene tiefer sitzenden erblichen individuellen Merkmale, wenn sie doch durch die äußeren Einflüsse, welche das Individuum treffen, nicht hervorgerufen werden können?

Man wird zunächst daran denken, daß verschiedenartige äußere Einflüsse nicht nur das fertige oder in Entwicklung begriffene Individuum selbst treffen können, sondern auch schon die Keimzelle, aus der es sich dereinst entwickeln wird. Es erscheint denkbar, daß solche Einflüsse auch verschiedenartige kleine Abänderungen in der molekularen Struktur des Keimplasmas hervorrufen könnten. Da das Keimplasma – unserer Annahme gemäß – sich von einer Generation auf die andere überträgt, so müßten also solche Veränderungen erbliche sein.

Ohne das Vorkommen solcher direkt die Keime verändernden Einflüsse ganz in Abrede zu stellen, muß ich doch glauben, daß sie am Zustandekommen erblicher individueller Charaktere keinen Anteil haben.

Das Keimplasma, oder – wenn man lieber will – das Idioplasma der Keimzelle ist zwar gewiß in seiner feinsten Struktur äußerst kompliziert, aber trotzdem doch eine Substanz von ungemein großem Beharrungsvermögen, eine Substanz, die sich ernährt und wächst bis ins Ungeheure, ohne aber dabei im geringsten ihre komplizierte Molekularstruktur zu ändern. Wir dürfen dies mit Nägeli mit aller Bestimmtheit behaupten, obwohl wir direkt von dieser Struktur nichts erfahren können. Wenn wir aber sehen, daß manche Arten Jahrtausende hindurch sich fortgepflanzt haben, ohne sich zu verändern – ich erinnere nur an die heiligen Tiere der alten Ägypter, deren einbalsamierte Körper doch zum Teil 4000 Jahre alt sein müssen –, so beweist uns dies, daß ihr Keimplasma heute noch genau dieselbe Molekularstruktur besitzt, die es vor 4000 Jahren besessen hat. Da nun ferner die Menge von Keimplasma, welche in einer einzelnen Keimzelle enthalten ist, sehr gering angenommen werden muß und da davon wiederum nur ein sehr kleiner Bruchteil unverändert bleiben kann, wenn die betreffende Keimzelle sich zum Tier entwickelt, so muß also schon innerhalb jedes einzelnen Individuums ein ganz enormes Wachstum dieses kleinen Bruchteils an Keimplasma stattfinden. Entstehen doch in jedem Individuum in der Regel Tausende von Keimzellen. Es ist deshalb nicht zuviel gesagt, daß das Wachstum des Keimplasmas beim ägyptischen Ibis oder dem Krokodil in jenen 4000 Jahren ein geradezu unermeßliches gewesen sein muß.

Wenn nun trotzdem die Molekularstruktur des Keimplasmas völlig dieselbe geblieben ist, so muß dieselbe nicht leicht veränderbar sein und es bleibt wenig Aussicht, daß die flüchtigen kleinen Verschiedenheiten in der Ernährung, wie sie ja allerdings die Keimzellen so gut als jeden andern Teil des Organismus treffen werden, eine wenn auch noch so kleine Veränderung seiner Molekularstruktur hervorrufen sollten. Sein Wachstum wird bald schneller, bald weniger schnell vor sich gehen, aber seine Struktur wird davon um so weniger berührt werden, als diese Einflüsse meist wechselnder Natur sind, bald an dieser und bald in einer andern Richtung erfolgen.

Die erblichen individuellen Unterschiede müssen also eine andere Wurzel haben.

Ich glaube, daß sie zu suchen ist in der Form der Fortpflanzung, durch welche die meisten der heute lebenden Organismen sich vermehren: in der sexuellen, oder – wie wir mit Haeckel sagen können – in der amphigonen Fortpflanzung.

Dieselbe beruht bekanntlich auf der Verschmelzung zweier gegensätzlicher Keimzellen, oder vielleicht auch nur ihrer Kerne; diese Keimzellen enthalten die Keimsubstanz, das Keimplasma, und dieses wiederum ist vermöge seiner spezifischen Molekularstruktur der Träger der Vererbungstendenzen des Organismus, von welchem die Keimzelle herstammt. Es werden also bei der amphigonen Fortpflanzung zwei Vererbungstendenzen gewissermaßen miteinander gemischt. In dieser Vermischung sehe ich die Ursache der erblichen individuellen Charaktere und in der Herstellung dieser Charaktere die Aufgabe der amphigonen Fortpflanzung. Sie hat das Material an individuellen Unterschieden zu schaffen, mittelst dessen Selektion neue Arten hervorbringt.

Das klingt vielleicht sehr überraschend und im ersten Augenblick wohl gar ganz unglaublich. Man möchte doch eher geneigt sein, zu glauben, daß eine fortgesetzte Vermischung etwa schon vorhandener Unterschiede, wie sie durch Amphigonie gesetzt wird, nicht zu einer Steigerung dieser Unterschiede, sondern zu einer Abschwächung und allmählichen Ausgleichung derselben führen müsse, und es ist auch in der Tat die Meinung schon ausgesprochen worden, die amphigone Fortpflanzung habe die Folge, die Abirrungen vom Spezischarakter rasch wieder zu verwischen. In bezug auf die Spezies-Charaktere mag dies auch richtig sein, weil Abweichungen von ihnen so selten vorkommen, daß sie der großen Masse normal gebauter Individuen gegenüber nicht standhalten können. Bei den kleinen Verschiedenheiten aber, welche die Individuen charakterisieren, ist dies anders, weil eben jedes Individuum sie besitzt, nur wieder in andrer Weise. Hier könnte ein Ausgleich der Verschiedenheiten nur dann eintreten, wenn wenige Individuen schon die ganze Spezies ausmachten. Die Zahl der Individuen aber, welche zusammen eine Art darstellen, ist im allgemeinen nicht nur eine sehr große, sondern für die Rechnung geradezu eine unendlich große. Eine Kreuzung aller mit allen ist unmöglich und deshalb auch eine Ausgleichung der individuellen Unterschiede.

Um die Wirkung der amphigonen Fortpflanzung klarzulegen, lassen Sie uns zuerst einmal annehmen, die Fortpflanzung sei eine monogone, wie solche ja in der Parthenogenese gegeben ist; ein jedes Individuum bringe also Keimzellen hervor, von denen eine jede allein für sich zu einem neuen Individuum werde. Denken wir uns eine Art, deren Individuen völlig gleich sind, so werden auch ihre Nachkommen durch beliebig viele Generationen hindurch gleich bleiben müssen, wenn wir absehen von jenen passanten Unterschieden, wie sie durch verschiedene Ernährung usw. hervorgerufen werden, ohne aber vererbbar zu sein.

Die Individuen dieser Art würden also tatsächlich zwar verschieden sein können, virtuell aber dennoch identisch sein; d.h. der Ausführung nach würden sie verschieden sein können, der Anlage nach aber identisch; die Keime aller müßten genau dieselben Vererbungstendenzen enthalten und wenn es möglich wäre, sie unter genau denselben Einflüssen sich entwickeln zu lassen, so müßten sie auch völlig identische Individuen aus sich hervorgehen lassen.

Verändern wir nun die Annahme dahin, daß die Individuen der monogon, also ohne Kreuzung sich fortpflanzenden Art sich nicht nur durch passante, sondern durch erbliche Charaktere unterschieden. Dann würde jedes Individuum Nachkommen hervorbringen, die die gleichen erblichen Verschiedenheiten besäßen, wie es selbst; es würden also von jedem Individuum Generationsfolgen ausgehen, deren einzelne Individuen alle virtuell identisch wären mit ihren ersten Vorfahren.

Immer wieder die nämlichen individuellen Unterschiede würden sich in jeder Generation wiederholen, und wenn alle Nachkommen auch zur Fortpflanzung gelangten, so müßten schließlich so viele Gruppen virtuell gleicher Individuen vorhanden sein, als anfangs einzelne Individuen vorhanden waren.

Ähnliche Fälle kommen in Wirklichkeit vor, bei manchen Gallwespen, bei gewissen niedern Krustern, überhaupt bei manchen Arten, bei welchen die amphigone Fortpflanzung ganz durch die parthenogenetische verdrängt worden ist; sie unterscheiden sich aber alle in dem einen und wichtigen Punkte von unserem hypothetischen Falle, daß bei ihnen niemals alle Nachkommen auch zur vollkommenen Entwicklung und zur Fortpflanzung gelangen, daß vielmehr im allgemeinen die meisten Nachkommen vorher zugrunde gehen und nur etwa soviele Individuen zur Nachzucht übrig bleiben, als auch in der vorhergehenden Generation zur Fortpflanzung gelangten.

Es fragt sich nun, ob eine solche Art Selektionsprozesse eingehen kann. Setzen wir den Fall, es handle sich um ein Insekt, das im grünen Laub lebt, und das dort durch die grüne Farbe seines Körpers Schutz vor Entdeckungen genießt. Die erblichen individuellen Unterschiede sollen in verschiedenen Nuancen von Grün bestehen. Gesetzt nun, diese Art würde im Laufe der Zeit durch das Aussterben ihrer bisherigen Futterpflanze genötigt, auf einer andern und etwas anders grün gefärbten Pflanze zu leben, so würde sie nun diesem anderen Grün nicht mehr vollkommen angepaßt sein. Sie würde also – um nicht immer stärker durch ihre Verfolger dezimiert zu werden, und so einem langsamen aber sicheren Untergang entgegenzutreiben, bildlich gesprochen sich bemühen müssen, ihre Farbe dem Grün der neuen Nährpflanze genauer anzupassen.

Man sieht leicht ein, daß sie dazu ganz und gar außerstande ist. Ihre erblichen Variationen bleiben Generation auf Generation stets dieselben; wenn also nicht schon von vornherein die erforderliche Nuance von Grün bei einem Individuum vorhanden war, so kann sie auch nicht hervorgebracht werden. Wäre sie aber bei einzelnen vorhanden, dann würden nach und nach die anders gefärbten Individuen aussterben und nur die mit dem richtigen Grün würden übrig bleiben. Das wäre dann aber keine Anpassung im Sinne der Selektionstheorie; es wäre allerdings auch eine Auslese, aber es würde doch nur den Anfang des Prozesses darstellen, den wir als Selektionsprozeß bezeichnen. Wenn dieser nichts mehr leisten könnte, als vorhandene Merkmale zur Alleinherrschaft zu bringen, dann wäre er keiner großen Beachtung wert, denn dann könnte niemals durch ihn eine neue Art entstehen. Niemals schließt eine Art von vornherein schon solche Individuen in sich ein, die so weit von den übrigen abweichen, wie die Individuen der nächstverwandten Art von ihr abstehen, und noch viel weniger könnte man daran denken, mit diesem Prinzip die Entstehung der ganzen Organismenwelt zu erklären. Da müßten ja in der ersten Art schon alle übrigen Arten als Variationen enthalten gewesen sein. Selektion muß unendlich viel mehr leisten, wenn sie als Entwicklungsprinzip Gültigkeit haben soll. Sie muß imstande sein, die kleinen gegebenen Unterschiede in der Richtung des angestrebten Ziels zu summieren und so neue Charaktere zu schaffen. In unserem Beispiel müßte sie imstande sein, diejenigen Individuen, deren Grün dem verlangten Grün am nächsten käme, zu erhalten, und ihre Nachkommen mehr und mehr diesem Ideal zuzuführen.

Grade davon kann aber bei der monogonen Art der Fortpflanzung keine Rede sein. Mit andern Worten: Selektionsprozesse im eigentlichen Sinn des Wortes, solche, die neue Charaktere liefern durch allmähliche Steigerung bereits vorhandner, sind nicht möglich bei Arten mit monogoner Fortpflanzung. Wenn jemals nachgewiesen würde, daß eine durch reine Parthenogenese sich fortpflanzende Art zu einer neuen umgewandelt worden wäre, so wäre damit zugleich der Beweis geführt, daß es noch andre Umwandlungskräfte gibt, als Selektionsprozesse, denn durch Selektion könnte sie nicht entstanden sein. Wenn hier überhaupt eine Auswahl der Individuen im Kampf ums Dasein eintritt, dann führt sie zum Überleben einer Individuengruppe und zur Vernichtung aller übrigen. In unserem Beispiel würde nur diejenige Gruppe von Individuen übrig bleiben, deren Urahn schon die richtige Nuance von Grün besessen hätte: damit wären denn aber zugleich wieder alle erblichen, individuellen Charaktere geschwunden, da diese ja – unserer Voraussetzung gemäß – von Anfang an innerhalb der einzelnen Gruppen gefehlt haben. Wir kommen so zu dem Resultat, daß monogone Fortpflanzung nie imstande ist, erbliche individuelle Variabilität zu veranlassen, daß sie dagegen sehr wohl zu ihrer gänzlichen Beseitigung führen kann.

Alles dies verhält sich ganz anders bei der sexuellen amphigonen Fortpflanzung. Sobald hier ein Anfang individueller Verschiedenheit gegeben ist, kann nie wieder Gleichheit der Individuen eintreten, ja die Verschiedenheiten müssen sich sogar im Laufe der Generationen steigern, nicht im Sinne größerer Unterschiede, wohl aber in dem immer neuer Kombinationen der individuellen Charaktere.

Beginnen wir hier mit derselben Annahme einer Anzahl von Individuen, die sich voneinander durch einige erbliche individuelle Charaktere unterscheiden, so wird schon in der folgenden Generation kein Individuum dem andern gleich sein können, sie werden alle verschieden sein müssen, und zwar nicht bloß tatsächlich, sondern auch virtuell,

nicht bloß der zufälligen Ausführung nach, sondern auch
der Anlage nach. Es wird auch keiner der Nachkommen
mit einem der Vorfahren identisch sein können, da ja jeder
die Vererbungs-Tendenzen zweier Vorfahren, der Eltern, in
sich vereinigt und sein Organismus somit gewissermaßen
ein Kompromiß zwischen diesen beiden Entwicklungs-Tendenzen sein wird. In der dritten Generation treffen dann
die Vererbungs-Tendenzen zweier Individuen der zweiten
Generation zusammen. Da aber deren Keimplasma kein
einfaches mehr ist, sondern bereits aus zwei individuell verschiedenen Sorten von Keimplasma zusammengesetzt ist,
so wird also ein Individuum der dritten Generation durch
einen Kompromiß von vier verschiedenen Vererbungstendenzen entstehen. In der vierten Generation müssen 8, in
der fünften 16, in der sechsten 32 verschiedene Vererbungs-Tendenzen zusammentreffen. Eine jede von diesen
wird sich in diesem oder jenem Teil des auszubauenden Organismus stärker oder schwächer geltend machen und so
wird schon in der sechsten Generation eine Menge der verschiedensten Kombinationen der individuellen Merkmale
der Ahnen zum Vorschein kommen, Kombinationen, wie
sie weder vorher je dagewesen waren, noch später jemals
wiederkehren können.

Wir wissen nicht, auf wie viele Generationen hinaus sich
die spezifischen Vererbungs-Tendenzen der ersten Generation noch geltend machen können; manche Tatsachen
scheinen dafür zu sprechen, daß ihre Zahl groß ist; jedenfalls wohl ist sie größer als sechs. Wenn wir nun bedenken,
daß schon in der zehnten Generation 1014 verschiedenartige Keimplasmen mit den ihnen innewohnenden Vererbungs-Tendenzen in einem Keim zusammentreffen würden, so können wir nicht zweifeln, daß bei fortgesetzter
amphigoner Fortpflanzung sich niemals genau dieselben
Kombinationen individueller Merkmale wiederholen werden, sondern immer wieder neue entstehen müssen.

Zu diesem Resultat trägt vor allem auch der Umstand
bei, daß die verschiedenen Idioplasmen, welche das Keim-

plasma der Keimzellen eines bestimmten Individuums zusammensetzen, zu verschiedener Zeit seines Lebens in verschiedener Intensität vorhanden sind, oder mit anderen Worten, daß die Intensität dieser einzelnen Idioplasmen eine Funktion der Zeit ist. Wir müssen das aus der Tatsache schließen, daß die Kinder derselben Eltern niemals gleich sind, daß in dem einen mehr die Merkmale des Vaters, in dem andern die der Mutter, oder der Großmutter, oder des Urgroßvaters hervortreten.

So führt uns denn diese Überlegung dahin, daß durch amphigone Fortpflanzung schon in wenigen Generationen eine große Anzahl wohlmarkierter Individualitäten hervorgehen muß, selbst in dem einstweilen einmal stillschweigend angenommenen Fall einer vorfahrenslosen ersten Generation mit nur wenigen individuellen Merkmalen. Nun entstehen aber Organismen, die sich durch Amphigonie fortpflanzen, niemals vorfahrenslos, sie haben Vorfahren, und falls diese bereits auch die amphigone Fortpflanzung besessen haben, so befindet sich also jede Generation einer Art in dem Zustand, den wir vorhin für die zehnte oder irgend eine noch spätere Generation angenommen haben, d. h. jedes Individuum enthält bereits ein Maximum von Vererbungstendenzen in sich und eine unendliche Mannigfaltigkeit der überhaupt möglichen individuellen Merkmale.

Damit haben wir aber die erbliche individuelle Variabilität, wie wir sie vom Menschen und den höheren Tieren her kennen, und wie die Theorie sie braucht zur Umwandlung der Arten mittels Selektion.

Ehe ich weiter gehe, muß ich aber jetzt eine Frage zu beantworten suchen, die gewiß im Stillen von vielen von Ihnen schon gestellt worden ist. – Ich bin in meiner Darlegung ausgegangen von einer ersten Generation, welche bereits individuelle Merkmale befaßt. Woher stammen diese? Sind wir genötigt, sie einfach als gegeben anzunehmen, ohne auf ihre Wurzel zurückgehen zu können? In diesem Falle würden wir das Problem der erblichen Variabilität nicht völlig gelöst haben. Wir haben zwar gezeigt, daß erbliche Unterschiede, wenn sie überhaupt einmal aufgetreten sind, durch die amphigone Fortpflanzung zu der Mannigfaltigkeit sich ausbilden mußten, wie wir sie tatsächlich beobachten, aber es fehlt noch der Nachweis, woher sie stammen. Wenn die äußeren Einflüsse, welche die Organismen selbst treffen, nur passante Unterschiede an ihnen hervorrufen können, wenn andererseits solche äußere Einflüsse, die die Keimzelle treffen, eine Veränderung ihrer Molekularstruktur höchstens dann bewirken könnten, wenn sie sehr lange Zeiträume hindurch einwirken, so scheinen die Möglichkeiten für die Herleitung der erblichen Unterschiede erschöpft.

Ich glaube indessen, wir brauchen die Antwort auf die gestellte Frage nicht schuldig zu bleiben. Der Ursprung der erblichen individuellen Variabilität kann allerdings nicht bei den höheren Organismen, den Metazoen und Metaphyten liegen, er ist aber bei den niedersten Organismen zu finden, bei den Einzelligen. Bei diesen besteht ja noch nicht der Gegensatz Körper- und Keimzellen; sie pflanzen sich durch Teilung fort. Wenn nun ihr Körper im Laufe seines Lebens durch irgend einen äußeren Einfluß verändert wird, irgendein individuelles Merkmal bekommt, so wird dies auf seine beiden Teilsprößlinge übergehen. Wenn z. B. ein Infusorium durch häufiges Ankämpfen gegen Wasserströmungen die feine Muskelschicht seiner Rindensubstanz um ein geringes stärker ausgebildet hätte, als viele andere Individuen seiner Art, so würde sich diese Eigentümlichkeit auf seine beiden Nachkommen direkt fortsetzen, denn diese sind ja zunächst nichts anderes, als seine beiden Hälften. Ich will damit nicht sagen, daß gerade bei den Infusorien die Sache stets so einfach sei, Infusorien sind schon relativ hoch organisierte Wesen und man darf wohl vermuten, daß bei ihnen schon ein Anfang zu jener Differenzierung vorhanden ist, die sich bei den höheren Organismen in dem Gegensatz der Körper- und Keimzellen ausspricht. Aber bei einzelligen Wesen niederster Art wird es sich durchweg so verhalten müssen, daß jede im Laufe des Lebens auftretende Abänderung, jeder irgendwie entstandene individuelle Charakter sich auf seine Teilsprößlinge direkt überträgt.

Wenn der Klavierspieler, dessen ich vorhin schon gedachte, seine Finger-Muskulatur durch Übung zur höchsten Schnelligkeit und Kraftentwicklung herangebildet hat, so ist dies ein durchaus passanter Charakter, eine Ernährungs-Modifikation, die sich nicht auf seine Kinder forterbt, weil sie eben nicht imstande ist, irgend eine Veränderung in der Molekularstruktur seiner Keimzellen hervorzurufen, geschweige denn gerade die adäquate, d.h. diejenige Veränderung, welche zur Entwicklung der veränderten Charaktere des Vaters in dem Kinde führen müßte.

Beim niedersten Einzelligen ist das noch anders. Hier ist Elter und Kind in gewissem Sinn noch ein und dasselbe Wesen, das Kind ist ein Stück vom Elter und zwar gewöhnlich die Hälfte. Wenn also überhaupt die Individuen einzelliger Arten von verschiedenen äußeren Einflüssen getroffen werden, und wenn diese verändernd auf sie einwirken können, dann ist das Auftreten erblicher individueller Unterschiede bei ihnen unvermeidlich. Beide Voraussetzungen aber sind unbestreitbar. Auch läßt sich direkt beobachten, daß individuelle Unterschiede bei Einzelligen vorkommen, Unterschiede der Größe, der Farbe, Form, Bewimperung. Freilich hat man bis jetzt darauf nicht weiter geachtet, auch sind unsere besten Mikroskope so kleinen Organismen gegenüber recht grobe Beobachtungsmittel, immerhin aber kann es nicht zweifelhaft sein, daß die Individuen einer Art nicht absolut gleich sind.

So läge denn die Wurzel der erblichen individuellen Unterschiede wieder in den äußeren Einflüssen, welche den Organismus direkt verändern, aber nicht auf jeder Organisationshöhe – wie man bisher zu glauben geneigt war – kann auf diese Weise erbliche Variabilität entstehen, vielmehr nur auf der niedersten, bei den einzelligen Wesen. Sobald aber einmal bei diesen die Ungleichheit der Individuen gegeben war, mußte sie sich bei der Entstehung der höheren Organismen auf diese übertragen. Indem nun gleichzeitig die amphigone sexuelle Fortpflanzung sich ausbildete, verschärfte und vervielfachte sie die überkommene Ungleichheit und erhielt sie in immer wechselnden Kombinationen.

Sie verschärfte sie, weil bei der steten Kreuzung von je zwei Individuen notwendig und wiederholt der Fall eintreten muß, daß gleiche Anlagen in bezug auf die Beschaffenheit eines bestimmten Körperteils zusammentreffen. Wenn aber z. B. derselbe Körperteil bei beiden Eltern stark ausgebildet ist, so wird er nach den Erfahrungen der Züchter geneigt sein, bei den Kindern in noch stärkerer Ausbildung aufzutreten, und umgekehrt ein schwach ausgebildeter in noch schwächerer. Die amphigone Fortpflanzung muß also die Folge haben, daß ein jeder Charakter der Art, der überhaupt individuellen Schwankungen unterworfen ist in vielen Individuen in verstärkter, in vielen anderen in abgeschwächter, in noch zahlreicheren in einem mittleren Ausbildungsgrad anzutreffen ist. Damit aber ist das Material gegeben, mittelst dessen Selektion jeden Charakter je nach Bedürfnis weiter steigern oder weiter abschwächen kann, indem sie durch Beseitigung der minder passenden Individuen die Chance geeigneter Kreuzungen von Generation zu Generation steigert.

Amphigonie muß aber weiterhin die mindestens ebenso wichtige Folge haben, die vorhandenen Unterschiede zu vermehren und sie stets wieder neu zu kombinieren.

Das erstere wird bei den heute bestehenden Arten kaum noch der Fall sein können, weil bei ihnen kein Teil mehr ohne individuelles Gepräge sein wird. Viel wichtiger ist der zweite Punkt, die Erzeugung immer neuer Kombinationen von individuellen Merkmalen durch die amphigone Fortpflanzung. Denn wir müssen uns vorstellen — wie auch schon Darwin es ausgesprochen hat —, daß bei dem Züchtungsprozeß der Natur nicht bloß einzelne Merkmale umgeändert werden, sondern wohl immer mehrere, vielleicht sogar zahlreiche zu gleicher Zeit. Es gibt keine zwei noch so nahe verwandten Arten, welche sich nur in einem unterschieden; auch für unser nicht besonders scharfes Auge sind der unterscheidenden Merkmale immer mehrere, oft viele, und wenn wir imstande wären in absoluter Schärfe zu vergleichen, würden wir wahrscheinlich alles an zwei nahestehenden Arten verschieden finden.

Nun beruht allerdings ein großer Teil dieser Unterschiede auf Korrelation, aber ein anderer Teil muß auf gleichzeitiger primärer Abänderung beruhen.

Ein großer Schmetterling der ostindischen Wälder, die Kallima paralecta, gleicht in sitzender Stellung sehr täuschend einem welken Blatt, nicht nur in der Farbe, sondern auch in einer Zeichnung, welche die Rippen des Blattes nachahmt. Nun setzt sich aber diese Zeichnung aus zwei Stücken zusammen, von welchen das obere auf dem Vorderflügel, das untere auf dem Hinterflügel steht. Die beiden Flügel müssen also vom Schmetterling in der Ruhe so gehalten werden, daß die beiden Stücke der Zeichnung genau aufeinanderpassen, andernfalls würde die Zeichnung dem Schmetterling nichts nützen. Wirklich hält auch der Schmetterling die Flügel so, wie es nötig ist, natürlich unbewußt dessen, was er tut. Es ist also in seinem Gehirn ein Mechanismus vorhanden, der ihn dazu zwingt. Nun ist es klar, daß dieser Mechanismus sich erst ausgebildet haben kann, als die Flügelhaltung für den Schmetterling wichtig wurde, d.h. als die Ähnlichkeit mit einem Blatt bereits im Werden war, und umgekehrt konnte diese Ähnlichkeit mit dem Blatt sich erst ausbilden, als der Schmetterling die Gewohnheit annahm, seine Flügel in der bestimmten Weise zu halten. Beide Charaktere müssen sich also gleichzeitig und in Gemeinschaft miteinander ausgebildet und gesteigert haben, die Zeichnung, indem sie aus einer ungefähren Ähnlichkeit zu einer immer genaueren Lage des Blattes fortschritt, die Flügelhaltung, indem sie sich immer genauer auf eine ganz bestimmte Stellung präzisierte. Es muß also hier gleichzeitig eine Züchtung gewisser feinster Strukturverhältnisse des Nervensystems und eine solche der Verteilung der Farbstoffe auf dem Flügel stattgefunden haben und es werden also solche Individuen zur Nachzucht ausgewählt worden sein, welche nach beiden Richtungen hin Brauchbares lieferten.

Solche Kombinationen der geforderten Merkmale zu bieten ist offenbar die amphigone Fortpflanzung leicht imstande, da sie ja fortwährend die verschiedensten Charaktere durcheinander mischt und darin scheint mir in der Tat eine ihrer bedeutendsten Wirkungen zu liegen.

Überhaupt wüßte ich der amphigonen Fortpflanzung keine andere Bedeutung beizumessen, als die, das Material an erblichen individuellen Charakteren zu schaffen, mit welchen die Selektion arbeiten kann. Die amphigone Fortpflanzung ist so allgemein verbreitet unter allen Abteilungen der vielzelligen Pflanzen und Tiere, die Natur geht so selten, man möchte sagen so ungern von ihr ab, daß ihr notwendig eine ganz hervorragende Bedeutung innewohnen muß. Wenn aber in der Tat Selektionsprozesse es sind, welche neue Arten hervorbringen, dann beruht ja die Entwicklung der gesamten Organismenwelt auf diesen Prozessen und dann ist in der Tat die Rolle, welche Amphigonie in der Natur zu spielen hätte, indem sie die Selektionsprozesse bei den vielzelligen Organismen ermöglicht, nicht nur keine unbedeutende, sondern vielmehr eine der denkbar großartigsten.

Wenn ich aber sage, die amphigone Fortpflanzung habe die Bedeutung, die Umgestaltung der höheren Organismen zu ermöglichen, so ist das nicht etwa gleichbedeutend mit der Behauptung, die amphigone Fortpflanzung sei entstanden, um die Artbildung möglich zu machen. Ihre Wirkung kann nicht zugleich ihre Ursache sein; erst mußte sie da sein, ehe sie die erbliche Variabilität hervorrufen konnte. Ihr erstes Auftreten muß also eine andere Ursache gehabt haben. Welches diese war, das kann heute wohl niemand schon mit Sicherheit sagen. Die Lösung des Rätsels liegt in dem Vorläufer der eigentlichen amphigonen Fortpflanzung, in der Konjugation der Einzelligen. Die Verschmelzung zweier einzelliger Individuen zu einem, wie sie die einfachste und also wohl ursprünglichste Form der Konjugation darstellt, muß eine direkte und unmittelbare Wirkung haben, welche von Nutzen für die Existenz der betreffenden Art ist. Es bleibt der Zukunft überlassen, diesen Nutzen und damit zugleich die phyletische Entstehung der Konjugation klarzulegen. Wahrscheinlich hat die Konjugation bei den höheren Einzelligen diese ursprüngliche Bedeutung schon verloren und kommt heute wie die eigentliche amphigone Fortpflanzung nur noch in ihrer Wirkung als Variabilitätsquelle in Betracht. Mag sich dies aber so verhalten oder nicht, soviel scheint mir sicher, daß sobald einmal Metazoen und Metaphyten bestanden, welche von den Einzelligen her die amphigone Fortpflanzung übernommen hatten, diese nicht wieder auf die Dauer verloren gehen konnte.

Wir wissen ja, daß Charaktere und Einrichtungen, die schon in einer Reihe von Ahnen bestanden haben, mit ungemeiner Zähigkeit weiter vererbt werden, auch wenn sie von einem unmittelbaren Nutzen für den Träger nicht sind. Je älter ein Charakter ist, um so unvertilgbarer ist er dem Organismus eingeprägt.

So wird auch die amphigone Fortpflanzung, nachdem sie einmal ungezählte Protozoen-Generationen und -Arten hindurch in Form der Konjugation bestanden hatte, nicht wieder aufgehört haben, auch wenn der ursprünglich damit verküpfte physiologische Effekt an Wichtigkeit verlor oder ganz in den Hintergrund trat. Sie konnte aber um so weniger aufgegeben werden, wenn durch sie allein der unermeßliche Vorteil beibehalten werden konnte, der Anpassungsfähigkeit der Art an neue Existenzbedingungen. Was unter den niederen Protisten auch ohne Amphigonie erreichbar war, die Bildung neuer Arten, das war bei den Metazoen und Metaphyten nur noch mit ihr zu erreichen. Erbliche Verschiedenheiten der Individuen konnten nur noch auf diesem Wege entstehen und sich erhalten. Aus diesem

Grunde konnte die Amphigonie nicht wieder verschwinden, denn jede Art, die sie beibehielt, mußte den andern, denen sie etwa verloren gegangen war, überlegen sein und sie im Laufe der Zeiten verdrängen, denn nur sie konnten sich den wechselnden Bedingungen der Existenz fügen, sich neuen Verhältnissen anpassen. Je länger aber die amphigone Fortpflanzung andauerte, um so fester mußte sie sich der Art-Konstitution einfügen, um so schwerer konnte sie wieder verloren gehen.

Dennoch ist sie in einzelnen Fällen verlorengegangen, wenn auch zunächst nur in bestimmten Generationen. So wechseln bei den Blattläusen und bei manchen niederen Krustern Generationen mit parthenogenetischer Fortpflanzung mit solchen ab, die sich noch durch Amphigonie fortpflanzen. In den meisten Fällen aber läßt sich einsehen, daß hier ein bedeutender Nutzen aus dem teilweisen Wegfall der Amphigonie für die Existenzfähigkeit der Art entsprang; durch die partielle Parthenogenese konnte in gegebener Zeit eine ungleich stärkere Vermehrung der Individuenzahl erreicht werden, und diese ist bei den eigentümlichen Existenzbedingungen dieser Arten von entscheidender Bedeutung. Die amphigone Fortpflanzung ist also hier nicht etwa zufällig oder aus inneren Gründen, sondern aus ganz bestimmten Zweckmäßigkeitsgründen aufgegeben worden.

Es gibt aber auch einzelne Fälle, in denen die amphigone Fortpflanzung ganz ausgefallen ist und Parthenogenese die einzige Form der Fortpflanzung bildet. Im Tierreich sind das vorwiegend solche Arten, bei deren nächsten Verwandten wir den eben besprochenen Wechsel von Parthenogenese und Amphigonie beobachten, manche Gallwespen und Blattläuse, auch einzelne Kruster des süßen und salzigen Wassers. Man kann sich vorstellen, daß sie aus jenen Fällen mit Wechselfortpflanzung hervorgegangen sind durch Ausfall der amphigonen Generationen.

Ich will Sie nicht damit aufhalten, die Motive aufzusuchen, welche dabei maßgebend gewesen sein mögen, aber die Folgen, welche daraus hervorgehen müssen, kann ich doch nicht ganz unerwähnt lassen. Wenn nämlich meine Ansicht über die Ursachen der erblichen individuellen Variabilität richtig ist, dann müssen alle solche Arten mit rein parthenogenetischer Fortpflanzung auf den Aussterbe-Etat gesetzt sein, nicht in dem Sinn, daß sie unter den jetzt herrschenden Lebensbedingungen aussterben müßten, wohl aber in dem, daß sie unfähig sind, sich neuen Lebensbedingungen anzupassen, sich in neue Arten umzuwandeln.

Sie können Selektionsprozesse nicht mehr eingehen, weil sie durch den Verlust der Amphigonie die Möglichkeit verloren haben, die erblichen individuellen Charaktere, welche bei ihnen vorkommen, zu mischen und zu steigern.

Die Tatsachen – soweit sie vorliegen – bestätigen diesen Schluß, denn wir begegnen nirgends ganzen Gruppen von Arten oder Gattungen, die sich rein parthenogenetisch fortpflanzen. Dies müßte aber der Fall sein, wenn jemals Parthenogenese durch ganze Artfolgen hindurch die alleinige Fortpflanzungsform gewesen wäre. Wir finden sie immer nur sporadisch und unter solchen Verhältnissen, die uns schließen lassen, daß sie erst bei der betreffenden Art zur ausschließlichen Herrschaft gelangt sei. So verhält es sich bei den Tieren, und bei den Pflanzen bildet die von de Bary entdeckte Apogamie einer einzelnen Varietät einer Farnart einen genau entsprechenden Fall.

Ich könnte schließlich noch Tatsachen einer ganz anderen Art als eine Bestätigung der Ihnen heute vorgetragenen Ansicht von der Bedeutung der Amphigonie vorbringen, wenn Zeit und Ort es gestatteten. Es ist aber nicht möglich, eine derartige Frage in einem kurzen Vortrag zu erschöpfen. Es ist indessen auch nicht nötig. Ein wirklicher Beweis für die Richtigkeit meiner Auffassung kann heute überhaupt noch nicht gegeben werden, dazu sind wir noch nicht reich genug an Tatsachen. Denn es handelt sich hier um verwickelte Erscheinungen, deren Erkenntnis wir uns nicht auf einmal, sondern nur allmählich nähern können.

Soviel hoffe ich indessen doch gezeigt zu haben, daß die Selektionstheorie keineswegs unvereinbar ist mit dem Gedanken von der »Kontinuität des Keimplasmas« und weiter, daß – sobald wir diesen Gedanken als richtig annehmen – die sexuelle Fortpflanzung in einem ganz neuen Licht erscheint, einen Sinn bekommt, gewissermaßen verständlich wird.

Die Zeit ist vorüber, in der man glaubte, durch das bloße Sammeln von Tatsachen die Wissenschaft vorwärts zu bringen. Wir wissen, daß es nicht darauf ankommt, möglichst viele beliebige Fakta aufzuhäufen, gewissermaßen einen Katalog der Tatsachen anzulegen, sondern daß es sich darum handelt, solche Tatsachen festzustellen, deren Verbindung durch den Gedanken uns in den Stand setzt, irgend einen Grad von Einsicht in irgend einen Naturvorgang zu erlangen. Um aber zu wissen, auf welche neue Feststellungen es zunächst ankommt, ist es unerläßlich, das, was wir bereits davon besitzen, zu ordnen, zusammenzufassen und zu einer theoretisch begründeten Gesamtauffassung zu verbinden. Das ist es, was ich heute versucht habe, zu tun.

Aber handelt es sich hier nicht vielleicht um viel zu verwickelte Erscheinungen, als daß wir sie jetzt schon in Angriff nehmen dürften, sollten wir nicht ruhig warten, bis erst die einfacheren Erscheinungen in ihre Komponenten zerlegt sein werden, und ist die Mühe und Arbeit, die wir uns gegenüber solchen Fragen, wie der von der Vererbung oder der Umwandlung der Arten geben, nicht nutzlos und verloren?

Allerdings hört man gar manchmal solche Äußerungen; ich glaube aber, sie beruhen auf einer Unklarheit über die Methode der Naturforschung, welche die Menschheit bisher eingehalten hat und welche somit doch wohl in den natürlichen Beziehungen begründet ist, in welchen wir zur Natur stehen.

Man vergleicht nicht selten die Wissenschaft mit einem Gebäude, welches in solidester Weise aufgeführt werde, indem man Stein auf Stein die Tatsachen lege und so allmählich zu immer größerer Höhe und Vollendung emporsteige. Bis zu einem gewissen Punkt trifft ja auch dieser Vergleich zu, aber es läßt sich übersehen, daß dies Gebäude an keiner Stelle den Boden berührt, daß es für jetzt mindestens noch vollständig in der Luft schwebt. Denn keine einzige Wissenschaft, auch die Physik nicht, hat ihren Bau von unten angefangen, vielmehr haben sie alle mehr oder weniger hoch oben in der Luft begonnen und dann weiter nach unten gebaut; den Erdboden aber hat auch die Physik noch nicht erreicht, die ja grade über das Wesen der Materie noch am allerunsichersten ist. Wir können bei keiner Erscheinungsgruppe mit der Erforschung ihres letzten Grundes anfangen, weil uns grade hier die Mittel zur Erkenntnis versagen; wir können nicht vom Einfachen anfangen und zum Komplizierten fortschreiten, nicht synthetisch und deduktiv verfahren und die Erscheinungen von unten an aufbauen, sondern analytisch und induktiv von oben nach unten; wenigstens doch im großen und ganzen.

Das ist ja auch unbestritten, aber es wird doch oft vergessen, wie der vorhin berührte Einwurf beweist. Dürften wir die verwickelten Erscheinungen erst dann in Angriff nehmen, wenn wir die einfacheren vollständig – soweit dies möglich – erkannt hätten, dann müßten wir samt und sonders Physiker und Chemiker werden und erst, wenn wir mit Physik und Chemie vollständig fertig wären, dürften wir zur Erforschung der lebenden Natur übergehen. Dann dürfte es auch heute noch keine wissenschaftliche Medizin geben, da doch die pathologische Physiologie nicht angefangen werden könnte, ehe nicht die normale Physiologie fertig wäre. Und wie manches verdankt doch die normale Physiologie der pathologischen, ein Beispiel, daß es nicht nur erlaubt, sondern in hohem Grade vorteilhaft ist, wenn die verschiedenen Erscheinungskreise gleichzeitig bearbeitet werden.

Wo wäre ferner – wenn wir den Weg vom Einfachen zum Komplizierten überall einzuhalten hätten – die Deszendenzlehre, deren Einfluß unsere Erkenntnis auf biologischem Gebiet in gradezu unermeßlicher Weise gefördert hat?

Aber unter der oft gehörten Forderung, man solle so komplizierte Erscheinungen wie z. B. die Vererbung jetzt noch nicht in Angriff nehmen, verbirgt sich noch eine andere Unklarheit, nämlich die, als sei eine Tatsache deshalb unsicherer, weil ihre Ursachen sehr verwickelte, für uns zunächst noch nicht übersehbare sind. Aber ist es denn weniger sicher, daß aus dem Ei eines Falken wieder ein Falke wird, oder daß die Eigentümlichkeiten des Vaters und der Mutter auf das Kind übertragen werden, als daß ein Stein zu Boden fällt, wenn er nicht unterstützt wird? Und läßt sich nicht aus der Tatsache, daß der Vererbungsanteil von Vater und Mutter ganz oder nahezu gleich ist, ein ganz bestimmter und sicherer Schluß ziehen auf die Menge der wirksamen Substanz in den beiderlei Keimzellen? Oder ist es nutzlos, dergleichen Schlüsse zu ziehen? Ist es nicht vielmehr der einzige Weg, auf dem wir allmählich in die Tiefe der Erscheinungen hinabsteigen können?

Nein! Die Wissenschaft vom Lebendigen hat nicht zu warten, bis Physik und Chemie fertig sind, und die Erforschung der Vererbungsvorgänge hat nicht zu warten, bis die Physiologie der Zelle fertig ist. Ich möchte die Wissenschaft im ganzen eher einem Bergwerk vergleichen, das zur Aufgabe hat, ein ausgedehntes und vielfach verzweigtes Erzlager aufzuschließen. Es wird nicht nur von einem Punkt, sondern von vielen zugleich in Angriff genommen. Von gewissen Stellen aus kommt man rascher auf die tieferen Erzgänge, von anderen kann man nur die oberflächlicheren erreichen, von allen aber wird irgend eine Strecke des komplizierten Ganzen klar gelegt. Je vielfacher die Angriffspunkte sind, um so vollständiger wird die Kenntnis werden, die man von dem Ganzen erlangt, und überall ist wertvolle Einsicht zu erreichen, wenn nur mit Umsicht und Ausdauer gearbeitet wird.

Aber eben die Umsicht gehört auch dazu; oder um aus dem Bild zu treten: das Verbinden der Tatsachen durch den Gedanken. So wenig Theorien wert sind ohne festen Boden, so wenig sind Tatsachen wert, die zusammenhanglos nebeneinander liegen. Ohne Hypothese und Theorie gibt es keine Naturforschung. Sie sind das Senkblei, mit dem wir die Tiefe des Ozeans unverstandener Erscheinungen untersuchen, um danach den ferneren Kurs unseres Forschungsschiffes zu bestimmen. Sie geben uns kein absolutes Wissen, aber sie geben uns den Grad der Einsicht, der augenblicklich möglich ist. Ohne Leitung theoretischer Anschauungen aber weiterforschen, heißt soviel als im dicken Nebel auf gut Glück weiter gehen ohne Weg und ohne Kompaß. Man kommt auch auf diese Weise wohin, aber ob in eine Steinwüste unverständlicher Tatsachen, oder in das geordnete System klarer, zusammenhängender, nach einem Ziel führender Wege, das ist dann Sache des Zufalls, der in den meisten Fällen gegen uns entscheidet.

In diesem Sinne mögen Sie auch den Wegweiser oder Kompaß des Gedankens, den ich Ihnen heute vorlegte, aufnehmen. Sollte ihm auch bestimmt sein, später durch einen besseren ersetzt zu werden; wenn er nur imstande ist, die Forschung ein Stück weiter zu führen, so hat er seinen Zweck erfüllt.

WERNER VON SIEMENS

Das naturwissenschaftliche Zeitalter

1886

Die Gesellschaft der Naturforscher und Ärzte erhob vor
bald sechzig Jahren zuerst in unserem Vaterlande das Ban-
ner der freien Forschung, indem sie durch ihre Wanderver-
sammlungen die bis dahin nur im abgeschlossenen Kreise
der Fachgelehrten betriebenen Naturwissenschaften dem
öffentlichen Leben zugänglich und dadurch dienstbar
machte. Es war dies ein folgenschwerer Schritt. Mit ihm begann ein neues Zeitalter der Menschheit, welches wir berechtigt sind, das naturwissenschaftliche Zeitalter zu nennen.

Zwar hatte die Natur selbst, die dem körperlich nur
schwach ausgerüsteten Urmenschen als gewaltigste aller
Waffen zu seinem Kampfe ums Dasein Geisteskraft und Be-
obachtungsgabe verlieh, ihn schon auf die Benutzung der
Naturkräfte angewiesen, und die wachsende Kenntnis ihrer zweckmäßigen Verwendung hat der Menschheit auch
schon frühzeitig den Weg zu höherer Kultur vorgezeichnet;
es konnte sich sogar die Technik früherer Zeitperioden auf
vielen Gebieten zu einer noch heute bewunderten Höhe
entwickeln; sie konnte namentlich die Mittel zu künstleri-
schen Leistungen von noch jetzt unerreichter Vollkommenheit gewähren, – es geschah dies aber immer auf dem mühsamen und vielfach irreleitenden Wege des Sammelns rein
empirischer Beobachtungen und unverstandener und zu-
sammenhangsloser Erfahrungen, also auf einem Wege, der
nur langsam zur Entwicklung höherer Kulturstufen führen konnte.

Diese Kulturstufen umfaßten auch immer nur einen
engbegrenzten Entwicklungskreis, und es fehlte ihnen die

Beständigkeit, da Erfahrungen und Geschicklichkeit an der Person haften und mit ihr zugrunde gehen. Daher sehen wir im Laufe der Zeiten auch vielfach lokal begrenzte Kulturepochen sich entwickeln und in den Stürmen folgender Zeiten fast spurlos wieder verschwinden. – Auch später noch, nachdem durch die entstandene Technik der mechanischen Vervielfältigung von Schrift und Bild die geistigen Errungenschaften zu einem bleibenden Gemeingut der Menschheit geworden waren, und selbst noch, nachdem durch große Geister schon die Grundlagen zu unserer jetzigen Naturwissenschaft gelegt waren und die Überzeugung sich schon Bahn gebrochen hatte, daß unabänderliche feste Gesetze allen Naturerscheinungen zugrunde liegen, und daß der einzige sichere Weg, diese Gesetze kennenzulernen, darin besteht, die Natur selbst durch richtig geleitete Experimente zu befragen, – selbst da noch war der wissenschaftliche und technische Fortschritt mühsam, langsam und unsicher. Es bedurfte erst des Heraustretens der Wissenschaft in das öffentliche Leben, es mußte erst die rein empirische Technik von dem Geiste der modernen Naturwissenschaft durchdrungen werden, um sie vom Banne des Hergebrachten und Handwerksmäßigen zu erlösen und sie zur Höhe der naturwissenschaftlichen Technik zu erheben.

Wir Älteren unter Ihnen haben das Glück gehabt, Zeuge des gewaltigen Aufschwungs zu sein, zu dem die menschliche Tätigkeit auf fast allen Gebieten des Lebens durch den belebenden Odem der Naturwissenschaften angeregt wurde. Wir haben aber auch gleichzeitig gesehen, wie die Wissenschaft ihrerseits wiederum durch die technischen Errungenschaften gefördert wurde, wie die Technik ihr eine Fülle neuer Erscheinungen und Aufgaben und damit die Anregung zu weiteren Forschungen brachte, und wie mit der Verbreitung naturwissenschaftlicher Kenntnisse ihr ein Heer von Beobachtern und Mitarbeitern erwuchs, die vielleicht nicht auf der vollen Höhe wissenschaftlicher Kenntnis standen, bei denen aber die

Liebe zur Wissenschaft oft diesen Mangel zu überwinden wußte.

Ich will es nicht unternehmen, Ihnen die Geschichte der Entwicklung der Naturwissenschaft und der ihr entsprossenen wissenschaftlichen Technik hier vorzuführen, noch Ihnen den mächtig umgestaltenden Einfluß zu schildern, den Naturwissenschaft und Technik im Bunde auf die geistige und materielle Entwicklung unserer Zeitperiode ausgeübt haben. Es ist dies schon vielfach mit überzeugenden Worten und in meisterhafter Form geschehen; eine Zusammenfassung aller hierher gehörigen Erscheinungen zu einem auch nur einigermaßen erschöpfenden Bild würde sich nur als ein Abriß der Geschichte unserer Kultur wiedergeben lassen und die mir heute gestellte Aufgabe überschreiten, welche darin besteht, die Befürchtungen zerstreuen zu helfen, welche in letzter Zeit angesichts des naturwissenschaftlich-technischen Fortschritts vielfach laut werden.

Für uns Alte bedarf es, um den gewaltigen Unterschied zwischen sonst und jetzt zu überschauen, nur eines kurzen Rückblickes auf unsere eigene Jugendzeit. Wir entsinnen uns noch der Zeit, als Dampfschiff und Lokomotive ihre ersten schwachen Gehversuche machten; wir hörten noch mit ungläubigem Staunen die Mär, daß das Licht selbst die Bilder auch malen sollte, die es unserem Auge sichtbar macht; daß die rätselhafte neue Kraft, die Elektrizität, mit Blitzesgeschwindigkeit Nachrichten durch ganze Kontinente und das sie trennende Weltmeer übermittelte, daß dieselbe Kraft Metalle in fester Form aus ihren Lösungen ausschied und die Nacht mit tageshellem Lichte zu vertreiben vermochte! Wer wundert sich heute noch über diese jetzt selbstverständlichen Dinge, ohne welche sich unsere Jugend ein zivilisiertes Leben kaum noch vorstellen kann, in einer Zeit, wo nach Reuleauxs Berechnung für jeden zivilisierten Menschen mehrere eiserne Arbeiter Tag und Nacht arbeiten, wo durch gebändigte Naturkräfte fortbewegt täglich viele Millionen Menschen einander nahe treten, welche

gestern noch weite Entfernung trennte, und unermeßliche
Gütermassen über Länder und Meere, durch die Gebirge
hindurch und über deren Scheitel und Schluchten hinweg
in früher kaum denkbarer Geschwindigkeit ihnen zugeführt werden, wo der weltverbindende Telegraph unseren
Verkehrsbedürfnissen nicht mehr genügt und der Übertragung des lebendigen Wortes durch das Telephon auf Strek-
ken hin weichen muß, gegen welche die der menschlichen
Stimme durch die Natur gesetzten Schranken als fast verschwindend zurücktreten, wo die neueste Frucht der Verbindung von Naturwissenschaft und Technik, die Elektrotechnik, in ihrem rapiden Entwicklungsgange der Menschheit immer neue, in ihrer Ausdehnung noch ganz unabseh-
bare Gebiete für weitere Erforschung und nützliche Anwendung der Naturkräfte eröffnet! Für den Naturforscher,
der mehr als andere Menschenklassen daran gewöhnt ist,
aus dem Verlaufe beobachteter Erscheinungen Schlüsse
auf das sie beherrschende Gesetz zu ziehen, ist aber nicht
der letztgegebene Zustand der Entwicklung, für ihn sind
ihre Ursachen und das dieselben bedingende Gesetz von
überwiegender Bedeutung.

Dies klar erkennbare Gesetz ist das der stetigen Beschleunigung unserer jetzigen Kulturentwicklung. Ent-
wicklungsperioden, die in früheren Zeiten erst in Jahrhunderten durchlaufen wurden, die im Beginne unserer Zeitperiode noch der Jahrzehnte bedurften, vollenden sich
heute in Jahren und treten häufig schon in voller Ausbildung ins Dasein. Es ist dies einerseits die natürliche Folge einer Erscheinungsform unseres Kulturfortschrittes selbst,
nämlich des heutigen, insbesondere in unserem Vaterlande
hoch entwickelten Unterrichtssystems, durch welches die
Errungenschaften der Wissenschaft, namentlich aber die
wissenschaftlichen Methoden, im breiten Strom der Technik dem Volksleben überhaupt in allen seinen Tätigkeitsfor-
men zugeführt werden, andererseits die Wirkung des sich
selbst verjüngenden wissenschaftlich-technischen Fortschritts. Und so sehen wir, wie heute jeder neue wissen-

schaftliche Gedanke in unaufhörlicher Wiedergeburt von seiner Mutter getragen die ganze zivilisierte Welt durcheilt, wie Tausende ihn ergreifen und auf den verschiedensten Gebieten des Lebens zu verwerten suchen. Sind es auch bisweilen nur unscheinbare Beobachtungen, ist es auch bisweilen nur die Überwindung ganz kleiner Hindernisse, welche der Erkenntnis des wissenschaftlichen Zusammenhanges von Erscheinungen entgegenstanden – sie werden oft Ausgangspunkte einer gar nicht vorherzusehenden, für das menschliche Leben höchst bedeutsamen Entwicklungsreihe. Die hierdurch bedingte beschleunigt fortschreitende Entwicklung wird daher, falls nicht der Mensch in seinem Wahn sie selbst zerstört, so lange fortdauern, als die Naturwissenschaft selbst zu höheren Erkenntnisstufen fortschreitet. Je tieferen Einblick wir aber in das geheimnisvolle Walten der Naturkräfte gewinnen, desto mehr überzeugen wir uns, daß wir erst im ersten Vorhof der Wissenschaft stehen, daß noch ein ganz unermeßliches Arbeitsfeld vor uns liegt, und daß es wenigstens sehr fraglich erscheint, ob die Menschheit jemals zur vollen Erkenntnis der Natur gelangen wird. Es liegt daher kein Grund vor, an der Fortdauer des beschleunigten Aufschwunges der naturwissenschaftlich-technischen Entwicklung zu zweifeln, wenn nicht die Menschen selbst durch kulturfeindliche Handlungen sie durchkreuzen. Doch selbst solche feindlichen Eingriffe können fortan nur zeitweilige Unterbrechungen des Entwicklungsganges, höchstens nur kurze, örtlich begrenzte Rückschritte hervorrufen: denn vor jenem immer tiefer in alle Berufsklassen und Volksschichten eindringenden Lichte der Wissenschaft ziehen sich nicht nur die Kinder der alten Finsternis, der Aberglaube und das Vorurteil, mehr und mehr zurück und verlieren allmählich die ihnen eigene Kraft, auf den Gang der Entwicklung hemmend und störend einzuwirken, sondern dank der Buchdruckerkunst und der nunmehrigen räumlichen Ausbreitung der modernen Kultur können die naturwissenschaftlich-technischen Errungenschaften der Menschheit überhaupt nicht wieder verloren gehen. Auch erwächst den Völkern, welche sie pflegen und hegen, durch sie ein so gewaltiges Übergewicht, eine solche überwiegende Machtfülle, daß ihr Unterliegen im Kampfe gegen unzivilisierte Völker und damit das Hereinbrechen eines neuen barbarischen Zeitalters als vollkommen ausgeschlossen erscheint.

Wenn wir aber die jetzige Kulturentwicklung als eine unaufhaltsame und unzerstörbare ansehen müssen, so bleibt uns zwar das Endziel verborgen, dem diese Entwicklung zustrebt, wir können aber aus dem Entwicklungsgange selbst erkennen, in welcher Richtung sie die bisherigen Grundlagen des Völkerlebens verändern muß. Zu diesem Zweck brauchen wir nur die schon eingetretenen Änderungen weiter zu verfolgen. Wir erkennen dann leicht, daß im Zeitalter der Herrschaft der Naturwissenschaften dem Menschen die schwere Körperarbeit, von der er in seinem Kampfe um das Dasein stets schwer niedergedrückt war und großenteils noch ist, mehr und mehr durch die wachsende Benutzung der Naturkräfte zur mechanischen Arbeitsleistung abgenommen wird, daß die ihm zufallende Arbeit immer mehr eine intellektuelle wird, indem er die Arbeit der eisernen Arbeiter zu leiten, nicht aber selbst schwere Körperarbeit zu leisten hat. Wir sehen ferner, daß im naturwissenschaftlichen Zeitalter die Lebensbedürfnisse und Genußartikel mit weit weniger Menschenarbeit herzustellen sind, daß also auch bei geringerer Arbeitszeit doch immer noch ein weit größerer Anteil von diesen Arbeitserzeugnissen auf jeden Menschen entfällt. Wir finden, daß der auf die Technik und das Verkehrsleben übertragene Fortschritt der Naturwissenschaften einen immer leichteren Austausch der Erzeugnisse der verschiedenen Länder und Klimate ermöglicht, der das Leben der Menschen genußreicher gestaltet und ihr Dasein gegen die Folgen örtlichen Mißwachses sicherstellt. Wir sehen, daß man durch wissenschaftlich und technisch richtig geleitete Bodenkultur der Scholle eine bedeutend größere Menge von Ernährungsmitteln abzugewinnen vermag, als bisher, so daß die Zahl der auf sie angewiesenen Menschen eine entsprechend größere werden darf; es erscheint sogar sehr wahrscheinlich, daß es der Chemie im Bunde mit der Elektrotechnik dereinst gelingen wird, aus der unerschöpflichen Menge der überall vorhandenen Elemente der Nahrungsmittel diese selbst herzustellen und dadurch die Zahl der zu Ernährenden von der schließlichen Ertragsfähigkeit des Bodens unabhängig zu machen.

Diese sich progressiv steigernde Leichtigkeit der Gewinnung der materiellen Existenzmittel wird dem Menschen wegen der kürzeren Arbeitszeit, die er darauf zu verwenden hat, den nötigen Überschuß an Zeit zu seiner besseren geistigen Ausbildung und zu geistigen Lebensgenüssen gewähren; die mit der Erkenntnis der Wirkungen der Naturkräfte wachsende Erkenntnis der Bedingungen für das körperliche Wohlbefinden wird zur gesünderen Entwicklung der künftigen Menschengeschlechter an Körper und Geist führen; die immer vollkommener und leichter herzustellenden mechanischen Reproduktionen künstlerischer Schöpfungen werden diesen auch Eingang in die Hütte verschaffen und die das Leben verschönernde und die Gesittung hebende Kunst der ganzen Menschheit, anstatt wie bisher nur den bevorzugten Klassen derselben zugänglich zu machen! Halten wir dabei an der Überzeugung fest, daß das immer tiefer die ganze menschliche Gesellschaft durchdringende Licht der Wissenschaften den erniedrigenden Aberglauben und den zerstörenden Fanatismus, diese größten Feinde der Menschheit, in wirksamer Weise bekämpft, so können wir mit stolzer Freude an dem Aufbau des Zeitalters der Naturwissenschaften weiterarbeiten, in der sicheren Zuversicht, daß es die Menschheit moralischen und materiellen Zuständen zuführen werde, die besser sind, als sie je waren und heute noch sind.

Diese Freude wird uns aber in neuerer Zeit sehr verkümmert durch trübe pessimistische Anschauungen, welche sich sowohl in gebildeten Kreisen, als auch in breiten Volksschichten über den Einfluß, den die schnelle Entwicklung der Naturwissenschaften und Technik auf die Gestaltung des Volkslebens ausübt, und über das Endziel dieser Entwicklung selbst gebildet haben.

Es werden die Fragen aufgeworfen und erörtert, ob die Menschheit durch alle diese Errungenschaften der Naturwissenschaft und Technik auch wirklich besser, ob sie auch glücklicher werde, ob jene Errungenschaften nicht vielmehr zur Zerstörung aller idealen Güter und zu roher Genußsucht führen; ob nicht die ungleiche Verteilung der Güter und Freuden des Lebens durch sie vergrößert würde, ob nicht durch die Entwicklung der Maschinenindustrie und die durch sie bedingte Teilung der Arbeit die Arbeitsgelegenheit für den einzelnen vermindert und die Arbeiter selbst nicht in eine unfreiere, abhängigere Stellung gebracht würden als bisher; ob nicht mit einem Worte durch sie nur anstatt der Herrschaft der Geburt und des Schwertes die noch mehr niederdrückende des ererbten oder erworbenen Besitzes herbeigeführt werde?

Es läßt sich nicht verkennen, daß diesen trüben Anschauungen heute noch eine gewisse Berechtigung zuerkannt werden muß. Die schnell und unaufhaltsam fortschreitende naturwissenschaftliche Technik muß in ihrem Entwicklungsgang in viele Erwerbszweige zerstörend eingreifen. Die besseren Arbeitsmethoden führen vielfach dahin, daß die Güter-Erzeugung schneller steigt, als der Verbrauch, und daß die Arbeitsgelegenheit vermindert wird, weil die bisherige Handarbeit, welche für die gleiche Arbeitsleistung weit größere Arbeitermengen beschäftigte, im Ringen mit der Arbeit der Spezialmaschine zum Erliegen kommt. Ähnliche Erscheinungen treten bei der Produktion der Ernährungsstoffe auf. Die billigen Verkehrsmittel führen den alten Kulturländern in Massen die Bodenerzeugnisse ferner, noch wenig bewohnter Gegenden zu, deren jungfräulicher Boden noch keiner künstlichen Befruchtung bedarf, in denen aber der Mangel an Arbeitskräften die mechanischen Bearbeitungsmethoden gezeitigt hat. Auf diese Weise werden aber Preise herbeigeführt, bei denen unsere alte Bodenkulturmethode mit Handarbeit nicht bestehen kann. Zwar bietet die naturwissenschaftliche Technik die Mittel dar, durch vollständigen Ersatz der verbrauchten Bodenstoffe und rationellere Bearbeitungsmethoden diese Nachteile auszugleichen; es hält aber unendlich schwer, altgewohnte, aber unhaltbar gewordene Verhältnisse und Methoden durch bessere zu ersetzen. Es mehren sich daher die Klagen über das allgemeine Sinken der Preise und über Mangel an Arbeitsgelegenheit, und es werden sehr bedenkliche Theorien aufgestellt, um durch Absperrung der einzelnen Länder gegen die anderen und durch gewaltsame Beschränkung der Produktion die empfundenen Übelstände zu bessern. Die Anhänger derartiger Theorien gehen sogar vielfach so weit, der naturwissenschaftlich-technischen Zeitrichtung jeden Nutzen für die Menschheit abzusprechen und von einer Rückkehr zu den Arbeitsmethoden früherer, vermeintlich glücklicherer Zeiten zu träumen! Sie bedenken indessen hierbei nicht, daß dann auch die Zahl der Menschen auf den früheren Betrag zurückgeführt werden müßte! Die Zahl glücklicher Hirten und Jäger, die ein Land ernähren kann, ist aber nur klein, und bei der Abwägung der größeren oder kleineren Glückseligkeit einer Zeitperiode muß doch diese Zahl immer als ein wesentlicher Faktor auftreten. Es ist ein zwar hartes, aber leider auch unabhänderliches soziales Gesetz, daß alle Übergänge zu anderen, wenn auch besseren Zuständen mit Leiden verknüpft sind. Es ist daher auch gewiß ein humanes Beginnen, diese Leiden der gegenwärtigen Generation zu mildern durch eine zweckmäßige Leitung und teilweise Beschränkung der neuen, unaufhaltsam hereinbrechenden Umwälzung in den sozialen Grundlagen des Völkerlebens; es wäre aber ein aussichtsloses Unternehmen, den Strom dieser Entwicklung unterbrechen oder gar zur Umkehr zwingen zu wollen! Er muß mit Notwendigkeit seiner vorgezeichneten Bahn folgen, und diejenigen Länder und Völker werden am wenigsten von seinen Zerstörungen betroffen und zuerst der Wohltaten des naturwissenschaftlichen Zeitalters teilhaftig werden, welche am meisten zur friedlichen Entwicklung desselben beitragen. Daß dieses letztere aber die Menschheit wirklich besseren Zuständen entgegenführt, daß es in seinem weiteren Fortschreiten die Wunden, die es schlug, auch wieder heilen wird, ist, trotz der unvermeidlichen Leiden während des Überganges zu neuen Lebensformen, schon deutlich an vielen Erscheinungen zu erkennen.

Ist nicht die allgemein auftretende Erscheinung des Sinkens der Preise aller Lebensbedürfnisse und Abeitserzeugnisse bei gleichzeitig gewaltig gesteigertem Verbrauch derselben ein unzweifelhafter Beweis dafür, daß die zu ihrer Herstellung erforderliche Menschenarbeit nicht nur leichter als früher, sondern auch geringer geworden ist? Daß also die Richtung der Entwicklung dahin geht, daß die Menschen künftig nur viel kürzere Zeit zu arbeiten brauchen, um sich ihre Lebensbedürfnisse zu gewinnen? Zeigt nicht die gleichzeitig auftretende Erscheinung, daß die Arbeitslöhne nicht gleichmäßig mit dem Preis der Waren sinken, auf eine Verbesserung des Loses der Arbeiter mit der Entwicklung des naturwissenschaftlichen Zeitalters hin? Billigere Beschaffung der Lebensbedürfnisse ist doch gleichbedeutend mit Lohnerhöhung. »Höhere Löhne bei kürzerer Arbeitszeit!«, diese immer lauter erschallende Forderung der sogenannten arbeitenden Klassen, ergeben sich daher als natürliche Folgen der Entwicklung. Denn abgesehen von Krisen und Übergangszuständen werden nicht mehr Erzeugnisse hergestellt, als verbraucht werden, die mittlere Arbeitszeit muß daher notwendig mit der vergrößerten Schnelligkeit und Leichtigkeit der Herstellung derselben abnehmen.

Eine andere auch ganz allgemein auftretende Erscheinung ist das Sinken der Kapitalrente. Um die Bedeutung dieser Tatsache zu überblicken, muß man vor Augen behalten, daß das Kapital – der ersparte Arbeitslohn, wie es die Nationalökonomen mit Recht nennen – der Wertmesser allen Besitzes ist: Eigenes oder geborgtes Kapital befähigt den Menschen, sich den Nießbrauch fremder Arbeit zu erwerben. Würde das Kapital wirklich abgeschafft, wie fanatische, irregeleitete Menschen es anstreben, so müßte die Menschheit in den Zustand der Unkultur zurückfallen, da dann jeder auf seiner eigenen Hände Arbeit zur Beschaffung seiner Bedürfnisse angewiesen wäre. Mit dem Anwachsen der Arbeitsersparnisse, des Kapitals, kann aber der Bedarf desselben nicht gleichen Schritt halten, da auch die Einrichtungen zur Herstellung der Arbeitserzeugnisse stets leistungsfähiger, einfacher und billiger werden. Es wird daher – immer abgesehen von Übergangsschwankungen und gewaltsamen Störungen der natürlichen Entwicklung – durchschnittlich mehr Kapital angesammelt, als nützlich verwendet werden kann, oder mit anderen Worten: es findet auch eine »Überproduktion« an Kapital statt, die in dem stetigen Sinken des Zinsfußes ihren Ausdruck finden muß und in der Tat schon findet. Die ersparte frühere Arbeit, das Kapital, wird daher gegenüber der Arbeit der Gegenwart fortlaufend im Werte sinken und muß sich dadurch im Laufe der Zeit selbst vernichten.

Auch für die weitere und scheinbar gewichtigste Klage der Gegner unserer gegenwärtigen sozialen Entwicklung, die Behauptung, daß durch sie die große Mehrzahl der Menschen zur Arbeitsleistung in großen Fabriken verdammt würde, und daß bei der fortschreitenden Arbeitsteilung für freie Arbeit des einzelnen kein Raum bliebe, – auch hierfür trägt der natürliche Gang der Entwicklung des naturwissenschaftlichen Zeitalters das Heilmittel in sich. Die Notwendigkeit großer Fabriken zur billigen Herstellung von Verbrauchsgegenständen ist wesentlich durch die gegenwärtig noch geringe Entwicklung der Maschinentechnik bedingt. Große Maschinen geben die mechanische Arbeitsleistung bisher noch viel billiger als kleine, und die Aufstellung der letzteren in den Wohnungen der Arbeiter stößt außerdem noch immer auf große Schwierigkeiten. Es wird aber unfehlbar der Technik gelingen, dies Hindernis der Rückkehr zur wettbewerbsfähigen Handarbeit zu beseitigen, und zwar durch die Zuführung billiger mechanischer Arbeitskraft, dieser Grundlage aller Industrie, in die kleineren Werkstätten und Wohnungen der Arbeiter. Nicht eine Menge großer Fabriken in den Händen reicher Kapitalisten, in denen »Sklaven der Arbeit« ihr klägliches Dasein fristen, ist daher das Endziel der Entwicklung des Zeitalters der Naturwissenschaften, sondern die Rückkehr zur Einzelarbeit oder, wo es die Natur der Dinge verlangt, der Betrieb gemeinsamer Arbeitsstätten durch Arbeitervereinigungen, die erst durch die allgemeinere Verbreitung von Kenntnis und Bildung und durch die Möglichkeit billiger Kapitalbeschaffung eine gesunde Grundlage erhalten werden.

Ebenso unberechtigt ist die Klage, daß das Studium der Naturwissenschaften und die technische Anwendung der Naturkräfte der Menschheit eine durchaus materielle Richtung gäbe, sie hochmütig auf ihr Wissen und Können, und idealen Bestrebungen abwendig mache.

Je tiefer wir in das harmonische, durch ewige unabänderliche Gesetze geregelte und unserem vollen Verständnis dennoch so tief verschleierte Walten der Naturkräfte eindringen, desto mehr fühlen wir uns umgekehrt zu demütiger Bescheidenheit angeregt, desto kleiner erscheint uns der Umfang unserer Kenntnisse, desto lebhafter wird unser Streben, mehr aus diesem unerschöpflichen Born des Wissens und Könnens zu schöpfen, und desto höher steigt unsere Bewunderung der unendlichen ordnenden Weisheit, welche die ganze Schöpfung durchdringt! Und die Bewunderung dieser unendlichen Weisheit ruft wieder jenen Forschungsdrang hervor, jene hingebende, reine, ihren letzten Zweck in sich selbst findende Liebe zur Wissenschaft, die namentlich dem deutschen Gelehrten stets zur hohen Zierde gereichte, und die hoffentlich auch den künftigen Geschlechtern erhalten bleibt.

Und so, meine Herren, wollen wir uns nicht irre machen lassen in unserem Glauben, daß unsere Forschungs- und Erfindungstätigkeit die Menschheit höheren Kulturstufen zuführt, sie veredelt und idealen Bestrebungen zugänglicher macht, daß das hereinbrechende naturwissenschaftliche Zeitalter ihre Lebensnot, ihr Siechtum mindern, ihren Lebensgenuß erhöhen, sie besser, glücklicher und mit ihrem Geschick zufriedener machen wird. Und wenn wir auch nicht immer den Weg klar erkennen können, der zu diesen besseren Zuständen führt, so wollen wir doch an unserer Überzeugung festhalten, daß das Licht der Wahrheit, die wir erforschen, nicht auf Irrwege führen, und daß die Machtfülle, die es der Menschheit zuführt, sie nicht erniedrigen kann, sondern sie auf eine höhere Stufe des Daseins erheben muß!

OTTO BINSWANGER

Geistesstörung und Verbrechen
1888

Die unendliche Vielfältigkeit der geistigen Entwicklung unter dem Einfluß natürlicher Veranlagung, der umgebenden Lebensverhältnisse und der Erziehung weist uns darauf hin, daß auch alle Abweichungen des geistigen Geschehens eine wechselvolle Reihe von Bildern darbieten werden. Es ist der neueren, wissenschaftlich beobachtenden Seelenheilkunde gelungen, eine Reihe von Zustandsformen geistiger Erkrankung klarzustellen, welche durch die Gleichartigkeit der Entwicklung, die Übereinstimmung der Krankheitserscheinungen und den gesetzmäßigen Verlauf derselben als einheitliche Krankheitsbilder betrachtet werden dürfen. Nachdem diese Unterlage geschaffen war, gelang es auch, mittels einer genetischen Betrachtung aller seelischen Vorgänge ein klareres Verständnis über die Beziehungen der Geistesstörung zu verbrecherischer Handlungsweise anzubahnen.

So wenig wir ein absolutes Maß menschlicher Vollkommenheit und harmonischer Abrundung unserer Lebensführung anerkennen können, so wenig vermögen wir, eine systematisch geordnete und unabweichbar festgefügte Stufenleiter von unsittlichen und krankhaften Verirrungen des menschlichen Strebens zuzugestehen. Krank und gesund, gut und böse, sind also gleicherweise weder unwandelbar feststehende Begriffe, welche zu schablonenhaftem Maßstab verwertet werden könnten, noch sind wir imstande, in jedem Einzelfalle den verschlungenen Pfaden nachzugehen, auf welchen Verbrechen und Geistesstörung zusammenfließen. Und gerade diese Grenzgebiete, ebensosehr der menschlichen Erkenntnis als auch der menschlichen Lebensäußerungen zwingen dem Arzt die verantwortungsreichsten Fragen auf. Die Schlüssel zu diesem Labyrinth bieten uns die Psychologie und die klinische Erfahrung; ihre Forschungsergebnisse müssen in engster Anlehnung an die heute gültigen Strafrechtslehren betrachtet werden, falls wir eine praktische Verwertung derselben überhaupt erreichen wollen. Denn hier, wo wir dem Richter bei der Beurteilung des strafrechtlichen Werkes einer inkriminierten Handlung und der Erkenntnis des geistigen Zustandes eines Angeschuldigten mit unserer Erfahrung zur Seite stehen sollen, ist es nicht angängig, die Rechtsnormen selbst – sie mögen vom Standpunkt der induktiv denkenden und naturwissenschaftlich folgernden Psychiater noch so anfechtbar sein – einer Kritik zu unterziehen. Die Begriffe der Willensfreiheit, d.i. der freien Selbstbestimmung und der Zurechnungsfähigkeit, d.i. der Einsicht in die Strafbarkeit der begangenen Handlung werden also so lange vollgültige Werte in der Kriminalpsychologie bleiben müssen, als die geltende Rechtsanschauung dieselben zur Grundlage ihrer Tätigkeit macht.

Unsere ärztliche Aufgabe wird sich also darauf beschränken, den wissenschaftlichen Nachweis zu liefern, daß Willensfreiheit und Zurechnungsfähigkeit unter bestimmten krankhaften Vorgängen vorübergehend oder dauernd beeinträchtigt und vernichtet werden können, wodurch die Strafbarkeit der Handlung beziehungsweise des Angeschuldigten hinfällig wird. Wir würden also dem Gesetzgeber folgend zu untersuchen haben, ob der Täter in einem Zustand von Bewußtlosigkeit oder krankhafter Störung der Geistestätigkeit sich bei der Begehung der Tat befunden hat, durch welchen eine freie Willensbestimmung ausgeschlossen war.

In diesen wenigen Sätzen ist der individualisierende Charakter dieser gerichtsärztlichen Tätigkeit gekennzeichnet, welche nur auf dem Boden reichster Erfahrung über die innigen Wechselbeziehungen zwischen geistiger und sittlicher Entwicklung sich fruchtbringend gestalten wird.

Durch die genauere, klinische Erforschung der verschiedenen Erscheinungen des angeborenen und erworbenen Schwachsinns – letzter vorzugsweise durch das grauenvolle Krankheitsbild der paralytischen Geistesstörung und den Altersschwachsinn gekennzeichnet – darf die Tatsache als gesichert erachtet werden, daß alle gemütlichen Regungen, alles Vorstellen und jegliche Willenstätigkeit in inniger Verknüpfung untereinander, in letzter Linie von dem Gesamtmaß des jeweiligen geistigen Besitzstandes behandelt wird. Alles Empfinden, Denken und Handeln ist das Ergebnis langsamer, stetig fortschreitender Entwicklung, und alle Vervollkommnung in sittlicher und intellektueller Beziehung ist von dem Maß geistiger Tätigkeit abhängig. Die geistige Schwäche äußert sich vor allem darin, daß die Beziehungen des einzelnen zur Gesamtheit gelockert werden, daß alle Vorstellungen und Gefühle für die Mitwelt verkümmert sind und deshalb alle Willenstätigkeit ohne gesetzmäßige Berücksichtigung des Einflusses irgendeiner Handlung auf die Umgebung aus einseitig selbstischen Strebungen hervorgeht. Gerade diese Schwachsinnszustände bieten die weitgehendsten Berührungspunkte mit den Äußerungen verbrecherischer Lebensführung, und es ist heute eine kaum bestrittene Tatsache, daß unter den Insassen der Zuchthäuser und anderer Strafanstalten sich viele geistig unentwickelte oder durch Krankheit geistig herabgekommene Individuen finden. In der Schwierigkeit einer genauen Abgrenzung geringerer, noch als normal geltender, geistiger Entwicklung und angeborener, geistiger Verkümmerung liegen zum Teil die Gründe für die Verkennung derartiger Krankheitszustände durch Richter und Ärzte, zum Teil aber entspringen sie auch dem Mangel an Kenntnis der durch die Psychiatrie gesammelten Erfahrungen über die verschiedenen Erscheinungsformen des Schwachsinns, welches noch heute bei beiden Instanzen vorhanden ist.

Diesen Zuständen einfacher Entwicklungshemmung aller geistigen Eigenschaften und Fähigkeiten steht eine

Gruppe krankhaft veranlagter und krankhaft entwickelter Individuen zur Seite, bei welchen alle Probleme über die Beziehungen der sittlichen Gefühle und Vorstellungen zu den Verstandeskräften zutage treten, jene Gruppe angeborener, durch erbliche Degeneration verkümmerter Defektmenschen, bei welchen die Entwicklungshemmung in hervorragender Weise durch den Mangel aller sittlichen Vorstellungen und durch das ausschließliche Vorwalten rohester, egoistischer Gefühlstätigkeit sich kundgibt. Diese merkwürdigen krankhaften Schößlinge der menschlichen Gesellschaft gelangen fast durchweg auf die Bahn des Verbrechens. Nirgends ist die Gefahr einseitiger, tendenziöser und voreingenommener Beurteilung und Begriffsbestimmung näherliegend gewesen, als in der wissenschaftlichen Verarbeitung dieser Krankheitsform, die wir als eine Varietät des Schwachsinns und eine Teilerscheinung der erblich degenerativen Geistesstörung unter dem Begriffe des moralischen Schwachsinns aufzufassen gelernt haben, die aber am bekanntesten unter der englischen Bezeichnung »moral insanity« geworden ist. Nirgends ist klarer zu erkennen gewesen, als gerade hier, daß der klinische Aufbau gesetzmäßig sich entwickelnder und verlaufender Krankheitszustände sich nicht an die ausschließliche Berücksichtigung bestimmter Krankheitsäußerungen binden darf. Es ist mit dem Begriff moral insanity viel Unfug getrieben worden, und noch heute ist die oben gegebene engere Fassung desselben nicht allgemein durchgedrungen. Ich habe an anderer Stelle darauf hingewiesen, daß man alle erworbenen moralischen Irrseinsbilder einfach auf ihre Grundursachen zurückführen und sie nach den Krankheitsformen, denen sie zugehören, also als epileptische, hysterische, traumatische, alkoholistische Geistesstörung u.a.m. benennen sollte. Für den angeborenen moralischen Schwachsinn als Zweig der erblich-degenerativen Geistesstörung gelten dann ganz bestimmte Kriterien zu seiner Erkennung, die heute anhand der wissenschaftlichen Grundlagen der Lehre von der erblich-degenerativen Geistesstörung überhaupt leicht erlangt werden können.

Es ist ein merkwürdiges Zusammentreffen, daß gerade in unseren Tagen, in welchen der Kampf der Meinungen über die Bedeutung der erblichen Übertragung erworbener Eigenschaften die Geister aufs lebhafteste bewegt, von seiten der Psychiater die Gesetze der erblichen Übertragung von Geisteskrankheiten, zur begrifflichen Unterscheidung der einfach verbrecherischen Lebensführung und der Krankheitsäußerung des moralischen Schwachsinns mit vollster Berechtigung herangezogen werden. Es beweist dies von neuem, daß in der menschlichen Pathologie die mächtigsten Stützpunkte aller Forschungen über die Erblichkeitsfrage zu finden sind, die unbekümmert um didaktische, metaphysische Grübeleien die Summe reicher statistischer und genealogischer Forschungen vergegenwärtigen. So ist es eine Erfahrungstatsache der psychiatrischen Wissenschaft, daß, je gehäufter verschiedene Generationen hindurch Geistesstörung oder schwere Nervenkrankheit in einer Familie vorhanden ist, desto verderblicher und gefahrdrohender diese erbliche Belastung für die späteren Generationen wird. Die psychischen Krankheitsformen werden verwickeltere, und schließlich tritt die geistige Entwicklungshemmung anstelle der einfachen, psychischen Krankheitsbilder.

Die geistige Entartung, welche den moralischen Schwachsinn (»die moralischen Narren oder Idioten«) darstellt, schafft also nicht Schuldige aus eigener Wahl, sondern birgt die Opfer unseliger krankhafter Veranlagung. Es ist eine der dankenswertesten Aufgaben unserer Wissenschaft vom geistig abnormen Menschen, den verwickelten Krankheitserscheinungen dieser Krankheitsform nachzugehen. Ich kann ihnen hier nur einige allgemeine Gesichtspunkte zur Feststellung derselben mitteilen. Die Krankheitsäußerungen bestehen hierbei weniger in einer Störung der Verstandestätigkeit im engeren Sinne, in der Ausbildung bestimmter Wahnvorstellungen oder im Auftreten von Sinnestäuschungen, als in der oben erwähnten, mangelhaften Entwicklung aller sozialen, moralischen und ästhetischen Empfindungen und Vorstellungen des werdenden und fertigen Menschen. Diese Kranken sind von Kind auf lügenhaft, grausam, widerspruchsvoll, heftig, eigenwillig und voller Selbstüberschätzung, sie sind allen instinktiven, leidenschaftlichen und lasterhaften Regungen trotz aller Ermahnung und Strafe, widerstandslos verfallen und bilden deshalb den Schrecken der Familie, des Lehrers und der Gesellschaft. Die Unterscheidung derartiger krankhafter Geistesentwicklung von einfach lasterhafter, verkommener Lebensführung ist nur möglich einerseits durch den Nachweis zur erblichen Veranlagung zu schwerer Nerven- und Geistesstörung, andererseits durch die Beobachtung anderweitiger Krankheitserscheinungen, welche erfahrungsgemäß bei dieser erblich-degenerativen Geistesstörung sich vorfinden. Zu diesen Krankheitserscheinungen gehören außer gewissen körperlichen Degenerationszeichen, auf welche wir noch an anderer Stelle zurückkommen werden: 1. ein unmotivierter und plötzlich auftretender Stimmungswechsel, der sich sowohl zu krankhaften Erregungszuständen kürzerer und längerer Dauer, als auch zu schwereren melancholischen Verstimmungen entwickeln kann; 2. schwere Krampfzustände meist hysterischen und epileptischen Charakters, die oft schon in der Kindheit in der Form von Zahnkrämpfen, Veitstanz, Zuständen von nächtlichem Aufschrecken und Aufschreien, Nachtwandeln und Schwindelerscheinungen auftreten; 3. anderweitige, von der Epilepsie unabhängige Zustände von Bewußtseinsstörungen mit dem Auftreten von unsinnigen und Gewalthandlungen, für welche nachher die Erinnerung der Kranken ganz oder teilweise geschwunden ist. In diesen rasch vorübergehenden Anfällen von Verrücktheit imponieren diese Individuen auch dem Laien als geisteskrank.

Ebenso mannigfaltig gestalten sich die Beziehungen der Epilepsie zum Verbrechen. Schon lange bekannt ist der verheerende Einfluß, welchen die Entwicklung und der Bestand der Epilepsie auf die geistigen Kräfte und insbesondere die Charaktereigenschaften und Affektäußerungen der erkrankten Persönlichkeit in der Mehrzahl der Fälle gewinnt. Ebenso sicher ist es, wie schon vorhin betont wurde, daß die Epilepsie sehr häufig nur eine Begleiterscheinung des angeborenen oder früherworbenen Schwachsinns und der erblich-degenerativen Geistesstörung darstellt und demgemäß die geistige Schwäche, die krankhafte Charakter- und Verstandestätigkeit nur gleichwertige Krankheitsvorgänge neben den epileptischen Insulten und deren Folgezustände sein können. Die gemeinschaftliche Grundlage all dieser in proteusartigem Wechsel verbundenen pathologischen Erscheinungen ist dann die angeborene oder in der ersten Kindheit hervortretende, krankhaft veränderte Gehirntätigkeit, welche auf die inneren Anregungen der Lebensvorgänge des Gesamtorganismus oder die äußeren Reize der Umgebung in dieser verzerrten Weise antwortet. Neben diesen allgemeinen Beziehungen der Epilepsie zu einer krankhaften Geistesbeschaffenheit, welche der Ausgangspunkt verbrecherischer Lebensführung werden können, liegen in ihren unmittelbaren Krankheitsäußerungen selbst noch zahlreiche Ursachen von Strafhandlungen.

Die wunderbaren, durch die neueren Forschungen über die hypnotischen Zustände einigermaßen dem Verständnis nähergerückten Erscheinungen der epileptischen Bewußtseinsstörung bieten den Schlüssel hierfür. Die einseitige Steigerung der Affektvorgänge, das Emporschießen isolierter Gedankenreihen in das umnachtete, an die Außenwelt nur locker gebundene Geistesleben, das Hervordrängen unklarer und unfertiger Willenserregungen, die aber häufig den Charakter grausamster Gewalthandlungen besitzen, all diese, dem einzelnen epileptischen Anfall zugehörigen oder ihn ersetzenden psychopathologischen Vorgänge werden leicht Veranlassung zum einfachen Eigentumsvergehen, aber auch zur Brandstiftung und zum Totschlag.

Es würde zu weit führen, wollte ich ihnen hier all die verschiedenartigen Formen der Geistesstörung und deren Krankheitsäußerungen vor Augen führen, welche in nähere oder weitere Beziehung zum Verbrechen gebracht werden müßten. Es genügt hervorzuheben, daß überall, wo deutlich ausgeprägte Wahnvorstellungen, Sinnestäuschungen, Angstaffekte der Ausgangspunkt der Strafhandlung gewesen sind, heutzutage weder dem Richter noch dem Arzt irgendwelche Schwierigkeiten bezüglich der Feststellung des krankhaften Charakters derselben und der Straflosigkeit des Täters erwachsen werden. Wohl aber ist der Zusammenhang zwischen Geistesstörung und einer verbrecherischen Handlungsweise mühevoller aufzuhellen, wenn erstere nur gelegentlich deutlich nachweisbare Krankheitserscheinungen macht, deren Verbindung mit der inkriminierten Straftat nicht unmittelbar vorhanden ist, oder wenn die geistige Störung, nach Ablauf aller akuten, in die Augen springenden Krankheitsvorgänge, nur noch durch die für den Laien oft schwer verständliche Verminderung der geistigen Fähigkeiten, der Willenskraft und der Widerstandsfähigkeit gegen leidenschaftliche Antriebe, gekennzeichnet ist. Für beide Erfahrungstatsachen bietet die durch den Alkoholmißbrauch hervorgerufene Geisteszerrüttung die vielfältigsten Belege.

Man ist behufs Gewinnung einer kurzen zusammenfassenden Begriffsbestimmung übereingekommen, die verschiedenartigen Beziehungen des Geisteskranken zum Verbrecher vom Standpunkt des Psychiaters aus in zwei Gruppen zu sondern. Man unterscheidet nämlich verbrecherische Geisteskranke, also Angeschuldigte und Verurteilte, welche die Strafhandlung im Zustand zweifelloser Geisteskrankheit begangen haben, und geisteskranke Verbrecher, welche nach der Ausführung von Verbrechen oder nach der Verurteilung erst geisteskrank geworden sind. Für das Verständnis der ersten Gruppe bieten die obigen Ausführungen die notwendige Begründung; die Betrachtung der zweiten Gruppe lenkt uns zu der schwierigen Aufgabe hinüber, die geistige und körperliche Organisation des Verbrechers einer genauen Untersuchung zu unterziehen.

Die nächstliegende und fast selbstverständliche Forderung bei solcher Fragestellung geht dahin, nachzuforschen, ob denn die Bezeichnungen »Verbrechen« und »Verbrecher« feststehenden einheitlichen Begriffsbildungen entsprechend sind, welche in dieser Allgemeinheit zur Unterlage naturwissenschaftlicher Forschung verwertet werden dürfen? Ihre strafrechtliche und soziologische Bedeutung ist unschwer zu begreifen, sobald nur die äußere Form und Wirkung einer Handlung berücksichtigt werden soll. In diesem Sinne ist ein Verbrechen jede gesetzwidrige Handlung, die im einzelnen vom Gesetzgeber mit einer genau abgewägten Strafe belegt wird, und folgerichtig ist ein Verbrecher ein gesetzwidrig handelnder Mensch, der bestraft werden soll. Hierbei wird sowohl die ethische und moralische Bedeutung der betreffenden Handlung, als auch die Individualität des Handelnden außer acht gelassen. Beide Begriffe schwanken aber auch zeitlich und örtlich, je nach dem Entwicklungsstand einer Gesellschaft, eines Volkes oder Staates. Heute ist bei uns Verbrechen, was im Altertum selbst bei hochentwickelten Völkern als ein erlaubter und selbst gesetzlich gebotener Akt der Selbsterhaltung galt (Kindermord); oder was uns zur Zeit ruhiger Arbeit des Friedens verabscheuungswürdig gilt, ist bei tiefgreifender Erschütterung durch weltumwälzende Ereignisse eine Pflicht nationaler Selbsterhaltung und Selbstwürdigung. Also weder die herrschende Rechtsanschauung, noch der Begriff des Verbrechens oder des Verbrechers ist etwas unabänderlich Festgefügtes.

Es wird also unmöglich sein, diese Sammelnamen zu naturwissenschaftlich berechtigten Eigenschaftswörtern zu stempeln, und müssen demgemäß alle Bestrebungen, ohne weitere Einschränkung, Verbrecherschädel, Verbrechergehirne, Verbrecherphysiognomien, oder überhaupt körperliche und geistige Verbrechertypen aufstellen zu wollen, für unzulässig erklärt werden. Das Verbrechen ist eine pathologische Erscheinung des Gesellschaftslebens in gleichem oder sogar erhöhtem Maß wie die Geistesstörung. Es liegt nahe, die hier gewonnenen Untersuchungsmethoden auch dort zu verwerten und mittels psychologischer und anatomisch-physiologischer Forschung die Ergebnisse der Strafrechtswissenschaften zu erweitern und zu vertiefen: Denn die Zerlegung des Verbrechens in eine Reihe von Strafhandlungen, in Diebstahl, Betrug, Fälschung, Brandstiftung, Totschlag, Mord u.a.m. wird den Forscher auf diesem Gebiet ebensowenig genügen, als uns Ärzte die alten Krankheitsbenennungen der Gelbsucht, der Wassersucht oder der Atemnot auf die Dauer befriedigt hatten. Hier wie dort bringen diese Bezeichnungen nur das Endergebnis einer mehr oder weniger langen und verwickelten Reihe lebendiger Vorgänge zum Ausdruck, welche bestimmten Gesetzen ihre Entstehung und Entfaltung verdanken müssen. Die Biologie des Verbrechens und des Verbrechers wird also einerseits die Persönlichkeit des Täters einer fachwissenschaftlichen Prüfung zu unterziehen und andererseits die soziologischen Vorbedingungen und Begleiterscheinungen des verbrecherischen Handelns zu erforschen haben. An dieser Stelle können wir nur die erstgenannte Aufgabe und auch nur insoweit, als sie den Zusammenhang zwischen Geistesstörung und Verbrechen betrifft, erörtern. Aber schon bei dieser einseitigen Betrachtungsweise, bei welcher wir nur den verbrecherischen Menschen an sich berücksichtigen, gelangen wir zu einer brauchbaren Auflösung des Verbrecherbegriffes in bestimmte, leicht faßliche und doch zutreffende Abteilungen. In erster Linie steht die Scheidung des Gelegenheits- vom Gewohnheitsverbrecher. Während bei diesem die verbrecherische Tätigkeit eine nur durch die erzwungene Ruhe der Strafhaft unterbrochene Kette von gesetzwidrigen, das Eigentum und Leben anderer gefährdenden Strafhandlungen darstellt, ist jener verbrecherischen Antrieben nicht dauernd unterworfen, sondern unterliegt nur ausnahmsweise dem Anprall heftigster leidenschaftlicher Erregung oder der zwingenden Gewalt der Not. Diese Scheidung ist praktisch und wissenschaftlich behufs Ergründung der psychologischen Unterlagen einer verbrecherischen Handlung und der Gemeingefährlichkeit des Täters von großer Bedeutung, doch ist sie keineswegs erschöpfend, da die Entwicklung des letzteren aus ersterem bei verderblicher, für die Wiederholung des Verbrechens aber günstiger Gestaltung der Außenumstände nicht zu selten beobachtet wird. Ich weise hier nur auf die bekannte Schule des Gewohnheitsverbrechers, das moderne Nomadentum des Vagabunden und Stromers, als fruchtbarste Brutstätte des Verbrechens hin.

Man war deshalb bemüht, andere unterscheidende Merkmale aufzufinden. Mittels einer genetischen Betrachtung der Verbrecherindividualität gelangte man zu der Trennung des geborenen oder instinktiven und des gewordenen Verbrechers, letzterer vielfach fälschlich auch als Leidenschafts-Verbrecher bezeichnet. Diese Begriffe erklären sich selbst und würden jeglichem Einteilungsbedürfnis genügen, wenn es uns gelänge, in der Wirklichkeit, in der Erfahrung des täglichen Lebens, sie ungeschmälert zur Verwertung zu bringen. Aber hier treten uns gehäufte Schwierigkeiten entgegen. Der fertige, erwachsene Mensch und so auch der Verbrecher, der begutachtet werden soll, ist das Produkt seiner Abstimmung, der individuellen Entwicklung anhand der Erziehung und der sozialen Lebensbedingungen. Wie selten vermögen wir im Einzelfall, besonders bei den verlorenen Kindern der Straße eine wissenschaftlich befriedigende Abschätzung der genannten drei Faktoren für die Entwicklung der verbrecherischen Lebensäußerungen durchzuführen! Wer unterrichtet uns über die Erblichkeitsverhältnisse, wer hat die ersten Regungen der Kindesseele belauscht, wer die Schulung des Geistes überwacht, den Einfluß zufälliger Schädlichkeiten, erworbener Laster und Krankheiten im Buch der Schuld verzeichnet?

Aber diese Schwierigkeiten dürfen uns nicht schrecken; der Weg der Beobachtung ist richtig vorgezeichnet, und mit dem Wachstum der Wohltätigkeits- und Schutzvorrichtungen für Findel- und Waisenkinder und jener armen verlassenen Abkömmlinge der Zuchthausinsassen wird auch das aktenmäßige Material zur Lösung dieser Fragen entstehen. Haben wir doch auch bei der Feststellung der individuellen, prädisponierenden Grundlagen der Geistesstörung, insbesondere bei den Erhebungen über die erbliche Übertragung dieser Krankheiten die überraschendsten Fortschritte gemacht, seit wir eine staatlich geordnete Fürsorge für unsere Geisteskranken besitzen!

Wir werden also diese Begriffe festhalten, und ihr wissenschaftlicher Ausbau wird die Aufgabe der heutigen und künftigen Kriminalpsychologie sein. Die Erforschung des angeborenen Verbrechers wird mit der Ergründung der Gesetze der sittlichen Entwicklung der ganzen Menschheit und des einzelnen, mit der Klarlegung der diese Gesetze beherrschenden allgemeinen Naturerscheinungen – der physiologischen Anpassung und Vererbung – und der pathologischen Verkümmerung beginnen müssen. Welch reichen, fast überwältigenden Inhalt, welche Schwierigkeiten bieten diese Aufgaben!

Ich kann hier die führenden Gedanken nur flüchtig berühren. In erster Linie steht die Ergründung der Beziehungen zwischen unsittlicher und verbrecherischer Lebensäußerung. In der Ethik von Wundt finden wir die folgenden treffenden Ausführungen über die individuellen Formen des Unsittlichen.

»Dem Imperativ des äußeren Zwangs entspricht die durch den Staatswillen repräsentierte Rechtsgemeinschaft. Die Auflehnung gegen sie führt zur schwersten Form des Unsittlichen, zum Bruch der äußeren Rechtsordnung, dem Verbrechen. Der Imperativ des inneren oder moralischen Zwanges wird getragen von dem Willen der gesitteten Menschheit, also von einem über die Grenzen der einzelnen Rechtsgemeinschaft hinausragenden Gesamtwillen, der aber als Sittengemeinschaft immerhin in gewisse historische Grenzen, wie sie durch gemeinsame Kulturentwicklung und übereinstimmende Lebensverhältnisse bedingt werden, eingeschlossen ist. Die Auflehnung gegen diesen zweiten Gesamtwillen erzeugt die unsittliche Handlung. Das Verbrechen ist immer eine unsittliche Handlung, aber nicht umgekehrt. … Der Verbrecher und der Unmoralische unterscheiden sich hier (bei der Untersuchung der unsittlichen Motive) zumeist nur durch die äußeren Gelegenheitsursachen, die auf sie eingewirkt haben. Es gibt Lebenslagen, in denen es schwer wird, ein Verbrecher zu sein, und es gibt leider andere, in denen es beinahe schwer wird, keiner zu werden. …«

Wir lernen aus dieser Auseinandersetzung, daß die Betrachtung des Verbrechens uns nur über bestimmte augenfällige Äußerungen der Unsittlichkeit Aufklärung bringt, und daß das Studium des durch das Gesetz verfolgten und bestraften Menschen uns keinen allgemeinen statistisch verwertbaren Maßstab über das absolute Verhältnis der im heutigen Kulturleben befindlichen sittlichen und unsittlichen Vorgänge darbieten kann. Oder mit anderen Worten, die Summe der sittlichen Entwicklung einer Volksgenossenschaft, einer Gesellschaft wird nur notdürftig und unvollkommen durch den statistischen Nachweis der Summe der Bestraften gemessen. Die Erkenntnis des angeborenen Verbrechers setzt also diejenige des angeborenen unsittlichen Menschen voraus. Letzterer Begriff umfaßt alle, auch die früher als moralischen Schwachsinn erörterten Entwicklungshemmungen der sittlichen Persönlichkeit.

Aber wir dürfen bei diesen interessanten, rechtsphilosophischen und moralstatistischen Erwägungen leider nicht verweilen; für unsere Zwecke genügt es, die Schwierigkeit hervorgehoben zu haben, welche alle Abschätzung der sittlichen Entwicklung einer Zeitperiode, eines Volksstammes, einer Gesellschaftsklasse, im Vergleich zu derjenigen vergangener Zeiten aufweist. Aus dieser Schwierigkeit entspringen auch die allergrößten Irrtümer, welche eine voreilig schließende, naturwissenschaftlich sich gebärdende Schule der Kriminalpsychologie in neuester Zeit begangen hat. Von der durch nichts bewiesenen Annahme ausgehend, daß die »wilden« Völker der Jetztzeit – eine Erörterung dieses Begriffes ist uns diese Schule überhaupt schuldig geblieben – und der Vergangenheit körperlich und geistig, insbesondere sittlich geringer veranlagt und entwickelt sind und waren, folgern die Anhänger dieser anthropologischen Lehren mit einem kühnen Sprung der Phantasie, daß der angeborene Verbrecher des modernen Staates einem »Rückschlag« auf Menschen im Urzustand moralischer Beschaffenheit sein Dasein verdanke. Welcher Mißbrauch bei der anthropologischen Verwertung des Begriffes des Atavismus von den Anhängern dieser Schule getrieben wird, werde ich späterhin Ihnen an einzelnen Beispielen vor Augen führen. Hier wollen wir die Nichtigkeit der obengenannten Voraussetzungen an der Hand eines maßgebenden Forschers auf dem Gebiet der Völkerkunde, derjenigen von Ratzel, nachweisen:

»Nicht anthropologische, d. h. im Bau des Menschen begründete, sondern kulturliche, d. h. im Gang der Menschheitsentwicklung erworbene Abstufungen sind es hauptsächlich, welche aus der Menschheit das bunte, mannigfaltige Bild gestalten. ...« Er scheidet »Naturvölker, die mehr unter dem Zwang der Natur oder in der Abhängigkeit von derselben stehen, als Kulturvölker«. »Es ist mehr ein Unterschied in der Lebensweise, in der geistigen Anlage, der geschichtlichen Stellung, als des Körperbaues.« Naturvolk ist also ein rein ethnographischer, ein Kulturbegriff. ... Naturvölker sind kulturarme Völker. ... »Alle rassenvergleichenden Studien der letzten Jahre scheinen eher geeignet zu sein, das Gewicht der herkömmlich angenommenen anthropologischen Rassenunterschiede zu vermindern, als zu verstärken und geben jedenfalls der Auffassung keine Nahrung, welche in den sogenannten niederen Rassen der Menschheit einen Übergang vom Tier zum Menschen zu erblicken geneigt ist. Auf Züge, die tierisch zu nennen sind, stößt man beim Studium der Völker aller Rassen. ... Die Naturvölker sind nach Rassenzugehörigkeit so verschieden wie möglich und bilden keine Völkergruppe in anatomischem und anthropologischem Sinne. Da sie an den höchsten Kulturgütern der Menschheit in Sprache und teilweise Religion, Sitten und Empfindungen teilnehmen, kann man ihnen nicht als genealogische, anthropogenetische Gruppe ihre Stelle an dem Grund des Stammbaumes der Menschheit anweisen und darf ihren Zustand keineswegs als Urzustand oder Kindeszustand auffassen. ... Die geistige Minderbegabung ist sicher weniger schuld, als die äußern Verhältnisse (kalte und heiße Gegenden, abgelegene Inseln, abgeschlossene Gebirge, arme wüstenhafte Länder) und die Unzuverlässigkeit ihrer unvollkommen entwickelten Hilfsmittel.« Ratzel gelangt demgemäß zu dem Schlußsatz: »Kulturlich bilden diese Völker eine Schicht unter uns, während sie nach natürlicher Bildung und Anlage, zum Teil, soweit es sich erkennen läßt, uns gleichstehen. Aber diese Schichtung ist nicht so aufzufassen, daß sie die nächstniederen Entwicklungsstufen unter uns bilden, durch welche wir selbst hindurchgehen mußten, sondern so, daß sie ebensowohl aus stehengebliebenen oder beiseite gedrängten und rückgeschrittenen Elementen besteht.«

Wir sehen also, daß der heutige Standpunkt der Ethnographie einer entwicklungstheoretischen Anschauungsweise in Beziehung auf die Gestaltung der geistigen Errungenschaften eines Volkes nicht zugeneigt ist. Aber verlassen wir vorerst auch diese Frage und wenden wir uns einem andern Zweig der zur Lösung unserer Aufgaben notwendigen praktischen Arbeit zu! Es ist dies die Statistik, der Versuch, beim Verbrecher mittels Zählung eigenartiger, von der Norm in geistiger und körperlicher Beziehung abweichender Erscheinungen besondere, ihm ausschließlich zugehörige Merkmale nachzuweisen. Auch hier werden wir folgerichtig, insbesondere bei Festhaltung anthropologischer Unterscheidungsmerkmale, den angeborenen vom gewordenen Verbrecher trennen müssen. So natürlich dies klingt, so wenig ist dies bei den bis jetzt vorhandenen Arbeiten auf diesem Gebiete zur Anwendung gebracht worden. Die mühevolle Aufgabe, welche die Feststellung dieser Begriffe zur Voraussetzung hat, hindert die Gewinnung großer Zahlen und die unscheinbare Detailarbeit, Verbrecherstammbäumen im einzelnen nachzuforschen und die Glieder derartig erforschter Familien einer anatomischen und psychologischen Analyse zu unterziehen, ist in den Augen vieler wenig schmackhaft und für den Feuereifer gewisser Heißsporne der Kriminalbiologie zu langsam zum Ziel führend. Deshalb hat man bisher vorgezogen, wieder mit den alten, für diese Aufgabe unbrauchbaren Begriffen wie Diebe, Falschmünzer, Brandstifter, Bigamisten usw. als anthropologischen Unterscheidungsmerkmalen zu operieren. Daß damit der Wissenschaft selbst keine Förderung gebracht werden konnte, ist nach dem früher Gesagten leicht erklärlich; die Aufstellung besonderer Verbrecherzeichen aufgrund dergestalt gewonnener Zahlenreihen muß deshalb als gescheitert bezeichnet werden.

Und zum Schluß dieser allgemeinen Betrachtungen noch ein weiterer Vorwurf gegen diese Apostel einer neuen Lehre vom Verbrecher. Ihr statistisches Material ist mit wenig Ausnahmen nach den rein äußerlichen Merkmalen gesichtet, ob ein untersuchtes Individuum Insasse einer Strafanstalt oder einer Irrenanstalt oder einer Kaserne gewesen ist. Ich wiederhole hier den früher ausgesprochenen Satz, daß unter den Verbrechern in den Strafanstalten sich sehr viele geistig verkümmerte schwachsinnige Kranke bergen, welche in anthropologischer Beziehung und vom Standpunkt der klinischen Psychiatrie bei einer Aufstellung der Verbrecher-, Irren- und Soldaten-Kategorien als Vergleichsobjekte natürlich von der ersten zur zweiten Kategorie übertreten müßten, falls man den Tatsachen gerecht werden wollte. Daß aber eine solche Zählung an sich nur lückenhafte und wenig beweiskräftige Unterlagen schaffen kann, geht aus der folgenden sehr naheliegenden Erwägung hervor. Nur solche Untersuchungen und statistische Erhebungen, welche alle Schichten der Bevölkerung gleichmäßig umfassen, werden uns richtige Durchschnittswerte bezüglich der körperlichen Organisation derselben geben. Werden stattdessen fast ausschließlich Verbrecher, Irre und Soldaten in Parallele gestellt, so haben wir bei den letzteren nur den körperlich und geistig besser entwickelten Bruchteil der jugendlichen Gesamtbevölkerung vor Augen, bei welchen voraussichtlich die günstigsten Zahlenwerte bezüglich Körpergröße, Körpergewicht und den damit innig zusammenhängenden Verhältnissen der Schädelgröße, Schädelkapazität, Hirngewicht usw. sich vorfinden werden. Und umgekehrt werden die Bewohner der Irrenanstalten, bei welchen sich die größten Zahlen geistig und körperlich entarteter Individuen zusammenfinden, die ungünstigsten Verhältnisse der Körperentwicklung darbieten. Zwischen beiden Reihen findet sich bei der sogenannten anthropologischen Schule der Verbrecher gestellt. Das ganze Gros der Bevölkerung, welches nicht in Irrenanstalten oder als diensttauglich oder zum Dienst verpflichtet im Soldatenstand sich befindet, ist außer acht gelassen. Und gerade diese Gruppen der Bevölkerung, welche weder geistig krank, noch als Verbrecher stigmatisiert sind, würden den Arbeitern jener Schule ganz andere, mittlere Zahlenwerte verschafft und sie vielleicht darüber aufgeklärt haben, daß vielen ehrlichen Leuten die körperlichen Eigentümlichkeiten ihres Verbrechertypus anhaften.

Wie weit wir noch von dem Ziel einer Biologie des Verbrechers in dem angedeuteten Sinn entfernt sind, und welche Irrwege die Außerachtlassung streng naturwissenschaftlicher Denkweise eröffnet, mag eine eingehendere Betrachtung der Lehre der oft genannten anthropologischen Schule zeigen. Ich finde dabei die Gelegenheit, noch auf einige Fragen prinzipieller Bedeutung aufmerksam zu machen. Die erste Aufgabe, welche diese Schule sich gestellt hat, in der körperlichen Organisation des Verbrechers bleibende Merkmale von der Norm abweichender Organentwicklung aufzuspüren, wird uns hier vornehmlich beschäftigen. Diese Bemühungen sind in der Jetztzeit so sehr in den Vordergrund getreten, daß die kriminelle Anthropologie nicht allein in den Kreisen der Psychiater und Gerichtsärzte, sondern auch unter den Richtern und Gefängnisbeamten schon eine große Zahl von Anhängern zählt. Mit stolzem Sinn nennt sich die Schule, die von Italien ausgehend, vorzugsweise in den romanischen Ländern ihre Mitarbeiter besitzt, die positivistische, wohl um von vornherein den Glauben zu erwecken, daß ihre Lehrmeinungen auf untrüglichem Grund aufgebaut sind. Die Bewegung hat heute schon einen solchen Umfang gewonnen, daß sie nicht mehr auf die Gelehrtenstube beschränkt erscheint, sondern auch durch populäre Darstellung der einschlägigen Wissenszweige weite Schichten der gebildeten Gesellschaft überflutet. Es verlohnt sich deshalb auch, an dieser Stelle den Grundlagen ihrer Lehren nachzugehen, da diese von weittragendster Bedeutung nicht bloß für die wissenschaftliche Erkenntnis der Verbrechernatur, sondern auch für die wissenschaftlichen und praktischen Ziele der Strafrechtspflege sind. Die positivistische Schule ist bemüht, mittels der Evolutionstheorie, die heute für alle naturwissenschaftliche Denkungsweise unentbehrlich erscheint, den Nachweis zu liefern, daß alle verbrecherische Neigung und Lebensführung der Ausfluß angeborener verbrecherischer Veranlagung sei. Ohne nochmals auf die allgemeinen Kriterien dieser Auffassung einzugehen, da dieselben in den früheren Darlegungen genügend berücksichtigt worden sind, will ich versuchen, ihnen anhand des Hauptwerkes dieser Schule, welches Cesare Lombroso, der Begründer und unermüdliche Agitator derselben, verfaßt hat, und das neuerdings auch in deutscher Übersetzung erschienen ist, das bis jetzt vorhandene Beobachtungsmaterial zu unterbreiten.

»Die Keime des moralischen Irreseins und der Verbrechernatur finden sich«, wie Lombroso sich ausdrückt, »nicht ausnahmsweise, sondern als Norm im ersten Lebensalter des Menschen vor, gerade so, wie sich beim Embryo regelmäßig gewisse Formen finden, die beim Erwachsenen Mißbildungen darstellen, so daß das Kind als ein des moralischen Sinnes entbehrender Mensch das darstellen würde, was die Irrenärzte einen moralisch Irrsinnigen, wir aber einen geborenen Verbrecher nennen.«

Warum leitet er nicht den anderen näherliegenden Schluß aus dieser, in solcher Allgemeinheit kaum zutreffenden Beobachtung ab, daß gerade, weil die Anlage allen gemeinsam, und nur die Unterdrückung der Entwicklung im einzelnen für die Begriffsbestimmung des Verbrechens und der Krankheit entscheidend ist, der Verbrecher keine besondere Art des Menschen darstellen kann? Mit großem Sammeleifer sucht Lombroso weiterhin den Beweis zu führen, daß eine verbrecherische Veranlagung die ganze lebende Natur beherrscht. Wie wenig wählerisch er bei dieser Beweisführung ist, mag uns das Beispiel zeigen, welches gleich den Eingang seines Werkes ziert, daß bei den insektenfressenden Pflanzen das »erste Aufdämmern verbrecherischer Neigung« auftritt. Ich habe diese Entdeckung einem überzeugten Anhänger entwicklungstheoretischer Anschauungen und hervorragenden Arbeiter auf diesem Gebiete mitgeteilt, welcher gleich mir die intuitive Kraft des Verfassers bewunderte, den seelischen Regungen der Pflanzenwelt ihr Geheimnis abgelauscht zu haben. Nach dieser Entdeckung der stummen Pflanzenwelt kann es uns nicht wundernehmen, wenn innerhalb des Tierlebens die Defekte moralischen Handelns in bunter Reihenfolge der Beobachtungen klargestellt werden. Es ist von Interesse, diesen Irrgängen spekulativer aprioristischer Denkweise nachzugehen, welche den Erscheinungen im Kampf um die Erhaltung und Fortentwicklung der Einzelexistenz und der Art, im Sinn der natürlichen Zuchtwahl, ein metaphysisches Gepräge aufdrückt.

In größtem Maßstab wird dasjenige Wissensgebiet, welches der Schule ihre Bezeichnung verleiht, die Anthropologie zur Stütze der Lehrsätze herangezogen. Ich habe früher hervorgehoben, daß bei dem mühevollen Bestreben, eine physische Anthropologie des angeborenen Verbrechers zu schaffen, die erste Aufgabe des Forschers in der Schaffung leitender Gesichtspunkte gefunden werden müßte, welche den von allen Seiten zusammengetragenen Einzeltatsachen und statistischen Zusammenstellungen eine gleichwertige, gemeinschaftlichen Zwecken dienende Bedeutung verleihen könnten. Nichts von alledem ist hier der Fall. In erster Linie treffen diese Vorwürfe die kraniologischen und kraniometrischen Nachweise, sowohl diejenigen, die am toten als am lebenden Objekt gewonnen sind. Überall werden morphologische und physiologische, anthropologische und psychiatrische Erfahrungstatsachen und Erwägungen vermengt, alle Methoden der Forschung werden in lockerem Zusammenhang herangezogen und ihre Ergebnisse in einseitiger Weise verwertet. Aber trotz der fast erdrückenden Fülle ziffernmäßiger Belege und der im Gewand exakter Methodik einherschreitenden Schädelmessungen verrät der ganze Aufbau und die Verwertung der Zahlenbataillone eine nur geringe Kenntnis der wirklich feststehenden Ergebnisse anthropologischer Forschung.

An Lombroso und seiner Schule ist der ganze ernste Kampf, welchen die heutige Anthropologie über die Aufgaben, die Methodik und die Zielpunkte der Kraniometrie und deren Verwertbarkeit zur Aufstellung von Rassen und Artenbegriffen jahrelang geführt hat, spurlos vorübergegangen. Man glaubt sich in die Kinderjahre der Forschung zurückversetzt, wenn man die mit beneidenswerter Sicherheit vorgetragene Betrachtungsweise Lombrosos und seiner Jünger ins Auge faßt. Die Zusammenstellung der physischen Eigentümlichkeiten seines Verbrechertypus, wobei der Begriff der Art zur Zusammenfassung einer Reihe krankhafter Erscheinungen und individueller Varietäten verwandt wird, gipfeln in der Beweisführung, daß es sich bei den Schädelverbildungen und der Änderung der Schädelkapazität gewisser Verbrecher um Rückschlagsbildungen auf prähistorische Menschenrassen oder niedere Rassen der Jetztzeit handelt. Bei dieser Beweisführung spielen der vielbesprochene Neandertalschädel, die Schädel der Cro-Magnon-Rasse und andere hierher gehörige prähistorische Schädel eine Hauptrolle. Gerade an dieser Stelle, wo wir die Forschungsmethode des Begründers der »positivistischen« Schule am leichtesten verfolgen können, kann der Nachweis geliefert werden, daß die Zahlenmitteilungen über die Schädelkapazität ungenau sind, sowie daß die Angabe von Rassenmerkmalen für die Aufstellung niederer Schädeltypen und ihre Verwandtschaft mit dem Verbrecherschädel ganz irrigen Anschauungen entspringt.

Ganz gleichen Irrtümern, weil gleicher Voreingenommenheit entstammend, unterliegt auch Bordier in seiner Bearbeitung von 36 französischen Mörderschädeln, bei welchen er übrigens im Gegensatz zu Lombroso eine entschieden vergrößerte Schädelkapazität feststellte. Auch er glaubt, den Nachweis geliefert zu haben, daß es sich bei den Verbrechern um Rückschlagsbildungen handle, und geht, um ihre Vorfahren aufzuspüren, auf die Zeiten der Merowinger und selbst bis zu den prähistorischen Schädeln aus den Höhlen von Solutré zurück.

Hierher gehören auch die Schädelmessungen von Manouvrier, welcher die Schädel von 45 »hervorragenden« Männern (homes distingués) aus der Gallschen Sammlung, 70 Schädel der Brosaschen Sammlung und 110 von ihm gemessene Schädel mit 61 Schädeln von Enthaupteten auf ihre Kapazität geprüft hat. Er hat gefunden, daß die Verbrecher und die gewöhnlichen Leute sich kaum voneinander unterscheiden, erhöht sind aber die Maße bei den »hervorragenden« Männern. (Das »Genie« hat 1665 Kubikzentimeter, die honêtes homes 1560, die »Assassins« 1571 Kubikzentimeter Schädelkapazität.)

Diesen Behauptungen gegenüber sind die vorurteilslosen Schlüsse eines belgischen Forschers, Heger, außerordentlich wohltuend, welcher die Schädel aller in Belgien hingerichteten Mörder untersucht und keine spezielle Form des Schädels gefunden hat, welche in Beziehung zum Verbrechen gebracht werden könnte.

Ähnliche Bedenken müssen gegen die Studien Lombrosos erhoben werden, welche sich mit »den Maßen und dem

Gesichtsausdruck von 3839(!) Verbrechern« beschäftigen. Auch hier entbehrt man eine wissenschaftlich abgeklärte Betrachtungsweise, und bei dem Bestreben, aus der äußeren Formbeschaffenheit des Schädels und den physiognomischen Eigentümlichkeiten die moralische und intellektuelle Veranlagung und Entartung des Menschen erkennen zu wollen, verliert sich der Verfasser und mit ihm die anderen Verfechter des Verbrechertypus in Erwägungen und Schlußfolgerungen, welche kaum über die gleichen Forschungen Galls oder auch Lavaters hinausgehen. Alle physiognomische Betrachtungsweise des Gesichts und Hirnschädels verlangt eine strenge Scheidung der gestellten Aufgaben. So wertvoll das Studium der Ausdrucksbewegungen für die Erkenntnis gewisser affektiver Vorgänge werden kann, [...] so unklar und verschwommen sind die Bestrebungen, aus der Symbolik der menschlichen Gestalt auf die geistige Beschaffenheit, auf Rassen und Krankheitstypen schließen zu wollen. Wie Rieger in seinen Darlegungen »über die Beziehungen der Schädellehre zur Physiologie, Psychiatrie und Ethnologie« mit Recht hervorhebt, handelt es sich hier um einen vorzugsweise ästhetischen, subjektiven Standpunkt. »Der Beschauer tritt vor die Form mit einem fertigen Ideale.« Zu leicht wird man da von Erwägungen geleitet, welche bestimmter morphologischer, geschweige denn physiologischer Grundlagen entbehren. Wie bald aber die physiognomische Betrachtungsweise phrenologischer Spekulationen einer vergangenen Zeit unterliegt, beweisen die Schlußfolgerungen von Lombroso und Bordier in reichem Maße.

Derartige Bestrebungen, ausschließlich in der körperlichen Organisation, d.h. in bestimmten sinnenfälligen Merkmalen der Körperbildung die Anzeichen einer angeborenen oder erworbenen sittlichen Verbildung und Verkümmerung erkennen zu wollen, bergen die größten Gefahren für eine wissenschaftliche Verarbeitung der Verbrecherfrage. Wie leicht verfällt der Untersucher bei der gerichtsärztlichen Begutachtung einem verhängnisvollen

Schematismus und klammert sich anstelle einer durchgearbeiteten Begründung seines Urteils über die Beschaffenheit des Geisteszustandes seines Exploranden an mühelos erkennbare äußere Merkmale. Wie leicht wird dann vergessen, daß alle derartigen Zeichen einer gestörten Entwicklung im körperlichen Gebiete – in dieser Beziehung stehen alle Schädelverbildungen mit den Abweichungen der Entwicklung anderer Körperteile auf einer Linie – keine bestimmten Schlüsse auf die Entwicklung des Gehirns, geschweige denn auf die Ausbildung der geistigen Funktionen erlauben. Dieselben gewinnen nur dann eine Bedeutung, wenn sie mit deutlich ausgeprägten Merkmalen krankhafter Störung der Gehirnentwicklung einhergehen, die sich in den klinischen Bildern als unverkennbare Geistesstörung, Schwachsinn, Idiotie und in schweren, anatomisch greifbaren Entwicklungshemmungen des Gehirns, z. B. der Mikrozephalie oder Porenzephalie äußern. Ich stimme mit Rieger vollständig in dem Ausspruch überein: »daß ein abnormer Schädel mit einem abnormen Menschen im konkreten Falle zusammentrifft, muß immer noch durch besondere Beweise für jeden einzelnen Fall dargetan werden.« Diese Einschränkungen beziehen sich auch auf alle Bestrebungen, aus diesen Studien über die »Degenerationszeichen« die wissenschaftliche Feststellung der Begriffe des Verbrechers und des Geisteskranken, der unterscheidenden und gemeinschaftlichen Merkmale beider erlangen zu wollen.

Ich komme damit zu der weiteren Frage, ob es möglich sei, bestimmte morphologische Abweichungen d. i. der Formbeschaffenheit beim Gehirn des Verbrechers von dem Gehirn des Unbestraften, deshalb a priori als sittlich normal zu betrachtenden Menschen, nachzuweisen. Wie bekannt, hat diese Frage unter dem Einfluß der Untersuchungen von Benedikt »über den konfluierenden Windungstypus als charakteristisches Merkmal des Verbrechergehirns« weite Kreise der ärztlichen und juristischen Welt in Erregung versetzt. Karl Bardeleben hat schon auf der Naturforscherversammlung zu Eisenach im Jahre 1882 nachgewiesen, daß alle derartigen Schlußfolgerungen über ein gesetzmäßiges Verhältnis zwischen Anordnung der Windungen des Großhirns und verbrecherischer Lebensführung unhaltbare Annahmen sind. Auch andere Untersucher, wie Giacomini, Richter und ich gelangten zu dem gleichen Ergebnis. Ebenso unsicher sind die Befunde vergleichender Gehirnwägungen, bei welchen absolute Zahlen gar nicht beweiskräftig sein können, da für jeden Einzelfall die Körpergröße und das Körpergewicht von maßgebender Bedeutung sind. Nur dann, wenn solche individualisierende Forschungsarbeit, bei welcher alle früher erörterten Schwierigkeiten siegreich überwunden werden konnten, ein für den angeborenen Verbrecher ungünstigeres Gewichtsverhältnis nachgewiesen haben würde, dürfte von einer wertvollen Bereicherung unserer Kenntnisse über die Beziehungen des Hirngewichts zur Gehirnentwicklung und zu seiner funktionellen Ausbildung gesprochen werden.

So dürftig die Ausbeute auf morphologischem Gebiete, so wenig bedeutungsvoll sind auch die Ergebnisse pathologisch-anatomischer Forschung bis heute geblieben. Alle Schlüsse, die Lombroso aufgrund der Untersuchungen von Flesch, Giacomini und seiner eigenen Forschungen bezüglich des überwiegenden Vorhandenseins von Erkrankungen der Schädelkapsel, der Hirnhäute und des Gehirns selbst bei Verbrechern gegenüber gleichen Befunden bei Nichtverbrechern oder bei Geisteskranken gezogen hat, müssen als verfrüht bezeichnet werden. Denn ganz abgesehen von der statistischen Begründung derselben werden alle jene pathologischen Befunde ebensosehr der Ausdruck der erworbenen, mit der verbrecherischen Lebensführung im engsten Zusammenhang stehenden Schädigungen der Trunksucht, der Syphilis, der Kopfverletzungen usw. sein müssen, als sie der Ausgangspunkt abnormer Geistesbeschaffenheit werden können. Einen noch geringeren Wert für eine spezifische Verbrecherpathologie

besitzen alle bisherigen Zusammenstellungen der Leichen-
befunde für die übrigen Körperorgane der Sträflinge. Alles hierüber Gesammelte beweist weniger für einen eigen-
artigen kausalen Zusammenhang zwischen solchen Organ-
erkrankungen und der verbrecherischen Lebensführung,
als für die leicht verständliche und a priori anzunehmende
Tatsache, daß in der unsteten, regellosen und ausschwei-
fenden Lebensweise der Mehrzahl der Verbrecher eine aus-
giebige Quelle für Herz- und Lebererkrankungen gegeben
sei.

Ich habe die Verpflichtung, diese oft herb klingenden
Urteile durch die Wiedergabe einiger Ausführungen Lombrosos zu begründen. »Beim Verbrecher ist das Gesicht länger, Jochbeine und Kinnlade breiter, das Haar dichter und
schwärzer, das Auge dunkler. Buckelige kommen selten unter Mördern, öfter unter Stupratoren, Fälschern, Brand-
stiftern vor. – Körperlänge und Gewicht sind bei diesen und
den Dieben geringer als bei Mördern und Räubern, gleichwie die Körperkraft. Das Haar der letzteren ist dunkel, das
der Stupratoren oft blond. Die Verbrecher-Physiognomie
kommt bis 25 Prozent aller Verbrecher vor, mit einem Maximum von 36 Prozent bei den Mördern und einem Minimum von 6 bis 8 Prozent bei Bankrotteuren, Betrügern
und Bigamisten.« Für die letztgenannten geringen Prozent-
zahlen gibt Lombroso die eigentümlich klingende Erklärung, daß derartige Menschen einen Ausdruck von Bonho-
mie besitzen, um die Anständigen täuschen zu können. Weiter ausgeführt sind diese physiognomischen und phrenolo-
gischen Beobachtungen in folgenden Sätzen: »Die Messungen am Lebenden ergeben für den Verbrecher größere
Körperlänge, größere Spannweite, einen breiteren Brust-
kasten, die Wägung ein höheres Gewicht als bei Normalen
und Irren. Das Haar ist dunkler als bei beiden letzteren. Bei
den Dieben, den Rückfälligen und den Unmündigen
kommt eine größere Reihe von (Sub-)Mikrokephalen vor
als bei Normalen, dagegen ist dieselbe kleiner als bei den Irren. Kopf und Gesicht sind bei Verbrechern, besonders bei

Wollüstlingen und Dieben, häufiger schief als bei Normalen, jedoch seltener als bei Irren. Bei letzteren sind dagegen die Augen häufiger schräg; desgleichen häufiger Kopfverletzungen, Atherom der Schläfenarterien, falscher Ansatz der Ohren, Nystagmus, Pupillendifferenz, schiefe Nase und fliehende Stirn vorhanden. … Die Beobachtung am Lebenden bestätigt endlich, wenn auch weniger sicher und konstant als die an der Leiche, das häufige Vorkommen von Mikrokephalie, Asymmetrie, Schrägheit der Augenhöhlen, Prognathie, Auftreibung der Stirnhöhlen. Sie hebt neue Tatsachen von Ähnlichkeit zwischen Irren, Wilden und Verbrechern hervor. Die Prognathie, die Überfülle an schwarzem, krausem Haar, der spärliche Bart, der häufige braune Hautteint, die Oxykephalie, die schrägen Augen, der kleine Schädel, die großen Kiefer- und Wangenbeine, die fliehende Stirn, die ungestalten Ohren, der verwischte Geschlechtsunterschied in der Gestalt, die größere Spannweite sind, zusammen mit den anatomischen, ebenso viele neue Merkmale, welche den europäischen Verbrechern fast den Stempel der australischen und mongolischen Rassen aufdrücken.

»Außerdem zeigen uns das Schielen, die Schädelasymmetrie und die schweren histologischen Läsionen, die Knochenauswüchse, die Folgezustände von Meningitis, Herz- und Leberleiden u.a.m., daß wir es bei dem Verbrecher mit einem Menschen zu tun haben, den entweder Entwicklungshemmung oder erworbene Krankheit, besonders der Nervenzentren schon vor seiner Geburt in einen anomalen, dem des Irren ähnlichen Zustand versetzt hat, kurz mit einem wirklich chronisch kranken Menschen. …«

»Die Untersuchung von 800 ehrlichen Leuten hat uns ergeben, daß Degenerationszeichen in der Gesichtsbildung auch bei ihnen vorkommen, aber niemals so viele auf einmal, wie bei Verbrechern, und daß, wenn es je der Fall ist, der Verdacht auf eine versteckte böse Leidenschaft oder auf kretinartige Degeneration gerechtfertigt erscheint.«

Dies die eigenen Worte Lombrosos, welche den Schluß-
sätzen dieses Kapitels seines Buches entnommen sind:

Wenn schon die Untersuchungen der körperlichen Eigentümlichkeiten des sogenannten Verbrechertypus die ita-
lienische Schule zu weitgehenden Schlüssen über den atavi-
stischen und degenerativen Charakter dieser Erscheinungen geführt und dieselbe auch mannigfache Beziehungen
mit den angeborenen Hemmungsmißbildungen sowie erworbenen pathologisch-anatomischen Befunden bei Geisteskranken aufgestellt hat, so geht die Betrachtung der
psychologischen Grundlagen des Verbrecherdaseins noch
vollständiger in das psychiatrische Gebiet hinüber. Indem
Lombroso den Nachweis zu liefern strebt, daß alle verbrecherische Tätigkeit des geborenen Verbrechers mit den
Krankheitsäußerungen des moralischen Schwachsinns beziehungsweise Irreseins und der epileptischen Geistesstörung zusammenfällt, verwischt er alle unterscheidenden
Merkmale, welche der klinische Ausbau der Psychiatrie zwischen diesen beiden Gruppen von Geistesstörung ergrün-
det hat, und verschmelzt das Arbeitsgebiet des Psychiaters
mit demjenigen des Kriminalpsychologen. Die Schwierigkeiten dieser letztgenannten Wissenschaft sind gerade in
der Neuzeit vollauf durch die Psychiatrie gewürdigt worden. Die größte Summe geistiger Arbeit und eindringlich-
ster klinischer Forschungsweise ist auf den Ausbau der
Lehre vom moralischen und epileptischen Irresein und auf
die Auffindung gesetzmäßiger Grundlagen einer genetischen Betrachtungsweise verwandt worden. Und diese
ganze mühevolle Arbeit wird leichten Sinnes über den Haufen geworfen und das klinische Beobachtungsmaterial in
einseitiger Beleuchtung zur Aufstellung vorschneller Behauptungen verwertet. Je jünger ein Wissenszweig, je unfertiger und verwickelter ein Arbeitsgebiet, desto vorsichti-
ger sollten alle Schlußfolgerungen zustandekommen. Wie
oft sind fruchtbringende Errungenschaften wissenschaftlicher Forschung in falsche Bahnen gedrängt worden und
für lange Zeit verloren gegangen, wenn sie zu früh zur Kon-

struierung allgemeiner Lehrsätze verwandt worden sind! Diesen Gefahren unterliegt die klinische Psychiatrie, wenn wohlgesicherte Lehren derselben nur zu Teilerscheinungen der Verbrechernatur gestempelt werden. Also schon um unseren Besitzstand an wissenschaftlicher Begründung des psychiatrischen Lehr- und Wissensgebietes zu wahren und eine Überflutung desselben mit unklaren und in ihrer Allgemeinheit nichtssagenden Begriffsbestimmungen zu verhüten, ist eine scharfe Hervorkehrung des wirklich Bewiesenen und eine Aufdeckung der Irrwege der modernen kriminalpsychologischen Schule vonnöten. Der fundamentale Irrtum, welcher Lombroso und seine Anhänger beherrscht, läßt sich kurz folgendermaßen ausdrücken: Sie sinken auf eine frühere Stufe wissenschaftlicher Arbeit zurück, indem sie einzelne Krankheitsäußerungen als ausschließlich maßgebend für das Krankheitsbild betrachten und beim Zusammentreffen gleichartiger Symptome eine Gleichartigkeit der Krankheitszustände voraussetzen. Weil tatsächlich eine große Zahl von Geisteskranken verbrecherische Neigungen besitzen und durch ihre Handlungen mit dem Strafgesetz in Konflikt geraten, und weiterhin, weil viele Verbrecher infolge ihrer Lebensführung und Lebensverhältnisse in Geisteskrankheit verfallen, gelangen diese Apostel einer neuen Lehre zu dem Schluß, daß Geisteskrankheit und Verbrechen keine scharf zu trennenden Begriffe sind. Ich habe in der Einleitung angedeutet, wie sehr eine solche Auffassung, welche aus den Lebenserscheinungen des Menschen in Beziehung auf die soziale Gestaltung ihre Schlüsse zieht, der ursprünglichen Denkweise am nächsten kommt. Wenn wir die bei Lombroso so beliebte entwicklungstheoretische Auffassungsweise einmal für uns in Anspruch nehmen dürfen, so kann man sagen, daß diese ganze Art der Betrachtungen seitens der italienischen Schule ein krasser Rückschlag in die primitiven Ideen vergangener Zeiten darstellt.

Ich kämpfe also dagegen, daß die früher erörterten Begriffe des geisteskranken Verbrechers und des verbrecherischen Geisteskranken wieder zunichte gemacht werden. Die Schwierigkeiten, im Einzelfall eine klare Entscheidung darüber herbeizuführen, ob ein für geisteskrank befundener verbrecherischer Mensch in die eine oder andere Kategorie gehörig ist, sind mir wohl bekannt. Und ebenso schwierig ist es, wenn diese erste Frage gelöst ist, den ursächlichen Zusammenhang zwischen der beim geisteskranken Verbrecher von früh auf bestandenen, sozial und ethisch betrachtet, abnormen Handlungsweise und der späteren Geistesstörung aufzufinden. Die erbliche Anlage, also die Abstammung von moralisch verkommenen Eltern, von Geisteskranken, von Trunkenbolden, kann sicherlich eine eigenartige geistige Beschaffenheit des Trägers dieser erblichen Belastung hervorbringen, welche die Keime zur moralischen Verkümmerung birgt. Bei Ungunst der Lebensverhältnisse, Mangel an Erziehung, schlechtem Beispiel usw. werden dieselben zu üppiger Saat emporschießen und zur Geistesstörung führen. Wie schwer dann Ursache und Wirkung bestimmt werden kann, habe ich früher hervorgehoben.

Außerdem wird jeder Beobachter, welcher mit vorurteilslosem Sinne die Verbrechernatur zu ergründen strebt, vor rätselvolle Fälle gestellt werden, in welchen alle Kriterien für eine bestehende Geistesstörung im Stich lassen und dennoch die ganze analytische Betrachtung des Täters und seiner Handlungsweise den Gedanken an eine krankhafte Veranlagung des Angeschuldigten oder Verurteilten uns aufdrängt. Besonders jene rohen, gefühlsstumpfen, jeder sittlichen Regung baren Gewaltmenschen, welche trotz mühevoller erziehlicher Tätigkeit in Haus und Schule und trotz strengster Bestrafung immer wieder zu Eigentumsvergehen, zu grausamster Gewalthandlung, zur Verstümmelung und Vernichtung ihrer Opfer getrieben werden, erregen das größte Interesse. Sobald sich die schützende Pforte des Zuchthauses für sie geöffnet hat, sind sie widerstandslos allen leidenschaftlichen Antrieben preisgegeben; dem Sinnenreiz folgt die Begierde, der Begierde die Tat, und Ruhe und Überlegung kehrten erst in den Mauern des Gefängnisses wieder, wo dann das eiserne Gebot der Strafhausordnung diese Menschen aller eigenen Entschließung enthebt und zu willenlosen Werkzeugen einer festgefügten Macht macht. Ruhig und folgsam, trotzig und finster, geschmeidig und tückisch, gewalttätig und aufbrausend, alle Regungen der menschlichen Seele vom stumpfen Gleichmut bis zur sinnlosen Wut treten in bunter Reihe dem Beobachter dieser Zuchthäusler entgegen. Wie leicht sind wir geneigt, in solchen Fällen, in welchen uns alle Erfahrungen über die gesetzmäßigen Wechselbeziehungen zwischen Wunsch und Wille, Vorstellung und Handlung, Antrieb und Widerstand im Stich läßt, zugunsten unserer erhöhten Auffassung über die sittliche Veranlagung des Normalmenschen, hier an krankhafte Vorgänge zu glauben! Krankhaft sind sie gewiß im Sinne unserer Auffassung über die moralischen und sozialen Anlagen und Pflichten des Menschen, ob aber krankhaft im Sinne des Gesetzgebers, das ist eine andere Frage.

Aus den früheren Darlegungen geht hervor, daß sich gerade unter diesen Menschen eine große Zahl von Individuen findet, welche in ihrer geistigen und körperlichen Organisation defekt sind, aber nur der Nachweis mangelnder geistiger Entwicklung in der Form des Schwachsinns oder ausgeprägter geistiger Störung wird der Maßstab für die Beurteilung der gesetzlich geforderten Kriterien über die Strafbarkeit oder Straflosigkeit des einzelnen zur Untersuchung stehenden Individuums sein können. Gelingt dieser Nachweis nicht, so tritt der ärztliche Berater des Richters aus dem Rahmen seiner Tätigkeit heraus, sobald er aus anderen Wissensgebieten die Gründe für die psychiatrische Begutachtung herbeiholt.

Die naturwissenschaftliche Bearbeitung der Verbrecherfrage wird aus dieser praktisch und theoretisch gebotenen Abgrenzung der Arbeitsgebiete sicher nur Nutzen ziehen können; allen Bestrebungen, dieselbe ausschließlich mittels entwicklungstheoretischer Anschauungsweise fördern zu wollen, halte ich das Werk Virchows entgegen: »In bezug auf den Transformismus (Darwinismus) ist die Anthropologie ein fast verschlossenes Reich mit lauter Prohibitiveinrichtungen.«

Je mehr wir von der schöpferischen Kraft der darwinistischen Beobachtungsmethoden und Schlußfolgerungen überzeugt sind, desto energischer werden wir die Auswüchse derselben zu bekämpfen haben.

HEINRICH HERTZ

Über die Beziehungen
zwischen Licht und Elektrizität

1889

Wenn von Beziehungen zwischen Licht und Elektrizität die Rede ist, denkt der Laie zunächst an das elektrische Licht. Mit diesem Gegenstand hat indessen unser heutiger Vortrag nichts zu tun. Dem Physiker fallen dabei eine Reihe zarter Wechselwirkungen zwischen beiden Kräften ein, etwa die Drehung der Polarisationsebene durch den Strom, oder die Änderung von Leitungswiderständen durch das Licht. In diesen treffen indes Licht und Elektrizität nicht unmittelbar zusammen, zwischen beide großen Kräfte tritt als Vermittler ein drittes, die ponderable Materie. Auch mit dieser Gruppe von Erscheinungen wollen wir uns nicht befassen. Es gibt andere Beziehungen zwischen beiden Kräften, inniger, enger als die bisher erwähnten. Die Behauptung, welche ich vor Ihnen vertreten möchte, sagt geradezu aus: Das Licht ist eine elektrische Erscheinung, das Licht an sich, alles Licht, das Licht der Sonne, das Licht einer Kerze, das Licht eines Glühwurms. Nehmt aus der Welt die Elektrizität und das Licht verschwindet; nehmt aus der Welt den lichttragenden Äther, und die elektrischen und magnetischen Kräfte können nicht mehr den Raum überschreiten. Dies ist unsere Behauptung. Sie ist nicht von heute und gestern; sie hat schon eine längere Geschichte hinter sich. Ihre Geschichte gibt ihre Begründung. Eigene Versuche von mir, welche sich auf diesen Gegenstand beziehen, bilden nur ein Glied in einer längeren Kette. Und von der Kette, nicht allein von dem einzelnen Glied möchte ich Ihnen erzählen. Nicht leicht ist es freilich, von diesen Dingen zugleich verständlich und völlig zutreffend zu reden. Die Vorgänge, von welchen wir handeln, haben ihren Tummelplatz im leeren Raum, im freien Äther. Diese Vorgänge sind an sich unfaßbar für die Hand, unhörbar für das Ohr, unsichtbar für das Auge; der inneren Anschauung, der begrifflichen Verknüpfung sind sie zugänglich, aber nur schwer der sinnlichen Beschreibung. So viel wie möglich wollen wir daher versuchen, an die Anschauungen und Vorstellungen anzuknüpfen, welche wir schon besitzen. Rufen wir uns also zurück, was wir vom Licht und der Elektrizität Sicheres wissen, ehe wir versuchen, beide miteinander in Verbindung zu setzen.

Was ist denn das Licht? Seit den Zeiten Youngs und Fresnels wissen wir, daß es eine Wellenbewegung ist. Wir kennen die Geschwindigkeit der Wellen, wir kennen ihre Länge, wir wissen, daß es Transversalwellen sind; wir kennen mit einem Wort die geometrischen Verhältnisse der Bewegung vollkommen. An diesen Dingen ist ein Zweifel nicht mehr möglich, eine Widerlegung dieser Anschauungen ist für den Physiker undenkbar. Die Wellentheorie des Lichtes ist, menschlich gesprochen, Gewißheit; was aus derselben mit Notwendigkeit folgt, ist ebenfalls Gewißheit. Es ist also auch gewiß, daß aller Raum, von dem wir Kunde haben, nicht leer ist, sondern erfüllt mit einem Stoff, welcher fähig ist, Wellen zu schlagen, dem Äther. Aber so bestimmt auch unsere Kenntnisse von den geometrischen Verhältnissen der Vorgänge in diesem Stoffe sind, so unklar sind noch unsere Vorstellungen von der physikalischen Natur dieser Vorgänge, so widerspruchsvoll zum Teil unsere Annahmen über die Eigenschaften des Stoffes selbst. Naiv und unbefangen hatte man von vornherein die Wellen des Lichtes, sie mit denen des Schalles vergleichend, als elastische Wellen angesehen und behandelt. Nun sind aber elastische Wellen in Flüssigkeiten nur in der Form von Longitudinalwellen bekannt. Elastische Transversalwellen in Flüssigkeiten sind nicht bekannt, sie sind nicht einmal möglich, sie widersprechen der Natur des flüssigen Zustandes. Also war man zu der Behauptung gezwungen, der raumerfüllende Äther verhalte sich wie ein fester Körper. Betrachtete man dann aber den ungestörten Lauf der Gestirne und suchte sich Rechenschaft von der Möglichkeit derselben zu geben, so war wiederum die Behauptung nicht zu umgehen, der Äther verhalte sich wie eine vollkommene Flüssigkeit. Nebeneinander bildeten beide Behauptungen einen für den Verstand schmerzhaften Widerspruch, welcher die schön entwickelte Optik entstellte. Suchen wir denselben nicht zu bemänteln; wenden wir uns vielmehr der Elektrizität zu, vielleicht daß ihre Erforschung uns zur Hebung dieser Schwierigkeit verhilft.

Was ist denn die Elektrizität? Das ist allerdings eine große Frage. Sie erregt Interesse weit über die Grenzen der engeren Wissenschaft hinaus. Die meisten, welche sie stellen, zweifeln dabei nicht an der Existenz der Elektrizität an sich, sie erwarten eine Beschreibung, eine Aufzählung der Eigenschaften und Kräfte dieses wunderbaren Stoffes. Für den Fachmann hat die Frage zunächst die andere Form: Gibt es denn überhaupt Elektrizitäten? Lassen sich die elektrischen Erscheinungen nicht wie alle anderen Erscheinungen allein auf die Eigenschaften des Äthers und der ponderablen Materie zurückführen? Wir sind weit davon entfernt, darüber entschieden zu haben, diese Fragen bejahen zu können. In unserer Vorstellung spielt sicherlich die stofflich gedachte Elektrizität eine große Rolle. Und in der Redeweise vollends herrschen heutzutage noch unumschränkt die althergebrachten, allen geläufigen, uns gewissermaßen liebgewordenen Vorstellungen von den beiden sich anziehenden und abstoßenden Elektrizitäten, welche mit ihren Fernwirkungen wie mit geistigen Eigenschaften begabt sind. Die Zeit, in welcher man diese Vorstellungen ausbildete, war die Zeit, in welcher das Newtonsche Gravitationsgesetz seine schönsten Triumphe am Himmel feierte, die Vorstellung von unvermittelten Fernwirkungen war den Geistern geläufig. Die elektrischen und magnetischen Anziehungen folgten dem gleichen Gesetz wie die Wirkung der Gravitation; was wunders, wenn man glaubte, durch Annahme einer ähnlichen Fernwirkung die Erscheinungen in einfachster Weise erklärt, dieselben auf den letzten erkennbaren Grund zurückgeführt zu haben. Freilich wurde das anders, als im gegenwärtigen Jahrhundert die Wechselwirkungen zwischen elektrischen Strömen und Magneten hinzukamen, welche unendlich viel mannigfaltiger sind; in welchen die Bewegung, die Zeit, eine so große Rolle spielt. Man wurde gezwungen, die Zahl der Fernwirkungen zu vermehren, an ihrer Form herumzubessern. Dabei ging die Einfachheit, die physikalische Wahrscheinlichkeit mehr und mehr verloren. Durch das Aufsuchen umfassender einfacher Formen, sogenannter Elementargesetze, suchte man diese wiederzuerlangen. Das berühmte Webersche Gesetz ist der wichtigste Versuch dieser Art. Man mag über die Richtigkeit desselben denken, wie man will, die Gesamtheit dieser Bestrebungen bildete ein in sich geschlossenes System voll wissenschaftlichen Reizes; wer einmal in den Zauberkreis desselben hineingeraten war, blieb in demselben gefangen. War der eingeschlagene Weg gleichwohl eine falsche Fährte, so konnte Warnung nur kommen von einem Geiste von großer Frische, der wie von Neuem unbefangen den Erscheinungen entgegentrat, der wieder ausging von dem, was er sah, nicht von dem, was er gehört, gelernt, gelesen hatte. Ein solcher Geist war Faraday. Faraday hörte zwar sagen, daß bei der Elektrisierung eines Körpers man etwas in ihn hineinbringe, aber er sah, daß die eintretenden Änderungen nur außerhalb sich bemerkbar machten, durchaus nicht im Innern. Faraday wurde gelehrt, daß die Kräfte den Raum einfach übersprängen, aber er sah, daß es von größtem Einfluß auf die Kräfte war, mit welchem Stoff der angeblich übersprungene Raum erfüllt war. Faraday las, daß es Elektrizitäten sicher gebe, daß man aber über ihre Kräfte sich streite, und doch sah er, wie diese Kräfte ihre Wirkungen greifbar entfalteten, während er von den Elektrizitäten selbst nichts wahrzunehmen vermochte. So kehrte sich in seiner Vorstellung die Sache um. Die elektrischen und magnetischen Kräfte selber wurden ihm das Vorhandene, das Wirkliche, das Greifbare; die Elektrizität, der

Magnetismus wurden ihm Dinge, über deren Vorhandensein man streiten kann. Die Kraftlinien, wie er die selbständig gedachten Kräfte nannte, standen vor seinem geistigen Auge im Raum als Zustände desselben, als Spannungen, als Wirbel, als Strömungen, als was auch immer – das vermochte er selbst nicht anzugeben –, aber da standen sie, beeinflußten einander, schoben und drängten die Körper hin und her, und breiteten sich aus, von Punkt zu Punkt einander die Erregung mitteilend. Auf den Einwand, wie denn im leeren Raum andere Zustände als vollkommene Ruhe möglich seien, konnte er antworten: Ist denn der Raum leer? Zwingt uns nicht schon das Licht, ihn als erfüllt zu denken? Könnte nicht der Äther, welcher die Wellen des Lichtes leitet, auch fähig sein, Änderungen aufzunehmen, welche wir als elektrische und magnetische Kräfte bezeichnen? Wäre nicht sogar ein Zusammenhang zwischen diesen Änderungen und jenen Wellen denkbar? Könnten nicht die Wellen des Lichtes etwas wie Erzitterung solcher Kraftlinien sein? Soweit etwa kam Faraday in seinen Anschauungen, seinen Vermutungen. Beweisen konnte er dieselben nicht. Eifrig suchte er nach Beweisen. Untersuchungen über den Zusammenhang von Licht, Magnetismus, Elektrizität waren Lieblingsgegenstände seiner Arbeit. Der schöne Zusammenhang, welchen er fand, war nicht derjenige, welchen er suchte. Auch suchte er weiter, und nur sein höchstes Alter machte diesen Bestrebungen ein Ende. Unter den vielen Fragen, welche er sich aufwarf, kehrte immer wieder die Frage, ob die elektrischen und magnetischen Kräfte Zeit zu ihrer Ausbreitung nötig hätten. Wenn wir einen Magneten plötzlich durch den Strom erregen, wird seine Wirkung sofort bis zu den größten Entfernungen verspürt? Oder trifft sie zunächst die benachbarten Nadeln, dann die folgenden, endlich die ganz entfernten? Wenn wir einen Körper in schneller Abwechslung umelektrisieren, schwankt dann die Kraft in allen Entfernungen gleichzeitig? Oder treffen die Schwankungen um so später ein, je mehr wir uns von dem Körper entfernen? In letzterem

Falle würde sich die Wirkung der Schwankung als eine Welle in den Raum ausbreiten. Gibt es solche Wellen? Faraday erhielt keine Antwort mehr auf diese Fragen. Und doch ist ihre Beantwortung aufs engste mit seinen Grundvorstellungen verknüpft. Wenn es Wellen elektrischer Kraft gibt, die unbekümmert um ihren Ursprung im Raume forteilen, so beweisen sie uns aufs deutlichste den selbständigen Bestand der Kräfte, welche sie bilden. Daß diese Kräfte den Raum nicht überspringen, sondern von Punkt zu Punkt fortschreiten, können wir nicht besser beweisen, als indem wir ihren Fortschritt von Augenblick zu Augenblick tatsächlich verfolgen. Auch sind die aufgeworfenen Fragen der Beantwortung nicht unzugänglich, es lassen sich wirklich diese Dinge durch sehr einfache Versuche angreifen. Wäre es Faraday vergönnt gewesen, den Weg zu diesen Versuchen aufzuspüren, so hätten seine Anschauungen sogleich die Herrschaft davongetragen. Der Zusammenhang von Licht und Elektrizität wäre dann von Anfang an so hell hervorgetreten, daß er selbst weniger scharfsichtigen Augen als den seinen nicht hätte entgehen können.

Indessen ein so leichter und schneller Weg war der Wissenschaft nicht beschieden. Die Versuche gaben einstweilen keine Auskunft, und auch der Theorie lag ein Eingehen in Faradays Gedankenkreis zunächst fern. Die Behauptung, daß elektrische Kräfte unabhängig von ihren Elektrizitäten bestehen könnten, widersprach geradewegs den herrschenden elektrischen Theorien. Ebenso wies die herrschende Optik entschieden den Gedanken ab, es könnten die Wellen des Lichtes auch wohl anderer als elastischer Natur sein. Der Versuch, die eine oder die andere dieser Behauptungen eingehender zu behandeln, mußte fast als müßige Spekulation erscheinen. Wie sehr müssen wir also den glücklichen Geist eines Mannes bewundern, welcher zwei Vermutungen, die jede für sich so ferne lagen, so miteinander zu verknüpfen wußte, daß sie sich gegenseitig stützten, und daß das Ergebnis eine Theorie war, welcher man die innere Wahrscheinlichkeit von vornherein nicht absprechen konnte. Der Mann, von welchem ich rede, war der Engländer Maxwell. Man kennt seine im Jahre 1865 veröffentlichte Arbeit unter dem Namen der elektromagnetischen Lichttheorie. Man kann diese wunderbare Theorie nicht studieren, ohne bisweilen die Empfindung zu haben, als wohne den mathematischen Formeln selbständiges Leben und eigener Verstand inne, als seien dieselben klüger als wir, klüger sogar als ihr Erfinder, als gäben sie uns mehr heraus, als seinerzeit in sie hineingelegt wurde. Es ist dies auch nicht gerade unmöglich; es kann eintreten, wenn nämlich die Formeln richtig sind über das Maß dessen hinaus, was der Erfinder sicher wissen konnte. Freilich lassen sich solche umfassenden und richtigen Formeln nicht finden, ohne daß mit dem schärfsten Blick jede leise Andeutung der Wahrheit aufgefaßt wird, welche die Natur durchscheinen läßt. Es liegt für den Kundigen auf der Hand, welcher Andeutung hauptsächlich Maxwell folgte. War dieselbe doch auch anderen Forschern aufgefallen und hatte diese, Riemann und Lorenz, zu verwandten, wenn auch nicht ebenso glücklichen Spekulationen angeregt. Es war der folgende Umstand. Bewegte Elektrizität übt magnetische Kräfte, bewegter Magnetismus elektrische Kräfte aus, welche Wirkungen indessen nur bei sehr großen Geschwindigkeiten wirklich werden. In die Wechselbeziehungen zwischen Elektrizität und Magnetismus treten also Geschwindigkeiten ein, und die Konstante, welche diese Beziehungen beherrscht und in denselben beständig wiederkehrt, ist selber eine Geschwindigkeit von ungeheurer Größe. Sie war auf verschiedenen Wegen, zuerst durch Kohlrausch und Weber, aus rein elektrischen Versuchen bestimmt worden und hatte sich, soweit es überhaupt die schwierigen Versuche erkennen ließen, gleich gezeigt einer andern wichtigen Geschwindigkeit, der Geschwindigkeit des Lichtes. Es mochte das Zufall sein, aber einem Jünger Faradays konnte es so nicht erscheinen. Ihm mußte es eine Folge davon sein, daß derselbe Äther die elektrischen Kräfte und das Licht übermittelt. Die beiden fast gleich gefundenen Geschwindigkeiten mußten in Wahrheit genau gleich sein. Dann aber fand sich die wichtigste optische Konstante in den elektrischen Formeln bereits vor. Dies war das Band, welches Maxwell zu verstärken suchte. Er erweiterte die elektrischen Formeln in der Weise, daß sie alle bekannten Erscheinungen, aber neben denselben auch eine unbekannte Klasse von Erscheinungen enthielten, elektrische Wellen. Diese Wellen wurden dann Transversalwellen, deren Wellenlänge jeden Wert haben konnte, welche sich aber im Äther stets mit gleicher Geschwindigkeit, der Lichtgeschwindigkeit, fortpflanzten. Und nun konnte Maxwell darauf hinweisen, daß es Wellen von eben solchen geometrischen Eigenschaften in der Natur ja wirklich gäbe, wenn wir auch nicht gewohnt sind, sie als elektrische Erscheinungen zu betrachten, sondern sie mit einem besonderen Namen, als Licht, bezeichnen. Leugnete man freilich Maxwells elektrische Theorie, so fiel jeder Grund fort, seinen Ansichten in betreff des Lichtes beizutreten. Oder hielt man fest daran, daß das Licht eine Erscheinung elastischer Natur sei, so verlor seine elektrische Theorie den Boden unter sich. Trat man aber unbekümmert um bestehende Anschauungen an das Gebäude heran, so sah man einen Teil den andern stützen wie die Steine eines Gewölbes, und das Ganze schien über einem tiefen Abgrund des Unbekannten hinweg das Bekannte zu verbinden. Die Schwierigkeit der Theorie erlaubte freilich nicht sogleich, daß die Zahl ihrer Jünger sehr groß wurde. Wer aber einmal sie durchdacht hatte, wurde ihr Anhänger und suchte eifrig fortan, ihre ersten Voraussetzungen, ihre letzten Folgerungen zu prüfen. Die Prüfung durch den Versuch mußte sich freilich lange Zeit auf einzelne Behauptungen, auf das Außenwerk der Theorie beschränken. Ich verglich soeben die Maxwellsche Theorie mit einem Gewölbe, welches eine Kluft unbekannter Dinge überspannt. Darf ich in diesem Bilde noch fortfahren, so würde ich sagen, daß alles, was man lange Zeit zur Kräftigung dieses Gewölbes zu tun vermochte, darin bestand, daß man die beiden Widerlager verstärkte. Das Gewölbe ward dadurch in den Stand gesetzt, sich selber dauernd zu tragen, aber es hatte doch eine zu große Spannweite, als daß man es hätte wagen dürfen, auf ihm als sicherer Grundlage nun weiter in die Höhe zu bauen. Hierzu waren besondere Hauptpfeiler notwendig, welche, vom festen Boden aus aufgemauert, die Mitte des Gewölbes faßten. Einem solchen Pfeiler wäre der Nachweis zu vergleichen gewesen, daß wir aus dem Lichte unmittelbar elektrische oder magnetische Wirkungen erhalten können. Dieser Pfeiler hätte unmittelbar dem optischen, mittelbar dem elektrischen Teil des Gebäudes Sicherheit verliehen. Ein anderer Pfeiler wäre der Nachweis gewesen, daß es Wellen elektrischer und magnetischer Kraft gibt, welche sich nach Art der Lichtwellen ausbreiten können. Dieser Pfeiler hätte umgekehrt unmittelbar den elektrischen, mittelbar den optischen Teil gestützt. Eine harmonische Vollendung des Gebäudes wird den Aufbau beider Pfeiler erfordern, für das erste Bedürfnis aber genügt einer von ihnen. Der erstgenannte hat noch nicht in Angriff genommen werden können; für den letztgenannten aber ist es nach langem Suchen endlich geglückt, einen sicheren Stützpunkt zu finden; das Fundament ist in genügender Breite gelegt; ein Teil des Pfeilers steht schon aufgemauert da, und unter der Arbeit vieler hilfreicher Hände wird er bald die Decke des Gewölbes erreichen und demselben die Last des nun weiter zu errichtenden Gebäudes abnehmen. An dieser Stelle war ich so glücklich, an der Arbeit Anteil nehmen zu können. Diesem Umstand verdanke ich die Ehre, daß ich heute zu Ihnen reden darf; er wird mich also auch entschuldigen, wenn ich nunmehr Ihre Aufmerksamkeit ganz auf diesen einen Teil des Gebäudes hinzulenken versuche. Freilich zwingt mich alsdann die Kürze dieser Stunde, entgegen der Gerechtigkeit, die Arbeiten vieler Forscher kurzweg zu überspringen; ich kann Ihnen nicht zeigen, in wie mannigfaltiger Weise meine Versuche vorbereitet waren, wie nahe einzelne Forscher der Ausführung derselben bereits gekommen sind.

War es denn wirklich so schwer, nachzuweisen, daß elektrische und magnetische Kräfte Zeit zu ihrer Ausbreitung brauchen? Konnte man nicht eine Leydener Flasche entladen und direkt beobachten, ob die Zuckung eines entfernten Elektroskops etwas später erfolgte? Genügte es nicht, in gleicher Absicht auf eine Magnetnadel zu achten, während man in einiger Entfernung plötzlich einen Elektromagneten erregte? In der Tat hat man diese oder ähnliche Versuche früher auch wohl angestellt, ohne indessen einen Zeitunterschied zwischen Ursache und Wirkung wahrzunehmen. Einem Anhänger der Maxwellschen Theorie muß das freilich als das notwendige Ergebnis erscheinen, bedingt durch die ungeheure Geschwindigkeit der Ausbreitung. Die Ladung einer Leydener Flasche, die Kraft eines Magneten können wir schließlich nur auf mäßige Entfernungen wahrnehmen, sagen wir, auf zehn Meter. Einen solchen Raum durchfliegt das Licht, also nach der Theorie auch die elektrische Kraft in dem dreißigmillionsten Teil der Sekunde. Ein derartiges Zeitteilchen können wir unmittelbar nicht messen, nicht wahrnehmen. Aber schlimmer als das, es stehen uns nicht einmal Zeichen zu Gebote, welche fähig wären, eine solche Zeit mit hinreichender Schärfe zu begrenzen. Wenn wir eine Länge bis auf den zehnten Teil des Millimeters genau messen wollen, dürfen wir ihren Anfang nicht durch einen breiten Kreidestrich bezeichnen. Wenn wir eine Zeit auf den tausendsten Teil der Sekunde genau bestimmen wollen, so ist es widersinnig, ihren Beginn durch den Schlag einer großen Glocke anzeigen zu wollen. Die Entladungszeit einer Leydener Flasche ist nun allerdings für unsere gewöhnlichen Begriffe verschwindend kurz. Aber das ist sie sicherlich schon, wenn sie etwa den dreißigtausendsten Teil der Sekunde füllt. Und doch wäre sie alsdann für unseren gegenwärtigen Zweck noch mehr als tausendmal zu lang. Doch legt uns hier die Natur ein feineres Mittel nahe. Wir wissen seit langem, daß der Entladungsschlag einer Leydener Flasche kein gleichförmig ablaufender Vorgang ist, daß er sich, ähnlich dem Schlage einer Glocke, zusammensetzt aus einer großen Zahl von Schwingungen, von hin- und hergehenden Entladungen, welche sich in genau gleichen Perioden folgen. Die Elektrizität ist imstande, elastische Erscheinungen nachzuahmen. Die Dauer jeder einzelnen Schwingung ist viel kleiner, als die der Gesamtentladung, man kann auf den Gedanken kommen, die einzelne Schwingung als Zeichen zu benützen. Aber leider füllten die kürzesten beobachteten Schwingungen immer noch das volle Millionstel der Sekunde. Während eine solche Schwingung verlief, breitete sich ihre Wirkung schon über dreihundert Meter aus, in dem bescheidenen Raume eines Zimmers mußte sie als gleichzeitig mit der Schwingung empfunden werden. So konnte aus Bekanntem Hilfe nicht gewonnen werden, eine neue Erkenntnis mußte hinzukommen. Was hinzukam, war die Erfahrung, daß nicht allein die Entladung der Flaschen, daß vielmehr unter besonderen geeigneten Umständen die Entladung jedes beliebigen Leiters zu Schwingungen Anlaß gibt. Diese Schwingungen können viel kürzer sein, als die der Flaschen. Wenn Sie den Konduktor einer Elektrisiermaschine entladen, erregen Sie Schwingungen, deren Dauer zwischen dem hundertmillionsten und tausendmillionsten Teil der Sekunde liegt. Freilich folgen diese Schwingungen nicht in lang anhaltender Reihe, es sind wenige, schnell verlöschende Zuckungen. Es wäre besser für unsere Versuche, wenn dies anders wäre. Aber die Möglichkeit des Erfolges ist uns schon gewährt, wenn wir auch nur zwei oder drei solcher scharfen Zeichen erhalten. Auch im Gebiete der Akustik können wir mit klappernden Hölzern eine dürftige Musik erzeugen, wenn uns die gedehnten Töne der Pfeifen und Saiten versagt sind.

Wir haben jetzt Zeichen, für welche der dreißigmillionste Teil der Sekunde nicht mehr kurz ist. Aber dieselben würden uns noch wenig nützen, wenn wir nicht imstande wären, ihre Wirkung bis in die beabsichtigte Entfernung von etwa zehn Metern auch wirklich wahrzunehmen. Es gibt hierfür ein sehr einfaches Mittel. Dorthin, wo wir die

Kraft wahrnehmen wollen, bringen wir einen Leiter, etwa einen geraden Draht, welcher durch eine feine Funkenstrecke unterbrochen ist. Die rasch wechselnde Kraft setzt die Elektrizität des Leiters in Bewegung und läßt einen Funken in demselben auftreten. Auch dies Mittel mußte durch die Erfahrung selbst an die Hand gegeben werden, die Überlegung konnte es nicht wohl voraussehen. Denn die Funken sind mikroskopisch kurz, kaum ein hundertstel Millimeter lang; ihre Dauer beträgt noch nicht den millionsten Teil der Sekunde. Es erscheint unmöglich, fast widersinnig, daß sie sichtbar sein sollten, aber im völlig dunklen Zimmer für das geschonte Auge sind sie sichtbar. An diesem dünnen Faden hängt das Gelingen unseres Unternehmens. Zunächst drängt sich uns eine Fülle von Fragen entgegen. Unter welchen Umständen werden unsere Schwingungen am stärksten? Sorgfältig müssen wir diese Umstände aufsuchen und ausnützen. Welche Form geben wir am besten dem empfangenden Leiter? Wir können gerade, wir können kreisförmige Drähte, wir können Leiter anderer Form wählen, die Erscheinungen werden immer etwas anders ausfallen. Haben wir die Form festgesetzt, welche Größe wählen wir? Schnell zeigt sich, daß dieselbe nicht gleichgültig ist, daß wir nicht jede Schwingung mit demselben Leiter untersuchen können, daß Beziehungen zwischen beiden bestehen, welche an die Resonanzerscheinungen der Akustik erinnern. Und schließlich, in wieviel verschiedenen Lagen können wir nicht einen und denselben Leiter in Schwingungen halten! Bald sehen wir dann die Funken stärker ausfallen, bald schwächer werden, bald ganz verschwinden. Ich darf es nicht wagen, Sie von diesen Einzelheiten unterhalten zu wollen, im großen Zusammenhange sind es Nebensachen. Aber es sind nicht Nebensachen für den Arbeiter auf diesem Gebiete. Es sind die Eigentümlichkeiten seines Werkzeuges. Wie sehr der Arbeiter sein Werkzeug kennt, davon hängt ab, was er mit demselben ausrichtet. Das Studium des Werkzeuges, das Eingehen in die erwähnten Fragen bildete denn auch den Hauptteil der zu be-

wältigenden Arbeit. Nachdem dieser Teil erledigt war, bot
sich der Angriff auf die Hauptfrage von selber dar. Geben
Sie einem Physiker eine Anzahl Stimmgabeln, eine Anzahl
Resonatoren, und fordern Sie ihn auf, Ihnen die zeitliche
Ausbreitung des Schalles nachzuweisen, er wird selbst in
dem beschränkten Raume eines Zimmers keine Schwierigkeiten finden. Er stellt eine Stimmgabel beliebig im Zimmer
auf, er horcht mit dem Resonator an den verschiedenen
Stellen des Raumes herum und achtet auf die Schallstärke.
Er zeigt, wie dieselbe in einzelnen Punkten sehr klein wird;
er zeigt, wie dies daher rührt, daß hier jede Schwingung
aufgehoben wird durch eine andere später abgegangene,
welche auf einem kürzeren Wege zum gleichen Ziele gelangt ist. Wenn ein kürzerer Weg weniger Zeit erfordert, als
ein längerer, so ist die Ausbreitung eine zeitliche. Die gestellte Aufgabe ist gelöst. Aber unser Akustiker zeigt uns
nun weiter, wie die stillen Stellen periodisch in gleichen Abständen sich folgen; er mißt daraus die Wellenlänge, und
wenn er die Schwingungsdauer der Gabel kennt, erhält er
daraus auch die Geschwindigkeit des Schalles. Nicht anders, sondern genauso verfahren wir mit unseren elektrischen Schwingungen. An die Stelle der Stimmgabel setzen
wir den schwingenden Leiter. Anstatt des Resonators ergreifen wir unseren unterbrochenen Draht, den wir aber
auch als elektrischen Resonator bezeichnen. Wir bemerken,
wie derselbe in einzelnen Stellen des Raumes Funken enthält, in anderen funkenfrei ist; wir sehen, wie sich die toten
Stellen nach festen Gesetzmäßigkeiten periodisch folgen —
die zeitliche Ausbreitung ist erwiesen, die Wellenlänge meßbar geworden. Man wirft die Frage auf, ob die gefundenen
Wellen Longitudinal- oder Transversalwellen seien. Wir
halten unseren Draht in zwei verschiedenen Lagen in dieselbe Stelle der Welle; das eine Mal spricht er an, das andere
Mal nicht. Mehr bedarf es nicht; die Frage ist entschieden,
es sind Transversalwellen. Man fragt nach ihrer Geschwindigkeit. Wir multiplizieren die gemessene Wellenlänge mit
der berechneten Schwingungsdauer und finden eine Ge-

schwindigkeit, welche der des Lichtes verwandt ist. Bezweifelt man die Zuverlässigkeit der Berechnung, so bleibt uns noch ein anderer Weg. Die Geschwindigkeit elektrischer Wellen in Drähten ist ebenfalls ungeheuer groß, mit dieser können wir die Geschwindigkeit unserer Wellen in der Luft unmittelbar vergleichen. Aber die Geschwindigkeit elektrischer Wellen in Drähten ist seit langer Zeit direkt gemessen. Es war dies eher möglich, weil sich diese Wellen auf viele Kilometer hin verfolgen lassen. So erhalten wir indirekt eine rein experimentelle Messung auch unserer Geschwindigkeit, und wenn das Resultat auch nur roh ausfällt, so widerspricht es doch nicht dem bereits erhaltenen.

Alle diese Versuche sind im Grunde sehr einfach, aber sie führen doch die wichtigsten Folgerungen mit sich. Sie sind vernichtend für jede Theorie, welche die elektrischen Kräfte als zeitlos den Raum überspringend ansieht. Sie bedeuten einen glänzenden Sieg der Theorie Maxwells. Nicht mehr verbindet dieselbe unvermittelt weit entlegene Erscheinungen der Natur. Wem ihre Anschauung über das Wesen des Lichtes vorher nur die mindeste Wahrscheinlichkeit zu haben schien, dem ist es jetzt schwer, sich dieser Anschauung zu erwehren. Insoweit sind wir am Ziel. Aber vielleicht läßt sich hier die Vermittlung der Theorie sogar entbehren. Unsere Versuche bewegten sich schon hart an der Höhe des Passes, welcher nach der Theorie das Gebiet des Lichtes mit dem der Elektrizität verbindet. Es liegt nahe, einige Schritte weiter zu gehen und den Abstieg in das Gebiet der bekannten Optik zu versuchen. Es wird nicht überflüssig sein, die Theorie auszuschalten. Es gibt viele Freunde der Natur, welche sich für das Wesen des Lichtes interessieren, welche dem Verständnis einfacher Versuche nicht unzugänglich sind, und welchen gleichwohl die Theorie Maxwells ein Buch mit sieben Siegeln ist. Aber auch die Ökonomie der Wissenschaft fordert, daß Umwege vermieden werden, wo ein gerader Weg möglich ist. Können wir mit Hilfe elektrischer Wellen unmittelbar die Erscheinungen des Lichtes herstellen, so bedürfen wir keiner Theorie als Vermittlerin; die Verwandtschaft tritt aus den Versuchen selbst hervor. Solche Versuche sind in der Tat möglich. Wir bringen den Leiter, welcher die Schwingungen erregt, in der Brennlinie eines sehr großen Hohlspiegels an. Es werden dadurch die Wellen zusammengehalten, und treten als kräftig dahineilender Strahl aus dem Hohlspiegel aus. Freilich können wir diesen Strahl nicht unmittelbar sehen, noch fühlen; seine Wirkung äußert sich dadurch, daß er Funken in den Leitern erregt, auf welche er trifft. Er wird für unser Auge erst sichtbar, wenn sich dasselbe mit einem unserer Resonatoren bewaffnet. Im übrigen ist er ein wahrer Lichtstrahl. Wir können ihn durch Drehung des Spiegels in verschiedene Richtungen senden, wir können durch Aufsuchung des Weges, welchen er nimmt, seine geradlinige Ausbreitung erweisen. Bringen wir leitende Körper in seinen Weg, so lassen dieselben den Strahl nicht hindurch, sie werfen Schatten. Dabei vernichten sie den Strahl aber nicht, sie werfen ihn zurück; wir können den reflektierten Strahl verfolgen und uns überzeugen, daß die Gesetze der Reflexion die der Reflexion des Lichtes sind. Auch brechen können wir den Strahl, in gleicher Weise wie das Licht. Um einen Lichtstrahl zu brechen, leiten wir ihn durch ein Prisma, er wird dadurch von seinem geraden Wege abgelenkt. Ebenso verfahren wir hier und mit dem gleichen Erfolge. Nur müssen wir hier entsprechend den Dimensionen der Wellen und des Strahles ein sehr großes Prisma nehmen; wir stellen dasselbe also aus einem billigen Stoffe her, etwa Pech oder Asphalt. Endlich aber können wir sogar diejenigen Erscheinungen an unserm Strahle verfolgen, welche man bisher einzig und allein am Lichte beobachtet hat, die Polarisationserscheinungen. Durch Einschieben eines Drahtgitters von geeigneter Struktur in den Weg des Strahles lassen wir die Funken in unserm Resonator aufleuchten oder verlöschen, genau nach den gleichen geometrischen Gesetzmäßigkeiten, nach welchen wir das Gesichtsfeld eines Polarisationsapparates durch Einschieben einer Kristallplatte verdunkeln oder erhellen.

Soweit die Versuche. Bei Anstellung derselben stehen wir schon ganz und voll im Gebiete der Lehre vom Lichte. Indem wir die Versuche planen, indem wir sie beschreiben, denken wir schon nicht elektrisch, wir denken optisch. Wir sehen nicht mehr in den Leitern Ströme fließen, Elektrizitäten sich ansammeln; wir sehen nur noch die Wellen in der Luft, wie sie sich kreuzen, wie sie zerfallen, sich vereinigen, sich stärken und schwächen. Von dem Gebiete rein elektrischer Erscheinungen ausgehend, sind wir Schritt vor Schritt zu rein optischen Erscheinungen gelangt. Die Paßhöhe ist überschritten; der Weg senkt, ebnet sich wieder. Die Verbindung zwischen Licht und Elektrizität, welche die Theorie ahnte, vermutete, voraussah, ist hergestellt, den Sinnen faßlich, dem natürlichen Geist verständlich. Von dem höchsten Punkte, den wir erreicht haben, von der Paßhöhe selbst, eröffnet sich uns ein weiter Einblick in beide Gebiete. Sie erscheinen uns größer, als wir sie bisher gekannt. Die Herrschaft der Optik beschränkt sich nicht mehr auf Ätherwellen, welche kleine Bruchteile des Millimeters messen, sie gewinnt Wellen, deren Länge nach Dezimetern, Metern, Kilometern rechnen. Und trotz dieser Vergrößerung erscheint sie uns von hier gesehen nur als ein kleines Anhängsel am Gebiete der Elektrizität. Dieses letztere gewinnt am meisten. Wir erblicken Elektrizität an tausend Orten, wo wir bisher von ihrem Vorhandensein keine sichere Kunde hatten. In jeder Flamme, in jedem leuchtenden Atom sehen wir einen elektrischen Prozeß. Auch wenn ein Körper nicht leuchtet, so lange er nur noch Wärme strahlt, ist er der Sitz elektrischer Erregungen. So verbreitet sich das Gebiet der Elektrizität über die ganze Natur. Es rückt auch uns selbst näher, wir erfahren, daß wir in Wahrheit ein elektrisches Organ haben, das Auge. Dies ist der Ausblick nach unten, zum Besonderen. Nicht minder lohnend erscheint von unserem Standpunkt der Ausblick nach oben, zu den hohen Gipfeln, den allgemeinen Zielen. Da liegt nahe vor uns die Frage nach den unvermittelten Fernwirkungen überhaupt. Gibt es solche? Von vielen, welche wir zu besitzen glaubten, bleibt uns nur eine, die Gravitation. Täuscht uns auch diese? Das Gesetz, nach welchem sie wirkt, macht sie schon verdächtig. In anderer Richtung liegt nicht ferne die Frage nach dem Wesen der Elektrizität. Von hier gesehen verbirgt sie sich hinter der bestimmteren Frage nach dem Wesen der elektrischen und magnetischen Kräfte im Raume. Und unmittelbar an diese anschließend erhebt sich die gewaltige Hauptfrage nach dem Wesen, nach den Eigenschaften des raumerfüllenden Mittels, des Äthers, nach seiner Struktur, seiner Ruhe oder Bewegung, seiner Unendlichkeit oder Begrenztheit. Immer mehr gewinnt es den Anschein, als überrage diese Frage alle übrigen, als müsse die Kenntnis des Äthers uns nicht allein das Wesen der ehemaligen Imponderabilen offenbaren, sondern auch das Wesen der alten Materie selbst und ihrer innersten Eigenschaften, der Schwere und der Trägheit. Die Quintessenz uralter physikalischer Lehrgebäude ist uns in den Worten aufbewahrt, daß alles, was ist, aus dem Wasser, aus dem Feuer geschaffen sei. Der heutigen Physik liegt die Frage nicht mehr ferne, ob nicht etwa alles, was ist, aus dem Äther geschaffen sei? Diese Dinge sind die äußersten Ziele unserer Wissenschaft, der Physik. Es sind, um in unserm Bilde zu verharren, die letzten, vereisten Gipfel ihres Hochgebirges. Wird es uns vergönnt sein, jemals auf einen dieser Gipfel den Fuß zu setzen? Wird dies nicht spät geschehen? Kann es bald sein? Wir wissen es nicht. Aber wir haben einen Stützpunkt für weitere Unternehmungen gewonnen, welcher eine Stufe höher liegt als die bisher benützten; der Weg schneidet hier nicht ab an einer glatten Felswand, sondern wenigstens der nächste absehbare Teil des Anstieges erscheint noch von mäßiger Neigung, und zwischen den Steinen finden sich Pfade, die nach oben führen; der eifrigen und geübten Forscher sind viele; – wie könnten wir da anders als hoffnungsvoll den Erfolgen zukünftiger Unternehmungen entgegensehen?

LUDWIG BOLTZMANN

Über die Entwicklung der Methoden
der theoretischen Physik in neuerer Zeit

1889

In den früheren Jahrhunderten schritt die Wissenschaft durch die Arbeit der erlesensten Geister stetig, aber langsam fort, wie eine alte Stadt durch Neubauten betriebsamer und unternehmender Bürger in stetem Wachstum begriffen ist. Dagegen hat das gegenwärtige Jahrhundert des Dampfes und Telegraphen sein Gepräge nervöser, überhastender Tätigkeit auch dem Fortschritt der Wissenschaft aufgeprägt. Namentlich die Entwicklung der Naturwissenschaft in neuerer Zeit gleicht mehr der einer modernsten amerikanischen Stadt, die in wenigen Dezennien vom Dorfe zur Millionenstadt wird.

Man hat wohl mit Recht Leibniz als den letzten bezeichnet, der noch imstande war, das gesamte Wissen seiner Zeit in einem einzigen Menschenkopf zu vereinigen. Allerdings hat es auch in neuerer Zeit nicht an Männern gefehlt, welche durch den enormen Umfang ihrer Kenntnisse in Staunen setzten. Ich erwähne da nur Helmholtz, welcher vier verschiedene Wissenszweige, die Philosophie, Mathematik, Physik und Physiologie, mit gleicher Meisterschaft beherrschte. Allein das waren doch nur einzelne, mehr oder minder verwandte Zweige des gesamten menschlichen Wissens; dieses reicht viel, viel weiter.

Die Folge dieser enormen, in rapidem Wachstum begriffenen Ausdehnung unserer positiven Kenntnisse war eine bis ins kleinste Detail gehende Arbeitsteilung in der Wissenschaft, welche fast schon an die in einer modernen Fabrik erinnert, wo der eine nichts als das Abmessen, der zweite das Schneiden, der dritte das Einschmelzen der Kohlenfäden zu besorgen hat etc. Gewiß ist eine derartige Arbeitsteilung dem raschen Fortschritt der Wissenschaft enorm förderlich, ja für denselben geradezu unentbehrlich; aber ebenso gewiß birgt sie auch große Gefahren. Der für jede ideale, auf die Entdeckung von wesentlich Neuem, ja nur wesentlich neuen Verbindungen der alten Gedanken gerichtete Tätigkeit unerläßliche Überblick über das Ganze geht dabei verloren. Um diesem Übelstand nach Möglichkeit zu begegnen, ist es wohl nützlich, wenn von Zeit zu Zeit ein einzelner mit dieser wissenschaftlichen Detailarbeit Beschäftigter einem größeren, wissenschaftlich gebildeten Publikum einen Überblick über die Entwicklung desjenigen Wissenszweiges zu geben sucht, den er bearbeitet.

Es ist dies mit nicht geringen Schwierigkeiten verbunden. Die schier endlos lange Reihe von Schlüssen oder Einzelversuchen, deren Ziel irgend ein Resultat bildet, ist nur für denjenigen übersichtlich und leicht verständlich, der sich das Durchwandern gerade dieser Vorstellungsreihen zur Lebensaufgabe gemacht hat. Dazu kommt noch, daß sich zur Abkürzung der Ausdrucksweise und Erleichterung der Übersicht überall die Einführung einer sehr großen Zahl neuer Bezeichnungen und gelehrter Wörter als nützlich erwies. Der Vortragende kann nun einerseits nicht durch Erklärung aller dieser neuen Begriffe die Geduld seiner Zuhörer schon erschöpfen, bevor er zu seinem eigentlichen Gegenstand kommt, und andererseits ohne dieselben sich nur schwer und unbehilflich verständlich machen. Auch darf die populäre Darstellung nie als Hauptsache betrachtet werden. Dies würde zu einer Verflachung der Strenge der Schlüsse und zum Aufgeben jener Exaktheit führen, welche zum Epitheton der Naturwissenschaft, und zwar zu ihrem nicht geringen Stolze, geworden ist. Wenn ich daher zum Thema meines gegenwärtigen Vortrages eine populäre Darstellung des Entwicklungsganges der theoretischen Physik in der neueren Zeit gewählt habe, so war ich mir wohl bewußt, daß mein Ziel in der Vollkommenheit, in der es meinem Geiste vorschwebt, nicht erreichbar ist, und daß ich nur das allgemein Wichtigste in rohen Umrissen werde zeichnen können, während ich hie und da wieder durch den der Vollständigkeit halber nötigen Vortrag von allzu Bekanntem werde Anstoß erregen müssen.

Die Hauptursache des rapiden Fortschrittes der Naturwissenschaft in der letzten Zeit liegt unzweifelhaft in der Auffindung und Vervollkommnung einer besonders geeigneten Forschungsmethode. Auf experimentellem Gebiet arbeitet dieselbe oft geradezu automatisch weiter, und der Forscher braucht nur gewissermaßen stets neues Material aufzulegen, wie der Weber neues Garn auf den mechanischen Webstuhl. So braucht der Physiker nur immer neue Substanzen auf ihre Zähigkeit, ihren elektrischen Widerstand etc. zu untersuchen, dann dieselben Bestimmungen bei der Temperatur des flüssigen Wasserstoffes, dann wieder des Moissanschen Ofens zu wiederholen, und ähnlich geht es bei manchen Aufgaben der Chemie. Freilich gehört immer noch genug Scharfsinn dazu, immer gerade die Versuchsbedingungen zu finden, unter denen die Sache geht.

Nicht ganz so einfach steht es mit den Methoden der theoretischen Physik; doch kann auch da in gewissem Sinne von einem automatischen Fortarbeiten gesprochen werden.

Diese hohe Bedeutung der richtigen Methode erklärt es, daß man bald nicht bloß über die Dinge nachdachte, sondern auch über die Methode unseres Nachdenkens selbst; es entstand die sogenannte Erkenntnistheorie, welche trotz eines gewissen Beigeschmacks der alten, nun verpönten Metaphysik für die Wissenschaft von größter Bedeutung ist.

Die Fortentwicklung der wissenschaftlichen Methode ist sozusagen das Skelett, das den Fortschritt der gesamten Wissenschaft trägt; deshalb will ich im folgenden die Entwicklung der Methoden in den Vordergrund stellen und gewissermaßen bloß zu ihrer Erläuterung die erzielten wissenschaftlichen Resultate einflechten. Letztere sind ja ihrer Natur nach leichter verständlich und allgemeiner bekannt, während gerade der methodische Zusammenhang am meisten der Erläuterung bedarf.

Einen besonderen Reiz gewährt es, an die historische Darstellung einen Ausblick auf die Entwicklung der Wissenschaft in einer Zukunft zu knüpfen, welche zu erleben uns kraft der Kürze des Menschendaseins versagt ist. In dieser Beziehung will ich schon im voraus gestehen, daß ich nur Negatives bieten werde. Ich werde mich nicht vermessen, den Schleier zu heben, der die Zukunft umhüllt; dagegen will ich Gründe darlegen, welche wohl geeignet sein dürften, vor gewissen, allzu raschen Schlüssen auf die zukünftige Entwicklung der Wissenschaft zu warnen.

Betrachten wir den Entwicklungsgang der Theorie näher, so fällt zunächst auf, daß derselbe keineswegs so stetig erfolgt, als man wohl erwarten würde, daß er vielmehr voll von Diskontinuitäten ist und wenigstens scheinbar nicht auf dem einfachsten, logisch gegebenen Wege erfolgt. Gewisse Methoden ergaben oft noch soeben die schönsten Resultate, und mancher glaubte wohl, daß die Entwicklung der Wissenschaft bis ins Unendliche in nichts anderem, als ihrer stetigen Anwendung bestehen würde. Im Gegensatz hierzu zeigen sie sich plötzlich erschöpft und man ist bestrebt, ganz neue, disparate aufzusuchen. Es entwickelt sich dann wohl ein Kampf zwischen den Anhängern der alten Methoden und den Neuerern. Der Standpunkt der ersteren wird von ihren Gegnern als ein veralteter, überwundener bezeichnet, während sie selbst wieder die Neuerer als Verderber der echten klassischen Wissenschaft schmähen. Es ist dies übrigens ein Prozeß, der keineswegs auf die theoretische Physik beschränkt ist, vielmehr in der Entwicklungsgeschichte aller Zweige menschlicher Geistestätigkeit wiederzukehren scheint. So glaubte vielleicht mancher zu den Zeiten Lessings, Schillers und Goethes, daß durch stete Weiterentwicklung der von diesen Meistern gepflegten idealen Dichtungsweise für die dramatische Literatur aller Zeiten gesorgt sei, während heutzutage total verschiedene

Methoden dramatischer Dichtung gesucht werden und die rechte vielleicht noch gar nicht gefunden ist.

In ganz ähnlicher Weise stehen der alten Malschule die Impressionisten, Sezessionisten, Pleine-airisten, steht der klassischen Tonkunst die Zukunftsmusik gegenüber. Letztere ist doch nicht schon wieder veraltet? Wir werden uns daher nicht mehr wundern, daß die theoretische Physik keine Ausnahme von diesem allgemeinen Entwicklungsgesetz ist.

Gestützt auf die Vorarbeiten zahlreicher genialer Naturphilosophen, hatten Galilei und Newton ein Lehrgebäude geschaffen, welches als der eigentliche Anfang der theoretischen Physik bezeichnet werden muß. Newton fügte demselben mit besonderem Erfolg die Theorie der Bewegung der Himmelskörper ein. Er betrachtete dabei jeden derselben als einen mathematischen Punkt, wie ja auch besonders die Fixsterne in der Tat in erster Annäherung der Beobachtung erscheinen. Zwischen je zweien sollte eine in die Richtung ihrer Verbindungslinie fallende, dem Quadrate ihres Abstandes verkehrt proportionale Anziehungskraft wirken. Indem er eine das gleiche Gesetz befolgende Kraft auch zwischen je zwei Massenteilchen eines beliebigen Körpers wirksam dachte und im übrigen die Bewegungsgesetze anwandte, welche er aus den Beobachtungen an irdischen Körpern abgeleitet hatte, gelang es ihm, die Bewegung sämtlicher Himmelskörper, die Schwere, Ebbe und Flut und alle einschlägigen Erscheinungen aus demselben Gesetz abzuleiten.

Im Hinblick auf diese großen Erfolge waren Newtons Nachfolger bestrebt, die übrigen Naturerscheinungen ganz nach der Methode Newtons lediglich unter passenden Modifikationen und Erweiterungen zu erklären. Unter Benutzung einer alten, schon von Demokrit herrührenden Hypothese dachten sie sich die Körper als Aggregate sehr zahlreicher materieller Punkte, der Atome. Zwischen je zweien derselben sollte außer der Newtonschen Anziehung noch eine Kraft wirken, welche man sich in gewissen Entfernungen abstoßend, in anderen anziehend dachte, wie es eben zur Erklärung der Erscheinungen am geeignetsten schien.

Die Rechnung hatte nun das sogenannte Prinzip der Erhaltung der lebendigen Kraft ergeben. Jedesmal, wenn eine gewisse Arbeit geleistet wird, d.h. wenn der Angriffspunkt einer Kraft eine bestimmte Strecke in der Richtung der Kraftwirkung zurücklegt, muß eine bestimmte Menge von Bewegung entstehen, deren Quantität durch einen mathematischen Ausdruck gemessen wird, den man lebendige Kraft nennt. Genau diese Bewegungsquantität kommt nun wirklich zum Vorschein, sobald die Kraft alle Teilchen eines Körpers gleichmäßig angreift, z.B. beim freien Fall, dagegen immer weniger, wenn nur einige Teilchen von den Kräften affiziert werden, andere nicht, wie bei der Reibung, beim Stoße. Bei allen Prozessen der letzteren Art entsteht dafür Wärme. Man machte daher die Hypothese, daß die Wärme, welche man früher für einen Stoff gehalten hatte, nichts anderes sei, als eine unregelmäßige Relativbewegung der kleinsten Teilchen der Körper gegeneinander, welche man nicht direkt sehen kann, da man ja diese Teilchen selbst nicht sieht, welche sich aber den Teilchen unserer Nerven mitteilt und dadurch das Wärmegefühl erzeugt.

Die Konsequenz der Theorie, daß die erzeugte Wärme immer genau der verlorenen lebendigen Kraft proportional sein muß, was man den Satz der Äquivalenz der lebendigen Kraft und Wärme nennt, bestätigte sich. Man setzte weiter voraus, daß in den festen Körpern jedes Teilchen um eine bestimmte Ruhelage schwingt und die Konfiguration dieser Ruhelagen eben die feste Gestalt des Körpers bestimmt. In den tropfbaren Flüssigkeiten sind die Molekularbewegungen so lebhaft, daß die Teilchen nebeneinander vorbeikriechen: die Verdampfung aber entsteht durch die gänzliche Lostrennung der Teilchen von der Oberfläche der Körper, so daß in den Gasen und Dämpfen die Teilchen größtenteils geradlinig, wie abgeschossene Flintenkugeln, fortfliegen. So erklärte sich das Vorkommen der Körper in den drei Aggregatzuständen, sowie viele Tatsachen der Physik und Chemie ungezwungen. Aus zahlreichen Eigenschaften der Gase folgt freilich, daß deren Moleküle keine materiellen Punkte sein können. Man setzte daher voraus, daß sie Komplexe solcher seien, vielleicht noch umgeben von Ätherhüllen.

Außer den die Körper zusammensetzenden ponderablen Atomen nahm man nämlich noch das Vorhandensein eines zweiten, aus weit feineren Atomen bestehenden Stoffes, des Lichtäthers, an und konnte durch regelmäßige Transversalwellen des letzteren fast alle Lichterscheinungen erklären, die früher Newton der Emanation besonderer Lichtteilchen zugeschrieben hatte. Einige Schwierigkeiten blieben freilich noch, wie das gänzliche Fehlen longitudinaler Wellen im Lichtäther, welche doch in allen ponderablen Körpern nicht nur vorkommen, sondern dort geradezu die Hauptrolle spielen.

Unsere Kenntnis von Tatsachen auf dem Gebiet der Elektrizität und des Magnetismus war durch Galvani, Volta, Oersted, Ampère und viele andere enorm erweitert und durch Faraday zu einem gewissen Abschluß gebracht worden. Letzterer hatte mit verhältnismäßig geringen Mitteln eine solche Fülle neuer Tatsachen gefunden, daß es lange schien, als ob sich die Zukunft nur noch auf die Erklärung und praktische Anwendung aller dieser Entdeckungen werde beschränken müssen.

Als Ursache der Erscheinungen des Elektromagnetismus hatte man sich schon lange besondere elektrische und magnetische Flüssigkeiten gedacht. Ampère gelang die Erklärung des Magnetismus durch molekulare elektrische Ströme, wodurch die Annahme magnetischer Flüssigkeiten entbehrlich wurde, und Wilhelm Weber vollendete die Theorie der elektrischen Fluida, indem er sie so ergänzte, daß alle bis dahin bekannten Erscheinungen des Elektromagnetismus daraus in einfacher Weise erklärbar waren. Er dachte sich zu diesem Behufe die elektrischen Fluida geradeso aus kleinsten Teilchen bestehend, wie die ponderablen Körper und den Lichtäther, und zwischen den Elektrizitätsteilchen auch ganz analoge Kräfte wirkend, wie zwischen denen der übrigen Stoffe, nur mit der unwesentlichen Modifikation, daß die zwischen je zwei Elektrizitätsteilchen wirkenden Kräfte auch von ihrer relativen Geschwindigkeit und Beschleunigung abhängen sollten.

Während man daher in den ersten Zeiten außer dem greifbaren Stoff noch einen Wärmestoff, Lichtstoff, zwei magnetische, zwei elektrische Fluida etc. angenommen hatte, reichte man jetzt mit dem ponderablen Stoff, dem Lichtäther und den elektrischen Flüssigkeiten aus. Jeden dieser Stoffe dachte man sich bestehend aus Atomen, und die Aufgabe der Physik schien sich für alle Zukunft darauf zu reduzieren, das Wirkungsgesetz der zwischen je zwei Atomen tätigen Fernkraft festzustellen und dann die aus allen diesen Wechselwirkungen folgenden Gleichungen unter den entsprechenden Anfangsbedingungen zu integrieren.

Dies war die Entwicklungsstufe der theoretischen Physik beim Beginn meiner Studien. Was hat sich seitdem alles verändert! Fürwahr, wenn ich auf alle diese Entwicklungen und Umwälzungen zurückschaue, so erscheine ich mir wie ein Greis an Erlebnissen auf wissenschaftlichem Gebiet! Ja, ich möchte sagen, ich bin allein übrig geblieben von denen, die das Alte noch mit voller Seele umfaßten, wenigstens bin ich der einzige, der noch dafür, soweit er es vermag, kämpft. Ich betrachte es als meine Lebensaufgabe, durch möglichst klare, logisch geordnete Ausarbeitung der Resultate der alten klassischen Theorie, soweit es in meiner Kraft steht, dazu beizutragen, daß das viele Gute und für immer Brauchbare, das meiner Überzeugung nach darin enthalten ist, nicht einst zum zweiten Mal entdeckt werden muß, was nicht der erste Fall dieser Art in der Wissenschaft wäre.

Ich stelle mich Ihnen daher vor als einen Reaktionär, einen Zurückgebliebenen, der gegenüber den Neuerern für das Alte, Klassische schwärmt; aber ich glaube, ich bin nicht borniert, nicht blind gegen die Vorzüge des Neuen, dem im folgenden Teile meines Vortrages Gerechtigkeit widerfahren soll, soweit mir dies möglich ist; denn ich weiß wohl, daß ich, wie jeder, die Dinge durch meine Brille subjektiv gefärbt sehe.

Der erste Angriff auf das geschilderte wissenschaftliche System erfolgte gegen dessen schwächste Seite, die Webersche Theorie der Elektrodynamik. Diese ist gewissermaßen die Blüte der Geistesarbeit dieses genialen Forschers, der sich durch seine zahlreichen, in den elektrodynamischen Maßbestimmungen und anderwärts niedergelegten Ideen und experimentellen Resultate die unsterblichsten Verdienste um die Elektrizitätslehre erworben hat. Sie trägt jedoch bei allem Scharfsinn und aller mathematischen Feinheit so sehr das Gepräge des Gekünstelten, daß wohl stets nur wenige begeisterte Anhänger an ihre unbedingte Richtigkeit glaubten. Gegen sie wandte sich Maxwell unter rückhaltlosester Anerkennung der Verdienste Webers.

Die Arbeiten Maxwells kommen hier für uns in zweifacher Weise in Betracht: 1. der erkenntnistheoretische Teil derselben, 2. der speziell physikalische. In erster Beziehung warnte Maxwell davor, eine Naturanschauung bloß aus dem Grunde für die einzig richtige zu halten, weil sich eine Reihe von Konsequenzen derselben in der Erfahrung bestätigt hat. Er zeigt an vielen Beispielen, wie sich oft eine Gruppe von Erscheinungen auf zwei total verschiedene Arten erklären läßt. Beide Erklärungsarten stellen die ganze Erscheinungsgruppe gleich gut dar. Erst wenn man neuere, bis dahin unbekannte Erscheinungen zuzieht, zeigt sich der Vorzug der einen vor der anderen Erklärungsart, welche ersterer aber vielleicht nach Entdeckung weiterer Tatsachen einer dritten wird weichen müssen.

Während vielleicht weniger die Schöpfer, als besonders die späteren Vertreter der alten klassischen Physik prätendierten, durch diese die wahre Natur der Dinge erkannt zu haben, so wollte Maxwell seine Theorie als ein bloßes Bild der Natur aufgefaßt wissen, als eine mechanische Analogie, wie er sagte, welche im gegenwärtigen Augenblick die Gesamtheit der Erscheinungen am einheitlichsten zusammenzufassen gestattet. Wir werden sehen, wie einflußreich diese Stellungnahme Maxwells auf die weitere Entwicklung der Theorie wurde. Maxwell verhalf diesen theoretischen Ideen sofort zum Sieg durch seine praktischen Erfolge.

Wir sahen, daß alle damals bekannten elektromagnetischen Erscheinungen erklärt waren durch die Webersche Theorie, welche die Elektrizität aus Teilchen bestehen ließ, die ohne alle Vermittlung direkt in beliebigen Entfernungen aufeinander wirken. Angeregt durch die Ideen Faradays, entwickelte nun Maxwell eine vom entgegengesetzten Standpunkt ausgehende Theorie. Nach dieser wirkt jeder elektrische oder magnetische Körper nur auf die unmittelbar benachbarten Teilchen eines den ganzen Raum erfüllenden Mediums, diese dann wieder auf die anliegenden Teilchen des Mediums, bis sich die Wirkung zum nächsten Körper fortgepflanzt hat.

Die bisher bekannten Erscheinungen wurden von beiden Theorien gleich gut erklärt; aber die Maxwellsche griff über die alte Theorie hinaus. Nach der ersteren mußten, sobald es nur gelang, genügend rasch verlaufende Elektrizitätsbewegungen zu erzeugen, durch diese im Medium Wellenbewegungen hervorgerufen werden, welche genau die Gesetze der Lichtwellenbewegung befolgen. Maxwell vermutete daher, daß in den Teilchen leuchtender Körper beständig rapide Elektrizitätsbewegungen vor sich gehen, und daß die hierdurch im Medium erregten Schwingungen eben das Licht sind. Das die elektromagnetischen Wirkungen vermittelnde Medium wird dadurch identisch mit dem schon früher erforderlichen Lichtäther, und wir können ihm daher wohl wieder diesen Namen beilegen, obwohl es vielfach andere Eigenschaften haben muß, um zur Vermittlung des Elektromagnetismus tauglich zu sein.

Warum man bei den bisherigen Versuchen über Elektrizität keine derartigen Schwingungen bemerken konnte, läßt sich vielleicht in folgender Weise anschaulich machen.

Wir wollen die flache Hand an ein ruhendes Pendel anlegen, langsam senkrecht zur Pendelstange, das Pendel hebend, nach derjenigen Seite bewegen, wo dieses naheliegt, dann wieder zurück und schließlich nach der anderen Seite ganz entfernen. Das Pendel macht, der Hand folgend, eine halbe Schwingung, aber es schwingt nicht weiter, weil die ihm erteilte Geschwindigkeit zu klein ist. Ein anderes Beispiel! Die Theorie nimmt an, daß beim Zupfen einer Saite ein Punkt der Saite aus der Ruhelage entfernt und dann plötzlich die ganze Saite sich selbst überlassen wird. Ich glaubte das als Student nicht, sondern meinte, der Zupfende müsse der Saite noch einen besonderen Stoß erteilen; denn wenn ich die Saite zuerst mit dem Finger ausbog und dann diesen in der Richtung, in der die Saite schwingen sollte, rasch entfernte, blieb diese stumm. Ich übersah, daß ich den Finger im Verhältnis zur Raschheit der Saitenschwingungen viel zu langsam bewegte und so diese selbst aufhielt.

Gerade so wurden bei den bisherigen Versuchen die elektrischen Zustände im Vergleich mit der enormen Fortpflanzungsgeschwindigkeit der Elektrizität, immer verhältnismäßig viel zu langsam in andere übergeführt. Hertz fand nun nach mühevollen Vorversuchen, deren leitenden Gedankengang er selbst in der unbefangensten Weise schildert, gewisse Versuchsbedingungen, unter denen elektrische Zustände so rasch periodisch geändert werden, daß beobachtbare Wellen entstehen. Wie alles Geniale sind dieselben äußerst einfach. Trotzdem kann ich hier selbstverständlich auch auf diese einfachen experimentellen Einzelheiten nicht eingehen. Die so von Hertz unzweifelhaft durch elektrische Entladungen erzeugten Wellen unterscheiden sich, wie Maxwell vorausgesagt hatte, qualitativ nicht im mindesten von den Lichtwellen. Aber wie groß ist der quantitative Unterschied!

Wie beim Schall die Tonhöhe, so wird beim Licht bekanntlich die Farbe durch die Schwingungszahl bestimmt. Im sichtbaren Licht sind etwa 400 Billionen Schwingungen in der Sekunde im äußersten Rot, 800 Billionen im äußersten Violett die extremsten Schwingungszahlen. Man hatte schon lange ganz gleichartige Ätherwellen entdeckt, wobei bis etwa 20mal weniger als im äußersten Rot und bis etwa 3mal so viel Schwingungen in der Sekunde als im äußersten Violett erfolgen. Sie sind für das Auge unsichtbar; aber die ersteren, die ultravioletten, durch chemische und phosphoreszenzerzeugende Wirkung erkennbar. In den von Hertz durch wirkliche Entladung erzeugten Wellen erfolgten in der Sekunde nicht mehr als etwa 1000 Millionen Schwingungen, und Hertz' Nachfolger kamen bis etwa auf das Hundertfache.

Daß Schwingungen, die im Verhältnis zu den Lichtschwingungen so langsam geschehen, nicht direkt mit dem Auge gesehen werden können, ist selbstverständlich. Hertz wies sie durch mikroskopisch kleine Fünkchen nach, die sie sogar in großen Entfernungen in passend geformten Leitern erzeugen. Letztere könnte man daher als Augen für Hertzsche Schwingungen bezeichnen. Mit diesen Mitteln bestätigte Hertz die Maxwellsche Theorie bis ins kleinste Detail und, wiewohl man versuchte, auch aus der Fernwirkungstheorie zu elektrischen Schwingungen zu gelangen, so war doch die Überlegenheit der Maxwellschen Theorie bald niemandem mehr zweifelhaft, ja wie Pendel nach der entgegengesetzten Seite über die Ruhelage hinausgehen, so sprachen schließlich die Extremsten von der Verfehltheit aller Anschauungen der alten klassischen Theorie der Physik. Doch davon später! Vorher wollen wir noch ein wenig bei diesen glänzenden Entdeckungen verweilen.

Von den schon vor Hertz bekannten verschiedenen Ätherwellen gehen, wie man längst wußte, die einen durch diese, die anderen durch jene Körper leichter hindurch. So läßt wässerige Alaunlösung alle sichtbare, aber nur wenig ultrarote Strahlung hindurch, welche dafür eine für sichtbares Licht völlig undurchlässige Lösung von Jod in Schwefelkohlenstoff mit Leichtigkeit durchdringt. Die Hertzschen Wellen durchdringen fast alle Körper mit Ausnahme der Metalle und Elektrolyte. Wenn daher Marconi an einem Ort sehr kurze Hertzsche Wellen erregte und an einem viele Kilometer entfernten mit einer passenden Modifikation des Apparates, den wir Auge für Hertzsche Wellen genannt haben, in Morsezeichen umsetzte, so konstruierte er eigentlich nichts anderes als einen gewöhnlichen optischen Telegraphen; nur daß er statt Wellen von etwa 500 Billionen solche von ungefähr dem zehnten Teil einer Billion von Schwingungen in der Sekunde anwandte. Dies hat den Vorteil, daß die letzteren Wellen durch Nebel, ja selbst Gestein fast ungeschwächt hindurchgehen. Einen Berg von gediegenem Metall oder einen Nebel von Quecksilbertröpfchen würden sie so wenig durchdringen, wie das sichtbare Licht einen gewöhnlichen Berg oder Nebel.

Die Mannigfaltigkeit der uns bekannten Strahlenarten wurde noch vermehrt durch die mit Recht so gefeierte Entdeckung der Röntgenstrahlen. Diese durchdringen alle Körper, auch die Metalle; letztere sowie metallhaltige Körper, wie die kalziumhaltigen Knochen, aber unter erheblicher Schwächung. Die an allen früher besprochenen Strahlen nachgewiesenen Erscheinungen der Polarisation, Interferenz und Beugung konnten an ihnen noch nicht beobachtet werden. Wären sie wirklich jeder Polarisation unfähig, so müßten es, wenn überhaupt Wellen, longitudinale sein; aber es muß selbst die Möglichkeit offen gelassen werden, daß sie auch der Interferenz unfähig, also überhaupt keine Wellen sind, weshalb man vorsichtig von Röntgenstrahlen, nicht von Röntgenwellen spricht. Würde einst ein sie polarisierender Körper entdeckt, so spräche dies dafür, daß sie qualitativ dem Licht gleich sind; sie müßten aber noch viel, viel kleinere Schwingungsdauer haben, als selbst das äußerste Ultraviolett oder vielleicht nur, wie einige Physiker glauben, aus rasch sich folgenden Stoßwellen bestehen.

Im Hinblick auf diese enorme Mannigfaltigkeit von Strahlen möchten wir fast mit dem Schöpfer darüber rechten, daß er unser Auge nur für einen so winzigen Bereich derselben empfindlich gemacht hat. Es geschähe dies hier wie immer mit Unrecht; denn überall wurde dem Menschen nur ein kleiner Bereich eines großen Naturganzen direkt geoffenbart und dafür dessen Verstand befähigt, die Erkenntnis des übrigen durch eigene Anstrengung zu erringen.

Wären die Röntgenstrahlen wirklich longitudinale Wellen des Lichtäthers, was zu glauben ihr Entdecker gleich anfangs sehr geneigt war, und was noch bis heute durch keine einzige Tatsache widerlegt ist, so läge uns da ein eigentümlicher, in der Wissenschaft nicht einzig dastehender Fall vor. Die klassische theoretische Physik hatte ihre Ansicht über die Beschaffenheit des Lichtäthers vollkommen fertig. Nur eins fehlte noch, wie man glaubte, zur unumstößlichen Bestätigung ihrer Richtigkeit, nämlich die longitudinalen Ätherwellen; diese aber konnte man um keinen Preis finden. Jetzt, da bewiesen ist, daß der Lichtäther einen wesentlich anderen Bau haben muß, da er ja auch Vermittler der elektrischen und magnetischen Wirkungen ist, jetzt, da die alte Ansicht über die Beschaffenheit des Lichtäthers abgetan ist, kommt man post festum ihrer ersehnten Bestätigung, der Entdeckung von Longitudinalwellen, im Äther so nahe.

Ähnlich ging es mit der Weberschen Theorie der Elektrodynamik. Diese basiert, wie wir sahen, auf der Annahme, daß die Wirkung elektrischer Massen von deren Relativbewegung abhängt, und gerade zur Zeit, als die Unzulänglichkeit der Weberschen Theorie definitiv bewiesen wurde, fand Rowland in Helmholtz' Laboratorium durch einen direkten Versuch, daß bewegte Elektrizitäten anders als ruhende wirken. In früherer Zeit wäre man wohl geneigt gewesen, dies für einen direkten Beweis der Richtigkeit der Weberschen Theorie zu halten. Heute weiß man, daß es kein Experimentum crucis ist, daß es vielmehr ebenso aus der Maxwellschen Theorie folgt.

Ferner folgt aus einer Modifikation der Weberschen Theorie, daß nicht bloß die stromführenden Leiter, sondern auch die Ströme in diesen selbst durch den Magneten abgelenkt werden müssen. Auch diese Erscheinung, welche man lange vergebens gesucht hatte, wurde von dem amerikanischen Physiker Hall zu einer Zeit aufgefunden, wo sich die Anhänger der Weberschen Theorie wegen vorangegangener weit größerer Niederlagen längst des Triumphes nicht mehr freuen konnten.

Solche Erscheinungen beweisen, wie vorsichtig man sein muß, wenn man in der Bestätigung einer Konsequenz einen Beweis für die unbedingte Richtigkeit einer Theorie erblicken will. Nach Maxwells Anschauung stimmen eben oft Bilder, welche in vielen Fällen der Natur angepaßt wurden, automatisch auch noch in manchen anderen, woraus aber noch nicht die Übereinstimmung in allen folgt. Andererseits zeigen diese Erscheinungen, daß auch eine falsche Theorie nützlich sein kann, wenn sie nur Anregung zu neuartigen Versuchen in sich birgt.

Durch die angeführten Entdeckungen von Hertz, Röntgen, Rowland, Hall war bewiesen, daß Faraday doch auch seinen Nachfolgern noch etwas zu finden übriggelassen hat. Hieran schließen sich noch manche andere Entdeckungen der neuesten Zeit, von denen hier nur die Zeemans vom Einfluß des Magnetismus auf das ausgesandte Licht und die vom korrespondierenden Einfluß auf die Lichtabsorption erwähnt werden mögen. Alle diese Erscheinungen, von denen viele von Faraday gesucht wurden, konnten mit den damaligen Mitteln absolut nicht beobachtet werden. Hat daher oft das Genie mit den kleinsten Mitteln das Größte geleistet, so sieht man hier umgekehrt, daß zu manchen Leistungen der Menschengeist doch erst durch die gegenwärtige enorme Vervollkommnung der Beobachtungsapparate und Experimentiertechnik befähigt wird.

Die meisten der geschilderten ganz neuartigen Erscheinungen sind bis jetzt erst in ihren ersten Grundzügen bekannt. Die Erforschung ihrer Einzelheiten, ihrer Beziehungen untereinander und zu allen anderen bekannten Erscheinungen, mit einiger Übertreibung möchte ich sagen, ihre Einlage in den mechanisch-physikalischen Webstuhl,

eröffnet für die Zukunft ein fast unermeßlich scheinendes
Arbeitsfeld. Die reichen, schon im Beginn erzielten praktischen Erfolge (Röntgenphotographie, Telegraphie ohne
Draht, Radiotherapie) lassen die praktische Ausbeute ahnen, welche die sonst immer allein erst praktisch fruchtbare
Detailforschung bringen wird. Die Theorie aber wurde aus
ihrer Ruhe aufgeschreckt, in der sie schon fast alles erkannt
zu haben glaubte, und es gelang bis heute noch nicht, die
neuen Erscheinungen in ein so einheitliches Lehrgebäude
zusammenzufassen, wie es das alte gewesen war; vielmehr
ist heute noch alles im Schwanken und in Gärung begriffen.

Diese Verwirrung wurde durch das Zusammenwirken mancher anderer Umstände mit den genannten vermehrt. Es
sind da zunächst gewisse philosophische Bedenken gegen
die Grundlagen der Mechanik zu erwähnen, welche am
deutlichsten durch Kirchhoff ausgesprochen wurden. Man
hatte in die alte Mechanik unbedenklich den Dualismus
zwischen Kraft und Stoff eingeführt. Die Kraft betrachtete
man als ein besonderes Agens neben der Materie, welches
die Ursache aller Bewegung ist; ja man stritt sogar ab und
zu, ob die Kraft ebenso wie die Materie existiere oder eine
Eigenschaft der letzteren sei, oder ob umgekehrt die Materie als Produkt der Kraft angesehen werden müsse.

Kirchhoff war weit entfernt, diese Fragen beantworten
zu wollen, er hielt jedenfalls die ganze Art der Fragestellung für unzweckmäßig und nichtssagend. Um sich aber jedes Urteils über den Wert solcher metaphysischer Betrachtungen enthalten zu können, erklärte er, alle diese dunklen
Begriffe ganz vermeiden und die Aufgabe der Mechanik
auf die einfachste, unzweideutigste Beschreibung der Bewegung der Körper beschränken zu wollen, ohne sich um
die metaphysische Ursache derselben zu kümmern. In seiner Mechanik ist daher bloß von materiellen Punkten und
den mathematischen Ausdrücken die Rede, durch welche
die Bewegungsgesetze der ersteren formuliert werden; der
Begriff der Kraft fehlt vollständig. Hatte einst Napoleon in

der Kapuzinergruft zu Wien gerufen: »Alles ist eitel mit Ausnahme der Kraft«, so strich jetzt Kirchhoff auf einer Druckseite die Kraft aus der Natur, jenen deutschen Professor beschämend, von dem Karl Moor erzählt, daß er sich vermaß, trotz seiner Schwäche auf seinem Katheder das Wesen der Kraft zu behandeln, aber doch nicht diese zu vernichten.

Kirchhoff hat selbst das Wort Kraft später wieder eingeführt, aber nicht als metaphysischen Begriff, sondern bloß als abgekürzte Bezeichnung für gewisse algebraische Ausdrücke, welche bei der Beschreibung der Bewegung beständig vorkommen. Später hat man wohl diesem Wort öfter wieder, besonders im Hinblick auf die Analogie mit der für den Menschen so geläufigen Muskelanstrengung, eine erhöhte Bedeutung vindiziert, aber die alten dunkeln Fragestellungen und Begriffe werden wohl niemals mehr in der Naturwissenschaft wiederkehren.

Kirchhoff hatte an der alten klassischen Mechanik keine materielle Änderung vorgenommen; seine Reformation war eine rein formale. Viel weiter ging Hertz, und während fast alle späteren Autoren die Darstellungsweise Kirchhoffs nachahmten, hie und da freilich oft mehr gewisse, bei Kirchhoff stehende Ausdrucksweisen als dessen Geist, so habe ich Hertz' Mechanik zwar sehr oft preisen gehört, aber noch niemanden sah ich auf dem von Hertz gewiesenen Wege weiter wandeln.

Es ist, soviel ich weiß, noch nicht darauf hingewiesen worden, daß ein Gedanke in der Kirchhoffschen Mechanik, wenn man dessen letzte Konsequenzen zieht, direkt zu den Hertzschen Ideen führt. Kirchhoff definiert nämlich den wichtigsten Begriff der Mechanik, den der Masse, nur für den Fall, daß beliebige Bedingungsgleichungen zwischen den materiellen Punkten bestehen. In diesem Falle sieht man klar die Notwendigkeit des von Kirchhoff als Masse bezeichneten Faktors. In den anderen Fällen, wo sich die materiellen Punkte ohne Bedingungsgleichungen so bewegen, wie es den alten Kraftwirkungen entsprach, so z.B. in der Elastizitätslehre, Äromechanik etc., schwebt Kirchhoffs Massenbegriff in der Luft, und die hieraus folgende Unklarheit schwindet erst dann vollständig, wenn man die letzteren Fälle überhaupt ausschließt.

Dies tat Hertz. Die wichtigsten der Kräfte der alten Mechanik waren direkte Fernkräfte zwischen je zwei materiellen Punkten gewesen. Kirchhoff entfernte die Frage nach der metaphysischen Ursache dieser Fernwirkung aus der Mechanik; aber Bewegungen, welche genau nach denselben Gesetzen erfolgen, als ob diese Fernkräfte bestünden, ließ er zu. Nun ist man heute, wie wir sahen, überzeugt, daß die elektrischen und magnetischen Wirkungen durch ein Medium vermittelt werden. Bleibt nur noch die Gravitation, von der schon ihr Entdecker Newton annahm, daß sie wohl wahrscheinlich der Wirkung eines Mediums zuzuschreiben sei, und die Molekularkräfte. Letztere lassen sich angenähert in festen Körpern durch die Bedingung der Unveränderlichkeit der Gestalt, in tropfbarflüssigen durch die der Unveränderlichkeit des Volumens ersetzen. Die Ersetzung der Elastizität, der Expansivkraft kompressibler Flüssigkeiten, der Kristallisations- und chemischen Kräfte durch Bedingungen von einer analogen Form ist zwar bis heute noch nicht gelungen. Aber offenbar in der Voraussetzung, daß sie gelingen werde, verwirft Hertz im Gegensatz zu Kirchhoff auch jede Bewegung, die so geschieht, wie sie die alten Fernkräfte fordern und läßt bloß Bewegungen zu, für welche derartige Bedingungen bestehen, deren Form von ihm genauer mathematisch definiert wird. Das einzige, was er nebst diesen Bedingungen zum Aufbau der ganzen Mechanik noch verwendet, ist ein Bewegungsgesetz, welches einen speziellen Fall des Gaußschen Prinzips des kleinsten Zwanges darstellt.

Hat also Kirchhoff bloß die Frage nach der Ursache der Bewegungen, die man sonst den Fernkräften zuschrieb, verpönt, so merzt Hertz diese Bewegungen selbst aus und sucht die Kräfte durch Bedingungsgleichungen zu erklären, während man sonst umgekehrt die Bewegungsbedingungen aus Kräften erklärte. Hertz unterfängt sich daher in viel wahrerem Sinn als Kirchhoff, die Kraft selbst zu überwältigen. Er schuf so ein frappierend einfaches, von ganz wenigen, gewissermaßen sich logisch von selbst darbietenden Prinzipien ausgehendes System der Mechanik. Leider schloß sich im gleichen Moment sein Mund auf ewig den tausend Fragen um Erläuterungen, die gewiß nicht auf meinen Lippen allein schweben.

Man begreift nach dem Gesagten, daß sich gewisse Erscheinungen wie die freie Bewegung starrer Systeme aus Hertz' Theorie mit Leichtigkeit ergeben. Bei den übrigen Erscheinungen muß Hertz das Vorhandensein verborgener, in Bewegung begriffener Massen annehmen, durch deren Eingriff in die Bewegung der sichtbaren Massen sich erst die Gesetze der Bewegung der letzteren erklären, welche daher dem ebenfalls verborgenen, die elektromagnetischen und Gravitationswirkungen erzeugenden Medium entsprechen. Aber wie sind diese uns völlig unbekannten Massen in jedem Fall zu denken? Ja ist es überhaupt allemal möglich, durch sie zum Ziel zu gelangen? Die Struktur der ehemals gebräuchlichen Medien und auch des Maxwellschen Lichtäthers darf ihnen nicht beigelegt werden, da ja in allen diesen Medien solche Kräfte wirkend gedacht wurden, welche Hertz gerade ausschließt.

Schon in sehr einfachen mechanischen Beispielen lassen sich nur ganz unverhältnismäßig komplizierte Systeme verborgener Massen finden, welche das Problem im Sinn der Hertzschen Theorie lösen, weshalb mir der Wert der letzteren doch nur ein rein akademischer zu sein scheint.

Die Hertzsche Mechanik scheint mir daher mehr ein Programm für eine ferne Zukunft zu sein. Wenn es einst gelingen sollte, alle Naturvorgänge durch solche verborgene Bewegungen im Hertzschen Sinn in ungekünstelter Weise zu erklären, dann würde die alte Mechanik durch die Hertzsche überwunden sein. Bis dahin ist die erstere die einzige, welche alle Erscheinungen wirklich in klarer Weise darzustellen vermag, ohne Dinge beizuziehen, die nicht nur verborgen sind, sondern von denen man auch gar keine Ahnung hat, wie man sie denken soll.

Hertz hat in seinem Buch über Mechanik, ebenso wie die mathematisch-physikalischen Ideen Kirchhoffs, auch die erkenntnistheoretischen Maxwells zu einer gewissen Vollendung gebracht. Maxwell hatte die Hypothese Webers eine reale physikalische Theorie genannt, womit er sagen wollte, daß ihr Autor objektive Wahrheit dafür in Anspruch nahm, seine eigenen Ausführungen dagegen bezeichnete er als bloße Bilder der Erscheinungen. Hieran anknüpfend bringt Hertz den Physikern so recht klar zum Bewußtsein, was wohl die Philosophen schon längst ausgesprochen hatten, daß keine Theorie etwas Objektives, mit der Natur sich wirklich Deckendes sein kann, daß vielmehr jede nur ein geistiges Bild der Erscheinungen ist, das sich zu diesen verhält, wie das Zeichen zum Bezeichneten.

Daraus folgt, daß es nicht unsere Aufgabe sein kann, eine absolut richtige Theorie, sondern vielmehr ein möglichst einfaches, die Erscheinung möglichst gut darstellendes Abbild zu finden. Es ist sogar die Möglichkeit zweier ganz verschiedener Theorien denkbar, die beide gleich einfach sind und mit den Erscheinungen gleich gut stimmen, die also, obwohl total verschieden, beide gleich richtig sind. Die Behauptung, eine Theorie sei die einzig richtige, kann nur der Ausdruck unserer subjektiven Überzeugung sein, daß es kein anderes gleich einfaches und gleich gut stimmendes Bild geben könne.

Zahlreiche Fragen, die früher unergründlich schienen, entfallen hiermit von selbst. Wie kann, sagte man früher, von einem materiellen Punkt, der ein bloßes Gedankending ist, eine Kraft ausgehen, wie können Punkte zusammen Ausgedehntes liefern etc.? Jetzt weiß man, daß sowohl die materiellen Punkte als auch die Kräfte bloße geistige Bilder sind. Erstere können nicht Ausgedehntem gleich sein, aber es mit beliebiger Annäherung abbilden. Die Frage, ob die Materie atomistisch zusammengesetzt oder ein Kontinuum ist, reduziert sich auf die viel klarere, ob die Vorstellung enorm vieler Einzelwesen oder die eines Kontinuums ein besseres Bild der Erscheinungen zu liefern vermöge.

Wir sprachen zuletzt hauptsächlich über Mechanik. Eine die ganze Physik ergreifende Umwälzung wurde in Anknüpfung an das rapide Anwachsen der Bedeutung des Energieprinzips versucht. Wir erwähnten dieses Prinzip schon einmal ganz beiläufig als eine durch die Erfahrung bestätigte Konsequenz der mechanistischen Naturanschauung. Nach dieser erscheint die Energie als ein bekannter, aus schon früher eingeführten Größen (Masse, Geschwindigkeit, Kraft, Weg) in gegebener Weise zusammengesetzter mathematischer Ausdruck, bar alles Geheimnisvollen, und da sie Wärme, Elektrizität etc. als Bewegungsformen von teilweise freilich ganz unbekannter Natur ansieht, so sieht sie im Energieprinzip eine wichtige Bestätigung ihrer Schlüsse.

Wir begegnen einer Würdigung desselben übrigens schon in der ersten Kindheit der Mechanik. Leibniz sprach von der Substantialität der Kraft, worunter er die Energie meint, fast mit denselben Worten, wie die modernsten Energetiker; aber er läßt beim unelastischen Stoß aus der lebendigen Kraft Deformation, Bruch von Kohärenz und Textur, Spannung von Federn etc. entstehen; davon, daß Wärme eine Energieform sei, hat er keine Ahnung. Dubois Reymond ist daher auch sachlich vollkommen im Unrecht, wenn er in seiner Gedächtnisrede auf Helmholtz Robert Mayer nochmals zu verkleinern sucht und ihm die Priorität der Entdeckung der Äquivalenz von Wärme und mechanischer Arbeit abspricht. Letzterer bekannte sich übrigens keineswegs zur Ansicht, daß die Wärme Molekularbewegung sei, er hielt sie vielmehr für eine vollständig neue Energieform und behauptete nur ihre Äquivalenz mit der mechanischen Energie. Auch die Physiker, welche der ersteren Ansicht huldigten, vor allen Clausius, unterschieden streng zwischen den Sätzen, welche allein aus ihr folgen, der speziellen Thermodynamik, und denen, welche unabhängig von jeder Hypothese über die Natur der Wärme aus feststehenden Erfahrungstatsachen abgeleitet werden können, der allgemeinen Thermodynamik.

Während nun die spezielle Thermodynamik nach einer Reihe glänzender Resultate wegen der Schwierigkeit, die Molekularbewegungen mathematisch zu behandeln, ins Stocken geriet, erzielte die allgemeine eine Fülle von Resultaten. Man fand, daß die Temperatur dafür ausschlaggebend ist, wann und in welcher Menge sich Wärme und Arbeit ineinander umsetzen. Der Zuwachs der zugeführten Wärme stellte sich als Produkt der (sogenannten absoluten) Temperatur und des Zuwachses einer anderen Funktion dar, welche man nach Clausius' Vorgang die Entropie nennt. Aus dieser konstruierte nun besonders Gibbs neue Funktionen, wie die später als thermodynamisches Potential bei konstanter Temperatur, konstantem Druck etc. bezeichneten und gelangte mit ihrer Hilfe zu den überraschendsten Resultaten auf den verschiedensten Gebieten, so der Chemie, Kapillarität etc.

Man fand ferner, daß Gleichungen von analoger Form auch für die Verwandlung der anderen Energieformen, elektrischer, magnetischer, Strahlungsenergie etc. ineinander gelten, und daß da namentlich auch überall Zerlegungen in zwei Faktoren mit ähnlichem Erfolg vorgenommen werden können. Dies begeisterte eine Reihe von Forschern, die sich selbst Energetiker nennen, so sehr, daß sie die Notwendigkeit des Bruchs mit allen bisherigen Anschauungen lehrten, gegen die sie einwandten, der Schluß von der Äquivalenz von Wärme und lebendiger Kraft auf deren Identität sei ein Fehlschluß, als ob für diese Identität bloß der Äquivalenzsatz, nicht auch so vieles andere spräche.

Der Energiebegriff gilt der neuen Lehre als der einzig richtige Ausgangspunkt der Naturforschung. Die Zerlegbarkeit in zwei Faktoren und ein sich daran schließender Variationssatz als das Fundamentalgesetz der gesamten Natur. Jede mechanische Versinnlichung, warum die Energie gerade diese kuriosen Formen annimmt und in jeder dersel-

ben zwar ähnlichen, aber doch wieder wesentlich anderen
Gesetzen folgt, halten sie für überflüssig, sogar schädlich,
und die Physik, ja die ganze Naturwissenschaft der Zukunft
ist ihnen eine bloße Beschreibung des Verhaltens der Energie in allen ihren Formen, eine Naturgeschichte der Energie, was freilich, wenn man unter Energie überhaupt alles
Wirksame versteht, zum Pleonasmus wird.

Unzweifelhaft sind die Analogien des Verhaltens der
verschiedenen Energieformen so wichtig und interessant,
daß ihre allseitige Verfolgung als eine der schönsten Aufgaben der Physik bezeichnet werden muß; gewiß rechtfertigt
auch die Wichtigkeit des Energiebegriffs den Versuch, ihn
als ersten Ausgangspunkt zu wählen. Es muß ferner zugegeben werden, daß die Forschungsrichtung, welche ich die
klassische theoretische Physik genannt habe, hie und da zu
Auswüchsen führte, gegen welche eine Reaktion notwendig war. Jeder Nächstbeste fühlte sich berufen, einen Bau
von Atomen, Wirbeln und Verkettung derselben zu ersinnen, und glaubte damit dem Schöpfer dessen Plan definitiv
abgeguckt zu haben.

Ich weiß, wie fördernd es ist, die Probleme von den verschiedensten Seiten in Angriff zu nehmen, und mein Herz
schlägt warm für jede originelle, begeisterte wissenschaftliche Arbeit. Ich drücke daher der Sezession lebhaft die
Hand. Nur schien mir, daß sich die Energetik oft durch
oberflächliche, bloß formale Analogien täuschen ließ, daß
ihre Gesetze der in der klassischen Physik üblichen klaren
und eindeutigen Fassung, ihre Schlüsse der dort herausge-
arbeiteten Strenge entbehrten, daß sie von dem Alten manches Gute, ja für die Wissenschaft Unentbehrliche mit verwarf. Auch schien mir der Streit, ob die Materie oder Energie das Existierende sei, ein Rückfall in die alte, überwunden geglaubte Metaphysik, ein Verstoß gegen die Erkenntnis, daß alle theoretischen Begriffe Vorstellungsbilder sind.

Wenn ich in allen diesen Dingen meine Überzeugung
rückhaltlos aussprach, so glaubte ich dadurch in nützliche-
rer Weise als durch Lob mein Interesse für die Fortentwick-

lung der Lehre von der Energie zu dokumentieren. Gleichwie in der Hertzschen Mechanik, so kann ich daher auch in der Lehre der Ableitbarkeit der gesamten Physik aus dem Satz von den zwei Energiefaktoren und dem angeführten Variationssatz nur ein Ideal für ferne Zukunft erblicken. Nur diese kann die heute noch ganz unentschiedene Frage beantworten, ob ein derartiges Naturbild besser als das frühere oder gar das beste ist.

Von den Energetikern kommen wir zu den Phänomenologen, welche ich als gemäßigte Sezessionisten bezeichnen möchte. Ihre Lehre ist eine Reaktion dagegen, daß die alte Forschungsmethode die Hypothesen über die Beschaffenheit der Atome als das eigentliche Ziel der Wissenschaft, die daraus sich für sichtbare Vorgänge ergebenden Gesetze aber mehr bloß als Mittel zur Kontrolle derselben betrachtet hatte.

Dies gilt freilich nur für deren extremste Richtung. Wir sahen, daß schon Clausius streng zwischen der allgemeinen, von Molekularhypothesen unabhängigen und der speziellen Thermodynamik unterschieden hatte. Auch viele andere Physiker, z.B. Ampère, Franz Neumann, Kirchhoff, legten ihren Ableitungen keine Molekularvorstellungen zugrunde, wenn sie auch die atomistische Struktur der Materie nicht leugneten.

Eine Ableitungsweise finden wir da besonders häufig, welche ich die euklidische nennen möchte, da sie der von Euklid in der Geometrie angewandten nachgebildet ist. Es werden einige Sätze (Axiome) entweder als von selbst evident oder doch als unzweifelhaft erfahrungsmäßig feststehend vorausgestellt, aus diesen dann zunächst gewisse einfache Elementargesetze als logische Konsequenzen abgeleitet und daraus erst schließlich die allgemeinen (Integral-) Gesetze konstruiert.

Mit dieser und den molekulartheoretischen Ableitungsweisen war man bisher so ziemlich ausgelangt; anders bei Maxwells Theorie des Elektromagnetismus. Maxwell dachte sich in seinen ersten Arbeiten das den Elektromagnetismus fortpflanzende Medium ebenfalls als bestehend aus einer großen Zahl von Molekülen, wenigstens von mechanischen Individuen, den Bau derselben aber so kompliziert, daß sie nur als Hilfsmittel zur Auffindung der Gleichungen, als Schemata einer mit der tatsächlichen in gewisser Hinsicht analogen Wirkung, aber nimmermehr als endgültige Bilder des in der Natur Existierenden gelten können. Später zeigte er, daß nicht bloß diese, sondern auch viele andere Mechanismen zum Ziel führen würden, sobald dieselben nur gewisse allgemeine Bedingungen erfüllten: aber alle Bemühungen, einen bestimmten, wirklich einfachen Mechanismus zu finden, an dem alle diese Bedingungen erfüllt sind, scheiterten. Dies ebnete einer Lehre den Boden, welche ich am prägnantesten charakterisieren zu können glaube, wenn ich zum dritten Mal auf Hertz zurückkomme, dessen in der Einleitung seiner Abhandlung über die Grundgleichungen der Elektrodynamik niedergelegte Ideen für diese Lehre typisch sind.

Eine befriedigende mechanische Erklärung dieser Grundgleichungen hat Hertz nicht gesucht, wenigstens nicht gefunden; aber auch die euklidische Ableitungsweise verschmähte er. Mit Recht weist er darauf hin, daß in der Mechanik nicht die wenigen Experimente, aus denen gewöhnlich deren Grundgleichungen gewonnen werden, daß in der Elektrodynamik nicht die fünf oder sechs Fundamentalversuche Ampères es sind, was uns von der Richtigkeit aller dieser Gleichungen so fest überzeugt, sondern vielmehr ihre nachherige Übereinstimmung mit allen bisher bekannten Tatsachen. Er fällt daher das salomonische Urteil, es sei das Beste, nachdem man diese Gleichungen einmal habe, sie ohne jede Ableitung hinzuschreiben, dann mit den Erscheinungen zu vergleichen und in ihrer steten Übereinstimmung mit denselben den besten Beweis ihrer Richtigkeit zu erblicken.

Die Ansicht, deren Extrem hiermit ausgesprochen ist, fand die verschiedenste Aufnahme. Während die einen fast geneigt waren, sie für einen schlechten Witz zu halten, schien es anderen von nun als einziges Ziel der Physik, ohne jede Hypothese, ohne jede Veranschaulichung oder mechanische Erläuterung für jede Reihe von Vorgängen Gleichungen aufzuschreiben, aus denen ihr Verlauf quantitativ berechnet werden kann, so daß die alleinige Aufgabe der Physik darin bestünde, durch Probieren möglichst einfache Gleichungen zu finden, welche gewisse notwendige formale Bedingungen der Isotropie etc. erfüllen, und sie dann mit der Erfahrung zu vergleichen. Dies ist die extremste Richtung der Phänomenologie, welche ich die mathematische nennen möchte, während die allgemeine Phänomenologie jede Tatsachengruppe durch Aufzählung und naturgeschichtliche Schilderung aller dahin gehörigen Erscheinungen zu beschreiben sucht ohne Beschränkung der dazu dienlichen Mittel, aber unter Verzicht auf jede einheitliche Naturauffassung, auf jede mechanische Erläuterung oder sonstige Begründung. Letztere ist charakterisiert durch den von Mach zitierten Ausspruch, daß die Elektrizität nichts anderes ist, als die Summe aller Erfahrungen, welche wir auf diesem Gebiet schon gemacht haben und noch zu machen hoffen. Beide stellen sich die Aufgabe, die Erscheinungen darzustellen, ohne über die Erfahrung hinauszugehen.

Die mathematische Phänomenologie erfüllt zunächst ein praktisches Bedürfnis. Die Hypothesen, durch welche man zu den Gleichungen gelangt war, erwiesen sich als unsicher und dem Wandel unterworfen, die Gleichungen selbst aber, wenn sie einmal in genügend vielen Fällen erprobt waren, standen wenigstens innerhalb gewisser Genauigkeitsgrenzen fest; darüber hinaus bedurften sie freilich wieder der Ergänzung und Verfeinerung. Schon für den praktischen Gebrauch ist es daher erforderlich, das Feststehende, Gesicherte vom Schwankenden möglichst reinlich zu sondern.

Es muß auch zugegeben werden, daß der Zweck jeder Wissenschaft und daher auch der Physik, in der vollkommensten Weise erreicht wäre, wenn man Formeln gefunden hätte, mittels deren man die zu erwartenden Erscheinungen in jedem speziellen Fall eindeutig, sicher und vollkommen genau vorausberechnen könnte; allein dies ist ebenso ein unerfüllbares Ideal, wie die Kenntnis des Wirkungsgesetzes und der Anfangszustände aller Atome.

Wenn die Phänomenologie glaubte, die Natur darstellen zu können, ohne irgendwie über die Erfahrung hinauszugehen, so halte ich das für eine Illusion. Keine Gleichung stellt irgendwelche Vorgänge absolut genau dar, jede idealisiert sie, hebt Gemeinsames heraus und sieht von Verschiedenem ab, geht also über die Erfahrung hinaus. Daß dies notwendig ist, wenn wir irgend eine Vorstellung haben wollen, die uns etwas Künftiges vorauszusagen erlaubt, folgt aus der Natur des Denkprozesses selbst, der darin besteht, daß wir zur Erfahrung etwas hinzufügen und ein geistiges Bild schaffen, welches nicht die Erfahrung ist und darum viele Erfahrungen darstellen kann.

Die Erfahrung, sagt Goethe, ist immer nur zur Hälfte Erfahrung. Je kühner man über die Erfahrung hinausgeht, desto allgemeinere Überblicke kann man gewinnen, desto überraschendere Tatsachen entdecken, aber desto leichter kann man auch irren. Die Phänomenologie sollte daher nicht prahlen, daß sie die Erfahrung nicht überschreitet, nur warnen, dies in zu hohem Maße zu tun.

Auch wenn sie kein Bild für die Natur zu setzen glaubt, irrt sie. Die Zahlen, ihre Beziehungen und Gruppierungen sind geradeso Bilder der Vorgänge, wie die geometrischen Vorstellungen der Mechanik. Erstere sind nur nüchterner, für die quantitative Darstellung besser, aber dafür weniger geeignet, wesentlich neue Perspektiven zu zeigen; sie sind schlechte heuristische Wegweiser; ebenso erweisen sich alle Vorstellungen der allgemeinen Phänomenologie als Bilder der Erscheinungen. Es wird daher wohl der beste Erfolg erzielt werden, wenn man stets alle Abbildungsmittel je nach Bedürfnis verwendet, aber nicht versäumt, die Bilder auf jedem Schritt an neuen Erfahrungen zu prüfen.

Dann wird man auch nicht, wie es den Atomistikern vorgeworfen wurde, durch die Bilder geblendet, Tatsachen übersehen. Hierzu führt jede wie immer geartete Theorie, wenn sie zu einseitig betrieben wird. Es war daran weniger eine spezifische Eigentümlichkeit der Atomistik, als vielmehr der Umstand schuld, daß man noch zu wenig gewarnt war, den Bildern zu trauen. Der Mathematiker darf ebensowenig seine Formeln mit der Wahrheit verwechseln, sonst wird er in gleicher Weise geblendet. Dies sieht man an den Phänomenologen, wenn sie die vielen vom Standpunkt der speziellen Thermodynamik allein verständlichen Tatsachen nicht bemerken, an den Gegnern der Atomistik, wenn sie alles dafür Sprechende ignorieren, ja selbst an Kirchhoff, wenn er, seinen hydrodynamischen Gleichungen trauend, die Ungleichheit des Drucks an verschiedenen Stellen eines wärmeleitenden Gases für unmöglich hält.

Die mathematische Phänomenologie kehrte naturgemäß zu der dem Anschein entsprechenden Vorstellung der Kontinuität der Materie zurück. Demgegenüber machte ich darauf aufmerksam, daß die Differentialgleichungen, welche sie benützt, laut Definition bloße Grenzübergänge darstellen, welche ohne die Voranstellung des Gedankens einer sehr großen Zahl von Einzelwesen einfach sinnlos sind. Nur bei gedankenlosem Gebrauch mathematischer Symbole kann man glauben, Differentialgleichungen von atomistischen Vorstellungen trennen zu können. Wird man sich vollkommen darüber klar, daß die Phänomenologen versteckt im Gewand der Differentialgleichungen ebenfalls von atomartigen Einzelwesen ausgehen, die sie allerdings für jede Erscheinungsgruppe anders, bald mit diesen, bald mit jenen Eigenschaften in kompliziertester Weise begabt denken müssen, so wird sich bald wieder das Bedürfnis nach einer vereinfachten einheitlichen Atomistik einstellen.

Die Energetiker und Phänomenologen hatten aus der geringen gegenwärtigen Fruchtbarkeit auf den Niedergang der Molekulartheorie geschlossen. Während diese nach der Meinung einiger überhaupt nur geschadet hat, so gaben doch andere zu, daß sie früher von Nutzen war, daß nahezu alle Gleichungen, welche den mathematischen Phänomenologen jetzt der Inbegriff der Physik sind, auf molekulartheoretischem Weg gewonnen wurden; aber letztere behaupteten, daß sie jetzt, wo man diese Gleichungen bereits hat, überflüssig geworden sei. Alle schworen ihr Vernichtung. Sie wiesen auf das historische Prinzip hin, daß oft die am meisten hochgehaltenen Ansichten in kurzer Zeit durch völlig verschiedene verdrängt werden, ja, wie der heilige Remigius die Heiden, so mahnten sie die theoretischen Physiker, zu verbrennen, was man soeben noch angebetet hatte.

Allein historische Prinzipe sind mitunter zweischneidig. Gewiß zeigt die Geschichte oft unvorhergesehene Umwälzungen; gewiß ist es nützlich, die Möglichkeit im Auge zu behalten, daß das, was uns jetzt das Sicherste zu sein scheint, einmal durch etwas völlig anderes verdrängt werden kann; aber ebenso auch die Möglichkeit, daß gewisse Errungenschaften doch für alle Zeiten in der Wissenschaft bleiben werden, wenn auch in ergänzter und veränderter Form. Ja, nach dem genannten historischen Prinzip dürften die Energetiker und Phänomenologen gar nicht definitiv siegen, denn dann würde daraus sofort wieder ihr baldiger Sturz folgen.

Nach Clausius' Vorgang haben die Anhänger der speziellen Thermodynamik nie den hohen Wert der allgemeinen geleugnet; die Erfolge der letzteren beweisen daher nicht das Mindeste gegen die erstere. Es kann sich nur fragen, ob es neben diesen Erfolgen auch solche gibt, welche nur die Atomistik zu erreichen vermochte, und an solchen hat die Atomistik auch noch lange nach ihrer alten Glanzzeit viele bemerkenswerte aufzuweisen. Aus rein molekulartheoretischen Prinzipien hat van der Waals eine Formel abgeleitet, welche das Verhalten der Flüssigkeiten, der Gase und Dämpfe und der verschiedenen Übergangsformen dieser Aggregatzustände zwar nicht vollkommen genau, aber mit bewunderungswürdiger Annäherung wiedergibt und zu vielen neuen Resultaten, z.B. der Theorie der entsprechenden Zustände geführt hat. Molekulartheoretische Überlegungen zeigten gerade in neuester Zeit den Weg zu Verbesserungen dieser Formel, und es ist die Hoffnung nicht ausgeschlossen, zunächst das Verhalten der chemisch einfachsten Substanzen, namentlich Argon, Helium etc. vollkommen genau darstellen zu können, so daß also gerade die Atomistik sich dem Ideal der Phänomenologen, einer alle Körperzustände umfassenden mathematischen Formel, am meisten genähert hat. Daran schloß sich eine kinetische Theorie der tropfbaren Flüssigkeiten.

Die Atomistik hat ferner, wie sie früher Licht auf das Avogadrosche Gesetz, die Natur des Ozons etc. geworfen hatte, in neuerer Zeit wieder viel zur Versinnlichung und Ausarbeitung der Gibbsschen Dissoziationstheorie beigetragen, welche dieser zwar auf einem anderen, aber doch auf einem allgemeine molekulartheoretische Grundvorstellungen voraussetzenden Wege gefunden hatte. Sie hat die hydrodynamischen Gleichungen nicht nur neu begründet, sondern auch gezeigt, wo dieselben sowie die Gleichungen für die Wärmeleitung noch der Korrektion bedürfen. Wenn auch die Phänomenologie es sicher ebenfalls für wünschenswert hält, stets neue Versuche anzustellen, um etwa notwendige Korrektionen ihrer Gleichungen zu finden, so leistet die Atomistik hier doch viel mehr, indem sie auf bestimmte Versuche hinzuweisen gestattet, welche am ersten zur wirklichen Auffindung solcher Korrektionen Aussicht bieten.

Auch die spezifisch molekulartheoretische Lehre vom Verhältnis der beiden Wärmekapazitäten der Gase spielt gerade heute wieder eine wichtige Rolle. Clausius hatte dieses Verhältnis für die einfachsten Gase, deren Moleküle sich wie elastische Kugeln verhalten, zu $1\tfrac{2}{3}$ berechnet, ein Wert, der für keines der damals bekannten Gase zutraf, woraus er schloß, daß es so einfach gebaute Gase nicht gibt. Maxwell fand für dieses Verhältnis im Falle, daß sich die Moleküle beim Stoß wie nicht kugelige elastische Körper verhalten, den Wert 1⅓. Da aber dasselbe für die bekanntesten Gase den Wert 1,4 hat, so verwarf Maxwell seine Theorie ebenfalls. Er hatte aber den Fall übersehen, daß die Moleküle um eine Achse symmetrisch sind; dann fordert die Theorie für das in Rede stehende Verhältnis genau auch den Wert 1,4.

Der alte Clausiussche Wert 1⅔ war schon von Kundt und Warburg für Quecksilberdampf gefunden worden, aber wegen der Schwierigkeit dieses Versuches war er nie wiederholt worden und fast in Vergessenheit geraten. Da kehrte derselbe Wert 1⅔ für das Verhältnis der Wärmekapazitäten bei allen von Lord Rayleigh und Ramsay entdeckten neuen Gasen wieder, und auch alle anderen Umstände deuteten, wie dies schon beim Quecksilberdampf der Fall gewesen war, auf den von der Theorie geforderten, besonders einfachen Bau ihrer Moleküle hin. Welchen Einfluß hätte es auf die Geschichte der Gastheorie gehabt, wenn Maxwell nicht in dieses kleine Versehen verfallen wäre, oder wenn die neuen Gase schon zur Zeit der ersten Rechnung Clausius' bekannt gewesen wären? Man hätte dann gleich anfangs alle von der Theorie geforderten Werte für das Verhältnis der Wärmekapazitäten bei den einfachsten Gasen wiedergefunden.

Ich erwähne endlich noch die Beziehungen, welche die Molekulartheorie zwischen dem Entropiesatz und der Wahrscheinlichkeitsrechnung lehrt, über deren reale Bedeutung sich ja streiten läßt, von denen aber wohl kein Unbefangener leugnen wird, daß sie unseren Ideenkreis zu erweitern und Fingerzeige zu neuen Gedankenkombinationen und sogar Versuchen zu geben imstande sind.

Alle diese Leistungen und zahlreiche frühere Errungenschaften der Atomlehre können durch die Phänomenologie oder Energetik absolut nicht gewonnen werden, und ich behaupte, daß eine Theorie, welche Selbständiges, in anderer Weise nicht Gewinnbares leistet, für welche obendrein so viele andere physikalische, chemische und kristallographische Tatsachen sprechen, nicht zu bekämpfen, sondern fortzupflegen ist. Der Vorstellung über die Natur der Moleküle aber wird man den weitesten Spielraum lassen müssen. So wird man die Theorie des Verhältnisses der Wärmekapazitäten nicht aufgeben, weil sie noch nicht allgemein anwendbar ist, denn die Moleküle verhalten sich nur bei den einfachsten Gasen, und auch bei diesen nicht bei den höchsten Temperaturen, und nur hinsichtlich ihrer Zusammenstöße wie elastische Körper; über ihre nähere, gewiß enorm komplizierte Beschaffenheit aber hat man noch keine Anhaltspunkte; man wird vielmehr solche zu gewinnen suchen. Neben der Atomistik kann die ebenfalls unentbehrliche, von jeder Hypothese losgelöste Präzisierung und Diskussion der Gleichungen einhergehen, ohne daß letztere ihren mathematischen Apparat, erstere ihre materiellen Punkte zum Dogma erhebt.

Bis heute aber herrscht noch der lebhafteste Kampf der Meinungen; jeder hält seine für die echte, und er möge es, wenn es in der Absicht geschieht, ihre Kraft den anderen gegenüber zu erproben. Der rapide Fortschritt hat die Erwartungen auf das Höchste gespannt, was wird das Ende sein?

Wird die alte Mechanik mit den alten Kräften, wenn auch der Metaphysik entkleidet, in ihren Grundzügen bestehen bleiben oder einst nur mehr in der Geschichte fortleben, von Hertz' verborgenen Massen oder von ganz anderen Vorstellungen verdrängt? Wird von der heutigen Molekulartheorie trotz aller Ergänzungen und Modifikationen doch das Wesentliche übrig bleiben, wird einmal eine von der jetzigen total verschiedene Atomistik herrschen oder sich gar entgegen meiner Beweisführung die Vorstellung des reinen Kontinuums als das beste Bild erweisen? Wird die mechanische Naturanschauung einmal die Hauptschlacht der Entdeckung eines einfachen mechanischen Bildes für den Lichtäther gewinnen, werden wenigstens mechanische Modelle immer bestehen, werden sich neue, nichtmechanische als besser erweisen, werden die beiden Energiefaktoren einmal alles beherrschen, oder wird man sich schließlich begnügen, jedes Agens als die Summe von allerhand Erscheinungen zu beschreiben, oder wird gar die Theorie zur bloßen Formelsammlung und daran sich knüpfenden Diskussion der Gleichungen werden?

Wird überhaupt je einmal die Überzeugung entstehen, daß gewisse Bilder nicht mehr von einfacheren, umfassenderen verdrängt werden können, daß sie »wahr« sind, oder machen wir uns vielleicht die beste Vorstellung von der Zukunft, wenn wir uns das vorstellen, wovon wir gar keine Vorstellung haben?

In der Tat interessante Fragen! Man bedauert fast, sterben zu müssen lange vor ihrer Entscheidung. O unbescheidener Sterblicher! Dein Los ist die Freude am Anblicke des wogenden Kampfes!

Übrigens möge man lieber das Naheliegende bearbeiten, als sich um so Fernes den Kopf zu zerbrechen. Hat doch das Jahrhundert genug geleistet! Eine unerwartete Fülle positiver Tatsachen und eine köstliche Sichtung und Läuterung der Forschungsmethoden vermacht es dem kommenden. Ein spartanischer Kriegerchor rief den Jünglingen zu: Werdet noch tapferer als wir! Wenn wir, einer alten Gepflogenheit folgend, das neue Jahrhundert mit einem Segenswunsche begrüßen wollen, so können wir ihm fürwahr, an Stolz jenen Spartanern gleich, wünschen, es möge noch größer und bedeutungsvoller werden, als das scheidende! *Πατρὸς ἀμείνων.*

THEODOR BOVERI

Das Problem der Befruchtung

1901

Die Vorstellungen, die sich mit dem Wort Befruchtung verbinden, müssen so alt sein, als Menschen über sich nachdenken. Aus diesen Vorstellungen heraus, nicht aus Forscherarbeit nach tiefem Eindringen in das Wesen des Vorgangs hat sich der Begriff der Befruchtung entwickelt. Was wissenschaftliche Arbeit zunächst hinzufügte, war die Erkenntnis, daß das Zusammenwirken zweier Geschlechter bei der Erzeugung eines neuen Individuums, das man ursprünglich als eine Eigentümlichkeit des Menschen und der höchsten Tiere ansah, durch die ganze organische Natur verwirklicht ist. Nicht nur die Entstehung des niedersten Wurms ist den gleichen Gesetzen unterworfen, auch für das Pflanzenreich mußte die ungläubige Welt sich belehren lassen, daß der gleiche Gegensatz von männlich und weiblich besteht, daß auch der Pflanzenkeim zu seiner Entwicklung einer Befruchtung durch ein männliches Element bedarf. Bis zu den allerniedersten Organismen, den Einzelligen, herab hat schließlich das Mikroskop die gleichen Erscheinungen der Paarung enthüllt.

Mag der Mensch das Problem nur vom Standpunkt seines Geschlechts aus betrachten, oder mag sich der wissenschaftliche Geist durch die Allgemeinheit der Erscheinung und den ungeheuren Aufwand, mit dem sie realisiert wird, zu immer neuen Antwortversuchen angetrieben fühlen, immer wird man hier eine Frage von höchster Bedeutung und unvergleichlichem Reiz anerkennen [...]

Soviel sich von jeher Naturforscher und Philosophen mit unserer Frage beschäftigt haben, eine wissenschaftliche Lehre der Befruchtung hat uns erst das letzte Viertel des

19. Jahrhunderts gebracht. Im Jahre 1875 vermochte nach manchen wichtigen Vorarbeiten, von denen vor allem diejenigen Bütschlis zu nennen sind, zum ersten Mal O. Hertwig bei niederen Meerestieren, den Seeigeln, festzustellen, was beim Zusammentreffen des Samens mit den Eiern vorgeht. Noch heute kennen wir kein günstigeres Objekt, um im Leben diese wunderbaren, nach mancher Richtung seither noch genauer studierten Vorgänge zu verfolgen. Die Seeigeleier sind sehr klein, kaum ¹/₁₀ mm im Durchmesser, und daher so durchsichtig, daß ihre Strukturen und deren Veränderungen mit größter Deutlichkeit wahrnehmbar sind. Mit Leichtigkeit erkennt man, daß jedes Ei eine Zelle ist, aus körnigem Protoplasma bestehend, mit einem hellen Bläschen, dem Zellkern. Das Ei hat keine Haut, sondern ist nur von einer äußerst wasserreichen Schleimhülle umgeben. Zu Millionen kann man fast zu jeder Jahreszeit den weiblichen Tieren reife Eier entnehmen, ebenso den Männchen reifen Samen als dicke milchweiße Flüssigkeit, und nun die beiden Zeugungsstoffe in Seewasser zusammenbringen. Wie fast im ganzen Tierreich sind auch bei den Seeigeln die Samenelemente jene schon vor mehr als 200 Jahren entdeckten und lange Zeit für parasitische Organismen gehaltenen »Spermatozoen«, von denen wir seit etwa 50 Jahren wissen, daß auch jedes von ihnen, wie das Ei, eine Zelle ist. Freilich eine Zelle ganz außergewöhnlicher Art. Winzig klein, läßt die »Samenzelle« einen vorderen dicken Teil, den sogen. Kopf, erkennen, der fast nur aus dem kompakten kondensierten Zellkern besteht. Ihm fügt sich ein kleines Knöpfchen an, das Mittelstück, und diesem endlich der bewegliche Schwanzfaden, dessen Schwingungen die Samenzelle in beständiger zielloser Bewegung erhalten.

Dies ändert sich, sowie man in Seewasser, das solche Spermatozoen enthält, ein Ei bringt. Nach wenigen Augenblicken sieht man die Samenzellen um die Eizelle versammelt. Mit dem Kopf voran dringen sie durch die Schleimhülle vor und suchen sich mit der Eioberfläche zu vereinigen. Aber nur ein einziges erreicht dieses Ziel, dasjenige, welches zuerst bis auf gewisse Entfernung der nackten Oberfläche des Eies nahegekommen ist. Jetzt zeigt auch das schwerfällige Ei ein Streben nach Vereinigung. Es wölbt dem Spermatozoon einen Hügel entgegen, der dessen Kopf und Mittelstück umfließt und damit ins Innere des Eiprotoplasmas aufnimmt. Fast im gleichen Moment aber verändert sich nun die ganze Eioberfläche; es entsteht eine relativ derbe Membran, die durch Wasseraufnahme aufgebläht wird und sich dadurch vom Protoplasma weit abhebt, die Schleimhülle vor sich her schiebend. Damit sind alle übrigen Spermatozoen am Eindringen ins Ei verhindert.

Mit der Heranführung der Samenzelle an die Eizelle ist die Rolle des Schwanzfadens zu Ende, von Bedeutung im Ei sind nur Kopf und Mittelstück. Wenige Minuten, nachdem sie ins Eiprotoplasma aufgenommen und damit zunächst unsichtbar geworden sind, sieht man unter der Eintrittsstelle einen kleinen hellen Fleck auftreten, der dadurch sehr auffallend hervortritt, daß sich die Körnchen des Eiprotoplasmas zu radialen Bahnen um ihn anordnen. Hier kann man durch Behandlung des Eies mit gewissen Reagentien den Spermakopf nebst Mittelstück sichtbar machen. Der kleine kompakte Kopf, der Kern der Samenzelle, wandelt sich allmählich in ein Bläschen um, das nun auch im Leben zu sehen ist, und das wir zum Unterschied von dem ursprünglichen Kern des Eies, dem Eikern, als Samenkern oder Spermakern bezeichnen. Er wandert, begleitet von der sich immer mächtiger ausbreitenden Strahlenfigur, gegen den Eikern und verschmilzt mit ihm; und mit diesem Stadium sind die spezifischen Vorgänge der Befruchtung beendigt. Aus der großen Eizelle und der winzigen Samenzelle ist eine Zelle entstanden, deren generelle Qualitäten sich in nichts von denen einer anderen typischen Zelle unterscheiden; und auch die Vorgänge, die sich nun abspielen, sind die gleichen wie in irgendeiner Zelle, die sich teilt. Denn die unmittelbare Folge der Befruchtung ist eben, daß sich das Ei teilt. Der Kern wird im Leben unsichtbar, an seiner Stelle finden wir eine undeutliche Streifung, auf zwei Pole zentriert, von denen, wie von dem vorher einfachen Zentrum, das den Spermakern begleitete, radiäre Linien nach allen Richtungen ins Protoplasma auslaufen. In der Richtung dieser dizentrischen Figur streckt sich das Ei und schnürt sich in der Mitte ein, in jeder Hälfte erscheint ein neuer Kern, dann trennt sich zwischen ihnen das Ei zu zwei Tochterzellen durch.

Damit hat die Embryonalentwicklung begonnen, und es wird nützlich sein, gleich hier in Kürze festzustellen, was für ein Prozeß diese Entwicklung ist. Aus der Tatsache, daß das Ei eine Zelle ist, der fertige Organismus ein Komplex zahlloser Zellen, ergibt sich unmittelbar, daß die Grundlage der Embryonalentwicklung eine Zellenvermehrung sein muß. Nachdem sich das Ei, wie wir gesehen haben, in 2 Zellen durchgeschnürt hat, teilen sich beide wieder, so entstehen 4, aus diesen 8, dann 16, 32, 64 usw., bis durch diese fortgesetzte Zweiteilung der jeweils vorhandenen Zellen alle die Millionen oder Billionen Zellen entstanden sind, die das neue Individuum zusammensetzen. Allein der Vorgang muß noch genauer bestimmt werden. Die fortgesetzte Zellteilung liefert nicht einen regellosen Haufen gleichartiger Zellen, sondern das Ei einer jeden Tierart ist so beschaffen, daß die von ihm abstammenden Zellen auf jedem Stadium ganz bestimmte untereinander verschiedene Qualitäten und eine entsprechende Stellung zueinander haben, so daß deren Abkömmlinge immer wieder, sei es durch die in jeder Zellenfolge liegenden eigenen Umänderungstendenzen, sei es durch gegenseitige Beeinflussung, eine ganz bestimmte Konfiguration bestimmt qualifizierter Zellen darstellen usf., bis endlich der fertige Zustand erreicht ist, in welchem alle Zellen wie die Individuen in einem Staat zu höherer Einheit zusammenwirken.

Die unendliche Komplikation von Geschehnissen, die hierin liegt, berührt uns jedoch für unser Problem nicht weiter; es genügt, festgestellt zu haben, daß der fertige Organismus nicht etwa das umgewandelte und gewachsene Ei ist, sondern ein geordneter Komplex zahlloser Nachkommen des Eies, zellulärer Individuen, von denen wieder einzelne zu Eiern oder Samenzellen werden, um den gleichen Kreislauf von neuem zu beginnen. Es ist etwas ähnliches, nur viel, viel komplizierteres, wie wenn von einem menschlichen Staatswesen ein Menschenpaar – dem befruchteten Ei vergleichbar – sich trennen würde, um in einem unbewohnten Land eine Kolonie zu begründen, indem durch Vermehrung dieser Familie nach Jahrhunderten ein neues Staatswesen gleicher Art entstünde, von dem dann wieder ein Paar ausgesandt würde, um den gleichen Prozeß der Staatenbildung abermals einzuleiten.

Mit dem Gesagten haben wir in Kürze das Wesentliche der geschlechtlichen Fortpflanzung charakterisiert, wie es nicht nur für das Tierreich, sondern mit gewissen untergeordneten Modifikationen auch für die Pflanzenwelt gilt; und wir können nun darangehen, unser Problem zu formulieren.

Betrachten wir einfach den Vorgang der Befruchtung, so besteht er in der Vereinigung zweier höchst ungleicher Zellen, einer weiblichen und einer männlichen, zu einer Zelle, die den Ausgangspunkt für ein neues Individuum darstellt. Allein unter Befruchtung hat man von jeher eine Bewirkung verstanden; ob wir den Zoologen Leuckart oder den Botaniker Sachs befragen, ob wir die Physiologie Johannes Müllers oder die Schriften des Anatomen O. Hertwig nachschlagen, stets wird das Befruchtungsproblem dahin formuliert: Was bewirkt der Samen am oder im Ei, um es zur Bildung eines neuen Individuums zu befähigen? Und diese Frage werden wir heute so aussprechen müssen: Was bringt die Samenzelle in die Eizelle hinein, um die Entwicklungsfähigkeit herzustellen?

Die Zahl von Möglichkeiten, die hier von vornherein denkbar wären, ist eine ungeheuer große, wie am besten daraus ersichtlich ist, daß man schon zu Ende des 17. Jahrhunderts die Zahl der bis dahin aufgestellten Zeugungstheorien auf etwa 300 geschätzt hat. Die Erfahrungen, die seither gemacht worden sind, gestatten uns jedoch, diese

Fülle auf einen ganz kleinen Kreis einzuschränken. Wir kennen, besonders bei den Insekten und verwandten Gliederfüßlern, Eier, die sich ohne Befruchtung – wie der wissenschaftliche Ausdruck lautet: parthenogenetisch – entwikkeln; es gehört also nicht notwendig zur Natur des Eies, zum Zwecke der Entwicklung einer Ergänzung zu bedürfen. Zweitens: es gibt Eier, die befruchtet werden, die aber, wenn nicht befruchtet, sich doch entwickeln, wie das für die Biene seit langem bekannt ist. Wir schließen daraus, daß selbst Eiern, die auf Befruchtung eingerichtet sind, nichts Essentielles zur Hervorbringung eines neuen Individuums fehlen kann. Drittens endlich hat vor 2 Jahren J. Loeb an Seeigeleiern die Entdeckung gemacht, daß sie künstlich zu parthenogenetischer Entwicklung gebracht werden können. Werden diese Eier, die sich unter normalen Verhältnissen nur nach erfolgter Befruchtung entwickeln und ohne sie absterben, auf einige Zeit in gewisse Salzlösungen versetzt und dann in Seewasser zurückgebracht, so beginnen sie sich spontan zu entwickeln.

Aus allen diesen Tatsachen muß gefolgert werden, daß das Wesen der Tier- oder Pflanzenspezies in dem Ei allein vollkommen enthalten ist. Der Defekt, der das Ei typischerweise an selbständiger Entwicklung verhindert, kann nur in einer untergeordneten Hemmung bestehen, die durch das Spermatozoon behoben wird. Das Ei läßt sich einer Uhr vergleichen mit vollkommenem Werk; nur die Feder fehlt und damit der Antrieb. Und da, wie wir konstatiert haben, das Triebwerk der Embryonalentwicklung in der fortgesetzten Zellteilung liegt, alle qualitativen Veränderungen bei derselben, die zur Bildung eines Zellenstaates von bestimmter Art führen, in der Beschaffenheit des Eies selbst begründet sind, so wird die definitive Formulierung des Befruchtungsproblems die sein: Was fehlt dem Ei, daß es sich nicht zu teilen vermag, was bringt das Spermatozoon Neues hinein, um die Teilung des Eies und als Folge alle weiteren Teilungen zu bewirken?

Daß wir hier, bei dem Stand unserer Einsicht in die Lebenserscheinungen der Zellen, über unsichere Vermutungen hinauskommen können, liegt in einer besonderen Gunst der Natur begründet, wie wir uns einer solchen nur selten erfreuen dürfen. Die Teilung einer Zelle ist ein so komplexes Phänomen, von so vielen Faktoren abhängig, daß eine Menge verschiedener für uns ganz unsichtbarer Reize denkbar wäre, durch welche das Spermatozoon die Hemmung des Eies lösen könnte. Allein wir vermögen an der Samenzelle, die ins Ei eingedrungen ist, etwas wahrzunehmen, das uns erlaubt, die Art dieser Einwirkung näher zu bestimmen. Schon vorhin habe ich auf die im Leben sichtbare Strahlensonne aufmerksam gemacht, die um den Spermakopf und dessen Mittelstück im Eiprotoplasma erscheint und mit dem wachsenden Spermakern, selbst immer mehr an Ausdehnung gewinnend, gegen den Eikern hinwandert. An ihrer Stelle finden wir später zwei solche Strahlensysteme, die sich am ersten Embryonalkern gegenüberstehen und dann zu der Teilung des Eies in so auffallende geometrische Beziehung treten. Schon von den ersten Beobachtern sind diese Erscheinungen wahrgenommen worden; allein sie blieben unverständlich, bis man sie zu den Vorgängen in Beziehung setzen konnte, die sich bei der Teilung irgendeiner typischen tierischen Zelle abspielen. Hieraus ergibt sich auch für uns die Notwendigkeit, die Vorgänge der Zellteilung näher ins Auge zu fassen.

Man hat sich die Zellteilung früher sehr einfach gedacht: der Kern sollte sich in 2 Kerne durchschnüren und um jeden der neuen Kerne die Hälfte des Protoplasmas abgrenzen. Heute wissen wir über den Vorgang so vieles zu sagen, daß sich Bücher darüber schreiben lassen. Es ist annähernd der gleiche Zeitpunkt: Mitte der 70er Jahre gewesen, als neben dem ersten Eindringen in das Wesen des Befruchtungsvorganges und zum Teil gerade bei Gelegenheit dieser Untersuchungen höchst merkwürdige Beobachtungen über die Teilung der Zellen und besonders der Zellkerne gemacht worden sind. Eine äußerst rege und fruchtbare Tätigkeit zahlreicher Forscher hat seither diese Prozesse zu voller Klarheit gebracht, und wenn sich hierbei das für einfach Gehaltene als etwas sehr Verwickeltes herausgestellt hat, so ist gerade diese Komplikation eine so sinnvolle und lichtspendende gewesen, daß die Kenntnis der Zellenorganisation durch nichts anderes so sehr gefördert worden ist als durch das Studium der Zellteilung. Ja man darf sagen, daß an der Signatur der Biologie in den letzten 25 Jahren kaum ein anderer Zweig mehr Anteil hat als die Entwicklung der Lehre von der Teilung der Zellen.

Nur das für unsere Betrachtungen Wichtige sei hier kurz erläutert. Betrachten wir eine sog. ruhende Zelle, d.h. eine Zelle in dem Dauerzustand zwischen zwei Teilungen, so erscheint in ihr der Kern als ein helleres Bläschen, durch eine zarte Membran begrenzt. Von den verschiedenen Substanzen, die wir im Kern nachweisen können, läßt sich, wenigstens in vielen Fällen, nur eine kontinuierlich vom Mutterkern auf die beiden Tochterkerne verfolgen; nur sie braucht uns hier zu beschäftigen. Wir nennen sie »Chromatin« wegen einer merkwürdigen Affinität zu gewissen Farbstoffen. Bringen wir nämlich eine Zelle, nachdem sie in bestimmter Weise abgetötet und konserviert worden ist, auf einige Zeit z.B. in eine Karminlösung und darauf in eine farblose, das Karmin lösende Flüssigkeit, so wird der Farbstoff aus allen Teilen vollständig ausgezogen; nur unsere spezifische Kernsubstanz hält ihn fest und leuchtet aus der farblosen Umgebung lebhaft rot hervor. Im ruhenden Kern ist das Chromatin zu einem Schwammwerk angeordnet. Die erste Andeutung, daß der Kern sich teilen will, gibt sich darin zu erkennen, daß das Chromatin in Bewegung gerät. Einzelne Strecken des Gerüstwerks verstärken sich, während die übrigen Bereiche entsprechend schwächer werden. Dieser Vorgang endigt damit, daß das gesamte Chromatin sich in einige strangförmige Körper zusammenzieht, die wir Kernelemente oder Chromosomen nennen. Ihre Zahl ist für jede Organismenart konstant. Bei manchen Tieren sind es sehr wenige, so bei gewissen Würmern nur 2; meistens treffen wir höhere Zahlen: 8, 16, 24, ja es gibt Organismen, bei denen die Zahl der Kernelemente mehrere 100 beträgt. Nachdem diese Körperchen fertig gebildet sind – meist verkürzen und verdicken sie sich noch nachträglich – löst sich das Kernbläschen auf. Die Membran schwindet, der Kernsaft mischt sich mit dem Protoplasma, und der Kern wird fortan nur repräsentiert durch die direkt ins Protoplasma eingebetteten Chromosomen.

Der Kernteilungsvorgang, wenn wir überhaupt von einem solchen sprechen wollen, besteht nun darin, daß sich jedes Chromosoma der Länge nach in zwei identische Hälften spaltet, von denen jede in einen anderen der beiden Bezirke geführt wird, die sich später als Tochterzellen voneinander abgrenzen. Die Feinheit dieses Prozesses macht um so mehr Eindruck, je größer die Zahl der Chromosomen ist. Sind z.B. aus dem Mutterkern 48 Chromosomen hervorgegangen, so erhält auch jede Tochterzelle 48, von jedem Element des Mutterkerns die eine Hälfte. In jeder Tochterzelle veranlaßt dann die ihr zugefallene Chromosomengruppe die Bildung eines neuen Kerns. Die Chromosomen sammeln Flüssigkeit aus dem Protoplasma um sich an, so entsteht die neue Kernvakuole, in der sich die Kernelemente nun wieder in ein Schwammwerk umwandeln. Indem sich dieses Gerüst noch weiter verfeinert und das Bläschen wächst, gelangen wir zu dem Zustand, von dem wir ausgegangen sind.

Die minutiöse Verteilung des Chromatins, auf die sich nach dem Gesagten die Kernteilung reduziert, wird bewirkt – und damit kommen wir zu dem für unsere Betrachtungen wesentlichen Punkt – durch einen Apparat, dessen fertiger Zustand mit seiner fast mathematischen Regelmäßigkeit schon den ersten Beobachtern auffiel, dessen Entstehung und Wirkungsweise aber erst seit dem Jahre 1887 bekannt ist. Schon in der ruhenden Zelle sehen wir neben dem Kern ein kleines Körperchen, das ich »Centrosoma« genannt habe, umgeben von einem Hof dichteren Plasmas. Dieses Körperchen scheint allen vermehrungsfähigen tierischen Zellen zuzukommen. Die Zellteilung wird dadurch eingeleitet, daß sich das Centrosoma in zwei Hälften teilt, und in diesen beiden Tochtercentrosomen sind, wie der weitere Verlauf lehrt, die Mittelpunkte für die beiden zu bildenden Tochterzellen gegeben. Während die beiden Körperchen auseinanderrücken, wandelt sich der Hof, der sie umgibt, in fädige Strahlen um, ähnlich, wie sich Eisenfeilspäne um magnetische Pole gruppieren. So entstehen zwei immer größer werdende Strahlensysteme, die gewöhnlich als »Astrosphären« bezeichnet werden. Die Astrosphären haben die Eigenschaft, die Kernelemente an sich zu binden; jede Sphäre für sich hat das Bestreben, die Kernelemente in einem bestimmten Abstand von ihrem Centrosoma zu einer Kugelfläche anzuordnen, wobei sich einzelne ihrer Radien in gesetzmäßiger Weise an die Kernelemente anheften. Indem jedes Kernelement diese Einwirkung von beiden Seiten erfährt, wird es möglichst in die Mitte zwischen beide Centrosomen geführt, und alle Kernelemente zusammen werden in äußerst regelmäßiger Weise zu einer äquatorialen Platte angeordnet.

Die Spaltung der Kernelemente erfolgt nun so, daß jede Hälfte mit einer anderen Sphäre in Verbindung bleibt; jetzt weichen die beiden Sphären nach entgegengesetzten Richtungen auseinander, jede die ihr verbundenen Chromosomenhälften nach sich ziehend. In gleicher Richtung streckt sich gleichzeitig der Zellkörper und schnürt sich schließlich in der Mitte zwischen den Centrosomen durch; und auch dieser Vorgang ist, wie verschiedene Experimente lehren, in letzter Instanz eine Funktion der Centrosomen.

Sind diese Prozesse abgelaufen, so bildet sich die Astrosphäre wieder zu einem unscheinbaren Hof zurück oder schwindet gänzlich, das Centrosoma aber bleibt bestehen als dauerndes, neben dem Kern selbständiges Zellenorgan.

Bis vor kurzem schien es, als ob die Centrosomen Bildungen wären, die nur durch Erbschaft von einer Zellengeneration auf die andere übergehen können, so wie es der beschriebene Kreislauf ergibt. Die neuesten Untersuchungen lassen jedoch kaum einen Zweifel, daß sich Centrosomen unter gewissen Umständen neu im Protoplasma bilden können, wobei es allerdings noch fraglich ist, ob eine solche Neubildung auch im normalen Verlauf irgendwo vorkommt. Auch wenn dies der Fall sein sollte, wäre damit kein Einwand gegeben gegen die Bezeichnung des Centrosomas als eines Organs der Zelle, dessen Funktion sich als die eines dynamischen Mittelpunktes der Zelle bezeichnen läßt. Durch seine Teilung werden, wie wir gesehen haben, zwei Zentren geschaffen, deren jedes die eine Hälfte eines jeden Kernelements für sich in Anspruch nimmt und die Hälfte des Protoplasmas um sich abgrenzt. So können wir das Centrosoma als das Teilungs- oder Fortpflanzungsorgan der Zelle bezeichnen.

Kehren wir, mit dieser Einsicht ausgerüstet, zu dem Befruchtungsproblem zurück, so wird die erste Frage sein: Woher rühren die beiden Centrosomen des sich teilenden Eies? Die Untersuchung bei zahlreichen Tierformen von den Würmern bis zu den Wirbeltieren hat ergeben, daß sie durch Zweiteilung eines Centrosoms entstehen, welches an dem eingedrungenen Spermatozoon in der Region des Mittelstücks auftritt. Schon das vorhin besprochene Verhalten der Strahlensysteme im lebenden Seeigelei deutet darauf hin; um aber die Centrosomen selbst zu sehen, ist es notwendig, in bestimmter Weise präparierte Eier zu studieren. Zwischen dem Spermakopf und dem Schwanzfaden befindet sich, wie oben erwähnt, das Mittelstück. Dieses ist der Sitz des Centrosomas. Nachdem es einige Zeit im Eiprotoplasma verweilt hat, wobei es durch Drehung des mit ihm verbundenen Kopfes nach innen gerichtet wird, entsteht um dasselbe eine Astrosphäre, d.i. die schon im Leben sichtbare Strahlenfigur. Nach einiger Zeit teilt es sich, und nun läßt sich Schritt für Schritt verfolgen, wie die beiden Tochtercentrosomen zu den Polen der ersten Teilungsfigur werden. Holen wir hier noch in Kürze die Schicksale des Spermakerns nach, so hat sich der zunächst kompakte Chromatinkörper allmählich mit einem Flüssigkeitshof umgeben; in diesem Bläschen lockert sich alsdann das Chromatin auf

und wandelt sich in der rasch wachsenden Vakuole in ein
Gerüst um. Schließlich stehen die beiden Kerne in voller
Gleichheit nebeneinander, verschmelzen nun entweder
oder bereiten sich beide selbständig zur Teilung vor, worauf
in der uns bekannten Weise die Auflösung erfolgt. Jetzt fassen die Astrosphären, die sich um die Centrosomen gebildet haben, wie bei jeder Zellteilung, die Kernelemente zwischen sich und verteilen sie nach E. van Benedens wichtiger
Entdeckung so, daß jede Tochterzelle zur Hälfte väterliche,
zur Hälfte mütterliche Kernelemente erhalten wird. Der
Prozeß geht dann in der uns bekannten Weise fort, alle Centrosomen des neuen Individuums leiten sich, soweit ver-
folgbar, von demjenigen ab, welches wir an dem eingedrungenen Spermatozoon auftreten sahen. Das Ei ist an ihrer
Konstituierung ganz unbeteiligt; sein Centrosoma bildet
sich, wie dies für einige Fälle direkt verfolgt werden konnte,
vor der Befruchtung zurück.

Es ist einleuchtend, daß die Bildung des Teilungsapparats, die nach unseren Feststellungen vom Spermatozoon
ausgeht, die befruchtende Wirkung der männlichen Zelle
völlig zu erklären vermag. Allein es wäre denkbar, daß noch
andere gegenseitige Ergänzungen von Ei- und Samenzelle
zur Herstellung der Entwicklungsfähigkeit nötig wären.
Besonders nahe lag es seit O. Hertwigs Entdeckung, an die
Kernvereinigung zu denken. Es hat sich jedoch experimentell zeigen lassen, daß ihr eine solche Bedeutung nicht zukommt. Wohl muß das Ei zur Entwicklung einen Kern von
bestimmter Qualität besitzen; allein ob dies ein Eikern oder
ein Spermakern oder ein aus beiden kombinierter Kern ist,
das ist gleichgültig. Daß der Spermakern allein genügt,
habe ich durch einen Versuch gezeigt, dessen Grundlage
wir den Brüdern Hertwig verdanken. Man kann Seeigeleier durch heftiges Schütteln in Stücke zerfällen, die sich
nach einiger Zeit kugelig abrunden und völlig lebensfähig
sind. Einzelne von ihnen enthalten keinen Kern. Dringt in
ein solches nicht zu kleines Fragment ohne Eikern ein Spermatozoon ein, so leistet der Spermakern allein, was er sonst

mit dem Eikern gemeinsam leistet. Es entsteht eine Zwerglarve mit allen Qualitäten derjenigen, die sich aus einem ganzen Ei züchten läßt. – Das Gegenstück zu diesem Versuch, die Ausschaltung des Spermakerns, läßt sich so rein nicht erzielen. Doch gibt es auch hier ein Experiment von genügender Beweiskraft, gleichfalls an Seeigeleiern ausgeführt. Mischt man nämlich die Eier und Spermatozoen, nachdem sie sich vorher unter gewissen abnormen Bedingungen befunden haben, so ereignet es sich, daß von dem eingedrungenen Spermatozoon nur das Centrosoma gegen den Eikern wandert, der Kern dagegen in einem Zustand von Lähmung in der Peripherie liegen bleibt. In diesem Fall wird der Eikern allein geteilt, und es erfolgt entsprechend die Teilung des Eies, der Spermakern gelangt unverändert in die eine Tochterzelle und kann hier nun mit dem Derivat des Eikerns verschmelzen. Die andere Zelle, die nur ein Eikernderivat besitzt, ist in ihrer weiteren Teilung nicht im mindesten beeinträchtigt, ja sie teilt sich sogar rascher als die andere. Man wird daraus schließen dürfen, daß der Spermakern schon im Ei fehlen könnte, ohne daß die Entwicklung gestört wäre.

Der erste der beiden angeführten Versuche ist aber noch aus einem anderen Grund von Bedeutung. Die Centrosomen sind so klein, daß sie auf gewissen Stadien an der Grenze dessen stehen, was wir mit unseren besten Mikroskopen noch nachweisen können. Es wäre der Einwand möglich, daß manches, was an ihnen vorgeht, sich der Beobachtung entziehen könnte, speziell daß doch in irgendeiner Weise ein Eicentrosoma an der Bildung der Teilungspole beteiligt wäre, wie dies in der Tat von Fol behauptet worden war. Die Entwicklung von Eifragmenten ohne Eikern schließt jedoch diese Annahme aus. Denn das Eicentrosoma, das nach den Angaben Fols dem Eikern anliegen sollte, müßte mit diesem entfernt sein.

Sehr wichtig für unser Problem sind endlich die Erscheinungen der sog. Überfruchtung. Ist ein Ei geschwächt, so daß es die Dotterhaut nicht rasch genug bildet,

was man z.B. durch die Einwirkung gewisser Narkotika erzielen kann, so dringen 2, 3, oft viele Spermatozoen ein.
Wir wollen den Fall betrachten, daß zwei eingedrungen
sind. Der Verlauf läßt sich kurz dahin charakterisieren, daß
jedes von ihnen sich so verhält, wie wenn es das einzige
wäre. Die beiden Spermakerne vereinigen sich mit dem Eikern, jedes Spermacentrosoma liefert wie sonst 2 Tochtercentrosomen, und es entsteht anstatt der normalen 2poli-
gen eine 4polige Teilungsfigur, die zu einer ganz unregelmäßigen Verteilung der Kernelemente und zu einer simul-
tanen Vierteilung des Eies führt. Ganz entsprechend treten, wenn 3 Spermatozoen eingedrungen sind, 6 Pole,
wenn 4 eingedrungen sind, 8 Pole auf. Damit ist aufs klarste
bewiesen, daß die Konfiguration des Teilungsapparats ausschließlich eine Funktion des Spermatozoons ist; das Ei hat
auf seine Konstitution gar keinen Einfluß.

Es ist nun noch von besonderem Interesse, daß aus Eiern, in denen infolge des Eintritts zweier oder mehrerer
Spermatozoen mehrpolige Figuren entstehen, niemals ein
normaler Organismus wird. Die Teilung führt zur Bildung
eines Zellenhaufens oder einer Zellenblase, aber weiter
geht die Entwicklung nicht; wogegen im umgekehrten Fall,
wo unter gewissen abnormen Bedingungen zwei Eier miteinander verschmolzen sind und ein Spermatozoon hinzu-
tritt, eine typische 2polige Teilungsfigur und schließlich ein
normaler Riesenembryo entsteht (O. zur Strassen), zugleich ein neuer Beweis für die ausschließliche Bestimmung des Teilungsapparats durch die Samenzelle. Es ist unzweifelhaft, daß es die gleichzeitige Wirkung von mehr als
2 Polen ist, worauf bei der Überfruchtung die schädliche
Wirkung beruht; denn auch, wenn auf andere Weise in einer Zelle mehrpolige Teilungsfiguren entstanden sind, ist
das Produkt ein pathologisches. Wie dies weiter zu erklären
ist, darüber sind bis jetzt nur Vermutungen möglich; aber
schon die Tatsache für sich ist für uns sehr lehrreich. Denn
sie zeigt, daß, wie die normale Befruchtung eine Funktion
des Spermacentrosomas ist, so auch die pathologische Wir-

kung der Überfruchtung ausschließlich den mehrfachen Centrosomen zur Last fällt.

Aufgrund der besprochenen Tatsachen habe ich im Jahre 1887 eine Theorie der Befruchtung aufgestellt, die nach manchem Widerspruch immer allgemeinere Bestätigung und Beistimmung erfahren hat. Sie lautet: Das reife Ei besitzt alle zur Entwicklung notwendigen Organe und Qualitäten, nur sein Centrosoma, welches die Teilung einleiten könnte, ist rückgebildet oder in einen Zustand von Inaktivität verfallen. Das Spermatozoon umgekehrt ist mit einem solchen Gebilde ausgestattet, ihm aber fehlt das Protoplasma, in welchem dieses Teilungsorgan seine Tätigkeit zu entfalten imstande wäre. Durch die Verschmelzung beider Zellen im Befruchtungsakt werden alle für die Entwicklung nötigen Zellenorgane zusammengeführt; das Ei erhält ein Centrosoma, das nun durch seine Teilung die Embryonalentwicklung einleitet.

Eine genaue Analyse der Spermatozoen-Entwicklung, um die sich vor allem F. Meves verdient gemacht hat, hat seither zu dem Ergebnis geführt, daß das Centrosoma, welches der Samenzelle bei ihrer Entstehung zugefallen ist, oder wenigstens ein Derivat dieses Centrosomas an jene Stelle rückt, wo wir im Ei das Spermacentrosoma auftreten sehen, so daß also auch in dieser Hinsicht die Theorie dem Beobachtbaren völlig entspricht.

Hier wird sich nun sofort eine Frage aufdrängen: Wie ist es bei der Parthenogenese? Wenn zur Teilung ein Centrosoma nötig ist, wenn der Defekt des Eies in dem Fehlen des Centrosoma besteht, wie gewinnen die Eier, die sich ohne Befruchtung entwickeln, ein solches? Also z.B. das Seeigelei, wenn es durch Versetzen in die von Loeb angegebenen Lösungen zu selbständiger Entwicklung angeregt wird? Völlig aufgeklärt ist diese Frage nicht. Soviel aber, glaube ich, läßt sich sagen, daß das Ei in diesem Fall die Fähigkeit besitzt, Centrosomen durch eine Art von Regeneration neu zu bilden. In allen Eiern, die zu dieser Regeneration befähigt sind, wäre Parthenogenese möglich.

Das uralte physiologische Problem der Befruchtung sehe ich aufgrund unserer Feststellungen im wesentlichen als gelöst an. In Bestätigung einer merkwürdigen Vorahnung des Aristoteles, wonach der weibliche Organismus den Stoff für das neue Individuum, der männliche den Anstoß zur Bewegung dieses Stoffes liefere, haben wir die Unfähigkeit des Eies, sich selbständig zu entwickeln, als eine Unfähigkeit zur Teilung erkannt, wir haben gefunden, daß das Spermatozoon diesen Mangel durch Einpflanzung eines neuen Teilungszentrums behebt. Die Befruchtung ist damit auf die Physiologie der Zellteilung zurückgeführt und damit im Prinzip erklärt.

Allein diese Lösung, die, als man noch aus nebliger Ferne nach ihr strebte, wie ein Zauberland biologischer Einsicht erscheinen konnte, vermag uns nicht zu befriedigen; indem wir sie erarbeitet haben, hat sich unter unseren Händen das Problem verändert und gerade durch unser Ergebnis selbst eine ganz neue Gestalt angenommen. Vor allem ist hier eine Enttäuschung zu verzeichnen, die uns beim Suchen nach Gesetzen in der organischen Natur gar häufig begegnet: die erkannte Lösung ist keine allgemeine. Sie gilt für die Tierwelt, schon hier vielleicht nicht ganz allgemein; sie gilt möglicherweise für gewisse Pflanzen, für die weit überwiegende Mehrzahl der Pflanzen gilt sie sicher nicht. Denn ihnen fehlen Centrosomen, der Mechanismus ihrer Zellenteilung ist ein anderer, und so muß auch die Wirkung der männlichen Zelle auf die weibliche in etwas anderem bestehen, worüber wir freilich noch gar nichts wissen. Allein schon diese negative Feststellung lehrt, daß der besondere Defekt, den wir an den tierischen Keimzellen gefunden haben, nicht etwas absolut Generelles ist, daß es nicht zum Wesen der weiblichen Zelle gehört, ihren Teilungsapparat rückzubilden oder inaktiv werden zu lassen, der männlichen, einen solchen im Ei hervorzubringen, daß, mit anderen Worten, der Unterschied zwischen männlicher und weiblicher Keimzelle gar nicht in der ganzen Organismenwelt der gleiche ist. Und dieses Ergebnis führt unmittelbar zu der Frage: Warum ist überhaupt ein solcher Gegensatz vorhanden, was bedeutet er?

Schon eine genauere Analyse unserer bisherigen Ergebnisse ließe uns hier weiter vordringen; allein wir wollen einen anderen Weg einschlagen, der uns rascher und sicherer zum Ziel führt, den der Vergleichung.

Geschlechtliche Vorgänge reichen in ihrer Wurzel herab bis zu den Urpflanzen und Urtieren, jenen primitivsten Lebewesen, die nur aus einer einzigen Zelle bestehen, einem Gebilde ganz ebensolcher Art, wie sie zu Billionen den Körper der höchsten Organismen zusammensetzen. Schon lange kennt man bei diesen einzelligen Tieren und Pflanzen Paarungsvorgänge, die man als Konjugation bezeichnet. Das genaue Studium dieser Prozesse fällt in die gleiche Periode, wie das der Zellteilung und Befruchtung, und hat mit der Aufklärung der kompliziertesten Konjugationsform, die uns die sog. Wimperinfusorien darbieten, durch Maupas und R. Hertwig seinen Gipfelpunkt erreicht. Da es uns nicht auf das Detail ankommt, so mag eine ganz allgemein gehaltene Schilderung, wie sie den einfachsten Konjugationstypen entspricht, genügen.

Nehmen wir an, ein solches einzelliges Wesen gelange in ein Glas Wasser mit reichlichen Nährstoffen, so vermag es sich durch viele Generationen auf dem Wege fortgesetzter Zweiteilung zu vermehren, so daß schon nach kurzer Zeit von unserem ersten Individuum Millionen abstammen können. In gewissen Intervallen nun wird diese gleichmäßige Vermehrung durch eine Konjugationsperiode unterbrochen. Die vorhandenen Individuen, die alle gleich sind, legen sich paarweise aneinander, und jedes Paar verschmilzt zu einem Individuum, d.i. zu einer Zelle. Diese durch die Konjugation gebildeten Individuen vermehren sich dann wieder durch Teilung.

Die Konjugation bietet uns also etwas ganz Ähnliches, wie die Befruchtung. Wie hier zwei zelluläre Individuen: Eizelle und Samenzelle, sich vereinigen, so dort zwei einzellige Individuen; in beiden Fällen folgt auf die Vereinigung eine lange Reihe von Teilungen, freilich mit dem Unterschied, daß diese Teilungen bei dem einzelligen Tierchen zur Bildung von lauter getrennten und gleichartigen Individuen führen, während bei den höheren Tieren diese Abkömmlinge in bestimmter Weise verschieden sind und zusammenbleibend eine höhere Einheit, einen Zellenstaat formieren. Auch sind bei dem einzelligen Organismus alle Abkömmlinge schließlich wieder kopulationsfähig, bei dem höheren Tier nur einige, eben die Keimzellen, die anderen, die den eigentlichen Körper zusammensetzen, sind dem Tod verfallen.

Vielleicht scheinen Ihnen die Unterschiede zwischen Befruchtung und Konjugation trotz dieser Vergleichung so groß, daß Sie zweifeln, ob wir hier die gleiche Erscheinung vor uns haben. Bewiesen wird dies mit aller Sicherheit dadurch, daß wir zwischen beiden Arten von Zellenvereinigung ganz allmähliche Übergänge besitzen. Es kann genügen, wenn ich hier zwei anführe.

Es gibt einzellige Organismen aus der Gruppe der Geißeltierchen, die in sogenannten Kolonien oder Familien zusammenleben. Eine solche Familie ist die in Tümpeln nicht seltene Pandorina morum. Sie besteht aus 16 Zellen, die in einer Gallertkugel eingebettet sind, über deren Oberfläche von jeder Zelle zwei Geißeln ins Wasser herausragen. Diese schwingenden Fäden treiben die ganze Kugel rotierend im Wasser herum. Eine solche Familie bildet einen ersten Schritt zu einem vielzelligen Organismus, aber eben nur einen Schritt; denn abgesehen von der geringen Zahl von Zellen, sind diese alle gleichwertig, und man kann kaum von einer Unterordnung unter eine höhere Einheit reden. Solche Familien vermehren sich für gewöhnlich in der Weise, daß jede Zelle, wenn sie ausgewachsen ist, durch rasch aufeinanderfolgende Teilungen wieder in 16 Zellen zerfällt, die ihrerseits wieder in einem kugeligen Häufchen, von einer gallertartigen Hülle umschlossen, beisammen bleiben. Nun werden diese Tochterfamilien durch Auflösung der gequollenen alten Gallertkugel frei und wachsen zur ursprünglichen Größe heran. Von Zeit zu Zeit aber tritt etwas anderes ein. Die Individuen der Kolonien schwärmen aus und konjugieren paarweise. Das Verschmelzungsprodukt umgibt sich mit einer Haut und wächst beträchtlich, schlüpft dann, mit zwei Geißeln ausgerüstet, aus der Hülle aus und liefert durch rasch aufeinanderfolgende Teilung wieder eine 16zellige Kolonie.

Diese Vorgänge erinnern schon bedeutend mehr an die Fortpflanzungsgeschichte eines höheren Tieres. Die raschen Teilungen zur Bildung der neuen Familie repräsentieren eine Art einfachster Embryonalentwicklung, und an den Anfang dieser Entwicklung tritt, wenn auch nur manchmal, die Verschmelzung zweier Zellen zu einer. Schon hier kommt es vor, daß diese Zellen etwas verschieden an Größe sind, mit Vorliebe konjugieren verschieden große, womit also ein Anfang zu geschlechtlichem Gegensatz gemacht ist.

Dieser Gegensatz ist voll erreicht bei einer zweiten Gattung solcher kolonialer Geißeltierchen, bei Eudorina elegans. Die gewöhnlichen Kolonien, aus 16 oder 32 Zellen bestehend, gleichen fast vollkommen denen von Pandorina, und auch die Vermehrung vollzieht sich in der gleichen Weise. Kommt aber nun hier die Konjugationsperiode, so treten zweierlei Kolonien auf, die wir als männliche und weibliche unterscheiden können. Die weiblichen verhalten sich wie die gewöhnlichen. Die männlichen sind dadurch ausgezeichnet, daß jede Kolonialzelle durch sukzessive Zweiteilung 32 kleine Zellen liefert. Es sieht zunächst so aus, als sollten neue Tochterkolonien entstehen; allein die kleinen sich streckenden Zellen schwärmen, zu Bündeln vereint, ins Wasser aus, dringen dann, nachdem sie sich voneinander gelöst haben, einzeln in die erweichte Gallerte der weiblichen Kolonien ein, worauf je eine kleine männliche Zelle mit einer großen weiblichen verschmilzt. Hier haben wir also die ersten Eier, die ersten Spermatozoen; aber jedes Individuum der weiblichen Kolonie repräsentiert ein Ei, jedes der männlichen ein Spermatozoon. Erst auf einer noch etwas höheren Stufe, wie sie durch das bekannte Kugeltierchen, Volvox, dargestellt wird, tritt dann der Gegensatz zwischen den allein konjugationsfähigen Keimzellen und den reinen Körperzellen auf.

Damit haben wir die Kette geschlossen und können untersuchen, was uns die Konjugation selbständiger einzelliger Wesen lehrt. Zweierlei: erstens, daß der geschlechtliche Gegensatz nichts Prinzipielles sein kann, denn er fehlt auf der tiefsten Stufe; alle Individuen sind gleich, jedes kann sich mit jedem paaren. Zweitens, daß der Vereinigung zweier Zellen hier die Beziehung zu dem Anfang einer »Entwicklung« fehlt, daß also die Vorstellung, als gehöre an den Beginn eines jeden neuen Individuums notwendig eine Zellenvereinigung, hier noch einen entschiedeneren Stoß erfährt, als durch die Parthenogenese. Halten wir alles zusammen, was der Befruchtung und Konjugation gemeinsam ist, so bleibt nur übrig, daß nach einer gewissen Anzahl von Zellteilungen eine Zellenpaarung eintritt. Dies ist das Generelle.

Was bedeutet diese Paarung? Vielfach begegnet man der Idee einer Verjüngung, der Ansicht, daß die Zellen nach einer langen Reihe von Teilungen greisenhaft werden, und, wie eben alle unsere Körperzellen, sterben müssen, wenn sie nicht durch Verschmelzung mit einer anderen entsprechenden Zelle sich regenerieren. Allein diese Anschauung hält einer genaueren Prüfung nicht stand. Schon die Vorstellung, daß die Vereinigung zweier Zellen etwas hervorbringen könne an Lebensenergie, was die einzelne Zelle nicht zu erreichen vermöchte, erscheint höchst bedenklich. Und wenn wir betrachten, welche Mängel es sind, die die Eier und Spermatozoen an selbständiger Teilung verhindern, und in welcher Weise sich beide zur Teilungsfähigkeit ergänzen, so wird niemand hierbei an senile Erschöpfung denken. Ebensowenig ist für die Annahme seniler Degeneration die von Maupas festgestellte Tatsache beweisend, daß die von ihm gezüchteten Wimperinfusorien nach einer gewissen Zahl von Generationen konjugationsbedürftig werden und bei Verhinderung der Paarung allmählich zugrunde gehen. Denn hier ist eine andere Anschauung ganz ebenso berechtigt. Die zu einem regulären Gebrauch gewordene Konjugation kann, ähnlich wie wir dies bei der Befruchtung finden, zu einer besonderen Umbildung der nach einer bestimmten Generationenzahl auftretenden Individuen geführt haben, wodurch dieselben gewissermaßen zu Hälften gemacht werden, welche erst durch Verschmelzung mit einer ähnlichen Hälfte wieder ein reguläres Ganzes werden. Ich möchte, um dies noch klarer zu machen, das typische Lebewesen einer Kugel vergleichen, das ungestörte Fortlaufen seiner Funktionen dem Rollen der Kugel. Sollen nun zwei Gebilde zusammen eine Kugel geben, so werden sie zu komplementären Kugelsegmenten reduziert sein müssen, sie können allein nicht mehr rollen. In manchen Fällen mögen sie beim Ausbleiben der Ergänzung sich wieder zur Kugel umgestalten können – eine Art Regeneration – in anderen nicht. Der letztere Fall würde uns das Phänomen der sogen. Greisenhaftigkeit darbieten.

Der wichtigste Einwand aber gegen die Verjüngungstheorie ist der, daß, soweit und allgemein auch die Paarung durchs Tier- und Pflanzenreich von den niedersten bis zu den höchsten Repräsentanten durchgeführt ist, es doch Organismen gibt, bei denen, soweit unsere Erfahrung reicht, unbegrenzte Vermehrung ohne Paarung sich findet. Es ist allgemein bekannt, daß viele Pflanzen sich in ungezählten Generationen durch Zwiebeln oder Knollen fortpflanzen lassen, ohne daß die geringste Spur von Degeneration erkennbar wäre, ja es gibt einzelne Pflanzen und nach den neuesten Untersuchungen von Maupas höchstwahrscheinlich auch Tiere, welche die Einrichtungen zu geschlechtlicher Fortpflanzung völlig verloren haben.

Die Paarung kann also nicht eine unumgängliche Notwendigkeit sein zum Bestand des organischen Lebens, die Verjüngungstheorie wird damit hinfällig, und es bleibt nur die Annahme übrig, daß die Verbindung individueller Eigenschaften, die durch die Verschmelzung zweier Zellen erreicht wird, irgendwie einen Zweck erfüllt, wenn wir auch einstweilen dahingestellt sein lassen, welchen. Aber eine Reihe von Tatsachen, vor allem die vielfach bestehenden Einrichtungen zur Verhütung der Selbstbefruchtung bei solchen Pflanzen und Tieren, die zugleich männliche und weibliche Organe besitzen, lassen kaum einen Zweifel, daß das Ziel der Paarung in der Vereinigung der Eigenschaften zweier Individuen in einem Individuum, also ganz allgemein in einer Qualitätenmischung gesehen werden muß.

Mit diesen Betrachtungen haben wir einen neuen Standpunkt gewonnen, von dem aus wir zum zweiten Mal unser Problem in Angriff nehmen wollen. Jetzt wird es sich um die Frage handeln, ob die Besonderheiten der geschlechtlichen Fortpflanzung: der Gegensatz männlicher und weiblicher Keimzellen und die Beziehung zur Entstehung eines neuen Individuums, aus den Bedürfnissen der Qualitätenmischung erklärbar sind. Eine Vergleichung mit den Bedingungen bei der Konjugation läßt hier folgendes erkennen.

Sollen zwei einzellige Organismen ihre Eigenschaften mischen, so brauchen sie einfach zu verschmelzen. Protoplasma mischt sich mit Protoplasma, Kern mit Kern: indem beide Konstituenten zu einer Zelle werden, müssen auch ihre Eigenschaften sich verbinden und kombinieren. Diese Kombination kann dann auf alle Abkömmlinge übergehen.

Sollen zwei vielzellige Organismen ihre Eigenschaften mischen, so geht das nicht so einfach. Ein Mensch kann nicht mit einem anderen Menschen verschmelzen zu einem Individuum, und selbst wenn etwas derartiges möglich wäre, wie wir nach Crampton Stücke von Schmetterlingspuppen zu einem Ganzen verheilen oder Pflanzen aufeinanderpfropfen können, so würde dies doch nie zu einer Qualitätenmischung führen. Mischen kann sich Organisches nur im Zustand der Zelle. Und so ist es zu erklären, daß bei allen höheren Organismen die Mischung an die Fortpflanzung geknüpft ist, an denjenigen Zustand, wo das neue Individuum sozusagen noch in eine Zelle zusammengefaßt ist, wo es als Keimzelle existiert. Da können zwei Keimzellen von zwei verschiedenen Individuen miteinander verschmelzen und an dem Zellenstaat, der aus diesem Verschmelzungsprodukt hervorgeht, eine Mischung ihrer beiderlei Qualitäten zur Entfaltung bringen.

Die alten, uns so selbstverständlich gewordenen Vorstellungen über den Zusammenhang von Befruchtung und Entwicklung werden hiermit also genau ins Gegenteil verkehrt: nicht die Verschmelzung zweier Keimzellen ist eine essentielle Vorbedingung für die Entstehung eines neuen Individuums, sondern umgekehrt, die Entstehung des neuen Individuums aus einer Zelle ist die notwendige Voraussetzung für die Mischung.

Wenn wir nun weiter finden, daß bei allen höheren Tieren und ähnlich bei den Pflanzen die verschmelzenden Keimzellen zu zwei Arten differenziert sind, zwischen denen ein höchst auffallender Gegensatz besteht, so kann uns dies nach dem, was wir bei der Konjugation gefunden haben, nicht mehr als etwas Fundamentales erscheinen, sondern wir sehen darin lediglich eine Teilung der Arbeit.

Fragt man sich, was denn nötig ist, damit zwei Keimzellen von zwei verschiedenen Individuen zusammen einem neuen Organismus Entstehung geben, so wird Dreierlei zu nennen sein:

1) Es muß verhindert sein, daß die einzelne Keimzelle sich spontan entwickelt, sie muß eine Hemmung besitzen, die erst durch den anderen Teil gehoben wird.

2) Die beiderlei Keimzellen müssen zusammentreffen, sie müssen sich finden.

3) Sie müssen miteinander eine gewisse Menge von Protoplasma und Nährsubstanz aufbringen, die zum ersten Aufbau des Embryos dienen.

Betrachten wir zuerst die beiden letzten Bedingungen, so liegt es klar zutage, daß sich die beiden Arten von Keimzellen in sie geteilt haben. Die einen liefern alles Protoplasma und alle Nährsubstanz, das sind die Eizellen. Sie sind groß und unbeweglich geworden und nicht mehr imstande, eine andere Keimzelle zum Zweck der Vereinigung aufzusuchen. Diese Funktion ist den Samenzellen geblieben. Sie steuern an Protoplasma und Nährsubstanz soviel wie nichts bei; dafür sind sie durch ihre bewegliche Geißel zu beträchtlicher Ortsveränderung befähigt und werden bei ihrer Kleinheit in solchen Mengen produziert, daß Millionen zugrunde gehen können, wenn nur eines sein Ziel erreicht. Indem nun zwei solche Zellen aufeinander angewiesen sind, die in der Regel von zwei verschiedenen Individuen stammen, ist zugleich die beste Garantie für die Vereinigung nicht zu ähnlicher Qualitäten geliefert.

Kehren wir von hier zu unserer ersten Bedingung zurück, daß jede der beiden Keimzellen erst durch die Vereinigung mit der anderen die Entwicklungsfähigkeit erlangen darf, so ergibt sich, daß diese reziproke Hemmung an die eben besprochene Arbeitsteilung angeknüpft ist. Das Spermatozoon ist ohne weiteres durch seinen Mangel an Protoplasma gehemmt; die Eizelle besitzt mit dem Protoplasma und seinen Einlagerungen alle Entwicklungsqualitäten, ihr fehlt nur der Antrieb, das Centrosoma.

Jetzt verstehen wir diesen beiderseitigen Mangel zu beurteilen; er ist nicht ein prinzipieller, keine senile Entartung, sondern, wenn dieser Ausdruck erlaubt ist, ein Verzicht. Die Keimzellen wollen sich nicht allein entwickeln; sie haben eine ihnen ursprünglich zukommende, beim Ei ja in der Parthenogenese hier und dort wieder auftauchende Fähigkeit aufgegeben, um sie erst in gegenseitiger Ergänzung wieder zu gewinnen. Aber auch dafür gewinnen wir nun ein Verständnis, daß, wie vorhin erwähnt, der Gegensatz männlicher und weiblicher Zellen gar nicht überall der gleiche ist. Denn jede Art reziproker Hemmung – und deren sind offenbar sehr viele möglich – wird das Gleiche leisten, wie diejenige, welche wir im Tierreich verwirklicht gefunden haben.

Der Begriff der Befruchtung, dessen wesentlichstes Merkmal in dem Gegensatz zwischen einem »befruchtenden« und einem »befruchteten« Element liegt, verliert von unserem Standpunkt aus seine alte Bedeutung. Die Samenzelle ist ja auch eine Fortpflanzungszelle, ihrem innersten Wesen nach der Eizelle gleichwertig. Wie diese durch das Spermatozoon, so wird auch das Spermatozoon durch das Ei zur Entwicklungsfähigkeit ergänzt. Und wie wir also sagen: das Spermatozoon befruchtet das Ei, so könnte man jetzt auch umgekehrt sagen: das Spermatozoon wird seinerseits vom Ei befruchtet. Freilich nicht ganz mit Recht. Denn das, was »sich entwickelt«, ist eben doch immer das Ei, das Spermatozoon ist für das Ei in viel strengerem Sinn nur der Hemmungslöser, sein Supplement, das Centrosoma, ist das unendlich Untergeordnete und daher unter Umständen Ersetzbare, wie die Parthenogenese lehrt, der keine »Androgenese«, oder wie man es nennen mag, gegenübersteht.

Wohl ist der Gedanke ausgesprochen worden, daß auch die Samenzelle unter besonderen Bedingungen zu selbständiger Entwicklung befähigt sein könne. Denn das Wesen ihrer Spezies wird auch in ihr vollkommen enthalten sein müssen. Trotzdem muß diese Erwartung als höchst unwahrscheinlich bezeichnet werden. Denn daß das Spermatozoon, dessen ganze Bildungstendenz auf Beseitigung seines protoplasmatischen Bestandteiles gerichtet ist, imstande wäre und genötigt werden könnte, sich einen mächtigen Plasmakörper zu assimilieren, muß bezweifelt werden.

Aber, werden Sie schließlich fragen, wenn doch der Zweck die Qualitätenmischung sein soll, wie ist es möglich, daß die Eigenschaften des Spermatozoons im Ei nicht völlig unterdrückt werden? Wie können sie aufkommen gegenüber denen des Eies, das an Masse tausend- und millionenfach überlegen ist? Darauf ist vor allem zu antworten: sie kommen auf, auch wenn wir nicht erklären können, wie. Zahllose Erfahrungen bei Pflanzen und Tieren und speziell auch am Menschen lehren, daß der Vater auf die Konstitution des Kindes im allgemeinen ebensoviel Einfluß hat, wie die Mutter. Aber wir sehen nun auch bei der Befruchtung etwas, was uns wohl den Schlüssel gibt und damit weite Perspektiven auf zelluläres Leben überhaupt eröffnet. So verschieden die männlichen und weiblichen Keimzellen sind, in einem sind sie doch gleich, in ihrer Kernsubstanz. Ununterscheidbar steht schließlich der herangewachsene Spermakern dem Eikern gegenüber, in voller Gleichheit nach Größe, Form und Zahl liegen die väterlichen und mütterlichen Kernelemente nebeneinander, mit unübertrefflicher Sorgfalt wird bewirkt, daß sie in gleicher Kombination auf die Tochterzellen und, wie wir annehmen dürfen, auf alle Zellen des neuen Individuums übergehen. In diesen väterlichen und mütterlichen Kernelementen müssen wohl die dirigierenden Kräfte liegen, welche dem neuen Organismus neben den Merkmalen der Spezies die individuellen Eigenschaften der beiden Eltern kombiniert aufprägen. Und diese Kombination der Kernsubstanzen als der Qualitätenträger wäre also das Ziel aller Paarung vom Infusionstierchen bis zum Menschen.

Vielleicht empfinden Sie in diesem Resultat einen Widerspruch zu dem vorhin formulierten, daß die Kernvereinigung für die Befruchtung ohne Bedeutung sei. Allein die beiden Ergebnisse stehen in bester Harmonie. Denn wenn wir als den Zweck der betrachteten Vorgänge die Qualitätenkombination ansehen, und wenn wir andererseits als das Substrat dieser Qualitäten die Kerne von Ei- und Samenzelle betrachten, so begreifen wir, daß die Kerne an der Differenzierung der Keimzellen sich nicht beteiligen, daß sie nicht ihrer gegenseitigen Ergänzung bedürfen, um das Ei entwicklungsfähig zu machen, sondern daß sie als funktionell vollkommen gleichwertige, nur individuell verschiedene Bildungen in der ersten Embryonalzelle einfach addiert werden. Ihre Vereinigung ist kein Mittel bei der Befruchtung, sondern ihr Zweck.

Damit ist das Befruchtungsproblem im Grunde erschöpft; es ist aufgegangen, und, wie wir wohl behaupten dürfen, ohne einen unverständlichen Rest aufgegangen in dem allgemeinen Problem der Individuenmischung oder, um einen Ausdruck Weismanns zu gebrauchen, der Amphimixis. Freilich haben wir auch damit nicht ein Letztes erreicht: denn nun, wo wir die Qualitätenmischung nicht etwa nur als einen Nebeneffekt, sondern als den Zweck selbst erkennen müssen, konzentriert sich alles Interesse in der Frage: Was soll die Mischung?

Es wäre eine weitere Erörterung, länger als die bisherige, nötig, um dieser Frage nur richtig ins Angesicht sehen zu können. Ob es je gelingen wird, sie exakt zu lösen, was nur auf experimentellem Weg möglich wäre, erscheint mir im höchsten Grad unwahrscheinlich. Jedenfalls sind wir zu ihrer Beantwortung zur Zeit lediglich auf allgemeine Erwägungen angewiesen, und wie unsicher diese sind, erhellt am besten daraus, daß die Meinungen der kompetentesten Autoren so weit wie nur denkbar auseinander gehen. Auch ist zu beachten, daß das ursprüngliche Motiv, welches zwei einzellige Wesen zu einer Verschmelzung ihrer Protoplasmaleiber gebracht hat, wohl kaum das gleiche war, wie dasjenige, welches zur Beibehaltung und weiteren Ausbildung dieser periodischen Zellenvereinigung bis herauf zu den höchsten Organismen geführt hat. Soll ich wagen, die Anschauung anzudeuten, die mir für diese höhere Stufe am meisten begründet zu sein scheint, so möge dies durch eine Vergleichung geschehen. Wir sind hier zusammengekommen, Ärzte und Naturforscher aller Zweige und Richtungen, um im Austausch von Erfahrungen und Gedanken die Gesamtheit unserer Wissenschaften zu fördern. Qualitätenmischung auf geistigem Gebiet, dies könnte man wohl als den Zweck bezeichnen, der uns zur Vereinigung gebracht hat. Wie manche befruchtende Idee mag hier, vielleicht ganz unbemerkt, in ein Arbeitsfeld gesät werden, das aus sich heraus nie dazu gelangt wäre. Sehen wir doch gar deutlich, wie die Lösung größter wissenschaftlicher Aufgaben selten einer Geisteskonstitution und einer Bildungsart allein gelingt, sondern mannigfaltige Kräfte zusammenwirken müssen; ja, wie schon die Verbindung zweier Geister zu gemeinsamer Arbeit oft weit Größeres zutage fördert, als was beide allein hätten leisten können.

Etwas ganz Analoges bietet uns die Qualitätenvereinigung durch Zellenpaarung. Was sie hervorbringen kann, erkennen wir am besten am Menschen selbst. Aus elterlichen Eigenschaften, die für sich nicht als außerordentliche bezeichnet werden können, mischt sich das Genie. Was aber hier für den Menschen gilt und uns in den Projektionen seiner Gehirnkonstitution nach außen so gewaltig vergrößert entgegentritt, das muß in gleicher Weise für alle Organismen, es muß für Muskeln und Knochen, für Blüten, Blätter und Wurzeln gelten. Aus den besonderen Eigenschaften, die zwei Individuen entweder aus ihrer Vorfahrenreihe überkommen, oder die ihre Keimzellen unter den besonderen Bedingungen, unter denen diese Individuen lebten, erworben haben, muß sich ein neues Drittes kombinieren und unter Umständen etwas Vollkommeneres, als was in der Reihe der Vorfahren je vorhanden war. Und hier berührt sich unsere Frage mit dem größten Problem, welches die Zoologie und Botanik bewegt, mit der Entstehung der Lebewelt. Alles, was wir von den organischen Wesen wissen, führt zu der Überzeugung, daß die höheren aus niederen durch allmähliche Umbildung entstanden sind, und die ganze organische Welt erscheint uns durch langsame Fortschritte aus primitivstem Urzustand zu höchster Komplikation aufgestiegen. Ungelöst ist nur die Frage, welche Kräfte dies bewirken konnten. Nun, einer dieser Faktoren beim Fortschritt des Organischen scheint – darin stimme ich mit Weismann überein – in den Folgen der Individuenmischung gegeben zu sein. Und wenn dies richtig ist, so wäre hier eine Wirkung erkannt, die wohl im Verhältnis steht zu der unermeßlichen Rolle, welche die Zellenpaarung in der Welt spielt.

WILHELM ROUX

Die Entwicklungsmechanik,
ein neuer Zweig der biologischen Wissenschaft

1904

Der Gedanke der Entwicklung alles Bestehenden ist eine der größten Errungenschaften der Geistesarbeit des vergangenen Jahrhunderts. Im früheren Jahrhundert zuerst auf Einzelgebieten gewonnen, wurde er dahin erweitert, daß alles jetzt Vorhandene allmählich durch Entwicklung entstanden sei, und daß diese Entwicklung auf natürlichem, gesetzmäßigem Wege, durch das Wirken der Naturkräfte, nicht durch plötzliche Schöpfung, nicht durch Wunder bewirkt worden sei.

So die Weltkörper am Himmel und die Erde, ihre Rinde mit allen ihren Schichten, das erste Leben auf ihr und die Gesamtheit aller daraus hervorgegangenen Lebewesen.

Vom einzelnen Lebewesen war es schon längst bekannt, daß es eine Entwicklung durchmacht. Doch war sie dicht mit Schleiern umgeben, die nur nach und nach gelüftet worden sind und uns auch jetzt noch vieles, ja das meiste verhüllen, vieles wohl ewig verhüllen werden.

Wollen Sie mir gestatten, Ihnen von dem auf diesem Gebiete Errungenen zu berichten, insbesondere von einem neuen Trieb, der an diesem Teile des Baumes der Wissenschaft vom Leben seit etwa zwei Jahrzehnten aus einem früher schon angesetzten Keim erwachsen ist und jetzt bereits einen ansehnlichen Zweig der Biologie darstellt.

Früher glaubte man, in dem Ei schon die äußeren Teile des fertigen Tieres erkennen zu können, und nahm daher an, daß die weitere Bildung, ähnlich der Entwicklung einer Pflanzenknospe, hauptsächlich in einer Entfaltung, in einem Aufwickeln des Zusammengelegten unter Vergrößerung desselben bestünde.

Auf diese Vorstellung gründet sich der allgemein gebräuchlich gewordene Name »Entwicklung«, Evolution, für die Bildung eines tierischen Lebewesens aus dem Ei. Dieser Name erwies sich aber für die Bildung der Tiere schon bei der ersten genauen Prüfung als ganz unrichtig.

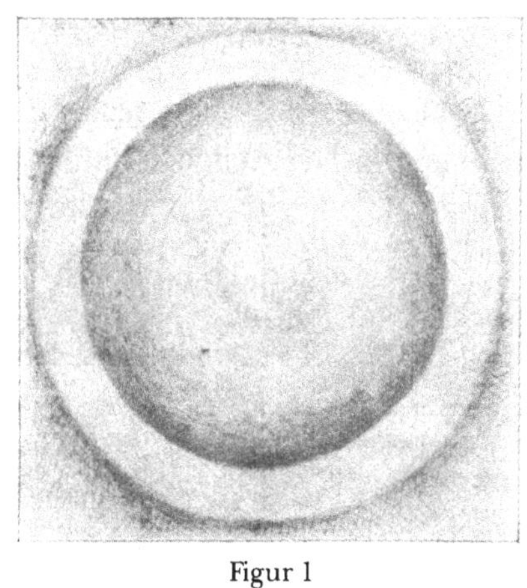

Figur 1

Figur 2

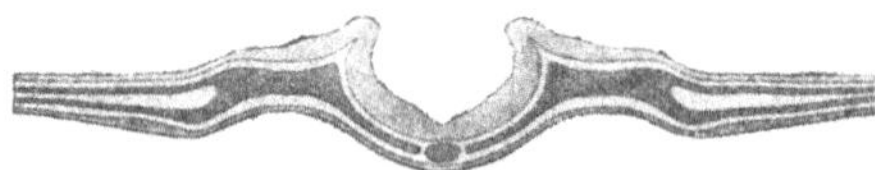

Figur 3

Kaspar Friedrich Wolff erkannte bereits vor fast 150 Jahren, daß bei dem Beginn der Entwicklung des Hühnchens im Ei von einem Kopf und einem Rumpf, von Armen und Beinen, die man zu sehen geglaubt hatte, nichts vorhanden ist, sondern daß zunächst nur ein ebenes Blatt gebildet

wird, wie es Ihnen hier Figur 1 zeigt, und daß diesem dann
noch zwei weitere Blätter sich anfügen, die Sie in Figur 2 im
Durchschnitt dargestellt sehen. Das sind die drei Keimblätter. Danach entsteht auf der Außenseite der Platte durch Erhebung zweier Falten, die Figur 3 Ihnen darbietet, und
durch ihre Vereinigung ein einfaches Rohr, das Nerven-
rohr, das die Anlage von Gehirn und Rückenmark darstellt.
Und auf der entgegengesetzten Seite bildet sich in etwas anderer Weise ein zweites Rohr, das Darmrohr, welches den
ganzen Darmkanal liefert. Aus diesen einfachen Rohren
und aus den anderen Teilen der drei Keimblätter entstehen
unter vielen Formenwandlungen und Abgliederungen später die einzelnen Organe.

Mit solchem Nachweis der Bildung der Keimblätter und
der Abgliederung aller Organe aus ihnen war die Aufgabe
der früheren, der sogenannten beschreibenden oder de-
skripten Entwicklungsgeschichte noch nicht erschöpft.
Wilhelm His hatte diese Aufgabe erheblich erweitert, indem er verlangte, daß für jedes spätere Organ auch der
Ort seines Materials im Keimblatt nachgewiesen werde,
und daß diese Zurückprojektion womöglich auch bis auf
die ersten Teilzellen des Eies, ja bis auf das ungeteilte Ei
auszudehnen sei.

Das Ei hat den Wert einer Zelle. Es teilt sich nach der Befruchtung zunächst in 2 Zellen, dann in 4, 8, 16 Zellen und
so fort. Diese ersten Zellen sind etwas abgerundet und haben daher zwischen sich tiefe Furchen. Sie werden deshalb
Furchungszellen genannt. In Figur 5 sehen wir z.B. das
noch ungeteilte Ei des grünen Frosches von oben, in Figur 4
annähernd von der Seite abgebildet. In Figur 6 zeigt es sich
nach der ersten Teilung, also in 2 Furchungszellen zerlegt,
in Figur 7 nach der zweiten Teilung, im vierzelligen Stadium.

Auf diese Furchungszellen und zum Teil auf das noch
ungeteilte Ei wurden durch außerordentlich mühsame und
scharfe Beobachtungen die späteren Organe zurückproji-
ziert.

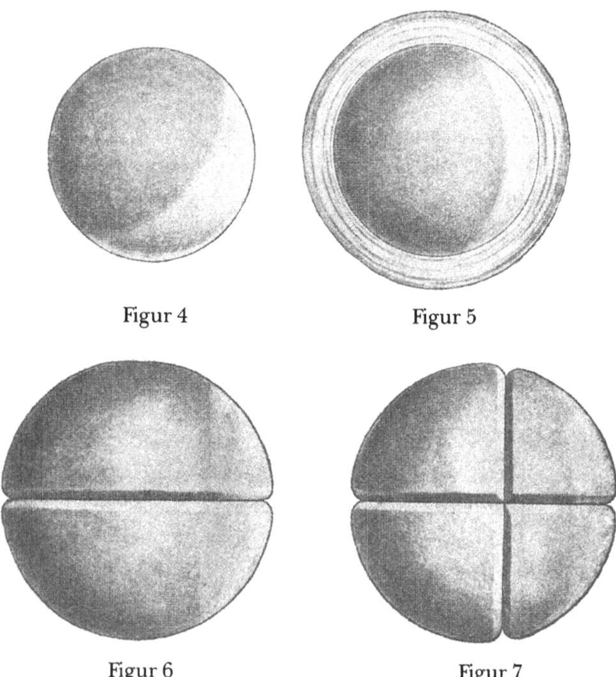

Figur 4   Figur 5

Figur 6   Figur 7

Denken wir uns diese Art der Kenntnis vollkommen bis ins letzte durchgeführt, so hätten wir folgende Einsicht in das Entwicklungsgeschehen eines Lebewesens erlangt:

»Ausgehend von der Kenntnis der Lagerungsbeziehungen aller verschiedenen Teile des befruchteten Eies zueinander, wären ermittelt: die Wege, welche jedes gesonderte Bahnen einschlagende Teilchen des Eies bis zu seiner letzten Verwendung zum Aufbau des Organismus durchläuft, sowie auch die Bahnen aller von außen aufgenommener und bis zur Vollendung der Entwicklung des Individuums zum Aufbau irgendwie verwendeter Teile.«

Das wäre die höchste, überhaupt nur denkbare, nie annähernd erreichbare Leistung der früheren Art der entwicklungsgeschichtlichen Forschung.

Wir werden uns nun zu fragen haben: Wäre diese Kenntnis dann eine vollkommene, eine wenn auch nur prinzipiell erschöpfende?

Würden diese äußersten Leistungen der deskriptiven Forschung unseren Erkenntnistrieb befriedigen?

Wir werden sagen: nein. Denn diese Auflösung des Entwicklungsgeschehens wäre bloß eine formale; die Entwicklungsvorgänge bestünden danach nur in Beschleunigung und Verzögerung von Teilchen, in Näherung und Entfernung derselben, in Neueintritt und Ausscheidung solcher, also nur in Änderungen der Bewegung und Lagerung.

Jede Änderung eines Zustandes oder Geschehens muß aber durch etwas bewirkt werden, denn nichts kann von selber seinen Zustand ändern. Dieses Wirkende nennen wir die Ursachen oder die Faktoren des Geschehens. Es fehlt uns also noch gänzlich die Kenntnis der Ursachen der Entwicklungsvorgänge. Sollen wir nicht streben, auch diese Kenntnis, soweit es irgend möglich ist, uns anzueignen? Ich hoffe, Sie werden mir zustimmen, wenn ich diese Forderung vertrete und im Nachfolgenden etwas eingehender begründe. [...]

Die Forderung einer ursächlichen Ableitung auch des Entwicklungsgeschehens eines Lebewesens ist nicht neu, sondern schon von C.E. v. Baer, wenn auch etwas mystisch formuliert, aufgestellt worden. Aber erst fast ein halbes Jahrhundert später machte Wilhelm His den ersten Versuch, diesem ursächlichen Geschehen etwas näher zu treten. Er glaubte, daß alle formenbildenden Entwicklungsvorgänge auf ungleiches Wachstum der verschiedenen Stellen der Keimblätter und auf Stauungen an den weniger wachsenden Nachbarteilen zurückgeführt werden können.

Das dabei verwendete Gestaltungsprinzip ist an sich unzweifelhaft ein richtiges. Aber jede einzelne bestimmte Form kann erstens auf diese Weise durch sehr verschiedene Verteilungen und Größen des lokal beschränkten Wachstums, außerdem aber auch noch durch ganz andere Arten von Vorgängen hervorgebracht werden. His nahm somit eine mögliche Ableitung sogleich als die wirkliche hin, ohne zu fragen, ob sie die einzig mögliche ist, und ohne mit geeigneten Methoden den Nachweis ihrer Wirklichkeit zu versuchen. Immerhin war es seinerzeit ein erstaunlich kühner Versuch, in die Ursachen des Entwicklungsgeschehens mit einem so einfachen ursächlichen Prinzip einzudringen, wenn natürlich auch die nächste Frage: nach den Ursachen dieses in typischer Weise verteilten Wachstums, noch nicht beleuchtet wurde.

Da die Arbeit dieses Vorgängers also den Beweis der Richtigkeit der Ableitungen ganz entbehrt, haben wir uns, indem wir seine Bestrebungen fortsetzen wollen, zu fragen, auf welche Weise ein solcher Beweis überhaupt erbracht werden kann, wie also kausale Erkenntnis an unserem Objekt in gesicherter, in exakter Weise erworben werden kann. Das ist hier schwieriger als auf irgendeinem anderen Gebiete. Denn nicht nur ist auch hier das bezügliche gestaltende Geschehen im Grunde genommen unsichtbar, sondern es findet auch immer an vielen Orten zugleich statt, und zwar geschieht es bei allen Eiern derselben Art stets in derselben, im voraus bestimmten Weise; deshalb können wir nicht wissen, welche von den vielen gleichzeitigen Veränderungen von den einzelnen früheren Änderungen abhängen.

Das einzige Mittel, welches uns unter diesen Umständen gesicherte Kenntnis gewähren kann, ist das Experiment, dieses große Hilfsmittel des Menschen, mit dem er seit Jahrhunderten die Natur zwingt, ihm auf seine Fragen Antwort zu geben. Es ist aber eine Kunst, die Fragen so zu stellen und unsere Zwangsmittel, die Versuchsbedingungen, so anzuwenden, daß die Natur uns in eindeutiger Weise antworten muß. Dazu ist es nötig, schon im voraus einen geistigen Einblick in das zu untersuchende Geschehen gewonnen zu haben, den Vorgang bereits im Geiste analysiert, ihn wenigstens vermutungsweise in seine eventuellen Faktoren zerlegt zu haben, um dann künstlich Bedingungen herzustellen, in denen womöglich bloß ein solcher Faktor abgeändert ist.

Daher müssen auch wir uns zunächst eine Übersicht über die verschiedenen Arten von Ursachen, welche an einem jeden Geschehen beteiligt sind, verschaffen.

Jedes Geschehen hat erstens die Ursachen oder Faktoren, welche die Art des Geschehens bestimmen; diese wollen wir als spezifische Ursachen bezeichnen. Dazu kommen die Ursachen des Ortes des Geschehens, der Zeit desselben, ferner der Intensität und Richtung. Alle diese Ursachen können getrennt und voneinander verschieden sein; sie können aber zum Teil auch zusammenfallen; in jedem Einzelfalle sind womöglich alle diese Ursachen zu ermitteln. Die Schwierigkeit ihrer Ermittlung ist aber überaus verschieden. Daher werden wir gut tun, mit den am leichtesten zu erforschenden von ihnen anzufangen.

Diese Einzelursachen oder Faktoren wirken nun bei ihrem vollständigen Zusammentreffen aufeinander, und dieses geschieht je nach ihrer Art in verschiedener Weise.

Die Physik und Chemie haben das ganze anorganische Geschehen in seiner großen Mannigfaltigkeit auf eine relativ geringe Anzahl von bestimmten, immer in derselben Art wiederkehrenden, also »beständigen« Wirkungsweisen zurückgeführt, es in sie zerlegt.

Sie kennen die umgestaltende, z.B. biegende Wirkungsweise des Massendruckes, die Bewegung verzögernde und erwärmende Wirkungsweise der Reibung, die der Kohäsion, der Oberflächenspannung flüssiger Körper, der Adhäsion, sowie der aus diesen beiden sich zusammensetzenden Kapillarität, ferner die Diosmose, die anziehenden Wirkungsweisen der Schwere, des Magnetismus, die mannigfachen elektrischen Wirkungsarten, die Reflexion des Lichtes mit ihrer Spiegelbildwirkung, die Lichtbrechungswirkung, z.B. durch Linsen, die Kristallisation usw.

Das organische Geschehen zeigt teilweise dieselben Wirkungsweisen wie das anorganische; vielfach aber treten in ihm wesentlich davon abweichende Wirkungen uns entgegen. Die Erfahrung lehrt aber, daß durch Kombination von mehreren Wirkungsweisen neue Wirkungsarten entstehen können, wie z.B. durch Kombination der Wirkungen von Schwefel, Eisen, Sauerstoff und Wasserstoff zu Eisenvitriol ganz andere Wirkungsweisen entstehen als durch Kombination der Wirkungen von bloß zweien dieser Elemente. Und daß durch neue Kombinationen von physikalischen Wirkungen neue Wirkungsweisen entstehen können, hat Ihnen die Hervorbringung der Röntgenstrahlen, der Becquerelstrahlen in letzter Zeit deutlich vor Augen geführt.

Wir nehmen daher bis zum Beweis des Gegenteils an, daß die besonderen Wirkungsweisen, welche in den Lebewesen stattfinden, ihre Ursache nur in der besonders komplizierten physikalisch-chemischen Zusammensetzung der Lebewesen haben.

Indem wir nach der Erkenntnis desjenigen Wirkens, auf dem das Entwicklungsgeschehen beruht, streben, ist es daher unsere nächste Aufgabe, dieses Geschehen möglichst weit auf anorganische Wirkungsweisen zurückzuführen, es in solche Wirkungsweisen zu zerlegen, zu analysieren. Soweit dies noch nicht möglich ist, müssen wir das Geschehen wenigstens in eine möglichst kleine Zahl verschiedener, wenn auch noch mit den besonderen Charakteren des organischen Geschehens behafteter Wirkungsweisen zerlegen.

Die Physik und Chemie hatten früher auch ein Stadium der einfachen Ermittlung und bloßen Beschreibung des von der Natur dargebotenen sichtbaren Geschehens und Seins. Aber seit mehreren Jahrhunderten schon ist die Physik, seit etwa ein und einem halben Jahrhundert die Chemie aus diesem ersten Stadium jeder Wissenschaft allmählich herausgetreten und bereits ganz zu dem notwendigen nächsten Stadium, dem der ursächlich analysierenden Forschung, übergegangen. Diesen selben, für jede nicht rein historische Wissenschaft unerläßlich nötigen Schritt ist jetzt die Entwicklungsgeschichte, die Embryologie, zu tun im Begriff; und alle Bekämpfungen und Mißdeutungen unserer Absichten durch Vertreter der bisher alleinigen deskriptiven Richtung werden daher diesen Fortschritt nicht aufzuhalten vermögen.

Wir haben der so entstandenen neuen Disziplin den Namen Entwicklungsmechanik gegeben, indem wir dabei das Wort Mechanik im philosophischen, allgemeinsten Sinne, im Sinne der Lehre vom mechanistischen, das heißt der Kausalität unterstehenden Geschehen gebrauchen.

Gehen wir nun zu den bisherigen Untersuchungen und ihren Ergebnissen über.

Um in den unübersehbaren Komplex unbekannter Wirkungsweisen, welcher die Entwicklung eines Lebewesens darstellt, einzudringen, wollen wir mit der voraussichtlich am leichtesten zu ermittelnden Gruppe von Ursachen der Entwicklungsgestaltungen beginnen.

Als solche erschienen mir die Ursachen der Richtung der Gestaltungen; und es empfahl sich aus verschiedenen Gründen, mit den Ursachen der allgemeinsten Gestaltungen, mit der Bestimmung der Hauptrichtungen des Tieres im Ei, anzufangen.

Es war daher zuerst die Frage zu beantworten: Wodurch wird in dem zumeist runden Ei die Richtung der Mittelebene oder der Symmetrieebene des ganzen Körpers des künftigen Tieres bestimmt, und wodurch wird an ihr über die Lage der Richtungen kopf- und schwanzwärts, bauch- und rückwärts entschieden? Mit diesen Bestimmungen ist dann die Lage des künftigen Tieres im Ei festgelegt.

Das hier im Inlande zu solchen Versuchen geeignetste Objekt ist das Froschei. An diesem wurden daher die jetzt zu besprechenden Versuche angestellt.

In diesem Ei wird die Lage der Symmetrieebene des Tieres erst zwei Tage nach der Befruchtung des Eies bestimmt sichtbar; dieses Sichtbarwerden geschieht durch die Anlage des Gehirns und Rückenmarks in Form der vorhin erwähnten Medullarfurche, welche in Figur 8 breit entwickelt zu sehen ist. Aus dem späten Sichtbarwerden der Lage der Mittelebene des Körpers ist aber nicht zu folgern, daß diese Bestimmung selber erst zu dieser Zeit getroffen wird; sie kann auch schon viel früher, vielleicht schon im unbefruchteten Ei geschehen sein. Mit den verschiedenen Entwicklungsphasen aber, in denen die Bestimmung vielleicht geschehen könnte, müßten auch die Ursachen selber wesentlich verschiedene sein, da das Ei in jeder Phase einen anderen Bau hat. Es war also vor der Inangriffnahme der Ursache zunächst die Zeit, in der die bezügliche Entscheidung stattfindet, zu ermitteln.

Da ich die Vermutung hegte, daß die typische Entwicklung des Individuums wohl schon von Anfang an ein System bestimmt gerichteter Vorgänge sein werde, so prüfte ich zunächst, ob vielleicht schon die Richtung der ersten Teilung des Eies in die beiden ersten Furchungszellen, welche Figur 6 zeigt, eine bestimmte Beziehung zur Richtung der Symmetrieebene des künftigen Tieres hat. Zu diesem Zwecke wurde die Richtung der ersten Furche genau verzeichnet; und als nach zwei Tagen die Medullarfurche gebildet war, wurde deren Richtung in dasselbe Diagramm eingetragen. Dabei ergab sich, daß in Dreiviertel der Fälle beide Richtungen ganz oder fast ganz zusammenfielen.

Dadurch bekundete sich schon deutlich eine Beziehung zwischen beiden Richtungen. Indem nach den Ursachen der erheblichen Anzahl von Abweichungen gesucht wurde, wurde erkannt, daß die Schwerkraft Abweichungen hervorbringen kann, indem sie auf die ungleich schweren Dotterteile des Eies umordnend wirkt. Nachdem dieser störenden Wirkung möglichst vorgebeugt worden war, ergaben sich in den einzelnen Versuchsreihen 90% Übereinstimmungen. Aus dieser erheblichen Verbesserung der Resultate durfte gefolgert werden, daß bei vollkommenem Ausschluß aller Störungen beide Richtungen stets zusammenfallen würden. Um dieses darzustellen, müßte die Figur 6 um 90° gedreht werden, wodurch die erste Furche die Richtung der Medullarfurche der Figur 8 erlangen würde. Zufällig hatte in demselben Jahr, im Jahre 1883, der Physiologe Pflüger, von einer anderen Fragestellung ausgehend, denselben Versuch einige Monate später angestellt und dabei dasselbe Ergebnis gewonnen.

Meine Versuche zeigten weiterhin gleich noch, daß bei

dem grünen Frosch zur Zeit der ersten Furche auch schon
die Richtungen kopf- und schwanzwärts am Ei bestimmt
sind, und für die Richtungen bauch- und rückwärts gilt
ähnliches.

Damit war also erkannt, daß schon lange vor der Anlage
irgendwelcher Organe die Hauptrichtungen des künftigen
Tieres im Ei bestimmt werden, und zwar schon vor der ersten Teilung des Eies. Nun war zu ermitteln, ob diese Bestimmung etwa schon im unbefruchteten Ei oder erst zur
Zeit der Befruchtung, resp. kurze Zeit nach derselben stattfindet. Diese an schwimmenden Eiern vorgenommene Prüfung ergab die Wahrscheinlichkeit, daß die Bestimmung
erst um die Zeit der Befruchtung getroffen werde.

Nachdem so die Frage der Zeit annähernd gelöst war,
konnte mit Aussicht auf Erfolg auch zur Inangriffnahme
der Ursache der Bestimmung fortgeschritten werden; und
es lag jetzt nahe, zu prüfen, ob die Befruchtung selber diese
Bestimmung bewirke.

Es war daher zu ermitteln, ob die Richtung der ersten
Furchung des Eies in konstanter Beziehung zu derjenigen
Richtung steht, in welcher die Befruchtung des Eies stattge-
funden hat.

Zu dieser Prüfung war es nötig, daß wir in die Lage kamen, unsererseits zu bestimmen, an welchem senkrechten
Meridian der befruchtende Samenkörper in das Ei eindringt. Dies gelang dadurch, daß in die dicke Eihülle, welche Figur 5 andeutet, ein senkrechter Schnitt gemacht
wurde. Dadurch bekamen die an dieser Seite eindringenden Samenkörper einen Vorsprung von mehreren Minuten vor den anderen, und der zuerst eindringende Samenkörper befruchtet das Ei. Es zeigte sich nun, daß die erste
Furche in der Tat in etwa 90% der Fälle dem von uns willkürlich gewählten Befruchtungsmeridian folgte, daß sie mit
ihm zusammenfiel. Und außerdem ergab sich noch, daß
diejenige Seite des Eies, auf der der Samenkörper eingedrungen war, zu immer derselben Seite des Tieres, nämlich
zur Schwanzseite desselben wurde.

So war es also nach vorheriger Ermittlung der Zeit der Bestimmung gelungen, auch die normale Ursache dieser wichtigen Bestimmung festzustellen.

Nach diesem Ergebnis über die allgemeinsten Richtungsverhältnisse war es nötig, eine erste Orientierung über die Örtlichkeit der Entwicklungsursachen zu gewinnen, insbesondere der die Art der Vorgänge bestimmenden, spezifischen Ursachen. Es war daher die Frage aufzuwerfen, ob diese (determinierenden) Hauptursachen der Entwicklung vollständig im Ei selbst liegen, oder ob wesentliche, die Gestaltung bestimmende Ursachen auch noch von außen her auf das Ei einwirken müssen.

Daß auch äußere Faktoren, wie Wärme, Luft und Nahrung, zur Entwicklung nötig sind, war bekannt. Aber daraus folgt noch nicht, daß sie die Gestaltung bestimmen. Da sie zudem auf die Eier vieler verschiedener Tiere in gleicher Weise einwirken, können sie keinesfalls die besondere Gestaltung dieser Tiere veranlassen.

Immerhin könnte ein äußeres Agens zur Bestimmung einer allgemeinen Gestaltung beitragen, da es ordnend und so auch richtend zu wirken vermag und immer tätig vorhanden ist. Infolgedessen könnte dieses Agens außerdem auch zur Entwicklung direkt nötig sein. Dieses Agens ist die Schwerkraft. Diese Frage wollte Pflüger durch seine oben erwähnten Versuche prüfen. Er kam durch eine sinnreiche Versuchsanordnung zu dem Ergebnis, daß die Schwerkraft es ist, die am Ei den Ort bestimme, der zum Rückenmark wird, und daß dies ganz ohne Rücksicht darauf geschehe, welche Art von Eimaterial sich an dieser Stelle befindet. Danach mußte also die gestaltende Wirkung der Schwerkraft zur Entwicklung auch unbedingt nötig sein.

Gustav Born untersuchte darauf das innere Geschehen bei Pflügers Versuch, kam aber zu einer ganz anderen Deutung desselben; und ich prüfte die angebliche Notwendigkeit der differenzierenden Wirkung der Schwere, indem ich die Eier auf eine senkrechte Scheibe brachte, welche um ihren Mittelpunkt in Richtung ihrer Fläche sich drehte. Obschon hier die Eier fortwährend ihre Richtung gegen die Schwerkraft änderten, und obschon außerdem noch dafür gesorgt war, daß viele, in einem Glase schwimmende Eier sich dabei auch noch überstürzen mußten, entwickelten sie sich gleichwohl in normaler Weise. Sie bewiesen so, daß eine ordnende, richtende Wirkung der Schwerkraft zur Entwicklung nicht nötig ist.

Dieselben Versuche ließen die weitere Folgerung zu, daß auch die Richtung des Lichteinfalles und die Lage zu dem magnetischen Meridian ohne bestimmende Bedeutung für die Gestaltung im Ei sind. Wir dürfen also schließen, daß alle hauptsächlichen, die Entwicklung als solche und ihre besondere Art bestimmenden Faktoren im Ei selber enthalten sind. Durch dieses Ergebnis erhielt die weitere, unsererseits zunächst allein auf die spezifischen oder determinierenden Ursachen der Entwicklung gerichtete Untersuchung eine sehr angenehme, scharfe Umgrenzung, da alle Faktoren, welche die bezüglichen Entwicklungsvorgänge bestimmen, im Ei selber zu suchen sind.

Um nun diesen Gestaltungsursachen selber näher zu treten, war es empfehlenswert, zunächst die oben erwähnte Grundannahme von His, daß die Formbildung passiv durch Stauung wachsender, sich ausdehnender Teile an ihrer Umgebung entstehe, an seinen eigenen Hauptbeispielen experimentell zu prüfen. Nach dieser Annahme entstünde die Rückenfurche, die Sie auf Figur 3 im Querschnitt dargestellt sehen, sowie die nachfolgende Rohrform des Rückenmarks durch Stauung der ursprünglich ebenen Rückenmarksplatte an ihrer seitlichen Umgebung oder umgekehrt. Wenn wir also an Hühnerkeimen, die den Stadien entsprechen, welche in Figur 2 und 3 dargestellt sind, die in der oberen Schicht in der Mitte befindliche dicke Medullarplatte M an ihren seitlichen Rändern abtrennen, so müßte die Rohrbildung ausbleiben. Nachdem ich am Hühnerkeim beiderseits diese Trennung vorgenommen hatte, erfolgte aber gleichwohl die Erhebung und Näherung der beiden Falten, und zwar geschah dies noch rascher, als es normalerweise der Fall ist. Dies beweist, daß die gestaltenden Ursachen, im Unterschied von der Auffassung His', nicht zu einem wesentlichen Teil außerhalb, sondern vollkommen innerhalb der sich wölbenden Medullarplatte gelegen sind, daß also diese Biegung, wie wir sagen, Selbstdifferenzierung dieser Platte ist. Dasselbe Resultat ergab der entsprechende Versuch am Darmrohr.

Um weiterhin methodisch fortzuschreiten und uns einen ersten Einblick in das Allgemeinste der Art des noch ganz unbekannten und unverständlichen Entwicklungsgeschehens zu verschaffen, stellte ich die Frage auf, ob die Entwicklung des befruchteten Eies ein formales Gesamtwirken desselben darstellt, und prüfte daher, ob alle Teile des befruchteten Eies zu seiner Entwicklung nötig sind; und sofern dies nicht der Fall ist, welche Folgen erstens der Defekt von Eisubstanz und zweitens die mit dem Defekt zugleich entstehende Umordnung der Eisubstanzen haben. Es war denkbar, daß schon jeder kleinste Substanzverlust die Entwicklungsfähigkeit aufhebe. Da demnach alle Teile des Eies fortwährend zur Entwicklung nötig wären, so wäre zu folgern, daß auf jedem Stadium immer alle Teile des Eies zusammenwirken müssen, um die Entwicklungsvorgänge zu ermöglichen. Ferner mußte als möglich gedacht werden, daß vielleicht Störungen der Anordnung der Dotterteile eine entsprechend falsche Anordnung der entwickelten Organe im Tiere bewirken, wenn nicht überhaupt dadurch ganz atypische, fremdartige Bildungen veranlaßt würden. Es war gewiß empfehlenswert, ehe wir an die Erforschung einzelner besonderer Entwicklungsvorgänge herantraten, uns über diese allgemeinsten Eventualitäten Aufschluß zu verschaffen.

Zu diesem Zweck versenkte ich vor mehr als zwei Dezennien [...] eine spitze Nadel in das Froschei, nicht ohne ein geheimes Grauen darüber zu empfinden, daß ich es wagte, in solcher Weise in den geheimnisvollen Komplex aller Bildungsvorgänge eines Lebewesens einzugreifen. Beim Zurückziehen der Nadel trat ein mehr oder weniger großer Teil des Eiinhaltes aus (das Extraovat); es wurde also durch den Anstich ein Defekt im Ei gesetzt und außerdem notwendigerweise die Anordnung der zurückgebliebenen Substanzen gestört. Diese Versuche wurden mehrere Jahre fortgesetzt und auf verschiedene Stadien ausgedehnt. Es ergab sich zunächst, daß trotz des oft großen, bis etwa ein Fünftel des ganzen Eiinhaltes betragenden Austrittes von Dottersubstanz meist ganz normal gestaltete Embryonen gebildet wurden, die höchstens an der Operationsstelle einen kleinen, scharf umschriebenen Defekt darboten. Es ist also weder alle Eisubstanz, noch ihre vollkommen normale Anordnung zur Entwicklung und zur Bildung normal gestalteter Embryonen nötig.

Schon in einigen Fällen der ersten dieser Anstichversuche starb das halbe Ei nach dem Anstich ganz ab, während die andere Eihälfte am Leben blieb. Durch die Tötung einer ganzen Eihälfte erhielten wir Gelegenheit, einen Schritt weiter zu gelangen und die Frage nach der Örtlichkeit der speziellen Entwicklungsursachen vom Beginn der Entwicklung an für ein ganz bestimmtes Gebiet zu erforschen.

Nach Besiegung von allerhand Schwierigkeiten gelang es, bei einer größeren Anzahl von Eiern eine der beiden ersten Furchungszellen für längere Zeit oder ganz von der Entwicklung auszuschalten.

Trotzdem entwickelte sich die überlebende andere Eihälfte weiter und lieferte deutliche rechte und linke halbe junge Tiere, Halbembryonen. In Figur 8 ist zum Vergleich ein ganzer Embryo des jüngsten Stadiums abgebildet, Figur 9 zeigt einen linken Halbembryo, von der Rückenseite aus gesehen, etwas älter. Auch vordere halbe Embryonen entstanden einige Male (Figur 10) bei Anstich nach der zweiten Eiteilung, ebenso Dreiviertelembryonen.

Jeder solche rechte oder linke Halbembryo hat nur eine seitliche Hälfte des Rückenmarks, einen seitlichen halben Darmkanal und nur die Organanlagen der zugehörigen

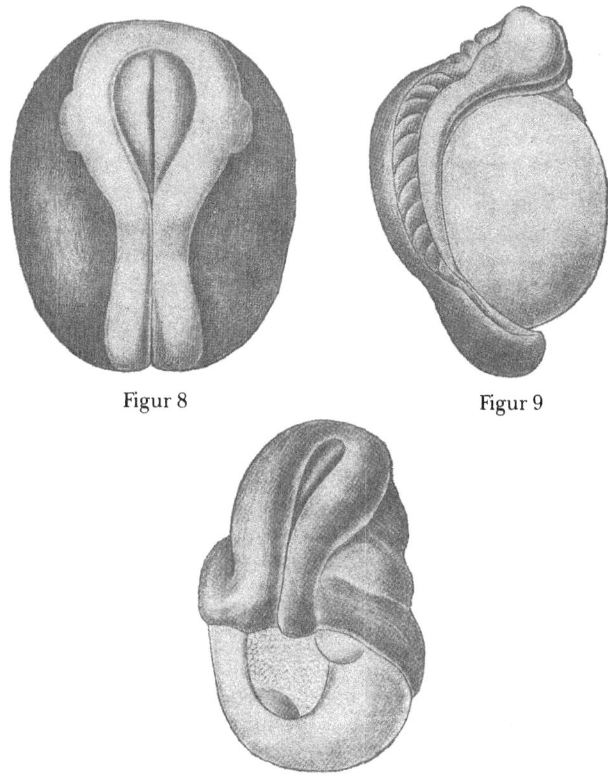

Figur 8   Figur 9

Figur 10

seitlichen Körperhälfte. Der vordere Halbembryo hat nur
die Organanlagen der vorderen Körperhälfte.

Aus der Bildung der rechten oder linken Halbembryonen ist zu folgern, daß jede der beiden ersten Furchungszellen nicht bloß das Material zur Bildung der entsprechenden Körperhälfte darstellt, sondern daß jede dieser Zellen
auch die zur Bestimmung der Entwicklung nötigen spezifischen Energien in sich selber enthält.

Eine differenzierende Mitwirkung der anderen Eihälfte ist also zur Entwicklung einer Eihälfte hier nicht er-

forderlich. Die Entwicklung des Froschembryos erfolgt somit durch selbständige Differenzierung, durch Selbstdifferenzierung der ersten Furchungszellen und stellt daher eine Art von Mosaikarbeit, von Bildung der einzelnen Teile für sich, dar. Auch von Säugetieren, sogar vom Menschen sind vordere halbe Embryonen, resp. ähnliche Teilbildungen beobachtet.

Viele weitere Versuche teils ähnlicher, teils neuer Art von anderen Autoren haben sich an diese analytischen Ausgangsversuche angeschlossen und haben weitere ursächliche Kenntnis bereits in ungeahnter Weise ergeben. Bei der Beschränktheit unserer Zeit seien hier nur genannt die Isolationsversuche mit ersten Furchungszellen von Chabry an Ascidien, von Endres, Barfurth und Morgan an Amphibien, von Crampton an einer Schnecke, von Fischel an Quallen, von Edm. Wilson an einem Wurm, die gleichfalls die Halbbildungen, und zwar bei sehr verschiedenen Tieren, ergaben, ferner die Versuche von Gustav Born über Verwachsung von Stücken junger Embryonen mit nachfolgender Selbstdifferenzierung der Stücke, von Alfred Schaper über die Entwicklung des Embryos nach Entfernung fast des ganzen Zentralnervensystems. Weiterhin ganz andere wichtige Versuche von Curt Herbst über die überraschende, Gestaltung ändernde Wirkung von chemischen Agentien und über formbildende Reize, dann Boveris Befruchtung kernloser Bruchstücke von Eiern. Ferner ist von Bedeutung eine andere Reihe von Versuchen von Bütschli, Quincke, Berthold, Verworn, Rhumbler und anderen, welche die künstliche Nachahmung von organischen Zellgestaltungen, besonders unter Benutzung der Oberflächenspannung, also einer rein physikalischen Wirkungsweise, betreffen. [...] Die Oberflächenspannung wurde überhaupt als einer der wichtigsten physikalischen, gestaltenden Faktoren im Organischen erkannt. Auf ihm beruht wohl auch die von mir ermittelte anziehende Wirkung, welche viele Furchungszellen aufeinander ausüben (der Cytotropismus). [...]

Überblicken wir die bereits gewonnene kausale Erkenntnis der typischen Entwicklung im allgemeinsten, so sehen wir, daß das Geschehen fest normiert ist und sich vollkommen gesetzmäßig vollzieht. Solches Geschehen ist prinzipiell erklärbar, wenn wir es auch aus besonderen technischen Gründen, wegen zu großer Komplikation, wegen Unsichtbarkeit und wegen Verlaufs im kleinen, ja im kleinsten vielfach im einzelnen nicht werden ermitteln können. Über solches Geschehen kann man rein mechanistische Theorien, sogenannte Maschinentheorien aufstellen. Und unserem Erkenntnistrieb wäre bei stetiger methodischer Arbeit auf diesem Gebiet auch eine stetig fortschreitende Einsicht und damit hohe Befriedigung verheißen.

Diese im voraus empfundene Befriedigung wird aber in hohem Maße durch eine Gruppe andersartiger Tatsachen gestört.

Teils schon bei den bereits erwähnten Versuchen traten uns Ergebnisse entgegen, die einer solchen maschinenmäßigen Ableitung wenig zugänglich zu sein scheinen, die auf wesentlich andere Arten des gestaltenden Wirkens hindeuten, als wir sie bisher besprochen haben. Das sind die Tatsachen der Selbstregulation.

Sie kennen von diesem Gebiet die Regeneration, welche bei niederen Tieren nach Verlust eines beliebigen Körperstücks immer genau so viel wiederbildet, als zum »Ganzen« fehlt. Auch die funktionelle Anpassung, die Anpassung der Organe an eine Funktion durch Ausübung derselben ist Ihnen bekannt.

Zu diesen wunderbaren Leistungen einer direkt das Zweckmäßige in neuen Verhältnissen gestaltenden Fähigkeit der Organismen wurde nun durch die Versuche des letzten Dezenniums an Eiern und Embryonen eine Fülle neuer Tatsachen desselben Charakters hinzugefügt. Viele von ihnen verdanken wir der Forschertätigkeit von Hans Driesch, der sie auch zusammenfassend bearbeitet und zu deuten versucht hat.

Wir können hier nur von sehr wenigem Kenntnis nehmen und wollen uns daher auf das beschränken, was unmittelbare Beziehung zu dem bereits besprochenen hat, und zwar zu den Isolationsversuchen mit Furchungszellen.

Im Gegensatz zu den oben mitgeteilten Bestätigungen der zuerst am Froschei gewonnenen Resultate ergab nämlich die Wiederholung der Versuche bei manchen anderen Tieren ein ganz anderes Resultat. Dies jedoch nicht in dem Sinne, daß die isolierten ersten Zellen nicht entwicklungsfähig gewesen wären, sondern in der Weise, daß aus einer einzelnen der beiden ersten Furchungszellen, also aus einem halben Ei, ein ganzer Embryo gebildet wurde. Dies ist von Driesch für Seeigel, von Wilson für Amphioxus, von Zoja und Maas für Medusen, von Morgan für einen Knochenfisch, von Endres, Herlitzka, Spemann für den Triton erwiesen.

Indem nach den Ursachen dieses überraschenden Ergebnisses gesucht wurde, konnte aus der Arbeit der Forscher, um hier wenigstens ein Hauptergebnis anzuführen, für Amphibien die Folgerung abgeleitet werden, daß eine der beiden ersten Furchungszellen je nach der Anordnung ihres Dotters (Cytoplasmas) einen Halbembryo oder direkt einen Ganzembryo hervorbringen kann. Bleibt nämlich die typische Halbeigestalt der Zelle und besonders die ihr entsprechende Dotteranordnung erhalten, so entsteht ein Halbembryo (Roux). Wird die Dotteranordnung der Furchungszelle durch mittlere Umschnürung des Eies (Endres, Herlitzka, Spemann) oder durch rechtzeitige Umkehrung desselben (Schultze, Morgan) der Hauptsache nach ähnlich derjenigen eines ganzen Eies, so erfolgt sogleich eine Ganzentwicklung, welche direkt (nicht erst durch Postgeneration einer vorher fehlenden Hälfte) einen Ganzembryo produziert (Roux, Morgan, O. Maas).

Damit haben wir eine ganz fundamentale gestaltende Beziehung erkannt, die auf deskriptivem Wege, also durch Beschreibung des normalen Bildungsgeschehens nie hätte ermittelt werden können. Wie dieses Geschehen aber bewirkt wird, das wird nun wiederum Gegenstand vieljähriger Forschungen werden, und wir werden dabei jedenfalls viel neue Erkenntnis gewinnen, Erkenntnis, deren Art heute noch gar nicht zu vermuten ist.

Andere überraschende neue Tatsachen kommen dazu, so die von Spemann entdeckte Entstehung von Doppelbildungen durch Einschnürung des Amphibien-Keims in seiner Mitte auf noch viel späterer Entwicklungsstufe: auf der Stufe der Keimblase und Gastrula, ferner die Beobachtung von verschmolzenen Eiern zu einem Ei mit nachfolgender Bildung eines einfachen Embryos, aber von Riesengröße, an einer Meduse und an einem Wurm durch Metschikoff und zur Strassen und sogar die künstliche Verschmelzung schon eine Strecke weit (zur Blastula) entwickelter Seeigel durch Morgan und Driesch, gleichfalls mehrfach mit dem Effekt der Bildung eines einfachen Riesenembryos, weiterhin die von den Gebr. Hertwig entdeckte und seitdem vielfach, von J. Loeb, Bataillon, Delage u.a. veranlaßte künstliche Parthenogenesis und manches andere, was uns früher undenkbar erschienen wäre (z.B. künstliche Heterogenesis).

Durch alle diese und andere neue Tatsachen, besonders aber durch die teleologisch scheinenden Selbstregulationen, ist die Vorstellung vom maschinenmäßigen Verlauf der Bildung der Organismen sehr erschüttert worden; ja die Beachtung und Bewertung des typischen Bildungsgeschehens ist bei manchen Forschern dadurch fast bis zur Mißachtung gesunken. Diese Autoren geben gar nicht mehr zu, daß es überhaupt typisches, fest bestimmtes Gestaltungsgeschehen gibt. Sie behaupten, alles Gestaltungsgeschehen sei regulatorisch und daher auch prinzipiell nicht physikalisch-chemisch erklärbar. Die organischen Gestaltungen seien nur unter Annahme einer »zwecktätig gestaltenden Potenz« voll zu erkennen und richtig zu würdigen.

Ich teile diese Auffassung nicht, bin aber bei der vorgeschrittenen Zeit nicht in der Lage, dieses schwierige Problem hier noch vor Ihnen behandeln zu können.

Gestatten Sie mir zum Schluß nur noch, darauf hinzuweisen, daß ich es nicht für den richtigen Weg halte, die Erforschung eines überaus komplizierten, in seiner Art noch fast ganz unbekannten Geschehens mit dem schwierigsten desselben, mit seinen Regulationen, zu beginnen. Zweitens sind auch im Gebiet des Anorganischen gestaltliche Selbstregulationen, so die Regeneration der Kristalle (Rauber) erkannt worden, so daß diese Regulationsweise also nicht mehr etwas den Organismen Eigentümliches darstellt. Drittens möchte ich nicht unterlassen hervorzuheben, daß auch die neu ermittelten organischen Regulationen ihrer Art und Leistungsgröße nach alle in ganz bestimmte Grenzen gebannt sind, und daß sie außerdem keineswegs immer zweckmäßiges hervorbringen. So zeigten Barfurth und Tornier, daß wir durch bestimmte Art der Verletzung der Extremitäten manche Tiere nötigen können, mehrere überzählige Finger und Zehen zu bilden, ja, Fischel konnte die Bildung einer zweiten Linse im Auge veranlassen; und Morgan u.a. gelang es sogar, Tiere auf dem Wege der Regeneration zur Bildung von zwei Köpfen zu zwingen. Auch die Regeneration von Fühlern statt entfernter Augen nach C. Herbst und die Bildung linker Gliedmaßen auf der rechten Körperhälfte (Przibram) gehören hierher.

Das sind überaus unzweckmäßige regulatorische Leistungen, welche statt auf zwecktätiges Geschehen deutlich auf mechanistisches Eingeschränkt- und Bedingtsein der Regeneration hinweisen. Als letztes entspricht es auch nicht unserer Auffassung von einem zwecktätig gestaltenden Agens, daß gerade bei uns Menschen, die wir uns für die höchsten, zweckmäßigsten Lebewesen halten, das Regenerationsvermögen am geringsten von allen Lebewesen ist. Uns wächst kein abgetrennter Arm, auch kein Finger, kein Muskel nach; nicht einmal die Haut stellt sich in normaler Weise wieder her, sondern heilt nur unvollkommen unter Narbenbildung. So sehr jemand sich den Ersatz eines fehlenden Gliedes wünschen mag, es ist vergeblich; bei den Tritonen aber geschieht dies in vollkommener Weise. Gerade bei uns ist die ganze Entwicklung am meisten in typische Bahnen gebannt, am festesten mechanisiert.

Ich bin fest überzeugt, daß, wie das typische Entwicklungsgeschehen, so auch alles regulatorische Geschehen in den Organismen durchaus dem Kausalgesetz untersteht. Und so überraschend neue Entdeckungen uns auch noch auf organischem und anorganischem Gebiet bevorstehen, deren Möglichkeit uns die Entstehungsweise des Heliums und die wunderbaren Leistungen des Radiums erst neuerdings wieder vor Augen gestellt haben, an einem müssen und dürfen wir Naturforscher, trotz des in letzter Zeit wieder neu erwachten philosophischen exzessiven Skeptizismus, unveränderlich festhalten, an dem, was die Vorbedingung der Möglichkeit aller Erkenntnis überhaupt ist, das ist die ewige Gültigkeit des Kausalgesetzes.

WILHELM WIEN

Über Elektronen

1905

Das Thema ist auch für die Physik noch ein sehr neues und greift doch weit über die Grenzen der Spezialwissenschaft hinaus. Trotz der kurzen Zeit, die verstrichen ist, seitdem der Begriff der Elektronen in die Wissenschaft eingeführt wurde, hat sich im Zusammenhang mit ihm eine solche Fülle ungeahnter neuer Naturvorgänge und weittragender theoretischer Folgerungen ergeben, daß das Interesse an ihnen ein sehr allgemeines geworden ist.

Wenn ich nun an die Aufgabe herantrete, die wichtigsten Ergebnisse, die auf diesem Gebiet gewonnen sind, Ihnen hier auseinanderzusetzen und verständlich zu machen, so bin ich mir der Schwierigkeit der Aufgabe wohl bewußt. Handelt es sich doch nicht nur um subtile Experimente und komplizierte Anordnungen von Apparaten, sondern auch um theoretische Probleme, zu deren Bewältigung häufig die äußerste Anspannung der von der mathematischen Analyse entliehenen Kräfte erforderlich ist. Und diese Ergebnisse in einfach faßlicher Form auch dem Nichtfachmann klar zu machen, ist ein äußerst schwieriges und zum Teil sogar unmögliches Unternehmen.

Die ganze Kette der logischen Schlüsse hier Glied für Glied an Ihnen vorüberziehen zu lassen, kann ich daher in keiner Weise auch nur versuchen. Aber ich kann gewissermaßen historisch Ihnen alles das vorführen, was als Ergebnis der Forschung bisher gewonnen ist. Dabei will ich auch nicht mit dem Eingeständnis der vielen Lücken zurückhalten, welche sich in der Elektronentheorie zeigen und den Beweis liefern, daß sie der Verbesserung und der Vervollständigung sehr bedürftig ist.

Ihren Ausgangspunkt hat die Hypothese der Elektronen von den Vorstellungen genommen, die man sich von den Vorgängen der Elektrolyse gebildet hatte. Schon in den dreißiger Jahren des neunzehnten Jahrhunderts hatte der große englische Physiker Faraday das Gesetz aufgestellt, durch das die Substanzmengen geregelt werden, die der galvanische Strom bei der Zersetzung chemischer Verbindungen abscheidet. Es ist Ihnen bekannt, daß man Metalle durch solche galvanische Zersetzung mit Überzügen von anderen Metallen, wie Silber, Kupfer, versehen kann.

Die weitere Untersuchung dieser elektrolytischen Prozesse, insbesondere durch Hittorf und Kohlrausch, hat dann gezeigt, daß beim Durchgang des Stroms durch einen zersetzbaren Leiter der eine Teil der zersetzten Substanz nach der einen, der andere nach der entgegengesetzten Richtung getrieben wird. Und zwar wandern beide mit Geschwindigkeiten, die voneinander unabhängig sind.

Da nun das ganze Lehrgebäude der Chemie auf der Vorstellung aufgebaut war, daß die Körper aus einzelnen getrennten Teilchen, den Atomen oder Molekülen, bestehen, so war diese chemische Hypothese, die sich auf das großartigste bewährt hatte, bei einem so ausgesprochen chemischen Prozeß heranzuziehen.

Die folgerichtigsten Schlüsse hat Helmholtz gezogen, indem er annahm, daß an jedem Molekül bei der Zersetzung eine bestimmte Menge positiver oder negativer Elektrizität hafte, die weiter nicht teilbar sei, so daß mit einer bestimmten Substanzmenge auch immer eine bestimmte Elektrizitätsmenge transportiert wird, wie es im Faradayschen Gesetz ausgesprochen ist. Bei der jetzt üblichen Bezeichnungsweise wird ein mit einem solchen Quantum Elektrizität behaftetes Molekül Ion genannt. Die Ladung eines Ions wird als ein unteilbares Quantum Elektrizität angesehen, und damit war die atomistische Hypothese auf die Elektrizität ausgedehnt.

Solche Ladungen haben wir uns dann in jedem Körper an seinen Atomen haftend zu denken, nur müssen immer gleichviel negativ und positiv geladene vorhanden sein, wenn der Körper unelektrisch ist.

Helmholtz machte darauf aufmerksam, daß auch die chemischen Verwandtschaftskräfte zum großen Teil elektrischen Ursprungs sind.

Das nicht weiter teilbare Elementarquantum der Elektrizität wollen wir nach dem Vorschlag von Johnstone Stoney mit dem Namen Elektron belegen. Wie in allen Fällen, wo in der Wissenschaft in kurzer Zeit eine Fülle neuer Tatsachen gewonnen wurde, war man zunächst in der Wahl der Bezeichnungen und Namen nicht sehr konsequent. Es ist ja auch schwer, den Sinn einer Bezeichnung fest abzugrenzen, solange noch beständig Erweiterungen und neue Kenntnisse hinzutreten. So ist der kaum noch rückgängig zu machende doppelte Sinn in der Bezeichnung »Strahlung« bedauerlich. Es werden damit einerseits die Vorgänge bezeichnet, die der Lichtstrahlung verwandt sind, wozu jetzt Wärmestrahlen, elektrische Wellen und Röntgenstrahlen gerechnet werden; andererseits aber auch schnell fliegende Teilchen, wie in einem Flüssigkeitsstrahl, bei Kathodenstrahlen, Kanalstrahlen, α- und β-Strahlen des Radiums. Beide Klassen von Strahlen haben gar nichts miteinander gemein, und die gemeinschaftliche Bezeichnung erschwert dem Nichtfachmann das Verständnis erheblich. So hat man auch mit Elektronen nicht nur das Elementarquantum selbst bezeichnet, sondern auch geladene Massenteilchen, die nicht die gewöhnlichen chemischen Moleküle oder Atome sind, für die man im geladenen Zustand den Namen Ionen reservieren wollte.

Es scheint mir allerdings jetzt zweckmäßiger, den Namen Elektron nur für das Elementarquantum der Elektrizität zu gebrauchen und alle geladenen Massenteilchen mit dem Namen Ionen zu belegen, einerlei ob es gewöhnliche chemische Atome sind oder labile Atomkomplexe, von denen wir noch später zu sprechen haben.

Lange Zeit standen die Vorgänge bei der Elektrolyse, bei denen man die Vorstellung der Ionen ausgebildet hatte, in der Elektrizitätslehre isoliert. Die Theorie der Elektrizität, wie sie von dem englischen Physiker Maxwell aufgrund Faradayscher Ideen ausgebildet war, die durch die Versuche von Hertz eine glänzende Bestätigung erhalten hatten, operierte mit anderen Begriffen. Die wichtigste neue Einsicht dieser Theorie war die Erkenntnis, daß das Licht und die auf rein elektrischem Wege erzeugten Wellen Vorgänge derselben Art sind. Auch ein Lichtstrahl ist ein Wellenzug elektrischer Wellen, in welchem die Wellenlänge nur sehr viel kürzer ist als in den Wellen, die wir auf elektrischem Wege zu erzeugen vermögen. Aber diese Theorie enthielt eine wesentliche Lücke. Nach ihr sollte die Fortpflanzungsgeschwindigkeit dieser Wellen unabhängig von der Wellenlänge sein. Es sollte sich also das Licht ebenso schnell fortpflanzen wie die langen elektrischen Wellen. Wenn sich das nun auch auf das überraschendste bestätigte für die Fortpflanzung im leeren Raum, so war es doch durchaus nicht so in durchsichtigen Körpern.

Hier ist nun die Theorie durch Lorentz bereits im Jahre 1880 dahin ergänzt worden, daß die elektrischen Kräfte, die ja nach der Maxwellschen Theorie in den Lichtschwingungen vorhanden sind, auf die elektrischen Ladungen wirken, welche nach der Ionenhypothese an allen chemischen Atomen haften. Wir müssen uns nur vorstellen, daß die positiven und negativen Ionen sich in gewissen Abständen voneinander befinden, so daß sie von elektrischen Kräften in Bewegung gesetzt werden können.

Eine Lichtwelle, die in einen durchsichtigen Körper eintritt, setzt dann die Ionen in Bewegung, und es läßt sich durch die Rechnung zeigen, daß bei durchsichtigen Körpern eine Verringerung der Lichtgeschwindigkeit eintritt, um so mehr, je größer die Schwingungszahl ist. Bei undurchsichtigen Körpern werden die Lichtschwingungen vernichtet, indem reibungsartige Kräfte die Ionenbewegung hemmen, wodurch immer mehr Energie der Lichtwelle entzogen wird. Hier zeigt nun die Rechnung, daß die Fortpflanzungsgeschwindigkeit durch die Wirkung der Ionen vergrößert werden kann, was man bei anomal dispergierenden Medien in der Tat beobachtet hat.

In diesen Hypothesen war nun zwar die Existenz geladener Teilchen in jedem Körper angenommen, aber es war noch nicht die Möglichkeit der Existenz der elektrischen Ladungen, losgelöst von den materiellen Atomen, nachgewiesen, ja kaum als möglich angenommen. Zwar hatte Helmholtz schon darauf hingewiesen, daß bei der elektrolytischen Abscheidung die Ionen von ihren Ladungen verlassen werden, weil sie als ungeladene Körper abgeschieden werden. Wenn in der Tat eine Ladung ihr Atom jemals verlassen kann, so ist damit gesagt, daß sie für sich existenzfähig ist. Aber jedenfalls hatte man noch keine unmittelbare Anschauung von der Möglichkeit losgelöster elektrischer Ladungen, der Elektronen.

So war im wesentlichen die Lage unserer physikalischen Kenntnisse auf diesem Gebiet, als die Entdeckung der Röntgenstrahlen im Jahre 1895 die Forschung in wohl noch nie dagewesenem Maße anregte. Zunächst war es natürlich das Bestreben, das Wesen der rätselhaften neuen Strahlen zu verstehen, das eine große Zahl der tüchtigsten Beobachter veranlaßte, sich mit den Vorgängen in der Röntgenröhre zu befassen. Es wird Ihnen bekannt sein, daß die Röntgenstrahlen in einer luftverdünnten Röhre erzeugt werden, durch die man einen elektrischen Strom hoher Spannung leitet. Luft von gewöhnlichem Druck leitet die Elektrizität schlecht, und nur bei sehr hoher Spannung findet ein Hindurchgehen der Elektrizität in der Form des elektrischen Funkens statt. Verdünnt man die Luft um die Funkenstrecke, so zeigt sich, daß man mit immer geringeren Spannungen auskommt, um die Elektrizität hindurchzutreiben. Das geht bis zu einer gewissen Grenze der Luftverdünnung, über die hinaus der Widerstand wieder zunimmt.

Hier zeigt sich nun, von der Kathode ausgehend, eine Leuchterscheinung, die sich geradlinig ausbreitet und daher mit dem Namen Kathodenstrahlen belegt worden ist. Wo sie die Glaswand trifft, erstrahlt diese in grünem oder blauem Licht, das Sie in jeder Röntgenröhre beobachten.

Allmählich bildeten sich zwei verschiedene Meinungen über die Natur der Kathodenstrahlen. Die eine, besonders in Deutschland verbreitete, der sich auch Hertz anschloß, sah in den Kathodenstrahlen neue, dem Licht verwandte Vorgänge, während die englischen Physiker der von Crookes aufgestellten Hypothese folgten, es seien negativ geladene Körperteilchen, die mit großer Geschwindigkeit von der Kathode abgeschleudert würden.

Sonderbarerweise wurde keine dieser beiden Theorien so präzis formuliert, daß man sie durch exakte Messungen hätte prüfen können. Allerdings stellte Hertz eine Anzahl von Beobachtungen an, die, an sich zur Entscheidung der Frage höchst geeignet, ihn sonderbarerweise zu den entgegengesetzten Schlußfolgerungen führten, wie wir sie heute ziehen. So fand er, daß Kathodenstrahlen, wo sie auftreffen, negative Ladungen erzeugen. Aber er schloß daraus nicht, daß sie negative Ladungen mit sich führen, sondern daß diese negativen Ladungen aus sekundären Vorgängen resultieren. Was ihn besonders in der Meinung, daß die Kathodenstrahlen keine elektrisch geladenen Teilchen seien, bestärkte, war der Umstand, daß er die Kathodenstrahlen nicht durch elektrische Kräfte aus ihrer Bahn lenken konnte, was der Fall hätte sein müssen, wenn sie negative Ladung trügen. Er schloß aber ganz richtig, daß bei genügend großer Geschwindigkeit der Teilchen seine elektrischen Kräfte für eine Ablenkung nicht ausreichten.

Die hierfür erforderliche Geschwindigkeit fand er aber durch Rechnung so groß, daß er sie für unmöglich hielt.

Andererseits konnten auch die englischen Physiker keine genügenden Beweise für ihre Anschauung beibringen. Im Gegenteil konnte man leicht einsehen, daß es sich um negativ geladene gewöhnliche Atome nicht handeln konnte.

Als nun die Röntgenstrahlen entdeckt waren, zeigte sich, daß sie von den Kathodenstrahlen an der Stelle erzeugt werden, wo diese auf einen festen Körper auftreffen.

Wollte man etwas über die Röntgenstrahlen erfahren, so mußte man zunächst Aufschluß über die sie hervorbringenden Kathodenstrahlen suchen. Von vielen Forschern sind denn auch fast gleichzeitig die Beweise gebracht, daß die Kathodenstrahlen negativ geladene Teilchen sind, die mit großer Geschwindigkeit durch die Röhre fliegen, bis sie an der Wand aufgehalten werden. Zwei Größen sind es, die für das Verhalten der Kathodenstrahlen charakteristisch sind, die Geschwindigkeit und die spezifische Ladung, nämlich das Verhältnis ihrer elektrischen Ladung zu ihrer Masse. Bei der fundamentalen Wichtigkeit dieser Begriffe wollen wir einen Augenblick bei ihnen verweilen.

Ein bewegtes elektrisches Teilchen verhält sich einem galvanischen Strom analog und ist denselben Kräften unterworfen wie dieser. Infolgedessen wird es durch magnetische Kräfte aus seiner Bahn abgelenkt.

Eine solche Ablenkung erfährt es auch durch eine elektrische Kraft, die von einem elektrischen Körper ausgeht. Diese Ablenkung ist für einen bestimmten Weg um so kleiner, je größer die Geschwindigkeit ist, gerade wie ein Geschoß um so rasanter fliegt, je größer seine Geschwindigkeit ist. Andererseits ist diese Änderung seiner Geschwindigkeit um so größer, je größer das Verhältnis seiner Ladung zur Masse ist, d.h. je größer die spezifische Ladung ist.

Ähnlich ist es bei der Ablenkung durch die magnetische Kraft. Da aber die magnetische Kraft um so größer ist, je schneller das Teilchen fliegt, so verringert sich die Ablenkung mit zunehmender Geschwindigkeit nicht in demselben Maße wie bei der Ablenkung durch die von der Geschwindigkeit unabhängige elektrische Kraft. Da beide Ablenkungen also in verschiedener Weise von der Geschwindigkeit abhängen, so hat man zwei voneinander unabhängige Beobachtungen, aus denen sich die beiden Größen Geschwindigkeit und spezifische Ladung berechnen lassen.

Und nun zeigten die Beobachtungen das überraschende Ergebnis: Die Geschwindigkeit der Kathodenstrahlen erreichte eine Größe, wie sie bei materiellen Gebilden unerhört war, nämlich 100000 km/sek, d.h. die Teilchen würden in weniger als einer halben Sekunde um die Erde fliegen.

Und ebenso überraschend war das Ergebnis für die spezifische Ladung. Sie betrug etwa zweitausendmal soviel als beim Wasserstoffion, das bis dahin die größte spezifische Ladung aufwies. Die Masse der Kathodenstrahlteilchen muß also zweitausendmal kleiner sein, wenn man an der Unveränderlichkeit des elektrischen Elementarquantums festhält.

Die Messung der Geschwindigkeit ist, wie wir gesehen haben, eine indirekte. Sie läßt sich nur mit Hilfe besonderer Annahmen gewinnen, die wir über die Natur der Teilchen gemacht haben. Man kann es als eine erwünschte Bestätigung für die Richtigkeit unserer Anschauungen betrachten, daß eine direkte Messung dieser ungeheuren Geschwindigkeit, die den Herren des Coudres und Wiechert gelungen ist, zu fast genau denselben Ergebnissen gelangt ist.

Durch diese Messungen war nun in der Tat nachgewiesen, daß es sich in den Kathodenstrahlen um neue, von den chemischen Atomen völlig verschiedene Elemente handle. Die Beobachtungen zeigten weiter, daß diese Teilchen ganz unabhängig von der chemischen Natur der in der Röhre vorhandenen Substanzen sind, unabhängig vom Material der Röhre, der Kathode und des in der Röhre vorhandenen Gasrestes. Aber diese Kathodenstrahlen oder Elektronen, wie wir sie jetzt nennen wollen, sind immer nur mit negativer Elektrizität begabt. Es ist nicht gelungen, entsprechend positiv geladene Teilchen aufzufinden. Die positive Elektrizität haftet nach unseren jetzigen Kenntnissen immer nur an Atomen oder Atomkomplexen. Es ist dies insbesondere auch beim Durchgang der Elektrizität durch ein verdünntes Gas der Fall. Goldstein hatte schon vor längerer Zeit beobachtet, daß sich auf die Kathode zu einer anderen

Strahlenart bewegt, die im Falle, daß die Kathode durchlöchert ist, auch durch sie hindurchgeht und isoliert auf der anderen Seite beobachtet werden kann. Er nennt diese Strahlen Kanalstrahlen, weil sie durch Kanäle in der Kathode hindurchgehen.

Ich habe dann gefunden, daß sich diese Strahlen den Kathodenstrahlen in vieler Beziehung direkt entgegengesetzt verhalten. Überall, wo sie auftreffen, erzeugen sie positive Elektrizität. Von magnetischen und elektrischen Kräften werden sie in entgegengesetzter Richtung abgelenkt wie die Kathodenstrahlen. Sie verhalten sich also wie positive elektrische Teilchen. Die magnetische Ablenkung ist sehr viel schwächer als bei den Kathodenstrahlen, und es bedarf besonderer Vorsichtsmaßregeln, um sie überhaupt zu entdecken. Daraus folgte, daß die spezifische Ladung bei diesen Teilchen viel kleiner ist als bei den Kathodenstrahlen. Der größte Wert, den ich erhielt, war von der Größe, wie wir sie beim elektrolytisch abgeschiedenen Wasserstoff kennen. Aber auch bei reinem Wasserstoff kommen viel kleinere Werte vor, bei denen also die Masse größer sein muß, und von denen daher anzunehmen ist, daß sie sich aus vielen Atomen zusammensetzen.

Merkwürdig ist die von Hallwachs entdeckte Tatsache, daß durch die Einwirkung von ultraviolettem, für das Auge schon unsichtbarem Licht blanke Metallplatten negative Elektrizität verlieren. Lenard hat dann nachgewiesen, daß dieses Entweichen von negativer Elektrizität auch in der äußersten Luftleere stattfindet und darauf beruht, daß negative Elektronen von dem Metall abgeschleudert werden.

Auch Röntgenstrahlen treiben, wie Sagnac gefunden hat, von einer Metallfläche negative Elektronen, die sogenannten Sekundärstrahlen, fort, so daß im luftleeren Raum ein von Röntgenstrahlen getroffenes Metall positiv elektrisch wird. Das Leitendwerden der Luft unter dem Einfluß der Röntgenstrahlen kommt möglicherweise auch dadurch zustande, daß zuerst von den Gasmolekülen Elektronen abgeschleudert werden, die dann das Gas leitend machen.

Auch glühende Körper geben negative Elektronen ab, doch hängt diese Abgabe sehr von den Gasresten ab. Es ist bisher nicht gelungen, einen Körper in ganz hoher Temperatur vollständig gasfrei zu bekommen, da beständig Gasmassen aus seinem Innern herausströmen, so daß man noch nicht ganz reine Vorgänge hat beobachten können.

Andererseits scheint die Erzeugung von Licht durch glühende Körper von schwingenden Elektronen herzurühren.

Der holländische Physiker Zeeman machte die wichtige Beobachtung, daß die Farbe des Lichtes, das von leuchtenden Flammen ausgeht, verändert wird, wenn man einen Magneten auf die Flamme wirken läßt. Die Farbe wird durch die Anzahl der Schwingungen in der Sekunde bestimmt. Nach der Theorie von Lorentz ist die Änderung der Schwingungszahl von schwingenden Elektronen im Magnetfeld proportional der magnetischen Kraft und der spezifischen Ladung der Elektronen. Mit Hilfe der Zeemanschen Beobachtungen konnte man daher auch die spezifische Ladung berechnen, die mit der der Kathodenstrahlen mehr übereinstimmt. Auf welche Gründe die tatsächlich vorhandenen Abweichungen zurückzuführen sind, darüber lassen sich gegenwärtig noch keine Vermutungen anstellen.

Bald nach der Entdeckung der Röntgenstrahlen wurde von dem französischen Physiker Becquerel ein ganz neues Gebiet erschlossen, eine Welt von Vorgängen, von der man nicht die geringste Ahnung gehabt hatte, trotzdem sie uns überall umgibt.

Er fand, daß die chemischen Verbindungen des Uran Strahlen aussenden, die mit den Röntgenstrahlen in vieler Beziehung verwandt sind. Die Strahlen wirken auf die photographische Platte und machen die Luft leitend, in ähnlicher Weise, wie es auch die Röntgenstrahlen tun. Durch systematische, mit der größten Ausdauer angestellte chemische Versuche gelang es Frau Curie in Paris, einen neuen Stoff abzuscheiden, der die Eigenschaft, Strahlen auszusenden, im höchsten Maße besitzt, und dem sie den Namen Radium beilegte.

Neuere Versuche, an denen besonders auch der englische Physiker Rutherford beteiligt ist, haben gezeigt, daß die vom Radium ausgesandten Strahlen von dreierlei Art sind, die Rutherford α-, β-, γ-Strahlen nennt. Ihren Eigenschaften nach sind die α-Strahlen positiv geladene Teilchen und verhalten sich wie Kanalstrahlen. Ihre spezifische Ladung hat eine Größe, wie sie dem geladenen Heliumatom zukommen würde; dabei haben sie viel größere Geschwindigkeit, als wir sie mit den uns zu Gebote stehenden elektrischen Kräften bei Kanalstrahlen erreichen können. Aus diesem Grunde durchdringen sie auch sonst für Gase undurchlässige Hüllen.

Die zweite Art von Strahlen, die β-Strahlen, verhalten sich wie Kathodenstrahlen. Nur ist bei ihnen die Geschwindigkeit besonders groß und kommt schon nahe an die Lichtgeschwindigkeit heran.

Die γ-Strahlen scheinen den Röntgenstrahlen verwandt zu sein; sie sind sehr durchdringend und vermögen durch Metallplatten von mehreren Zentimetern Dicke hindurchzugehen. Leider ist die physikalische Arbeit bei der Radiumforschung dadurch sehr behindert, daß Radium überhaupt nicht mehr erhältlich ist. So ist es kaum möglich, die an sich geringen Wirkungen der γ-Strahlen bei nur wenigen Milligrammen Substanz zu erforschen. Dagegen hat der chemische Teil der Radiumuntersuchungen noch bemerkenswerte Ergebnisse gehabt. Daß das Radium nicht ein chemisches Element in gewöhnlichem Sinne ist, geht daraus hervor, daß es beständig Wärme entwickelt, dabei fortwährend seine Strahlen aussendet, also dauernd Energie abgibt. Diese Energiemengen sind größer als die sonst bei irgendwelchen chemischen Prozessen bekannten.

Außerdem gibt das Radium beständig einen gasartigen Körper ab, die Emanation. Diese Emanation selbst ist nicht beständig, sondern zerfällt ihrerseits in kurzer Zeit, indem sie einen festen Niederschlag absetzt und außerdem gasförmige Produkte liefert. Von Sir W. Ramsay ist die wichtige Beobachtung gemacht, daß beim Zerfall der Emanation Helium entsteht, und es erscheint nicht ausgeschlossen, daß die α-Strahlen des Radiums selbst aus Helium bestehen.

Der feste Niederschlag ist aber auch nicht unveränderlich, sondern sendet seinerseits negative Elektronen und positive α-Strahlen aus, indem sich wieder neue Modifikationen zu bilden scheinen.

Dann wird weitergehend noch die Hypothese gemacht, daß auch das Radium ein Produkt aus dem Uran selbst sei, das daher auch als im Zerfall begriffen angesehen werden müßte. Diese Verwandlungen scheinen im Gegensatz zu anderen durch keine äußeren Einwirkungen, weder durch chemische Agentien, noch durch hohe Temperatur, beeinflußt zu sein. Es ist zweifellos eine Tatsache von größter Tragweite, daß wir Elemente vor uns haben, die beständig zerfallen und dabei Energiemengen in ungeheurem Betrage abgeben.

Von besonderer Wichtigkeit ist nun die weitere Frage: sind es nur gewisse Elemente, die sich in einem Zustande labilen Gleichgewichts befinden, oder ist diese Eigenschaft sämtlichen chemischen Elementen eigentümlich? In dieser Fassung läßt sich die Frage gegenwärtig noch nicht beantworten. Aber man kann sie so stellen, ob alle Stoffe die Begleiterscheinungen zeigen, die beim Radium und seinen Derivaten auftreten, ob sie z.B. von selbst dauernd Elektronen aussenden. Eine Anzahl in Cambridge ausgeführter Versuche bejaht diese Frage. Hiernach würden alle Körper Elektronen aussenden und daher beständig Energie abgeben. Aber diese Wirkungen sind so schwach, daß die Beobachtungen noch der Ergänzung bedürfen, ehe man sich ein endgültiges Urteil bilden kann.

Mit den vom Radium ausgesandten β-Strahlen sind von Kaufmann wichtige Versuche angestellt. Wie wir gesehen haben, kann man die für die Elektronen charakteristischen Größen: spezifische Ladung und Geschwindigkeit aus der magnetischen und elektrischen Ablenkung, bestimmen. Kaufmann hat diese Messung mit den schnellen β-Strahlen durchgeführt und gefunden, daß sie aus Elektronen sehr verschiedener Geschwindigkeit bestehen. Bei den langsamsten stimmt die spezifische Ladung mit der bei Kathodenstrahlen gefundenen überein. Aber je größer die Geschwindigkeit ist, um so kleiner ist die spezifische Ladung. Wenn wir an der Vorstellung unveränderter Ladung festhalten, so bedeutet das ein Größerwerden der Masse. Das ist nun aber nicht so zu verstehen, als ob neue Masse an das Teilchen herantritt, sondern die eigene Masse wird mit zunehmender Geschwindigkeit größer. Man würde einen solchen Schluß sinnlos nennen, wenn nicht die Theorie zu derselben Folgerung schon vorher gelangt wäre.

Wir werden so dazu geführt, auch auf die Theorie der Elektronen einen Blick zu werfen.

Es ist nicht ohne weiteres einzusehen, worin die Schwierigkeiten bestehen, die sich der mathematischen Behandlung der Bewegung eines Elektrons, d.h. einer elektrischen Ladung von kleinen Dimensionen, entgegenstellen.

Man muß sich daran erinnern, daß bewegte Elektrizität einem galvanischen Strom äquivalent ist, also auch magnetische Kräfte hervorruft. Aber auch die elektrischen Kräfte ändern sich durch die Bewegung. Die Grundlagen für eine Berechnung dieser Veränderungen bietet die Maxwellsche Theorie der Elektrodynamik.

Bei der Bewegung mit konstanter Geschwindigkeit ist das Problem verhältnismäßig einfach. Die magnetischen Kräfte, welche bei der Bewegung vorhanden sind, und die Veränderung der elektrischen Kräfte stellen eine Energiemenge dar, die man als Arbeit hat leisten müssen, um das Elektron in Bewegung zu setzen. Arbeit kann nur durch Einwirkung äußerer Kräfte geleistet werden, und die Tatsache, daß wir nur mittels äußerer Kräfte von bestimmter Größe die Bewegung des Elektrons hervorbringen können, erweckt die Vorstellung, daß wir einen Widerstand des Elektrons zu überwinden haben, den wir als Trägheitswiderstand auffassen können, um so mehr, als er für kleine Geschwindigkeiten mit der aus der Mechanik bekannten Trägheit eines Körpers auch quantitativ übereinstimmt.

Ein Elektron, selbst wenn es keine wägbare Masse enthält, muß sich doch gegen von außen einwirkende Kräfte wie ein mit Masse begabter Körper verhalten.

Im gewöhnlichen Leben pflegt man nicht daran zu denken, daß die Masse eines Körpers etwas anderes ist als sein Gewicht. Der erste, der den Unterschied klar erfaßte, war Newton, nachdem sich gezeigt hatte, daß derselbe Körper verschiedenes Gewicht haben könne, z.B. am Äquator ein geringeres als in höheren Breiten. Wir haben demnach zwei ganz verschiedene Methoden, die Masse zweier Körper zu vergleichen. Einmal durch Wägung, dann durch Messung der Beschleunigung, die sie durch eine bestimmte Kraft erfahren. Die zweite Bestimmung würde auch auf ein gewichtsloses Elektron anwendbar sein, und wir können auch von einer Masse desselben sprechen, die aber zum Unterschied scheinbare genannt wird.

Bei nicht zu großen Geschwindigkeiten zeigt sich nun, wie gesagt, kein Unterschied zwischen der wirklichen und der scheinbaren Masse. Aber die Theorie gibt für große Geschwindigkeiten, die der Lichtgeschwindigkeit nahe kommen, eine Abweichung zwischen beiden, und zwar wird die scheinbare durch die Vermehrung der elektromagnetischen Energie bestimmte Masse mit zunehmender Geschwindigkeit größer. Dabei ist diese Energievermehrung, worauf zuerst Lorentz hingewiesen hat, eine andere, wenn man die Geschwindigkeit in der Richtung der schon vorhandenen Bewegung, in einer, wie man sagt, longitudinalen, oder in der dazu senkrechten, transversalen Richtung vergrößert, so daß also in diesem Sinne eine longitudinale von einer transversalen Masse unterschieden werden muß.

Die Beobachtungen von Kaufmann zeigen nun, daß die Masse der Elektronen geradeso mit der Geschwindigkeit wächst, wie es mit der scheinbaren Masse der Theorie nach der Fall sein soll. Daraus läßt sich schließen, daß die Elektronen nur scheinbare oder elektromagnetische Masse haben und keine im gewöhnlichen Sinne des Wortes.

Wenn man diesen Schluß zuläßt, so entsteht naturgemäß die weitere Frage, ob es denn überhaupt noch andere Masse als scheinbare gibt. In der Tat steht nichts der Vorstellung im Wege, daß, wie die Elektronen selbst, nun auch die sich aus ihnen zusammensetzenden Atome nur scheinbare Masse haben, d.h., daß alle Atome nur aus Elektrizität bestehen. So befremdlich das auf den ersten Blick erscheinen mag, so muß man doch daran denken, daß die Atome selbst weiter nichts als Fiktionen sind, die wir machen, um einen Teil der Naturerscheinungen besser zu begreifen. Da wir von den Atomen und ihren Eigenschaften tatsächlich nichts wissen, so steht natürlich auch nichts im Wege, sie mit den Eigenschaften elektrischer Ladungen auszustatten. Die gewöhnlichen Vorgänge werden durch diese Auffassung gar nicht berührt. Ob wir es mit wirklicher oder scheinbarer Masse zu tun haben, können wir nur bei ungeheuer großen Geschwindigkeiten entscheiden. Selbst die planetarischen Geschwindigkeiten sind nicht genügend, um eine für die Beobachtung zugängliche Abweichung hervorzubringen.

Allerdings ist es bisher nicht gelungen, auch für die positive Elektrizität ein Elementarquantum nachzuweisen, das nur scheinbare Masse besitzt. Aber es ist vielleicht möglich, daß das positive Elementarquantum an sich eine kleinere spezifische Ladung, also größere Masse hat, wobei aber seine Ladung selbst größer sein könnte. Bei einer solchen größeren Masse können wir ihm nicht so große Geschwindigkeiten erteilen, wie es zur Entscheidung der Frage, ob wir es mit wirklicher oder scheinbarer Masse zu tun haben, notwendig ist.

Aus der scheinbaren Masse können wir eine andere wichtige Schlußfolgerung ziehen, nämlich die über die Größe des Elektrons. Die elektromagnetische Energie ist nämlich bei bestimmter Ladung um so größer, je kleineren

Raum sie einnimmt. Da nämlich die einzelnen Teile einer Ladung aufeinander abstoßend wirken, so brauchen wir eine um so größere Arbeit, je mehr wir die Elektrizität räumlich konzentrieren. Die scheinbare Masse wird durch die Vermehrung dieser Energie infolge der Bewegung bestimmt. Nehmen wir die Elektronen als Kugeln an, so können wir den Radius der Kugel berechnen, die die entsprechende Energie hat, sobald wir wissen, wie groß die elektrische Ladung des Elektrons ist. Diese läßt sich dadurch bestimmen, daß wir die von einem Gramm Wasserstoff bei der Elektrolyse transportierte Elektrizitätsmenge messen und sie durch die Anzahl der Wasserstoffmoleküle dividieren. Diese Anzahl, die sogenannte Loschmidtsche Zahl, ist schon früher durch Betrachtungen über die Beschaffenheit der Moleküle geschätzt worden. Die auf diese Weise gewonnene absolute Größe des Elementarquantums der Elektrizität würde noch sehr problematischen Wert haben, wenn wir nicht, insbesondere durch J.J. Thomson, noch andere Methoden besitzen würden, um vergleichende Bestimmungen auszuführen, die zu übereinstimmenden Ergebnissen geführt haben.

So sind wir mit den nötigen Kenntnissen ausgerüstet, um den Durchmesser eines kugelförmigen Elektrons zu bestimmen. Er berechnet sich auf 2,8 Billionstel Millimeter. Während man für die Größe der Moleküle noch Zehnmillionstel Millimeter rechnet, steigen wir hier zu Größenordnungen hinab, die noch fast eine Million mal kleiner sind.

Vom positiven Elementarquantum vermögen wir vorläufig nichts Bestimmtes auszusagen. Vielleicht ist seine Ladung bei gleichem Durchmesser erheblich größer, wodurch es auch größere scheinbare Masse haben würde. Bei der Masse des Wasserstoffions müßte die Ladung bei gleichem Radius zweitausendmal größer sein. Ist dagegen der Radius kleiner, so würde die Ladung sich nicht um so viel zu unterscheiden brauchen.

An der Tatsache, daß wir durch die Hypothese der Elektronen sehr vielen beobachteten Wirkungen in einfacher

Weise gerecht werden, ist nicht zu zweifeln. Da nun die Röntgenstrahlen, wie wir gesehen haben, beim Aufprall negativer Elektronen auf feste Körper entstehen, so haben wir es hier mit einem verhältnismäßig einfachen Vorgang zu tun, über den uns die Theorie Rechenschaft geben muß. Welcher Art die Vorgänge bei diesem Aufprall auch sein mögen, so müssen doch die großen Geschwindigkeiten der auffallenden Elektronen in irgendeiner Weise vernichtet werden.

Aus der elektromagnetischen Theorie folgt nun in der Tat, daß die Bremsung eines bewegten Elektrons von Strahlung nach Art der Lichtstrahlung begleitet sein muß. Es hat auch keine Schwierigkeit, die Energie zu berechnen, die bei einer solchen Vernichtung der Geschwindigkeit eines Elektrons ausgestrahlt wird, wenn diese auf einer nicht allzu kleinen Wegstrecke erfolgt. Diese Energie ist um so größer, je kleiner die Wegstrecke ist, auf der das bewegte Elektron zur Ruhe gebracht wird, und um so kleiner ist auch die Länge der hierbei ausgesandten Lichtwelle. Nimmt man nun an, daß diese Wellen mit den Röntgenstrahlen identisch sind, und mißt ihre Energie, so kann man umgekehrt die Wellenlänge berechnen.

Derartige Messungen haben mir das Ergebnis geliefert, daß die Länge dieser Wellen gegen ein Milliardstel Millimeter ist, also ganz außerordentlich viel kleiner als die der gewöhnlichen Lichtwellen. Von den holländischen Physikern Haga und Wind angestellte Versuche haben 60mal größere Wellenlänge ergeben; doch ist es wahrscheinlich, daß es verschiedene Röntgenstrahlen gibt.

Die Theorie der elektromagnetischen Wirkungen eines bewegten Elektrons wird sehr kompliziert und schwierig, wenn die Geschwindigkeit der Lichtgeschwindigkeit nahekommt oder sie gar übersteigt. Die mathematische Theorie ist in neuester Zeit von Sommerfeld unter Voraussetzung unveränderlicher Kugelgestalt der Elektronen gegeben. Es treten aber merkwürdige Konsequenzen zutage, welche die Voraussetzung der Theorie zweifelhaft erscheinen lassen.

So ist bei einem Elektron, das sich mit Überlichtgeschwindigkeit bewegt, der Widerstand größer, wenn man seine Geschwindigkeit verringert, als wenn man sie vergrößert. Derartige Möglichkeiten sind physikalisch wenig wahrscheinlich. Bei diesen Folgerungen fangen wir an einzusehen, daß wir uns den Grenzen der Elektronentheorie nähern. Diese liegen naturgemäß da, wo wir gezwungen sind, näher auf die speziellen Eigenschaften der Elektronen einzugehen, von denen wir ja ohne alle Kenntnis sind. Schon daß wir den Elektronen eine bestimmte Gestalt hypothetisch zuschreiben müssen, ist mißlich. Wahrscheinlicher als die unveränderte Kugelgestalt ist die Annahme, daß das Elektron eine Gleichgewichtsform annimmt, die von der Geschwindigkeit abhängt, nämlich ein Ellipsoid, das sich immer mehr abplattet, je schneller es fliegt. Dann folgt, daß die Lichtgeschwindigkeit überhaupt nicht überschritten werden kann, weil dann der Widerstand, den das Elektron weiterer Beschleunigung entgegensetzt, unendlich groß wird. Damit fallen viele Schwierigkeiten fort, insbesondere erklären sich auch unter der Voraussetzung, daß sich die Körper aus solchen Elektronen aufbauen, die negativen Ergebnisse der vielen vergeblichen Versuche, einen Einfluß der Erdbewegung auf optische und elektrische Phänomene zu entdecken.

Indessen bleiben noch viele Schwierigkeiten übrig. Bei einer elektrischen Ladung, die eine gewisse Ausdehnung besitzt, müssen notwendigerweise die einzelnen Teile dieser Ladung Kräfte aufeinander ausüben, die sie auseinander zu treiben suchen.

Diese Kräfte sind so enorm, daß das Zerstäuben der in einem Gramm enthaltenen Elektronen so viel Energie liefern würde, daß man eine 1000pferdige Dampfmaschine drei Jahre lang betreiben könnte. Welche Kräfte wirken diesen entgegen und halten das Elektron zusammen? Daß wir überhaupt gezwungen sind, für das Innere des unteilbaren Elektrons dieselben Kräfte anzunehmen, die durch die gegenseitige Einwirkung der Elektronen aufeinander beobachtet sind, scheint mir ein besonders unbefriedigender Punkt der Elektronentheorie zu sein.

Wenig erfolgreich sind auch bis jetzt alle Versuche gewesen, den Zusammenhang der Atome und der Elektronen in bestimmter Weise theoretisch zu verfolgen. Wie wir erwähnt haben, ist eine rein elektrische Theorie der Materie wohl durchführbar. Wenn man aber die Frage stellt, wie denn eigentlich ein Atom sich aus den Elektronen aufbaut, so kann man nur äußerst unbestimmte Antworten erhalten.

In neuester Zeit ist vielfach die Ansicht ausgesprochen, daß ein Atom ein dynamisches Gebilde sei, in welchem die Elektronen nach Art von Planeten um einen Zentralkörper als Mittelpunkt kreisen. Auf den ersten Blick hat diese Anschauung viel Verlockendes. Man würde die Astronomie sozusagen als Mikrokosmos wiederfinden. Aber so ganz einfach liegt die Sache nicht. Eine der wichtigsten Äußerungen der Atome sind die Emissionsspektren des Lichts, das sie in leuchtendem Zustande aussenden. Es ist Ihnen bekannt, daß dieses Spektrum für jedes Atom charakteristisch ist, und daß man aus der Analyse des Spektrums ein chemisches Element wieder zu erkennen vermag. Ein Atom muß daher ein unveränderliches Gefüge sein, das auch bei Einwirkungen stärkster Art sich nicht verändert. Nun ist ja allerdings unser Sonnensystem z.B., soweit die Beobachtungen reichen, in gewissen Größen unveränderlich. Aber ein Elektron, das nach Art eines Planeten um einen Zentralkörper liefe, könnte das nicht sein. Jedes Elektron, das z.B. in molekularer Entfernung um ein positives Zentrum gleicher Ladung läuft, muß notwendig Strahlung aussenden und zwar von einer Wellenlänge, die der des Lichts ziemlich nahe kommt. Es müßte also nicht nur ein solches Elektron dauernd leuchten, sondern es würde dieses Licht nur auf Kosten seiner Bewegungsenergie aussenden können.

Nun weiß man aber, daß ein Körper, der nach Art der Planeten um einen Zentralkörper kreist, die Entfernung von diesem verkleinert, sobald seine Geschwindigkeit auf irgendeine Weise verringert wird. Seine Umlaufszeit wird immer kleiner, er nähert sich seinem Zentralkörper immer mehr, und schließlich muß er auf ihn stürzen. Man sieht hieraus, daß ein Elektron nicht lange in seiner Bahn bleiben kann, und es ist daher unmöglich, die Spektrallinien aus der Strahlung planetarischer Elektronen zu erklären.

Lorentz hat die Wärmestrahlung durch die Annahme zu erklären gesucht, daß freie Elektronen beim Zusammenstoß mit den Atomen Änderungen ihrer Geschwindigkeit erleiden, was zu Strahlung Veranlassung geben muß. Es ist nicht ausgeschlossen, daß manche Strahlungen auf diese Weise entstehen. Aber die Spektrallinien können wohl kaum so zustande kommen. Denn es ist nicht einzusehen, wie auf diese Weise immer Strahlen von derselben Wellenlänge entstehen sollen, wie wir es in den Spektrallinien beobachten.

Die einzige Möglichkeit scheint mir noch immer die zu sein, die gebundenen Elektronen in relativer Ruhe zum Zentralkörper anzunehmen, von dem sie durch sehr starke Kräfte angezogen werden. Wenn ein solches festliegendes Elektron durch ein von außen in seine Nähe kommendes abgestoßen wird, so führt es Schwingungen um seine Gleichgewichtslage aus, deren Dauer von der Masse des Elektrons und von der Größe der Kraft abhängt, mit der es von seinem Zentralkörper gehalten wird. Auf diese Weise können nur Schwingungen ganz bestimmter Periode auftreten, welcher Art auch die Einwirkung von außen ist. In den meisten Leuchtwirkungen scheinen es in der Tat freie Elektronen zu sein, die in die Nähe der gebundenen getrieben werden und diese zum Schwingen bringen.

Es ist bekannt, daß meistens nur Gase scharfe Emissionslinien im Spektrum geben. Verdichtet man das Gas, so verbreitern sich die Linien. Das würde man so erklären können, daß beim Verdichten die einzelnen Atome einander näher rücken; dann wirken auf ein Elektron nicht nur die Kräfte seines Atoms, sondern auch der benachbarten, wodurch mannigfaltige Schwingungen möglich werden. Damit ein Atom stabil sei, muß die Anziehung des positiven Zentralkörpers die gegenseitige Abstoßung der negativen Elektronen übertreffen.

Es können aber auch Gebilde gedacht werden, wo sehr starke anziehende Kräfte durch nahe gleich abstoßende im Gleichgewicht gehalten werden. Dann kann ein labiler Zustand eintreten, indem durch geringe äußere Einwirkung in der einen oder anderen Richtung das Elektron in das Gebiet der anziehenden oder abstoßenden Kräfte getrieben wird. Im letzteren Falle kann es ganz aus seinem Verband herausgetrieben werden.

So scheint es bei den Elektronen zu sein, die vom Radium ausgesandt werden. Die andere Hypothese, daß die Elektronen im Radium die großen Geschwindigkeiten dauernd besitzen sollen, halte ich nicht für durchführbar, weil ein mit großer Geschwindigkeit auf notwendig krummliniger Bahn fliegendes Elektron Energie ausstrahlen und dadurch bald zur Ruhe kommen muß.

Von allen Schwierigkeiten für die Elektronentheorie scheint mir die Schwerkraft die größte zu sein. Diese Naturkraft, der wir alle unterworfen sind, steht ganz isoliert da, und es ist nicht gelungen, eine Beziehung zu anderen Naturkräften aufzufinden. Lorentz hat die Annahme gemacht, daß die Anziehung zwischen entgegengesetzten Elektronen größer ist als die Abstoßung zwischen gleichartigen, und gezeigt, daß man auf diese Weise allerdings die Schwerkraft in das elektrische System einfügen kann. Man muß dann aber zwei verschiedene elektrische Kräfte annehmen, deren Vorhandensein sich sonst nirgends zeigt. Ich möchte daher in dieser Schwierigkeit einen beachtenswerten Fingerzeig sehen, daß die Elektronentheorie einer Verallgemeinerung und Vervollständigung bedarf.

Fragen wir nun zum Schluß nach dem Erkenntniswert der Elektronentheorie, so glaube ich, daß wir diesen nicht niedrig einzuschätzen haben. Nicht als ob wir in dieser Theorie ein abgeschlossenes Gebäude zu betrachten hätten, das zur Aufnahme aller phsysikalischen Erscheinngen geeignet und bereit ist.

Die vielen und bedeutenden Schwierigkeiten, auf die wir gestoßen sind, zeigen vielmehr an, wie sie harrt, durch eine allgemeinere ersetzt zu werden. Aber sie hat gezeigt, daß alle physikalischen Begriffe, auch solche, die wir als unveränderlich anzusehen gewohnt sind, wie die Masse, sich bei genauerer Analyse als variabel erweisen können, daß wir, allgemeiner gesprochen, bei fortschreitender Erkenntnis immer mehr vom sinnlichen Schein und von überkommenen physikalischen Begriffen uns losmachen müssen, daß die Abstraktion notwendig eine immer allgemeinere wird.

Bekanntlich hat Goethe einen erbitterten Kampf gegen diese Naturauffassung geführt. Er wollte auch in der Naturerkenntnis die unmittelbare Anschauung walten lassen. Und auch heute ist der zu größerer Abstraktion fortschreitende Weg vielfachen Angriffen ausgesetzt. Die Physiker können sie mit Ruhe ertragen. Die gewaltige Methode, deren größter Vertreter Newton war, hat sich durch drei Jahrhunderte bewährt. Immer mehr erkennen wir, daß alle Naturgesetze, die wir aufstellen, alle Theorien, die wir bauen, nichts anderes sind als Bilder, die wir herstellen, um das Naturgeschehen verständlich zu machen und zu begreifen. Merkwürdigerweise hat Goethe selbst, so fremd er der physikalischen Denkweise gegenüberstand, am besten diese Beschränkung ausgesprochen:

> Alles Vergängliche
> Ist nur ein Gleichnis.

Nur Gleichnisse können wir uns von dem machen, dessen wir um uns gewahr werden, Bilder, die als Menschenwerk notwendig unvollkommen sind und niemals abgeschlossen werden können.

HANS SPEMANN

Über embryonale Transplantation

1906

Es sind nunmehr 10 Jahre her, daß der hochverdiente Anatom Gustav Born auf der Naturforscherversammlung zu Frankfurt a.M. einen Vortrag hielt mit dem Titel »Über künstlich hergestellte Doppelwesen bei Amphibien«. Die sonderbaren Geschöpfe, die er dabei vorzeigte, werden sicher einigen von Ihnen noch in Erinnerung sein: Da waren Tiere, die zwei Köpfe oder zwei Schwänze besaßen, solche, die paarweise am Bauch oder am Rücken verwachsen waren; ja Larven, die anstelle des Schwanzes einen zweiten Kopf, anstelle des Kopfes einen zweiten Schwanz besaßen und doch lebten. Diese Bildungen waren dadurch erzeugt worden, daß ganz junge Larven, namentlich der Unke und des grünen Wasserfrosches, in Stücke geschnitten und mit den frischen Wundflächen zur Verheilung gebracht wurden. Die einzelnen Stücke, die ein solches Tier zusammensetzten, entwickelten sich dann im neuen Verband gerade so weiter, als befänden sie sich noch am Ort, von dem sie stammten. So entstanden jene merkwürdigen, nie vorher dagewesenen Monstren. Born nannte diese Operation kurz embryonale Transplantation.

Es ist also nicht ein bestimmtes Problem, wie etwa das der Vererbung, der Befruchtung, was die einzelnen Tatsachen, die ich Ihnen vorführen werde, innerlich zusammenhält, sondern eine experimentelle Methode. Doch ist diese Methode ihrer Natur nach derart, daß sie sich zur Behandlung ganz bestimmter, innerlich verwandter Probleme eignet. Das möchte ich zunächst noch etwas näher erläutern.

Wenn man von einem jungen Keim, der sich im vollen Vorwärtsdrängen der Entwicklung befindet, ein Stück ab-

oder ausschneidet und dasselbe an einer anderen Stelle wieder an- oder einsetzt, so ist, falls der Keim die Operation überhaupt aushält und sich weiter entwickelt, die nächste Frage wohl die, ob aus dem eingesetzten Stück in der neuen Umgebung dasselbe wird, wozu es in der alten bestimmt war, oder ob das Keimmaterial seiner veränderten Lage entsprechend anders verwendet wird. Der Erfolg der Operation wird die Antwort auf die Frage geben. Entstehen Monstren, wie Born sie erhielt, so trugen die transplantierten Stücke schon eine bestimmte Entwicklungsrichtung in sich und vermochten sie auch in der neuen Umgebung festzuhalten; wird dagegen das Schicksal des transplantierten Stücks durch die Umgebung bestimmt, so wird man ihm auch nachher nicht mehr ansehen, daß es von einer anderen Stelle genommen war, es werden normale Tiere entstehen. Ganz allgemein gesagt, können wir also durch embryonale Transplantation feststellen, ob abgegrenzte Bezirke des Keims von irgend einem Augenblick an einer selbständigen Entwicklung oder »Selbstdifferenzierung« (Roux) fähig sind, oder ob ihre Entwicklung unter dem Einfluß ihrer Umgebung steht, »abhängige Differenzierung« (Roux) ist. Jene Methode ist also ein wichtiges Hilfsmittel der entwicklungsphysiologischen Forschung, jenes Zweiges der Zoologie, welcher die gesetzlichen Abhängigkeiten der Entwicklung zum Gegenstand hat.

Die Bornschen Tiere waren aus Stücken zusammengesetzt worden, die zwar von sehr wenig entwickelten Larven stammten, denen man aber doch schon ansah, daß aus ihnen z.B. ein Kopf, ein Schwanz werden würde. Verwendet man zur Zusammensetzung noch jüngere Keimstücke, von denen man vorher noch nicht weiß, welche Teile des Organismus aus ihnen entstehen werden, und erhält man auch dann solche zusammengestückelten Tiere wie bei Borns Experimenten, so kann man rückschließend sagen, welche Anlagen in den einzelnen Bestandteilen der Komposition gesteckt hatten, was manchmal von Wichtigkeit zu wissen und auf andere Weise nicht festzustellen ist. »Es ist auf diesem Wege möglich«, sagt Braus, welcher als einer der ersten die embryonale Transplantation zu diesen Zwecken der deskriptiven Embryologie verwendete, »die Anlage eines Tiers in einzelne Bezirke zu zerlegen und jeden für sich auf einem anderen Tier wie ein Samenkorn auf einem geeigneten Nährboden aufzuziehen und zu verfolgen, was aus ihm wird«.

Und endlich kann uns auch das eigentlich physiologische Verhalten der operierten Tiere interessieren; die Funktionsfähigkeit von Organen, die aus transplantierten Anlagen hervorgegangen sind, und dergl. mehr. [...]

Was die embryonale Transplantation zur Feststellung des einfachen deskriptiven Tatbestandes zu leisten vermag in Fällen, wo unsere gewöhnlichen Beobachtungsmittel nicht ausreichen, das zeigen sehr schön einige Experimente von Harrison und Braus. Harrison untersuchte die Entwicklung der Seitenlinie bei Froschlarven. Darunter versteht man bestimmte einfache Hautsinnesorgane unbekannter Funktion, die bei den Fischen und den im Wasser lebenden Larven der Amphibien an den Seiten des Körpers in charakteristischen Längsreihen angeordnet sind. Man kann diese Reihen oft schon im Leben, manchmal besser am konservierten Tier von außen deutlich sehen; eine von ihnen läuft bei jungen Kaulquappen fast bis zur äußersten Schwanzspitze nach hinten. Zu den mancherlei Seltsamkeiten dieser Organe gehört auch die, daß sie von einem Kopfnerven, dem N. vagus, versorgt werden. Während also die Haut, in die sie eingelagert sind, in den verschiedenen Bereichen des Rumpfes und Schwanzes von Rückenmarksnerven der Nachbarschaft versorgt wird, erhalten die Seitenlinien ihre Nerven aus dem Gehirn. Eine solche Abweichung von der typischen Gliederung des Wirbeltierkörpers kann nach den Grundsätzen der vergleichenden Anatomie nichts Ursprüngliches sein; man wird zu der Annahme gedrängt, daß sich die Sinnesorgane der Seitenlinie ursprünglich, bei den Vorfahren der Fische und Amphibien, bloß vorn am Kopf, im normalen Bereich des N. vagus, befanden und im Lauf der Generationen immer weiter nach hinten auf fremdes Gebiet übergriffen. Es ist daher von hohem Interesse, festzustellen, wie sich die Seitenlinie bei den heute lebenden Formen, z.B. den Froschlarven, entwickelt. Liegt ihr Material von Anfang an da, wo es später sichtbar wird, also in Längsreihen an den Seiten des Körpers, so weicht der Gang der individuellen Entwicklung der Kaulquappe wesentlich ab von dem der Entwicklung der Vorfahrenreihe; denn sollen beide Entwicklungsweisen übereinstimmen, so muß die Anlage zuerst am Kopf entstehen und von da nach hinten wachsen. Durch die einfache Beobachtung ist das nicht festzustellen, man sieht zwar bei genauer Untersuchung einen Zellstrang, aus dem die Seitenlinie wird, vorn auftreten und sich allmählich immer weiter nach hinten ausdehnen, aber ob das durch Wachstum einer am Kopf entstandenen Anlage geschieht, oder ob der Strang dadurch länger wird, daß immer neue Zellen der Umgebung in ihn eintreten, das läßt sich nicht entscheiden.

Diese Frage löste nun Harrison in einfacher Weise mittels der Bornschen Methode. In Amerika, wo die Versuche angestellt wurden, gibt es zwei Froscharten, welche ungefähr gleich große Eier legen, die aber bei der einen Art (Rana palustris) hellgelb, bei der anderen (Rana silvatica) dunkelbraun sind; der gleiche Farbenunterschied besteht zwischen den Larven. Bei beiden Arten sind die Seitenlinien nur schwer zu sehen, weil sie bei den dunkeln Larven auch dunkel, bei den hellen hell sind. Harrison setzte nun aus einer dunkeln Vorderhälfte und einer hellen Hinterhälfte ein Tier zusammen – in einem Stadium natürlich, wo die Seitenlinien noch nicht entwickelt waren – und konnte mit aller Deutlichkeit beobachten, wie vom Vorderstück her eine dunkle Seitenlinie in das helle Hinterstück einwuchs. Die Experimente wurden vielfach variiert, um über die einzelnen Abhängigkeiten dieses Entwicklungsvorgangs Klarheit zu gewinnen; ich will auf diese entwicklungsphysiologische Seite der Versuche nicht eingehen und mich auf die der deskriptiven Embryologie angehörige Tatsache beschränken. Ihre allgemeinere Bedeutung ist nach dem Gesagten einleuchtend; hier, wo der Augenschein zunächst eine Caenogenie, eine Abweichung der individuellen Entwicklung von der Stammesentwicklung, vortäuschte, hat das Experiment die wesentliche Übereinstimmung beider nachgewiesen.

Was sich in diesem bestimmten Fall aus Harrisons Versuch als Folgerung ergab, das ging den unabhängig davon unternommenen Experimenten von Braus als Überlegung voraus; sein wichtigstes bisheriges Resultat aber erhielt dieser Forscher, wie das so häufig geht, mehr nebenbei. Das Experiment, das ich im Auge habe, betrifft das schwierige Problem der Entwicklung der peripheren Nerven. Mehrere Theorien stehen sich da heute nach langem Kampf schroffer denn je gegenüber. Nach der einen, der Neuronenlehre, entstehen bekanntlich die Nervenfasern in ganzer Länge als Auswüchse der Ganglienzellen. Andere Zellen legen sich dann den Nervenfasern als Hülle an und bilden die sogenannte Schwannsche Scheide. Nach einer anderen Auffassung sind es gerade diese Zellen, von denen die Bildung der Nervenfasern ausgeht. Sie ordnen sich als Kette an – daher Zellkettentheorie –, überbrücken so die Strecke zwischen Ganglienzelle und Endorgan und erzeugen dann die Nervenfaser, jede der Zellen ihr Stück, um sie hernach als schützende und nährende Hülle zu umgeben. Gemeinsam ist diesen beiden Theorien, daß der nachher so wichtige Zusammenhang zwischen Nervenfaser und Endorgan erst spät zustande kommt, jedenfalls nicht vor dem Sichtbarwerden der Nervenfaser. Dem tritt nun eine dritte Auffassung entgegen, nach welcher jener Zusammenhang ein ursprünglicher ist oder wenigstens dem Sichtbarwerden der Nervenfaser lange vorhergeht. Durch reine Beobachtung ist auch diese Frage mit unseren jetzigen Hilfsmitteln offenbar nicht zu entscheiden, sonst würde nicht jede der drei Auffassungen bewährte Forscher zu ihren Verfechtern zählen. Nun geht man aber seit einigen Jahren der Sache experimentell zu Leibe, und es scheint, daß so eine Klärung erzielt werden kann.

Den Anfang machte Harrison mit einem Versuch von überraschender Einfachheit. Er stellte fest, daß die Schwannschen Zellen aus der Ganglienleiste zu beiden Seiten des Medullarrohrs ihren Ursprung nehmen; er entfernte durch einen Scherenschnitt diese Ganglienleiste und damit die Zellen, welche, zu Ketten angeordnet, die Nervenfaser bilden sollten, und er fand, daß trotzdem Nerven entstehen, nackte Nerven ohne Schwannsche Scheide. Damit ist die eine der drei Theorien, die Zellkettentheorie, wohl als beseitigt zu betrachten; Harrison entschied sich, durch einige andere Beobachtungen bestärkt, für die Neuronenlehre. Hier setzen nun die Experimente von Braus ein. Sie behandeln die Entstehung der motorischen Nerven, welche die Muskulatur der Gliedmaßen versorgen, speziell bei Fröschen und Unken. Als überraschendes Resultat ergab sich, daß diese Nerven schon vorgebildet sein müssen zu einer Zeit, wo mit unseren heutigen Hilfsmitteln noch nichts von ihnen zu sehen ist; also viel früher, als Harrison im Sinne der Neuronenlehre annahm. Zu dieser Überzeugung gelangte Braus durch folgendes Experiment. Die ersten Anlagen der Gliedmaßen, kleine knospenförmige Vorwölbungen von scheinbar ganz indifferenter Zusammensetzung, wurden mit einer Lanzette herausgenommen und an andere Stellen des Körpers verpflanzt. An diesem ihnen fremden Ort entwickelten sie sich wie normal und erhielten neben Skelett, Muskeln und Blutgefäßen auch Nerven. Diese Nerven können nun aus bestimmten Gründen nicht vom Rumpf aus in die Gliedmaßen eingewachsen sein, folglich müssen ihre Anlagen im Augenblick der Transplantation schon in den Gliedmaßenknospen gesteckt haben.

Ein konkretes Beispiel wird das noch klarer machen. Einer Unkenlarve wurde die knospenförmige Anlage eines Vorderbeines entnommen, die noch keine erkennbaren Nerven oder Nervenanlagen enthielt, und wurde einer anderen gleich alten Larve auf den Kopf transplantiert, etwas unter dem Auge. Aus dieser Anlage entwickelte sich in der neuen Umgebung ein normales Vorderbein, das am Kopf der kleinen Unke saß und spontan beweglich war; es hatte also alle Organsysteme, darunter die Nerven, wie ein normales Bein. Die Nerven hängen durch dünne Verbindungsäste mit denen des Haupttiers zusammen, in unserem Fall mit dem N. facialis der linken Seite. Das kompliziert die Sache; denn wären die Nerven des transplantierten Armes ganz isoliert, so wäre direkt bewiesen, daß ihre Anlagen schon in der Knospe gelegen haben müssen; so aber könnten die Armnerven Äste des Facialis, also doch erst später in die sich entwickelnden Gliedmaßen eingewachsen sein. Immerhin ist das nun aus mehreren Gründen äußerst unwahrscheinlich. Einmal sind die erwähnten Verbindungsästchen zwischen Facialis und Armnerven sehr dünn, viel dünner als die Armnerven, welche normalen Querschnitt haben. Das heißt aber, die dem Zentrum näher liegenden Verbindungsbrücken enthalten weniger Nervenfasern als die vom Zentrum weiter entfernten Nerven des Armes. Ein Teil dieser zahlreichen Fasern kann also keinesfalls durch Auswachsen vom Haupttier in den Arm gelangt sein. Man müßte annehmen, daß der Armnerv anfangs nicht dicker war als der Verbindungsast und seine spätere Stärke durch Längsspaltung seiner Fasern im Bereich des Arms erlangt hat; das hält Braus für äußerst unwahrscheinlich. Der andere Grund gegen die Annahme eines nachträglichen Einwachsens besteht darin, daß es höchst unwahrscheinlich ist, daß sich die Äste des Facialis, eines Kopfnerven, in den Organanlagen des Arms, also in einem ihnen ganz fremden Gebiet, so zurecht finden, daß nachher ein normaler Nervenverlauf zustande kommt. Das ließ sich auch durch ein sinnreiches Experiment erhärten, dessen Darlegung aber den Rahmen meines Vortrags überschreiten würde. Es handelt sich also, wie Sie sehen, um sehr große Wahrscheinlichkeit, um Beweise durch Ausschluß; es gibt aber einen Weg, auf dem man hoffen kann, die Frage direkt zu entscheiden, und Braus hat ihn auch schon beschritten, allerdings bis jetzt ohne durchschlagenden Erfolg. Könnte man die Gliedmaßenanlage auf einem Nährboden sich entwickeln lassen, der gar keine Nerven enthält, und würden sich hernach in den ausgebildeten Gliedmaßen Nerven finden, so könnten diese natürlich nicht in die nervös isolierte Anlage eingewachsen, sie müßten zur Zeit der Transplantation schon in der Anlage enthalten gewesen sein. Harrison hat nun gezeigt, daß man irgend einen Bezirk des Körpers dadurch von Nerven frei halten kann, daß man ihn in ganz frühem Entwicklungsstadium durch einen Schnitt von der Anlage des Zentralnervensystems trennt. Auf diese Weise kann man z.B. Gliedmaßen zur Entwicklung bringen, die in allen Organsystemen, in Skelett, Muskulatur, Blutgefäßen, normal entwickelt sind, mit Ausnahme der Nerven, die völlig fehlen. Was diese Tatsache für die Entstehung der Nerven bedeutet, werden wir nachher sehen; jetzt kommt sie nur in Betracht als Mittel, den vorhin gewünschten nervenfreien Bezirk herzustellen. Derart vorbehandelte Larven verwendete nun Braus für seine Versuche, indem er auf den nervenfreien Bezirk die Gliedmaßenknospen normaler Larven verpflanzte; er erwartete, daß sich in den entwikkelten Gliedmaßen normale Nerven finden würden, ohne Zusammenhang mit dem Nervensystem des Rumpfs. Ein Resultat dieses Versuches wurde bisher aus dem einfachen Grund nicht erzielt, weil die operierten Tiere starben, ehe sie alt genug waren, um Gliedmaßennerven zu besitzen. Ich brauche Sie bei dieser Gelegenheit wohl kaum zu versichern, daß alle diese Versuche leichter zu ersinnen und auch leichter zu beschreiben, als auszuführen sind. Es handelt sich um schwere Eingriffe bei äußerst minutiösen Verhältnissen. In diesem Fall darf man aber eine baldige endgültige Lösung auf dem von Braus eingeschlagenen Weg erhoffen.

Verzichten wir vorläufig auf diesen direkten Beweis, so können wir das Erreichte folgendermaßen zusammenfassen. Trennt man nach Harrison an jungen Froschkeimen lange vor Auftreten der Gliedmaßenanlagen den Bezirk, wo diese später entstehen werden, durch einen Einschnitt von der Anlage des Zentralnervensystems, so bleiben, wie wir gesehen haben, die sich entwickelnden Gliedmaßen ohne Nerven. Es muß also normalerweise nach dem Entwicklungsstadium, in dem Harrison operierte, irgend etwas vom Zentralnervensystem zur Gliedmaßenanlage gehen, was die Nervenentwicklung vorbereitet. Die später entstehende Gliedmaßenknospe hingegen enthält nach den eben geschilderten Versuchen von Braus schon sehr früh die Anlage von Nerven, lange ehe diese unterscheidbar werden. In der Entwicklungsperiode zwischen den Experimenten der beiden Autoren muß also der kritische Punkt für die Nervenentstehung liegen; man wird ihn finden, indem man den Zeitraum von beiden Enden her einengt.

Damit möchte ich diese Versuche verlassen, die im Dienste deskriptiver Feststellungen stehen, und mich einigen Experimenten zuwenden, die der entwicklungsphysiologischen Richtung angehören. Es handelt sich um gesetzliche Abhängigkeiten in der Entwicklung des Wirbeltierauges, speziell des Froschauges. Um die hier vorliegenden Probleme verständlich zu machen, muß ich zunächst die normale Entwicklung mit einigen Strichen skizzieren. Dabei beginnen wir zweckmäßigerweise mit den spätesten in Betracht kommenden Entwicklungsstadien, die allgemeiner bekannt sind, und gehen von da der Entwicklung entgegen auf die jüngeren, weniger bekannten Stadien zurück. Bei einer noch nicht zwei Wochen alten Froschlarve besteht das Auge aus dem Augenbecher und der Linse. Der erstere ist, wie sein Name besagt, ein doppelwandiger Becher, dessen innere Schicht die lichtempfindende Netzhaut bildet, während die äußere Schicht, eine dünne, schwarz pigmentierte Zellage, das Tapetum nigrum, darstellt. In der runden Öffnung des Augenbechers steckt die Linse, über der sich die durchsichtig gewordene Hornhaut wölbt; nach innen hängt das Auge durch den Sehnerv mit dem Gehirn zusammen. Diese kunstvoll ineinander gefügten, funktionell aufeinander angewiesenen Teile entwickeln sich nun bekanntlich aus verschiedenen Mutterböden, der Augenbecher und Augennerv als Ausbuchtung der Hirnanlage, die Linse als Einwucherung der Haut. Das unter der Rückenhaut liegende Medullarrohr, die Anlage von Hirn und Rückenmark, wächst nämlich an seinem blinden Vorderende zu den keulenförmigen primären Augenblasen aus, welche mit ihrer Kuppe der Haut umittelbar anliegen. An dieser Berührungsstelle entsteht die Linse als Wucherung der Haut, die sich als Säckchen abschnürt; und genau mit diesem Prozesse Schritt haltend, weicht die äußere Wand der Augenblase von der Linse zurück und legt sich der inneren an, so daß ein doppelwandiger Becher entsteht, in dessen Öffnung die Linse steckt wie eine Perle in ihrer Fassung. Angesichts dieser wunderbaren Vorgänge, um deren erste Beobachtung man den Entdecker noch heute beneiden möchte, erhebt sich für den Entwicklungsphysiologen ganz von selbst die Frage: Woher kommt dieses exakte zeitliche und räumliche Ineinandergreifen der einzelnen Entwicklungsprozesse? Sind sie unabhängig voneinander, aber von Anfang an, schon im Ei, wie ein kunstreiches Uhrwerk so fein aufeinander eingestellt, daß die Linse gerade aus der Stelle der Haut entsteht, die über dem Augenbecher liegt, und gerade in dem Augenblick, wo er sich aus der Augenblase bildet? Oder beeinflussen sich die Prozesse gegenseitig, wird vielleicht die Einstülpung der Retinaanlage durch die Linsenwucherung ausgelöst, oder umgekehrt? Dieser Frage wurde in den letzten Jahren zuerst vom Referenten und seither von mehreren anderen Autoren eine Anzahl von Untersuchungen gewidmet; doch will ich nicht darauf eingehen, weil noch keine Einheit der Ansichten erzielt und die Zeit zur Darlegung des Für und Wider zu kurz ist. Auch spielt embryonale Transplantation keine entscheidende Rolle bei den Versuchen. Anders ist das bei der verwandten Frage, ob nur die Stelle der Epidermis zur Linsenbildung befähigt ist, welcher sie normalerweise obliegt, oder ob auch andere, vielleicht jede beliebige Stelle der Haut durch einen Reiz vonseiten des Augenbechers zur Linsenbildung veranlaßt werden kann.

Sehr schöne Transplantationsversuche des Amerikaners Lewis zeigen, daß das letztere der Fall ist. Lewis operierte an Froschaugen, die noch keine Spur einer Linsenanlage zeigten; er ließ entweder die Augenblase an ihrer Stelle und ersetzte die Haut über ihr durch Bauchhaut eines anderen Tieres, oder er schälte die Augenblase heraus und schob sie unter die abgehobene Haut desselben Tiers. Durch beide Methoden konnte er die Entstehung einer Linse aus Teilen der Epidermis veranlassen, die normalerweise mit ihrer Bildung nichts zu tun haben. Es handelt sich auch bei diesen Operationen um äußerst minutiöse Verhältnisse, um Teile, die mit bloßem Auge eben noch zu sehen sind. Als Instrumente dienten feine Stahlnadeln mit angeschliffener Schneide. Die Transplantation wurde an ganz jungen Larven ausgeführt, kurz nach Schluß des Medullarrohrs. Die primäre Augenblase der einen Seite wurde durch Abhebung eines Hautlappens freigelegt, nahe dem Hirn, mit dem sie noch in weiterer Kommunikation steht, abgeschnitten und unter die etwas gelockerte Haut nach hinten geschoben; dann wurde der Hautlappen wieder übergeklappt und zur Anheilung gebracht. Und nun entwickelte sich das verlagerte Auge in seiner neuen Umgebung weiter und löste die Bildung einer Linse aus an der Stelle der Epidermis, die es von innen berührte. Lewis hat Schnitte durch solche Augen abgebildet, die jeden Zweifel an der Richtigkeit seiner Beobachtungen ausschließen; in einigen Fällen steht das Linsensäckchen noch deutlich im Zusammenhang mit der Epidermis. Daraus folgt, daß der Augenbecher in der Tat die Fähigkeit besitzt, an den verschiedensten Stellen der Epidermis, mit denen er in Berührung gebracht wird, die komplizierten Wachstums- und Differenzierungsprozesse hervorzurufen, die zur Bildung einer Linse führen. Damit wäre die vorhin aufgeworfene Frage als gelöst zu betrachten.

Wir gehen nun noch etwas weiter in der Entwicklung des Auges, speziell seines zerebralen Teiles, zurück. Die Hirnanlage, von der die Augenblase als hohle Ausbuchtung auswächst, wird, wie gesagt, in diesem Stadium dargestellt durch das blind geschlossene Vorderende des Medullarrohres, das in der dorsalen Mittellinie dicht unter der Haut gelegen ist. Noch etwas früher war das Rohr ein Bestandteil der Haut selbst, eine verdickte längliche Platte, durch Wülste gegen die Umgebung abgegrenzt. Durch Zusammenbiegung und Verwachsung ihrer seitlichen Ränder wandelt sich die Platte zum Rohr um, das sich dann von der Haut abschnürt. Am Vorderende der Medullarplatte müssen also rechts und links die Zellen liegen, aus denen später, nach Schluß der Platte zum Rohr, die Augenblasen entstehen.

Es wäre nun für manche andere Fragen von Interesse, diesen augenbildenden Bezirk in der Medullarplatte genauer abzugrenzen und zugleich den Zeitpunkt festzustellen, in welchem er zu seinem späteren Schicksal, Augen zu erzeugen, bestimmt wird. Es ließ sich nämlich auf anderem Wege, durch Einschnürung mit einem Haar, an Eiern von Wassersalamandern ziemlich genau der Moment auffinden, bis zu dem das Zellmaterial noch gerade so bildsam ist, daß es statt eines Kopfes mit 2 Augen auch 2 Köpfe mit 4 Augen entstehen lassen kann. Bis zum Ende der Gastrulation ist das der Fall, ganz kurz nachher, mit Sichtbarwerden der Medullarplatte, nicht mehr. Sollte sich nun durch neue Versuche zeigen lassen, daß in diesem kritischen Stadium, wo Verdoppelungen noch möglich sind, das Augenmaterial schon bestimmt ist, so wäre damit nachgewiesen, daß eine solche schon getroffene Bestimmung im Lauf der Entwicklung noch abgeändert werden kann, daß es also wirklich eine sogenannte Umdifferenzierung gibt, was meines Wissens bisher in keinem einzigen Fall mit Sicherheit nachgewiesen werden konnte.

Um den Differenzierungsgrad der Augenbezirke zunächst einmal in der offenen Medullarplatte festzustellen, wurde ein viereckiges Stück aus derselben herausgeschnitten und umgekehrt wieder eingeheilt. Dadurch mußte bei richtiger Führung des vorderen Schnittes ein Teil der Augenanlagen – falls es in diesem Stadium schon solche gibt – nach hinten gebracht werden und sich dort weiter entwikkeln. Diese Operation verlangt eine ziemlich komplizierte Technik, auf die ich natürlich nicht näher eingehen kann; ich will nur erwähnen, daß die Schnitte mit Hilfe eines äußerst feinen Glasfadens ausgeführt wurden, zu welchem das eine Ende eines Glasstabs mittels eines besonderen Kunstgriffes ausgezogen worden war. Der Versuch gelang; es entstanden Embryonen mit 4 Augen, von denen 2 an ihrer normalen Stelle lagen, die 2 anderen dahinter, mehr oder weniger weit vor oder hinter den Gehörorganen, je nach der Länge des umgedrehten Stücks. Die Augen waren von sehr verschiedener Größe, einmal lag hinten nur ein Klumpen schwarzer Tapetumzellen. Die weit offene Medullarplatte enthält also schon scharf abgegrenzte Augenbezirke, deren Zellen wahrscheinlich schon in solche für die Retina und solche für das Tapetum geschieden sind. – Im vergangenen Sommer war ich nun bemüht, diese Versuche auf immer frühere Stadien auszudehnen, was allerdings sehr schwierig ist. Die bis jetzt erreichten Resultate scheinen mir nicht ohne Wichtigkeit zu sein, sind aber noch zu lückenhaft zur Mitteilung an dieser Stelle. Ich will daher diese Frage jetzt verlassen, um mich einem letzten entwicklungsphysiologischen Experiment zuzuwenden. Es betrifft die typische bilaterale Asymmetrie des Wirbeltierkörpers.

Der Wirbeltierkörper ist ja seiner äußeren Form nach bilateral symmetrisch gebaut, er läßt sich durch eine Medianebene in eine rechte und linke Hälfte zerlegen, von denen die eine das Spiegelbild der anderen ist. Mathematisch streng gilt das nicht, es kommen immer kleine Unregelmäßigkeiten vor. Im Gegensatz zu diesen atypischen Abweichungen von der bilateralen Symmetrie stehen nun ganz gesetzmäßige, typische, viel größeren Betrags; sie betreffen bekanntlich die Lagerung der Eingeweide, den Situs viscerum. Daß die Leber rechts liegt, das Herz etwas nach links verlagert, ist eine jedermann geläufige Tatsache; nichtsdestoweniger birgt sie eine Reihe der allerinteressantesten Probleme, die zum Teil jetzt schon der näheren Erforschung, ja sogar der experimentellen Analyse zugänglich erscheinen. Als Nächstes tritt uns die Frage entgegen, ob die einzelnen Organe ihre typische Anordnung abhängig oder unabhängig voneinander gewinnen, ob z.B. die Lagerung des Herzens durch die des Darms bedingt ist oder nicht. Hierauf geben schon die bisher bekannten Tatsachen wenigstens teilweise eine Antwort. Die pathologische Anatomie kennt seit langer Zeit eine Abnormität, den sogenannten Situs viscerum inversus, die darin besteht, daß rechts und links vertauscht ist, daß also die Lagerung der Eingeweide dem Spiegelbild der normalen entspricht. Dieses merkwürdige Verhalten betrifft entweder Herz und Darm gemeinsam, oder bloß das eine der beiden Organe, ja kann auf einzelne Teile des Darms beschränkt sein. Daraus läßt sich wohl folgern, daß die Anlagen dieser Organe in sich selbst die Wachstumstendenzen tragen, die zu ihrer späteren Form und Lagerung führen. Eine gegenseitige Beeinflussung der Teile ist damit als unnötig erwiesen, jedoch bleibt es unentschieden, ob sie nicht doch imstande wären, eine solche Beeinflussung auszuüben, und es tatsächlich unter Umständen tun. Wenn also der Situs inversus sich auf alle inneren Organe erstreckt, so daß er zum reinen Spiegelbild des normalen wird, so läßt sich nicht sagen, ob hier ein und dieselbe Ursache alle verlagerten Teile gleichmäßig betroffen hat, oder aber nur einen Teil, der dann auf die anderen zurückwirkt, so daß z.B. die Lagerung des Darms diejenige des Herzens bestimmen könnte, auch entgegen einer ursprünglichen, in der Herzanlage selbst gelegenen, anders lautenden Bestimmung. Dieser Frage läßt sich experimentell beikommen: Man kann den Darm invers machen, durch einen Eingriff, bei dem die Herzanlage nicht berührt wird, und dann zusehen, wie sich der Herzsitus verhält.

Dieser Versuch wurde wie die vorigen an den Larven
von Frosch und Unke ausgeführt, die einen sehr charakteristischen Situs viscerum besitzen, indem der kolossal lange
Mittelarm, zu einer Schnecke aufgewunden, die linke Seite
der Bauchhöhle einnimmt. Diese Lagerung kann man dadurch invers machen, daß man in frühem Entwicklungsstadium ein kleines Stück der Darmanlage umdreht. Man
schneidet, ähnlich wie bei dem vorigen Experiment, ein
viereckiges Stück der weit offenen Medullarplatte samt
dem darunter gelegenen Dach des Urdarms heraus und
bringt es in umgekehrter Orientierung wieder zur Einheilung. Die Folge ist in vielen Fällen ein typischer Situs inversus viscerum. Obwohl also der Keim im Augenblick der
Operation noch ganz symmetrisch zu sein scheint, liegt
doch in dem ausgeschnittenen Stück Darmanlage schon die
Tendenz zur Krümmung in einer bestimmten Richtung,
welche den ganzen Situs zu bestimmen vermag, nach Umkehrung in umgekehrtem Sinne. Die Herzanlage wird bei
der Operation nicht berührt, sie liegt fast auf der entgegengesetzten Seite des Keims. Abnormer Situs des Herzens
kann daher keine direkte Folge des Eingriffs sein. Eine größere Anzahl solcher Operationen wurde erfolgreich ausgeführt, drei Fälle bis jetzt genauer untersucht. Im ersten von
diesen war das Herz genau das Spiegelbild eines normalen.
Daraus folgt, daß die Lagerung des Darmsystems einen
Einfluß auf die des Herzens auszuüben vermag. Man kann
dabei vielleicht an die asymmetrisch gelagerte Leber denken, deren Blut in schräger Richtung in das Herz ein-
strömt. Bei den beiden anderen Exemplaren mit Situs inversus viscerum war der Situs des Herzens normal; wie das
aufzufassen ist, kann erst die genaue Untersuchung jünge-
rer Stadien zeigen. Vielleicht ist der Einfluß des Darmsitus
kein zwingender; dann hätte ihm in diesen beiden Fällen
eine andere Tendenz entgegengearbeitet, und die könnte
wohl nur in der Herzanlage selbst zu suchen sein. Es läge
dann hier das merkwürdige Verhältnis vor, daß einzelne Organanlagen ihren eigenen Weg in der Entwicklung gehen,

obwohl sie die Fähigkeit besitzen, sich gegenseitig zweckmäßig zu beeinflussen. Daß wir das als unwahrscheinlich ablehnen, solange es uns als bloße Erklärungsmöglichkeit entgegentritt, daß es uns aufs höchste überrascht, wenn es als Tatsache nachgewiesen wird, ist eine Folge unseres unwillkürlichen Bestrebens, in den Lebensfunktionen der Organismen nichts anzunehmen, was uns überflüssig vorkommt. Und dieses Vorurteil erscheint nicht unberechtigt, wenn man bedenkt, daß alle heutigen Fähigkeiten des Organismus einmal Neuerwerbungen waren. Wenn der Organismus sich eine Fähigkeit erworben hat, die zur Erfüllung eines bestimmten Zwecks ausreicht, so sieht man nicht recht ein, wie er dazu kommen sollte, eine zweite, ganz anders geartete Fähigkeit hinzuzuerwerben, um dasselbe Ziel auch auf anderem Weg erreichen zu können.

Und hier regt sich nun ein altes, schon tot gesagtes Problem der Entwicklungsgeschichte wieder, die Frage der Vererbbarkeit erworbener Eigenschaften. Es wäre möglich, daß die abhängige Differenzierung das Ursprüngliche war, und daß dann sekundär dieser Prozeß, der früher jedesmal auf einen spezifischen Reiz zu warten hatte, um in Gang zu kommen, gewissermaßen mechanisiert wurde. Unser Fall wäre übrigens keineswegs der erste seiner Art, ganz ähnliche sind schon länger bekannt und auch in diesem Sinne verwertet worden; erst vor kurzem wurde ein sehr schöner von Semon, ein anderer von Braus veröffentlicht. Mehr möchte ich nicht sagen; auch kenne ich wohl die Schwierigkeiten, die der Annahme einer Vererbung erworbener Eigenschaften im Wege stehen. Aber die Hypothesen, die man zur Erklärung mancher Tatsachen aufstellen muß, um ohne jene geheimnisvolle »Merkfähigkeit« der Keimzellen auszukommen, scheinen noch schwieriger werden zu wollen.

Und nun noch ein Wort über die Bedeutung, welche die Methode der embryonalen Transplantation für die eigentliche Physiologie hat oder gewinnen kann, für die Lehre von den Erhaltungsfunktionen des Organismus im Gegensatz zu seinen Entwicklungsfunktionen, um Roux' treffende Unterscheidung anzuwenden. Ich möchte glauben, daß sich hier eine Fülle von neuen Möglichkeiten für das physiologische Experiment eröffnet. Ein einziges Beispiel mag das erläutern. Als Organ der Orientierung im Raum betrachtet man bekanntlich bei den Wirbeltieren aufgrund zahlreicher Versuche bestimmte Teile des häutigen Labyrinths, die drei Bogengänge, die in drei aufeinander annähernd senkrechten Ebenen liegen. Für die richtige Funktion eines Orientierungsapparats muß nun wohl seine Lage im Körper von entscheidender Bedeutung sein; es wäre daher interessant, das Benehmen von Tieren zu beobachten, bei denen das Labyrinth abnorm gelagert, z.B. umgedreht ist. Am erwachsenen Tier läßt sich eine solche Verlagerung wohl nicht mehr ausführen, mit Leichtigkeit dagegen an der ganz jungen Larve. Da entsteht die Anlage des Labyrinths ähnlich wie die der Linse als eine hohle Wucherung der Epidermis, die sich als Bläschen abschnürt und dann weiter differenziert. Man kann nun dieses Hörbläschen durch Zurückschlagen eines Hautlappens freilegen, herausnehmen und in beliebig veränderter Lagerung unter dem wieder übergeklappten Lappen zur Einheilung bringen. Nach Verlauf von zwei Stunden sieht man der Larve nicht mehr an, daß mit ihr etwas Besonderes vorgegangen ist, ebenso wenig in den nächsten Tagen; wenn sie aber anfangen sollte zu schwimmen, so kann sie das nicht in normaler Weise. Sie überschlägt sich, macht sogenannte Manègebewegungen, bleibt auf dem Rücken liegen, kurz, zeigt sich in ihrem Orientierungsvermögen in charakteristischer Weise geschädigt. Die Untersuchung auf Schnitten lehrt, daß das Labyrinth tatsächlich abnorm, z.B. umgekehrt gelagert ist. Ich möchte glauben, daß man durch planmäßiges Variieren dieser Versuche, Beobachtung der folgenden Bewegungsanomalien und nachherige genaueste Untersuchung auf Schnitten noch Näheres über die Funktion des Labyrinths wird feststellen können. Die embryonale Transplantation könnte also zu einer wertvollen Methode der

Physiologie werden in Fällen, wo eine Verlagerung von Organen wünschenswert erscheint, die sich am erwachsenen Tier nicht mehr ausführen läßt.

Damit hätte ich Ihnen von den vorliegenden Experimenten einige mitgeteilt, die mir geeignet schienen, die Bedeutung der embryonalen Transplantation für wichtige Fragen der Biologie ins rechte Licht zu stellen. Daß ich dabei nicht nur sicher ermittelte Tatsachen vorbrachte, sondern auch den einen oder anderen Gedanken, der eigentlich in der Werkstatt bleiben sollte, bis er sich an Tatsachen bewährt hat, werden Sie mir wohl nicht verübeln. Meine Absicht war, Sie zu überzeugen, daß die experimentelle Entwicklungsgeschichte, dieser jüngste Zweig am alten Stamm der Zoologie, eine Zukunft hat. Dazu wollte ich nicht nur von sicheren Errungenschaften, ich wollte auch von Ahnungen und Hoffnungen reden.

ERWIN VON BÄLZ

Die irrige Lehre vom natürlichen Altern und Sterben der Völker

1911

Die Weltgeschichte zeigt uns, daß die meisten Völker eine Zeit des Aufstiegs, eine Zeit der Blüte oder Vollkraft, und eine Zeit des Abstiegs durchmachen. Von den Völkern, mit denen unsere abendländische Welt durch Geschichte und Kultur irgendeinen Zusammenhang hatte, gilt das ohne Ausnahme: von den Ägyptern und Babyloniern an durch die Griechen, die Römer, die Reiche der Völkerwanderung bis auf die Araber und heutigen Türken.

Da liegt der Vergleich mit dem Leben des Individuums nahe, das ebenso sein Wachstum, seine Blüte und seinen Abstieg hat. In der Tat ist dieser Vergleich sehr beliebt und er wird meist als erwiesene Tatsache angenommen. Selbst ein britischer Premierminister und zugleich namhafter Gelehrter – also ein Mann, der faktisch das mächtigste Reich der Welt regierte, und der etwas vom Völkerleben verstehen mußte, hat diesen Standpunkt vertreten. Er und andere betrachteten den Niedergang eines Volkes nach kürzerer oder längerer Zeit als eine ebenso naturbedingte Erscheinung wie das Altern und Absterben des Individuums.

Und doch hinkt dieser Vergleich gewaltig. Bei jedem einzelnen Menschen ist das Altern und schließlich der Tod ein Naturgesetz, von dem es keine Ausnahme gibt. Wenn wir aber auch nur ein einziges Volk kennen, das vom Beginn der Geschichte seine Lebenskraft bis heute bewahrt hat, so dürfen wir das Altern der Völker nicht als notwendige Naturerscheinung betrachten. Und wir kennen mindestens zwei solcher Völker, die Chinesen und die Japaner. Auch eine ganze Anzahl europäischer Völker, darunter unser eigenes, besitzt noch heute eine Lebens- und Leistungs-

kraft mindestens so groß oder größer als je zuvor. Es ist ja
möglich, daß auch wir einst schwach werden und vom
Schauplatz verschwinden, aber daß es so kommen muß,
dafür haben wir keinen Anhalt und werden ihn – hoffentlich – nie finden, wenigstens nicht in der Natur der staatlichen Organisation.

Häufig ist der Untergang eines Volkes überhaupt nicht
bedingt durch Erschöpfung seiner Kraft, sondern dadurch, daß ein größeres oder stärkeres Volk über es her-
fällt. Oder ein Volk geht unter, weil es seine Kraft in inneren
Händeln verzehrt und dann leicht Angriffen von außen unterliegt. Ja, es kam nicht selten vor, daß eine Partei selber
eine fremde Macht zur Hilfe herbeirief, die sich dann zum
Herrn machte.

Ein Geschichtsschreiber des achtzehnten Jahrhunderts,
der die Geschichte des deutschen Volkes nur bis zur Zeit
nach dem Dreißigjährigen Krieg und nach den Kriegen mit
Ludwig dem Vierzehnten verfolgte, mußte zum Schluß
kommen, daß damals dieses Volk im Vergleich zu Franzosen
und Engländern in das Stadium des Verfalls oder Alterns
eingetreten war, wie die Spanier und Portugiesen. Wir wissen es heute besser, wir haben sogar das Recht anzunehmen, daß wir unsere volle Höhe noch gar nicht erreicht haben.

Also der Ausdruck »Altern« ist schlecht gewählt, wo es
sich um Völker handelt. Wenn es irgendein Volk gab oder
gibt, auf welches der Ausdruck »gealtert«, d.h. unfähig
zum weiteren Fortschritt und zur Tatkraft, zu passen
schien, so waren es die Chinesen, und wirklich konnte man
noch vor einem Jahrzehnt dieses Urteil in allen europäischen Werken und Berichten bis zum Überdruß wiederholt
finden. Aber heute zeigt dieses angeblich in alten Formen
erstarrte Volk, für das ein anderer europäischer Staats-
mann das Wort quantité négligeable prägte, eine solche Lebenskraft, daß ganz Europa davor bange wird.

Es wird jetzt in Deutschland mächtig Reklame gemacht
für das Buch des Amerikaners Percival Lowell: »Die Seele

des fernen Ostens«. Der Verfasser vertritt den Standpunkt der Greisenhaftigkeit und Erschöpfung aller Ostasiaten, die Japaner eingeschlossen, in schroffster Weise. Er sagt: »Japan ist ein seltsames Beispiel eines abgeschlossenen (im Original completed, d.h. beendeten) Völkerlebens«; und »China, Japan und Korea haben ihre Lebenskraft schon vor tausend Jahren erschöpft«. Ist das nicht zum Lachen? Lowell, den ich persönlich kenne, und den ich schon vorher auf das Irrige seiner Ansichten aufmerksam zu machen suchte, hat das Buch vor mehr als zwanzig Jahren geschrieben. Heute bedauert er gewiß, es publiziert zu haben. Denn Äußerungen, wie die obigen, schlagen den Tatsachen gar zu sehr ins Gesicht. Dem deutschen Publikum aber wagt man dieses veraltete und durch die Ereignisse längst und völlig widerlegte Werk in Zeitungen und Zeitschriften als die tiefsinnigste Weisheit über den fernen Osten anzupreisen!

Also mit der Greisenhaftigkeit der Ostasiaten ist es nichts. Die Japaner sind vielmehr mit jugendfrischer Kraft in die Weltgeschichte hineingesprungen, und die Chinesen sind eifrig dabei, es ihnen nachzumachen – ob mit Erfolg, darf man vorläufig bezweifeln.

Ein dreißigjähriger Aufenthalt in Ostasien und ein eingehendes Studium der Geschichte der Kultur und des Charakters der dortigen Völker hatte mir längst die Überzeugung beigebracht, daß sie nicht gealtert sind, daß es also große Nationen gibt, die sich ihre volle Lebenskraft von der frühesten Geschichte bis heute gewahrt haben. Wenn man das freilich vor nicht langer Zeit in Versammlungen und Vorträgen betonte, so konnte man des höchsten Erstaunens und des Widerspruchs der Zuhörer sicher sein. Heute findet man gläubigere Ohren.

Von Autoren, die sich mit Völkerproblemen befassen, haben meines Wissens nur Reibmayr und namentlich Schallmayer China für die Frage nach der Dauer des Völkerlebens verwertet. Der letztere Autor beschäftigt sich in seinem geistreichen und lange nicht genügend beachteten Buch über

»Vererbung und Auslese« (2. Aufl. 1910) eingehend mit China. Er betont ausdrücklich, daß es kein physiologisches »Altern« der Völker gibt; man dürfe also auch den Lebenslauf der Völker nicht mit dem des Individuums vergleichen. China beweise die Möglichkeit langen Völkerlebens ohne Altern: man müsse die Ursachen dafür erforschen.

Wenn ich also im Prinzip durchaus mit Schallmayer übereinstimme, so kann ich seiner Begründung der Langlebigkeit Chinas – und darauf kommt es in erster Linie an – nur sehr bedingt recht geben. Gleich der Satz, mit dem er das Kapitel über »Völkertod« eröffnet, fordert zum Widerspruch heraus. Er lautet: »Fast alle geschichtlichen Kulturvölker, mit Ausnahme der Chinesen alle, sind nach kurzer Zeit durch ihre Kultur hinfällig geworden und untergegangen«. Das ist zweifach irrig. Erstens ist Japan nicht erwähnt, das doch das auffallendste Beispiel von Vollkraft bei einem alten Volke gibt, und zweitens sind die Kulturvölker nicht durch ihre Kultur, sondern trotz ihrer Kultur erlegen. Griechenland und Rom sind zugrunde gegangen, weil schließlich die Zahl der Träger des nationalen Gedankens, der echten Griechen und Römer, nicht hinreichte für das gewaltige Gebiet, über das sie sich verbreiteten. Das kleine Griechenland lieferte Menschen für das ganze östliche Mittelmeergebiet, und als die Völkerwanderung über Rom hereinbrach, war Italien schon jahrhundertelang mit Nichtrömern durchsetzt. Diese Staaten sind wesentlich geographischen und politischen Faktoren erlegen und nicht kulturellen; ihre Kultur lebt noch heute als Grundlage der Kultur der ganzen weißen Rasse weiter.

Sodann gibt derselbe Autor eine Schilderung der Chinesen, nach welcher sie uns so ziemlich in jedem Punkt überlegen waren. Ich bin ein großer Bewunderer der Chinesen, und es ist mir in Deutschland verübelt worden, daß ich zur Zeit der Boxerunruhen lebhaft für sie eintrat und ihre guten Eigenschaften hervorhob. Aber alles hat seine Grenzen, und Schallmayers Panegyrikus ist eine Utopie. Zu behaupten, daß das niedere Volk in China auf einer höheren Bildungsstufe stehe als bei uns, ist – bei aller Achtung vor seinem Gewährsmann v. Richthofen – eine unverdiente Beleidigung des deutschen Arbeiter- und Bauernstandes. Wie es mit der Volksbildung in China steht, beweist die chinesische Regierung selbst, indem sie bei Einführung ihrer Reformpläne ausdrücklich auf die geringe Bildung ihrer Untertanen im Vergleich zu den niederen Klassen in Europa hinwies. So ist es nur ein schöner Wahn, wenn Schallmayer nach Samson-Himmelstjerna zitiert: »Der geringste Mann in China kann nicht nur hinreichend lesen, schreiben und rechnen, um die Familienregistereintragungen zu bewerkstelligen, und wie es allgemein üblich ist, die häusliche und geschäftliche Buchführung zu bewältigen, sondern usw.«. Genau dasselbe konnte man vor dreißig Jahren über Japan lesen, in Wahrheit aber besuchten in den 70er Jahren nur 37% aller Kinder in Japan eine Schule. Jetzt, seit man sich Europa zum Muster nahm, sind es 96% und zwar für beide Geschlechter; während es in China bis in unsere Tage als Luxus oder gar als verkehrt gilt, die Mädchen unterhalb der höheren Stände in Lesen und Schreiben zu unterrichten. Und was die Knaben betrifft, so steht China sicher darin nicht höher, als damals die Japaner. Eine der ersten Taten des modernen Japans war die Einführung des obligatorischen Schulbesuches, und eben jetzt ahmt China das nach, weil die herrschenden Kreise zur Überzeugung gekommen sind, daß die Unwissenheit des Volkes ein schwerer Nachteil ist.

Beinahe komisch muß es berühren, wenn wir hören von »der – nach unserem Geschmack übermäßigen – Dezenz der sexuellen Beziehungen, die sowohl das tägliche Leben der Chinesen, wie auch ihre belletristische Literatur beherrscht«. Gewiß gibt es darüber strenge Vorschriften und nach außen wird, wenn möglich, »das Gesicht gewahrt«, wie der chinesische Ausdruck lautet, aber unter dieser Oberfläche verbirgt sich tiefe sexuelle Unsittlichkeit. Wenige Kenner Chinas werden dem erfahrenen Parker widersprechen, wenn er sagt: »die Chinesen sind zweifellos ein wollüstiges Volk, mit einer entschiedenen Neigung zum Häßlichen (masty) auf diesem Gebiet«. Die chinesische Geschichte spricht hier eine nicht mißzuverstehende Sprache. Alle die drei großen alten, von Konfuzius so sehr bewunderten Dynastien, sollen durch die schamlosen Ausschweifungen der Kaiser unter dem Einfluß frecher Konkubinen zugrunde gegangen sein. Auch später wimmeln die Annalen von Beispielen einer bösen Mätressenwirtschaft am Hofe. Zweimal wurde China je 40 Jahre lang von Frauen regiert, einmal im 7. Jahrhundert und einmal in unseren Tagen. Beide Frauen waren hervorragende Herrscher, und wenn man sie in dieser Hinsicht der großen Katharina vergleichen kann, so geben sie ihr auch in sexueller Hinsicht nichts nach. Denkt man ferner an die ungeheure Verbreitung der Päderastie unter den gebildeten Ständen, und an die Eunuchenwirtschaft, so spricht das alles nicht für eine hohe Sittlichkeit. Daß die belletristische Literatur Chinas dezent sei, ist ebenfalls eine seltsame Behauptung.

Es ist richtig, daß der Alkohol in China nicht die verderbliche Rolle spielt wie bei uns; wenn aber gesagt wird, sein Gebrauch sei schon in den ältesten Zeiten verpönt gewesen, so muß doch an die jedem Chinesen bekannte Geschichte vom Weinteich des Kaisers Tschieh erinnert werden, in welchem die Gäste herumschwammen, bis man sie betrunken herausholte. Und später war der größte chinesische Dichter, Li taipe, ein arger Trunkenbold, ohne daß ihm seine wüsten Räusche die Gunst des Kaisers verscherzt hätten. Für die chinesische Malerei aber bilden die sieben betrunkenen Weisen im Bambushain einen beliebten Vorwurf.

Schallmayer ist geneigt, biologischen oder Rasseneinflüssen eine große Bedeutung auf die Langlebigkeit Chinas zuzuschreiben. Dahin rechnet er den intensiven Fortpflanzungswillen und die damit verbundene große Bevölkerungszunahme, das große Gehirnvolumen, welches auf hohe Intelligenz hinweise, das durch das chinesische Sittengesetz verbotene Heiraten von Frauen anderer Rassen(?!),

die körperliche Kraft und die Anpassungsfähigkeit an alle
Klimate. Er versteigt sich zu dem Satze: »Wenn die Bevölkerung Chinas ihren Fortpflanzungseifer mit ebensolang anhaltender Beharrlichkeit bewahrt wie bisher, so ist sehr
wohl möglich, daß ihre Nachkommen nach etlichen Jahrtausenden oder schon früher nahezu ausschließlich die
Menschheit repräsentieren werden.« Was soll man zu einer
solchen Äußerung sagen, wenn man erfährt, daß nach amtlicher Statistik – die neueren Zählungen stimmen gut überein und verdienen wohl mehr Glauben als die früheren –
die Menschenzahl in China in 52 Jahren (1842–1894) um
2200000, d.h. ½% zunahm, während sie in Deutschland in
den letzten 52 Jahren um 65%, also 130mal mehr gewach-
sen ist?

Ist da nicht das Zukunftsbild von einer numerischen
Verdrängung der weißen Rasse durch die gelbe grotesk?
Es ist wahr, daß in den erwähnten Zeitraum in China große
Kalamitäten fielen wie die Taiping-Rebellion, die Moham-
medaner-Rebellion, die furchtbare Überschwemmung des
Hoangho 1877 mit folgender Hungersnot und Seuche.
Aber Aufstände und Naturkatastrophen wiederholen sich
immer in China – gerade die letzten Monate beweisen das
wieder – und uns kommt es lediglich auf die Frage nach der
absoluten Volkszunahme an. Übrigens kann der »Fortpflanzungseifer« nicht so gewaltig sein in einem Lande, wo
die Geburt eines weiblichen Wesens als ein Unglück betrachtet wird, wo Kindertötung und Kinderaussetzung
sehr viel häufiger (nicht seltener, wie behauptet wurde) vorkommt als bei uns, und wo der Kinderverkauf noch heute
gang und gäbe ist. Theoretisch wird freilich, wie übrigens
auch in Europa eine große Kinderzahl als erstrebenswerter
Segen gerühmt, und mindestens ein Sohn ist in China für
die Ahnenopfer nötig; aber in der Praxis ist es anders, und
Fruchtabtreibung war im Reich der Mitte von alters her
wohlbekannt. Dennoch muß anerkannt werden, daß im Gegensatz zu anderen Kulturvölkern die höheren Klassen in
China nie die Kinderzahl systematisch eingeschränkt ha-

ben; nur darf man darauf keinen sehr großen Wert legen, denn in Japan, das sich doch auch jung erhalten hat, war bis vor 40 Jahren die Fruchtabtreibung in allen Klassen gebräuchlich.

Der große Hirnschädel der Chinesen berechtigt nicht zum Schluß auf höhere Intelligenz. Die Lehre vom Parallelismus zwischen Hirnvolumen und Intelligenz hat sich als irrig erwiesen; denn die ältesten und bekannten Schädel des Urmenschen (aus der frühen Steinzeit Südfrankreichs, aus Gibraltar usw.) weisen auf ein Hirnvolumen, das dem der zivilisierten heutigen Völker gleichkommt.

Was das angebliche Verbot des Heiratens mit anderen Rassen durch das chinesische Sittengesetz betrifft, so genügt die Erwähnung, daß es während der höchsten Blütezeit chinesischer Macht und Kultur, d.h. in den Zeiten der Han-Dynastie und der Tang-Dynastie, geradezu Staatsgrundsatz war, die tungusischen und türkischen Barbarenfürsten um China bis zum Pamir hin mit chinesischen Prinzessinnen als Gattinnen zu versehen. Und wohin heute die Chinesen auswandern, in Japan ebensowohl als in Singapore und Siam, legen sie sich einheimische Frauen bei. Wenn es in Kalifornien nicht der Fall ist, so liegt das nicht am chinesischen, sondern am amerikanischen Sittengesetz.

Während also die bisher erwähnten Faktoren für die Langlebigkeit Chinas auch nicht annähernd die Bedeutung haben, die ihnen Schallmayer zumißt, so muß man diesem Autor ganz beistimmen, wenn er den großen Wert der konfuzischen Lehre für unsere Frage hervorhebt. Man muß aber weiter gehen als er und muß sagen: Dem konfuzischen System allein – neben der günstigen isolierenden geographischen Lage – verdankt China, daß es alle andern Völker überlebt hat. Dieses System ist nicht eine Erfindung des Mannes, nach dem es heißt: im Gegenteil, Konfuzius betonte immer, daß er nichts Neues lehre, sondern nur die uralten Grundsätze der früheren Herrscher wieder zur Geltung bringen wolle. Das China des Konfuzius umfaßte, beiläufig gesagt, nur die Provinzen entlang dem Hoangho-

Strom. Hier hatten die Chinesen, deren Ursprung und Urheimat uns unbekannt sind, ihre Kultur, ihre Schrift, und ihr politisch-sozial-religiöses System entwickelt, wohl gegen Ende des 3. Jahrtausends oder im Anfang des 2. Jahrtausends vor Christus. Absolut sichere geschichtliche Daten haben wir erst aus dem 8. Jahrhundert v. Chr. Wichtig ist, daß die Kultur sowohl wie die Schrift und die Ethik eigene Produkte dieses Volkes sind und daß sie schon eine hohe Stufe erreicht hatten, während die Völker der Umgebung noch jahrtausendelang Nomaden oder halbwilde Ackerbauer ohne Kultur und Schrift blieben. Das hilft den beispiellos beherrschenden und assimilierenden Einfluß der chinesischen Kultur auf alle Völker, die mit ihr in Berührung kamen, erklären.

Die alten Anschauungen der Besten seines Landes also hat Konfuzius kurz nach 500 v. Chr. kodifiziert, kommentiert und idealisiert. Die Rechte und Pflichten des Herrschers und des Volkes, sowie alle sozialen Beziehungen sind scharf präzisiert und festgelegt. Der Staatsbürger wird genau belehrt, wie er sich in allen Fällen zu verhalten habe. Konfuzius ist der erfolgreichste Biosoph oder Lehrer der Lebensweisheit, den die Welt je hervorgebracht hat. Die später extrem starre Formulierung, welche jeden Fortschritt lahm legte, hat seine Lehre erst 1500 Jahre nach seinem Tode durch den Philosophen Tschu Hi erhalten und seit dieser Zeit durfte man allerdings von einer Verknöcherung, einem Stillstand Chinas sprechen. Eine Zeitlang kam zwar durch die ersten großen Kaiser der Mandschureidynastie vorübergehend Leben in die stagnierende geistige Masse, aber bald folgte wieder ein trostloser Schematismus, bis der Andrang des Abendlandes und seiner Ideen neuestens abermals eine lebhafte Gärung hervorrief.

Der fundamentale Unterschied der chinesischen Staats- und Gesellschaftsordnung von der des Abendlandes besteht darin, daß die drei großen Faktoren, die sich in Europa seit tausend Jahren oft aufs bitterste bekämpfen, nämlich Staatsgewalt, Kirche und soziale Klassen, daß diese Faktoren in China zu einer untrennbaren Einheit verschmolzen sind. In dieser starken, stets festgehaltenen Einheit liegt nach meiner Überzeugung das Geheimnis der Dauer Chinas und seiner Kultur, sowie der letzteren siegreicher Einfluß auf alle Völker des Ostens, die mit ihr in Berührung kamen. Die Staatsordnung und alle Kultur wird den mystischen ältesten Kaisern als Vertretern des Himmels zugeschrieben. Sie brachten dem Volke das Feuer, lehrten es Akkerbau, Hausbau, den Gebrauch heilsamer Kräuter, die Seidenzucht, die Schrift, Zeitrechnung und den Kalender; sie organisierten die vorher wilde menschliche Gesellschaft und unterrichteten sie in den religiösen und sozialen Pflichten. Diese Auffassung einer einheitlichen einheimischen Entwicklung ihrer Kultur und Organisation besaßen die Chinesen schon bei ihrem Eintritt in die eigentliche Geschichte und sie haben sie heute noch. Welche Macht eine solche Auffassung verleiht, braucht nicht erläutert zu werden. Ihre ungeheure innere Kraft hat alle die zahlreichen Eroberungen Chinas durch Barbarenstämme überdauert, und jeder der vielen fremden Herrscher und Dynastiegründer auf dem chinesischen Thron hat es von Anfang an als seinen höchsten Ehrgeiz betrachtet, ein würdiger Kaiser im chinesischen Sinne zu werden und seinem Volk die chinesische Kultur beizubringen. Sie waren auf diese Aufgabe schon vorbereitet. Die chinesische Kultur mit ihrer Ordnung, ihrer Pracht und ihrem Besitz einer Schrift hatte in den Augen aller Barbaren und Nomadenstämme Ost- und Zentralasiens einen fast übernatürlichen Nimbus, und sich in den Besitz dieses herrlichen Reiches zu setzen, war jahrtausendelang das Bestreben der nördlichen und westlichen Nachbarn. Manche der Eroberer beriefen sich auf chinesisches Blut, das durch chinesische Prinzessinnen in ihre Ahnenreihe kam, alle aber hatten Chinesen oder chinesisch erzogene Landsleute als Sekretäre oder Verwalter. Daher traten sie nach der Eroberung Chinas nicht als Kulturzerstörer auf wie die germanischen Barbarenfürsten im römischen Reich.

So hat sich denn das konfuzische System als der feste Pol in der Erscheinungen Flucht bewährt. Es verlangt strengste Befolgung gewisser Vorschriften, läßt sonst aber viel religiöse und soziale Selbstbestimmung gelten. China ist trotz seines scheinbar absoluten Herrschers in Wahrheit ein demokratisch verwaltetes Land. In bezug auf Religion wird verlangt die Anerkennung der chinesischen Ordnung als Ausfluß des Himmelsherrn oder Gottes (Shangti), das Darbringen bestimmter Opfer und die gewissenhafte Ausübung des Ahnenkultus. Denn da die soziale Einheit in China nicht das Individuum, sondern die Familie ist (ein höchst wichtiger Punkt, auf den wir hier leider nicht eingehen können), so hat dieser Kult eine fundamentale Bedeutung für das Gemeinwesen. Wem nun die erwähnten Vorstellungen und Kunsthandlungen das religiöse Bedürfnis nicht stillen, dem steht es frei, sich an eine beliebige Religion anzuschließen und sie auszuüben – vorausgesetzt, daß sie mit der Staatsordnung nicht kollidiert. So waren nicht nur viele Kaiser eifrige Buddhisten, sondern manche haben auch Beiträge zur Errichtung christlicher Kirchen geliefert, wie der große Taisong im 7. Jahrhundert. Als aber die buddhistischen Priester zu zahlreich wurden und sich dem Konfuzius widersetzten, wurden sie grausam verfolgt, ebenso wie die Christen, als man sah, daß sie dem Papst mehr gehorchen wollten als dem Kaiser.

Daß in China das Volk durch die Beamten bös ausgesaugt wird, ist bekannt. Das Volk, das weiß, daß die Beamten ihre Stellen kaufen und sich entschädigen müssen, läßt sich ziemlich viel gefallen; wird aber die Erpressung zu schlimm, so vertreibt es einfach den Beamten, der dann meist bei der Regierung keinen Rückhalt findet. Hat doch Menzius, nach Konfuzius der geehrteste Sozialphilosoph, den Satz aufgestellt, das Volk habe das Recht, den Kaiser zu verjagen, wenn er schlecht regiere. Die einzelnen Gemeinden und Bezirke haben ein großes Maß von Selbstverwaltung und den Gilden gesteht die Regierung so viele Rechte zu, als sie je bei uns in früherer Zeit besaßen.

Es ist also klar, daß in China noch mehr politische, religiöse und soziale Freiheit besteht, als man sich bei uns träumen läßt.

Alles in allem: das konfuzische System hat es verstanden, durch strenge und logische Zusammenfassung und Regulierung aller Bedürfnisse des menschlichen Lebens ein Staatsgebäude von einer Dauer zu schaffen, wie es die Welt sonst nicht kennt.

Erst in den letzten Jahren versucht die Regierung unter dem Druck der Macht der Abendländer und der Japaner, auf den Stamm der konfuzischen Lehren moderne Reiser aufzupfropfen. Das geschieht in der Absicht, den Staat zu verjüngen; es kann aber ebensogut zu seiner Auflösung führen. Denn China besitzt nicht die Machtmittel, durch die Japans Neuwerdung sich vollzog: eine straff zentralisierte Regierung, ein starkes Heer und ein an Disziplin gewöhntes Volk.

Japan kann nicht wie China auf viertausend, aber doch auf zweitausend Jahre Geschichte zurückblicken, und zwar unter derselben Dynastie – ein Unikum im Völkerleben. Dabei ist das Volk nicht bloß nicht gealtert, sondern hat eine Lebens- und Tatkraft, die ihresgleichen sucht. Auch in Japan beruht das lange Leben der Nation auf einem einheitlichen, spezifischen, für das Land zugeschnittenen System der politischen und sozialen Ordnung. Um dieses System nicht durch äußere Einflüsse zu gefährden, hat sich Japan über zweihundert Jahre streng gegen die übrige Welt abgeschlossen. Das Verlassen des Landes war den japanischen Untertanen bei Todesstrafe verboten, und etwa nach Japan verschlagene Fremde wurden eingekerkert oder zurückgeschickt. Weil aber Japan im Gegensatz zu China bis 1868 faktisch ein Feudalstaat war, lagen die Verhältnisse etwas anders. An der Spitze stand der von Göttern abstammende Kaiser, dem aber keinerlei Eingriff in die Politik und die Regierung gestattet war, und der eigentlich nur religiöse Funktionen ausübte. Die Herrschaft führte, angeblich im Namen des Kaisers, der Shogun, den die Europäer nicht mit

Unrecht als den weltlichen Kaiser bezeichneten. Unter ihm stand eine große Zahl von Feudalfürsten, und unter diesen die Kriegerkaste, die Samurai. Die übrigen Klassen waren die Bauern, die Handwerker und die Kaufleute, und zwar in der genannten Reihenfolge. Die Klassenunterschiede wurden streng festgehalten, so herrschte eine eiserne Ordnung und Disziplin, die Kriegerkaste hatte allein etwas zu sagen, das übrige Volk genoß wenig Rechte. Der Kaiser war sozusagen der Hohepriester der einheimischen Religion des Shinto und des damit verbundenen Ahnenkultes. Da aber die »weltlichen« Kaiser den Buddhismus begünstigen (wie es übrigens früher die Kaiser selbst getan hatten) und da der Buddhismus in jeder Beziehung weit höher steht, als Shinto, so war und ist er die eigentliche Religion Japans. Ob der von allen Japanern geübte, dem Shinto und Konfuzismus gemeinsame Ahnenkult auf ersteres oder letzteres System zurückgeht, ist zweifelhaft. Jedenfalls war die chinesische Lehre für die japanische Ethik maßgebend, wie denn bei der japanischen Kultur überhaupt so ziemlich alles aus China stammt.

Das Christentum war vor dreihundert Jahren in Japan sehr verbreitet, wurde aber ganz ausgerottet, als man erkannte, daß die Christen geneigt waren, den Papst über den Herrscher des Landes zu stellen. Also auch hier ein streng nationales, das ganze Leben regelndes politisches, soziales und ethisches System, das bewußt den Gegensatz zu anderen Völkern betonte, und das hier wegen der günstigen insularen Lage relativ leicht durchzuführen war. Erstaunlich ist nur, daß die Japaner trotz einer dritthalbhundertjährigen Abschließung und eines ebenso langen inneren und äußeren Friedens sich die hohe Begeisterung fürs Neue und für den Krieg bewahrt haben, von der wir selbst Zeugen gewesen sind. Die Erklärung für dieses einzigartige völkerpsychologische Problem kann hier wegen der Kürze der Zeit nicht gegeben werden. Auch mußten andere zum Teil wichtige Punkte in der gesellschaftlichen Ordnung Chinas und Japans übergangen werden. Immerhin glaube ich die Ursachen der Langlebigkeit der beiden einzigen Reiche gegeben zu haben, die mehr als zwei Jahrtausende jung geblieben sind. Es ist also nicht nötig, daß Völker altern, und wir dürfen hoffen, daß auch unserem Volke eine dauernde Jugendkraft beschert bleibe.

WALTHER NERNST

Zur neueren Entwicklung
der Thermodynamik

1912

[...] Heute werde ich über die neuere Entwicklung der Thermodynamik sprechen, um zu zeigen, daß unbeschadet der Fortschritte der speziellen Atomistik auch durch die allgemeinere Betrachtungsweise der Thermodynamik neue Erkenntnisse zu gewinnen sind, welche auf andern Wegen nicht, wenigstens nicht in solcher Allgemeinheit, hätten gefunden werden können. Und zwar soll uns hier in erster Linie die alte Frage über die Beziehung zwischen Wärme und chemischer Affinität beschäftigen.

Die sogenannte klassische Thermodynamik besteht aus dem ersten Hauptsatz, auch Gesetz von der Erhaltung der Energie genannt, und dem zweiten Hauptsatz, der die Umwandlungsfähigkeit von Wärme in äußere Arbeit angibt; in historischer Hinsicht genügt es wohl, hier kurz daran zu erinnern, daß wir den ersten Wärmesatz hauptsächlich J.R. Mayer und Helmholtz verdanken, während der zweite Wärmesatz nach seinen beiden Entdeckern auch als »Prinzip von Carnot-Clausius« bezeichnet wird. Diese beiden Naturgesetze sind wohl die allgemeinsten, die wir überhaupt besitzen, und sie sind mit Erfolg auf die verschiedensten Erscheinungen, die man in den physikalischen oder chemischen Laboratorien beobachtet hat, angewendet worden; auch beim Studium der kosmischen Erscheinungen nimmt man sie unausgesetzt zu Hilfe, und man bezweifelt wohl auch nicht, daß selbst die Vorgänge im tierischen und pflanzlichen Organismus ihren Formeln unterworfen sind, wenn auch gerade hier speziell eine genaue Prüfung des zweiten Wärmesatzes ungewöhnliche Schwierigkeiten bietet.

Aber nicht nur wegen ihrer Allgemeinheit kommt unter den logischen Hilfsmitteln, welche die Naturforschung erbracht hat, den erwähnten beiden Lehrsätzen der Thermodynamik eine ganz besondere Stelle zu; im Gegensatz zu wohl allen sonstigen Naturgesetzen nehmen wir ihre Gültigkeit als unbeschränkt an, wobei wir allerdings bei der Verwendung des zweiten Wärmesatzes stets daran denken müssen, daß er erfahrungsgemäß nur auf nicht zu kleine Gebilde oder, atomistisch ausgedrückt, auf aus einer hinreichend großen Anzahl von Molekülen bestehende Systeme angewendet werden darf. Von dieser letzteren für die Praxis ganz unwesentlichen Beschränkung abgesehen, wird man aber die erwähnten Lehrsätze als völlig exakt ansehen dürfen.

Einige Beispiele mögen uns lehren, daß wir von anderen Naturgesetzen nicht das gleiche sagen können; so gelten die Gasgesetze nur für ideale Grenzfälle, die streng genommen in der Natur nie vorkommen; vom Newtonschen Attraktionsgesetz werden wir kaum bezweifeln dürfen, daß es völlig versagen wird, wenn die aufeinander gravitierenden Körper sich mit Geschwindigkeiten bewegen, die der Lichtgeschwindigkeit sich nähern; selbst das Grundprinzip der Mechanik (Masse mal Beschleunigung gleich wirkender Kraft) stimmt nach unserer gegenwärtigen Auffassung schon nicht mehr, wenn es sich um den Zusammenstoß zweier Atome handelt. Und so ließe sich wohl an allen anderen Naturgesetzen der Nachweis führen, daß es sich bei ihnen, wenn wir die letzte Strenge verlangen, nicht um in der Natur vorkommende, sondern um in der einen oder anderen Richtung idealisierte Systeme handelt. In praktischer Hinsicht ist dies freilich so gut wie niemals von Belang, weil die erwähnten Gesetze bei ihren gewöhnlichen Anwendungen fast immer genauer sind als die Beobachtungen und daher jede nur wünschenswerte Präzision besitzen, solange man sich von gewissen extremen Fällen fernhält. Es gibt aber logische Operationen, bei denen der besprochene Unterschied sehr ins Gewicht fällt; wenn man sich z.B. gegenwärtig damit beschäftigt, für die Bewegung der Atome neue mechanische Prinzipien aufzustellen, so wird man die Ansätze stets so zu wählen haben, daß in jedem Augenblick der Bewegung das Prinzip von der Erhaltung der Energie gewahrt bleibt. Dies gibt uns aber bereits wichtige Anhaltspunkte bei der Auswahl der unendlich vielen neuen Ansätze, an die man hier etwa denken könnte.

Diese Ausführungen mögen genügen, um zu illustrieren, wie die neuere Naturforschung bewußt oder unbewußt die beiden Hauptsätze der Thermodynamik als Naturgesetze ganz besonderer Art anzusehen gewohnt ist. Um so dringlicher und wichtiger wird uns die Frage erscheinen, ob die erwähnten beiden Sätze das Verhältnis der Wärme zu den anderen Energieformen bereits vollständig erschöpfen, oder ob nicht noch neue Beziehungen vorhanden sind.

Hier ist von vornherein klar, daß durch bloße mathematische Umformungen der vorhandenen thermodynamischen Gleichungen ohne Hinzuziehung von Erfahrungstatsachen etwas prinzipiell Neues nicht zu gewinnen sein wird, wie ja auch die beiden bekannten Lehrsätze der Thermodynamik keineswegs etwa auf aprioristischem Wege erschlossen wurden. Die Unmöglichkeit, Maschinen zu konstruieren, die dauernd Arbeit oder Wärme aus nichts oder auch nur Arbeit aus dem in unerschöpflicher Menge vorhandenen Wärmeinhalt der Umgebung fortwährend hätten schaffen können, lieferte die Grundlage zur Aufstellung des ersten und des zweiten Wärmesatzes; aber es bedurfte unzähliger Experimente, bis diese Unmöglichkeit als ein Naturgesetz erkannt werden konnte, und es bedurfte weiterhin, nachdem diese Überzeugung gewonnen war, zahlreicher weiterer messender Versuche, bis die Überzeugung von der Exaktheit der auf dem angegebenen Wege gewonnenen Formeln zum sicheren Besitztum der Naturforschung sich entwickelte. Eine Erweiterung der sogenannten klassischen Thermodynamik, mit anderen Worten die Aufstellung eines neuen Wärmesatzes, ließ sich also nur erwarten, wenn man aufs sorgfältigste den Winken folgte, welche die Beobachtung und vor allem die messende Verfolgung der Naturerscheinungen uns liefert.

Ehe wir aber dieser Frage uns zuwenden, möchte ich kurz zwei Gebiete behandeln, die den Energieinhalt der Materie betreffen und welche den älteren Thermodynamikern – ich möchte unter ihnen Carnot, Helmholtz, Lord Kelvin, Clausius, Boltzmann nennen – ganz oder größtenteils fremd waren; es sind dies erstens die Erscheinungen der Radioaktivität und zweitens die neueren Untersuchungen über die spezifische Wärme. Nach den früheren Ausführungen wird es nicht befremden, daß diese neuen Erfahrungen an den Formeln der klassischen Thermodynamik nichts geändert haben; aber durch die Erweiterung unseres Wissens sind hier doch mancherlei neue Gesichtspunkte für die Anwendungen der Thermodynamik gewonnen, so daß ich ein kurzes Eingehen hierauf einschieben möchte.

Die Entdeckung des radioaktiven Zerfalls der Elemente hat uns mit Energiequellen von einer Mächtigkeit bekannt gemacht, von denen wir früher keine Vorstellung hatten; nehmen wir an – jede andere Vorstellung wäre offenbar ganz willkürlich –, daß alle Elemente des radioaktiven Zerfalls fähig sind, und daß nur die Mehrzahl der Elemente sich viel zu langsam in einfachere Bestandteile spaltet, um eine messende Verfolgung dieses Zerfalls zu gestatten, so kommen wir zu dem Ergebnis, daß innerhalb der Atome aller Elemente Energievorräte aufgespeichert sind, im Vergleich zu denen der Wärmeinhalt, d.h. die kinetische Energie der Atome und ihre damit in Verbindung stehende potentielle Energie, wie auch etwaige chemische Energie verschwindend klein sind.

Aber noch ein zweites auffallendes Moment bieten die radioaktiven Prozesse dem Thermodynamiker dar, nämlich die Erscheinung der Nichtumkehrbarkeit oder Irreversibilität. Während wir z.B. einen noch so komplizierten chemischen Prozeß, der in einem Sinne verläuft, zweifellos durch geeignete Variationen der Versuchsbedingungen dazu bringen können, daß er auch in entgegengesetzter Richtung sich abspielt, so haben wir im Gegenteil bei dem radioaktiven Umsatz nicht den geringsten Anhaltspunkt dafür, daß Versuchsbedingungen möglich sind, die das Uran oder ein anderes radioaktives Element aus seinen Zerfallsprodukten sich zurückbilden ließen; ja wir sind sogar nicht einmal in der Lage, die Geschwindigkeit des radioaktiven Zerfalls durch die äußeren Versuchsbedingungen, insbesondere auch nicht durch die Temperatur, irgendwie zu ändern. Dieser Umstand bedingt es aber weiterhin, daß der zweite Hauptsatz, der ja nur auf umkehrbare Prozesse anwendbar ist, der Radioaktivität zunächst machtlos gegenübersteht, wenigstens was eine quantitative Behandlung dieser Vorgänge betrifft.

Aber vielleicht können die Erscheinungen der Radioaktivität in einer anderen Hinsicht zu den Folgerungen des zweiten Wärmesatzes in Beziehung gesetzt werden. Es führt nämlich bekanntlich der zweite Wärmesatz in seiner Anwendung auf das Weltall zu einer sehr fatalen Konsequenz, und alle Versuche, das Universum vor dieser Folgerung zu erretten, müssen bisher als gescheitert angesehen werden. Wenn nämlich die Rückverwandlung der Wärme in Arbeit oder, was dasselbe bedeutet, in die lebendige Kraft bewegter Massen gar nicht oder nur teilweise möglich ist, und wenn umgekehrt alle Vorgänge in der Natur sich so abspielen, daß ein mehr oder weniger großer Betrag von Arbeit sich in Wärme, also wie man es auch bezeichnen kann, in degradierte Energie umsetzt, so geht alles Geschehen im Weltall in der Richtung vor sich, daß eine derartige Degradation immer mehr um sich greift, und daraus folgt, daß alle Spannkräfte, die noch Arbeit leisten könnten, verschwinden und somit alle sichtbaren Bewegungen im Weltall schließlich aufhören müßten.

Die Richtigkeit dieser Schlußweise ist unbestreitbar, und es muß von vornherein als ganz ausgeschlossen erklärt werden, daß etwa durch Kombination von Diffusion, Wärmeleitung, Attraktion von Massen, wobei stets sich etwas sichtbare lebendige Kraft in Wärme umsetzen muß, von elektrischen Prozessen, überhaupt von Vorgängen, die dem zweiten Wärmesatz im einzelnen sämtlich unterworfen sind, ein Resultat bei richtiger Rechnung sich ergeben kann, das mit obiger Gesamtforderung des zweiten Wärmesatzes in Widerspruch sich befände.

Auch die Erscheinungen des radioaktiven Zerfalls sind offenbar Vorgänge, die mit einer Degradation der Energie verbunden sind, und können daher an obigem Resultate prinzipiell nichts ändern, wenn auch die in den Atomen aufgespeicherten Energiemengen einen früher ungeahnten Zuwachs an Arbeitsfähigkeit des Universums bedeuten; hierdurch kann jedoch der sogenannte Wärmetod des Weltalls zwar hinausgeschoben, aber sein schließliches Eintreten nicht verhindert werden. Man muß vielmehr sagen, daß die Theorie des radioaktiven Zerfalls der Elemente der oben erwähnten Degradation der Energie eine ebenfalls unausgesetzt sich abspielende Degradation der Materie an die Seite gestellt und so die Aussichten auf eine Götterdämmerung des Weltalls nur noch verdoppelt hat.

Trotzdem scheint eine Rettung möglich, wenn wir einen dem radioaktiven Zerfall entgegenwirkenden Prozeß annehmen, etwa indem wir uns vorstellen, daß zwar die Atome sämtlicher Elemente des Universums im Laufe der Zeit sich vollständig in eine Ursubstanz auflösen, welch letztere wir wohl mit dem sogenannten Lichtäther, jenem hypothetischen Zwischenmedium, zu identifizieren haben werden, daß aber in diesem Medium, ähnlich wie in einem Gase im Sinne der kinetischen Theorie, alle möglichen Konstellationen, selbst solche unwahrscheinlichster Art, vorkommen können, und daß auf diesem Wege von Zeit zu Zeit ein Atom irgendeines Elementes (am wahrscheinlichsten sogar eines hochatomigen Elementes) sich rückbildet.

Dieser Vorgang braucht in der Tat nur ganz ungeheuer selten vorzukommen, wie erstens aus der ungeheuren Lebensdauer der gewöhnlichen chemischen Elemente hervorgeht und zweitens aus der ungeheuren Spärlichkeit folgt, mit der die Materie im Weltall verteilt ist (im Mittel etwa alle hundert Kilometer ein Massekörnchen von der Größe eines Stecknadelkopfes!). Leider ist infolgedessen auch so gut wie gar keine Aussicht vorhanden, das soeben supponierte Phänomen einer Umkehrung des radioaktiven Zerfalls experimentell zu fassen und so dem soeben skizzierten Gedankengange eine erfahrungsmäßige Unterlage zu verleihen. Aber immerhin schien mir der Hinweis nicht ganz ohne Interesse, daß gegenwärtig eine wohl nicht gar zu unwahrscheinliche Auffassung möglich ist, nach welcher die im Weltall vorhandene Materie nebst ihrem Energieinhalt in einem gewissen Beharrungszustande sich befinden würde, und daß daher ein Aufhören alles Geschehens wenigstens nicht mehr als eine unbedingte Konsequenz unserer gegenwärtigen Naturauffassung hingestellt zu werden braucht.

Übrigens dürfen wir uns nicht verhehlen, daß jede Anwendung von in den naturgemäß räumlich und zeitlich beschränkten Dimensionen unserer Versuchsanordnungen gewonnenen Erfahrungen zu unsicheren Resultaten führen muß, sobald wir sie auf Größenordnungen anwenden, wie sie bei kosmischen Problemen die Regel sind; wir operieren da mit Extrapolationen, deren Zuverlässigkeit notwendig gering sein muß. Trotzdem ist das Bestreben natürlich an sich berechtigt, und man wird nach dem Vorgang von Kant und Laplace auf diesem Gebiete nie wieder aufhören, mit Hilfe der bekannten Erfahrungstatsachen und mehr oder weniger wahrscheinlicher Hypothesen ein Bild des Universums zu entwerfen; doch wird man sich stets bewußt bleiben müssen, wie unsicher notwendig alle derartigen Schlußfolgerungen sind. Und so möchte ich denn speziell in unserem Falle bitten, in den soeben gemachten Ausführungen weniger den Versuch der Aufstellung eines neuen kosmischen Weltbildes, als vielmehr eine Illustration zu unserem Thema, nämlich der thermodynamischen Betrachtungsweise, zu erblicken.

Wir wenden uns nun einer zweiten Reihe neuer Erfahrungen zu, welche die letzten Jahre gebracht haben und, wie oben erwähnt, die spezifische Wärme oder mit anderen Worten, den Energieinhalt der Materie betreffen.

Schon vor längerer Zeit wurde von verschiedenen Beobachtern eine starke Abnahme der spezifischen Wärme fester Stoffe mit abnehmender Temperatur beobachtet; aber erst nachdem eine Methode ausgearbeitet worden war, um bei der Temperatur der flüssigen Luft und schließlich auch bei der des flüssigen Wasserstoffs die wahre spezifische Wärme fester Stoffe zu ermitteln, konnte mit Sicherheit gezeigt werden, daß entgegen den Forderungen der sogenannten kinetischen Theorie der Materie, aber im Einklang mit einer von Einstein aus der Planckschen Strahlungstheorie gezogenen Konsequenz die spezifische Wärme bereits vor Erreichung des absoluten Nullpunktes auf verschwindend kleine Werte herabsinkt (auch bei den Gasen haben sich übrigens ähnliche Resultate ergeben, so daß wir ganz allgemein es aussprechen können, daß bei tiefen Temperaturen jede Rotationsbewegung der Atome verschwindet). Diese Ergebnisse werden wir später thermodynamisch zu verwerten haben; hier möchte ich nur kurz auf eine weitere Konsequenz hinweisen, die sich ebenfalls aus der Planck-Einsteinschen Betrachtungsweise ergibt. Es ist aus der Spektralanalyse seit langem bekannt, daß Gase, ganz besonders aber der Eisendampf, der wohl den Hauptbestandteil der Sonne bildet, bei sehr hohen Temperaturen ein kompliziertes Spektrum aufweist. Im Sinne der sogenannten Quantentheorie, die sich bei tiefen Temperaturen weitgehend bewährt hat, muß umgekehrt bei hohen Temperaturen jede neue Schwingungsmöglichkeit im Atom einen Beitrag zur spezifischen Wärme (pro Gramm-Atom rund zwei Kalorien) liefern; es muß also z.B. Eisendampf bei sehr hohen Temperaturen mit seinen zahllosen Linien, die ebensovielen Schwingungsmöglichkeiten der Elektronen entsprechen, eine ganz außerordentlich hohe spezifische Wärme bekommen.

Auch von diesem Resultate liegt eine kosmische Anwendung nahe; wenn die spezifische Wärme des Innern der Sonne ungeheuer viel größer ist, als man bisher annahm, so verschwindet die Schwierigkeit, die zweifellos sehr langsame Abkühlung der Sonnenglut zu erklären. Die Oberfläche der Sonne hat bekanntlich eine Temperatur von etwa 6000 Grad; da aber fortwährend sehr viel Wärme ausgestrahlt wird, so muß nach innen zu, damit durch Wärmeleitung die ausgestrahlte Energie nachgeliefert werden kann, ein starkes Anwachsen der Temperatur stattfinden, und wir dürfen dort in der Tat Temperaturen annehmen, bei welchen im Sinne der erwähnten Theorie die spezifische Wärme bereits die erwähnten außerordentlich hohen Beträge angenommen hat.

Das starke Anwachsen der spezifischen Wärme von Elementen, die ein linienreiches Spektrum besitzen, ist allerdings bisher experimentell noch nicht bewiesen, weil es erst bei Temperaturen von 5000 Grad und höher zu erwarten ist; immerhin ist es nicht ganz aussichtslos, mit direkten Messungen bis zu diesen hohen Temperaturen vorzudringen; wenigstens haben in meinem Laboratorium Pier und in neuester Zeit Bjerrum bis über 3000 Grad bereits recht genaue Bestimmungen der spezifischen Wärme von Gasen nach der Explosionsmethode ausführen können. Aber es ist wohl kaum anzunehmen, daß die erwähnte Konsequenz der Quantentheorie gar nicht stimmen sollte. Und so befinden wir uns mit dieser zweiten kosmischen Anwendung wenigstens auf einem einigermaßen sicheren Boden.

Wie schon oben erwähnt, sind die chemischen Reaktionen häufig mit sehr großen Änderungen der Energie verbunden, deren messende Verfolgung die Aufgabe der Thermochemie bildet; hier entsteht die Frage, wie die Affinität einer Reaktion mit der Wärmeentwicklung verbunden ist.

Ein erster Versuch zur Beantwortung dieser Frage rührt von Julius Thomsen in Kopenhagen her (1854), der darauf hinwies, daß starke Äußerungen der chemischen Affinität auch von starker Wärmeentwicklung begleitet sind und der in der Wärmeentwicklung direkt ein Maß der bei der betreffenden Reaktion entwickelten chemischen Kraft erblickte. Der gleiche Satz wurde, wie bekannt (1869), von dem zweiten Meister der Thermochemie, Berthelot in Paris, aufgestellt und lange Zeit hindurch von ihm mit viel Eifer verfochten. Die Berthelotsche Formulierung lautete:

»Jede chemische Umwandlung, welche sich ohne Dazwischenkunft einer fremden Energie vollzieht, strebt nach Erzeugung desjenigen Stoffes oder desjenigen Systems von Stoffen, welches die meiste Wärme entwickelt.«

Die Erfahrung lehrte jedoch bald, daß keineswegs die chemische Affinität einfach mit der Wärmeentwicklung zu identifizieren ist; besonders schlagend war eine von Horstmann gemachte Bemerkung, wonach jedes chemische Gleichgewicht mit dem Prinzip von Berthelot in Widerspruch sich befindet; denn da man in diesem Falle lediglich durch Änderung des Mengenverhältnisses der reagierenden Komponenten die Reaktion im einen oder anderen Sinne sich abspielen lassen kann, so muß sie einmal unter Wärmeentwicklung, das andere Mal unter Wärmeabsorption, also entgegengesetzt dem Prinzip von Berthelot, verlaufen.

Eine große Anzahl von chemischen Reaktionen, besonders solche, bei denen ein Metall ein anderes aus seinem Salze verdrängt, lassen sich zum stromliefernden Prozeß in einem galvanischen Elemente machen. Wenn ein solches Element in Tätigkeit gesetzt wird, so leistet der betreffende chemische Prozeß eine gewisse äußere, in diesem Falle elektrische Arbeit, deren Maß bekanntlich die elektromotorische Kraft des betreffenden galvanischen Elementes ist. Es bietet also letztere zugleich eine direkte Bestimmungsmethode der Affinität, und wenn diese gleich der Wärmeentwicklung wäre, wie es Thomsen vorübergehend, Berthelot viele Jahre hindurch behauptete, so müßte die elektromotorische Kraft galvanischer Elemente einfach durch die Wärmeentwicklung des stromliefernden Prozesses gege-

ben sein. Es ist gewiß historisch interessant, daß dieser Ansatz sich bereits in der berühmten Schrift von Helmholtz
von der Erhaltung der Kraft vom Jahre 1847 findet. Aber
alle diese Fragen waren bis vor wenigen Dezennien so wenig
geklärt, daß niemand daran dachte, in dem Helmholtzschen Ansatz und in dem Berthelotschen Prinzip im
Grunde identische Sätze zu erblicken. Übrigens zeigte auch
die nähere Untersuchung des Helmholtzschen Satzes, daß
die elektromotorische Kraft und somit auch die chemische
Affinität nicht durch die Wärmeentwicklung gegeben ist.

Bis zum gewissen Grade werden diese Fragen, wie übrigens Helmholtz schon 1882 betonte, durch den zweiten
Wärmesatz beantwortet.

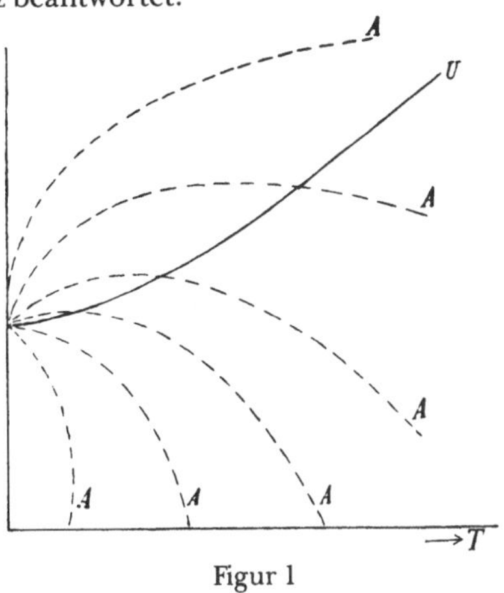

Figur 1

Hiernach ist, wenn wir mit A die chemische Affinität, mit U
die Wärmeentwicklung und mit T die absolute Temperatur
bezeichnen

$$A - U = T \frac{dA}{dT};$$

nur wenn die Affinität A von der Temperatur unabhängig
ist, $\frac{dA}{dT}$ also verschwindet, findet die Gleichheit von A und
U statt.

Mit dieser, allerdings unanfechtbar richtigen Antwort, die der zweite Wärmesatz liefert, beruhigte man sich bis vor kurzem, obwohl sie im Grunde wenig befriedigend war; denn es ist nicht möglich, mittels obiger Gleichung die Affinität zu berechnen, auch dann nicht, wenn man die Wärmeentwicklung für alle Temperaturen kennt (letzteres ist erfüllt, wie schon Kirchhoff aus dem ersten Wärmesatz erschlossen hatte, falls man U für eine einzige Temperatur und die spezifischen Wärmen der reagierenden Stoffe für alle Temperaturen kennt).

Beistehende graphische Darstellung wird dies veranschaulichen. Es möge die ausgezogene Kurve U die Abhängigkeit der Wärmeentwicklung von der absoluten Temperatur darstellen; U_0 ist also der Wert, den diese Größe beim absoluten Nullpunkt der Temperatur annimmt; dann ist jede der punktiert gezeichneten Kurven A eine Lösung der obenstehenden Gleichung, und man sieht sofort, daß es keinen Punkt und daher auch keinen Wert für A gibt, durch den wir nicht aus der ganzen Kurvenschar eine A-Kurve legen könnten; es ist mit anderen Worten jeder beliebige Wert der Affinität A mit irgendeinem experimentell gegebenen Verlauf der Wärmeentwicklung verträglich, der zweite Wärmesatz läßt uns also hier weitgehend im Stiche. Nur für den absoluten Nullpunkt selber gibt er uns eine präzise Antwort, indem hier die Kurven der Wärmeentwicklung und Affinität sich schneiden, beide Größen also identisch werden, wie es Berthelot für alle Temperaturen als gültig angenommen hatte.

Was lehrt nun aber die Erfahrung? Im Einklang mit der Gleichung des zweiten Wärmesatzes gibt sie uns, wie wir schon oben sahen, die klare Antwort, daß eine Identität von Affinität und Wärmeentwicklung nicht notwendig statthat, daß aber auf der anderen Seite das Berthelotsche Prinzip doch nicht so falsch ist, wie es nach dem zweiten Wärmesatze eigentlich zu erwarten wäre. Ich erwähnte schon oben, daß Berthelot trotz vieler Ausnahmen, die auch ihm nicht entgingen, mit großer Zähigkeit lange an seinem Prinzipe festhielt, was eine um so ungestümere, ja, wie wir heute sagen müssen, sogar über das Ziel hinausschießende Opposition hervorrief. Anstatt sich zu sagen, daß ein so gründlicher Kenner der Thermochemie und ein so kluger Mann wie Berthelot – und er war nicht nur dies, sondern er gehört zweifellos zu den klügsten Chemikern aller Zeiten und wird wohl für immer ihr vielseitigster Vertreter bleiben – sich in einer so bedeutungsvollen Frage kaum völlig habe irren können, begegnen wir in allen Darstellungen dieser Frage nur unbedingter Ablehnung seiner Bemühungen. Häufig erklärte man sein Prinzip als unvereinbar mit dem zweiten Wärmesatze, womit allerdings der Stab darüber endgültig gebrochen worden wäre; man übersah aber, daß der zweite Wärmesatz die ganze Frage offen läßt und nicht etwa die Identität von Wärmeentwicklung und Affinität bei chemischen Prozessen ausschließt.

Bei der Abfassung meiner »Theoretischen Chemie« war auch ich gezwungen, zu dieser Frage Stellung zu nehmen. Schon in der ersten Auflage vor gerade 20 Jahren betonte ich, daß die Regel von Berthelot ebenso wie der oben erwähnte Ansatz von Helmholtz zur Berechnung der elek-

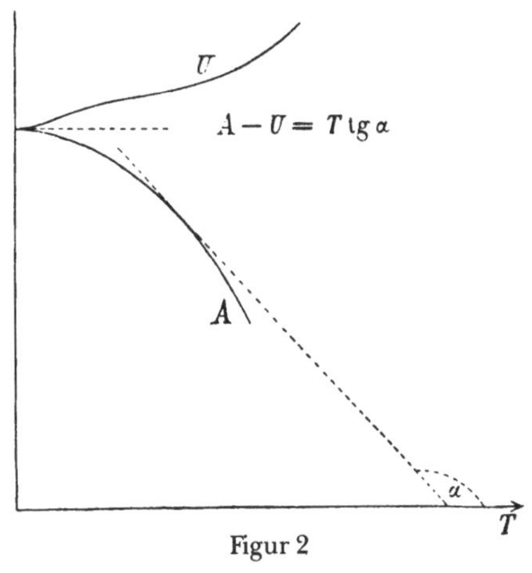

Figur 2

tromotorischen Kraft galvanischer Elemente aus der Wärmetönung doch gar zu häufig zutrifft, um diese Beziehungen gänzlich ignorieren zu dürfen, und ich wies schon damals auf die Möglichkeit hin, daß in geklärter Form Berthelots Prinzip wieder zur Geltung kommen würde.

Diese Vermutung hat sich wohl nicht nur erfüllt, es hat sich außerdem sogar herausgestellt, daß die Gesetzmäßigkeiten, die immer wieder Berthelots Scharfblick auf sich lenkten, Spezialfälle eines viel allgemeineren Satzes sind, geradeso wie die oben verzeichnete Fundamentalgleichung, der zweite Wärmesatz, nicht nur auf chemische Prozesse, sondern auf jeden Naturvorgang anwendbar ist.

Der neue Wärmesatz läßt sich quantitativ am einfachsten als einen Zusatz zur obigen Gleichung in der Form

$$\lim \frac{d\,A}{d\,T} = o \quad (\text{für } T = o)$$

ausdrücken; in der anschaulicheren graphischen Darstellung besagt dies, daß die Kurven für A und U sich bei sehr tiefen Temperaturen tangieren, wie es Fig. 2 zum Ausdruck bringt. Man sieht sofort, daß der neue Wärmesatz eine weit engere Beziehung zwischen chemischer Affinität und Wärmeentwicklung oder, allgemeiner ausgedrückt, zwischen den Änderungen der freien Energie und der Gesamtenergie statuiert, als es die beiden bis dahin bekannten Wärmesätze verlangten.

Das neue Wärmetheorem führt nun zu einer großen Anzahl von Konsequenzen, die einer experimentellen Prüfung zugänglich sind. Der Satz, daß bei tiefen Temperaturen die U-Kurve parallel der Abszisse verläuft, besagt nichts anderes, als daß bei tiefen Temperaturen die Molekularwärme aller Verbindungen sich streng additiv aus den Atomwärmen zusammensetzt. Die Erfahrung hat diesen Satz nicht nur völlig bestätigt, sondern im Einklang mit der Forderung der oben erwähnten Theorien von Planck und Einstein darüber hinausgehend das Resultat erbracht, daß bei tiefen Temperaturen alle Atomwärmen nicht nur einzeln konstant, sondern sogar sämtlich gleich und zwar gleich Null werden.

Da die *U*-Kurve, wie wiederholt betont, bei tiefen Temperaturen parallel der Abszisse verläuft, so können wir sie mit ziemlicher Sicherheit bis zum absoluten Nullpunkte ausziehen, auch wenn wir die spezifischen Wärmen nur bis zu mäßig tiefen Temperaturen kennen; da für die *A*-Kurve das gleiche gilt, so kennen wir zugleich ihren anfänglichen Verlauf, vom absoluten Nullpunkte anfangend, und aus der Gleichung des zweiten Wärmesatzes

$$tg\,a = \frac{dA}{dT} = \frac{A-U}{T}$$

kennen wir dann auch in jedem Punkte der *A*-Kurve den Winkel, in welchem wir diese Kurven zu verlängern haben; es ist mit anderen Worten der Verlauf der *A*-Kurven eindeutig festgelegt, wenn derjenige der *U*-Kurven experimentell bekannt ist. Dies bedeutet aber im speziellen Falle die Lösung des Problems, die chemische Affinität und damit auch das chemische Gleichgewicht lediglich aus thermischen Daten zu berechnen.

Auch hierfür liegen Beispiele in sehr großer Zahl vor; es ist hier natürlich nicht der Ort, spezielle Beobachtungsdaten zu besprechen; in der kürzlich erschienenen Schrift von Dr. Pollitzer: »Die Berechnung chemischer Affinitäten nach dem Nernstschen Wärmetheorem« (Stuttgart bei Enke) finden sich etwa 80 Fälle berechnet, und der Satz hat sich nicht nur ausnahmslos bewährt, sondern wiederholt auch Veranlassung gegeben, die Unrichtigkeit einzelner älterer experimenteller Angaben in den Fällen aufzudecken, in welchen zunächst starke Abweichungen zwischen Theorie und Beobachtung vorlagen.

Aber selbstverständlich ist der neue Wärmesatz nicht in seinem Anwendungsgebiete auf chemische Prozesse beschränkt, wenn hier auch naturgemäß die zahlreichsten Möglichkeiten seiner Benutzung vorliegen; so liefert er unter anderem auch Anhaltspunkte für die Aufstellung von

Zustandsgleichungen; er lehrt z.B., daß die Wärmeausdehnung kristallisierter und amorpher Stoffe bei tiefen Temperaturen sehr klein werden muß, ein Resultat, welches die bis zur Temperatur des flüssigen Wasserstoffs fortgesetzten Messungen von Charles Lindemann in vollstem Maße bestätigt haben. Auch hierauf ist ein näheres Eingehen hier nicht möglich, ebensowenig wie auf die Nutzanwendungen, die Grüneisen gemacht hat, der unter anderem einen nahen Parallelismus zwischen Wärmeausdehnung und spezifischer Wärme nachgewiesen hat.

Aber an der Frage, wie der neue Wärmesatz molekulartheoretisch zu deuten ist, dürfen wir nicht völlig vorübergehen; nachdem eine derartige Erklärung für die beiden älteren Wärmesätze längst gelungen ist, war etwas Ähnliches auch für den neuen Wärmesatz zu erwarten und zu fordern.

Der erste Wärmesatz nämlich, das Gesetz von der Erhaltung der Energie, ist eine unmittelbare Konsequenz aus den Prinzipien der Mechanik, wenn wir uns die materiellen Gebilde als aus einzelnen Atomen, d.h. Massepunkten bestehend, denken, die irgendwelche nur von ihrer Entfernung abhängige Kräfte aufeinander ausüben.

Weit schwieriger ist das Verständnis des zweiten Wärmesatzes vom Standpunkte der Atomistik. Erst Boltzmann war es, der in einer Reihe sehr scharfsinniger Abhandlungen zu der Erkenntnis gelangte, daß alle diejenigen Prozesse, bei denen im Sinne des zweiten Wärmesatzes ein Verlust an freier Energie stattfindet, solche sind, bei denen die Atome aus einer unwahrscheinlicheren Konstellation in eine wahrscheinlichere übergehen; der zweite Wärmesatz ist daher ähnlich wie der Begriff der Temperatur, mit dem er ja eng verknüpft ist, ein Satz, der nur dann Gültigkeit, ja überhaupt einen Sinn besitzt, wenn man mit aus sehr vielen Atomen bestehenden Gebilden operiert, eine Bedingung, die in der Regel von selbst bei unsern Versuchen im Laboratorium wie auch sogar bei der kleinsten lebenden Zelle hinreichend erfüllt ist.

Sehr einfach gestaltet sich aber nun wiederum die Deutung des neuen Wärmesatzes. Nach der Quantentheorie sind auch bei endlichen, wenn auch bisweilen sehr kleinen Entfernungen vom absoluten Nullpunkt der Temperatur alle festen Stoffe, seien es Kristalle oder unterkühlte Flüssigkeiten, nur ungeheuer wenig von ihrem Zustande beim absoluten Nullpunkt selber verschieden; hieraus aber ergibt sich sofort als weitere Konsequenz, daß in diesem Gebiete, wie es unser Satz verlangt, die Kurven der gesamten Energie und der freien Energie, die nach dem zweiten Wärmesatz sich im absoluten Nullpunkt schneiden, auch oberhalb desselben ein Stück zusammenfallen, d.h. sich tangieren müssen. Und es würde sogar, wenn, wie es die Formeln von Planck und Einstein verlangen, die spezifische Wärme beim absoluten Nullpunkt wirklich mit unendlich hoher Ordnung verschwindet, auch die gegenseitige Berührung der beiden Kurven von unendlich hoher Ordnung sein müssen.

Übrigens auch ohne die spezielle Formulierung der Quantentheorie zur Hilfe zu nehmen, können wir aus der bloßen Tatsache, daß die spezifischen Wärmen bei tiefen Temperaturen ungeheuer klein werden, bereits mit großer Wahrscheinlichkeit den Schluß ziehen, daß jegliche Eigenschaft fester Körper bei hinreichender tiefer Temperatur von der Temperatur unabhängig werden muß; es ist dies der Ausdruck eines ganz allgemeinen Satzes. Als ein Spezialfall hiervon folgt dann die Unabhängigkeit von A und U bei tiefen Temperaturen, was in Kombination mit dem zweiten Wärmesatze dann sofort die Notwendigkeit ergibt, daß die beiden Kurven für A und U, wie in Figur 2 gezeichnet, bei tiefen Temperaturen sich tangieren müssen.

Auf eine Vorsichtsmaßregel bei der Anwendung des neuen Wärmesatzes muß ich noch aufmerksam machen. Wir haben implizite immer vorausgesetzt, daß sich die Kurve der Wärmeentwicklung U bis zum absoluten Nullpunkte stetig ausziehen läßt; und es ist wohl auch nicht zu bezweifeln, daß dies möglich ist, solange wir es mit festen

Stoffen, mit Kristallen oder amorphen Stoffen, sei es in chemisch reinem Zustande, sei es in Form von Gemischen oder verdünnten Lösungen, zu tun haben. Anders aber liegt die Sache bei Gasen; betrachten wir z.B. den einfachen Vorgang der Arbeitsleistung eines Gases bei einer bestimmten Volumenänderung, so können wir uns zur Zeit keine Vorstellung darüber machen, was aus diesem Vorgange wird, wenn wir den Grenzübergang zum absoluten Nullpunkt machen; wir sind also in diesem Falle nicht in der Lage, das der Figur 2 entsprechende Diagramm zu zeichnen. Ich glaube nicht, daß dies eine Lücke in der Anwendung des neuen Wärmesatzes bedeutet; es scheint dies vielmehr eine solche in unserer Anschauung über das Wesen des Gaszustandes bei sehr tiefen Temperaturen zu sein. Auf dem vorjährigen Quantenkongreß (»Conseil Solvay«) in Brüssel wurde wiederholt diese Frage gestreift; im Sinne der Quantentheorie muß man wohl auch an ein ganz absonderliches Verhalten der Gase bei sehr tiefen Temperaturen glauben, doch sind die Anschauungen noch nicht geklärt, und das Experiment steht wegen des ungeheuer kleinen Dampfdruckes bei tiefen Temperaturen dieser Frage zunächst machtlos gegenüber. Der praktischen Übertragung des neuen Wärmesatzes auf das chemische Gleichgewicht im gasförmigen System steht trotzdem kein Hindernis entgegen; man berechnet die chemische Affinität für die betreffende Reaktion in kondensiertem System und geht sodann mit Hilfe von Dampfdruckformeln auf die damit im Gleichgewicht befindliche Gasphase über. Freilich wären wir noch besser daran, wenn wir aus der Verdampfungswärme (ähnlich wie wir z.B. bei kondensierten Systemen die elektromotorische Kraft aus der Wärmetönung berechnen können) den Dampfdruck ableiten könnten, doch wissen wir noch nicht einmal sicher, ob dies überhaupt möglich ist. Aber das ist ja gerade der Reiz der naturwissenschaftlichen Forschung, daß, wenn man ein Gebiet einigermaßen urbar gemacht zu haben glaubt, immer noch mehr als genug für künftige Arbeit zu tun übrig bleibt!

Wie oben erwähnt, läßt sich die Aufstellung des ersten und zweiten Wärmesatzes auf die Erfahrung zurückführen, daß sich gewisse Vorrichtungen trotz aller Bemühungen nicht realisieren ließen; auch der neue Wärmesatz kann (wenn er auch nicht auf diesem immerhin umständlichen Wege gefunden wurde) in seiner wahrscheinlich allgemeinsten Fassung ebenfalls durch die Unmöglichkeit gekennzeichnet werden, einen gewissen Effekt zu erzielen. Wir können also etwa die nunmehr bekannten drei Wärmesätze in folgende Thesen fassen:

1. Es ist unmöglich, eine Maschine zu bauen, die fortwährend Wärme oder äußere Arbeit aus Nichts schafft.
2. Es ist unmöglich, eine Maschine zu konstruieren, die fortdauernd die Wärme der Umgebung in äußere Arbeit verwandelt.
3. Es ist unmöglich, eine Vorrichtung zu ersinnen, durch die ein Körper völlig der Wärme beraubt, d.h. bis zum absoluten Nullpunkte abgekühlt werden kann.

Aus dem ersten Satze lassen sich in der Tat alle Folgerungen ziehen, die das Gesetz von der Erhaltung der Energie in sich enthält. Aus dem zweiten Satze können wir die Richtigkeit der obenstehenden Fundamentalgleichung des zweiten Wärmesatzes ableiten, wenn wir den Begriff der Temperatur einführen. Aus dem dritten Satze können wir die mathematische Formulierung des neuen Wärmesatzes erschließen, wenn wir die Erfahrung zu Hilfe nehmen, daß bei sehr tiefen Temperaturen die spezifische Wärme verschwindend klein wird.

Um meine zum Teil recht abstrakten Ausführungen mit einer allgemeineren Betrachtung zu schließen, möchte ich, an die Boltzmannsche Charakterisierung der theoretischen Forschung anknüpfend, die Frage aufwerfen: Sind wir bei der Aufstellung des neuen Wärmesatzes den Fußstapfen der Phänomenologen oder der Atomistiker oder schließlich der Thermodynamiker gefolgt?

Die Antwort ist leicht zu geben, als wir die Gleichung

$$\lim \frac{d\,A}{d\,T} = o \quad (f\ddot{u}r\ T = o)$$

errieten und hinschrieben, handelten wir als reine Phänomenologen; als hierauf verschiedene Konsequenzen aus der Gleichung gezogen und rechnerisch wie experimentell verfolgt wurden, schlossen wir uns der thermodynamischen Schule an; als wir schließlich nach einer theoretischen Begründung obiger Gleichung suchten, fanden wir sie mit Hilfe der Atomistik.

Unsere Arbeit wäre sicherlich noch unvollständiger und lückenhafter geblieben, als sie ohnehin sein mag, wenn wir uns streng an eine einzige Methode gehalten hätten, und vielleicht kann gerade dies Beispiel die allgemeine Forderung illustrieren, daß der Naturforscher möglichst alle Hilfsmittel seiner Zeit zu Hilfe zu nehmen hat, gerade wie man Schlachten nicht nur mit einer Waffe, sondern unter Verwendung sämtlicher Truppengattungen schlagen muß.

CARL CORRENS

Vererbung und Bestimmung
des Geschlechts

1912

Die Frage: Knabe oder Mädchen? gehört zu den Problemen
der allgemeinen Physiologie, die das Interesse am frühesten und am stärksten beschäftigt haben; vielleicht steht sie
überhaupt an erster Stelle. Zu diesem Schluß können wir
wenigstens kommen, wenn wir die Zahl der darüber geäußerten Ansichten als Maßstab nehmen. Soll doch schon am
Ende des 17. Jahrhunderts Drelincourt, der Professor der
Anatomie in Leyden war, nicht weniger als 262 verschiedene Theorien der Geschlechtsbestimmung gekannt haben; und seitdem sind Forschung und Phantasie nicht untätig geblieben, sondern haben Hypothese auf Hypothese gehäuft. Unser wirkliches Wissen von einem Problem pflegt
nun umgekehrt proportional zu sein zu der Zahl der darüber geäußerten Ansichten, und schon daraus können Sie
entnehmen, daß der Stand unserer sicheren Kenntnisse
über die Geschlechtsbestimmung lange Zeit hindurch ungewöhnlich niedrig war.

Erst seitdem man das Problem nicht mehr allein für den
Menschen und die ihm am nächsten stehenden Haustiere
zu lösen versucht hat, sondern vergleichend auch andere
Organismen heranzog, sind wir über das Raten hinausgekommen. Freilich melden sich auch immer wieder Zweifel,
wieweit eine solche zusammenfassende Betrachtung aller
Organismen mit geschlechtlicher Fortpflanzung zulässig
sei. Aber gerade die Ergebnisse der letzten Jahre ermutigen
dazu; neben Widersprüchen im einzelnen hat sich so viel
Übereinstimmung gezeigt, daß wir annehmen dürfen, im
Prinzip verhielten sich hierin nicht nur die verschiedenen
Tierklassen, sondern auch die Pflanzen gleich. Deshalb

habe auch ich als Botaniker eine Berechtigung, das ganze Problem der Geschlechtsbestimmung vor ihnen aufzurollen.

Gerade in der letzten Zeit haben unsere Kenntnisse solche Fortschritte gemacht, daß wir eine definitive Lösung des Problems wenigstens voraussehen dürfen. Wir verdanken das zwei Forschungsrichtungen: erstens dem Studium der feineren Vorgänge bei der Kernteilung jener Zellen, die zu Keimzellen werden, und zweitens der experimentellen Vererbungslehre, die seit der Wiederentdeckung der Mendelschen Gesetze einen staunenswerten Aufschwung genommen hat. [...]

Zunächst möchte ich gleich an eins erinnern, um Ihre Erwartungen nicht zu sehr zu täuschen. Man kann das Problem von der praktischen Seite anfassen; dann läuft es darauf hinaus, willkürlich das Entstehen eines bestimmten Geschlechtes zu veranlassen. Hierfür besteht beim großen Publikum natürlich ein besonderes Interesse. Wir werden uns aber auf den theoretischen Standpunkt stellen und nur nach der Art der Geschlechtsbestimmung überhaupt fragen. Beide Standpunkte sind bis zu einem gewissen Grade voneinander unabhängig. Es ist denkbar, daß die praktische Lösung gefunden wird, ohne daß, zunächst wenigstens, die theoretische Lösung gelänge, und es ist zur Zeit sehr wahrscheinlich, daß sich aus der theoretischen Lösung, wenn sie einmal feststeht, der Beweis ergeben wird, daß eine völlig willkürliche Bestimmung unmöglich ist.

I.

Unwillkürlich denkt jedermann bei »Geschlechtsbestimmung« zunächst an die Verhältnisse, wie sie uns beim Menschen und den Haustieren entgegentreten: an den ausgeprägten Gegensatz von männlichem und weiblichem Geschlecht. Diese Form der Geschlechtertrennung ist außerordentlich verbreitet; sie ist im Tierreich (bei den Metazoen) fast überall zu finden und auch bei den Pflanzen leicht nachzuweisen. Hanf und Hopfen, Spinat und Brennessel, Dattel und Feige, Eibe und Wacholder seien als Beispiele genannt.

Männliche und weibliche Individuen treten hier in einem bestimmten Zahlenverhältnis auf, das meist ungefähr 1:1 ist. Gewöhnlich gibt man an, wieviel männliche Individuen auf hundert weibliche geboren werden. Diese Zahl ist für jede Spezies charakteristisch, zuweilen sogar für die einzelnen Rassen, die sich bei einer Spezies wieder unterscheiden lassen (besonders auffällige Unterschiede zeigt der Hanf). Beim Menschen ist sie annähernd 106 (auf 100 Mädchengeburten fallen also etwa 106 Knabengeburten), und sie ist zum Beispiel fast genau gleich bei einer gemeinen Unkrautpflanze, Mercurialis annua, dem Bingelkraut. Dieses Geschlechtsverhältnis ist für uns sehr wichtig. Denn ob irgendein Eingriff auf die Geschlechtsbestimmung wirkt, können wir zumeist nur an einer Verschiebung des »normalen« Verhältnisses der Geschlechter erkennen. Man muß dabei unbedingt über große Zahlen verfügen und sie mit der nötigen Kritik betrachten. Es fällt uns z.B. sehr auf, wenn die 8 oder 10 Kinder eines Elternpaares alle Knaben oder alle Mädchen sind, und man ist geneigt, sich nach irgendeinem besonderen Grunde dafür umzusehen. Untersucht man aber statistisch, wie oft derartige Familien vorkommen, so findet man, daß sie nicht häufiger und nicht seltener sind, als es die Wahrscheinlichkeitsrechnung verlangt, wenn der Zufall allein über das Geschlecht der Kinder entscheidet.

Die ausgesprochene Form der Geschlechtertrennung in Männchen und Weibchen ist aber nicht die einzige. Wir müssen uns sogar vorstellen, daß sie etwas sekundär Erworbenes ist. Denn die verschiedensten Überlegungen führen uns zu der Überzeugung, daß sie aus der Zwittrigkeit, dem Hermaphroditismus, hervorgegangen ist, und zwar nicht ein einziges Mal in einem einheitlichen Stammbaum, sondern wiederholt in verschiedenen, getrennten phylogenetischen Entwicklungslinien. Allein in einer Gruppe niederer Pflanzen, bei den Algen, lassen sich wohl ein Dutzend solcher unabhängiger Linien nachweisen, die alle mit dem zwittrigen Zustand beginnen und mit dem getrenntgeschlechtigen abschließen. Unter solchen Umständen ist die schon aufgeworfene Frage berechtigt, ob der Mechanismus der Geschlechtsbestimmung im einzelnen überall derselbe ist, wenn auch im großen und ganzen Übereinstimmung herrscht. Unsere Ergebnisse weisen in der Tat deutlich auf die Existenz dessen hin, was man Konstruktionsvariationen nennen könnte.

Die Zwischenstufen haben sich vor allem im Pflanzenreich erhalten, in einem Reichtum und einer Mannigfaltigkeit, von der man sich selten Rechenschaft gibt; hier ist die Zwittrigkeit auch zumeist primär. Im Tierreich scheint der Hermaphroditismus dagegen, wenigstens bei den Metazoen, sekundärer Natur zu sein, was sich oft schon durch den deutlichen Zusammenhang mit der ebenfalls sekundär erworbenen Lebensweise des Tieres verrät. Speziell der Parasitismus hat, wie leicht verständlich, oft auch wieder zur Ausbildung der beiderlei Geschlechtszellen im selben Individuum geführt. Man denke z.B. an Rhabdonema nigrovenosum, wo die freilebende Generation getrenntgeschlechtig, die parasitische zwittrig ist. Ich möchte also die alte Frage, ob der getrenntgeschlechtige oder der zwittrige Zustand der ursprüngliche sei, dahin beantworten, daß dem getrenntgeschlechtigen ein zwittriger vorangegangen sein muß, daß die Pflanzen ihn noch oft beibehalten haben, die zwittrigen Tiere aber nicht auf ihm stehengeblieben sind, sondern ihn erst nachträglich wieder erlangt haben. Er muß dann aber seinem inneren Wesen nach von dem ursprünglichen Zwitterzustand verschieden sein. Denn wenn irgendwo die phylogenetische Entwicklung auf ein früheres Stadium zurückfällt, geschieht es nur scheinbar, äußerlich. Irgendwelche Schlüsse aus diesem sekundären zwittrigen Zustand auf den primären, wie wir ihn etwa bei den

Pflanzen so oft finden, zu ziehen, scheint mir deshalb kaum zulässig zu sein. [...]

Ein neuer Organismus entsteht geschlechtlich durch die Vereinigung zweier Keimzellen, einer männlichen und einer weiblichen, z.B. eines Spermatozoons und eines Eies. Aus der befruchteten Eizelle geht zunächst der Embryo und aus diesem der fertige Organismus hervor. Überlegt man sich nun, auf welchen Zeitpunkt das Geschlecht des neuen getrenntgeschlechtigen Wesens wirklich festgelegt sein kann, so sind drei Möglichkeiten vorhanden.

Erstens könnte das Geschlecht schon in den Keimzellen fest bestimmt sein. Selbstverständlich käme dann nur eine Art Keimzellen in Betracht, entweder die des weiblichen oder die des männlichen Geschlechts. Die andere Art Keimzellen und die Vereinigung beider bei der Befruchtung könnte gar keine Rolle mehr spielen. Es müßte endlich die eine Hälfte der in Betracht kommenden Keimzellen für das eine, die andere Hälfte für das andere Geschlecht vorherbestimmt sein. Diese progame Bestimmung hat bis in die neue Zeit viele Verteidiger gefunden, wobei man fast immer die Eizellen zur Hälfte für das männliche, zur Hälfte für das weibliche Geschlecht festgelegt und die Spermatozoen einflußlos sein ließ. Ich nenne nur Beard, von Lenhossék und O. Schultze als Vertreter dieser Ansicht.

Zweitens könnte die Bestimmung des Geschlechts bei der Vereinigung der Keimzellen, syngam, erfolgen.

Drittens wäre es möglich, daß auch in der befruchteten Eizelle zunächst noch keine definitive Entscheidung über das Geschlecht gefallen wäre; sie müßte dann erst bei deren Entwicklung zum Embryo oder noch später, epigam, geschehen. — Daß wir daraus, daß der Embryo in der ersten Zeit äußerlich indifferent ist, daß wir ihm sein Geschlecht zunächst nicht ansehen können, noch nicht schließen dürfen, sein Geschlecht sei noch nicht fest bestimmt, darüber kann heutzutage kein Zweifel mehr herrschen.

Bei der progamen und syngamen Bestimmung könnten innere Anlagen und äußere Einflüsse eine Rolle spielen, bei der epigamen dagegen, wie man leicht einsehen wird, nur noch äußere, d.h. außerhalb des Embryo liegenden Einflüsse.

Diese Einteilung der möglichen Fälle ist ganz konsequent, sie reicht aber nicht aus, weil die Verhältnisse komplizierter sind. Man kommt bei der Geschlechtsbestimmung nicht mit der einmaligen Wirkung einer einzigen Ursache aus.

II.

Wir müssen jetzt etwas weiter ausholen.

Von den Unterschieden zwischen den beiden Geschlechtern kommt in erster Linie natürlich die verschiedene Ausbildung der Keimdrüsen in Betracht, die entweder Eizellen oder Spermatozoen liefern. Darauf beruht der primäre Geschlechtscharakter. Mit ihm ist dann das Auftreten einer ganzen Reihe anderer Merkmale enger oder lockerer verbunden, die man als sekundäre Geschlechtscharaktere bezeichnet. Ich brauche kaum an den Bart des Mannes, das lange Haar der Frau, an das Geweih des Hirsches oder Rehbocks, an das bunte Federkleid des Pfauenhahns zu erinnern. Für einen Teil dieser sekundären Charaktere werden besondere Anlagen vorhanden sein, die entweder das Männchen oder das Weibchen entfaltet; andere werden auf denselben Anlagen beruhen, die nur unter den korrelativen Einflüssen von den primären Sexualcharakteren her in verschiedener Ausbildung entfaltet werden.

Es ist nun eine Tatsache von besonderer theoretischer Tragweite, daß jedes Geschlecht außer den eigenen primären und sekundären Merkmalen, die es entfaltet zeigt, und an denen wir es erkennen, auch noch die Möglichkeit besitzt, die Merkmale des anderen Geschlechtes hervorzubringen. Für gewöhnlich sind diese freilich versteckt, latent, so daß nichts davon zu sehen ist. Gelegentlich kommen sie aber doch zum Vorschein. Das geschieht z.B. bei dem Altern – ich erinnere an die »Hahnenfedrigkeit« alter Hennen oder an die männlichen Blüten, die bei alten weiblichen Pflanzen des Bingelkrautes, wahrscheinlich regelmäßig, auftreten. Ihr Erscheinen kann aber auch durch ganz bestimmte Eingriffe von außen her veranlaßt werden. Besonders interessant sind die Fälle, in denen parasitäre Organismen bei ihren Wirten eine Änderung des Geschlechts hervorrufen. So verwandelt z.B. der Wurzelkrebs Sacculina bei dem befallenen Männchen der Krabbe Inachus die männlichen Keimdrüsen teilweise in weibliche, wobei sich auch die sekundären Geschlechtscharaktere ändern können. Wird dagegen das Weibchen befallen, so behält es sein Geschlecht unverändert bei. Und ein Brandpilz, der in den Staubbeuteln der Lichtnelke, Melandrium, seine Sporen ausbildet, veranlaßt bei den weiblichen Exemplaren dieser getrenntgeschlechtigen Pflanze die volle Entwicklung der Staubgefäße, die sonst nur als ganz winzige Rudimente angelegt werden. Es geschieht dies, damit er seine Sporen auf Kosten des Gewebes ausbilden kann, das sonst zu Pollenkörnern wird. Die männlichen Exemplare läßt er unverändert, da die nötigen Staubgefäße sowieso vorhanden sind, und eine Weiterentwicklung des Fruchtknotenrudimentes für den Pilz belanglos ist.

J. Smith hat besonderes Gewicht darauf gelegt, daß die Sacculina zwar das Krabbenmännchen mehr oder weniger vollständig in ein (freilich nicht funktionsfähiges) Weibchen umwandeln kann, das Weibchen aber unverändert läßt. Er glaubt, daraus schließen zu können, daß wohl das Männchen die Merkmale des Weibchens in leicht entfaltbarer Form enthält, das Weibchen aber die des Männchens nicht (oder doch in einer viel schwerer entfaltbaren Form). Dieser Schluß scheint mir aber wenig berechtigt zu sein. Die Umwandlung des Inachus-Männchens erfolgt durch einen bestimmten Eingriff, der in letzter Linie sicher in der Einwirkung einer chemischen Verbindung besteht. Diese Verbindung bleibt beim Weibchen wirkungslos, weil das fehlt, mit dem sie beim Männchen reagiert, und das das Männchen eben zu dem gemacht hat, was es ist. Der Parasit bildet nicht einen Stoff, der überhaupt das eine Geschlecht in das andere verwandelt, sondern einen, der speziell das Männchen zum Weibchen macht. Vielleicht steht das sogar insofern mit seiner Ernährung in direkter Verbindung, als er Stoffe der Ovarien und nicht solche der Hoden zu seiner Entwicklung braucht.

Wir müssen uns also durchaus auf den Boden einer prinzipiellen völligen Gleichheit der Geschlechter stellen, was ihre Anlagen anbetrifft. Es ist weder das Männchen ein reduziertes Weibchen, noch umgekehrt das Weibchen ein reduziertes Männchen. Daraus ergibt sich nun eine weitere Konsequenz von großer Tragweite: Die Geschlechtsbestimmung kann nicht darin bestehen, daß dem einen Individuum männliche, dem anderen weibliche Anlagen zugeteilt werden; sie muß vielmehr dadurch zustandekommen, daß nur ein Teil von den überhaupt entfaltbaren Merkmalen zum Erscheinen bestimmt wird, mag es sich um eine direkte Förderung dieses einen oder um die Hemmung, resp. Unterdrückung des anderen Teils handeln. Wird z.B. der männliche Teil der Anlagen oder Merkmale unterdrückt, so entsteht ein Weibchen, wird der weibliche unterdrückt, ein Männchen.

Soviel gilt offenbar für das ganze Organismenreich, und damit ist also stets im Prinzip noch die Möglichkeit einer Geschlechtsänderung gegeben. Es ist aber erstens sehr gut möglich, daß der Vorgang der Geschlechtsbestimmung, die direkte oder indirekte Förderung der einen Merkmale, nicht überall in der gleichen Weise erfolgt. Und es ist zweitens möglich, daß er nicht stets gleich vollkommen, die Geschlechtsbestimmung nicht gleich fest ist. Soviel ist aber sicher und geht z.B. aus den bekannten Versuchen von O. Schultze mit Mäusen und E. Strasburger mit Pflanzen hervor: Für gewöhnlich bleiben alle möglichen äußeren Eingriffe auf den Embryo und späterhin wirkungslos, vor allem Ernährungseinflüsse, obwohl man gerade ihnen viel Bedeutung zugeschrieben hat. […]

Aus der Tatsache, daß jedes Geschlecht auch die Merkmale des entgegengesetzten Geschlechtes enthält, läßt sich allein noch kein Schluß auf die Disposition der Keimzellen ziehen, durch deren Vereinigung das Individuum entstanden ist, und die es wieder hervorbringt. Sie verträgt sich sowohl mit der Annahme, daß jede Keimzelle nur eine Art Merkmale überträgt, als auch mit der, daß in jeder Keimzelle, wie im ganzen Individuum, schon die Fähigkeit steckt, sowohl die männlichen als die weiblichen Merkmale zu entfalten.

Wir wissen nun aus einer ganzen Reihe von Beobachtungen, daß offenbar das letztere zutrifft, die Spermatozoen also etwa nicht nur die Anlage für das männliche Geschlecht enthalten, sondern auch die für das weibliche, und die Eizellen außer denen für das weibliche auch noch die für das männliche. Das zeigt sich bei den Nachkommen, wenn die Eltern zu zwei Rassen gehören, die sich in ihren Geschlechtscharakteren, primären oder sekundären, unterscheiden. So kann der Stier den Milchertrag, der für die Kühe seiner Rasse charakteristisch ist, vererben, und der Hahn eine besondere Tüchtigkeit im Eierlegen; bei Pflanzen läßt sich diese Tatsache sogar relativ leicht experimentell beweisen.

Sind in jeder Keimzelle die Merkmale für beide Geschlechter vertreten, so müssen in jedem Individuum (das ja durch die Vereinigung zweier Keimzellen entsteht) viererlei Anlagen vorhanden sein, je zweimal die für das männliche und zweimal die für das weibliche Geschlecht, jedesmal die einen von der weiblichen und die anderen von der männlichen Keimzelle herstammend. (Bezeichnen wir mit M die Anlagen für die männlichen und mit W die Anlagen für die weiblichen Merkmale und versehen die von dem einen Individuum stammenden mit einem Strich als Index, so enthalten die Keimzellen die Anlagenkomplexe MW und M'W' und die befruchtete Eizelle MM' WW'.) Von diesen viererlei Anlagenkomplexen entfaltet sich nur einer; drei bleiben für gewöhnlich latent. Ein bestimmtes Geschlecht entsteht dadurch, daß entweder einer von den beiden männlichen oder einer von den beiden weiblichen Komplexen gefördert wird; ob es dann der vom Ei oder der vom Spermatozoon herstammende ist, wird zumeist unabhängig davon durch andere Bedingungen bestimmt.

Enthält also jede Keimzelle sowohl den männlichen als den weiblichen Anlagenkomplex des Individuums, das sie hervorgebracht hat, so ist nun die nächste Frage, in welchem Zustand sich die beiden Komplexe befinden, ob sie noch gleichwertig sind, und die Keimzelle also indifferent ist, oder ob schon der eine oder der andere Anlagenkomplex das Übergewicht besitzt, mehr oder weniger vollständig, ähnlich wie es bei dem Individuum der Fall ist, das die Keimzelle hervorgebracht hat. Dann könnten wir von einer geschlechtlichen Tendenz der Keimzellen reden; solche mit männlicher Tendenz würden Männchen, solche mit weiblicher Tendenz Weibchen geben. Wie diese Tendenz zustandekommt, worauf es beruht, daß der eine Anlagenkomplex das Übergewicht über den anderen erhält, ist eine Frage ganz für sich.

Man hat nun, und gewiß mit Recht, fast allgemein angenommen, daß die Keimzellen wirklich schon eine bestimmte geschlechtliche Tendenz haben. Über diese selbst hat man sich freilich nicht recht einigen können. Die einen Forscher sprechen den Keimzellen dieselbe Tendenz zu, die das Individuum besitzt, von dem sie hervorgebracht werden, allen Spermatozoen also männliche, allen Eizellen weibliche. Andere Autoren glauben, die entgegengesetzte, »gekreuzte« Tendenz annehmen zu müssen, bei den Spermatozoen also die weibliche, bei den Eizellen die männliche. Wieder andere lassen das Individuum zweierlei Keimzellen bilden, solche mit männlicher und solche mit weiblicher Tendenz, und zwar soll das entweder nur das Männchen oder nur das Weibchen tun oder endlich alle beide.

Um diese Fragen aus dem Stadium der Mutmaßungen heraus zu heben, hat man verschiedene Wege eingeschlagen. Die zytologische Untersuchung hat im Tierreich gerade hier außerordentliche Ergebnisse gezeitigt [...] Andere Versuche, die Frage mit Hilfe von Vererbungsexperimenten zu lösen, werde ich kurz andeuten, so daß nur noch die Argumente übrig bleiben, die von der Parthenogenesis geboten werden und von Zuchtversuchen mit annähernd (nicht ganz) eingeschlechtigen Individuen, wie sie einzeln im Pflanzenreich zu finden sind.

Wenden wir uns zunächst zur Parthenogenesis.

Zweifellos am sichersten würden wir über die Tendenz der Keimzellen unterrichtet sein, wenn es uns gelänge, die Keimzellen sich ohne Zutritt einer zweiten Keimzelle, also ohne Befruchtung weiter entwickeln zu lassen bis zum fertigen Organismus oder doch so weit, daß das Geschlecht sicher festgestellt werden kann.

Die Natur macht nun diesen Versuch im großen Maßstab mit den Eizellen gewisser Tiere und Pflanzen, bei der natürlichen Parthenogenesis. Von den Insekten gehören die Blattläuse, Gallwespen und Bienen hierher. Hier können sich die Eier ohne Zutritt von Spermatozoen zu vollkommenen Wesen entwickeln. In allen Fällen zeigen diese ein bestimmtes Geschlecht, und es spricht das durchaus dafür, daß jede Keimzelle auch schon eine bestimmte Geschlechtstendenz besitzt. Im einzelnen ist das Verhalten aber von Fall zu Fall verschieden; bald entstehen durch Parthenogenesis nur Weibchen (bei Blattwespen), bald nur Männchen (bei der Biene), oder Weibchen und Männchen, oder zunächst nur Weibchen, später Weibchen und Männchen, oder zunächst nur Weibchen, später Weibchen und Männchen. Bei den zwittrigen Pflanzen geben die Eizellen wieder Zwitter. Es spricht sich hierin wohl nicht mehr immer die ursprüngliche Tendenz der Eier aus, sondern es liegen Anpassungen an die bestimmten Verhältnisse vor, die einerseits die Parthenogenesis veranlaßt haben, und die andererseits durch sie bedingt werden. Wir dürfen deshalb meiner Meinung nach darauf gar keine Schlüsse auf die Tendenz der Keimzellen bei den normal sich fortpflanzenden Organismen ziehen. – Auch in ihrer Entstehungsweise sind ja die meisten parthenogenetisch sich entwickelnden Eizellen von den befruchtungsbedürftigen verschieden.

Außer der natürlichen Parthenogenesis kennen wir aber noch eine künstliche, bei der befruchtungsbedürftige Eier durch mechanische oder chemische Einwirkungen von außen her den Anstoß erhalten, der zur Weiterentwicklung führt, und der sonst vom eindringenden Spermatozoon ausgeht. Hier fielen alle etwa durch Anpassung entstandenen Tendenzänderungen weg, die Ergebnisse wären eindeutig. Leider hat man aber in diesen Fällen die Entwicklung noch nicht so weit verfolgen können, daß das Geschlecht der Nachkommen zu bestimmen gewesen wäre. Nur Yves Delage hat es fertig gebracht, zwei Seeigeleier bis zur Geschlechtsreife parthenogenetisch aufzuziehen; eines wurde zu einem Männchen, eines zu einem Weibchen. Es ist sehr zu hoffen, daß die methodischen Schwierigkeiten derartiger Aufzuchten bald überwunden werden.

Gibt uns die Parthenogenesis, einstweilen wenigstens, keine ganz sicheren Anhaltspunkte zur Beantwortung unserer Frage nach der Tendenz der Keimzellen, so haben auch die Versuche mit Pflanzen, die annähernd, wenn auch nicht ganz rein, getrenntgeschlechtig sind, ebenfalls kein ganz eindeutiges Resultat gegeben. Das Bingelkraut, Mercurialis annua, ist z.B. im allgemeinen getrenntgeschlechtig, doch treten an den Männchen gelegentlich einzelne weibliche Blüten auf und vor allem an den alternden Weibchen einzelne männliche; ja es ist nach Bitter ungewiß, ob es Weibchen gibt, die unter keinen Umständen männliche Blüten hervorbringen. Solche fast eingeschlechtige Pflanzen kann man nun isolieren und ihre durch Selbstbefruchtung entstandene Nachkommenschaft aufziehen. Derartige Versuche haben Strasburger und Bitter, auch ich selbst, angestellt; sie ergaben, daß beiderlei Pflanzen wieder ihresgleichen hervorbringen, während sonst, wenn man männliche und weibliche Individuen zusammenbringt, die Nachkommenschaft das Geschlechtsverhältnis 106 Männchen auf 100 Weibchen zeigt. Aus diesen Versuchen muß man wohl schließen, daß die geschlechtliche Tendenz der Keimzellen dem Geschlecht des Individuums entspricht, das sie hervorbringt, ein Ergebnis, zu dem mich auch das Studium der Zwischenformen zwischen zwittrigen und getrenntgeschlechtigen Pflanzen geführt hatte. Es scheint aber auch hier keine durchgreifende Gesetzmäßigkeit zu bestehen; nach meinen Versuchen mit der Ackerdistel geben die annähernd rein männlichen Pflanzen bei Selbstbefruchtung sicher auch Weibchen; das Zahlenverhältnis bleibt freilich noch zu ermitteln.

Ist hier von der Fortsetzung und Ausdehnung der Versuche noch mancherlei Aufklärung zu erwarten, so haben die beiden eingangs genannten Wege, die zytologische Untersuchung und der Vererbungsversuch, unter sich übereinstimmende Ergebnisse erzielt in dem Sinne, daß die Keimzellen des einen Geschlechts alle dieselbe Tendenz bekommen, und zwar seine eigene, die Keimzellen des anderen Geschlechts aber zur Hälfte dieselbe, zur Hälfte die entgegengesetzte Tendenz. Das Geschlecht, das nur Keimzellen mit seiner eigenen Tendenz hervorbringt, wollen wir mit R. Hertwig homogametisch nennen, das andere, das zweierlei Keimzellen produziert, zur Hälfte mit der eigenen, zur Hälfte mit der entgegengesetzten Tendenz, heterogametisch. Dabei scheint je nach dem Verwandtschaftskreis bald das männliche, bald das weibliche Geschlecht die zweierlei Keimzellen hervorzubringen, bei den einen Insekten und manchen Pflanzen, vielleicht auch beim Menschen, das männliche, bei den anderen Insekten und auch wohl den Seeigeln das weibliche.

Haben die Keimzellen also schon eine bestimmte Tendenz, so ist die nächste Frage die, ob sie unveränderlich festgelegt ist, so daß dadurch auch das Geschlecht der Nachkommen vollständig bestimmt ist, oder ob trotz der Tendenz der Keimzellen über das Geschlecht der Nachkommen erst nach der Befruchtung definitiv entschieden ist. Wir können ja ganz gut verstehen, daß eine bestimmte geschlechtliche Tendenz der Keimzellen noch nicht notwendig über das Geschlecht des Embryo zu entscheiden braucht; ist es doch mit den übrigen Eigenschaften auch nicht anders. Die Eizellen einer rein weißblühenden Erbsensorte haben z.B. ganz sicher auch die Tendenz, rein weißblühende Pflanzen zu geben; bestäubt man aber die kastrierten Blüten einer solchen weißen Erbse mit dem Pollen einer violettblühenden, so erhält man aus denselben Eizellen lauter violettblühende Nachkommen.

Viele Forscher haben sich nun dahin ausgesprochen, daß die Hälfte der Eier zu Männchen, die Hälfte zu Weibchen fest vorbestimmt sei, und daß jeder Einfluß des Spermatozoon fehle. Man hat sich dabei zumeist auf die Tatsache gestützt, daß bei manchen Tieren zweierlei Eier, größere und kleinere, gebildet werden. Aus den größeren gehen stets Weibchen, aus den kleineren Männchen hervor. In den meisten Fällen handelt es sich aber um Eier, die sich ohne Befruchtung parthenogenetisch weiter entwickeln, so bei der Reblaus, bei Daphniden und Rotatorien. Auf Tiere mit normaler geschlechtlicher Fortpflanzung dürfte ihr Verhalten nicht übertragbar sein. Und der einzige Fall, wo befruchtungsbedürftige Eier entsprechende Größendifferenzen zeigen, der merkwürdige Strudelwurm Dinophilus apatris, ist durch neuere Untersuchungen (von Shearer) sehr zweifelhaft geworden; die Größendifferenz soll sich erst nach der Befruchtung einstellen, also wenn das Geschlecht jedenfalls schon entschieden ist. Die Befruchtung soll eben viel früher eintreten, als man bis jetzt annahm.

Die Beweise für eine unveränderliche Vorherbestimmung der Keimzellen sind also fraglich geworden; umgekehrt hat sich in einigen Fällen durch das Experiment nachweisen lassen, daß das Geschlecht der Nachkommen von der inneren Beschaffenheit beider Eltern abhängt, also nicht in den Keimzellen eines Elters, und damit auch nicht unabänderlich festgelegt sein kann.

Bei seinen Versuchen mit Fröschen fand R. Hertwig, daß die Abstammung von Ei und Sperma, resp. die Herkunft des Männchens und Weibchens aus der einen oder anderen Gegend, von Einfluß ist auf die Zusammensetzung der Nachkommenschaft. An manchen Orten ist nämlich das Geschlecht der jungen Fröschchen schon sehr frühzeitig zu erkennen, an anderen Orten ist die Mehrzahl der jungen Tiere sehr lange äußerlich und innerlich indifferent (nicht eigentlich hermaphroditisch); die Umwandlung der nicht differenzierten Keimdrüsen in ausgesprochen männliche oder weibliche erfolgt bei ihnen viel später. Diese Eigenschaft, indifferente Junge zu bilden, ist stärker als die, frühzeitig differenzierte hervorzubringen. Befruchtet man nun die Eier eines normalen Weibchens mit dem Sperma eines, kurz gesagt, indifferenten Männchens, so erhält man viel indifferente Nachkommen statt normaler. Der normale Geschlechtszustand ist also in den Eiern noch nicht festgelegt, er kann durch die Spermatozoen abgeändert werden.

Ich selbst fand bei einer Pflanze, dem spitzblättrigen Wegerich, einen ähnlichen, vielleicht noch zwingenderen Beweis für den Einfluß, den die Herkunft der männlichen und weiblichen Keimzellen hat. Hier gibt es freilich nicht Männchen und Weibchen, sondern Zwitter, Weibchen und Zwischenstufen. Von verschiedenen Weibchen, die alle gleichzeitig mit dem Pollen ein und desselben zwittrigen Stockes bestäubt worden waren, brachte jedes eine andere zusammengesetzte Nachkommenschaft hervor, jedes z.B. verschieden viel Weibchen. Von der Beschaffenheit der männlichen Keimzellen allein konnte also das Geschlecht nicht abhängen, die Beschaffenheit der Mutter, resp. der Eizellen mußte eine Rolle spielen. Wurde umgekehrt ein und dasselbe Weibchen nach und nach mit dem Pollen verschiedener zwittriger Stöcke bestäubt, so fiel die getrennt aufgezogene Nachkommenschaft ebenfalls verschieden aus; es waren z.B. gleichviel Weibchen darunter. Folglich konnte das Geschlecht auch nicht in den Eizellen der weiblichen Pflanzen festgelegt sein; es mußten auch die männlichen Keimzellen, je nach ihrer Herkunft, mitgewirkt haben. Die Zusammensetzung der Nachkommenschaft hing also vom Vater und von der Mutter ab, und zwar so, wie die Ausdehnung der Versuche zeigte, daß das eine Weibchen stets relativ mehr seinesgleichen hervorbrachte als ein anderes, gleichgültig, wie es bestäubt wurde, und daß auch der zwittrige Stock stets die Bildung von relativ mehr Weibchen veranlaßte als der andere, gleichgültig, was für ein Weibchen seinen Blütenstaub erhielt.

In beiden Fällen handelt es sich gewiß um Einflüsse, die festbegründet im inneren Wesen einer ganzen Rasse (beim Frosch) oder der einzelnen Individuen (beim Wegerich) liegen. Außerdem haben wir noch zahlreiche Angaben über gelungene Verschiebungen des Geschlechtsverhältnisses zugunsten des einen Geschlechtes, die darauf hinauslaufen, daß beim selben Individuum die Tendenz der Keimzellen umgeschlagen oder wenigstens in ihrer Stärke verändert sein soll.

Vielfach sollen Ernährungseinflüsse wirksam gewesen sein. So hat jüngst A. Russo mit großer Bestimmtheit angegeben, daß er durch Darreichung von Lezithin, das in den Eiern aufgehäuft wird, beim Kaninchen das Sexualverhältnis ganz zugunsten der Weibchen verschieben könne, in letzter Linie also durch die Ernährung.

Angaben über den Einfluß des relativen Alters der Keimzellen, also ihres Entwicklungszustandes bei Eintritt der Befruchtung, sind besonders oft gemacht worden. So sollten nach Thury frühzeitig befruchtete Eier vorwiegend Weibchen, später, längere Zeit nach ihrer Ablösung, befruchtete Männchen geben. Nach ganz neuerdings publizierten Versuchen Ciesielskis ist umgekehrt das Alter der männlichen Keimzellen von entscheidendem Einfluß. Es soll z.B. beim Hanf bei Verwendung ganz jungen Pollens die Nachkommenschaft fast ausschließlich aus Männchen, bei Verwendung älteren Pollens ganz ausschließlich aus Weibchen bestehen.

Bis jetzt haben die meisten derartigen Behauptungen einer kritischen Nachprüfung nicht standgehalten. Gegen viele lassen sich von vornherein theoretische Bedenken geltend machen. Bei den Angaben über ein Umschlagen der Tendenz der Keimzellen eines Geschlechtes ist z.B. nicht immer beachtet worden, daß dieses Geschlecht auch zweierlei Keimzellen mit verschiedener Tendenz bilden könnte, und die eine Sorte durch einen Eingriff in anderer Weise beeinflußt werden könnte als die andere, z.B. gänzlich ausgeschaltet. Dann würde nicht die Tendenz der Keimzellen, die bei der Befruchtung eine Rolle spielen, geändert sein, sondern nur ihr Zahlenverhältnis und damit vielleicht das Geschlechtsverhältnis überhaupt.

Die einzigen Versuche über den Einfluß des Alters der Keimzellen, die in dieser Hinsicht wohl allen Anforderungen entsprechen, verdanken wir wieder Hertwig. Bei ihnen gaben die im Zustand der Überreife befruchteten Eier des Frosches außerordentlich viel mehr Männchen, als nach dem Geschlechtsverhältnis zu erwarten gewesen wären.

III.

Überblicken wir nun einmal das bisher Besprochene. Wir haben gesehen,

daß nicht nur jedes Geschlecht, sondern auch jede Keimzelle die Fähigkeit besitzt, für die Entfaltung sowohl des männlichen als des weiblichen Merkmalkomplexes zu sorgen;

daß der Prozeß der Geschlechtsbestimmung in der Unterdrückung des einen Merkmalkomplexes zugunsten des anderen besteht;

daß auch die Keimzellen schon eine bestimmte Tendenz durch Unterdrückung eines Anlagenkomplexes erhalten;

daß diese Tendenz aber nicht in einer Sorte Keimzellen, etwa in den Eizellen, ganz unabänderlich festgelegt ist oder doch festgelegt zu sein braucht, sondern daß über das Geschlecht der Nachkommen erst nach der Befruchtung definitiv entschieden ist;

daß wir endlich auch Anhaltspunkte über die Art der geschlechtlichen Tendenz der Keimzellen besitzen, speziell daß, wenigstens in vielen Fällen, das eine Geschlecht nur einerlei, das andere zweierlei Keimzellen hervorbringen dürfte.

Damit besitzen wir die nötigsten Anhaltspunkte zur Besprechung der Versuche, die Geschlechtsbestimmung mit den Ergebnissen der modernen Vererbungslehre in Zusammenhang zu bringen. Ich muß diese Ergebnisse selbst im wesentlichen als bekannt voraussetzen; sie sind mit dem Namen Gregor Mendels untrennbar verbunden.

Schon Mendel selbst war der Gedanke durch den Kopf gegangen, ob sich die von ihm entdeckten Gesetze nicht auch auf das Problem der Geschlechtsbestimmung anwenden ließen. Die ersten Versuche in dieser Richtung gingen aber nach der Wiederentdeckung der Mendelschen Gesetze von Strasburger, Castle und Bateson aus. Castles Theorie ist wohl am bekanntesten geworden; sie hat jetzt nach all der Anregung, die sie geboten hat, wohl nur noch historischen Wert.

Unser Autor nahm an, daß sowohl von den Eiern als von den Spermatozoen je die Hälfte die männlichen, die Hälfte die weiblichen Anlagen führe und daß »selektive Befruchtung« das Zusammentreffen von Keimzellen mit den gleichen Anlagen verhindere und dafür sorge, daß sich nur Keimzellen mit verschiedenen Anlagen, den männlichen und weiblichen, vereinigten. Dabei sollten bald die einen, bald die anderen Anlagen dominieren, so daß die Hälfte der Nachkommen Männchen, die Hälfte Weibchen würden. Bei der Keimzellbildung würden endlich sowohl beim männlichen als beim weiblichen Geschlecht durch regelrechtes Spalten die Anlagen so verteilt, daß bei beiden jedesmal wieder die Hälfte der Keimzellen die männlichen, die Hälfte die weiblichen Anlagen erhielten. Dann könnten durch selektive Befruchtung wieder Männchen und Weibchen entstehen usf. Nach dieser Theorie wären also sowohl Männchen als Weibchen heterogametisch, gewissermaßen Bastarde.

Heutzutage geht man bei derartigen Erklärungsversuchen wohl allgemein von den Erscheinungen aus, die ein den neuen Gesetzen folgender, »mendelnder« Bastard bei der Verbindung mit dem einen seiner Eltern zeigt.

Wir wollen zunächst diese Erscheinungen kurz betrachten.

Nehmen wir an, wir hätten eine rotblühende Pflanze mit einer weißblühenden verbunden und einen etwas heller rotblühenden Bastard erhalten. Rot dominiert also über weiß, das rezessiv ist. Wenn dieser Bastard nun seine Keimzellen bildet, erhält nach dem »Spaltungsgesetz« die Hälfte davon die Anlage für rote, die Hälfte die für weiße Blüten, und zwar jedesmal die Hälfte der männlichen wie der weiblichen Keimzellen. Bei Selbstbestäubung würde ein Viertel der Nachkommen dem rein roten Elter entsprechen und rot blühen, ein Viertel dem rein weißen, rezessiven Elter, also weiß blühen, zwei Viertel aber wieder dem Bastard und etwas heller rot sein als das rote Elter. Befruchtet man dagegen den Bastard mit dem weißblühenden Elter oder umgekehrt dieses Elter mit dem Bastard, so besteht die Nachkommenschaft zur Hälfte aus heller rot blühenden Pflanzen, die wieder Bastarde sind, zur Hälfte aber aus rein weißen Pflanzen. Denn die Hälfte der Keimzellen des Bastardes enthält ja die Anlage für Rot, die Hälfte die für Weiß; in allen Keimzellen des weißen Elters steckt dagegen nur die Anlage für Weiß. Bei der Vereinigung des Bastards mit dem weißen Elter kommt also in der Hälfte der Fälle rot und weiß zusammen und gibt etwas heller rot, in der anderen Hälfte der Fälle aber trifft weiß und weiß zusammen, wobei selbstverständlich weiß herauskommt. Die neuen Bastarde spalten bei der Keimzellbildung natürlich wie die alten nach rot und weiß, die neuentstandenen weißen Pflanzen haben in allen ihren Keimzellen nur die Anlage für weiß, so daß bei der Verbindung der Bastardnachkommen mit den weißblühenden Nachkommen als nächste Generation wieder zur Hälfte heller rot blühende Bastarde, zur Hälfte weißblühende Pflanzen entstehen usf.

In diesen Vorgängen bei der Verbindung eines mendelnden Bastardes mit einem seiner Eltern kann man nun ein Schema für die Vorgänge bei der Geschlechtsbestimmung sehen. Man braucht bloß noch folgendes anzunehmen: Die Tendenz, männliche oder weibliche Nachkommen zu geben, sei eine Eigenschaft wie die, rote oder weiße Blüten zu bilden, und die eine Geschlechtstendenz dominiere über die andere, wie rot über weiß dominiert. Wir wollen zunächst die männliche Tendenz über die weibliche dominieren lassen.

Weibchen können dann nur entstehen, wenn beide sich vereinigende Keimzellen die Tendenz für weiblich haben; und die Keimzellen, die von diesen Weibchen gebildet werden, können natürlich alle nur die Tendenz für weiblich besitzen. Die Weibchen sind homogametisch.

Männchen entstehen dann, wenn sich eine weibliche Keimzelle (die stets weibliche Tendenz besitzt) mit einer männlichen Keimzelle mit männlicher Tendenz vereinigt; diese Tendenz dominiert ja, wie wir annahmen, so daß das Produkt männlich wird. Bei der Keimzellbildung tritt aber Spalten ein; die Hälfte der Spermatozoen erhält die männliche, die Hälfte die weibliche Tendenz. Die Männchen sind heterogametisch.

Werden mit diesen zweierlei männlichen Keimzellen die einheitlichen weiblichen befruchtet, so kommt in der Hälfte der Fälle gleiches und gleiches zusammen, weibliche Tendenz mit weiblicher Tendenz, und es entstehen Weibchen; in der anderen Hälfte der Fälle trifft aber ungleiches zusammen, männliche und weibliche Tendenz, und es entstehen Männchen.

Sie brauchen bloß statt rot »männliche Tendenz«, statt weiß »weibliche Tendenz« zu setzen, so gilt das Rückbastardierungsschema für die Geschlechtsbestimmung.

Wir haben eben angenommen, die männliche Tendenz dominiere über die weibliche; wir können ebensogut die weibliche Tendenz über die männliche dominieren lassen, nur wird dann das weibliche Geschlecht heterogametisch und das männliche homogametisch.

Wenn man die Geschlechtsbestimmung in der geschilderten Weise nach den Mendelschen Vererbungsgesetzen vor sich gehen läßt, erklärt sich also ohne weiteres, daß das eine Geschlecht einerlei, das andere zweierlei Keimzellen bildet, daß bei diesem die zweierlei Keimzellen in gleicher Zahl entstehen, und daß das Zahlenverhältnis der Geschlechter annähernd 1:1 ist; die spezifischen Abweichungen, daß z.B. oft mehr Männchen als Weibchen gebildet werden, wären dann auf sekundäre Einflüsse zurückzuführen.

Dabei ist freilich nicht zu vergessen, daß es sich bei dem Spalten und Dominieren niemals um die Merkmalskomplexe selbst handeln kann, die die primären und sekundären Geschlechtscharaktere ausmachen; diese sind nach dem, was wir schon gehört haben, sogar in den Keimzellen für beide Geschlechter vertreten. Spalten und dominieren oder Rezessivsein können nur davon unabhängige Faktoren, die bestimmen, welcher Anlagenkomplex sich entwikkelt und die man »Geschlechtsbestimmer« nennen könnte.

Dieser Gesichtspunkt ist freilich bei den nun zu besprechenden Versuchen, die experimentellen Belege für die Anwendung der Vererbungsgesetze auf unser Problem zu finden, nicht immer berücksichtigt worden.

Wir können diese Versuche in zwei Gruppen bringen. In die eine stellen wir jene, die mit Hilfe der sogenannten »geschlechtsbegrenzten Vererbung« in das Problem der Geschlechtsbestimmung eindringen wollen, in die andere jene, die hierzu Bastarde zwischen getrenntgeschlechtigen und hermaphroditischen Organismen benützen. Ich berichte über diese letzteren Untersuchungen zuerst.

Sie gingen ursprünglich von folgenden Überlegungen aus. Es sollte die unbekannte geschlechtliche Tendenz der männlichen und der weiblichen Keimzellen einer getrenntgeschlechtigen Art bestimmt werden. Vereinigen sich die beiderlei Keimzellen miteinander, so kann man aus dem Ergebnis, dem Geschlecht des Embryo, keine Rückschlüsse ziehen. Vereinigen sie sich dagegen mit fremden Keimzellen, deren geschlechtliche Tendenz bekannt ist, so läßt sich aus der Änderung von deren Tendenz, wie sie an den Nachkommen hervortritt, eventuell auf die abändernde Tendenz der getrenntgeschlechtigen Keimzellen schließen, geradeso wie man in dem schon angeführten Falle daraus, daß die Eizellen einer weißblühenden Erbse violettblühende Pflanzen geben, schließen kann, in den befruchtenden männlichen Keimzellen steckten gewisse Anlagen für die Bildung farbiger Blüten. Solche Keimzellen mit von vornherein bekannter geschlechtlicher Tendenz sind bei den zwittrigen Organismen vorhanden; hier sollen Eizelle und männliche Keimzelle nicht verschiedene Tendenz besitzen, sondern beide dieselbe, die zwittrige. Die Eizelle eines solchen zwittrigen Organismus müßte, künstlich zur parthenogenetischen Entwicklung gebracht, wieder einen zwittrigen (nicht etwa einen weiblichen) Organismus geben, wie sie es bei natürlicher Parthenogenesis auch wirklich tut.

Wenn nun die geschlechtliche Tendenz in den Keimzellen einer getrenntgeschlechtigen Art stärker ist als die geschlechtliche Tendenz in den Keimzellen einer zwittrigen, und die beiden Arten lassen sich miteinander bastardieren, so läßt sich aus dem Geschlechte der Bastarde auf die geschlechtliche Tendenz der Keimzellen der getrenntgeschlechtigen Art schließen.

Material dazu hat sich bis jetzt nur im Pflanzenreich finden lassen, und auch da ist es sehr spärlich. Die ersten Versuche wurden mit unseren zwei Zaunrübenarten (Bryonia dioica und Bryonia alba) angestellt. Bryonia dioica ist, wie ihr Name schon sagt, getrenntgeschlechtig; es gibt männliche und weibliche Exemplare. Bryonia alba ist »einhäusig«, d.h. es existieren nur einerlei Exemplare, die männliche und weibliche Blüten vereint tragen.

Es lassen sich nun mit diesen Pflanzen viererlei Versuche anstellen.

1. Weibliche Pflanzen der Bryonia dioica, bestäubt mit dem Pollen von männlichen Pflanzen derselben Art, geben

ungefähr 50% weibliche und 50% männliche Nachkommen, wie zu erwarten ist; alle sind natürlich Bryonia dioica.

2. Weibliche Pflanzen der Bryonia dioica, bestäubt mit den Pollenkörnern der Bryonia alba, geben 100% weibliche Nachkommen, lauter Bastarde (also nicht, wie beim vorigen Versuch, zur Hälfte männliche und zur Hälfte weibliche Pflanzen).

3. Bryonia alba, mit eigenem Pollen bestäubt, gibt 100% einhäusige Pflanzen, wie es zu erwarten war. Alle sind natürlich Bryonia alba.

4. Bryonia alba, bestäubt mit den Pollenkörnern der Männchen von Bryonia dioica, gibt 50% männliche und 50% weibliche Nachkommen, alles Bastarde.

Bestäubt man also die Weibchen der getrenntgeschlechtigen Pflanze mit dem Pollen der gemischtgeschlechtigen, so erhält man lauter Weibchen, bestäubt man dagegen die gemischtgeschlechtige Pflanze mit dem Pollen der getrenntgeschlechtigen, so erhält man zur Hälfte Männchen, zur Hälfte Weibchen.

Wie man auch die Versuchsergebnisse deuten will, eines ist sicher: Die Keimzellen der Bryonia dioica-Weibchen stimmen unter sich überein, es gibt ihrer nur einerlei, während es bei den Männchen zweierlei Keimzellen geben muß. Die Weibchen sind homogametisch, die Männchen heterogametisch.

Die ursprüngliche Deutung nahm nun an, die Keimzellen des Bryonia dioica-Weibchens hätten alle die Tendenz, wieder Weibchen zu geben, die Keimzellen des Bryonia dioica-Männchens dagegen zur Hälfte die, Männchen, zur Hälfte die, Weibchen zu geben. So erklärt sich das Ergebnis der Bastardierungsversuche ohne weiteres; die stets gemischtgeschlechtige Tendenz der Keimzellen der Bryonia alba wird jedesmal unterdrückt. Und nehmen wir des weiteren an, die männliche Tendenz dominiere über die weibliche, wenn beide zusammenkommen, so läßt sich auch die Geschlechtsbestimmung bei der Bryonia dioica selbst leicht verstehen. Die Weibchen bilden lauter Eizellen mit der weiblichen Tendenz. Die eine Hälfte trifft mit männlichen Keimzellen mit männlicher Tendenz zusammen, und es entstehen infolge der Dominanz der männlichen Tendenz Männchen. Die andere Hälfte der weiblichen Keimzellen wird von männlichen Keimzellen mit weiblicher Tendenz befruchtet und gibt dann natürlich Weibchen. Bei der Keimzellbildung der Männchen spalten die zwei Tendenzen, so daß die Hälfte die dominierende männliche, die Hälfte die unterdrückte weibliche Tendenz erhält; bei der Keimzellbildung der Weibchen entstehen natürlich nur Keimzellen mit weiblicher Tendenz. Damit wären für die Entstehung der nächsten Generation wieder genau dieselben Bedingungen geschaffen, wie für die der vorhergehenden. Die Geschlechtsbestimmung selbst aber entspräche völlig dem Vorgang, der bei der Verbindung eines mendelnden Bastards mit demjenigen seiner Eltern eintritt, das rezessiv ist. Daß es sich dabei um geschlechtsbestimmende Faktoren und nicht um die geschlechtlichen Charaktere selbst handeln muß, haben wir schon betont.

Diese Deutung im einzelnen hat wenig Beifall gefunden; fast jeder, der sich über die Versuche geäußert hat, hat wieder eine neue gegeben, ein Beweis, daß auch diese Erklärungen nicht ohne weiteres befriedigen. Am meisten Widerspruch hat die Annahme gefunden, die beiderlei Keimzellen der gemischtgeschlechtigen Bryonia alba hätten dieselbe einhäusige Tendenz, was mir fast selbstverständlich vorgekommen war. Es würde viel zu weit führen, auch nur die wichtigsten Einwände zu besprechen; doch sei angedeutet, daß Noll und Strasburger zwar für die weiblichen Keimzellen auch die weibliche Tendenz annahmen, den männlichen Keimzellen aber allen die männliche Tendenz zugeschrieben haben. Bei der einen Hälfte soll sie jedoch schwächer als die weibliche Tendenz der Eizellen sein, bei der anderen Hälfte stärker. Eizellen, die von einer männlichen Keimzelle ersterer Art befruchtet würden, gäben Weibchen; bei der Befruchtung durch eine Keimzelle der anderen Art entstünden Männchen. [...]

IV.

Die experimentellen wie die zytologischen Untersuchungen des letzten Jahrzehnts haben es wahrscheinlich gemacht, daß bei den getrenntgeschlechtigen Wesen, Tieren und höheren Pflanzen, schon die Keimzellen eine bestimmte sexuelle Tendenz besitzen, und zwar so, daß das eine Geschlecht homogametisch ist, d.h. nur einerlei Keimzellen bildet, während das andere Geschlecht heterogametisch ist, d.h. zweierlei Keimzellen hervorbringt. Im einzelnen ist wohl bald das männliche, bald das weibliche Geschlecht heterogametisch.

Entweder stimmt nun die Tendenz der Keimzelle jedesmal mit dem Geschlecht des Individuums überein, das sie hervorbringt, und die zweierlei Keimzellen der heterogametischen Individuen unterscheiden sich dann nur in der Stärke dieser ihrer Tendenz. Oder, was wahrscheinlicher ist oder häufiger vorkommt: Das homogametische Geschlecht bildet Keimzellen, die alle mit ihm in ihrer Tendenz übereinstimmen, das heterogametische Geschlecht aber zur Hälfte Keimzellen, die seine Tendenz besitzen, zur Hälfte Keimzellen mit der entgegengesetzten Tendenz, also der des homogametischen Geschlechtes.

Die Bestimmung des Geschlechtes des Embryos würde dann bei der Befruchtung und so zustandekommen: Die eine Art Keimzellen des heterogametischen Geschlechtes dominiert mit ihrer Tendenz über die Tendenz der Keimzellen des homogametischen Geschlechtes, und es entsteht das heterogametische Geschlecht aufs neue. Die andere Art Keimzellen des heterogametischen Geschlechtes hat dieselbe Tendenz wie die Keimzellen des homogametischen Geschlechtes und gibt wieder dieses Geschlecht.

Es ist wohl kaum daran zu zweifeln, daß es sich dabei um Vorgänge handelt, die den Mendelschen Vererbungsgesetzen folgen, daß speziell die zweierlei Keimzellen durch das Spalten der Tendenzen während der Reduktionsteilung zustandekommen, wenn auch im einzelnen noch sehr viel unklar ist. Dabei ist nie außer acht zu lassen, daß es sich nicht um die Anlagen für die primären und sekundären Geschlechtscharaktere selbst handeln kann, sondern nur um die Faktoren, von denen die größere oder geringere Entfaltungsfähigkeit des einen oder anderen Merkmalkomplexes abhängt, um das, worauf die »Tendenz« beruht, resp. um »Geschlechtsbestimmer«.

Die Geschlechtsbestimmung ist also ein komplizierter Vorgang, er zerfällt in mehrere Phasen. Zunächst handelt es sich um die Bestimmung der Tendenz der Keimzellen. Das ist nach allem, was wir wissen, ein Vererbungsvorgang, und insofern können wir sagen: Das Geschlecht wird vererbt. Dann fällt erst beim Zusammentreffen der Keimzellen bei der Befruchtung die Entscheidung über das Geschlecht des Embryo. Sie hängt von der im allgemeinen von vornherein festgelegten Stärke der zusammentreffenden Tendenzen ab; zuweilen scheint diese Stärke wirklich veränderbar zu sein, theoretisch ist sie es stets. Die Entscheidung ist meist definitiv; nur selten läßt sich. z.B. unter dem Einfluß von Parasiten, die theoretisch ebenfalls stets denkbare nachträgliche Änderung des Geschlechtes wirklich beobachten. – Wieder ganz andere Vorgänge entscheiden bei einem gemischtgeschlechtigen Wesen, welches Geschlecht eine Organanlage bekommt, ob z.B. bei einem einhäusigen Gewächs eine einzelne Blüte (bei einem zwittrigen ein Sporophyll) männlich oder weiblich wird.

Welche Tendenz die einzelne Keimzelle des heterogametischen Geschlechtes erhält, und welche Tendenzen bei der einzelnen Befruchtung zusammentreffen, entscheidet jedesmal der Zufall: er bestimmt also im wesentlichen: männlich oder weiblich. Daß das Geschlechtsverhältnis nicht genau 1:1 ist, sondern in einer für die Spezies oder Rasse charakteristischen Weise zugunsten des einen oder anderen Geschlechtes verschoben wird, hängt wohl (vielleicht mit Ausnahmen) erst von sekundären Einflüssen ab, die von der Keimzellbildung an bis zur Geburt des neuen Organismus wirken können, z.B. von einer ungleichen Resistenz der Keimzellen oder Embryonen gegen schädliche Einflüsse.

Darüber wissen wir besonders wenig. Und doch scheint mir die genaue Kenntnis der hierbei wirksamen Faktoren noch am ehesten einen Weg öffnen zu können, auf dem wir vielleicht später einmal lernen werden, das Geschlecht bis zu einem gewissen Grade von Wahrscheinlichkeit willkürlich voraus zu bestimmen.

Nach dem heutigen Stand unserer Kenntnisse sind die Chancen wenigstens sehr gering, daß wir auf einem anderen Wege jemals soweit kommen werden. Möglich ist ja auch noch, daß das weibliche Geschlecht heterogametisch wäre, und die Reifung der Eizellen mit männlicher und mit weiblicher Tendenz in bestimmtem Wechsel erfolgte, etwa so, wie das O. Schoener jüngst angenommen hat. Wahrscheinlich ist eine solche Reihenfolge aber durchaus nicht; alles spricht vielmehr dafür, daß, wenn überhaupt das weibliche Geschlecht heterogametisch ist, nur der Zufall entscheidet, ob das ausgestoßene Ei vorher (bei der Reifeteilung) die eine oder die andere Tendenz erhalten hat; und damit wäre in unserem speziellen Falle schon bestimmt, ob das Kind dem einen oder dem anderen Geschlechte angehören wird.

Es ist ja auch gar kein Grund einzusehen, warum ein komplizierter Wechsel zwischen Eiern von verschiedener Tendenz vorhanden sein sollte, der einen noch viel komplizierteren regulierenden Mechanismus voraussetzen würde, wenn der Zufall allein bei einem relativ einfachen Mechanismus zu demselben Resultat, der Bildung von annähernd gleichviel männlichen und weiblichen Nachkommen, führt. Etwa gar deshalb, damit der Mensch die Geschlechtsbestimmung ganz in seine Hände bekommt? Die Schwierigkeit, die spezifischen Abweichungen vom Geschlechtsverhältnis 1:1 zu erklären, bleibt in beiden Fällen die gleiche.

Ängstliche Gemüter, die von der Entdeckung der völlig willkürlichen Geschlechtsbestimmung den Umsturz der

Weltordnung erwarten – ich gehöre nicht dazu –, glaube ich trösten zu dürfen: Die Einblicke, die wir in der letzten Zeit in das Wesen der Geschlechtsbestimmung tun durften, haben uns diesem Ziel nicht genähert, sondern entschieden von ihm entfernt. Prophezeien ist eine heikle Sache, aber es könnte sein, daß wir über kurz oder lang vollen Einblick haben und dann beweisen könnten, daß die sichere Bestimmung des Geschlechtes beim Menschen nach unserem Wunsche praktisch ebenso unmöglich ist, wie die Quadratur des Zirkels oder das Perpetuum mobile es theoretisch sind.

MAX VON LAUE

Die Relativitätstheorie in der Physik

1922

Will man die Rolle verstehen, welche eine Theorie in der Physik spielt, so muß man sich vor allem die physikalischen Fragen vergegenwärtigen, auf welche sie antwortet. Bei der Relativitätstheorie sind diese Fragen alt, so alt, wie neuzeitliche Physik überhaupt; Newton hat ihnen wohl zuerst bewußt gegenübergestanden. Jeder Fortschritt der Wissenschaft hat sie unter einem neuen Gesichtspunkt wieder aufgeworfen. Die Antworten hingegen, welche die heutige Relativitätstheorie auf sie gibt, sind unerhört neu, von überraschender Einfachheit und Kühnheit, und übertreffen dabei an innerer Überzeugungskraft die älteren Beantwortungsversuche. Das bildet den Ruhm der Relativitätstheorie und ihres Urhebers.

Diese Fragen stammen aus zwei Gedankenkreisen, welche zunächst kaum im Zusammenhang zu stehen scheinen. Die beiden Teile, welche man als die beschränkte und die allgemeine Relativitätstheorie zu unterscheiden pflegt, entsprechen genau dieser zweifachen Herkunft. Dabei ist aber die Theorie ein einheitliches Ganzes. Daß sie diese beiden Gedankenkreise in engste Verbindung miteinander bringt, gehört mit zu ihren hervorragenden Leistungen.

I.

Die erste dieser Fragen lautet: Gibt es für die translatorische Bewegung absolute Geschwindigkeit? Gewiß bedarf es bei jeder Geschwindigkeit der Angabe, wogegen sie gemessen werden soll; sie ist in diesem Sinne stets etwas Relatives. Das Gegenteil wäre logisch unmöglich. In der Physik aber hat die Frage einen andern Sinn. Es wäre doch denkbar, daß man einen Körper entdeckte, gegen welchen aus physikalischen Gründen die Geschwindigkeiten stets zu messen wären, so daß man im Einzelfall gar nicht mehr darauf zu verweisen brauchte; dann hätten diese Geschwindigkeiten für die Physik eine Art absoluter Bedeutung. Diese Gründe könnten nur in einem Einfluß bestehen, welchen die Bewegung gegen den genannten Körper auf die physikalischen Vorgänge ausübte. Ob es solche Einflüsse gibt, das gerade ist der Sinn der erwähnten Frage.

Die Newtonsche Mechanik verneint sie; die Gründe sind allbekannt. In einem Schiff, welches gleichmäßig den Fluß hinabgleitet, verläuft alles Mechanische genau so, wie in einem fest am Ufer stehenden Haus. Von der translatorischen Bewegung der Erde um die Sonne ist an den mechanischen Vorgängen auf der Erde ebensowenig etwas zu spüren, wie von der Bewegung des ganzen Sonnensystems gegen die Fixsterne. Es kommt bei jedem mechanischen Vorgang nur auf die relative Bewegung der an ihm teilnehmenden Körper gegeneinander an. Verdeckte uns also ein ewiger Wolkenschleier den Ausblick auf die Gestirne, so könnten wir nie etwas von der Bewegung der Erde gegen diese erfahren, wenigstens nicht durch mechanische Versuche auf ihr.

Diese verneinende Antwort ist in dem Relativitätsprinzip der Newtonschen Mechanik ausgesprochen. Um die Gesetze der Mechanik mathematisch zu fassen, bedarf man eines Koordinatensystems, in welchem man den Ort jedes Massenpunktes durch drei zueinander senkrechte Koordinaten bestimmen kann. Das Relativitätsprinzip sagt nur aus: Haben wir ein Koordinatensystem, in welchem die Newtonschen Bewegungsgleichungen gelten, so gelten sie in genau derselben Form in jedem anderen Koordinatensystem, das gegen ersteres eine translatorische Bewegung mit unveränderlicher Geschwindigkeit besitzt. Nicht nur ein einziges System ist für die Mechanik brauchbar und damit durch die Natur bevorzugt, sondern es gibt eine Gruppe unendlich vieler gleichberechtigter Systeme. Freilich gehören nicht alle denkbaren Systeme dieser Gruppe an. Ausgeschlossen sind alle, welche gegen ein berechtigtes System eine drehende oder eine beschleunigte Bewegung besitzen. Aber unter den Systemen der Gruppe kann man bei jedem mechanischen Problem beliebig wählen. Deswegen muß man bei jeder Geschwindigkeit genau angeben, gegen welches der Systeme man sie mißt. Man kann jedem Körper, mindestens für einen bestimmten Zeitpunkt, jede gewünschte Geschwindigkeit geben, wenn man nur das geeignete unter den berechtigten Koordinatensystemen aussucht. Insbesondere kann man jedem Körper dadurch die Geschwindigkeit Null geben. Darin drückt sich eben die Relativität der Geschwindigkeit aus, die im schärfsten Gegensatz zu der Absolutheit der Beschleunigung steht. Denn die Beschleunigung hat in allen diesen berechtigten Koordinatensystemen dieselbe Größe und Richtung.

Mit diesem einfachen Satz war die Frage eigentlich erledigt, solange man die Newtonsche Mechanik für streng richtig und alle physikalischen Vorgänge in letzter Linie für Bewegungsvorgänge hielt. Und trotzdem tauchte sie sofort auf, sobald man die optischen und die elektromagnetischen Erscheinungen ins Auge faßte, die wir heute, der durch Maxwell und Hertz gewonnenen Erkenntnis zufolge, als eine Einheit behandeln. Denn diese Vorgänge sind nicht an die Materie gebunden, sie können sich im leeren Raum abspielen. Solange man sie für Bewegungsvorgänge oder auch nur für Zustandsänderungen eines Körpers hielt, brauchte man in der Physik einen Körper, der auch noch in dem von allen sonstigen Körpern entleerten Raum vorhanden ist, und so z.B. die weiten Räume zwischen den Himmelskörpern ausfüllt. Das war der vielgenannte Äther. Ob sich die älteren Physiker bei dieser Vorstellung wohl alle sehr wohl gefühlt haben? Man bedenke doch, welche Eigenschaften der Äther vereinigen mußte. Er mußte für alle Körper vollständig durchdringlich sein und ihrer Bewegung nicht den mindesten Widerstand bieten, er mußte sich in den elastischen Eigenschaften von allen anderen Körpern durchaus unterscheiden; er mußte, wenn man seine Bewegungen studieren wollte, wohl träge Masse haben, durfte aber für die Theorie der Planetenbewegung keine schwere Masse besitzen. Schließlich, und das empfinde ich als das Unbehaglichste, mußte er bei endlicher Dichte unendlich große Ausdehnung und damit unendlich große Gesamtmasse besitzen. So ist denn im Laufe der Zeiten eine Unsumme von Fleiß und Scharfsinn aufgewandt, um die Natur des Äthers näher zu ergründen. Und doch kann niemand sagen, es gäbe nur eine befriedigende Äthertheorie. Für die Frage nach der absoluten Geschwindigkeit aber hatte der Äther eine ganz besondere Bedeutung. Gäbe es ihn, so müßte sich die Bewegung eines Körpers gegen ihn in allen elektromagnetischen Vorgängen an diesem Körper zeigen. Man müßte dann selbstverständlich jede Geschwindigkeit gegen den Äther oder, was dasselbe sagt, gegen jenes bevorzugte Koordinatensystem messen, welches im Äther starr befestigt ist. Dann gäbe es also absolute Geschwindigkeit im physikalischen Sinn.

An die experimentelle Forschung trat somit die Forderung heran, die Bewegung der Körper, insbesondere die der Erde, gegen den Äther durch optische oder elektromagnetische Versuche zu bestimmen. Generationen von Physikern haben sich dieser Aufgabe gewidmet. Anfangs aufgrund einfacher Überlegungen mit verhältnismäßig rohen Methoden, später nach wohlausgebildeten Theorien mittels der genauesten Meßapparate, welche überhaupt je erdacht worden sind. Der aufgewandte Eifer läßt sich durchaus mit dem vergleichen, mit dem der Bau des Perpetuum mobile versucht worden ist. Und das Ergebnis war in beiden Fällen genau der gleiche, vollkommene Mißerfolg. Man kann leicht die Bewegung der Erde gegen die Gestirne feststellen, wenn man das Licht auffängt, das von diesen zu uns kommt. Bei Vorgängen hingegen, die sich rein auf der Erde abspielen, ist von dem Ätherwind, der infolge der Bewegung gegen den Äther auftreten sollte, nichts zu spüren.

Es geht alles so vor sich, als ruhte die Erde im Äther, und das ist doch nicht für alle Jahreszeiten möglich, da die Erde infolge ihrer Bewegung um die Sonne die Geschwindigkeit im Laufe des Jahres wechselt. Der experimentelle Befund spricht somit mit größter Schärfe gegen das Dasein eines physikalisch bevorzugten Koordinatensystems, d.h. für die Gültigkeit eines Relativitätsprinzips.

Es gab auch schon längere Zeit Theorien des Elektromagnetismus, welche dem Rechnung trugen. Z.B. läßt sich eine bekannte Theorie von H. Hertz als die Übertragung des Newtonschen Relativitätsprinzips auf Elektrodynamik kennzeichnen. Doch sie ließ sich mit manchen anderen Versuchen nicht in Einklang bringen. Weit bedeutsamer war die Umformung der Maxwellschen Theorie durch H.A. Lorentz, welche zwar den Äther und das bevorzugte Koordinatensystem beibehielt und somit eine Absoluttheorie vorstellt, aber trotzdem aus ihren Voraussetzungen ableiten konnte, daß der Ätherwind nur einen ganz verschwindenden Einfluß haben könne, daß also mit einer gewissen, schon recht guten Näherung ein Relativitätsprinzip gelte. Es bedurfte der schärfsten Prüfungen – vor allem handelte es sich um den berühmten von Michelson zuerst in Berlin und Potsdam angestellten, dann in Amerika großartig durchgeführten Versuch – um zu zeigen, daß dies genäherte Relativitätsprinzip den Tatsachen noch immer nicht gerecht wird. Daraufhin nahm H.A. Lorentz ein paar ergänzende Hypothesen in seine Theorie auf, die nun auch dem negativen Ausfall dieser Versuche Rechnung trug. Wir müssen das Ahnungsvermögen bewundern, welches den großen holländischen Physiker die Richtung finden ließ, in welcher der Fortschritt wirklich lag; denn seine Theorie vom Jahr 1904 kommt der Relativitätstheorie schon so nahe, daß sie in mancher Beziehung von ihr nicht zu unterscheiden ist. Und doch fehlte ihr die Hauptsache: Das große, einfache und allgemeine Prinzip, dessen Besitz der Relativitätstheorie von vornherein etwas Imposantes verleiht.

Einstein drehte den Spieß um; während seine Vorgänger Theorien aufgestellt hatten, aus denen sich ein Relativitätsprinzip als Folgerung ergab, setzte er als Forderung an die Spitze seiner Überlegungen: Es gibt für die Physik nicht ein bevorzugtes Koordinatensystem, sondern eine Gruppe unendlich vieler gleichwertiger Koordinatensysteme. Das ist dieselbe Aussage, welche die Newtonsche Mechanik, aber mit der Beschränkung auf mechanische Vorgänge, gemacht hatte. Einstein wandte sie zunächst auf die Elektrodynamik an, mit der inneren Begründung, daß man die elektromagnetischen und optischen Vorgänge durch die Forschungen des 19. Jahrhunderts genauer kennt, als die mechanischen. Und dieser Unterschied bestimmte das Wesen der neuen Relativitätstheorie.

Die Newtonsche Mechanik enthielt die Idee des starren Körpers, in welchem sich Bewegungsvorgänge momentan über beliebige Entfernungen ausbreiteten. Zwar war anerkannt, daß diese Idee in keinem bekannten Körper völlig verwirklicht wäre. Aber im Prinzip erklärte diese Theorie einen starren Körper für möglich. Die Elektrodynamik hingegen steht jeder Fernwirkung fremd gegenüber. Sie kennt nur Ausbreitung von elektromagnetischen Feldern mit endlicher Geschwindigkeit, die im leeren Raum, auf den es hier hauptsächlich ankommt, gleich der Lichtgeschwindigkeit ist. Damit hängt es innig zusammen, daß die alte Mechanik beim Übergang von einem ihrer berechtigten Systeme zum anderen die Zeitmessung nicht zu verändern brauchte; die Zeitmessung war für sie etwas Absolutes. Sie war in diesem Punkt vollständig konsequent und man darf ihr daraus nicht den mindesten Vorwurf machen. Aber dieser innere Zusammenhang war niemals durchschaut worden. Und man glaubte allgemein, auch wenn man jede Fernwirkung aus der Physik verbannte, dennoch eine absolute Zeitmessung beibehalten zu müssen. Die Haltlosigkeit dieses Vorurteils kam nun zutage, als Einstein das Relativitätsprinzip auf elektromagnetische Erscheinungen anwandte. Ganz deutlich zeigte sich, daß man jetzt beim Übergang von einem zum anderen Koordinatensystem die Zeitmessung verändern muß, und im engsten Zusammenhang damit auch die Längenmessung. Alle die zunächst paradoxen Folgerungen der Relativitätstheorie über die Verkürzung eines bewegten Körpers und über den langsameren Gang einer bewegten Uhr fließen aus dieser Quelle.

Eigentlich war auch das nicht so ganz neu; es stak schon in den von Lorentz 1904 aufgestellten und nach ihm benannten Transformationsformeln, welche die Relativitätstheorie unverändert übernahm. Nur mit dem Unterschied, daß in der Lorentzschen Theorie von diesen verschiedenen Zeit- und Längenmessungen nur eine als die richtige erschien, alle anderen als durch den Ätherwind verfälscht. Einstein hingegen tat den kühnen Schritt, alle diese Zeitmessungen für gleichwertig zu erklären, nämlich jede richtig für dasjenige der berechtigten Koordinatensysteme, zu dem sie gehört. Die Gleichwertigkeit aller dieser Systeme überträgt sich damit auf die zugehörigen, voneinander verschiedenen Zeitmessungen; die Zeitmessung, insbesondere der Begriff der Gleichzeitigkeit wird damit relativiert. Dasselbe gilt für die Längenmessung. Zwei Ereignisse haben weder einen absolut anzugebenden zeitlichen noch einen solchen räumlichen Abstand. Beide Angaben lassen sich nur relativ zu einem bestimmten System machen und fallen je nach dessen Wahl verschieden aus. Damit war das Vorurteil einer absoluten Zeit, das nur in einer Fernwirkungstheorie sich mit einem Relativitätsprinzip vertrug, überwunden.

Es ist wohl zu verstehen, daß sich die Zeitgenossen nicht ohne weiteres an eine solche Umwälzung unseres elementarsten Denkens gewöhnen können. Aber mir will doch scheinen, als ob die vielen Bedenken, die sich dagegen erhoben haben, allmählich verstummen, und daß in späteren Generationen sich die Physiker und vielleicht die Gebildeten überhaupt über diese Aussagen nicht mehr wundern werden, als über die Behauptung, daß die Erde eine Kugel ist. Denn daß die beschränkte Relativitätstheorie, welche auf den soeben besprochenen Grundsätzen beruht, einwandfrei durchführbar und zugleich mit aller einschlägigen Erfahrung im Einklang ist, wird von der überwiegenden Mehrzahl der Urteilsfähigen schon heute anerkannt. Gewiß gibt es Ausnahmen. Ihretwegen möchte ich auf eine Anerkennung der Theorie hinweisen, welche deswegen besonders schwer wiegt, weil sie nicht in Worten, sondern in einer Tatsache ausgesprochen ist. Die experimentelle Suche nach dem Ätherwind war nie so lebhaft, wie in dem Jahrzehnt von 1895 bis 1905. Mit diesem Jahr, d.h. mit dem Erscheinen der ersten Veröffentlichung Einsteins, hat sie plötzlich aufgehört. Mir erscheint das als ein Zeichen, daß im Bewußtsein nicht der schlechtesten Experimentatoren diese Frage seitdem zu den erledigten gehört.

II.

Wir haben die Frage erörtert, aus welcher die beschränkte Relativitätstheorie hervorgegangen ist, und wollen zunächst einige ihrer physikalischen Folgerungen anführen.

Zunächst paßt, wie erwähnt, ein körperhafter Äther nicht in diese Theorie. Damit entschwindet die Möglichkeit, die elektrischen Felder im leeren Raum als Zustandsänderungen eines Körpers aufzufassen. Sie müssen ein von allen Körpern unabhängiges Dasein haben, nicht mehr Eigenschaften einer Substanz, sondern selbst Substanz sein und damit den Körpern gleichwertig an die Seite treten. Im Zusammenhang damit erhält das elektromagnetische Feld jetzt auch Trägheitseigenschaften, ähnlich denen, welche sich bei den Körpern in der trägen Masse äußern. Gewiß liegt auch hierin eine tiefgehende Umwälzung der Vorstellungen. Vielleicht wird sie durch die Bemerkung erleichtert, daß diese neue Substanz dem Physiker nichts Geheimnisvolles, sondern vermöge der Maxwellschen Gleichungen weit besser und genauer bekannt ist, als irgendein chemisches Element oder eine Verbindung aus solchen. Keinen der gewöhnlichen Körper durchschauen und beherrschen wir so, wie diese Substanz, und wenn man das bezweifeln sollte, so verweisen wir einfach auf die schnellen Fortschritte, welche gerade die Elektrotechnik in unseren Zeiten macht.

Das neue Relativitätsprinzip gilt aber nicht nur für die Elektrodynamik. Es ist ein allgemeines Naturgesetz und beherrscht auch die Bewegungsvorgänge. Die Newtonsche Mechanik aber paßt nicht zu ihm. Schon die Verkürzung bewegter Körper widerspricht der Idee des starren Körpers, den die ältere Theorie für möglich erklärt. Sie muß also durch eine neue Mechanik ersetzt werden. Das kann natürlich nicht bedeuten, daß man die alte, durch die Erfahrung von Jahrhunderten bewährte Mechanik einfach außer Kurs setzt. Die hat ihren Wert noch heute und wird ihn voraussichtlich immer behalten. Aber sie kann nur noch als Näherung aufgefaßt werden; die Grenzen ihrer Gültigkeit müssen sich eben aus dem Relativitätsprinzip ableiten lassen.

Dabei findet man nun, daß sich Abweichungen von der Newtonschen Dynamik dann und nur dann bemerkbar machen, wenn die Geschwindigkeit eines Körpers gegen die Umgebung mit der Lichtgeschwindigkeit einigermaßen vergleichbar ist. Da diese 300 000 km in der Sekunde beträgt, ist diese Bedingung bei allen Apparaten und Maschinen, mit denen wir zu tun haben, niemals erfüllt; selbst die so viel größeren Geschwindigkeiten der Planeten im Sonnensystem zählen höchstens nach wenigen Zehntausendsteln der Lichtgeschwindigkeit. So erklärt es sich, daß diese Abweichungen nicht längst bekannt sind. Nur das Elektron, das Atom der negativen Elektrizität, können wir bei Geschwindigkeiten beobachten, welche von einigen Tausendsteln der Lichtgeschwindigkeit bis fast an diese heranreichen. Bei diesem muß man also eine neue, durch das Relativitätsprinzip eindeutig vorherbestimmte Mechanik erwarten. Und zwar muß dessen Trägheit mit wachsender Geschwindigkeit so zunehmen, daß sich die Lichtgeschwindigkeit selbst zwar beliebig annähern, aber nicht erreichen läßt. Man drückt das im allgemeinen dahin aus, daß seine Masse mit der Geschwindigkeit wächst, und die Theorie liefert eine bestimmte Formel dafür. Die experimentelle Prüfung dieser Formel war in den beiden letzten Jahrzehnten Gegenstand vieler Untersuchungen. Die Schwierigkeit lag weniger darin, die Zunahme der Masse selbst festzustellen, als die relativistische Formel mit anderen, konkurrierenden zu vergleichen. Heute, können wir sagen, ist dies Ziel durch eine Reihe schöner Versuche erreicht. Die relativistische Dynamik des Elektrons hat sich glänzend bewährt. Dies ist das experimentell greifbare Ergebnis.

Ihm setzt sich als nicht minder wichtig an die Seite eine zuerst von Einstein gefundene, dann von Planck auf dem Kölner Naturforschertage 1908 endgültig formulierte Verknüpfung von Trägheit und Energie der Körper. Nach der alten Auffassung standen diese unabhängig nebeneinander, nur der Teil der Energie, den man die kinetische nennt, war Folge der Trägheit eines bewegten Körpers. Nach der Relativitätstheorie hingegen ist die Trägheit nur eine Auswirkung der Energie; die träge Masse eines ruhenden Körpers ergibt sich als dessen Energie, dividiert durch das Quadrat der Lichtgeschwindigkeit. Dabei verliert dann freilich die kinetische Energie ihre Selbständigkeit neben den anderen Energiearten; führt man die gesamte Trägheit auf Energie zurück, so darf man nicht umgekehrt die Energie zum Teil auf Trägheit begründen. Dafür werden aber alle Energiearten abhängig von der Geschwindigkeit, und der Energieüberschuß, der sich dadurch für den bewegten Körper dem ruhenden gegenüber ergibt, ist ein Ersatz für die kinetische Energie. Die altbekannte Formel für diese kommt als Näherung heraus.

Wegen der Größe der Lichtgeschwindigkeit ist nach diesem Gesetz eine ungeheure Energie auch schon in einem Gramm Materie enthalten. Alle die Energieveränderungen, die wir durch Temperaturerhöhung, Änderung des Aggregatzustandes und selbst durch chemische Umsetzungen vornehmen können, verschwinden vollständig gegen ihren uns vorläufig unantastbaren, offenbar in den Atomen selbst aufgespeicherten Vorrat. Deshalb ist auch die Masse der Körper bei diesen Vorgängen so wenig veränderlich, daß man von der Änderung experimentell nichts merkt. Nur in der mächtigen Energieentwicklung beim radioaktiven Zerfall kommt ein etwas beträchtlicherer Teil davon zutage.

III.

Kaum jünger als die Frage nach der absoluten Geschwindigkeit ist die nach dem Wesen der Schwerkraft. Seit Newton spielt die Masse eine doppelte Rolle in der Physik. Einmal ist sie das Maß für die Trägheit des Körpers, sodann tritt sie im Newtonschen Anziehungsgesetz auf als die einzige den Körper kennzeichnende Größe, aus der sich die Anziehung berechnet, welche er auf andere Körper ausübt und von ihnen erfährt. Man unterscheidet diese beiden Seiten an ihr, indem man von der trägen und der schweren Masse spricht. Die Gleichheit dieser beiden ist ein längst anerkanntes, immer wieder und noch jüngst mit größter Schärfe bestätigtes Gesetz. Daß alle Körper, sofern sie frei und ungehemmt sind, gleich rasch fallen, folgt aus ihm. Es spielt von jeher eine große Rolle in der Physik. Aber irgendeine Deutung dafür hatte man nicht; man nahm es als Tatsache hin, ohne sich etwas dabei denken zu können. Das war einer der Gründe, aus denen man gelegentlich vom Rätsel der Schwerkraft sprach.

Freilich gab es noch andere Gründe dafür. Newtons Theorie, die dem menschlichen Geist zu einem seiner schönsten Erfolge, der Erklärung der Planetenbewegung, verholfen hatte, litt trotzdem an einem schon von ihrem Urheber lebhaft empfundenen Mangel. Sie behandelt die Schwere als eine unvermittelte Fernwirkung von Körper zu Körper. An die Möglichkeit einer solchen aber hat wohl niemals ein tiefer Denkender geglaubt; und besonders, als Faraday, Maxwell und Hertz dem Nahewirkungsgedanken in der Elektrizitätslehre zum Siege verholfen hatten, kam dieser Mangel den Physikern neu zum Bewußtsein. Mehr als ein bedeutender Mann hat sich den Kopf zerbrochen, wie ihm abzuhelfen. Insbesondere hat die beschränkte Relativitätstheorie, in die das Newtonsche Anziehungsgesetz nicht hineinpaßt, zu vielen Abänderungsversuchen geführt. Keine dieser Theorien, so geistreich sie manchmal waren, packt das Problem so an der Wurzel, wie Einsteins allgemeine Relativitätstheorie.

Die beschränkte Relativitätstheorie leugnet die absolute Geschwindigkeit. Die Beschleunigung aber hat in ihr ihre absolute, vom Koordinatensystem unabhängige Bedeutung, weil eben alle ihre berechtigten Systeme sich ohne Beschleunigung gegeneinander bewegen. Darin stimmt sie mit der alten Newtonschen Mechanik überein. Altbekannte Tatsachen, auf die schon Newton hingewiesen hatte, schienen ein Relativitätsprinzip auch für die Beschleunigungen unmöglich zu machen. Wie erwähnt, läßt sich in dem den Fluß geradlinig und gleichförmig hinabgleitenden Schiff dessen Bewegung nicht nachweisen; man spürt es aber recht deutlich in ihm, gerät es in einen Strudel, der es herumwirbelt, oder fährt es unsanft auf eine Sandbank auf. Und trotz dieser Tatsachen und obwohl der Standpunkt der beschränkten Relativitätstheorie zu keinen logischen Schwierigkeiten führt, kam der Drang, jede Art der Bewegung zu relativieren, immer wieder zum Ausdruck, besonders eindringlich bei Mach.

Erst Einstein aber fand die Möglichkeit, über die Schwierigkeiten hinwegzukommen, welche in den scheinbar entgegenstehenden Tatsachen liegen. Gerade das Rätsel der Gleichheit der trägen und der schweren Masse gab ihm den entscheidenden Hinweis. Wir setzen seinen Gedanken in der von ihm selbst geprägten Form auseinander, so oft dieser auch in den letzten Jahren wiederholt worden ist; denn es läßt sich kaum eine bessere Form dafür ersinnen.

Man denke sich einen Kasten, etwa von rechtwinkliger

Gestalt; in ihm einen Physiker, dem für die physikalischen Messungen im Kasten die Apparate zur Verfügung stehen, während er von den Zuständen und Vorgängen außerhalb auf keine Art Kunde erlangen kann. Er mag nun finden, daß sich alle Körper in seinem Kasten einer von dessen Wänden, die wir passend als den Fußboden bezeichnen, zu nähern streben, und zwar alle gleich rasch, sofern man sie nicht hemmt. Für diese Beobachtung kann er zwei verschiedene Deutungen geben. Entweder nimmt er ein Schwerefeld an, in welchem sein Kasten an einem außen angebrachten und deshalb ihm nicht bemerkbaren Seil im Ruhezustand gehalten wird. Oder er sieht von einem Schwerefeld ab und nimmt an, daß sein Kasten durch eine außen befindliche und ihm daher unerkennbare Ursache – etwa wieder durch ein Seil – gegen ein im Sinne der beschränkten Relativitätstheorie berechtigtes Koordinatensystem beschleunigt wird. Bei der ersten Erklärung ist die beobachtete Bewegung nicht befestigter Körper gegen den Fußboden einfach der freie Fall, bei der zweiten die Wirkung ihrer Trägheit, derzufolge sie die Beschleunigung des Kastens nicht mitmachen, sondern gegen diesen zurückbleiben. Eine Entscheidung zwischen beiden Deutungen läßt sich aus der genannten Beobachtung wegen des gleich raschen Fallens aller Körper nicht herleiten. Einstein stellt die Hypothese auf, daß sich die Entscheidung überhaupt durch keine physikalische Beobachtung in dem Kasten ermöglichen läßt, daß also beide Deutungen gleichwertig sind, jede richtig für das Koordinatensystem, das man bei ihr zugrunde legt. Und dies Koordinatensystem liegt bei der Deutung mit dem Schwerefeld relativ zum Kasten fest, bei der Deutung mit der Beschleunigung aber bewegt es sich, wie erwähnt, dagegen. Damit ist ein Relativitätsprinzip ausgesprochen, das auch die beschleunigte Bewegung umfaßt. Man kann danach durch Übergang zu einem anderen Koordinatensystem die Beschleunigung zu Null machen; nur muß man dafür ein Schwerefeld von passender Größe und Richtung einführen. Träge und schwere Masse erscheinen im Lichte dieses Gedankens nicht als zufällig gleich groß, sondern als wesensgleich, ihr Unterschied ist nur der willkürliche Unterschied, den der Physiker durch seine Koordinatenwahl hineinbringt. Jetzt versteht man ihre Gleichheit; und damit ist das Rätsel der Schwerkraft durch ein verallgemeinertes Relativitätsprinzip gelöst.

Von diesem bis zur heutigen allgemeinen Relativitätstheorie war nun freilich noch ein weiter und wahrlich nicht leicht zu findender Weg; Einstein hat ihn in den Jahren von 1908 bis 1915 zurückgelegt. Es waren mathematische Hilfsmittel erforderlich, deren sich noch kein Physiker je bedient hatte, und die auch in der mathematischen Literatur ein ziemlich verborgenes Dasein führten. Die euklidische Geometrie, die doch sonst der ganzen Physik zugrunde gelegt wurde, mußte man aufgeben, und das bedingte ungeheure, wohl auch jetzt noch nicht vollständig überwundene Schwierigkeiten. Und das Wichtigste, die Differentialgleichungen, welche das Schwerefeld im selben Sinne beherrschen wie die Maxwellschen Gleichungen das elektromagnetische Feld, mußte Einstein auch dann noch mühsam suchen. Dann erst ließen sich die Früchte dieser Theorie pflücken, und selbst dazu gehört fast immer noch ein mathematisches Können, wie es nur unsere besten Mathematiker ihr Eigen nennen.

Wir erwähnen nur das Wichtigste aus der reichen Auswahl der Folgerungen. Einmal erscheint die Newtonsche Theorie der Schwere als eine in der allgemeinen Relativitätstheorie enthaltene Näherung. So gut wie jene erklärt also diese die Planetenbewegung. Aber die Schwerewirkungen pflanzen sich nicht mehr augenblicklich von Körper zu Körper fort, sondern mit der zwar sehr großen, aber doch endlichen Geschwindigkeit von 300000 km pro Sekunde, die wir vom Licht her kennen. Damit ist dem erwähnten theoretischen Mangel der älteren Theorie abgeholfen. Sodann bestand zwischen der alten Theorie der Planetenbewegung und der Beobachtung noch eine Unstimmigkeit, dem Laien vielleicht lächerlich geringfügig erscheinend, für die Astronomen aber, die die Genauigkeit ihrer Messungen kennen, seit der Mitte des 19. Jahrhunderts dauernd Gegenstand ernster Erwägungen. Der innerste der Planeten, der Merkur, beschreibt, wie auch die anderen Planeten, nicht genau die Ellipse, welche das erste Kepplersche Gesetz vorsieht, sondern eine Bahn, die man annähernd durch eine in ihrer Ebene rollende Ellipse darstellen kann. Die Folge dieser Drehbewegung ist, daß der sonnennächste Punkt der Bahn, der Perihel, sich langsam auf einem Kreise bewegt. Diese Abweichung läßt sich zum Teil aus den Störungen durch die anderen Planeten erklären; aber es bleibt beim Merkur ein nach der Newtonschen Theorie nicht zu erklärender Rest. Früher, d.h. vor der Aufstellung der allgemeinen Relativitätstheorie, gab man für diesen Rest in der Bewegung des Merkurperihel 43 Bogensekunden im Jahrhundert an. Und genau diesen Wert fand Einstein, als er seine neue Theorie auf die Planetenbewegung anwandte. Diese erste Bestätigung der Theorie an der Erfahrung erschien viele Jahre als ein hoffnungsvoller Anfang. Jetzt leiten manche Astronomen aus den Beobachtungen einen kleineren Wert, 38 Sekunden oder noch weniger, ab, so daß man vielleicht wieder etwas zweifelhaft werden könnte. Immerhin dürfte das letzte Wort darüber noch nicht gesprochen sein; denn die Diskussion der vielen einschlägigen astronomischen Messungen ist selbst für die zuständigsten Fachleute immer noch eine heikle Sache.

Auch in anderen der Beobachtung zugänglichen Punkten führt die allgemeine Relativitätstheorie über die alte Theorie hinaus. Seit Kirchhoff und Bunsen ist bekannt, daß sich im Licht der Gestirne großenteils dieselben Spektrallinien finden, die wir an irdischen Lichtquellen beobachten. Die Spektralanalyse der Gestirne beruht darauf. Nach Einstein sollen aber diese Linien, wenn sie von einem Stern entsandt werden, sich nicht genau mit den entsprechenden irdischen Linien decken, sondern ein wenig nach dem roten Ende des Spektrums hin verschoben sein. Diese Verlagerung ist um so größer, je größer die Masse und je kleiner der Durchmesser des Sterns, und sie liegt bei der Sonne, die wegen ihrer Lichtfülle am besten zu untersuchen ist, in einer der heutigen Spektroskopie noch gerade zugänglichen Größenodnung. Die Prüfung dieser Folgerung hat schon viele Spektroskopiker beschäftigt, anfangs ohne Erfolg; denn die Präzisionsspektroskopie ist eine heikle Kunst. Heutzutage liegen Bestätigungen der Rotverschiebung vor, die kaum noch anzweifelbar erscheinen. Vor allem haben Grebe und Bachem in Bonn, dann Perot, Fabry und Buisson, angesehene französische Spektroskopiker, zu ihnen beigetragen.

Der kennzeichnendste Unterschied der Einsteinschen gegen alle früheren Schweretheorien aber liegt in der Forderung, daß die elektrischen Wellen, also auch das Licht, im Schwerefeld eine Ablenkung von der geraden Linie erfahren. Auch diese ist in allen vorkommenden Fällen minimal, sie beträgt für einen Strahl, der dicht an der Sonne vorüberführt, 1,8 Bogensekunden und nimmt mit wachsendem Abstand von der Sonne rasch ab. Um diesen Winkel muß also ein Stern, der uns dicht neben der Sonne erscheint, von seinem wahren Ort entfernt gesehen werden. Nun sehen wir in der Nähe der Sonne die Sterne nur bei vollständigen Finsternissen. Man ist also bei der Prüfung dieses Schlusses auf diese seltenen und immer nur wenige Minuten dauernden Ereignisse angewiesen. Man kann sie überhaupt nur an photographischen Aufnahmen durchführen, die man während der Finsternis macht. Und dafür geeignete Finsternisaufnahmen sind bisher nur einmal geglückt, nämlich im Mai 1919 den englischen Astronomen Dyson, Eddington und Davidson. 7 Sterne waren auf ihren Aufnahmen zu sehen, und bei diesen zeigte sich, wie es die Theorie verlangt, Ablenkungen von der Sonne fort, auch von der vorausgesagten Größenordnung. Unbeschreiblich war der Eindruck, den die Nachricht von dieser Entdeckung auf alle Naturwissenschaftler, ja wohl auf alle Gebildeten machte. Und die Relativitätstheorie steht erst seitdem in dem allgemeinen Interesse, welche sie zur Zeit findet –, nicht immer zu ihrem und ihres Urhebers Vorteil. Bei kühler Beurteilung muß man sagen, daß die Ausmessung dieser Aufnahmen wohl die Tatsache der Ablenkung sicher stellt, daß sie sich auch mit der Einsteinschen Theorie verträgt, diese aber nicht in jeder Hinsicht sichert. Deswegen stehen auch gerade jetzt neue Expeditionen bereit, um die Sonnenfinsternis, die in wenigen Tagen in tropischen Gegenden sichtbar sein wird, zu neuen Aufnahmen zu benutzen. Hoffen wir, daß nicht das Wetter diesen Plan vereitelt. In etwa einem Jahr dürfte dann voraussichtlich die Ausmessung dieser Aufnahmen das Material für eine neue Prüfung der Relativitätstheorie liefern.

Überschauen wir rückblickend die Stellung, welche die Relativitätstheorie heute in der Physik einnimmt, so möchten wir die beschränkte Relativitätstheorie schon zum dauernden Besitz dieser Wissenschaft rechnen. Bei der darüber hinausgehenden allgemeinen Relativitätstheorie sind gewiß noch manche Zweifel theoretischer und empirischer Natur möglich. Doch bewährt diese Theorie eine Triebkraft für die Forschung, wie wir sie sonst wohl nur an der Quantentheorie beobachten. Und diese Forschung wird, welches auch schließlich ihr Ergebnis sein mag, jedenfalls unsere Wissenschaft bereichern.

MORITZ SCHLICK

Die Relativitätstheorie in der Philosophie

1923

Die Relativitätslehre ist in erster Linie eine physikalische Theorie. Wer aber deswegen den philosophischen Charakter und die philosophische Tragweite der Theorie leugnen will (wie man es gelegentlich getan), der verkennt, daß die physikalische und die philosophische Betrachtungsweise sich überhaupt nicht immer streng voneinander sondern lassen, daß vielmehr beide ineinander übergehen, sobald sie sich der Bearbeitung der höchsten, allgemeinsten Grundbegriffe der Physik zuwenden.

Das tut aber die Relativitätstheorie, denn sie unterwirft die fundamentalen Begriffe des Raumes, der Zeit und der Substanz einer kritischen Zergliederung und dringt damit in die Philosophie ein; wie denn jede Wissenschaft unmerklich philosophisches Gebiet betritt, wenn sie die Fundamente untersucht, auf denen ihr eigenes Lehrgebäude ruht oder bis dahin geruht hat.

Bekanntlich hat sich in der Einsteinschen Relativitätstheorie herausgestellt, daß die von der früheren Physik vorausgesetzten Grundbegriffe durchaus nicht die einzig möglichen Fundamente aller Naturwissenschaft darstellen, sondern durch andere, anders gebaute ersetzt werden müssen – zum mindesten ersetzt werden können. Dieses »können«, diese auf jeden Fall bestehende Möglichkeit, ist ein philosophisch sehr wichtiges Resultat, denn es zeigt uns: Selbst wenn die Relativitätstheorie gar nicht richtig wäre, wenn also (was wohl nur ganz wenige von uns glauben) künftige experimentelle Erfahrungen ihr widersprechen sollten, selbst dann bliebe die Kritik der physikalischen Grundbegriffe, zu der sie Anlaß gab, voll berechtigt; sie hat unserm

Blicke neue Möglichkeiten gezeigt, sie hat gewisse Vorurteile beseitigt, die nun nie wieder zurückkehren können, weil sie endgültig als Vorurteile erkannt sind, ganz unabhängig von den Schicksalen der Relativitätstheorie in der Physik. Mit anderen Worten: Die Theorie hätte sogar dann ihre philosophische Bedeutung, wenn sie keine physikalische hätte.

Ihrem philosophischen Gehalt ist es im Grunde zu danken, daß die Relativitätstheorie bei der Allgemeinheit der Gebildeten ein so übergroßes Interesse entfacht hat: Man spürt eben deutlich, wie tief sie in die Denkgewohnheiten der Menschen umgestaltend eingreift; und der Mensch läßt sich gern erschüttern.

Nicht wenige Philosophen haben versucht, diesen umgestaltenden Einfluß zu leugnen oder zu verkleinern, sie haben zur Relativitätstheorie in sehr radikaler Weise Stellung genommen. Die einen nämlich glaubten Einsteins Ideen rundweg ablehnen zu müssen, weil sie ihrem »gesunden Menschenverstand« widersprachen, die andern meinten, jene Ideen aus alten längst bekannten Philosophemen so mühelos ableiten zu können, als ob sie etwas ganz Selbstverständliches wären, mithin gar keinen prinzipiellen philosophischen Erkenntnisfortschritt darstellten. Ich will nicht im einzelnen auf diese extremen Ansichten eingehen, überhaupt die von verschiedenen Denkern eingenommenen Positionen nicht einzeln besprechen, denn Sie werden mir gewiß Dank wissen, wenn ich mich genau an das Thema halte, das mir gestellt ist und welches lautet: »Die Relativitätstheorie in der Philosophie«, nicht aber »Die Relativitätstheorie bei den Philosophen«.

Ein naturwissenschaftliches Lehrgebäude, wie die Einsteinsche Theorie eins darstellt, kann auf zwei unterscheidbaren (wenn auch schließlich nicht prinzipiell verschiedenen) Wegen in Beziehung zur Philosophie treten. Sie kann nämlich erstens in methodischer und zweitens in sachlicher Hinsicht philosophische Bedeutung gewinnen. Die methodische Bedeutung ist mehr äußerlicher Natur; sie beruht darauf, daß die Theorie von sich selbst aus zur Philosophie hindrängt und in ihr eine Grundlage und Ergänzung sucht. Sie verfolgt die naturwissenschaftliche Betrachtungsweise bis an die äußerste Grenze, wo sie nicht weiter kommt, und erkennt, daß die letzte Entscheidung nur aus philosophischen Prinzipien gewonnen werden kann. Sie muß der Philosophie das letzte Wort erteilen und deckt damit den uralten, stets vorhandenen, aber in neuerer Zeit oft verborgenen und vergessenen Zusammenhang zwischen Einzelwissenschaft und Philosophie auf. Wir werden sogleich sehen, wie dies durch die Relativitätslehre geschieht.

Zweitens hat diese Theorie eine sachliche Bedeutung für die Philosophie; d.h. sie vermag unmittelbar Beiträge zur Lösung bestimmter, durch die Geschichte des menschlichen Denkens sich hindurchziehender philosophischer Probleme zu liefern. Während durch die methodischen Beziehungen nur das Tor zur Philosophie geöffnet wird, dringen wir vermöge der sachlichen Beziehungen in das Innere, sehen uns hier ganz bestimmten Fragen gegenüber und werden zu ganz bestimmten Antworten geführt.

Ich beleuchte zunächst kurz die methodischen Beziehungen, durch welche also die Einsteinsche Lehre Physik und Philosophie wieder in unmittelbare Nähe und gegenseitige Berührung gebracht hat.

Richtet man den Blick zuerst auf die spezielle Relativitätstheorie, so kann man leicht und genau den Punkt angeben, an dem Einstein mit der philosophischen Betrachtung einsetzte, und welches philosophische Prinzip dabei ins Spiel trat. Es hatte sich herausgestellt, daß es auf keine Weise möglich war, eine absolute Bewegung der Erde, d.h. in der damaligen Ausdrucksweise: eine Bewegung gegen den Lichtäther, festzustellen, und H.A. Lorentz und Fitzgerald hatten eine rein physikalische Erklärung dafür gegeben durch ihre Hypothese, daß alle relativ zum Äther bewegten Körper sich in der Bewegungsrichtung um einen bestimmten Betrag kontrahieren. Einstein erkannte diese Hypothese als besondere physikalische Annahme nicht an, obwohl sie zweifellos von den Beobachtungsresultaten vollkommene Rechenschaft gab und das Erkenntnisbedürfnis der namhaftesten Physiker tatsächlich befriedigte; er verwarf die geschilderte Auffassung aus einem rein philosophischen Grunde, nämlich weil sie einem rein erkenntnistheoretischen Prinzip nicht Genüge leistete: dem Prinzip, daß als Erklärungsgrund in der Naturwissenschaft nur etwas wirklich Beobachtbares eingeführt werden dürfe. Jene Annahme behandelte die Bewegung eines Körpers relativ zum Äther als etwas Wirkliches, ohne daß man doch ein Mittel hätte, diese Bewegung jemals nachzuweisen. Einstein sagte: Was sich nicht nachweisen läßt, darf nicht als existierend angenommen werden. Dies ist natürlich eine philosophische Forderung, nicht etwa ein Erfahrungssatz; Erfahrung kann ja nichts darüber lehren, ob etwas Nicht-Erfahrbares existiert. Und dieses philosophische Postulat hat ein so großes Gewicht für uns alle, die wir an Einsteins Theorie glauben, daß wir alle Konsequenzen, zu denen die darauf gebaute Lehre führt, willig in Kauf nehmen, und mögen sie noch so paradox sein. Wir opfern dem erkenntnistheoretischen Postulat zuliebe ohne Bedenken die alten Vorurteile und Denkgewohnheiten, daß die Längenmessungen eines Körpers, die Zeitdauer eines Vorgangs, die Gleichzeitigkeit an verschiedenen Orten etwas Absolutes seien, – freilich erst, nachdem wir sie wirklich als Vorurteile erkannt haben – aber wir opfern sie, um die Erkenntnisbefriedigung zu genießen, die uns die Erfüllung jenes philosophischen Satzes bereitet. Die spezielle Relativitätstheorie unterscheidet sich von der Lorentzschen Auffassung zuerst in der Tat nur durch die grandiose philosophische Interpretation; in ihren mathematischen Gleichungen, und mithin in ihrem prüfbaren Erfahrungsgehalt, stimmen beide gänzlich überein.

So hat Einstein die Physik wieder philosophisch gemacht; oder vielmehr, es ist durch ihn deutlich geworden, daß die Physik philosophisch ist, daß auch der Physiker sich von philosophischen Gesichtspunkten leiten lassen muß. Und daß das Eindringen in den Geist der physikalischen Forschung, welches die philosophische Einstellung mit sich bringt, auch für die Physik selber wieder fruchtbar wird, zeigt ja die weitere Entwicklungsgeschichte der Relativitätstheorie.

Denn nicht nur an ihrem Anfang steht die erkenntnistheoretische Forderung, das System der Physik müsse sich aufbauen lassen ohne jede Einfügung von Größen, die prinzipiell nicht beobachtbar sind, sondern derselbe Satz zieht sich durch ihr ganzes Gebäude als Leitmotiv hindurch, um an den wesentlichsten Punkten bestimmend und entscheidend hervorzutreten. Ich will das an einem wichtigen Beispiel zeigen. Jenes fundamentale Prinzip, welches Einstein als das Äquivalenzprinzip bezeichnet, wird zur Grundlage der allgemeinen Relativitätstheorie erst durch die philosophische Interpretation, die Einstein den Tatsachen angedeihen läßt. Die Tatsache des Äquivalenzprinzips ist die, daß sich in einem genügend kleinen Bereich Schwerewirkungen und Trägheitswirkungen schlechterdings nicht unterscheiden lassen. Nun, das war seit langem bekannt, wenigstens für alle mechanischen Vorgänge, und das berühmte »Liftbeispiel«, durch welches Einstein jene Tatsache veranschaulicht, hätte ebensogut schon von Newton aufgestellt werden können. Man kannte also sehr wohl die Äquivalenz von Trägheit und Schwere und glaubte doch, daß sie voneinander völlig wesensverschieden wären. Einstein aber sagte: »Wenn beide Wirkungen tatsächlich in keiner Weise durch Beobachtung voneinander unterscheidbar sind, so sind sie eben identisch, es handelt sich um ein und dieselbe Naturerscheinung, nur mit zwei verschiedenen Namen bezeichnet«; er stützt sich also wieder auf jenes erkenntnistheoretische Postulat, wonach Verschiedenheiten in der Wirklichkeit nur dort angenommen werden dürfen, wo Verschiedenheiten in der Beobachtung vorliegen.

Und wenn wir endlich, Einzelheiten übergehend, den Blick auf den Gipfel des ganzen Baues der Relativitätslehre richten, so finden wir, daß das gleiche philosophische Prinzip dort thront. Fragt man sich nämlich, was denn in der Physik eigentlich überhaupt letzten Endes beobachtbar sei, so findet man mit Einstein, daß alle exakte Wissenschaft nur auf Beobachtungen ruht, die Messungen sind, daß aber jede Messung auf nichts anderes hinausläuft als auf die Feststellung des Zusammenfallens zweier Punkte (z.B. einer Zeigerspitze mit einem Skalenpunkt oder den Enden eines Maßstabes mit bestimmten Punkten eines zu messenden Körpers). Wenn es also wahr ist, daß in den physikalischen Gesetzen nur Beobachtungsresultate auftreten dürfen, so müssen sie sich alle zurückführen lassen auf Gesetze über das Zusammentreffen von Punkten. Diese Punktkoinzidenzen sind die wahre objektive Realität, welche die Physik zu beschreiben hat; und alles, was sonst noch in ihren Gleichungen auftritt, ist im Grunde nur Mittel der Beschreibung, abhängig vom Standpunkt und Ausgangspunkt, und verfällt deshalb der vollständigen Relativierung. Damit ist die physikalische Relativität in ihrer allgemeinsten Fassung, wie sie in der Einsteinschen Theorie durchgeführt ist, durch jenen erkenntnistheoretischen Grundgedanken rein philosophisch begründet.

Die angeführten Beispiele zeigen, daß die Wurzeln des Relativitätsgedankens sich überall in die Philosophie hinein erstrecken: Diese neue Physik ruht unmittelbar auf dem philosophischen Mutterboden, auf den sich mittelbar alle Wissenschaft irgendwie stützen muß.

Aber indem wir so die methodische Beziehung der Relativitätslehre zur Philosophie verfolgen, offenbaren sich uns zugleich sachliche Beziehungen, von denen sich die methodischen überhaupt nicht ganz streng sondern lassen. Wir gewahren nämlich nicht nur die innige Verflechtung der neuen Physik mit philosophischen Grundgedanken, sondern bemerken zugleich, daß es ganz bestimmte Grundgedanken sind, daß sie in die Richtung einer ganz bestimmten Philosophie hinweisen. Die in der Theorie so stark betonte Tendenz, nur das Erfahrbare, Beobachtbare gelten zu lassen, ist im Sinne jener Denkrichtung, die man als Empirismus, als Erfahrungsphilosophie zu bezeichnen pflegt. Ich meine in der Tat: Die Forderung, in das System der Weltbeschreibung keine andern Größen aufzunehmen, als erfahrbare, darf geradezu als der Grundgedanke der reinen Erfahrungsphilosophie angesehen werden. Womit nicht gesagt sein soll, daß dies Prinzip in den aus der Philosophiegeschichte bekannten empiristischen Systemen je in voller Reinheit festgehalten worden wäre. Und weil es der Relativitätstheorie geglückt ist zu zeigen, daß jene erkenntnistheoretische Forderung sich in der Physik wirklich erfüllen läßt und gerade durch ihre Erfüllung erstaunlichste naturwissenschaftliche Erfolge erzielt wurden, so darf der Empirismus den Sieg der Relativitätslehre als einen eigenen Sieg in Anspruch nehmen, darf darin eine Bestätigung seiner eigenen Ideen, einen Beweis der Fruchtbarkeit seiner eigenen Ansätze erblicken.

Auch die historische Betrachtung zeigt uns die Blutsverwandtschaft zwischen Relativitätslehre und Empirismus, denn Einstein ist unmittelbar durch Hume und Mach beeinflußt worden, jene hervorragenden Empiristen, deren Philosophie man gern und treffend mit dem Namen des Positivismus bezeichnet, weil sie die Aufgabe aller wissenschaftlichen Erkenntnis darin sieht, das positiv Gegebene in seinen Zusammenhängen zu beschreiben. Zu der Zeit, als Einstein die beschränkte Relativitätstheorie fand, war er gerade mit dem Studium Humes beschäftigt, und es ist bekannt, daß die Behauptung der allgemeinen Theorie, in der Physik müßten alle Bewegungen als rein relativ betrachtet werden, als Forderung schon von Mach mit dem größten Nachdruck aus erkenntnistheoretischen Gründen aufgestellt wurde. Ob Machs Gründe wirklich zwingend waren, soll hier nicht untersucht werden – daß wir ihnen in diesem Zusammenhang begegnen und das Postulat der Relativität beliebiger Bewegungen so deutlich aufgestellt finden, ist jedenfalls ein Anzeichen für die logische Zusammengehörigkeit relativistischer und empiristischer Gedankengänge. Freilich nur ein Anzeichen, denn historische Zusammenhänge können nie die Rolle von sachlichen Begründungen übernehmen.

Es geht deshalb auch durchaus nicht an, die moderne Relativitätslehre einfach als eine Fortsetzung und natürliche Konsequenz philosophischer Relativitätsgedanken zu betrachten, wie wir sie mehr oder weniger deutlich schon seit frühen Zeiten finden, etwa in den Anschauungen des Sophisten Protagoras, dessen Relativismus zusammengefaßt ist in seinem berühmten Satze: »Der Mensch ist das Maß aller Dinge«. Wenn ich im allgemeinen über Relativität in der Philosophie zu sprechen hätte, so müßte ich in der Tat bei Protagoras beginnen, aber ich soll ja von der Relativitätstheorie in der Philosophie reden, und das ist etwas ganz anderes, zum mindesten etwas viel Spezielleres. Der Satz des Protagoras bedeutet vielleicht, daß die Welt für jeden so ist, wie sie ihm erscheint, vielleicht auch, daß alle unsere Urteile und die Qualitäten aller unserer Wahrnehmungen rein subjektiv sind ... dies mag sogar ganz richtig sein, aber die Relativitätstheorie hat mit alledem nichts zu tun. Der Mensch und seine Sinnesqualitäten kommen in Einsteins Formeln nicht vor. Man gelangt zu einer ganz falschen Auffassung der Lehre, wenn man in ihr nur eine Spezialisierung des vagen und übrigens falschen Satzes sehen möchte: »Alles ist relativ«, oder wenn man glaubt (wie es geschehen ist), Einsteins allgemeines Relativitätsprinzip in der Formel aussprechen zu können: »Es gibt keine absoluten Qualitäten«. Über irgendwelche Sinnesqualitäten sagt die Theorie nichts, ja man darf die Qualitäten unserer Sinnesempfindungen mit vollem Recht – wenn das Wort nicht verpönt ist – als etwas Absolutes betrachten: die Wahrnehmungsinhalte blau, warm, sauer usw. sind als Erlebnisse eines Subjekts durchaus absolut in dem Sinne, daß keine Interpretation, keine begriffliche Bearbeitung an ihnen etwas ändern oder deuteln kann, sie sind als Wirkliches schlechthin vorhanden und gegeben.

Die Relativitätstheorie dagegen hat lediglich physikalische Größen zum Gegenstande, d.h. Resultate von Messungen. Jedes Messungsergebnis ist eine Zahl, die von gewissen Voraussetzungen abhängt, unter denen die Messung stattfindet, und von gewissen Festsetzungen, die man treffen muß, um überhaupt zu einer Maßzahl zu gelangen; und die Relativierung, welche die neue Lehre vollzieht, besteht im Grunde nur darin, daß sie das Messungsergebnis als von mehr Voraussetzungen abhängig erweist, als man früher glaubte, nämlich vom Bewegungszustand des Beobachters usw. Die Theorie deckt also gewisse Abhängigkeiten auf, deren Art und Grad sie natürlich genau angibt und in strengen Gesetzen formuliert. Man begegnet in der populären Meinung zuweilen noch dem unbegreiflichen Mißverständnis, als handele es sich in der Relativitätstheorie um eine Aufhebung der strengen Bestimmtheit, um eine Lockerung der Naturgesetze. Das Gegenteil ist natürlich der Fall. Eine wissenschaftliche Theorie kann immer nur die Aufstellung, niemals die Aufhebung von Gesetzen zum Ziele haben, und die Relativitätslehre ist eine wissenschaftliche Theorie. Wenn ein philosophischer Relativismus gelegentlich die Tendenz gehabt hat, strenge Gesetzlichkeit zu leugnen, so ist dies um so mehr Grund, den völlig entgegengesetzten Charakter der physikalischen Relativität zu betonen. Auch nach der Relativitätstheorie darf man getrost sagen, daß sich die physikalische Gesetzlichkeit der Welt als eine »absolute« darstellt. Absolut nicht in dem Sinne, daß sie nicht auf beliebig viele verschiedene Weisen formuliert werden könnte, wohl aber in dem Sinne, daß die Gesetze schlechthin eindeutig und sicher bestimmt sind, wenn einmal bestimmte Festsetzungen und Voraussetzungen getroffen sind, wie sie zu Beginn jeder Naturbeschreibung erforderlich sind. Ein Gesetz verdient eben diesen Namen nur dann, wenn es schlechthin gültig ist, jeder Unbestimmtheit und Willkür entzogen.

Die Relativierung ist für die Theorie überhaupt nur Mittel zum Zweck. Alle Größen, die sich relativieren lassen, mußten relativiert werden, um gerade die ruhenden Pole in der Erscheinungen Flucht, die sogenannten Invarianten, rein herauszustellen, also das, was unbekümmert um Betrachtungsweise und Standpunkt unverändert bleibt und schließlich das physikalische Weltbild in seiner Reinheit und in aller Vollständigkeit ausmacht.

Es kommt also auch der Relativitätslehre – wie jeder wissenschaftlichen Theorie – allein auf die Aufstellung objektiver, allgemeingültiger Gesetze an, und dazu kann sie den Gedanken einer objektiven Wirklichkeit, in der alle Subjekte gemeinsam leben, und die alle Beobachter gemeinsam messen, nicht entbehren. Sie findet diese objektive Welt, über welche die Aussagen aller Beobachter übereinstimmen müssen, in dem System jener raum-zeitlichen Koinzidenzen, von denen ich schon gesprochen habe. Diese Koinzidenzen von Ereignissen, also Gleichzeitigkeiten an gleichen Orten, bilden das objektive Gerüst, mit Hilfe dessen es allein gelingt, einen durchgehenden allgemeinen Gesetzeszusammenhang der Natur herzustellen. Gäbe es nicht irgendwelche aller Subjektivität und Relativität entrückten Daten wie jene Koinzidenzen, so fehlte jeder Ansatzpunkt für eine wissenschaftliche Theorie; wäre z.B. Gleichzeitigkeit am gleichen Orte nicht etwas Absolutes, so ließe sich auch keine Gesetzmäßigkeit für die Relativität der Gleichzeitigkeit an verschiedenen Orten angeben.

Dies übersieht der Positivismus in derjenigen extremsten Fassung, in der er jeden Gedanken einer absoluten Wirklichkeit mit dem Schlagwort.»Alles ist relativ« erschlagen zu können glaubt. Er findet jedenfalls in der Relativitätstheorie keine Stütze. Es ist durchaus wichtig zu betonen, daß dieser übertriebene relativistische Positivismus tatsächlich zu Behauptungen geführt hat, die den Voraussetzungen der Relativitätstheorie, ja der Physik überhaupt widersprechen. Sie kennen das berühmte Uhrenbeispiel der speziellen Theorie: von zwei ganz gleichgehenden, zunächst

nebeneinander ruhenden Uhren wird die eine fortbewegt
und kehrt nach einer längeren Reise wieder zu der andern
zurück. Die, welche die Rundreise gemacht hat, geht dann
gegenüber der zu Hause gebliebenen nach. Dies Beispiel ist
von einem sehr scharfsinnigen und hochzuschätzenden
Verkünder des relativistischen Positivismus aufgrund seiner philosophischen Anschauung dahin mißverstanden
worden, daß von den beiden Uhren, die ja zum Schluß
beide nebeneinander ruhen, für den einen Beobachter die
eine, für den andern die andere nachgehen müsse. Die zwei
Beobachter sollen also, obgleich sie beide neben den Uhren
in Ruhe sind, doch einen ganz verschiedenen Tatbestand
feststellen, also an derselben Uhr verschiedene Zeigerstel-
lungen ablesen. Die relativistische Philosophie mag dergleichen Möglichkeiten in Betracht ziehen müssen – prinzipiell
brauchten die Erlebnisse verschiedener Beobachter ja niemals irgendwie übereinzustimmen – aber ich brauche nicht
zu versichern, daß es der Einsteinschen Relativitätstheorie
niemals eingefallen ist, eine solche Behauptung aufzustellen, und einen Relativismus dieser Art zu verteidigen.

Jetzt erkennen wir deutlicher die Stellung der Relativitätstheorie: Sie ordnet sich im allgemeinen vortrefflich den
empiristischen und positivistischen Gedankenreihen ein,
aber die innerhalb dieser Richtungen in der Geschichte der
Philosophie entwickelten »relativistischen« Ideen sind keineswegs alle geeignet, die Einsteinsche Theorie verständlich zu machen und zu begründen, ja sie stehen zum Teil in
Widerstreit mit ihr. Daraus folgt, daß die Relativitätslehre
uns dazu dienen kann, das Berechtigte an jener Philosophie von dem Übereilten und Verkehrten zu sondern. Die
Theorie gestattet keinen wilden, unkritischen Empirismus
oder Positivismus, sondern nötigt diese philosophischen
Richtungen zu einer prägnanten Formulierung ihrer
Grundthesen, schließt sie in ganz bestimmte Grenzen ein
und reinigt und klärt ihre Prinzipien. So trägt sie machtvoll
dazu bei, die Philosophie aus dem Stadium vager Allge-
meinheiten in das Stadium fest umschriebener genauer

Formulierungen zu überführen: ein Prozeß, der für das Leben der Philosophie von so entscheidender Wichtigkeit ist, und der in der Gegenwart eben durch das Zusammenarbeiten mit der exakten Naturwissenschaft gute Fortschritte zu machen scheint.

Innerhalb der von ihr selbst gezogenen Grenzen bestätigt nun die Relativitätstheorie in der Tat auch manche Einzelentdeckung empiristischer Philosophie auf neuartige Weise. Eine der größten Leistungen Humes war die Kritik des Substanzbegriffs; sie lief darauf hinaus, den Begriff der Substanz als eines verborgenen, unbekannten Trägers der Eigenschaften zu zertrümmern; Substanz sei nicht etwas Besonderes neben oder hinter den Eigenschaften, nicht ein Ding, an dem sie haften, sondern nur ein Name für einen Inbegriff von Eigenschaften. Nun, die Relativitätstheorie kam durch ihre Kritik der Äthervorstellung zu einem Ergebnis, das sich unmittelbar als eine Anwendung jenes philosophischen Gedankens auffassen läßt. Die Wirkungen von einem Körper zum anderen durch das Vakuum werden nach der Theorie nicht durch einen stofflichen Äther übertragen, sondern das Vakuum ist von Zustandsgrößen erfüllt, z.B. von elektrischen und magnetischen Feldstärken, die nicht Zustände von irgend etwas, sondern selbständig für sich da sind und keines Trägers bedürfen. Ihr Wechsel, ihr Entstehen und Verschwinden stellt ein substratloses Geschehen dar, das dem Philosophen schon lange geläufig ist (z.B. aus der »Aktualitätstheorie« des Seelischen), und an das nun auch der Physiker sich gewöhnt. Die ponderable Materie wird schließlich in gleicher Weise in Zustandsgrößen (Vektoren und Tensoren) aufgelöst, und so besteht die Welt der modernen Physik nicht aus Dingen, Substanzen, an denen irgend etwas geschieht, die sich verändern und bewegen, sondern die letzten Elemente, aus denen das Universum sich aufbaut, sind Geschehnisse, Ereignisse. Ein körperliches Ding, z.B. ein Goldatom, ist nichts anderes als ein Komplex von Geschehnissen, sein Dasein ist ein Prozeß, es besteht darin, daß gewisse Ereignisse sich abspielen. Während etwa Lotze das »Sein der Dinge« und das »Geschehen der Ereignisse« als zwei verschiedene Wirklichkeitsarten einander gegenüberstellt, dürfen wir heute sagen, daß der zweite dieser beiden Begriffe allein zur Beschreibung der Wirklichkeit völlig ausreicht, und daß der erste sich auf ihn zurückführen läßt.

Aber diese wichtigen Ergebnisse sind der modernen Naturphilosophie vielleicht noch nicht völlig in Fleisch und Blut übergegangen; dagegen haben sich die leichter zugänglichen Sätze der relativistischen Raum- und Zeitlehre in ihrer erkenntnistheoretischen Bedeutung bereits in sehr erfreulichem Maße auswirken können. Ihre Wirkung war auch schon lange vorbereitet, wenigstens was die Raumlehre betrifft. Denn die Raumtheorie, welche die allgemeine Relativitätstheorie benutzt, wurde von Einstein bereits so gut wie vollendet vorgefunden; das war in erster Linie den Arbeiten von Gauss, Riemann und Helmholtz zu danken. Sie hatten schon mit der größten Deutlichkeit eingesehen, daß der physikalische Raum durchaus nicht genau die Eigenschaften zu haben braucht, die ihm von der üblichen Geometrie, die wir in der Schule lernen – der euklidischen Geometrie –, zugeschrieben werden. Sie hatten behauptet, daß die euklidischen Lehrsätze gar nicht notwendig von unserm Raum zu gelten brauchen, sondern daß ihre Geltung bloß als eine Erfahrungstatsache zu betrachten sei, so daß also künftig genauere Erfahrungen uns möglicherweise dahin führen könnten, ihm eine nicht-euklidische Konstitution zuzuschreiben. Diese Behauptungen stießen damals bei den Philosophen der Kantschen Richtung auf schärfsten Widerspruch. Sie gaben höchstens zu, daß nicht-euklidische Geometrien rein abstrakt begrifflich denkbar seien, aber sie leugneten, daß sie jemals Bedeutung für die Wirklichkeit erlangen könnten, denn – so meinten sie mit Kant – die Grundsätze der euklidischen Geometrie seien ein Ausdruck der Beschaffenheit unseres eigenen Anschauungsvermögens und müßten deshalb mit unentrinnbarer Notwendigkeit von der ganzen wahrnehmbaren und vorstellbaren Welt gelten. Nun kommt die allgemeine Relativitätstheorie und sieht sich genötigt, zur Beschreibung eben dieser Welt die nicht-euklidische Geometrie zu benutzen. Damit ist durch Einstein Wirklichkeit geworden, was Riemann und Helmholtz als Möglichkeit behaupteten, die Kantische Position ist als unhaltbar erkannt, und die empiristische Philosophie hat einen ihrer glänzendsten Triumphe errungen. Denn nun entscheidet wirklich die Erfahrung darüber, ob die euklidische oder eine andere Geometrie an dieser oder jener Stelle der Natur gültig ist; und dies muß nicht nur jeder zugeben, der bereits an die Richtigkeit der allgemeinen Relativitätstheorie glaubt, sondern auch jeder, der da glaubt, daß über die Richtigkeit oder Falschheit dieser Theorie letzten Endes allein die Erfahrung, das Experiment entscheiden kann.

Trifft aber, wie ich überzeugt bin, die allgemeine Relativitätstheorie für die Wirklichkeit zu, dann erhalten alle jene wundersamen Eigenschaften nicht-euklidischer Räume, wie sie einem weiteren Kreise von Gebildeten etwa durch Helmholtz' populäre Vorträge schon lange bekannt waren, nun ein neues, gleichsam aktuelles Interesse, denn sie sind nicht mehr bloß theoretische Möglichkeiten, nicht bloß ein Tummelplatz mathematischer Phantasie, sondern sie bedeuten etwas für unser Universum, sie stellen Wirklichkeiten dar, die unser Weltbild von Grund auf umgestalten. Die Theorie führt durch meines Erachtens unausweichliche Schlüsse zu dem Ergebnis, daß der Raum (nicht etwa nur die Welt im Raum) endlich ist, obwohl er nirgends Grenzen hat. Das heißt, wenn wir in einer beliebigen Richtung im Universum immer weiter und weiter gehen, so kommen wir natürlich nirgends an irgendwelche Grenzen, wo der Raum aufhörte, aber wir kommen auch nicht ins Unendliche, sondern schließlich in die Nähe des Ausgangspunktes zurück.

Der Gedanke, daß dies nicht bloß eine abstrakte Möglichkeit darstellt, sondern sich höchstwahrscheinlich wirklich so verhält, feuert die Philosophie aufs lebhafteste an, diese anfänglich so schwer vorstellbaren Dinge in ihr System einzuordnen und in Beziehung zu setzen zur psychologischen und erkenntnistheoretischen Betrachtung des Anschauens, Vorstellens und Denkens. Diese Bemühungen haben ein lockendes Arbeitsfeld erschlossen und, wie ich glaube, schon ansehnliche Früchte getragen, auf die ich aber hier nicht weiter eingehen kann. Die Ergebnisse scheinen mir auch hier wieder durchaus in der Richtung eines vertieften Empirismus zu liegen.

Zu dem gleichen Resultat kommt man, wenn man die relativistische Zeitlehre der Kantschen gegenüberstellt, doch ist es hier nicht möglich und nicht nötig, dabei zu verweilen.

Immerhin ist heute noch der Kantianismus ein ernster – und der einzige beachtenswerte – Gegner einer empiristischen Auslegung der Relativitätstheorie. Er hat nichts unversucht gelassen, um das Prinzip seiner Philosophie den neuen Erkenntnissen gegenüber zu retten. Er hat sich zu diesem Zwecke auf einen höheren Standpunkt zurückgezogen, indem er die Kantschen Grundgedanken so verallgemeinerte, daß sie fähig erschienen, die neue Physik in sich aufzunehmen. Es stellt sich aber heraus, daß bei Verfolgung dieses Weges vom Kantianismus schließlich nur soviel übrig bleibt, als mit einer verständigen und vertieften Erfahrungsphilosophie vereinbar und auch in ihr schon enthalten ist, so daß die letztere eben doch siegreich bleibt.

Sie mögen mir hierin beistimmen oder nicht – jedenfalls sehen Sie, wie die Relativitätstheorie der Philosophie an vielen Punkten helfen kann, ihre uralten Probleme der Lösung näher zu führen: das Problem der Substanz, das Raum- und Zeitproblem, das Problem der Anschauung und manches andere. [...]

Die Zeiten der Trennung sind vorüber, die Naturforschung ist wieder philosophisch geworden, und die Philosophie hat auf den Boden der exakten Wissenschaft zurückgefunden. Und das ist nicht in letzter Linie der Einsteinschen Theorie zu danken. Philosophie und exakte Wissenschaft, die sich in der Relativitätslehre die Hand reichen, lassen einander nun nie wieder los; und diese Theorie, von der es eine Zeitlang scheinen konnte, als ob sie wie ein Zankapfel wirke, bringt uns in Wahrheit wenigstens an einer Stelle dieser geistigen Regionen an das Ziel, das auf andern Gebieten des Lebens heute so fern erscheint: das Ziel der Gemeinschaft und der Versöhnung.

WALTHER STRAUB

Über Genußgifte

1926

Die Leitung unserer Versammlung hat mir die Aufgabe gestellt, vor Ihnen über »Genußgifte« zu sprechen. Es sind 3 Faktoren, die das Thema bestimmen: Genuß, Gift und »ich«. Mit der bekannten Bescheidenheit des Gelehrten beginne ich mit dem »ich«, um mich persönlich sofort wieder auszuschalten und statt »ich« zu sagen: ein Pharmakologe, d.h., die pharmakologische Seite des Problems ist zu behandeln. Für »Genußgifte« interessieren sich nämlich viele Instanzen unseres Daseins, nicht nur der Genießer selbst. So der Staat, der sie gerne verwaltet und besteuert, der Arzt, der sie seinen Patienten, je nachdem, verbietet oder erlaubt, sie sind ein wichtiger Faktor seiner Autorität; auch die Wissenschaft, die ihnen ihre ganze Gründlichkeit angedeihen läßt. Die chemische, die botanische und die medizinische Wissenschaft. In der medizinischen Wissenschaft ist es der Hygieniker und der Pharmakologe, die sich beruflich besonders mit den Genußgiften zu befassen haben.

Das sind zwei medizinische Standpunkte. Der Hygieniker möchte die Welt gerne gesund und glücklich machen, das einzelne Individuum ist ihm weniger das Objekt seines Strebens, er geht aufs Ganze. Sein Forschungsmittel, wenn er sich mit Genußgiften beschäftigt, ist vorwiegend die Statistik, die Quintessenz eines meist vom Zufall geleiteten Massen- und Rechenexperimentes. Ich will hier gewiß nicht schlecht sprechen von der Statistik, aber es gibt eben noch eine andere Art der Betrachtung der Genußgifte, das ist die pharmakologische. Die bescheidene Wissenschaft der Pharmakologie beschäftigt sich mit der Wirkung chemischer Substanzen auf den lebenden Organismus und ihr

Mittel ist das Experiment, ihr Objekt ein Individuum, Tier oder Mensch. Sie erstrebt die Ermittlung des Gesetzes der Wirkung einer Substanz, und wenn die ermittelten Gesetze eine sinngemäße Verallgemeinerung erlauben, den Logos des Pharmakon herausspringen lassen, freut sie sich ganz besonders. Wenn sich also die Pharmakologie mit den Genußgiften beschäftigt, so tut sie es voraussetzungslos, sie stellt auch hier die allgemeinen Wirkungsgesetze auf, sie schafft eine Theorie und begründet damit oft nachträglich die Logik der Empirie; denn die beliebtesten Genußgifte der Menschheit sind alle durch den Instinkt gefunden.

Was sind nun Genußgifte? Eine schlagende Definition würde wahrscheinlich Wilhelm Busch gegeben haben; wir müssen uns etwas geschraubter ausdrücken. Sie stehen in einem Gegensatz zu den Genußmitteln, die wir schlechtweg auch Nahrungsmittel nennen können. Wenn die Genußmittel zur Erhaltung des Daseins überhaupt dienen, so die Genußgifte zu dessen zwangsweiser Verschönerung. Da seit dem ersten Sündenfall bekanntlich eine Daseinsverschönerung nicht ins unermeßliche gesteigert werden kann, sind auch den Mitteln dazu Grenzen gesteckt, wo der Genuß aufhört und ein unmittelbarer oder nachträglicher Schaden eintritt. Sie sind also prinzipiell gefährlich. So müssen die Genußgifte Leistungen haben, die über die gewöhnliche Ernährung hinausgehen, so raffiniert man diese durch Material und Kochkunst auch gestalten mag, sie müssen, mit einem Wort, auf das Geistige wirken, und zwar unmittelbar und möglichst rasch. Das Geistige ist im Gehirn konzentriert, also müssen es Nervengifte sein; Gifte – vor diesem Wort müssen wir bei unserer Betrachtung den laienhaften Respekt ablegen. Gift ist kein absoluter Qualitätsbegriff. Gift ist uns nur Relativität und Quantität. Das harmlose, ja fürs Leben unbedingt nötige Kochsalz wird zum Gift, wenn wir zuviel davon uns zuführen, ebenso das Wasser, wenn es destilliert ist, und umgekehrt: die Blausäure geben wir sogar Kindern im Bittermandelwasser als nützliches Hustenmittel.

Wenn also das, was wir »Genußgifte« nennen, uns den gewünschten Genuß verschaffen soll, so müssen wir damit umgehen können wie der Arzt mit der Blausäure, wir müssen wissen, was wir tun, und wie weit wir gehen können. Diese empirische Pharmakologie der Genußgifte hat sich die Menschheit im Laufe von Jahrhunderten und Jahrtausenden angeeignet, sie hat ihre empirischen Umgangsformen mit den Genußmitteln sich aufs genaueste ausgearbeitet, die Natur und Wirkungsgesetze der Gifte berücksichtigt, ohne sie naturwissenschaftlich oder gar medizinisch zu kennen. Unsere hauptsächliche Aufgabe soll es heute sein, nachzusehen, was die pharmakologische Wissenschaft und Weisheit zum bestehenden Gebrauch der Genußgifte zu sagen hat.

Die erste Frage in der Pharmakologie eines Giftes ist die nach dem Organ, mit dem es wirkt; denn Gift und Organe haben ganz besondere Wahlverwandtschaften, die sich gegen alle Hindernisse zu sättigen wissen. Wenn ein Mensch im Wundstarrkrampf sich windet, so wissen wir, daß es trotz der Vielheit der Erscheinungen und Äußerungen doch nur einige Zellen im Rückenmark sind, die durch das Gift so verändert sind, daß eben die Katastrophen des ganzen Organismus eintreten, und wenn der Herzkranke ein Mittel wie Digitalis in den Magen bekommt, so tritt die Besserung ein, weil das Gift mit der Muskulatur des Herzens reagiert. Das ist eine Qualitätsfrage.

Die zweite Frage ist dann die der rein materiellen Verteilung, und da zeigt sich wieder, daß das Gift zumeist in dem Organ abgelagert ist, an dem sich die Wirkung zeigt. So steckt das Starrkrampfgift nur in jenen erwähnten Rückenmarkszellen, die Digitalisgifte nur im Muskel der Herzkammer; zwischen diesen Organen und den Giften bestehen chemische Wahlverwandtschaften, an allen anderen Organen des Organismus geht das Gift interesselos vorüber.

Die dritte Frage: wie äußert sich die Wirkung? Diese ist, jedenfalls für den Fall Genußgift, immer eine Förderung oder Lähmung der Funktion des betroffenen Organes.

Alle Genußgifte sind nun nach ihrer Wirkungsspezifität Gehirngifte vielseitiger Schattierung; ihre Wirkungsart ist meistens eine rein lähmende, sie sind also in einer Systemgruppe mit den Mitteln, mit denen man narkotisiert, wie z.B. dem Chloroform. Chloroform schaltet das ganze Großhirn und noch mehr aus, wenn es zur Narkose benützt wird. Wenn man langsam narkotisiert, bemerkt man zuerst Rausch, dann Schlaf, dann erst Narkose. Den operierenden Arzt interessiert das nicht, er will das Maximum; den Pharmakologen aber interessieren die Zwischenstadien gar sehr, schon aus praktischen Gründen. Als er erkannte, daß im Verlauf der Narkose auch ein rasch übersprungenes Stadium des echten Schlafes steckt, sagte er sich, daß ein Narkotikum, das so schwach ist, daß es nur Schlaf macht, etwas sehr nützliches sein müßte und aus dieser Überlegung heraus entstand das Chloralhydrat und die vielen Schlafmittel der Neuzeit, die ein wirklicher Segen der Menschheit und der chemischen Fabriken geworden sind.

Es ist nun klar, daß in dem Narkosestadium bis zum Schlaf alle erzwungenen Zustandsänderungen des Bewußtseins stecken, als deren Maximum der »Rausch« zu gelten hat. Es ist aber auch weiter klar, daß im gleichen Bereich eine unendliche Menge feiner und feinster Abstufungen der Gehirntätigkeit enthalten sein müssen, die um so eher für sich allein mit Giften erzielt werden können, je schwächer und spezialisierter diese sind, das ist dann noch nicht Rausch, sondern Umstimmung der psychischen Tätigkeit*. So gibt es Gifte wie den Haschisch, der Ideenflucht und Steigerung der Phantasie macht, mexikanische Kakteengifte, die Farbenorgien vorzaubern, die Gifte der Nachtschattengewächse, die man zu religiösen Kultzwecken entdeckte und verwandte, um visionäre Zustände hervorzuzaubern.

---

* Deshalb soll hier auch von der Erwähnung des Arsenik abgesehen werden, da seine Einverleibung keinen »Genuß« im engeren Sinne darstellt, darum scheidet das Nikotin aus, da es keinerlei Zentralnervenwirkungen, sondern ausschließlich solche auf das periphere Nervensystem ausübt.

Wenn wir uns nun der Analyse der einzelnen Genußmittel zuwenden, so beginnen wir am besten mit dem Alkohol, denn er ist wohl das älteste Genußgift der Menschheit. 1. Buch Mos. 9. Kap., Vers 20ff. Er ist der Patriarch unter seinesgleichen, mit ihm sollen dann die anderen Genußgifte verglichen werden. Die Gehirnwirkung des Alkohols als Genußgift ist durch ein einziges Experiment geklärt. Wenn wir den Zeigefinger unserer Hand an der Fingerspitze mit einem Gewicht belasten, das wir gut heben können, so leisten wir bei jedem Hub des Fingers eine Arbeit = Hubhöhe mal Gewicht, ausgedrückt in Meterkilogramm. Wir machen diese Arbeit rhythmisch nach dem Takt eines Metronoms, und bemerken bald, daß die Hubhöhen kleiner werden und schließlich ganz aufhören, wir können nicht mehr und sind ermüdet; berechnen wir die gesamte geleistete Arbeit bis zur totalen Ermüdung, so ergibt sich z.B. (die Zahl ist willkürlich) eine Totalarbeit von 2 Meterkilogramm. Um sie zu leisten ist nötig: 1. der Sinneseindruck des Ohres vom Metronombefehl, 2. eine Willensleistung, 3. eine Innervation der Fingerbeugemuskel am Unterarm, 4. deren Kontraktion.

Wenn wir den Versuch vereinfachen und den Willen ausschalten, indem wir den Muskel, der den Finger beugt, im gleichen Takt wie vorher mit dem Metronom, diesmal elektrisch reizen, so bekommen wir bis zur Ermüdung 3 Meterkilogramm Arbeit, also die Hälfte mehr; bei dieser erzwungenen Arbeit muß der Muskel alles hergeben, was er hat, und da wir sahen, daß bei der Arbeit unter Einschaltung des Willens der Muskel weniger gearbeitet hat als er könnte, schließen wir, daß nicht der Muskel ermüdet, sondern der Wille, also das Gehirn. Wir sehen darin eine zweckmäßige Einrichtung, die uns vor restloser Verausgabung unserer Kraft schützt und eine Reserve zurückbehalten läßt, und wir schließen, er gibt bei der Arbeit, in die noch der Wille eingeschlossen ist, nicht alles her, er behält sich noch eine Reserve zurück. Wie wird nun die Arbeitsausbeute unter einer kleinen, nicht berauschenden Dosis Alkohol? Der Versuch nach der 1. Anordnung, d.h. unter Einschaltung des Willens, gibt 2,5 mkg, also Mehrleistung unter Alkoholwirkung, aber der Versuch mit dem elektrischen Reiz gibt auch nicht mehr wie 2,5 mkg, und nicht soviel wie im alkoholfreien Zustand, wo 3 mkg geleistet wurden. Daraus folgt folgendes:

Der Alkohol hat zwei Dinge gemacht: erstens, er hat unseren Willen so verändert, daß wir alles aus dem Muskel herausgeholt haben, was an Arbeitsfähigkeit darin steckt, wir haben sogar die Reserven verpufft, aber die Reserven sind im Alkoholzustand kleiner wie im normalen, Alkohol hat also auch zweitens den Muskel geschwächt, denn er ist ausgepumpt mit 2,5 mkg Arbeit statt 3 mkg wie zu erwarten wäre. Die Mehrleistung der natürlichen Willensarbeit unter Alkohol ist also nur eine Schiebung, hervorgerufen durch eine Willenstäuschung. Normalerweise sorgt der Wille dafür, daß der Muskel sich nicht total verausgabt, vielmehr sich noch Reserven zurückbehält, er hat eine Hemmung, die sehr zweckmäßig ist, und diese Hemmung hat der Alkohol gelähmt; daneben hat er noch den Muskel selbst geschwächt; er hat also nur gelähmt, und der Förderungseffekt ist nur eine Täuschung. Die Wegschaffung der natürlichen Hemmung von Verausgabung ist eine Gehirnwirkung des Alkohols; sie interessiert uns in erster Linie, sie gibt uns die Formel für die Generalwirkung des Alkohols: er ist ein Hemmungslähmer.

Und diese Formel ist auf alle Alkoholleistungen zu übertragen, ganz besonders auf die geistigen: er macht mitteilsam und menschenbedürftig, vertrauensselig und selbstzufrieden, den Schüchternen gesellig, den Schweiger beredt, den Zaghaften unternehmungslustig, alles auf dem Boden einer Hemmungslähmung. Er steigert uns das Gefühl der Individualität. Das wäre die psychophysische – gewissermaßen moralische – Seite der Alkoholwirkung.

Doch diese Wirkungscharakterisierung reicht noch nicht zur gerechten Beurteilung eines Genußmittels aus, wichtiger wie Qualitätsfragen sind hier solche der Quantität. Die Vollnarkotika, wie Chloroform, von denen wir in unserer Betrachtung ausgegangen sind, werden zu 99% aus dem Organismus wieder unverändert ausgeschieden, er kann mit ihnen nichts anfangen, kann chemisch sie nicht zerstören, wie er es mit den Nahrungsmitteln macht. Anders der Alkohol: Er verschwindet zu 99% und ist auch nach sehr großen Gaben in keiner Körperausscheidung mehr aufzufinden. Der Organismus verbrennt ihn zu Kohlensäure und Wasser und gewinnt von ihm die gleiche Menge Wärme, wie wenn wir ihn in der Spirituslampe verbrennen. Er existiert also nach der Aufnahme nur eine gewisse Zeit im Organismus unverändert, und da er unwirksam ist, sowie er sich zersetzt hat, folgt, daß die narkotische Alkoholwirkung noch durch einen Zeitfaktor bestimmt ist, der es jedenfalls mit sich bringt, daß kurze Zeit nach der Aufnahme das Maximum von Alkohol im Blute kreist und von ihm den Organen zugeführt wird.

Wir kommen ins Gebiet der Zahlen. Zunächst ein Extrem: Im Blute einer Schnapsleiche, d.h. eines Mannes, der eine tödliche Dosis Alkohol aufgenommen hatte und beim Tode noch ein Depot im Magen besaß, also das mögliche Verteilungsmaximum aufwies, fand man einen Gehalt von 0,33%, also im Liter 3,3 g, und im ganzen Körperblut ca. 21 g Alkohol; die Leber enthielt 0,21%, das Gehirn natürlich am meisten, 0,47%.

Der Alkohol hat sich also ziemlich gleichmäßig über alle Organe verteilt und es berechnet sich auf den Menschen von ca. 40 kg Weichteilgewicht etwa 130 g Alkohol als tödliche Dosis.

130 g Alkohol sind etwa 8 Glas Kognak; es ist zwar nicht schön, 8 Kognak zu trinken, aber man stirbt nicht daran, denn weitaus der größte Teil des resorbierten Alkohols wird eben verbrannt und die Schnapsleiche hat sehr viel mehr wie 8 Schnäpse rasch hintereinander trinken müssen, um die tödlichen 0,33% ins Blut zu bekommen.

Im Versuch am Menschen hat sich ergeben, daß 27,5 g Alkohol, in der konzentrierten Form von Schnaps in kurzer

Zeit getrunken, einen maximalen Blutalkoholgehalt von nur 0,036% machen, also rund ¹⁄₁₀ des tödlichen Blutgehaltes jener Schnapsleiche, und dieses Maximum wird erworben bei Einverleibung von rund ¼ der absoluten Alkoholmenge, die in den Organen angesammelt sein muß, um zu töten. Dabei war die Wirkung noch nicht einmal ein Rausch.

Also ¼ der tödlichen Effektivdosis macht ¹⁄₁₀ der tödlichen Alkoholkonzentration im Blut und in den Organen und kaum eine Rauschwirkung. Daraus folgt, daß von ¼ tödlicher Dosis weitaus die größte Menge rasch nach dem Aufnehmen zerstört wird und auf die Geschwindigkeit dieser Zerstörung kommt es an, sie ist ein konstanter Gegenfaktor der Wirkung.

Wurden nämlich die 27,5 g Alkohol verdünnt, d.h. in Form von ½ l Bier getrunken, was schon für die Zufuhr mehr Zeit verlangt, noch mehr für die Resorption, so wurde überhaupt nur ein Blutalkoholgehalt von 0,004%, also ungefähr ¹⁄₁₀₀ der tödlichen Konzentration erreicht und gar keine merkliche narkotische Wirkung, man kann sagen, in diesem Falle wird der Alkohol nahezu so rasch zerstört, als er vom Darm aus dem Körper zuströmt; das wäre also die chemische Kinetik der Mäßigkeit!

Weiter interessieren uns die quantitativen Zeitverhältnisse der Wirkung oder die Frage: Wie lange bleibt der Alkohol im Blute und welche Wirkung äußert er dabei? Eine total abstinente Versuchsperson nimmt 26 g Alkohol in konzentrierter Form auf einmal zu sich, von Zeit zu Zeit werden ihr Blutproben entnommen und analysiert. Sie erreicht nach ½ Stunde ein Maximum im Blut von 0,05% und erst nach 4 Stunden ist das Blut alkoholfrei; es dauert also 4 Std., bis der Alkohol verschwunden ist, bei Anwendung einer mäßigen Dosis. Daß sie mäßig war, gab die abstinente Versuchsperson selbst an, sie spürte nichts von Rausch. Daß diese zirkulierende Menge aber objektiv doch nicht wirkungslos war, ergaben die mit feinsten Mitteln der experimentellen Psychologie angestellten Messungen der Hörschärfe und wir gehen nicht fehl, wenn wir annehmen, daß auch die geistigen Leistungen wie Rechnen, Apperzeption usw. in gleichem Maße sich geändert haben. Die Änderung war stets eine Verschlechterung, wenn der Alkoholgehalt des Blutes den Wert von 0,05% erreicht hatte. Davon merkt subjektiv die Versuchsperson zwar nichts, aber es folgt daraus, daß auch in kleinen Dosen des üblichen Genusses der Alkohol uns täuscht, und zwar mehrere Stunden lang, ebensolang sind wir nicht in voller Leistungsfähigkeit.

Wir müssen noch etwas bei dem Zerstörungsvermögen des Organismus für Alkohol bleiben, denn es ist eigentlich einer der wichtigsten Punkte der pharmakologischen Alkoholfrage. Die Zerstörungsfähigkeit ist uns angeboren, denn Alkohol ist ein natürlicher Bestandteil des Organismus, er entsteht dauernd als ein Nebenprodukt bei der Zersetzung der Kohlenhydrate im Stoffwechsel, und selbst der abstinenteste Abstinent kann sich nicht dagegen wehren, schon am frühen Morgen beim Aufstehen 0,002% Alkohol in seinem Blut zu haben, oder 20 mg im Liter. Dieser Gehalt ist das Produkt einer dauernden Bildung und Zerstörung von Alkohol; es läßt sich leider nicht sagen, wieviel der Alkoholumsatz pro Tag ausmacht, da wir weder Bildungs- noch Zerstörungsgeschwindigkeit kennen, immerhin sind es nicht unbeträchtliche Mengen. Alkohol ist also ein normaler Körperbestandteil und das »Gift« Alkohol ist uns gar nicht fremd, wir haben unsere bestimmten angeborenen chemischen Umgangsformen mit dieser Substanz.

Das Talent, den Alkohol zu zerstören, kann man nun durch Übung steigern; die durch Training dieses angeborenen chemischen Talentes erreichte Steigerung der Zerstörungsgeschwindigkeit nennen wir Gewöhnung. Durch gesteigerte Zufuhr lernen wir es, immer größere Mengen zu verbrennen. Dies hat natürlich auch Rückwirkung auf die narkotische Wirkung. Der Ungewöhnte wird berauscht von Mengen Alkohol, die dem Gewöhnten noch gar keinen Eindruck machen, und umgekehrt; der Gewöhnte muß mehr Alkohol zu sich nehmen, um die gewünschte narkotische

Wirkung zu erzielen, denn weitaus den größten Anteil des zirkulierenden Alkoholes zerstört er ja kraft seines gepflegten Talentes. Das Erlernen der gesteigerten Alkoholzerstörung geht rasch vor sich, ein total abstinenter Hygieniker hat es nach Ausweis der Stoffwechselversuche an sich selbst in 4 Tagen gelernt!

Also beurteilen wir pharmakologisch den Alkohol folgendermaßen: Ein recht schwaches Narkotikum, geeignet, feinere Lähmungsgrade der geistigen Vorgänge zu erzeugen, eine dem Organismus nicht fremde Substanz, die wir mit Leichtigkeit zu unwirksamen Abbauprodukten zerstören, ein Vorgang, der aber immerhin Zeit braucht, denn nach einmaliger wirksamer Dosis stehen wir mindestens 4 Stunden unter Alkoholwirkung. Daraus ergibt sich seine soziale Stellung als Genußgift. Was wir von ihm wollen, ist die Hemmungslähmung. Wir bezahlen sie bewußt mit einer Verminderung geistiger und körperlicher Leistungsfähigkeit, dafür schadet er uns in der mäßigen Form der Hemmungslähmung nicht, er betrügt uns bloß. Mit Betrügern wird man fertig, wenn man sie durchschaut, man muß wissen, daß seine Wirkungen 6–8 Stunden dauern, so viel Zeit muß man für den Umgang mit ihm aufbringen; wo wir im Kreislauf der 24 Stunden des Tages uns die Zeit stehlen, ist eine Zweckmäßigkeitsfrage; am besten ist es, die Alkoholzerstörung in jene Zeit zu verlegen, wo wir ohnehin narkotisiert sind, in die Schlafenszeit. So ist die pharmakologische Zeit für die Einnahme des Giftes der Abend, wo sich das Individuum von den Reizen und Überreizen des Tages eines sog. Kulturmenschen abreagieren will, wo das Aggregat von Individuen sich zu Geselligkeit zusammenfindet, und so wird aus dem »Gifte« ein Geselligkeitsfaktor.

Es liegt mir ferne, von »fröhlichen Weinbergen« zu schwärmen, es soll nur der Logos des Pharmakon entwickelt werden und der Logos heißt: Ein angenehmer, aber durchschauter Schwindler. Es ist nicht jedermann gegeben, mit dem Alkohol in pharmakologischer Mäßigung umzugehen, schon weil die Pharmakologie eine ganz unbekannte

Wissenschaft ist, und so haben falsche Dosierungen und Nichtberücksichtigung seiner zeitlichen Wirkungsverhältnisse schon seit Noahs Zeiten mehr oder weniger aktives Ärgernis der Nebenmenschen erweckt. Soweit es sich um jene Sorte von Nebenmenschen handelt, die auf dem Wege des gütigen Zuredens den Individualkampf kämpfen, interessiert das pharmakologisch nicht sonderlich, wenn aber die Bestrebungen legislativen Zwang anstreben, wie das jetzt so viel diskutierte Gemeindebestimmungsrecht, da dürfte etwas mehr Berücksichtigung der Pharmakologie des Alkohols am Platze sein. Zwei mächtige Feinde solcher Kategorie sind ihm im Laufe der Jahrhunderte erstanden, beide unter der politisch-militärischen Konjunktur. Muhammed und der Präsident Wilson. Muhammed hat ohne Pharmakologie erkannt, daß ein Genußgift, das die bei Orientalen so geschätzte Selbstbeherrschung dezimiert, das den Genießer 6–8 Stunden lang der Urteilsfähigkeit beraubt, ihn sich einseitig exponieren läßt, körperlich schlapp macht, nichts taugt für ein Eroberervolk, das ohne Weg und Steg im heißen Klima, umgeben von feindlichen Menschen und Tieren, nach vorwärts drängt. Muhammed war ein kluger, religionsstiftender General, er konnte den Alkohol wohl verbieten, er ließ seinen Gläubigen andere Narkotika wie den Haschisch und das Opium.

Wilson erkannte, daß seine hastigen Landsleute ungemütlich im Genießen sind, daß sie sich nicht still abends hinsetzen, und ihren Alkohol als Geselligkeitsfaktor kultivieren, sondern den ganzen Tag über, alle paar Stunden einen »Drink« nahmen und dann wieder zur Arbeit liefen. Er erkannte, daß man damit keine Höchstleistung im Granatendrehen erzielen kann, daß das Taylorsystem das aufs genaueste nachrechnen ließ. Darum nahm auch er seinen Völkern den Alkohol. Auch das ist pharmakologisch verständlich. Präsident Wilson war auch ein Großer unter seinesgleichen, ein großer Literarhistoriker – und er gab seinen Völkern nichts für den genommenen Alkohol und was daraus geworden ist, können wir täglich in der Zeitung lesen.

Damit kämen wir zu einem weit mächtigeren Genußgift, dem Opium und was damit zusammenhängt, dem Morphin, dem Heroin und manchen anderen Modernitäten. Opium als Genußgift ist eine arabische Erfindung, es ging mit den Mohammedanern nach Osten, wo es auf Völker und Rassen stieß, die ihm rettungslos verfielen, die Chinesen und Malaien. China hat in der Zeit der Opiumhochkonjunktur pro Jahr 18000000 kg als Genußgift verbraucht, die gesamte übrige Welt nur einige 100000 als Medikament. Es hat für Opium ebensoviel ausgegeben wie es für seinen Tee-Export und einige andere Posten einnahm und seine Handelsbilanz zur negativen gemacht. So ist Opium im wirtschaftlichen Haushalt größter Völker etwa dasselbe wie Alkohol für uns. Die wirksame Substanz des Opiums ist das Morphin. Es ist in seinen Wirkungen viel subtiler und feiner gestuft wie der Alkohol, der dagegen brutal erscheint. Die wirksame Dosis für den normalen Menschen ist etwa 10 mg, ihre Wirkung eine Abschwächung unangenehmer Außeneindrücke aller Art von den Zahnschmerzen bis zu den Finanzämtern. Unter dieser Wirkung ist der Mensch durchaus normal, keine Spur von Rausch, nur Wohlbefinden. Der Chinese hat diese Morphinwirkung unter die schöne Formel gebracht:

> Vergessen der Vergangenheit,
> Verachtung der Gegenwart,
> Gleichgültigkeit gegen die Zukunft,

ein Zustand, der bei den ethischen Anschauungen des Islam und des Buddhismus das Erstrebenswerteste überhaupt ist. Wenn wir den Alkohol als Faktor der Selbstüberschätzung gekennzeichnet haben, so gilt das Morphium-Opium als Mittel zur Ausschaltung der Individualität. Der eine treibt zur Geselligkeit, das andere zur kontemplativen Isolierung.

Die pharmakologische Bewertung des Opiums als Genußgift ist von 2 Umständen bestimmt. Der eine ist die ganz besondere Art der Gewöhnung. Die 10 mg, die den Menschen das erstemal euphorisch gemacht haben, reichen bei der dritten Wiederholung schon nicht mehr aus, er muß mehr nehmen zur Erzielung der gleichen Minimumwirkung, schließlich enorme Mengen. Die Ursache liegt darin, daß der Organismus auch mit dem Morphiummolekül leicht fertig wird und auch hierin eine so große Fertigkeit bekommt, daß eben der hochgetriebene Morphinist von einem ganzen konsumierten Gramm nur einige Milligramm unzersetztes Morphin für seine Euphorie rettet, die dann auch nicht größer ist wie bei der ersten Dosis von 10 mg. Es scheint, daß die Zersetzung des großen Moleküls Morphium zu nicht so harmlosen Endprodukten führt wie die des Alkohols, so daß schon dadurch eine den Morphinismus begleitende Erkrankung oder Gesundheitsschädigung eintritt. Doch ist hier noch vieles zu klären.

Ein anderes ist, daß der Morphiumgenuß zur Sucht wird. Der Morphiumgenießer, der durch die erste Dosis aus seiner Mißstimmung heraus normal geworden zu sein glaubt, fühlt sich in Zukunft überhaupt nur mehr normal, wenn er unter Morphium steht und wenn man es ihm nimmt, ist er wirklich krank und zu nichts zu gebrauchen. Das ist hier ganz anders wie beim Alkohol. Von der Trunksucht kann man sagen, daß ihre Voraussetzung ein schon von Haus abnormer geistiger Habitus des Menschen ist; die Substanz Alkohol macht an sich nicht die Trunksucht, die Substanz Morphin macht dagegen aus dem normalen Menschen den »Süchtigen«. Deshalb ist Morphium ein wirkliches Genußgift, ein Genuß, den man schwer bezahlt. Und das läßt sich verallgemeinern: Genußgifte, die auf somatischem Wege zur Sucht führen, sind wirkliche Gifte, verführerisch besonders deshalb, weil ihre Leistungen meist ganz ausgesucht begehrenswerte Seelenstimmungen sind. Der Fall Opium-Morphium zeigt auch die auffallende Erscheinung, wie sehr für eine spontan-epidemische Ausbreitung eines Genußgiftes die Rassenfrage von Bedeutung ist. Opium ist bei den Arabern und Mohammedanern, den Verbreitern des Gebrauches, nie zum Volkslaster geworden, nur die gelbe Rasse ist besonders gefährdet. Offenbar hängt dies mit den feineren Wirkungsleistungen zusammen, die gewünscht werden; jede Rasse hat hier ihre besonderen Liebhabereien. Ein primär-pandemisches Rauschgift existiert eigentlich nicht. Das hindert natürlich nicht, daß auf dem Wege der Propagierung ein Gift von einem Volke, einer Rasse, auf die andere überspringt, ob es aber Wurzel faßt, hängt von vielerlei ab, vor allem davon, ob etwa ein eingewurzeltes Gift zu verdrängen ist; in diesem Falle hat es der Neuling schwer; wo aber das Rauschgift fehlt, hat es jeder Neuling leicht, wie in neuester Zeit in den zwangsweise trockengelegten Ländern zu sehen ist, die alles aufsaugen, was irgendwie berauschend wirkt. Umgekehrt sind dann auch in den Alkoholländern Morphium, Kokain u.a. niemals Volkslaster geworden, sondern aus größerem Abstand besehen nur Individualliebhabereien.

Für Leistung und Verbreitung eines Genußgiftes ist auch die Art der Einverleibung von bestimmender Bedeutung; je weniger Zeit, je weniger Apparat die Einverleibung braucht, desto leichter die Verbreitung. Opium wird geraucht, das braucht einen stillen Raum und komplizierte Apparatur; auch zur Applikation der Morphiumspritze muß man zum mindesten ein wenig beiseite gehen. Da ist es denn von ganz besonderem Interesse, daß der durch die Amerikaner wiedergefundene Modus der Gifteinverleibung durch das Schnupfen der Gifte vielleicht der mächtigste Förderer der modernsten Rauschgiftlaster geworden ist. Auf solchem Wege ist eine wirksame Dosis rasch, sicher und heimlich zu applizieren. Daß man ein Gift durch die Nasenschleimhaut aufnehmen kann, wurde schon Kolumbus beim Betreten der neuen Welt durch die tabakrauchenden Eingeborenen demonstriert. Das Schnupfen ist nur eine Abart des Rauchens, die pharmakologisch besonders interessant ist, wie wir erst seit nicht zu langer Zeit wissen. Unsere Nasenschleimhaut ist nämlich ein unangenehm gutes Resorptionsorgan; wenn wir chemisch leicht nachweisbare Sachen schnupfen, können wir sie in wenigen Minuten schon im Harn nachweisen, der Weg führt am schnellsten zum Ziel, wenn der Nasenschleimhaut die chemisch isolierte Reinsubstanz angeboten wird.

Auf diese Weise hat in allerneuester Zeit unter den Morphinabkömmlingen das Heroin seinen Weg gemacht. Dieses Diacetylmorphin ist als ein Hustenmittel nach Art des Kodeins erfunden worden; es ist therapeutisch ein ziemlich bedeutungsloses Mittel, an dem die darstellende Fabrik wenig Freude gehabt hat. Die Amerikaner haben gefunden, daß es geschnupft einen sehr rasch eintretenden Rausch besonderer Art, wohl mit etwas phantastischem, erotischem Einschlag macht, der rasch vorübergeht. Dazu genügt schon eine dreimal kleinere Dosis als bei Morphin. Die Japaner sollen die Sache ebenfalls aufgegriffen haben und das Heroin den Chinesen in großen Mengen liefern, die jetzt ja mit dem Opium allerlei innere und äußere Schwierigkeiten haben. Tatsächlich sind in Deutschland im Jahre 1913 einige hundert Kilogramm der Substanz fabriziert worden, ebensoviel in England, in Japan nichts, 1923 dagegen haben wir 1100 kg, England 2200, Japan 4900 kg fabriziert und verkauft. Heroin birgt zweifellos in sich die Gefahr der Sucht. Amerika kennt sie sehr genau und hat sogar die Fabrikation der Substanz radikal verboten.

Wenn schon für Heroin das Angestrebte der Rausch ist und der Boden der Verbreitung des Heroinlasters eine besondere Düngung durch Dekadenz oder Prohibition verlangt, so gilt das in erhöhtem Maße für das Kokain. Dieses in der Medizin unersetzliche Alkaloid, das Anästhetikum, das die Unannehmlichkeiten der großen Allgemeinnarkose durch Chloroform vermeiden läßt, ist bekanntlich von Hause aus ein narkotisches Genußmittel. Die peruanischen Kokakauer waren Schwerarbeiter in Kupferminen, die von ihren Arbeitgebern aufs rücksichtsloseste ausgenützt wurden. Der Genuß des Kokablattes verschaffte ihnen vermehrte Leistungsfähigkeit, vermindertes Nahrungsbedürfnis, Abstumpfung gegen Hitze und Kälte, aber alles auf demselben Wege der Täuschung, wie wir sie schon beim

Alkohol kennengelernt haben. So hat sich auch der Genuß des Kokablattes in Europa nie durchsetzen können, obwohl die Forschungsreisenden märchenhafte Berichte von der Wirkung der Droge mitbrachten und sicher Neugierige genug vorhanden waren, es an sich auszuprobieren; es leistete auf dem Wege der Einverleibung in den Magen nicht mehr wie der Alkohol.

Die Reindarstellung des Alkaloides und die daraufhin einsetzende Ermittlung der Konstitution gibt die Erklärung des Versagens. Das Molekül ist sehr zersetzlich, und beim innerlichen Gebrauch kommt so wenig unzersetztes Kokain ins Gehirn, daß nur jene minimalen Wirkungen erzielt werden, die der Alkohol eben besser und billiger macht. Das wurde mit einem Schlage anders, als man das reine Alkaloid schnupfte. Es läßt sich so mit größter Geschwindigkeit ein Rausch erzielen, von wiederum ganz besonderer Art. Eine Euphorie mit freudig erhöhter Stimmungslage, der Trübsinnige wird glücklich und zufrieden, er hat eine gewaltige Meinung von sich selbst, alles, was er sagt und tut, ist ihm bedeutend, ohne ihn ginge alles schief, sein Gedankenablauf ist beschleunigt. Er sucht nach Absatz seiner Leistungen und schart sich mit Gleichgesinnten zusammen, er macht Proselyten und darin liegt das Infektiöse des Kokainismus. Man kann wohl sagen, die Kokainwirkung ist ein Mittelding zwischen Alkohol und Morphium. Nur ist es noch ganz unsicher, ob eine Gewöhnung auf derselben chemischen Basis vorhanden ist wie bei diesen Giften. Jedenfalls aber besteht eine Sucht; der Kokainist ist krank, wenn er sein Gift nicht hat, wie der Morphinist, aber der Unterschied ist sehr zu ungunsten des Kokains. Der Morphinist ist im Morphiumzustand leistungsfähig, abnorm für den Beobachter erst, wenn er sein Gift nicht hat, der Kokainist aber ist im Kokainzustand eben verrückt.

So findet der Kokainismus auch seine Hauptverbreitung in Kreisen, an deren Normalität und voller Leistungsfähigkeit kein absolutes Interesse besteht. Als Giftseuche ist er bei uns unter ganz abnormen Umständen entstanden, die Nervosität der Kriegs- und Nachkriegszeit, die Knappheit und Teuernis des gewohnten Narkotikums Alkohol ließen den Kokainismus entstehen; die Rückkehr zu normalen Verhältnissen wird ihn wohl bald wieder vergehen lassen, besonders mit der Nachhilfe des Staates, der den Kokainverkehr schon so erschwert hat, daß die Kokainisten jetzt mehr Gips wie Kokain schnupfen müssen.

Um den Kokainismus als Volkslaster von der sozialen Seite aus richtig einzuschätzen und etwa gegen das Morphium abzuwägen, ist etwas Statistik sehr interessant und beruhigend. In Deutschland kommen auf den Kopf der Bevölkerung pro Jahr für die rein-therapeutische Verwendung 3 mg, das macht für 60 Millionen Menschen rund 180 kg! Der medizinische Weltbedarf an Kokain kann auf 1000 kg pro Jahr veranschlagt werden. Die deutsche Kokainproduktion dagegen war im Jahre 1921 rund 6000 kg, die Weltproduktion rund 20000 kg, man kennt diese Zahlen sehr genau, weil das gesamte Kokablatt in den holländischen Kolonien produziert wird und der Handel sehr zentralisiert ist. Es ergeben also diese Zahlen, daß pro Kopf etwa 20mal soviel Kokain produziert wird als medizinisch nötig. Beim Morphium und dem einzigen Volk der Chinesen liegen die Verhältnisse, wie oben gezeigt, viel, viel ungünstiger, dort kann man schon sagen, fast alles produzierte Morphium wird für die Sucht verwendet.

Das Kokain leitet uns auf einen kurzen Seitensprung zu einer pharmakologisch wie ethnographisch gleich interessanten Gruppe von Rauschgiften, nämlich den Alkaloiden der Solanaceen; der Name Tollkirsche, Bilsenkraut und Alraune zeigt die Familie. Ihr Gift ist das Atropin und einige seiner Modifikationen. Der chemische Bau des Atropins ist sehr nahe verwandt dem des Kokains, mit dem es den gleichen Kern besitzt. Die Drogen, die solches Gift enthalten, sind instinktiv zu allen Zeiten und von allen Völkern der Erde gefunden und verwendet worden. Australische Neger kauen und rauchen Pituri, in Peru und Kolumbien ist der Tongatrank, in Indien, China, Persien, Ägypten, Littauen, überall findet man die Droge als Rauschmittel. Wie schon der Name Tollkirsche sagt, haben die Substanzen augenfällige Rauschwirkungen, und zwar alle Grade und Schattierungen. Unser medizinisch verwandtes Scopolamin ist eine Art gebändigtes Tropenalkaloid, es wird deshalb zum bekannten Dämmerschlaf der schmerzlosen Geburt verwandt.

Aber die tropischen Verwandten werden hauptsächlich zur Erzielung eines visionären Exaltationszustandes verwandt und entsprechend dosiert. Sie sind so auch meist nicht ein Genußgift der Allgemeinheit, sondern in irgendeiner Weise mit religiösen Kultzwecken verknüpft, so ist glaublich, daß sich im Altertum die Delphische Pythia, im Mittelalter die zum Blocksberg reitenden »Hexen« mit Dämpfen oder einer aus dem Kraut hergestellten Salbe in den gewünschten Zustand versetzt haben. Das dünne Bier des Mittelalters wurde durch Bilsenkrautzusatz an Wirksamkeit dem Wein etwas genähert. Von manchen sog. wilden Volksstämmen, bes. Südamerikas, wird atropinhaltiges Material auch geraucht, oft vermischt mit Tabak, dadurch bekommt Tabak narkotische Qualitäten, die seinem eigenen Alkaloid, dem Nikotin, ganz und gar fehlen.

Soweit es sich bei diesen Giften um Genußgifte handelt, dürfte der erstrebte Zustand der nach dem Rausch eintretende tiefe Schlaf sein, der mit besonders angenehmen Träumen verschönt sein soll. Was ist nun Pharmakologisches an diesem Gebrauch? Die Atropinalkaloide lähmen kein unbedingt lebenswichtiges Organ, sehr im Gegenteil zu anderen Genußgiften, die in übertriebener Dosis durch Lähmung des Atemzentrums immer lebensgefährlich sein können. Der Gebrauch der letzteren setzt schon gewisse Dosierungserfahrungen voraus, Atropin erregt das Atemzentrum und stört nur das Gehirn, und dieses ist ja kein unbedingt lebenswichtiges Organ. So machen Überdosierungen nur gesteigerte Wirkung, eine Art von Tobsucht. Der Genießer läuft aber keine direkte Lebensgefahr. Die Heildosis von Scopolamin ist z.B. ein ½ mg, es haben aber

Kranke ohne Schaden schon 20 mg genommen. Atropinalkaloide können sehr leicht aus dem Körper unverändert ausgeschieden werden, ganz im Gegensatz zu dem verwandten Kokain.

In diesen beiden pharmakologischen Eigenschaften, der Schonung lebenswichtiger Organe bei der Wirkung und der raschen Ausscheidung aus dem Körper liegt wieder eine interessante Begründung eines menschlichen Instinktes, der sich schon an diese Gifte wagte, zu Zeiten, wo man vor wirksamen Substanzen überhaupt noch sehr großen Respekt hatte.

Schließlich im Zusammenhang mit dem am Großhirn rein lähmend wirkenden Stoffe noch einige Worte über die Haschischgruppe, zu der Haschisch, Absinth, Kawa-Kawa und Hopfen zu rechnen sind, eine Gruppe, die als wirksamen Bestandteil ätherische Öle, bzw. deren nächste Umwandlungsprodukte enthält. Unser pharmakologisches Wissen von diesen Stoffen ist noch recht dürftig und rasch erzählt, es sind flüchtige, dadurch riechende Stoffe, sehr schwer löslich in Wasser, deshalb sehr schwer und unsicher vom Magen aus resorbierbar, auch der Organismus kann nicht viel mit ihnen chemisch anfangen, er scheidet sie mühsam und nicht unzersetzt wieder aus, deshalb treiben sich diese Stoffe lange in ihm herum und machen noch nach ihrer eigentlichen Genußwirkung manchen Schaden; es sind so Substanzen, die ganz besonders zu chronischen Schadenwirkungen aller Art neigen, angeblich besonders zu bleibenden Schädigungen des Gehirns.

Der Haschisch der Orientalen ist das Mittel des künstlichen Traumes bei leidlich wachem Zustande. Der Haschischgenießer verliert jede Vorstellung von Zeit und Raum, sein Gehirn ist dabei in dauernder Tätigkeit, von einer solchen Intensität und Mannigfaltigkeit, daß man nicht die Zeit findet, die Ideen zu verknüpfen, Ideenflucht nennt man den Zustand neurologisch; die verführerische Besonderheit ist, daß alle Ideen angenehm sind, und daß auch lästige Außenreize, wie Lärm usw., in angenehme Eindrücke wie Klänge umgewertet werden. Entsprechend der schweren Resorbierbarkeit des ätherischen Öles hält bei innerlichem Gebrauch der Haschischzustand stundenlang an, um dann einem ruhigen Schlaf Platz zu machen; bei Rauchen des Haschischs tritt die Wirkung rascher ein und verschwindet auch rascher. Haschisch ist das Mittel zur Reizung der Phantasie, es wirkt bezeichnenderweise am intensivsten auf Menschen mit reger Phantasie und nur wenig auf nüchterne. So ist der Haschisch das Rauschmittel des Orientalen geworden, ein richtiges Rassengenußmittel; es liefert ihm jene »künstlichen Paradiese« Baudelaires, die sein an Kulturreizen armes Dasein braucht, es ersetzt ihm Beethoven und Rembrandt, das Grammophon und das Kino, unter Haschisch verschafft er sich visionär die Träume, die er gerade will, er braucht nicht aus dem Haus zu gehen und kein Billett zu kaufen.

Nicht viel anders ist die Wirkung des Absinths, und es ist bezeichnend, daß wieder ein phantasiereiches Volk, die Franzosen, seine Liebhaber geworden sind, so sehr, daß die staatliche Fürsorge eingriff und den Anbau von Absinth gesetzlich verbot. So brauchen wir von der schwerer beweglichen germanischen Rasse kein Gruseln und keine Angst vor den haschischartigen Giften zu haben, sie werden uns kein künstliches Paradies vorzaubern. Unser dem Haschisch verwandter Stoff steckt im Bier, nämlich der Hopfen. Hopfen und Haschisch gehören zur Brennesselfamilie, und auch Hopfen enthält ein narkotisch wirkendes ätherisches Öl, das sogar für sich als leichtes Schlafmittel verwandt wird. Die Schläfrigkeit nach manchen Bieren ist wahrscheinlich mehr auf den Hopfen zu schieben als auf den Alkohol. Von Visionen und Phantasien ist da nichts mehr vorhanden, und ich wage es nicht, den auf der Kirchweih den Maßkrug schwingenden Bauernjungen und den haschischmüden Beduinenscheich zu analogisieren.

Damit können wir die Liste der narkotischen Genußgifte abschließen, sie ist nicht vollzählig, aber was nicht erwähnt ist, ist belanglos. Ganz allgemein kann man sagen,

daß alle diese Gifte Lähmer des zentralen Nervensystems
sind; auch da, wo sie scheinbar positive Effekte äußern, besteht im Grunde Lähmung.

Der Instinkt des Menschen hat aber nicht nur nach läh-
menden und die Sorgen brechenden Substanzen die Erde
abgesucht, er braucht zuweilen auch das Gegenteil, erre-
gend wirkende Substanzen. Die Pflanzen, die solche Wirkungen haben, hat der suchende Instinkt gefunden; es sind
im ganzen 8 Stück, verteilt über die alte und neue Welt, und
alle enthalten die gleiche wirksame Substanz, das Koffein.
Die Stammpflanzen sind meist im botanischen System so
weit auseinander wie ihre Standorte auf der Erde, Kaffee in
Arabien, Tee in China, Kola in Afrika, Maté in Südamerika.
Der Instinkt der Menschheit auf Koffein scheint so scharf
zu sein, daß man nicht annehmen kann, es existiere noch irgendeine Pflanze auf der Erde, die Koffein enthielte, sie
wäre längst gefunden. Die Standortsländer reichten für
den Weltbedarf nicht aus, und so hat man die Pflanzen allenthalben in Kultur genommen; unser Mokka kommt
wohl mehr aus Guatemala und der Tee aus Ceylon. So ist
das Koffein zum wahrhaft pandemischen Genußmittel geworden. Auch der Chemiker hat noch etwas dem Koffein-
hunger nachgeholfen und die Substanz künstlich zu machen gelehrt, sein Ausgangsmaterial ist weniger ästhetisch,
es ist u.a. der Guano! So unappetitlich dieses Ausgangsmaterial des Chemikers ist, so interessant ist es für unsere Betrachtung. Es ist nämlich die Harnsäure des Guanos, die
der Chemiker in Koffein verwandelt, und dazu ist gar nicht
viel chemische Arbeit nötig; er nimmt ein Atom Sauerstoff
heraus und klebt 3 Moleküle des Restes des Methylalkohols
hinein, und das Koffein ist fertig, in langen seidenglänzen-
den Kristallnadeln. Für unsere Betrachtung heißt das, daß
das Koffein unserem Organismus nicht fremd ist, zwar
nicht so homogen wie der Alkohol, aber da wir das Koffein
in unserem Körper mit Leichtigkeit wieder in dem Ausgangsmaterial Harnsäure sehr nahe verwandte Stoffe zu-
rückverwandeln, und da diese Stoffe normale Produkte

des menschlichen Stoffwechsels sind, können wir das Koffein zwar nicht wie den Alkohol als Kind unseres Stoffwechsels begrüßen, aber doch immerhin als wohlgelittenen Vetter. Allerdings, so ganz spielend geht die Umwandlung des Koffeins in unserem Körper nicht vor sich, es dauert immerhin einige Zeit, bis die Arbeit geleistet ist, glücklicherweise, denn nur das intakte Molekül hat die erstrebte Wirkung, ja ein Teil des zugeführten Koffeins geht sogar unverändert in den Harn über. An diesem Rest kann man nun die zeitlichen Verhältnisse der Koffeinwirkung chemisch verfolgen, denn man kann sagen, solange Koffein ausgeschieden wird, zirkuliert es auch im Organismus und wirkt. Die analytischen Methoden der Messung der Koffeinausscheidung sind außerordentlich fein, noch kleine Spuren eines Milligrammes können so erfaßt werden.

Es hat sich nun gezeigt, daß nach Einnahme der üblichen Dosis Koffein, d.h. von 0,1 g, die Koffeinausscheidung nach etwa 8 Stunden beendigt ist, sie ist in den ersten Stunden am höchsten, so daß man nicht fehl geht mit der Annahme, daß wir durch eine Tasse Kaffee, d.h. 0,1 g Koffein, immerhin 4 Stunden merklich unter Koffeinwirkung stehen.

Auf dem gleichen Wege ließ sich ferner entscheiden, ob unser Organismus sich an Koffein gewöhnt, nach der Art, wie er dies mit dem Alkohol fertigbringt, also etwa auch ein Talent entwickelt, das zugeführte Koffein mehr und mehr zu zerstören, so daß zur Erreichung der gleichen Wirkung mit der Zeit steigende Dosen nötig wären. Das ist nun nicht der Fall, denn die Ausscheidungsgeschwindigkeit des Koffeins bleibt stets die gleiche, und schon der Säugling macht das mit der gleichen Geschwindigkeit wie der Stammgast eines wahren Kaffeehauses. Koffeinismus ist also schon aus physiologisch-chemischen Gründen, und da es auch bei chronischem Gebrauch zu keiner Abschwächung der Wirksamkeit kommt, vielmehr jede Dosis jederzeit gleich stark wirkt, auch pharmakologisch mehr wie unwahrscheinlich.

Die Wirkung des Koffeins in den Genußmitteldosen ist eine rein positive; es wirkt mit vielen Organen unseres Körpers, aber mit allen nur fördernd; die Funktion reizend; erst bei ganz großen Dosen tritt Lähmung ein. Dies muß einmal mit allem Nachdruck gesagt sein, denn nach einem saloppen Sprachgebrauch nennt man Kaffee und Tee oft »narkotische Aufgußgetränke«. Narkotisch heißt sprachlich lähmend, und in Unkenntnis der pharmakologischen Analyse nennt man gerne alles, was auf das Gehirn wirkt, narkotisch, ohne Lähmung und Förderung zu unterscheiden. In Wirklichkeit sind Koffein und die bisher erwähnten Narkotika Antagonisten.

Die Erregungswirkung des Koffeins ist nun eine sehr vielseitige: Das Gehirn wird nach Ausweis der psychologischen Untersuchungen in allen seinen Leistungen gefördert, das Herz zu größerer Arbeit gereizt, ebenso die Körpermuskulatur gestärkt, sie ermüdet weniger und leistet mehr, auch ist die Nierentätigkeit gesteigert. Das wäre ein bißchen viel des Segens, wenn man das von jeder Tasse Kaffee geliefert bekäme. Glücklicherweise ist der Koffeinappetit der einzelnen Organe verschieden, und das Großhirn steht hier an der Spitze, als das koffeinempfindlichste unserer Organe. Das heißt für dieses Organ aber weiterhin, daß es seine Förderung schon von der kleinsten Dosis bekommt, die an anderen Organen noch nicht wirkt, wahrscheinlich weil eben das Gehirn sich selbst zuerst nimmt, was es braucht, und erst den Überschuß abgibt. So sind die Genußdosen des Koffeins im Kaffee und Teegetränk 0,1 g Koffein, das hat die Menschheit ganz empirisch herausgefunden. Die sog. therapeutischen Dosen, die der Arzt dem herz- und nierenkranken Patienten gibt, fangen beim Fünffachen erst an.

Die Pharmakologie sagt also nach allem Vorgebrachten vom Koffein etwa folgendes: Ein Mittel zur Bekämpfung von Schlaf und Schläfrigkeit, zur Erhöhung der geistigen Leistungsfähigkeit, dem menschlichen Organismus homogen, ohne Gewöhnung und ohne Gefahr der Erzeugung einer Sucht; und damit dürfte seine pandemische Wertschätzung begründet sein. Gefunden im heißen Klima, ist es dem Orientalen das Mittel zur Bekämpfung der klimatischen Schlappheit, das Mittel zum Wachbleiben; wir fangen unseren Tag mit Koffeingenuß an, um wach zu werden, wir sollen ihn aber nicht damit aufhören, wenn wir schlafen wollen.

So ist das Koffein für den normalen Menschen unter allen Genußgiften der Gipfel der Harmlosigkeit, denn was es dem Gehirn leistet, ist harmlos, fast möchte man sagen moralisch, und wie es sich im Körper chemisch benimmt, ist taktvoll. Man nimmt Anstand, hier noch von einem Genußgift zu sprechen, und könnte die Substanz getrost zum Genußmittel ernennen; sie dürfte eigentlich keine Feinde haben.

Wie schon erwähnt, ist beim Koffein der Abstand zwischen der Genuß- und Heildosis ein sehr großer. Das spricht allein schon für die Unschädlichkeit der Genußdosis. Dies gilt bestimmt für den gesunden Menschen. Es ist nun eine bekannte Erfahrung, daß kranke Organe für das ihnen passende Heilmittel besonders empfindlich sind. So wirken z.B. die Fiebermittel nur am fiebernden Menschen und nicht am normalen. Unter solchen Umständen ist es zu verstehen, daß Menschen, deren koffeinempfindliche Organe krank sind, schon durch die kleinen Genußdosen des Koffeins ungünstig beeinflußt werden, besonders wenn sie täglich genommen werden. Man darf aber keinesfalls den Spieß umkehren und behaupten, daß gesunde Organe durch Koffein krank werden und deshalb den Kaffee als den Erzfeind der Menschheit hinstellen – der meist gleich koffeinstark genossene Tee ist merkwürdigerweise noch nicht so verdächtigt worden – sondern überlasse das Koffeinverbot lieber dem Arzt, der es diagnostisch motiviert findet und kein Interesse hat, daß eingebildete Kranke entstehen.

Soweit das, was in kurzer Zeit über die Pharmakologie der wesentlichsten Genußgifte gesagt werden kann. Ich habe mich absichtlich nur auf die auf das Gehirn wirkenden Substanzen beschränkt, denn sie sind es, die ein Bedürfnis aller Menschen aller Zonen geworden sind. Ich habe auch nur von den Gesetzen jener Wirkungen gehandelt, die ganz allgemein gewünscht werden, d.h. von den Wirkungen der kleinen Dosen. Es ist wohl bekannt, daß auch die harmlosesten dieser Substanzen mißbräuchlich verwendet werden können und dann unbedingt schädlich sind, aber das sind ganz andere Fragen.

Temporäre Ausschaltung des Gehirns ist für Mensch und Tier eine Lebensnotwendigkeit, wir nennen sie Schlaf, können auch Narkose dafür sagen. Alle Tiere und auch die Pflanzen haben und brauchen Schlaf, nur die Erscheinungsform ist verschieden. Die Wirbeltiere vom Menschen bis herab zum Haifisch schlafen in der 24stündigen Sonnenperiode, niedere Tiere in Perioden von Jahreszeiten oder Perioden von Schwankungen der Ernährungspessima. Schlaf ist der Zustand, in dem alle Lebensarbeit auf ein Minimum reduziert ist, also der Zustand der maximalen Schonung der körperlichen Leistung. Dieser Zustand des minimalen Verbrauches ist nur erreichbar, wenn das Gehirn nichts mitzureden hat. Wenn wir untätig, aber wach im faulsten Klubsessel liegen, nützen wir uns schon beträchtlich mehr ab wie im Schlaf, unser Gehirn läßt noch seine Nervenbefehle spielen, auch wenn wir nichts an äußerer Arbeit davon merken, aber der messende Stoffwechselversuch zeigt uns den Verbrauch deutlich an. Die menschliche Intelligenz hat es gelernt, zu korrigieren, wenn am natürlichen Schlaf etwas fehlt, und so dürften die narkotischen Genußmittel entstanden sein, wie wir jetzt unsere Genußgifte nennen wollen. Sie hat es aber auch verstanden, zu beobachten, und so kam man auf die feineren Schattierungen, als besondere Begehrenswertigkeiten.

Der rote Faden, der durch meine Ausführungen ziehen sollte, ist die pharmakologische Ableitung der Eignung der narkotischen Genußmittel zum gewünschten Zweck, die wissenschaftliche Motivierung der Menschheitsinstinkte.

In allzunahem Abstand ist man im Urteil über Wert oder Unwert der narkotischen Genußmittel zu leicht Partei. Ihr Charakterbild schwankt dauernd, je nach den Gesichtspunkten. Man kann sie politisch betrachten oder moralisch, kaufmännisch oder medizinisch, alle diese Betrachtungsweisen werden mehr oder weniger befangen sein. Eine am meisten objektive Beurteilung muß auf der Pharmakologie der wirksamen Substanzen beruhen, und nach dem, was ich ausführen durfte, muß man den in der Person Noahs verkörperten Menschheitsinstinkt als den sichersten gelten lassen, der unter allen Möglichkeiten auf die harmloseste Form eines Narkotikums stieß, das denn auch sich mit Recht die Welt erobert hat, bis hierher an den Rhein, wo so viel Wein wächst – und so viel Wasser fließt.

FRIEDRICH PANETH

Die Entwicklung und der heutige Stand
unserer Kenntnisse über das natürliche System
der Elemente

1930

[...] Was versteht man unter dem natürlichen System der chemischen Elemente? Wir kennen gegenwärtig 89 verschiedene chemische Elemente; diese müssen zum Zweck der Übersicht geordnet werden, und zwar möglichst frei von Willkür, möglichst »natürlich«. Vor sechzig Jahren gelang es Lothar Meyer und Mendelejeff, eine Anordnung zu finden, die in so hohem Grade naturgemäß war, daß alle weiteren Forschungen sie nur in Einzelheiten verbessern konnten, und die wir gerade aufgrund neuester Kenntnisse geneigt sind, als endgültig anzusehen. Meyer und Mendelejeff erkannten nämlich, daß es am besten ist, die Atomgewichte, oder, wie wir aus noch zu besprechenden Gründen heute lieber sagen, die Verbindungsgewichte der Elemente der Gruppierung zugrunde zu legen; wenn man die Elemente nach der Größe ihrer Verbindungsgewichte in eine Reihe ordnet, so läßt das so entstehende, »natürliche System« erkennen, welche Elemente ähnliche Eigenschaften haben. Wie überzeugend eine in dieser Weise durchgeführte rein mechanische Anordnung nach der Größe der Verbindungsgewichte die verwandtschaftlichen Beziehungen zwischen den Elementen zutage treten läßt, das kann man auch heute noch am schönsten nach der von Lothar Meyer in seiner grundlegenden Arbeit vom Jahre 1870 angewendeten Darstellungsform zeigen (s. Figur 1).

Auf der Abszisse sind hier die chemischen Elemente in der Reihenfolge der Verbindungsgewichte aufgetragen, und auf der Ordinate die sog. Atomvolumina, d.h. der Raum, den die Atome der einzelnen Elemente beanspruchen. Man erkennt, daß das Atomvolumen mit einer gewis-

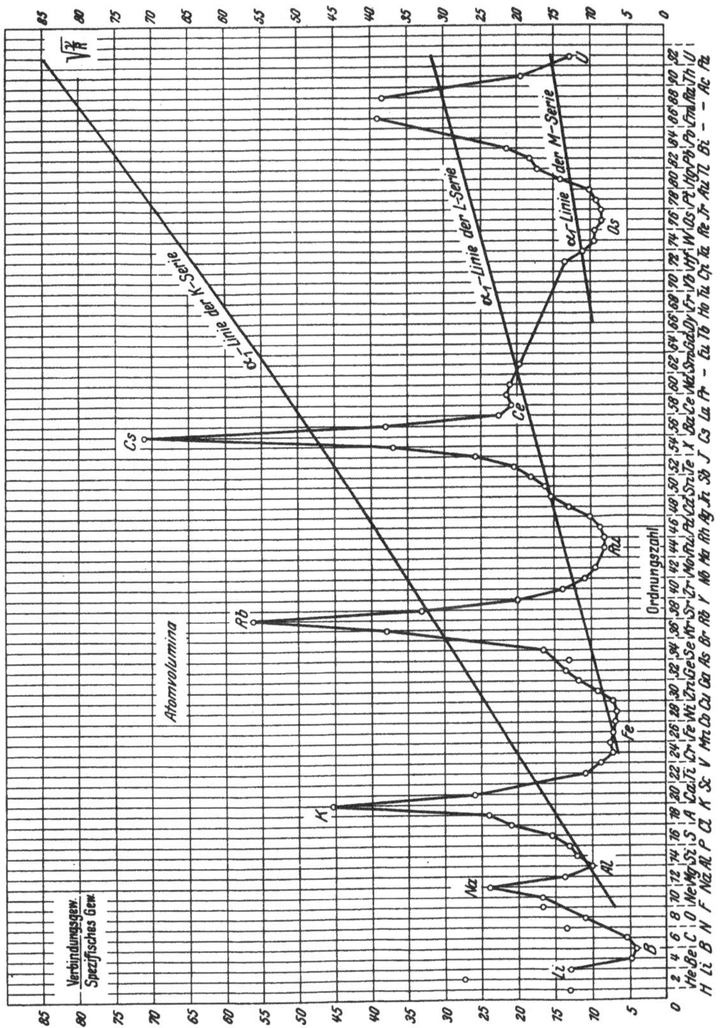

Figur 1. Atomvolumina und Röntgenspektren

449

sen Regelmäßigkeit steigt und fällt, daß es eine Art periodischer Funktion des Verbindungsgewichtes ist. Wer mit den chemischen Eigenschaften der Elemente vertraut ist, sieht auch sofort, daß stets Elemente mit ähnlichen chemischen Eigenschaften auf den einander entsprechenden Stellen der Kurve stehen; z.B. sind die Wendepunkte der Kurve durch die einander in jeder Beziehung ähnlichen Alkalimetalle Lithium, Natrium, Kalium, Rubidium und Cäsium besetzt. Daraus folgt, daß, wenn nicht das Atomvolumen, sondern irgendeine andere zahlenmäßig gut faßbare Eigenschaft der chemischen Elemente als Ordinate aufgetragen wird, stets ähnliche periodische Kurven erhalten werden; immer zerfällt die Reihe der 89 chemischen Elemente in Abschnitte derselben Länge. Wenn man daher die zueinander gehörenden Elemente in übersichtliche Gruppen zusammenfassen will, ist es am zweckmäßigsten, die durch die Wendepunkte der Kurve angezeigten Perioden als Zeilenlänge einer tabellarischen Darstellung zu wählen. Immer wenn in der Kurve eine neue Periode beginnt, schreiben wir in der Tabelle eine neue Zeile. Man erhält so folgende Tabelle 1:

In dieser Tabelle sind nun selbstverständlich die Alkalimetalle Lithium bis Cäsium in eine senkrechte Gruppe zusammengefaßt, und ebenso stehen auch sonst überall die zusammengehörigen Elemente senkrecht untereinander.

Wenn man nicht, wie wir es getan haben, die Atomvolumina, sondern die Zahlen für die Wertigkeit der chemischen Elemente als Ordinate aufträgt, findet man dieselben Perioden, außerdem aber läßt jede der langen Perioden eine Unterteilung in zwei kürzere erkennen. Für chemische Zwecke hat auch diese Darstellung gewisse Vorteile, und darum wird das natürliche System der Elemente oft auch in der folgenden, sog. »kurzperiodigen« Form geschrieben (Tabelle 2, Seite 452).

In jedem Lehrbuch der Chemie findet sich seit Dezennien eine solche Tabelle; ich darf daher vielleicht vorausset-

Tabelle 1. Langperiodige Form des natürlichen Systems der Elemente

Periode	Gruppe																	
	1	2	3	4	5	6	7	8	9	10	11	12	13	14	15	16	17	18
I																	1 H *1,0078*	2 He *4,002*
II	3 Li *6,940*	4 Be *9,02*											5 B *10,82*	6 C *12,000*	7 N *14,008*	8 O *16,0000*	9 F *19,00*	10 Ne *20,18*
III	11 Na *22,997*	12 Mg *24,32*											13 Al *26,97*	14 Si *28,06*	15 P *31,02*	16 S *32,06*	17 Cl *35,457*	18 Ar *39,94*
IV	19 K *39,104*	20 Ca *40,07*	21 Sc *45,10*	22 Ti *47,90*	23 V *50,95*	24 Cr *52,01*	25 Mn *54,93*	26 Fe *55,84*	27 Co *58,94*	28 Ni *58,69*	29 Cu *63,57*	30 Zn *65,38*	31 Ga *69,72*	32 Ge *72,60*	33 As *74,96*	34 Se *79,2*	35 Br *79,916*	36 Kr *82,9*
V	37 Rb *85,45*	38 Sr *87,63*	39 Y *88,93*	40 Zr *91,22*	41 Nb *93,5*	42 Mo *96,0*	43 Ma *–*	44 Ru *101,7*	45 Rh *102,9*	46 Pd *106,7*	47 Ag *107,880*	48 Cd *112,41*	49 In *114,8*	50 Sn *118,70*	51 Sb *121,76*	52 Te *127,5*	53 J *126,93*	54 X *130,2*
VI	55 Cs *132,81*	56 Ba *137,36*	57–71 S. Erd.[1]	72 Hf *178,6*	73 Ta *181,5*	74 W *184,0*	75 Re *186,3*	76 Os *190,9*	77 Ir *193,1*	78 Pt *195,23*	79 Au *197,2*	80 Hg *200,61*	81 Tl *204,39*	82 Pb *207,21*	83 Bi *209,00*	84 Po *210*	85 – *–*	86 Em *222*
VII	87 – *–*	88 Ra *225,97*	89 Ac *–*	90 Th *232,12*	91 Pa *–*	92 U *238,14*												

[1] Seltene Erden.

VI 57–71	57 La *138,90*	58 Ce *140,13*	59 Pr *140,92*	60 Nd *144,27*	61– *–*	62 Sm *150,43*	63 Eu *152,0*	64 Gd *157,3*	65 Tb *159,2*	66 Dy *162,46*	67 Ho *163,5*	68 Er *167,64*	69 Tu *169,4*	70 Yb *173,5*	71 Cp *175,0*

Tabelle 2. Kurzperiodige Form des natürlichen Systems der Elemente

Periode	Gruppe I a	Gruppe I b	Gruppe II a	Gruppe II b	Gruppe III a	Gruppe III b	Gruppe IV a	Gruppe IV b	Gruppe V a	Gruppe V b	Gruppe VI a	Gruppe VI b	Gruppe VII a	Gruppe VII b	Gruppe VIII a	Gruppe VIII a	Gruppe VIII a	Gruppe VIII b
I														1 H 1,0078				2 He 4,002
II	3 Li 6,940		4 Be 9,02			5 B 10,82		6 C 12,000		7 N 14,008		8 O 16,0000		9 F 19,00				10 Ne 20,18
III	11 Na 22,997		12 Mg 24,32			13 Al 26,97		14 Si 28,06		15 P 31,02		16 S 32,06		17 Cl 35,457				18 Ar 39,94
IV	19 K 39,104		20 Ca 40,07		21 Sc 45,10		22 Ti 47,90		23 V 51,95		24 Cr 52,01		25 Mn 54,93		26 Fe 55,84	27 Co 58,94	28 Ni 58,69	
IV		29 Cu 63,57		30 Zn 65,38		31 Ga 69,72		32 Ge 72,60		33 As 74,96		34 Se 79,2		35 Br 79,916				36 Kr 82,9
V	37 Rb 85,45		38 Sr 87,63		39 Y 88,93		40 Zr 91,22		41 Nb 93,5		42 Mo 96,0		43 Ma –		44 Ru 101,7	45 Rh 102,9	46 Pd 106,7	
V		47 Ag 107,880		48 Cd 112,41		49 In 114,8		50 Sn 118,70		51 Sb 121,76		52 Te 127,5		53 J 126,93				54 X 130,2
VI	55 Cs 132,81		56 Ba 137,36		57 bis 71 Seltene Erden[1]		72 Hf 178,6		73 Ta 181,5		74 W 184,0		75 Re 186,3		76 Os 190,9	77 Ir 193,1	78 Pt 195,23	
VI		79 Au 197,2		80 Hg 200,61		81 Tl 204,39		82 Pb 207,21		83 Bi 209,00		84 Po 210		85 – –				86 Em 222
VII	87 – –		88 Ra 225,97		89 Ac –		90 Th 232,12		91 Pa –		92 U 238,13							

---

[1] Seltene Erden.

VI 57–71	57 La 138,90	58 Ce 140,13	59 Pr 140,92	60 Nd 144,27	61 – –	62 Sm 150,43	63 Eu 152,0	64 Gd 157,3	65 Tb 159,2	66 Dy 162,46	67 Ho 163,5	68 Er 167,64	69 Tu 169,4	70 Yb 173,5	71 Cp 175,0

zen, daß sie allen Ärzten aus der Vorbereitungszeit auf das Physikum, und auch den meisten der anwesenden Naturforscher bekannt ist. Früher wurde wohl meist die »kurzperiodige« Tabelle im Unterricht verwendet, heute ist zur Besprechung theoretischer Zusammenhänge in der Regel die »langperiodige« Form vorzuziehen.

Nach der eben gegebenen Darstellung könnte es scheinen, als ob die Zusammenfassung der chemischen Elemente zum natürlichen System so naheliegend ist, daß man kaum versteht, wieso sie einst als so bedeutende wissenschaftliche Leistung bewertet worden ist. Die wesentlichen Gründe, warum um die Mitte des vorigen Jahrhunderts die Erkennung dieser Zusammenhänge viel schwieriger als heute war, lagen darin, daß erstens eine größere Anzahl von Elementen noch unbekannt und daher viele leere Stellen im System vorhanden waren, und daß zweitens auch von manchen der bekannten Elemente die Verbindungsgewichte falsch bestimmt waren. Dadurch waren die Zusammenhänge so gestört und verdunkelt, daß nur ein besonders tief dringender Blick sie zu erkennen vermochte. Wieso war es aber gerade Lothar Meyer und Mendelejeff beschieden, unabhängig voneinander und so gut wie gleichzeitig diese große Entdeckung zu machen? Es ist interessant, die Wege der beiden Forscher zu verfolgen, und dies wird uns gleichzeitig auch gewisse Unterschiede in ihrer Auffassung erkennen lassen.

Lothar Meyer, geboren in Varel an der Jade im Großherzogtum Oldenburg, erwarb erst den medizinischen Doktorgrad, ehe er sich der Chemie widmete. Entscheidend für seine Hinwendung zur Chemie, speziell zu den Problemen der physikalischen Chemie, war sein Aufenthalt in Bunsens Laboratorium in Heidelberg in den Jahren 1854 bis 1856. Daß sich damals dort die talentvollsten der jüngeren Chemiker zusammenfanden, zeigt die ungewöhnlich große Zahl der Namen aus diesem Freundeskreis, die später einen guten Klang in der chemischen Welt erlangt haben: außer Lothar Meyer an bekannten Chemikern Roscoe, Beilstein,

Landolt, Carius, Kekulé (damals Privatdozent in Heidelberg) und Pebal.

Nach den Heidelberger Studienjahren ging Lothar Meyer für drei Semester hierher nach Königsberg, um die Vorlesungen über theoretische Physik bei Franz Neumann zu hören. Vorliebe und Verständnis für Fragen der theoretischen Physik ist ihm sein ganzes Leben hindurch geblieben und verleiht manchen seiner wissenschaftlichen Arbeiten und vielen Abschnitten seines berühmten Lehrbuches »Moderne Theorien der Chemie« ihren ganz besonderen Wert.

Neben den planmäßigen Studien war aber auch ein mehr zufälliges Ereignis von bedeutendem Einfluß auf Lothar Meyers wissenschaftliche Entwicklung, ein Ereignis, das ich deswegen besonders unterstreichen möchte, da es auch im Leben Mendelejeffs eine entscheidende Rolle gespielt hat: der Chemikerkongreß in Karlsruhe im Jahre 1860. Dieser internationale Kongreß war von Weltzien, Wurtz und Kekulé einberufen worden, um der heillosen Verwirrung in der Festsetzung der »Atomgewichte« der Elemente ein Ende zu machen. Wohl selten sind auf einer Chemikerversammlung so viele der glänzendsten Namen aus allen europäischen Ländern vertreten gewesen; unter den jüngsten Teilnehmern war Lothar Meyer und auch Mendelejeff, der damals gerade in Deutschland weilte, da er nun bei Bunsen in Heidelberg studierte. Es ist sehr interessant, daß in den autobiographischen Aufzeichnungen beider Männer eines und desselben Vortragenden gedacht wird, dessen Auftreten auf dem Kongreß ihnen einen besonders starken Eindruck hinterlassen hat, nämlich des Italieners Cannizzaro. Cannizzaro war in jener Zeit der einzige Chemiker, der zur Festsetzung der Atomgewichte ein willkürfreies Verfahren zur Anwendung brachte, und zwar die konsequente Anwendung der Avogadroschen Theorie auf die chemischen Moleküle. Gegenüber den Autoritäten des Kongresses, z.B. dem präsidierenden Dumas, welcher kein Harm darin sah, in der organischen Chemie andere Atomgewichte zu benutzen als in der anorganischen, hatte Cannizzaro keinen durchschlagenden Erfolg; sogar Kekulé lehnte zunächst die physikalischen Methoden zur Bestimmung der chemischen Moleküle ab. In den Köpfen von Lothar Meyer und Mendelejeff fielen aber Cannizzaros Anregungen auf fruchtbarsten Boden. In der Sicherheit, mit der sie beide nun, seinen Weisungen folgend, die eindeutigen Atomgewichte – nicht bloß die wechselnden Äquivalentgewichte – zu bestimmen verstanden, war nicht zuletzt die Überlegenheit ihres Systems der Elemente gegenüber den früheren tastenden Versuchen eines Döbereiner und Pettenkofer begründet. (De Chancourtois hatte sich allerdings beim Entwerfen seiner Vis Tellurique auch schon von Cannizzaros Atomgewichten leiten lassen, aber seine Gedanken durch allzu phantastische Spekulationen diskreditiert; bei Newlands dagegen ist es nur durch die besondere Ungunst der Verhältnisse zu erklären, daß er mit seinem durch Anwendung der richtigen Atomgewichte gefundenen »Gesetz der Oktaven« gar keinen direkten Einfluß auf die Entwicklung der Chemie gewann.)

Schon vier Jahre nach dem Karlsruher Kongreß konnte Lothar Meyer in der ersten Auflage seines bereits erwähnten Lehrbuches »Moderne Theorien der Chemie« in einem der »Natur der Atome« gewidmeten Kapitel acht Gruppen von Elementen durch die Regelmäßigkeit ihrer Atomgewichtsdifferenzen als zueinander gehörig nachweisen; dieselben Gruppen finden sich auch heute noch in jeder Tabelle des natürlichen Systems. 1868 stellte Lothar Meyer für eine Neuauflage der »Modernen Theorien« eine noch wesentlich vollständigere, schon 52 Elemente umfassende Tabelle zusammen, in der wir die wesentlichen Züge der später so bekannt gewordenen Darstellung des natürlichen Systems vorgebildet sehen; ehe aber diese Tabelle, die sich nur handschriftlich erhalten hat, publiziert wurde, erschien im Jahre 1869 in Rußland die große und entscheidende Arbeit von Mendelejeff »Über die Beziehungen zwischen den Eigenschaften der Elemente und ihren Atomgewichten«. Mit dieser Arbeit wurde Lothar Meyer durch ein Referat in deutscher Sprache bekannt; dies veranlaßte ihn, im Jahre 1870 in Liebigs Annalen eine Abhandlung über »Die Natur der chemischen Elemente als Funktion ihrer Atomgewichte« erscheinen zu lassen, in der zum erstenmal die Kurve der Atomvolumina mitgeteilt wird (Figur 1). Im folgenden Jahr erschien, ebenfalls in Liebigs Annalen, Mendelejeffs Arbeit in erweiterter Form unter dem Titel »Die periodische Gesetzmäßigkeit der chemischen Elemente« und wurde dadurch erst in ihrem vollen Umfang und mit ihrem unerschöpflichen Ideenreichtum den deutschen Chemikern bekannt.

Es ist nicht verwunderlich, daß bei diesem parallelen Vorrücken der beiden Forscher sehr verschiedene Ansichten darüber geäußert worden sind, wem das Hauptverdienst an der Entwicklung des natürlichen Systems gebührt. Fest steht jedenfalls, daß sie unabhängig voneinander den Weg gefunden haben. Genau so wie wir bei Lothar Meyer, ausgehend von dem Karlsruher Kongreß, eine ununterbrochene Gedankenreihe aufzeigen konnten, haben sich auch die Ideen des vier Jahre jüngeren Mendelejeff von dem gleichen Zeitpunkt an folgerichtig entwickelt. Und ebenso wie bei Meyer war auch bei ihm die Abfassung eines Buches der äußere Anlaß, der diese Ideen zur vollen Reife brachte. Mendelejeff selber berichtet, daß er beim Entwerfen seiner »Grundlagen der Chemie«, die für Generationen russischer Chemiker das wichtigste Lehrbuch bildeten und auch heute noch ungemein lesenswert sind, die Notwendigkeit empfand, eine von der Willkür des Schreibenden möglichst unabhängige Gruppierung zu benutzen. Als Fundament dafür boten sich ihm die Atomgewichte dar, und auf sie gestützt fand er die »periodische Gesetzmäßigkeit« der Elemente.

Daß die chemische Welt, statt sich darüber zu streiten, wer größer sei, sich lieber nach Goethes Wort freuen solle, »zwei solche Kerle zu besitzen«, brachte sehr schön die Royal Society in London dadurch zum Ausdruck, daß sie im

Jahre 1882 Lothar Meyer und Mendelejeff gemeinsam die Goldene Davy-Medaille verlieh. (Es sei erwähnt, daß nachträglich – 1887 – auch noch Newlands dieselbe Ehrung zuteil wurde.) [...]

Lothar Meyer hatte Karlsruhe schon im Jahre 1876 verlassen, um den Lehrstuhl der Chemie an der Universität Tübingen zu übernehmen. (Einen gleichen Ruf nach Königsberg hatte er einige Jahre früher abgelehnt.) In Tübingen sind ihm noch lange Jahre fruchtbarsten Wirkens als Forscher und Lehrer beschieden gewesen, und dort ist er im Jahre 1895 in voller Arbeitskraft plötzlich verschieden.

Wenn auch Meyer und Mendelejeff schließlich zur selben Anordnung der Elemente kommen mußten – es gibt ja nur ein »natürliches« System –, so spiegelte sich dennoch dieses Schema in beiden Köpfen in recht verschiedener Weise. Es scheint mir lohnend, diesem Unterschied in der Auffassung des natürlichen Systems, der sich bei seinen beiden Entdeckern zeigte, einmal etwas näher nachzugehen.

Für Mendelejeff stand die Systematik im Vordergrund des Interesses, die regelmäßige Abwandlung der chemischen Eigenschaften beim Übergang von jedem Element zu seinen Reihen- und Gruppennachbarn. Die Eigenschaften der Elemente sah er dabei mit ganz ungewöhnlicher Deutlichkeit vor sich. Wohl für jeden Chemiker, der über genügende Laboratoriumserfahrung verfügt, stellen die wichtigeren chemischen Elemente vertraute Individuen dar, deren Gesamtcharakter sich aus zahllosen einzelnen Zügen in ähnlicher Weise zusammensetzt wie etwa der eines guten Freundes. Dieses Gefühl für den ganz bestimmten individuellen Charakter der chemischen Elemente besaß nun Mendelejeff in einer außerordentlichen Stärke. Seine »Grundlagen der Chemie« lassen auf jeder Seite erkennen, wie tief er sich in die Elemente »hineingedacht« hatte (um seinen eigenen Ausdruck zu gebrauchen). Mit der ganzen Lebhaftigkeit seines Geistes und Temperaments empfand er die schöne von ihm entdeckte chemische Regelmäßigkeit im natürlichen System; er war von der unverbrüchlichen Geltung dieser Regelmäßigkeit überzeugt und pflegte daher auch von einem periodischen »Gesetz« zu sprechen, das keinerlei Ausnahme dulde, wie etwa eine grammatikalische »Regel«. Zu einer Zeit, als Lothar Meyer noch davor warnte, Atomgewichte, die sich nicht in das natürliche System einfügen wollten, bloß aus diesem Grunde zu korrigieren, nahm Mendelejeff bereits eine Reihe solcher Änderungen vor, und in den meisten Fällen hat die spätere experimentelle Untersuchung ihm recht gegeben. Und mehr als das: wo in dem System eine Lücke war, dort postulierte er nicht nur das Vorhandensein eines noch unentdeckten Elementes – ähnliches hatten schon J.B. Richter und Döbereiner versucht –, sondern er wagte es sogar, die Eigenschaften dieser fehlenden Elemente und ihrer Verbindungen in allen Einzelheiten unter zahlenmäßiger Angabe ihrer Konstanten zu prophezeien. Lothar Meyer selbst hat später erklärt: »Ich gestehe bereitwillig zu, daß mir die Kühnheit zu so weitgehenden Vermutungen fehlte, wie sie Herr Mendelejeff mit Zuversicht aussprach«. Wie wunderbar sicher Mendelejeff bei diesen Voraussagen aus seinem »periodischen Gesetz« zu schließen verstand, erkannte die chemische Fachwelt, als im Laufe der nächsten Jahre nicht weniger als drei der vorausgesagten Elemente (1875 das Gallium, 1879 das Scandium und 1886 das Germanium) entdeckt wurden und ihre Eigenschaften in verblüffendster Weise genau so gefunden wurden, wie Mendelejeff sie schon im Jahre 1871 im Geist erschaut hatte.

Man hat diese Auffindung theoretisch vorausgesagter Elemente sehr oft mit der Entdeckung des Planeten Neptun aufgrund astronomischer Rechnungen verglichen, aber die Dinge liegen doch recht verschieden. Im Fall des Neptun waren ablenkende Wirkungen erkennbar, als deren Ursache ein unbekannter Planet nach Masse, Bahn und Position berechnet werden konnte. In unserem Fall dagegen sprach keine einzige experimentelle Beobachtung für das Vorhandensein der neuen Elemente, nur das Schema wies noch Lücken auf. Diesen Unterschied zu beachten, ist wichtig, denn wenn auch in der Folgezeit noch eine Reihe weiterer Lücken des Systems sich durch die Entdeckung der Elemente Polonium, Radium, Emanation, Aktinium, Protaktinium, Hafnium, Masurium und Rhenium geschlossen hat – eine recht stattliche Reihe, verglichen mit den nur zwei astronomischen Beispielen der Planeten Neptun und Pluto! –, so können wir daraus doch nicht den Schluß ziehen, daß auch noch die letzten drei fehlenden chemischen Elemente existieren müssen und von einem glücklichen Entdecker gefunden werden können; denn keinerlei Wirkung geht von fehlenden Elementen wie von fehlenden Planeten aus, nur Plätze sind für sie im natürlichen System reserviert, falls sie je aufgefunden werden sollten. (Wenn man demnach eine Analogie aus der Astronomie heranziehen will, so scheint mir die Auffindung der Asteroiden in dem unerwartet großen Zwischenraum zwischen Mars und Jupiter viel besser dem von der Chemie angewendeten Verfahren bei der Voraussage fehlender Elemente zu entsprechen.)

Es ist begreiflich, daß nichts so sehr zur allgemeinen Anerkennung des natürlichen Systems beigetragen hat wie die Bestätigung der Mendelejeffschen Prophezeiungen durch die Auffindung der neuen Elemente. Und ebenso begreiflich ist es, daß Mendelejeff persönlich überzeugt war, daß es nur weiterer experimenteller Forschungen bedürfe, um die letzten Unstimmigkeiten, die der Anerkennung der von ihm behaupteten ausnahmslosen Geltung des periodischen Gesetzes im Wege standen, zu beseitigen. Solcher Unstimmigkeiten gab es mehrere: Die seltenen Erden ließen keine deutliche Periodizität erkennen, sondern fügten sich dem allgemeinen Schema nur in sehr verwaschener und undeutlicher Weise ein; und noch schlimmer, die Verbindungsgewichte gewisser Elementpaare schienen vertauscht: Jod mußte aufgrund seines chemischen Verhaltens nach dem Tellur eingeordnet werden, obwohl sein Verbindungsgewicht das kleinere war, und derselbe Fall kehrte bei Nickel und Kobalt und bei Kalium und Argon wieder. Überhaupt zeigten die Verbindungsgewichte, die doch die Basis aller Betrachtungen bildeten, ein recht unregelmäßiges Ansteigen, das allerdings nur in den drei erwähnten Fällen zu offenen Widersprüchen mit dem System führte.

Mit dem Nachweis ausnahmsloser Gültigkeit seines periodischen Gesetzes hätte Mendelejeff aber die Aufgabe dieses Schemas im wesentlichen als erfüllt angesehen. Er hat es stets auf das schärfste abgelehnt, aus dem natürlichen System weitergehende Schlüsse auf die innere Verwandtschaft der Elemente untereinander zu ziehen. Hier sehen wir einen interessanten Gegensatz zwischen seiner Einstellung und der Lothar Meyers, und wir werden nicht zögern, Lothar Meyer in dieser Frage den tieferen Blick zuzuschreiben. Bei Lothar Meyer steht im Anfang aller seiner Atomgewichtsbetrachtungen die Überlegung: Sind die Atome einfach oder zusammengesetzt? Unter den Gründen, die für ihre Zusammengesetztheit aus »Atomen höherer Ordnung« sprechen, zählt er schon in der ersten Auflage seiner »Modernen Theorien« die damals bekannten Zahlenbeziehungen zwischen den Verbindungsgewichten auf, und die »Existenz von 60 oder noch mehr grundverschiedenen Urmaterien« scheint ihm überhaupt »an sich wenig wahrscheinlich«. Demgegenüber ist es sehr überraschend, zu sehen, mit welcher Heftigkeit sich Mendelejeff an verschiedenen Stellen seiner Schriften gegen alle derartigen Spekulationen wendet, in denen er eine verderbliche Hinneigung zu der bei den griechischen Philosophen üblichen und von ihm als reine Phantasterei betrachteten Annahme einer Urmaterie sieht. Mendelejeff zeigt hier, daß jeder die Fehler seiner eigenen Vorzüge zu tragen hat, gerade die abnorme Vorstellungskraft, mit der er jedes einzelne chemische Element als ein mit festen unwandelbaren Zügen ausgestattetes Individuum vor sich sah, hinderte ihn offenbar, den Gedanken eines Aufbaues aller Elemente aus gleichen gemeinsamen Bausteinen vorurteilslos zu betrachten; ging er doch gelegentlich sogar so weit, die chemischen Elemente mit den Axiomen der Geometrie zu vergleichen. Uns Heutigen scheint der schon von Lothar Meyer und manchen anderen Chemikern der damaligen Zeit vertretene Gedanke, daß die Zahlenregelmäßigkeiten keine andere Deutung zulassen, als Aufbau aller Atome aus gemeinsamen Bestandteilen, so überzeugend, daß mehr als ein Historiker der Chemie, der Mendelejeffs eigene Äußerungen zu dieser Frage übersehen hat, ihn geradezu als Kronzeugen für den Glauben an die Einheitlichkeit der Materie zitiert. So z.B. erklärt der um das Verständnis chemiegeschichtlicher Fragen ungemein verdiente französische Erkenntnistheoretiker Émile Meyerson es für einen absurden Gedanken, daß jemand nach Zahlenbeziehungen zwischen den Elementen suchen könne, ohne vorher von der Existenz einer Urmaterie überzeugt zu sein. Gerade das aber war das Vorgehen Mendelejeffs! Wir sehen hier an einem besonders klaren Fall, daß die Entwicklung der Gedanken in den Köpfen der einzelnen Forscher nicht nach einfachen logischen, sondern nach sehr verworrenen psychologischen Gesetzen erfolgt.

Das Verbot Mendelejeffs konnte aber nicht verhindern, daß das natürliche System sich im Laufe der Zeit immer mehr in der von ihm für abwegig gehaltenen Richtung auswirkte. Denn wenn wir die Schicksale des Systems bis zum heutigen Tage in groben Zügen betrachten, können wir zwei Abschnitte unterscheiden. In den ersten Dezennien nach der Aufstellung des Systems konzentrierte sich die wissenschaftliche Arbeit tatsächlich fast ausschließlich auf die von Mendelejeff als wichtig betrachteten Fragen, wie die Bestimmung unsicherer Elementkonstanten, die Einreihung noch wenig erforschter Elemente aufgrund neuer Experimentalarbeiten, oder die immer erneuerten Versuche, die Stellung der seltenen Erden im System durch ein verfeinertes Studium ihrer geringen Unterschiede festzulegen – ein Bestreben, das übrigens genau so erfolglos blieb wie alle Anstrengungen, die vorher erwähnte Anomalie bei den drei Elementpaaren durch den Nachweis von Fehlern in der Bestimmung ihrer Verbindungsgewichte zu beseitigen. Prinzipielle Fragen, wie etwa die nach der Urmaterie, nach den Gründen für die Länge der Perioden oder für die Unregelmäßigkeiten in den Verbindungsgewichten, wurden damals von ernst zu nehmenden Chemikern fast nie behandelt. Wie berechtigt diese Zurückhaltung war, zeigte sich in dem zweiten, etwa die Zeit seit 1900 umfassenden Forschungsabschnitt, währenddessen dank den Fortschritten, die auf anderen Gebieten der Naturwissenschaften erzielt worden waren, die Lösungen dieser Grundfragen des Systems den Chemikern wie reife Früchte in den Schoß fielen. Wir können uns eines wehmütigen Bedauerns nicht erwehren, daß Lothar Meyer diesen zweiten Abschnitt nicht mehr erlebt hat, in dem es gelang, Probleme zu lösen, die seinen theoretisch-physikalisch eingestellten Geist stets beschäftigt haben, wenn auch seine streng kritische Veranlagung ihn davor bewahrt hat, sich wie so viele Dilettanten in fruchtlosen Bemühungen um Fragen zu erschöpfen, für die die Zeit noch nicht gekommen war.

Ganz kurz nur kann ich die Entwicklung schildern, die unsere Vorstellungen über das natürliche System in dieser letzten Forschungsperiode genommen haben. Die meisten Aufklärungen haben wir der Physik zu danken, der experimentellen sowohl wie der theoretischen. Die Erkenntnis, daß aus allen chemischen Elementen dieselben kleinsten Teilchen negativer Elektrizität, die sog. Elektronen, frei gemacht werden können, war der erste experimentelle Hinweis auf einen gemeinsamen Urbestandteil aller Stoffe; wenige Jahre später lehrte dann die Radioaktivität in den Alphateilchen materielle Bausteine kennen, die ebenso wie die Elektronen aus sehr verschiedenen chemischen Elementen erhalten werden konnten und die nichts anderes waren als positiv geladene Heliumatome; und schließlich gelang es durch die sog. »künstliche Atomzertrümmerung« auch noch, positive Wasserstoffatome aus einer großen Reihe verschiedener Elemente in Freiheit zu setzen. Durch diese Forschungen ist also der experimentelle Beweis dafür erbracht, daß zum mindesten eine beträchtliche

Zahl von chemischen Elementen dieselben Bausteine enthält.

Da die positiven Heliumteilchen ihrerseits wahrscheinlich aus Wasserstoffteilchen und Elektronen bestehen, nimmt man als primäre Bausteine der chemischen Elemente heute nur die Elektronen und die positiven Wasserstoffatome, die sog. Protonen, an. Protonen und Elektronen sind offenbar imstande, durch verschiedene Zahl und Gruppierung die Gesamtheit der chemischen Elemente zu bilden. Unsere Kenntnisse über den Aufbau der Elemente wären sehr gering und unsicher, wenn sie sich nur auf die oben erwähnten experimentellen Befunde stützen müßten. Indessen hat sich auch die theoretische Physik etwa seit dem Jahre 1910 mit immer steigendem Erfolg mit dem Problem des Atombaues beschäftigt und in engster Fühlung mit Experimentalarbeiten die uns interessierenden Fragen einer prinzipiellen Klärung zugeführt. Namentlich durch die Deutung des ungeheuren in Spektralbeobachtungen niedergelegten Materials ist es gelungen, über die Verteilung der Elektronen in den Atomen Näheres zu erfahren, während über die positiven Teile des Atoms besonders die Versuche mit radioaktiven Substanzen Aufklärung gebracht haben. Zusammengefaßt sind die Ergebnisse in der sog. Rutherford-Bohrschen Atomtheorie. Nach dieser Theorie müssen wir in dem Atom jedes Elementes zwei Regionen streng unterscheiden: einen elektrisch positiv geladenen Teil, den sog. Kern, welcher nur einen verschwindend kleinen Teil des Atominnern erfüllt, und die um ihn herum angeordneten negativ geladenen Elektronen, deren Entfernung vom Kern die Größe des Atoms bestimmt. Die Zahl der negativen Elektronen ist ebenso groß wie die positive Ladung des Kerns, so daß das Atom nach außen neutral erscheint. Wir können hier natürlich nicht die Leistungsfähigkeit dieses Atommodells in den verschiedenen Zweigen der Physik, namentlich in der Spektroskopie des Lichtes und der Röntgenstrahlen, in der Lehre von den Wechselwirkungen zwischen Elektrizität und Licht, oder in dem großen Gebiet der Radioaktivität betrachten. Wir müssen uns darauf beschränken, kurz anzudeuten, was dieses Atommodell für die Theorie des natürlichen Systems zu leisten vermag; dabei wird es besonders lehrreich sein, zu sehen, wie die so lange Zeit hindurch störenden Ausnahmen nunmehr eine befriedigende Erklärung finden.

Wenn wir uns auf den Boden der Rutherford-Bohrschen Atomtheorie stellen, hängen die Eigenschaften eines Elementes nicht in erster Linie vom Gewicht des Atoms ab, sondern von der Größe der positiven Ladung des Atomkerns, durch die die Zahl und Anordnung auch der umgebenden negativen Elektronen festgelegt sind. Diese Größe bezeichnet man als die »Kernladungszahl« des betreffenden Elementes, oder als seine »Atomnummer«, oder auch als seine »Ordnungszahl«, da sie für die Ordnung der Elemente maßgebend ist; denn im Rahmen der Rutherford-Bohrschen Theorie ist die einzig sinngemäße Gruppierung der Elemente die, daß sie nach der Größe ihrer Kernladungszahl in eine Reihe gebracht werden. Da sich diese Kernladungszahl von einem Element im natürlichen System zum nächsthöheren immer um die Einheit der positiven Ladung, also stets um den gleichen Betrag ändert, war zu erwarten, daß eine Anordnung der Elemente in regelmäßigen Abständen der früher üblichen nach den unregelmäßigen der Verbindungsgewichte vorzuziehen sein müßte. Den experimentellen Beweis, daß es sich tatsächlich so verhält, erbrachte im Jahr 1913 Moseley. Er fand, daß eine der zahlenmäßig am schärfsten faßbaren Eigenschaften der Elemente, nämlich die charakteristische Röntgenstrahlung, die sie unter der Einwirkung von Kathodenstrahlen aussenden, sich vollkommen regelmäßig mit der Ordnungszahl des Elementes ändert. Am besten kann man dies graphisch zeigen; wenn man die Elemente in regelmäßigen Abständen auf der Abszisse aufträgt und die Quadratwurzel aus der Frequenz der charakteristischen Röntgenlinien auf der Ordinate, so erhält man ganz gleichförmig verlaufende Linien, die man in erster Näherung als Gerade betrachten kann. Ich führe Ihnen nochmals die als erste projizierte Zeichnung (Figur 1) vor und bitte Sie nun zu beachten, daß darin außer der schon besprochenen Atomvolumenkurve von Lothar Meyer auch diese Moseleyschen Geraden eingezeichnet sind. Wären die Elemente auf der Abszisse nicht in regelmäßigen Abständen aufgetragen, sondern nach den schwankenden Differenzen der Verbindungsgewichte, so würde sofort die Gleichförmigkeit der Moseleyschen Geraden einer ganz unregelmäßigen Kurve weichen. (Die Lothar Meyer-Kurve, die keinem so strengen mathematischen Gesetz gehorcht, sieht bei dieser modernen Darstellung fast genau so aus wie bei der historischen, bei der die Elemente nach den Zahlenwerten ihrer Verbindungsgewichte aufgetragen waren.) In der gleichen Arbeit konnte Moseley auch bereits zeigen, daß die Anomalien Tellur-Jod, Argon-Kalium, Kobalt-Nickel verschwinden, sowie wir die Elemente nach ihren Kernladungszahlen ordnen; denn das Jod z.B., welches aus chemischen Gründen im natürlichen System hinter dem Tellur stehen muß, hat auch tatsächlich eine um eine Einheit höhere Kernladung, obwohl sein Verbindungsgewicht niedriger als das des Tellurs ist.

Wir müssen daher seit Moseley als natürliches System der Elemente die Anordnung nach den Atomnummern oder Ordnungszahlen, nicht mehr wie zu Meyers und Mendelejeffs Zeiten, nach den Verbindungsgewichten, als die richtige betrachten. Die Ordnungszahlen lassen sich, als die Größe der positiven Ladung des Atomkerns, durch verschiedene Methoden bestimmen, und so kann über die Stellung eines Elementes innerhalb des natürlichen Systems und über die noch vorhandenen Lücken kein Zweifel mehr sein. Wie in diesem Sinne alle heute bekannten Elemente bestimmten Zahlen der Zahlenreihe zuzuordnen sind, läßt folgende Tabelle 3 erkennen.

Diese Tabelle stellt das natürliche System der Elemente nach dem heutigen Stande der Wissenschaft dar, und wir dürfen wohl behaupten, daß die Anordnung endgültig ist.

Tabelle 3. Zuordnung der chemischen Elemente
zu den Ordnungszahlen 1–92

Ord-nungs-zahl	Element	Sym-bol	Verbin-dungs-gewicht	Ord-nungs-zahl	Element	Sym-bol	Verbin-dungs-gewicht
1	Wasserstoff	H	1,008	47	Silber	Ag	107,88
2	Helium	He	4,00	48	Cadmium	Cd	112,4
3	Lithium	Li	6,94	49	Indium	In	114,8
4	Beryllium	Be	9,02	50	Zinn	Sn	118,7
5	Bor	B	10,82	51	Antimon	Sb	121,8
6	Kohlenstoff	C	12,00	52	Tellur	Te	127,5
7	Stickstoff	N	14,008	53	Jod	J	126,92
8	Sauerstoff	O	16,000	54	Xenon	X	130,2
9	Fluor	F	19,00	55	Cäsium	Cs	132,8
10	Neon	Ne	20,2	56	Barium	Ba	137,4
11	Natrium	Na	23,00	57	Lanthan	La	138,9
12	Magnesium	Mg	24,32	58	Cer	Ce	140,2
13	Aluminium	Al	26,97	59	Praseodym	Pr	140,9
14	Silicium	Si	28,06	60	Neodym	Nd	144,3
15	Phosphor	P	31,04	61	–	–	–
16	Schwefel	S	32,07	62	Samarium	Sm	150,4
17	Chlor	Cl	35,46	63	Europium	Eu	152,0
18	Argon	Ar	39,88	64	Gadolinium	Gd	157,3
19	Kalium	K	39,10	65	Terbium	Tb	159,2
20	Calcium	Ca	40,07	66	Dysprosium	Dy	162,5
21	Scandium	Sc	45,10	67	Holmium	Ho	163,5
22	Titan	Ti	48,1	68	Erbium	Er	167,7
23	Vanadium	V	51,0	69	Thulium	Tu	169,4
24	Chrom	Cr	52,01	70	Ytterbium	Yb	173,5
25	Mangan	Mn	54,93	71	Cassiopeium	Cp	175,0
26	Eisen	Fe	55,84	72	Hafnium	Hf	178,6
27	Kobalt	Co	58,97	73	Tantal	Ta	181,5
28	Nickel	Ni	58,68	74	Wolfram	W	184,0
29	Kupfer	Cu	63,57	75	Rhenium	Re	186,3
30	Zink	Zn	65,37	76	Osmium	Os	190,9
31	Gallium	Ga	69,72	77	Iridium	Ir	193,1
32	Germanium	Ge	72,60	78	Platin	Pt	195,2
33	Arsen	As	74,96	79	Gold	Au	197,2
34	Selen	Se	79,2	80	Quecksilber	Hg	200,6
35	Brom	Br	79,92	81	Thallium	Tl	204,4
36	Krypton	Kr	82,9	82	Blei	Pb	207,2
37	Rubidium	Rb	85,5	83	Wismut	Bi	209,0
38	Strontium	Sr	87,6	84	Polonium	Po	210
39	Yttrium	Y	89,0	85	–	–	–
40	Zirkonium	Zr	91,2	86	Emanation	Em	222
41	Niobium	Nb	93,5	87	–	–	–
42	Molybdän	Mo	96,0	88	Radium	Ra	226,0
43	Masurium	Ma	–	89	Actinium	Ac	–
44	Ruthenium	Ru	101,7	90	Thorium	Th	232,1
45	Rhodium	Rh	102,9	91	Protactinium	Pa	–
46	Palladium	Pd	106,7	92	Uran	U	238,2

Um die chemischen Gesetzmäßigkeiten hervortreten zu lassen, kann diese Reihe der Elemente in der eingangs erwähnten Weise in lange oder kurze Perioden unterteilt und so in Tabellenform gebracht werden, oder man kann, wie das Beispiel der Kurven der Atomvolumina und Röntgenfrequenzen zeigt, ebene Diagramme zur Darstellung wählen oder schließlich auch, wie es gelegentlich geschehen ist, räumliche Spiralen und andere kompliziertere Mittel der Veranschaulichung benützen. Wie immer aber auch, dem speziellen Zweck und dem persönlichen Geschmack entsprechend, die Form der Darstellung gewählt werden mag, die Reihenfolge der Elemente ist ein für allemal durch die Zuordnung zu den in der Tabelle ersichtlichen Zahlen gegeben. In dieser Tabelle liegt das von aller Willkür freie endgültige natürliche System beschlossen.

Bei dieser Gelegenheit möchte ich betonen, daß die Einordnung der chemischen Elemente in die einzelnen Felder einer Tabelle, die naturgemäß in gleichen Abständen aufeinanderfolgen, ohne daß dies ausgesprochen wurde, doch stets schon gleichbedeutend war mit der Ersetzung der unregelmäßig verteilten und gebrochenen Zahlen der Verbindungsgewichte durch die ganzzahligen Ordnungszahlen. Dies ist der tiefere Grund, warum die tabellenmäßige Darstellung des naürlichen Systems stets einen Vorzug vor der Wiedergabe in Kurvenform voraus hatte. Die Tabellen bieten auch den bequemsten Weg, um über den chemischen Charakter noch fehlender Elemente Näheres zu erfahren, da hier die Gruppenzugehörigkeit am klarsten in die Erscheinung tritt. So können wir an der Hand der früher gezeigten Tabelle des langperiodigen oder kurzperiodigen Systems – in die die Ordnungszahlen der Elemente bereits eingetragen sind – sofort erkennen, daß das Element 61 eine seltene Erde, 85 ein Halogen und 87 ein Alkalimetall sein müßte. Daß es aber durchaus fraglich ist, ob diese Elemente existieren, darauf habe ich schon hingewiesen.

Aus dieser kurzen Schilderung werden Sie bereits erkannt haben, daß seit der Aufstellung des natürlichen Systems kaum irgendeine Entdeckung so viel zur Vertiefung unserer Kenntnisse beigetragen hat wie die fundamentale Arbeit Moseleys; und da aus der Reihe der großen Forscher, die nach Lothar Meyer und Mendelejeff Grundlegendes zum Verständnis des natürlichen Systems beigetragen haben, Moseley als einziger nicht mehr am Leben ist, seien ein paar biographische Daten über ihn mitgeteilt. Moseley wurde als Sproß einer englischen Gelehrtenfamilie im Jahre 1887 geboren. Seine große Entdeckung machte er, sechsundzwanzigjährig, im Laboratorium von Rutherford in Manchester. Kurz nach Kriegsbeginn rückte er ein und fiel schon im August 1915, vor Erreichung des achtundzwanzigsten Lebensjahres, bei einem der englischen Angriffe auf die Dardanellen – ein durch nichts zu ersetzender Verlust für die wissenschaftliche Welt. Er starb vor der Ausbreitung seines Ruhmes; nur einem kleinen Kreis seiner Lehrer und Kollegen war damals schon seine überragende experimentelle und theoretische Begabung bekannt geworden. [...]

Wenn wir heute die Kernladung der Atome und nicht mehr das Verbindungsgewicht als Grundlage des natürlichen Systems ansehen, so erhebt sich selbstverständlich die Frage, wieso seinerzeit doch auch aufgrund der Verbindungsgewichte eine bis auf wenige Ausnahmen richtige Reihenfolge der chemischen Elemente erhalten werden konnte. Die Antwort ist die, daß im allgemeinen mit steigender Kernladung auch das Verbindungsgewicht ansteigt. Der Kern der Atome besteht aber nicht nur aus positiven Protonen, sondern enthält immer auch – gleichsam als Kitt, um den positiven Teilchen das Zusammenhalten zu ermöglichen – eine geringere Anzahl negativer Elektronen. Der Überschuß der Protonen über die Elektronen ergibt die positive Kernladung, zu der, wie früher erwähnt, im neutralen Atom eine entsprechende Zahl außen befindlicher Elektronen gehört. Jedes Proton hat die Masse 1; das Gewicht eines Atoms ist daher – wenn wir von dem viel geringeren Gewicht der Elektronen und dem später noch kurz zu erwäh-

nenden »Packungseffekt« absehen – gleich der Zahl der
Protonen. Bezeichnen wir diese Zahl mit P und die Zahl der
im Kern befindlichen Elektronen mit E, so ist die Kernladung Z gegeben durch die Gleichung

$$Z=P-E.$$

Wenn wir in der Reihe der Elemente um einen Platz weiter-
gehen, steigt jedesmal Z um den Wert 1 an. Im allgemeinen
steigt gleichzeitig auch P. Wir sehen aber aus der Gleichung,
daß kein eindeutiger Zusammenhang zwischen Z und P besteht. Dieselbe Kernladung Z kann auf verschiedene Weise
erreicht werden, denn jedesmal, wenn wir sowohl ein P wie
ein E zufügen, bleibt die Kernladung Z unverändert, und
doch ist das Atomgewicht um das Gewicht eines Protons
schwerer geworden. Wir erkennen aus dieser theoretischen
Betrachtung, daß es denkbar ist, daß Atome existieren, die
verschiedenes Gewicht besitzen und dennoch zum gleichen
chemischen Element gehören, da sie dasselbe Z haben. Solche Atome gibt es tatsächlich; zuerst hat man bei radioaktiven Stoffen die Beobachtung gemacht, daß sie verschiedenes Gewicht (und auch verschiedene radioaktive Eigenschaften) haben können und trotzdem chemisch dasselbe
Element mit genau denselben qualitativen Reaktionen
sind. Man nennt solche Stoffe Isotope, weil sie an dieselbe
Stelle des natürlichen Systems gehören. Fast gleichzeitig
wurde auch auf dem Gebiet der inaktiven Elemente festgestellt, daß ein und dasselbe Element aus Atomen verschiedenen Gewichtes bestehen kann. Hier waren es die Untersuchungen von J.J. Thomson und Aston über die Ablenk-
barkeit von Kanalstrahlen [...], welche den Beweis erbrach-
ten, daß weitaus die Mehrzahl der chemischen Elemente
nicht so einfach aufgebaut ist, wie es seinerzeit Dalton bei
der Begründung der chemischen Atomtheorie angenommen hatte. Dalton hatte den Satz aufgestellt: »Jedes Element besteht aus einer ganz bestimmten Art von Atomen«.
Die Zahl der Atomsorten mußte demnach gleich der der
chemischen Elemente sein. Heute wissen wir, daß es viel

mehr Atom- als Elementarten gibt; denn die meisten Elemente sind keine sog. »Reinelemente«, sondern »Mischelemente«, d.h. sie bestehen aus mehr als einer Atomart. Das Verbindungsgewicht eines Mischelements ist durch die Gewichte und durch das Mischungsverhältnis seiner verschiedenen Atomarten bestimmt. Dies ist der Grund, warum wir heute die durch chemische Methoden bestimmbaren Gewichtsverhältnisse, nach denen die Elemente miteinander in Reaktion treten, nicht mehr als Atomgewichte bezeichnen, sondern als Verbindungsgewichte. Das Element Chlor z.B. hat das durch chemische Analysen festgestellte Verbindungsgwicht 33,457. Seine Atomgewichte sind nicht durch chemische, sondern nur durch physikalische Methoden zu erkennen, es sind die ganzzahligen Gewichte 35 und 37.

Folgende Tabelle 4 zeigt Ihnen an einem Teil der chemischen Elemente, wie außerordentlich mannigfaltig ihre atomistische Zusammensetzung ist; die in der Tabelle eingeklammerten Isotope wurden erst neuerdings durch ein ganz besonders empfindliches Verfahren, nämlich durch spektroskopische Beobachtungen, nachgewiesen und sind nur in verschwindend geringem Prozentsatz vorhanden. Wir sehen, daß z.B. das Element Sauerstoff neben den altbekannten Atomen vom Gewicht 16 auch Isotope 17 und 18

Tabelle 4. Die Atomarten der chemischen Elemente

Ordnungszahl	Element	Verbindungsgewicht	Atomgewicht
1	Wasserstoff	1,0078	1,0078
2	Helium	4,002	4
3	Lithium	6,940	6, 7
4	Beryllium	9,02	9
5	Bor	10,82	10, 11
6	Kohlenstoff	12,000	12, (13)
7	Stickstoff	14,008	14
8	Sauerstoff	16,0000	16, (17), (18)
9	Fluor	19,00	19
10	Neon	20,18	20, 21, 22
11	Natrium	22,997	23
12	Magnesium	24,32	24, 25, 26
13	Aluminium	26,97	27

Tabelle 4 Fortsetzung)

Ord-nungs-zahl	Element	Verbin-dungs-gewicht	Atomgewicht
14	Silicium	28,06	28, 29, 30
15	Phosphor	31,02	31
16	Schwefel	32,06	32, 33, 34
17	Chlor	35,457	35, 37
18	Argon	39,94	36, 40
19	Kalium	39,104	39, 41
20	Calcium	40,07	40, 44
21	Scandium	45,10	45
22	Titan	47,90	48
23	Vanadium	50,95	51
24	Chrom	52,01	52
25	Mangan	54,93	55
26	Eisen	55,84	54, 56
27	Kobalt	58,94	59
28	Nickel	58,69	58, 60
29	Kupfer	63,57	63, 65
30	Zink	65,38	64, 65, 66, 67, 68, 69, 70
31	Gallium	69,72	69, 71
32	Germanium	72,60	70, 71, 72, 73, 74, 75, 76, 77
33	Arsen	74,96	75
34	Selen	79,2	74, 76, 77, 78, 80, 82
35	Brom	79,916	79, 81
36	Krypton	82,9	78, 80, 82, 83, 84, 86
37	Rubidium	85,45	85, 87
38	Strontium	87,63	86, 88
39	Yttrium	88,93	89
40	Zirkonium	91,22	90, 92, 94
47	Silber	107,880	107, 109
48	Cadmium	112,41	110, 111, 112, 113, 114, 116
49	Indium	114,8	115
50	Zinn	118,70	112, 114, 115, 116, 117, 118, 119, 120, 121, 122, 124
51	Antimon	121,76	121, 123
52	Tellur	127,5	126, 128, 130
53	Jod	126,93	127
54	Xenon	130,2	124, 126, 128, 129, 130, 131, 132, 134, 136
55	Cäsium	132,81	133
56	Barium	137,36	138
57	Lanthan	138,90	139
58	Cerium	140,13	140, 142
59	Praseodym	140,92	141
60	Neodym	144,27	142, 144, 146
80	Quecksilber	200,61	196, 198, 199, 200, 201, 202, 204
82	Blei	207,21	206, 207, 208, 210, 212, 214
83	Wismut	209,00	209, 210, 212, 214
84	Polonium	–	210, 212, 214, 216, 218
86	Emanation	222	220, 222
88	Radium	226,0	224, 226, 228
89	Actinium	–	228
90	Thorium	232,1	228, 230, 234
91	Protactinium	–	234
92	Uran	238,2	234, 238

in minimaler Menge enthält. Wir erkennen ferner aus der Tabelle, daß öfters das Element mit niedrigerer Ordnungszahl unter der Reihe seiner isotopen Atome auch solche hat, welche schwerer sind als ein Isotop des höheren Elements. Ein solcher Fall liegt z.B. beim Chlor und Argon vor; das Chloratom 37 ist schwerer als das Argonatom 36, aber das Verbindungsgewicht des Chlors, welches sich aus der Mischung der Atome 35 und 37 ergibt, ist doch noch geringer als das des Argons, welches aus Atomen 35 und 40 sich zusammensetzt. Es ist aber klar, daß wir uns bei dem offenkundigen Fehlen einfacher Regeln in der Verteilung der isotopen Atome nicht wundern können, wenn gelegentlich die Verbindungsgewichte nicht in derselben Reihenfolge ansteigen wie die Ordnungszahlen; beim Argon z.B. ist das schwerere Isotop 40 in wesentlich größerer Menge vertreten als das leichtere 36, beim Kalium dagegen das leichtere 39 in größerer Menge als das schwerere 41. Die Folge ist, daß das Argon, das Element mit der niedrigeren Ordnungszahl, trotzdem das höhere Verbindungsgewicht hat. Hier in der Isotopie der Atome liegt also die Erklärung für die historischen drei Anomalien des natürlichen Systems. Wir verstehen heute nicht nur die Unmöglichkeit, sie durch immer erneute Bestimmung der Verbindungsgewichte aus der Welt zu schaffen, sondern erkennen auch die Aussichtslosigkeit aller Bemühungen, eine Deutung für sie zu finden, ehe auf ganz anderen Gebieten der Wissenschaft grundlegende Fortschritte gemacht waren.

Aber noch ein höheres Ziel ist ebenfalls durch die moderne Atomtheorie erreicht worden, nämlich die Erklärung der periodischen Wiederkehr der chemischen Eigenschaften beim Aufsteigen in der Reihe der Elemente. Auf der Grundlage des Rutherford-Bohrschen Atommodells mußte angenommen werden, daß die chemischen Eigenschaften von den Elektronen abhängen, welche am weitesten außen den positiven Kern umgeben; Wiederkehr ähnlicher chemischer Eigenschaften muß also durch Wiederkehr einer ähnlichen Anordnung der äußersten Elektronen gedeutet werden. Dieser Gedanke ist, anknüpfend an weiter zurückliegende Ideengänge J.J. Thomsons, in den letzten Jahren von der theoretischen Physik mit größtem Erfolg aufgenommen und durchgearbeitet worden. Ich muß es mir versagen, hier näher darauf einzugehen; eine exakte Darstellung ist nur mit mathematisch-physikalischem Rüstzeug zu geben, und auch ein Versuch, bloß die Leitlinien herauszuarbeiten, würde mehr Zeit erfordern, als mir noch zur Verfügung steht. So bitte ich Sie, sich mit dem Hinweis zu begnügen, daß aus allgemeinen physikalischen Prinzipien – nicht etwa aus ad hoc gemachten Hypothesen – bewiesen werden kann, warum zuerst in den kurzen Perioden nach acht Elementen und dann in den langen nach 18 Elementen ähnliche chemische Eigenschaften wiederkehren. Die Verschiedenheit in der Länge der Perioden ist heute erklärt. Und auch hier zeigt sich die Leistungsfähigkeit der Theorie in besonders hohem Maße darin, daß sie auch den die Chemiker bei der Gruppierung der Elemente seit jeher störenden Ausnahmefall der seltenen Erden zu deuten vermag. Es ist Bohr gelungen zu zeigen, daß gerade dort, wo in der Reihe der Elemente die seltenen Erden beginnen, mit steigender Ordnungszahl keine Änderung in der Zahl und Anordnung der äußersten Elektronen zu erwarten ist, sondern daß hier die neu hinzukommenden Elektronen in tiefere Schichten der Elektronenhülle eintreten. Daraus erklärt es sich, warum die seltenen Erden in den chemischen Reaktionen einander so außerordentlich ähnlich sind und warum an dieser Stelle des natürlichen Systems die normale Periodizität zusammenbricht. In diesem für die chemische Systematik seit jeher schwierigsten Gebiet konnte die Bohrsche Theorie sogar nicht nur die bekannten auffälligen Tatsachen erklären, sondern auch der chemischen Forschung eine sehr wichtige Anregung geben. Bohr schloß aus seiner Theorie, daß das damals noch unentdeckte Element von der Ordnungszahl 72 keine seltene Erde sein könne, sondern in seinem Bau dem Zirkon ähnlich sein müsse. Bis dahin hatte man nach dem

Element 72 fast stets unter den seltenen Erden gefahndet; nun wurden Zirkonmineralien analysiert. In kürzester Zeit konnten die im Bohrschen Institut arbeitenden Herren Hevesy und Coster feststellen, daß tatsächlich das bisher von den Chemikern stets vergeblich gesuchte Element in sämtlichen Zirkonmineralien bis zu mehreren Prozent enthalten ist. Das neue chemische Element erhielt zu Ehren der Stadt seiner Entdeckung, Kopenhagen, den Namen Hafnium.

Aufs nächste verwandt mit diesen theoretischen Untersuchungen sind auch die Bemühungen der Physiker, eine Erklärung für die Erscheinung der chemischen Valenz zu geben. Auch hier sind bereits sehr bedeutende Erfolge erzielt worden, die sich vor allem an die Namen Kossel, G.N. Lewis, London und Heitler knüpfen; aber hier gilt vielleicht in noch höherem Maße, daß nur mit einer guten Kenntnis der Methoden der heutigen theoretischen Physik die den Chemikern so geläufige Tatsache zu verstehen ist, warum ein Atom eines Elementes sich nur mit einer ganz bestimmten Zahl von Atomen eines anderen Elementes zu einem Molekül vereinigt. Der Chemiker alter Schule mag es bedauern, daß auf seinem ureigensten Gebiet Fremdlinge nun ganz neue Methoden der Forschung eingesetzt haben, wird aber diesen Prozeß nicht aufhalten können. Er mag einen Trost darin finden, daß erstens die Chemie als Technik von der Wandlung dieser Dinge kaum berührt wird, und daß zweitens es nur auf diesem Wege möglich war, die theoretisch so unbefriedigende Sonderstellung der chemischen Valenz als einer Kraft sui generis zu beseitigen und die chemischen Reaktionen einzuordnen in das allgemeine physikalische Naturgeschehen. Kein Chemiker wird sich der Erkenntnis verschließen, daß die hier kurz skizzierte Entwicklung unserer Vorstellungen vom natürlichen System nicht nur einzelne Komplikationen, sondern in weit höherem Maße Klarheit und großartige Vereinfachung gebracht hat. Wenn heute so oft über die durch die gesteigerte Aktivität auf den Einzelgebieten immer mehr zunehmende Trennung und Spezialisierung der Wissenschaften geklagt wird, so ist besonders die moderne Atomtheorie, in der sich die Gesamtheit der anorganischen Naturwissenschaften begegnet, ein lehrreiches Beispiel dafür, daß gerade der selbständige Fortschritt der einzelnen Wissenschaften es ist, der sie auf einer höheren Ebene wieder zur Einheit des naturwissenschaftlichen Weltbildes zusammenführt.

Sie werden nun verstehen, warum ich eingangs sagen konnte, daß in der Entwicklung unserer Kenntnisse vom natürlichen System heute ein gewisser Abschluß erreicht ist. Wir kennen nicht nur die endgültige Reihenfolge, in der die chemischen Elemente zu gruppieren sind, sondern wissen auch, daß die Kernladungszahl der tiefere Grund ist, warum sie gerade in dieser Reihe geordnet werden müssen, und wir sehen wenigstens im Prinzip den Weg vor uns, wie sich aus dieser einen Zahl der ganze Bau des Atoms und sein physikalisch-chemisches Verhalten ableiten läßt. Wir werden an den berühmten, seiner Zeit vorauseilenden Satz von De Chancourtois erinnert: »Die Eigenschaften der Stoffe sind die Eigenschaften der Zahlen.« Doch möchte ich nicht versäumen, am Schluß meines heutigen Vortrages darauf hinzuweisen, daß neben diesen Forschungen, durch die die Kenntnis der chemischen Elemente eine weitgehende Abrundung erfahren hat, sich eine neue Gedankenrichtung bemerkbar macht, die ihren Ursprung gerade wieder vom natürlichen System aus nimmt und die bisher fast nur Probleme präzisiert hat und noch keine Lösungen zu geben vermag. Es zeigt sich hier in der Chemie eine analoge Erscheinung, wie wir sie auch in anderen Naturwissenschaften beobachten können: Zuerst wird die Systematik ausgearbeitet, mit dem Nebeneinander der genau studierten Typen ist die Forschung dann aber nicht zufrieden, sondern stellt die weitere bedeutungsvolle Frage nach der Entwicklung dieser Typen.

»Entwicklung« – dieser Gedanke war bekanntlich eines der großen Leitmotive der Naturwissenschaften in der zweiten Hälfte des vorigen Jahrhunderts. Hatte man sich früher begnügt, z.B. in der Botanik oder Zoologie eine möglichst vollständige Systematik der Arten aufzustellen, so trat nun die neue Frage auf: Bestehen diese Arten seit jeher, oder sind sie auseinander oder aus gewissen Urtypen entstanden? Der ganze Unterschied zwischen der Geisteswelt eines Linné oder Cuvier und der eines Lamarck, Goethe, Darwin oder Wallace tritt vor unser Auge. Und schon zu Darwins Zeit, als der Kampf nicht nur um seine spezielle Lehre, sondern auch um die Grundfrage einer Entstehung der Arten noch unentschieden war, wurde der Versuch gemacht, den Gedanken der Entwicklung auf die gesamten Wissenschaften, die anorganischen sowohl wie die biologischen, auszudehnen. Dieser Versuch stammte von dem englischen Philosophen Herbert Spencer und mußte scheitern aus denselben Gründen, aus denen Jahrzehnte früher die Systeme der deutschen Naturphilosophie zusammengebrochen sind. Das Fachwort »Evolution« und das Programm einer allgemeinen Entwicklungslehre ist aber von Spencers Werk übriggeblieben.

Es ist nun nicht zu verkennen, daß die Chemie heute auf dem Wege ist, denselben Schritt zu tun wie früher die biologischen Wissenschaften, nämlich von der Systematik zur Entwicklungsgeschichte. Dabei will ich keineswegs sagen, daß sich die Chemie hier etwa eines Leitgedankens der Biologie bedient; im Gegenteil, der Gedanke einer Entwicklung – nämlich soweit er sich über das Erscheinungsgebiet des direkt beobachtbaren Wachsens der Organismen emporhebt zur Annahme eines allmählichen Entstehens anscheinend unveränderlicher Dinge – ist zuerst in der anorganischen Naturwissenschaft zu Hause gewesen. Die Kosmogonien primitiver Völker waren die älteste Form des Entwicklungsgedankens, und auch die erste wissenschaftliche Fassung einer Weltentwicklungslehre, die wir Kant verdanken, erschien ein Jahrhundert vor Darwins »Entstehung der Arten«. Aber auch in unserem speziellen Gebiet, der Chemie, ist die Vorstellung einer Entstehung der Elemente jahrhundertelang durchaus heimisch gewesen, und Reste davon finden Sie noch heute literarisch konserviert. »Der

Gott, der Eisen wachsen ließ«, der ist keine poetische Lizenz, sondern ein Überbleibsel der Volksmeinung; im Harz kennt man noch heute den Segensspruch: »Es blühe die Tanne, es wachse das Erz.« Und wenn wir auch noch aus der klassischen Literatur einen Beweis nennen wollen: »Wo das Eisen wächst in der Berge Schacht, da entspringen« – nach Schiller – »der Erde Gebieter.«

Die Beobachtungen der Bergleute, die zu dem Glauben an ein Wachsen der Erze führten, deuten wir heute allerdings anders. Die Elemente entstanden nicht neu, sondern wurden nur aus ihren chemischen Verbindungen oder aus Lösungen in Freiheit gesetzt; und doch müssen wir zunächst feststellen, daß die Annahme einer Entstehung der Elemente auseinander sofort sinnvoll erscheint, sowie wir von einer gemeinsamen Materie aller Elemente zu sprechen berechtigt sind. Der Begriff Urstoff hatte schon bei den griechischen Naturphilosophen einen Doppelsinn; er bezeichnete den Stoff, aus dem alle Körper bestehen und aus dem sie im Laufe der Zeiten entstanden sind. Können wir heute wieder in beiden Bedeutungen von einem Urstoff reden?

Nach unserer heutigen Anschauung bestehen alle Atome aus Protonen und Elektronen. Wir sind demnach zweifellos zur Urstofflehre in ihrem ersten Sinn zurückgekehrt mit der nicht sehr wesentlichen Änderung, daß wir vorläufig nicht einen, sondern zwei Urstoffe, oder um Lothar Meyers Worte zu wiederholen, zwei Arten von »Atomen höherer Ordnung« annehmen müssen. Die von Mendelejeff als Utopie bekämpfte uralte Anschauung ist damit fest begründete naturwissenschaftliche Theorie geworden. Es ist äußerst merkwürdig, daß der Urstoffgedanke, der im Altertum und Mittelalter und auch noch zu Boyles Zeit in der Chemie durchaus herrschend war und erst beim Beginn der sog. wissenschaftlichen Chemie durch die Lavoisiersche Elementenlehre verdunkelt wurde, damit wieder völlig zum Leben erweckt ist, und es wäre einer eigenen Untersuchung wert, zu zeigen, wie überraschend stark das Bedürfnis der Chemiker nach Annahme eines solchen Urstoffes auch zu jenen Zeiten war, als keinerlei experimentelle Tatsachen zu seinen Gunsten angeführt werden konnten. Es wäre hier zu untersuchen, wieweit allgemeine Denkgesetze, etwa das seit den griechischen Atomistikern herrschende Bestreben der Zurückführung aller Qualitäten auf Quantitäten, hier eine Rolle gespielt, oder ob es sich um die bewußte oder unbewußte Anwendung eines Forschungsprinzips von der Art des Keplerschen »Natura simplicitatem amat« gehandelt hat – wobei die der Natur zugeschriebene Vorliebe wohl auch aus dem Einheitsbedürfnis des menschlichen Geistes entsprungen sein dürfte; doch wollen wir auf diese mehr in das Gebiet der Philosophie als der Naturwissenschaften gehörige Frage, die sich nahe mit dem von Geheimrat Hilbert heute behandelten Thema berührt, nicht eingehen. Wir wollen nur betrachten, ob wir den modernen Urstoff auch bereits in der zweiten Bedeutung – als Stoff, aus dem die Dinge entstanden sind – auffassen dürfen, mit anderen Worten, ob Tatsachen für eine Entwicklung der Elemente sprechen.

Hier müssen wir nun sofort bekennen, daß wir nicht einmal über die Richtung, in der die Entwicklung der Elemente vor sich gegangen sein dürfte, etwas Sicheres aussagen können. In anderen Wissenschaften, in denen der Evolutionsgedanke im einzelnen auch noch manchen Schwierigkeiten begegnet, ist wenigstens die Richtung der Entwicklung nicht zweifelhaft (wenn wir von Ausnahmen wie etwa der in der Anthropologie unter biblischem Einfluß entstandenen Vorstellung absehen, daß primitive Menschenrassen nicht auf einer tieferen Stufe der Entwicklung stehengeblieben, sondern sündhafterweise so tief herabgesunken sind). Wenn man früher es immer als selbstverständlich angesehen hatte, daß die Entwicklung der Materie ebenso wie die der Organismen vom Einfachen zum Komplizierteren gehen müsse – ich denke an die Spekulationen nicht nur eines Philosophen wie Spencer, sondern auch an die von Chemikern wie Lockyer oder Crookes –, so hat die erste tatsächliche Beobachtung einer Neubildung von Elementen uns genau das Gegenteil gezeigt. Bei den radioaktiven Stoffen können wir bekanntlich eine Verwandlung der chemischen Elemente beobachten. Hierbei gehen die schwersten Atome, also die mit dem kompliziertesten Aufbau, in einfachere über; die letzten Elemente des natürlichen Systems, Uran und Thor, zerfallen unter Bildung von verschiedenen Zwischenprodukten und verwandeln sich schließlich in Blei und Helium. Hier liegt also eine Elemententstehung vor, die wir genau kennen, viel genauer als etwa ein Zoologe die Entstehung einer neuen Art kennt, und diese Elemententstehung ist nicht Evolution, sondern Devolution, ist nicht Aufbau, sondern Abbau. Man hat gelegentlich die Annahme gemacht, daß alle Elemente in schwächeren Massen radioaktiv seien, daß also ganz allgemein in der Welt ein Abbau von Materie vor sich gehe. Hierfür fehlt jeder Beweis. Im Gegenteil, bei den leichteren Elementen ist es gelungen, allerdings bisher nur unter Benutzung der konzentrierten Energie zerfallender radioaktiver Stoffe, in minimalsten Mengen auch einen Aufbau herbeizuführen; wenn man Stickstoff vom Atomgewicht 14 mit Alpha-Strahlen beschießt, wird zwar aus dem Stickstoff Wasserstoff abgespalten, gleichzeitig tritt aber allem Anschein nach das schwerere Alpha-Teilchen in den Atomkern ein. Das Resultat ist das Sauerstoff-Isotop vom Gewicht 17, welches wir auf der früher gezeigten Tabelle 4 gesehen haben, hier also liegt Aufbau eines komplizierten Atoms vor.

Schon die natürliche Radioaktivität ist aber ein sehr selten zu beobachtender Vorgang, und die erwähnte atomaufbauende Wirkung spielt sich auf unserer Erde in noch unvergleichlich viel geringerem Maße ab. Wir möchten aber gern etwas über die Entstehung der großen Zahl stabiler Elemente wissen. Hier ist natürlich eine direkte Beobachtung ausgeschlossen, aber wir befinden uns trotzdem in keiner schlimmeren Lage als etwa die Astronomen, deren Leben auch viel zu kurz ist, um die Entwicklung der Sterne jemals beobachten zu können und die trotzdem wohlfun-

dierte Theorien über das Vergehen und Erlöschen der
Sterne aufstellen konnten. Keine Wissenschaft teilt mehr
den naiven »Rosenglauben«, daß Gärtner unsterblich sind
aus dem in dem bekannten Kellerschen Gedicht angeführten Grunde, »solange die Rose zu denken vermag, ist niemals ein Gärtner gestorben«. Eine aufmerksame Beobachtung kann auch dem kurzlebigen Wesen ein Nebeneinander verschiedener Stufen des länger Lebenden enthüllen:
es gibt alte und junge Gärtner und Gärtnerskinder. So gibt
es auch nebeneinander alte und junge Sterne und Sternne-
bel, und auf dieses Nebeneinander von Sternen verschiedener Temperatur und Größe gründeten die Astronomen
ihre Theorien über das Nacheinander in der Sternentwick-
lung. Ein analoges Verfahren wird voraussichtlich auch einmal die Chemiker zu einer Lehre von der Entwicklung der
stabilen Elemente führen. Es sind bereits gewisse hoff-
nungsvolle Ansätze vorhanden. Ich habe früher erwähnt,
daß das Gewicht eines Atoms sich einfach aus der Zahl seiner Protonen ergibt, doch haben die wunderbar genauen
Messungen Astons in den letzten Jahren gezeigt, daß diese
Berechnung nicht exakt richtig ist; manche Elemente haben bei ihrer Bildung einen relativ größeren, andere nur einen unmeßbar geringen Verlust an Masse erlitten. Die theoretische Physik deutet diesen – »Packungs-Effekt« genannten – Verlust an Masse als die Folge einer Aussendung von
Energie bei der Bildung des betreffenden Atoms. Je genauer diese äußerst geringen Massenunterschiede zwischen den Atomen bekannt sein werden, um so eher können wir hoffen, hieraus etwas über die Art ihrer Bildung zu
erfahren. Ja vielleicht kommt uns bei diesem Bestreben
auch noch von einer ganz anderen Seite her Hilfe. Die Mas-
senverluste sind klein, die ihnen äquivalenten Energiemengen aber – nach einer bekannten Formel von Einstein – außerordentlich groß. Diese Energie wird vermutlich in der
Form von äußerst harter Strahlung frei. Seit den Forschungen von Hess, Kohlhörster, Millikan, Hofmann und Steinke
– um nur die wichtigsten Arbeiter auf diesem Gebiet zu

nennen – ist es bekannt, daß eine solche äußerst harte Strahlung aus dem Weltenraum zu uns kommt. Man schließt daraus, daß die Bildung der Elemente nicht nur der Vergangenheit angehört, sondern in den Sternen auch heute noch vor sich geht, und diese Elementbildung hat vielleicht für uns alle nicht nur eine theoretische, sondern auch eine außerordentlich große praktische Bedeutung. Schon lange war es ein Rätsel, wieso die Sterne durch Jahr-Billionen beständig Energie auszustrahlen vermögen, ohne sich zu erschöpfen. Es ist nicht unwahrscheinlich, daß diese »unbekannte Energie«, die in astrophysikalischen Werken vorläufig – wie ein »unbekannter Gott« – unter diesem Namen geführt wird, ebenso wie die kosmische Strahlung ihre Quelle in der Neubildung von chemischen Elementen im Innern der Sonne und der anderen Fixsterne hat. Vielleicht entstehen dort die auf der Erde völlig stabilen Elemente, vielleicht zunächst nur die radioaktiven Stoffe, welche dann zerfallen, vielleicht aber geht dort auch die Reihe der Elemente noch über die Kernladung 92, über das schwerste irdische Element Uran, hinaus. Hierüber wissen wir bis zum heutigen Tage gar nichts Sicheres, da die zwei einzigen Wege, die zur chemischen Analyse des Weltalls bisher vorliegen, hier versagen: Meteorite, die man früher öfters als Proben von Fixsternmaterial angesehen hat, stammen wahrscheinlich nur aus einem zertrümmerten Planeten, und die Spektralanalyse, die bis zu den fernsten Sternen reicht, enthüllt uns doch nur die Oberfläche und nicht das Innere dieser Gestirne. Von welcher Art immer aber auch die Elemente sein mögen, die in den Sternen sich bilden, falls wirklich durch ihr Entstehen und ihren Zerfall die Strahlung der Sterne durch die Äonen aufrechterhalten wird, so müssen wir daraus den Schluß ziehen, daß die Temperatur der Sonne und damit auch alles Leben auf unserer Erde von diesen noch völlig geheimnisvollen Prozessen der Elementverwandlung abhängt.

Sie sehen, trotz aller Erfolge in der Erklärung des natürlichen Systems, gibt es auch in der Frage der Elemente noch manche Dinge auf der Erde und besonders im Himmel, von denen unsere Schulweisheit eben erst anfängt zu träumen. Eine der vielen Fragen, deren Lösung erst die Zukunft bringen wird, ist die nach Entstehungsart, Entstehungsort und Entstehungszeit unserer chemischen Elemente.

WERNER HEISENBERG

Wandlungen der Grundlagen
der exakten Naturwissenschaft in jüngster Zeit

1934

Die Entwicklung der modernen Physik, an deren Anfang Plancks Entdeckung des Wirkungsquantums steht und deren geistiger Inhalt in Relativitätstheorie und Quantentheorie niedergelegt ist, hat in den letzten Jahren einen vorläufigen Abschluß gefunden. Die Anwendung der neuentdeckten Prinzipien auf weitere Erfahrungsgebiete wird erst durchgeführt werden können, wenn diese Erfahrungsgebiete ausführlicher als bisher experimentell durchforscht sind. Doch kann vielleicht schon jetzt versucht werden, ein Bild dieser Entwicklung zu zeichnen, das von den im Streit der Tagesmeinungen entstandenen Verzerrungen frei ist und das so objektiv, wie es mir möglich ist, den Sinn dieser Entwicklung deutlich macht.

Diese klassische Physik, die vor etwa dreißig Jahren ihren Abschluß fand, war auf einigen grundlegenden Voraussetzungen aufgebaut, die als der scheinbar selbstverständliche Ausgangspunkt aller exakten Naturwissenschaft in ihr keines Beweises und keiner Diskussion bedurften: Die Physik handelt vom Verhalten der Dinge im Raume und von ihrer Veränderung in der Zeit. Obwohl damit zunächst nur der Charakter der Erfahrungen bezeichnet war, die der Physik zugrunde liegen, so schienen doch zugleich auch schon einige Eigenschaften der Dinge, auf die man aus jenen Erfahrungen schließt, dadurch festgelegt zu sein. Man wurde zu der stillschweigenden Annahme geführt, daß es einen objektiven, von jeder Beobachtung unabhängigen Ablauf von Ereignissen in Raum und Zeit gebe, ferner, daß Raum und Zeit feste, voneinander völlig unabhängige Ordnungsschemata alles Geschehens bilden und insofern eine objektive, allen Menschen gemeinsame Realität darstellen.

Diese grundlegenden Voraussetzungen der klassischen Physik, deren natürliche Konsequenz das naturwissenschaftliche Weltbild des neunzehnten Jahrhunderts war, sind zum erstenmal angegriffen worden in der Einsteinschen speziellen Relativitätstheorie. Von ihren Grundgedanken will ich hier nur soviel andeuten, wie zum Verständnis ihrer methodischen Situation notwendig ist. Diese Theorie ist aus einer Notlage heraus entstanden. Die klassische Physik geriet bei dem Versuch der konsequenten Deutung gewisser subtiler Experimente – insbesondere des berühmten Experiments von Michelson – in Widersprüche. Die Forschung wurde dadurch genötigt, sich klarzumachen, daß eine Voraussetzung dieser klassischen Deutung, die unserer täglichen Erfahrung mit der Unschärfe, die dieser stets anhaftet, entspricht, in diesen der direkten Wahrnehmung unzugänglichen Gebieten auf keine unmittelbare Erfahrung gestützt war und daher fallen gelassen werden konnte. Es handelte sich um die Annahme, es habe einen ohne weiteres bestimmten Sinn, zwei Ereignisse gleichzeitig zu nennen, auch wenn sie nicht am gleichen Ort stattfinden. Ereignisse, von denen wir – prinzipiell wenigstens – durch irgendeine Wahrnehmung etwas erfahren können, nennen wir »vergangen«; solche, in deren Ablauf wir – prinzipiell wenigstens – noch eingreifen könnten, nennen wir »zukünftig«. Unserer täglichen Erfahrung entspricht es, zu glauben, daß die Ereignisse, von denen wir etwas erfahren können, von denen, die wir noch ändern können, nur durch einen unendlich kurzen Augenblick, den wir »Gegenwart« nennen, getrennt seien. Diese stillschweigende Annahme der klassischen Physik erwies sich – durch die experimentellen Forschungen, die uns zur Anerkennung der speziellen Relativitätstheorie gezwungen haben – als unrichtig. Vielmehr liegt zwischen dem, was wir eben »Vergangenheit« und dem, was wir eben »Zukunft« nannten, noch ein schmaler, aber endlicher Zeitabschnitt, dessen

Dauer bestimmt ist durch den Abstand des Beobachters, der die Feststellung »vergangen« oder »zukünftig« trifft, von dem Ort der Ereignisse, um deren zeitlichen Ablauf es sich handelt. Die Theorie, die zu dieser Erkenntnis geführt hat, ist inzwischen durch eine große Reihe experimenteller Bestätigungen zu einer selbstverständlichen Grundlage aller modernen Physik geworden und gilt ebenso, wie etwa die klassische Mechanik oder die Wärmelehre als festes, für immer gesichertes Gut der exakten Naturwissenschaft. Ihre außerordentliche Bedeutung liegt in erster Linie in der ganz unerwarteten Erkenntnis, daß die konsequente Verfolgung des von der klassischen Physik vorgezeichneten Weges die Abänderung der Grundlagen dieser Physik erzwingt. Dieser Sachverhalt wird uns im folgenden noch mehrfach begegnen. Die modernen Theorien sind nicht aus revolutionären Ideen entstanden, die sozusagen von außen her in die exakten Naturwissenschaften hereingebracht wurden; sie sind der Forschung vielmehr bei dem Versuch, das Programm der klassischen Physik konsequent zu Ende zu führen, durch die Natur aufgezwungen worden. Deshalb kann man die Anfänge der modernen Physik auch an dieser Stelle nicht vergleichen mit den großen Umwälzungen früherer Zeiten, etwa mit der Leistung des Kopernikus; der Gedanke des Kopernikus war in viel höherem Maße von außen her in die Ideenwelt der damaligen Naturwissenschaft hereingetragen und verursachte deshalb noch einschneidendere Veränderungen der Wissenschaft, als es die Grundgedanken der modernen Physik in der heutigen Zeit tun.

Zu der Revision des Zeitbegriffs fügte die allgemeine Relativitätstheorie eine Revision der geometrischen Eigenschaften des Raumes. Wenn diese Theorie die geringe Anzahl astronomischer Beobachtungen, die über ihren Fragenkomplex bisher vorliegen, schon richtig deutet, so besteht eine Beziehung zwischen Geometrie und Materieverteilung im Weltraum. Die euklidische Geometrie behält dann ihr Recht nur in kleinen Raumgebieten, während im großen der Raum eine ganz andere Struktur besitzen kann, als es der unmittelbaren Anschauung entspricht. Die allgemeine Relativitätstheorie ist noch nicht im gleichen Maß experimentell gesichert, wie die spezielle – wenn ihr auch bisher kein Experiment definitiv widerspricht. Ihre Überzeugungskraft liegt nicht in der Deutung vieler, bisher nicht deutbarer Beobachtungsergebnisse, sondern darin, daß sie eine neue Denkmöglichkeit geschaffen hat, die früher dem Blick der Naturforscher verborgen war. Wie groß die Kraft einer solchen neuen Denkmöglichkeit ist, kann in der Geschichte deutlich das Beispiel der Kopernikanischen Lehre zeigen: Man macht sich heute im allgemeinen nicht mehr klar, daß die Idee des Kopernikus zu Anfang in der korrekten Darstellung der Erfahrungen der Ptolemäischen Anschauung kaum überlegen war. Noch die experimentellen Beweise, die Galilei für die These des Kopernikus anzuführen hatte, waren viel weniger zwingend als die, die wir etwa heute für die allgemeine Relativitätstheorie anführen können. Trotzdem war die Tatsache, daß man nicht in Unsinn geriet, wenn man behauptete, die Erde bewege sich um die Sonne, Grund genug für Galilei, um mit der ganzen Kraft seines Geistes für Kopernikus einzutreten. In ähnlicher Weise wird die Tatsache, daß man nicht in Unsinn gerät, wenn man behauptet: Die Geometrie in der Welt hängt von der Materieverteilung ab, unabhängig von jeder experimentellen Bestätigung einen solchen Einfluß auf die zukünftige Forschung ausüben, daß eine Theorie der Gravitation künftig nie an der allgemeinen Relativitätstheorie vorbei, sondern nur durch sie hindurchgehen kann.

Kaum ein Jahrzehnt, nachdem die Relativitätstheorie gezeigt hatte, daß die als selbstverständlich angesehenen Grundlagen der exakten Naturwissenschaft durch neue Erfahrungen verändert werden können, wurde der eigentliche Kern der klassischen Physik, der Glaube an den objektiven, von jeder Beobachtung unabhängigen Ablauf von Ereignissen in Raum und Zeit durch die experimentellen Entdeckungen angegriffen, die in ihren Konsequenzen zur

Bohrschen Theorie des Atombaus geführt haben. Auch in der Quantentheorie geschah die Abkehr von den Grundsätzen der klassischen Naturbeschreibung nicht durch das Eindringen neuer, der bisherigen Physik fremder Ideen in unsere Wissenschaft; vielmehr wurde hier die Forschung durch eine Kette der denkwürdigsten experimentellen Entdeckungen Schritt für Schritt zum Verlassen des Bodens der klassischen Physik gezwungen. Nach der Entdeckung des Wirkungsquantums durch Planck war hier der wichtigste erste Schritt die durch die Untersuchungen von Lenard und ihre Deutung durch Einstein gewonnene Einsicht, daß das Licht, das wir aufgrund zahlloser Interferenzversuche als Wellenvorgang auffassen müssen, gleichwohl in gewissen Experimenten korpuskulare Eigenschaften zeigt. Wir finden also wieder am Anfang der neuen Theorie den inneren Widerspruch, in den die klassische Physik sich durch eine auf ihrem Boden völlig konsequente Deutung gewisser Experimente verwickelt. In der auf den Rutherfordschen Experimenten fußenden Bohrschen Atomtheorie trat dann der Dualismus klassischer und der früheren Physik völlig fremder Gesetzmäßigkeiten noch deutlicher zutage. In den folgenden Jahren erhielt diese Theorie eine feste Grundlage durch eine Reihe von experimentellen und theoretischen Untersuchungen, von denen als Beispiele nur die von Franck und Hertz, Stark, Stern und Gerlach einerseits, Sommerfeld, Kramers, Born, Pauli andererseits genannt werden sollen. Dann entdeckte De Broglie den Dualismus von Wellenvorstellung und korpuskularer Vorstellung auch im Verhalten der Materie. Schließlich gelang es der gleichzeitigen Arbeit des Göttinger Kreises, Diracs und Schrödingers, die verschiedenartigen experimentellen Ergebnisse in einem mathematischen Schema zusammenzufassen, durch das eine klare neue Situation gegenüber den Grundlagen physikalischer Untersuchungen geschaffen war. Die Analyse dieser Situation, die ich hier wieder nur andeuten kann, verdanken wir in erster Linie Bohr. Es zeigte sich, daß in unserer Erforschung atomarer Vorgänge ein eigentümlicher Zwiespalt unvermeidbar ist. Einerseits sind die experimentellen Fragen, die wir an die Natur richten, stets mit Hilfe der anschaulichen Begriffe der klassischen Physik formuliert und bedienen sich insbesondere der Begriffe von Raum und Zeit der Anschauung; denn wir besitzen ja gar keine andere, als diese den Gegenständen unserer alltäglichen Umgebung angepaßte Sprache, mit der wir z.B. den Aufbau der Meßapparate beschreiben könnten, und wir können Erfahrung nicht anders als in Raum und Zeit machen. Andererseits sind die mathematischen Gebilde, die sich zur Darstellung der experimentellen Sachverhalte eignen, Wellenfunktionen in mehrdimensionalen Konfigurationsräumen, die keine einfache anschauliche Deutung zulassen. Aus diesem Zwiespalt ergibt sich die Notwendigkeit, bei der Beschreibung atomarer Vorgänge einen Schnitt zu ziehen zwischen den Meßapparaten des Beobachters, die mit den klassischen Begriffen beschrieben werden, und dem Beobachtungsobjekt, dessen Verhalten durch eine Wellenfunktion dargestellt wird. Während nun sowohl auf der einen Seite des Schnittes, die zum Beobachter führt, wie auf der anderen, die den Gegenstand der Beobachtung enthält, alle Zusammenhänge scharf determiniert sind – hier durch die Gesetze der klassischen Physik, dort durch die Differentialgleichungen der Quantenmechanik –, äußert sich die Existenz des Schnittes doch im Auftreten statistischer Zusammenhänge. An der Stelle des Schnittes muß nämlich die Wirkung des Beobachtungsmittels auf den zu beobachtenden Gegenstand als eine teilweise unkontrollierbare Störung aufgefaßt werden. Dieser prinzipiell unkontrollierbare Teil der Störung, die ja mit jeder Beobachtung notwendig verknüpft ist, wird in mehrfacher Weise wichtig. Einmal ist er der Grund für das Auftreten statistischer Naturgesetze in der Quantenmechanik. Dann führt er zu einer Schranke für die Anwendbarkeit der klassischen Begriffe. Es stellt sich heraus, daß die Genauigkeit, bis zu der klassische Begriffe sinnvoll zur Beschreibung der Natur verwendet werden können, durch die sog. Unbestimmtheitsrelationen beschränkt ist. Diese Genauigkeitsschranke gibt eben den Grad von Freiheit gegenüber den klassischen Begriffen, der nötig ist, um die verschiedenen anschaulichen Bilder, unter denen ein bestimmtes physikalisches Geschehen erscheinen kann – z.B. Partikel- und Wellenbild – vernünftig zu verknüpfen. Schließlich sorgt dieser prinzipiell unkontrollierbare Teil der Störung in einer bis ins einzelne verfolgbaren wunderbaren Weise dafür, daß die klassischen und die quantentheoretischen Gesetzesbereiche an der Stelle des Schnittes widerspruchsfrei aneinandergefügt werden können, so daß ein geschlossenes System von Gesetzen entsteht. Entscheidend ist hierbei insbesondere, daß die Lage des Schnittes – d.h. die Frage, welche Gegenstände mit zum Beobachtungsmittel und welche mit zum Beobachtungsobjekt gerechnet werden – für die Formulierung der Naturgesetze gleichgültig ist. Von dieser Einsicht aus kann auch einem Einwand begegnet werden, der gegen die Endgültigkeit der Quantenmechanik mehrfach vorgebracht wurde: es könnte hinter dem von ihr formulierten statistischen Zusammenhang noch ein System deterministischer Naturgesetze für andere uns bisher unbekannte Bestimmungsstücke der Natur verborgen sein, ähnlich wie hinter der Wärmelehre die Boltzmannsche Mechanik der Atome steckt. Eine genaue Untersuchung dieser Hypothese zeigt bald, daß die neuen Naturgesetze zu den Konsequenzen der Quantenmechanik, die streng determiniert sind, in Widerspruch geraten müßten; die Quantenmechanik läßt nirgends Raum für eine Ergänzung ihrer Aussagen; denn die einzige Stelle, an der sie Unbestimmtheiten enthält, ist der besprochene »Schnitt«. Würde man an irgendeiner durch bestimmte Naturvorgänge definierten Stelle die Unbestimmtheit der Quantentheorie durch Ergänzungen beseitigen wollen, so würden dadurch, daß man den Schnitt von der genannten Stelle wegverlegt, die Widersprüche zwischen der Quantenmechanik und der versuchten Ergänzung deutlich werden.

Damit erhebt sich sogleich die allgemeinere Frage, inwieweit die durch die moderne Physik erzwungene Wandlung der Grundlagen der exakten Naturwissenschaft endgültig ist. Wir haben zu diskutieren, ob die Naturforscher auf den Gedanken an eine allen Beobachtern gemeinsame objektive Zeitskala, an objektive, von jeder Beobachtung unabhängige Geschehnisse in Raum und Zeit für immer verzichten müssen, oder ob die jüngste Entwicklung nur als eine vorübergehende Krisis zu betrachten ist. Es scheint mir, als ob die stärksten Gründe dafür sprächen, zu glauben, daß dieser Verzicht endgültig ist. Um ihnen diese Gründe auseinanderzusetzen, möchte ich mit einem Vergleich beginnen. Vor dem Entstehen der antiken Naturwissenschaft stellten sich die Menschen die Welt als eine flache Scheibe vor, und erst durch die Entdeckung Amerikas und die erste Weltumseglung wurde dieser Glaube für alle Zeiten zerstört. Zwar hatte auch vorher niemand den Rand der Erdscheibe je gesehen. Aber dieses »Ende der Welt« gewann gleichwohl Gestalt und Leben durch die Sagen, in denen von ihm gesprochen wurde, und durch die Phantasie der Menschen, die sich mit ihm beschäftigten. Wir kennen das alte Motiv von dem Mann, der alles erforschen und bis ans Ende der Welt reisen will. Die Frage nach dem Ende der Welt hatte damals einen bestimmten klaren Sinn. Mit den Entdeckungsfahrten von Columbus und Magellan wurde trotzdem diese Frage für immer als sinnlos erwiesen und die ganze Gedankenwelt, die sich an sie knüpfte, in eine Märchenwelt verwandelt. Die Menschheit verzichtete nicht deswegen auf die Frage nach dem Ende der Welt, weil sie die ganze Erdoberfläche durchforscht hatte – denn selbst heute kennen wir einzelne Teile der Erdoberfläche noch nicht –, sondern die Fahrten von Columbus und Magellan waren so deutliche Beweise für die Notwendigkeit, sich der neuen Denkmöglichkeit, der Annahme der Kugelgestalt der Erde zu bedienen, daß man den Verzicht auf jene Frage gar nicht mehr als Verzicht empfand. Ganz ähnlich scheint es mir mit den Fragen nach der absoluten Zeitskala und nach dem objektiven Geschehen in Raum und Zeit zu stehen, auf die uns die moderne Physik zu verzichten lehrt. Auch den Sinn dieser Begriffe hatte in der Allgemeinheit, in der an sie geglaubt wurde, nie jemand durch direkte Erfahrung bestätigt; auch sie bildeten ein hypothetisches »Ende der Welt«. Dabei ist die Gedankenwelt, die zugleich mit diesen Fragen der klassischen Physik zerstört werden soll, viel weniger lebendig als jene, die Columbus oder Kopernikus vernichteten. Daher ist die Wandlung unseres Weltbildes, zu der die moderne Physik zwingt, weniger einschneidend als jene im 15. und 16. Jahrhundert. Auch die Überzeugungskraft der Quantentheorie liegt keineswegs darin, daß wir etwa sämtliche Methoden, um Ort und Geschwindigkeit eines Elektrons zu messen, durchprobiert hätten und es nirgends gelungen wäre, die Unbestimmtheitsrelationen zu umgehen. Sondern die experimentellen Ergebnisse etwa von Compton und Geiger und Bothe sind so einleuchtende Beweise für die Notwendigkeit, sich der in der Quantentheorie geschaffenen neuen Denkmöglichkeit zu bedienen, daß der Verzicht auf die Fragen der klassischen Physik gar nicht mehr als Verzicht erscheint. In den neuen Denkmöglichkeiten, zu denen uns die Natur verholfen hat, liegt also die eigentliche Kraft der modernen Physik. Die Hoffnung, man werde durch neue Experimente doch noch dem objektiven Geschehen in Raum und Zeit oder der absoluten Zeit auf die Spur kommen, dürfte daher nicht besser begründet sein als die Hoffnung, irgendwo in den unerforschten Teilen der Antarktis werde schließlich doch das Ende der Welt gefunden werden. Noch in einem anderen Punkt läßt sich der Vergleich durchführen: Für die Geographie der Mittelmeerländer waren die Entdeckungen des Columbus unwesentlich, und es wäre ganz falsch, zu behaupten, die Entdeckungsfahrten des berühmten Genuesen hätten die positiven geographischen Kenntnisse der damaligen Welt umgestürzt. Ebenso falsch ist es, heute von einem Umsturz der Physik zu sprechen; an den großen klassischen Disziplinen der Physik, Mechanik, Optik, Wärmelehre hat sich durch die moderne Physik nichts geändert. Nur das Bild, das wir aus der Kenntnis eines beschränkten Teils der Welt voreilig von ihren noch unerforschten Gebieten entwarfen, hat eine entscheidende Wandlung durchgemacht. Freilich ist dieses Bild stets bestimmend für den Weg, den die Forschung einschlägt.

Nach dieser kurzen und oberflächlichen Übersicht über das, was in der theoretischen Physik in der jüngstvergangenen Zeit geschehen ist, soll weiter die Frage besprochen werden, ob und inwiefern dieses Geschehen wichtig werden und welche Wirkungen es auf die weitere Gestaltung des naturwissenschaftlichen Denkens vielleicht ausüben kann. Zwei Aufgaben sind ja der Naturwissenschaft gestellt: Sie soll Kenntnisse der Natur vermitteln, die die Menschen in den Stand setzen, die Naturkräfte ihren eigenen Interessen dienstbar zu machen, und sie soll durch eine wirkliche Einsicht in die Zusammenhänge der Natur den Menschen die richtige Stellung in ihr zuweisen. Die erste Aufgabe hat die Entwicklung von Naturwissenschaft und Technik in den letzten hundert Jahren beherrscht und soll deshalb zuerst Gegenstand unserer Aufmerksamkeit sein. Die Ergebnisse der theoretischen Physik, also auch die in der Relativitätstheorie und Quantentheorie niedergelegten Erkenntnisse, können nicht unmittelbar dem technischen Fortschritt dienstbar gemacht werden. Die theoretische Physik übt vielmehr ihre Wirkung auf die Technik indirekt und erst nach längeren Zeiträumen aus. Zwei verschiedene Wirkungen sind hier zu unterscheiden: Erstens setzt die Konstruktion von Apparaten, die die ihnen gestellten Aufgaben vollkommen lösen, im allgemeinen die exakte Kenntnis der Naturgesetze voraus, die in ihnen wirken. Zum Bau einer Dynamomaschine oder einer Hochfrequenzanlage zum Beispiel ist die Kenntnis der Maxwellschen Gleichungen – ob sie nun in der dem Techniker oder der dem Physiker geläufigen Gestalt erscheinen – notwendig. Ebenso muß in späterer Zeit für die Konstruktion von Apparaten, in denen atomare Erscheinungen ausgenützt werden, die Kenntnis der

Gesetze der Atomphysik wesentlich werden; bis zu dieser Auswirkung der modernen Physik wird aber vielleicht noch längere Zeit vergehen. Zweitens aber dürfte der theoretische Fortschritt zu einem erheblichen Teil die Richtung bestimmen, in der die physikalische Forschung und damit schließlich auch die Technik sich entwickelt. An dieser Stelle muß kurz das Verhältnis von experimenteller und theoretischer Physik gestreift werden, das in der deutschen Öffentlichkeit in letzter Zeit manchmal schief dargestellt worden ist. Es ist selbstverständlich, daß die experimentelle Forschung überall die notwendige Vorbedingung für theoretische Erkenntnisse bildet und daß prinzipielle Fortschritte nur unter dem Druck experimenteller Resultate, nicht durch Spekulationen errungen werden. Andererseits dürfte doch oft die Richtung, in der die experimentelle Forschung fortschreitet, durch die Wege der Theorie bestimmt sein. Das berühmteste Beispiel für die ergänzende Zusammenarbeit, die seit dem Beginn der modernen Naturwissenschaft das Verhältnis von Theorie und Erfahrung bestimmt hat, ist wohl die gemeinsame Leistung Tycho Brahes und Keplers. Das ungeheure Beobachtungsmaterial Tychos über die Planetenbewegungen, das Kepler nie in dieser Genauigkeit hätte sammeln können, war die notwendige Voraussetzung für die Arbeit Keplers; die Richtung, in der sich die Astronomie der nächsten Jahrhunderte entwickelte, wurde durch die Entdeckungen Keplers bestimmt. Aber wir brauchen kaum so weit zurückzugehen, um dieses Wechselspiel von Erfahrung und theoretischer Kenntnis zu beobachten: Die Wandlung der Grundlagen der exakten Naturwissenschaft, die sich in der modernen Physik vollzogen hat, ist Schritt für Schritt durch experimentelle Untersuchungen erzwungen worden. Ein Vergleich der Arbeitsgebiete der physikalischen Laboratorien jetzt und vor zwanzig Jahren zeigt andererseits sofort, wie sehr durch die Änderung unserer Kenntnis der Naturgesetze auch die Richtung der experimentellen Forschung verändert wird; und jede Neuerung, die in der beobachtenden Physik ihren Einfluß ausübt, pflanzt sich von dort in die Entwicklung der Technik fort. Wenn also in der heutigen Zeit darüber beraten wird, ob das Interesse der Öffentlichkeit sich in erster Linie der Technik, der experimentellen oder der theoretischen Wissenschaft zuwenden solle, so sollte vor allem bedacht werden, daß diese drei Arbeitszweige sich gegenseitig bedingen und ergänzen. Es ist in jedem Zeitpunkt die Aufgabe der reinen Naturwissenschaft, den Boden urbar zu machen, auf dem die Technik wachsen soll; und da der bebaute Boden bald verbraucht wird, ist es wichtig, daß stets neuer hinzugewonnen werde. Diesem Zweck dient auch die theoretische Forschung. Letzten Endes beruht die Wechselwirkung zwischen Technik und Naturwissenschaft darauf, daß sie beide aus den gleichen geistigen Quellen gespeist werden; ein Vernachlässigen der reinen Wissenschaft wäre ein Symptom für das Versiegen der Kräfte, die das Leben von Technik und Wissenschaft bedingen.

Mit dem eben geschilderten Einfluß auf die Technik und die experimentelle Forschung ist aber wohl die Wirkung, die von der Wandlung der Grundlagen der exakten Naturwissenschaft ausgehen kann, noch nicht erschöpft. Ein Gebiet, in dem bereits manche Ansätze zu einer solchen Wirkung vorliegen, ist die philosophische Erkenntnistheorie. Hier ist die von Kant aufgeworfene und seitdem viel diskutierte Frage nach der Apriorität der Anschauungsformen und Kategorien durch die Kritik der absoluten Zeit und des euklidischen Raumes in der Relativitätstheorie, des Kausalgesetzes in der Quantentheorie in ein neues Licht gerückt worden. Einerseits hat sich herausgestellt, daß unsere raumzeitlichen Anschauungsformen und das Kausalgesetz nicht in dem Sinne unabhängig von aller Erfahrung sind, daß sie in alle Zukunft notwendig inhaltliche Bestandteile jeder physikalischen Theorie bleiben müßten. Andererseits ist, wie besonders Bohr betont hat, auch in der modernen Physik die Anwendbarkeit dieser Anschauungsformen und des Kausalgesetzes die Voraussetzung jeder objektiven wissenschaftlichen Erfahrung. Denn wir können Verlauf und

Resultat einer Messung gar nicht anders mitteilen, als indem wir die dazu nötigen Handgriffe und die Zeigerablesung als objektive, in Raum und Zeit unserer Anschauung sich abspielende Vorgänge beschreiben, und wir könnten aus einem Meßresultat nicht auf die Eigenschaften des beobachteten Objekts schließen, wenn das Kausalgesetz nicht einen eindeutigen Zusammenhang zwischen beiden garantierte. Der scheinbare Widerspruch zwischen diesen beiden Feststellungen löst sich, wenn man bedenkt, daß die physikalischen Theorien nur dort eine von der klassischen Physik verschiedene Struktur besitzen können, wo ihre Gegensätze nicht mehr Objekte einer unmittelbaren sinnlichen Erfahrung sind, d.h. wo sie den Bereich der täglichen Erfahrung, die von der klassischen Physik beherrscht wird, verlassen. In dieser Weise hat die moderne Physik die Grenzen, die der Idee des »a priori« in den exakten Naturwissenschaften gesteckt sind, genauer bezeichnet, als dies zu Kants Zeiten möglich war. Die Frage, wieweit diese Idee in den weiteren philosophischen Bereichen, die für Kant das Wesentliche waren, noch fruchtbar bleibt, ist von dem neu gewonnenen Standpunkt aus noch nicht zu Ende diskutiert worden.

Diese erkenntnistheoretischen Spezialfragen hängen schon mit der zweiten großen Aufgabe zusammen, die der physikalischen Theorie gestellt ist: uns Aufschluß zu geben über die allgemeineren Zusammenhänge der Natur, in der wir stehen. Die Naturwissenschaft darf sich dieser Aufgabe nicht entziehen, wenn sie sich selber treu bleiben will. Es sei nur daran erinnert, daß in der Antike einige der ersten Vertreter der entstehenden Naturerforschung zugleich Träger einer religiösen Bewegung waren. Und wenn wir bedenken, daß die Wandlung des naturwissenschaftlichen Weltbildes am Ende der Renaissance das ganze geistige und kulturelle Leben der folgenden Zeit umgestaltet hat, so liegt es nahe, auch mit einem Einfluß der jetzt eingetretenen Wandlung auf weitere Bereiche des geistigen Lebens zu rechnen. Wenn auch die in jüngster Zeit erfolgte Wandlung an Bedeutung nicht zu vergleichen ist mit jener großen beim Beginn der Neuzeit, so wird sie doch vielleicht ausreichen, um die Anschauung, die wir etwa das naturwissenschaftliche Weltbild des neunzehnten Jahrhunderts nennen, durch etwas anderes zu ersetzen. Ich möchte dies näher ausführen: Die naturwissenschaftlichen Anschauungen, die im letzten Jahrhundert als die selbstverständliche Grundlage aller Naturforschung galten, hatten seit dem Beginn der Neuzeit erst allmählich die festen Formen angenommen, die wir jetzt kennen. Die grundsätzlich neue Entdeckung, von der die ganze Kraft der naturwissenschaftlichen Entwicklung ausging, war die Erkenntnis, daß es außerhalb der Bewußtseinssphäre des Mittelalters, in deren Mittelpunkt der Gedanke an eine übernatürliche Offenbarung stand, noch einen großen Bereich der Wirklichkeit gab. Man stieß auf jene objektive, unbezweifelbare Realität, die man durch Beobachten der Natur und durch die Ausführung von Experimenten in Erfahrung bringen kann. Eine natürliche Konsequenz dieser Entdeckung war der Versuch, in diesem objektiv Realen, das der Gegenstand der menschlichen Forschung geworden war, das Allgemeine vom Speziellen zu sondern. Aus einer Fülle von Einzelfeststellungen schälte sich als eigentlicher Kern der neuen Naturwissenschaft eine Gruppe von Grundannahmen heraus, die allen naturwissenschaftlichen Untersuchungen scheinbar notwendig zugrunde lag. Der Einfluß der neuen Realität machte sich nun auch in der Philosophie geltend, und die Grundlagen der neuen Naturerkenntnis erschienen als Teile großer philosophischer Systeme. Ähnlich wie im Altertum die Geometrie das Vorbild für folgerichtiges philosophisches Denken lieferte, so entstanden unter dem Einfluß der Naturwissenschaft die philosophischen Systeme, bei denen – ähnlich wie in ihr – eine oder mehrere als unbezweifelbar erkannte Wahrheiten an die Spitze gestellt und alles andere aus diesen deduziert werden sollte. Die Systeme von Cartesius und Spinoza sind Beispiele dafür. Auch die Philosophie Kants, die eine Kritik der voreiligen Dogmatisierungen naturwissenschaftlicher Begriffe beabsichtigte, konnte die Erstarrung des naturwissenschaftlichen Weltbildes nicht hindern; sie hat diese sogar in mancher Beziehung vielleicht gefördert. Denn nachdem die Grundzüge der klassischen Physik als die Vorbedingung a priori physikalischer Forschung erkannt waren, entstand durch eine naheliegende, aber unrichtige Extrapolation der Glaube, sie seien absolut, d.h. für immer gültig und könnten durch neue Erfahrungen nie verändert werden. Damit bildete sich der feste Rahmen der klassischen Physik. Es entstand die Vorstellung einer objektiven, in Zeit und Raum sich abspielenden körperlichen Welt, die einer Maschine vergleichbar dem ersten Anstoß nach unabänderlichen Gesetzen folgt. Die Tatsache, daß diese Maschine ebenso wie die ganze Naturwissenschaft selbst wieder ein Produkt des menschlichen Geistes war, erschien als unwesentlich und für das Verständnis der Natur belanglos. Erst diese Ausdehnung naturwissenschaftlicher Denkformen weit über ihren legitimen Anwendungsbereich hinaus führte wohl zu der oft beklagten Spaltung des geistigen Lebens in die wissenschaftliche Region einerseits und die im engeren Sinn lebendigen Bereiche der Religion und der Kunst andererseits. Die exakte Wissenschaft griff auf andere Bezirke des geistigen Lebens über und bedrohte – überzeugt von der allgemeinen Gültigkeit und Anwendbarkeit der naturwissenschaftlichen Grundsätze – ihre selbständige Bedeutung; da aber ihre Kraft zu einer inhaltlichen Erfüllung dieser anderen Bereiche nicht ausreichte, bildeten sich aus der Gegenwehr schwer überschreitbare Grenzen zwischen den nunmehr feindlichen Gebieten. Das so entstandene naturwissenschaftliche Weltbild des neunzehnten Jahrhunderts gilt als rationalistisch, weil sein Zentrum, die klassische Physik, aus einer geringen Anzahl rational analysierbarer Axiome aufgebaut werden kann und weil es daher von dem Glauben an die Möglichkeit der rationalen Analyse aller Realität in der Welt ausging. Es muß aber betont werden, daß die Hoffnung, aus der Kenntnis eines kleinen Teils der Welt das Verständnis ihrer unendlichen Mannigfaltigkeit zu gewinnen, niemals rational begründet werden kann. Die Wandlung der naturwissenschaftlichen Grundlagen, zu der uns die Natur in den atomaren Erscheinungen in so wunderbarer Weise gezwungen hat, läßt zwar die klassische Physik unberührt; aber sie zeigt, daß naturwissenschaftliche Systeme, wie etwa die klassische Mechanik oder andere Teile der klassischen Physik, stets in sich abgeschlossen sein müssen, um richtig sein zu können; daß also die Ausdehnung naturwissenschaftlicher Forschung auf neue Erfahrungsgebiete ganz anders erfolgt, als durch Anwendung der früher bekannten Sätze auf neue Gegenstände. Ich möchte Sie hier wieder an den vorhin besprochenen Vergleich zwischen der Entdeckung der Kugelgestalt der Erde und den Resultaten der modernen Physik erinnern. Solange die Erde als eine sehr große Scheibe galt, konnte man hoffen, daß der Mensch, der bis ans Ende der Welt gereist war, über alle Dinge, die es auf der Welt gibt, würde Aufschluß geben können. Mit der Entdeckung des Columbus, die doch nur die Ansichten über die bis dahin unbekannten Teile der Welt veränderte, wurde diese Hoffnung für immer zerstört. Wir wissen jetzt, daß es viele Fragen gibt, auf die man durch noch so langes Reisen auf der Erde keine Antwort bekommen kann, weil gleichsam außerhalb dieses abgeschlossenen, in sich selbst zurückkehrenden Reiseweges erst die Unendlichkeit der Welt beginnt. In ganz ähnlicher Weise hat die moderne Physik gezeigt, daß das Gebäude der klassischen Physik – wie das der modernen Physik – in sich »abgeschlossen« ist. Es reicht soweit, wie die Begriffe, die seine Grundlage bilden, angewendet werden können; aber die Begriffe der klassischen Physik sind schon auf die Vorgänge der Atomphysik nicht allgemein anwendbar, also erst recht nicht auf alle Gebiete der Wissenschaft, die weiter von der klassischen Physik entfernt liegen. Die Hoffnung, alle Bereiche des geistigen Lebens von den Prinzipien der klassischen Physik her verstehen zu wollen, ist also wohl um nichts mehr gerechtfertigt, als die Hoffnung des Wanderers, der alle Rätsel lösen zu können glaubt, wenn er bis ans Ende der Welt reist. Nun muß aber an dieser Stelle gleich dem Mißverständnis entgegengetreten werden, als habe die Wandlung in den exakten Naturwissenschaften bestimmte Grenzen für die Anwendung des rationalen Denkens überhaupt an den Tag gebracht. Nicht dem rationalen Denken, sondern nur gewissen Denkformen ist ein engerer Anwendungsbereich zugewiesen worden. Durch die Entdeckung, daß die Erde nicht die ganze Welt, sondern nur ein kleiner, in sich geschlossener Teil der Welt ist, wurde es möglich, die Unklarheiten des Begriffes »Ende der Welt« zurückzuschieben und dafür eine genaue Karte der ganzen Erdoberfläche zu zeichnen. In ähnlicher Weise hat die moderne Physik eher die klassische Physik von manchen mit der Annahme ihrer unbegrenzten Anwendbarkeit verbundenen Unklarheiten gereinigt und gezeigt, daß die einzelnen Teile unserer Wissenschaft: z.B. Mechanik, Elektrizitätslehre, Quantentheorie in sich abgeschlossene, rational bis ins letzte durchdringbare wissenschaftliche Systeme sind, die die ihnen zugehörenden Naturgesetze wohl für immer richtig darstellen. Wesentlich ist hierbei die »Abgeschlossenheit« der Systeme. Das wichtigste neue Ergebnis der Atomphysik war die Erkenntnis der Möglichkeit, daß ganz verschiedenartige Schemata von Naturgesetzen auf das gleiche physikalische Geschehen angewendet werden können, ohne sich zu widersprechen. Es liegt dies daran, daß in einem bestimmten System von Gesetzen wegen der Grundbegriffe, auf die es aufgebaut ist, nur ganz bestimmte Fragestellungen einen Sinn haben und daß es sich dadurch gegen andere Systeme, in denen andere Fragen gestellt werden, abschließt. Der Übergang der exakten Naturwissenschaft von den erforschten zu einem neuen Erfahrungsbereich wird sich also nie so vollziehen, daß etwa die bisher bekannten Gesetze einfach auf die neuen Erfahrungen anzuwenden wären. Vielmehr wird ein wirklich neuartiger Erfahrungsbereich stets dazu führen, daß sich ein neues System wissenschaftlicher Begriffe und Gesetze herausbildet, die zwar nicht weniger rational analysierbar, aber grundsätzlich anders als die früheren sind. Aus diesem Grund nimmt die moderne Physik zu den Gebieten der Wissenschaft, die noch nicht zu ihrem Forschungsbereich gehören, eine andere Stellung ein als die klassische Physik. Wenn man z.B. an die Probleme denkt, die mit der Existenz lebendiger Organismen verbunden sind, so wird man vom Standpunkt der modernen Physik aus nach Bohr vermuten, daß sich die für die Organismen charakteristischen Gesetze in einer ähnlichen, rational genau durchschaubaren Weise von den rein physikalischen Gesetzen abschließen, wie etwa die der Wärmelehre von denen der klassischen Mechanik. Ein ähnlicher Vorgang wird sich vielleicht, wenn auch in kleinerem Maßstab, bei der Erforschung der Eigenschaften des Atomkerns abspielen, die im Mittelpunkt des Interesses der gegenwärtigen Physik steht. Das Gebäude der exakten Naturwissenschaft kann also kaum in dem früher erhofften naiven Sinne eine zusammenhängende Einheit werden, derart, daß man von einem Punkte in ihm einfach durch die Verfolgung des vorgeschriebenen Weges in alle anderen Räume des Gebäudes kommen kann. Vielmehr besteht es aus einzelnen Teilen, von denen jeder, obwohl er zu den anderen in den mannigfachsten Beziehungen steht und manche andere umschließt und von manchen umschlossen wird, doch eine in sich abgeschlossene Einheit darstellt. Der Schritt von seinen schon vollendeten Teilen zu einem neuentdeckten oder neu zu errichtenden erfordert stets einen geistigen Akt, der nicht durch das bloße Fortentwickeln des Bestehenden vollzogen werden kann.

So ist die heutige Naturwissenschaft mehr als die frühere durch die Natur selbst gezwungen worden, die alte Frage nach der Erfaßbarkeit der Wirklichkeit durch das Denken aufs neue zu stellen und in etwas veränderter Weise zu beantworten. Früher konnte das Vorbild der exakten Naturwissenschaft zu philosophischen Systemen führen, in denen eine bestimmte Wahrheit – etwa das »cogito, ergo sum« des Cartesius – den Ausgangspunkt bildete, von dem aus alle weltanschaulichen Fragen angegriffen werden sollten. Die Natur hat uns jetzt aber in der modernen Physik aufs deutlichste daran erinnert, daß wir nie hoffen dürfen, von einer solchen festen Operationsbasis aus das ganze Land des Erkennbaren zu erschließen. Vielmehr werden wir zu jeder wesentlich neuen Erkenntnis immer wieder von neuem in die Situation des Columbus kommen müssen, der den Mut besaß, alles bis dahin bekannte Land zu verlassen in der fast wahnsinnigen Hoffnung, jenseits der Meere doch wieder Land zu finden.

Diese Einsicht kann uns vor dem früher nicht immer vermiedenen Fehler bewahren, neue Erfahrungsbereiche in ein altes, ihnen unangemessenes Begriffsgerüst einzwängen zu wollen. Daher wird es auch umgekehrt leichter sein, Denkweisen, die im Gegensatz zum Erkenntnisideal der klassischen Naturwissenschaft entstanden sind, in einem umfassenden und doch einheitlichen und logisch ausgearbeiteten Begriff von Wissenschaft einzufügen. Der Versuch, nun voreilig die verschiedenen Bereiche der menschlichen Erkenntnis zu verknüpfen mit dem Hinweis darauf, daß ihre Verschiedenheit vielleicht nicht mehr zu Schwierigkeiten führen werde, hätte allerdings ebensowenig die Kraft zu einer echten Vereinheitlichung des geistigen Lebens, wie seinerzeit die Verallgemeinerung der rationalen Naturwissenschaft zum rationalistischen Weltbild. Aber wie jene Verallgemeinerung gleichwohl fruchtbar wurde, indem sie dem Denken auf vielen Gebieten neue Wege zeigte, werden wir auch heute der Zukunft den besten Dienst erweisen, wenn wir den neu gewonnenen Denkformen wenigstens die Wege ebnen und sie nicht um ihrer ungewohnten Schwierigkeiten willen bekämpfen. Vielleicht ist es nicht zu kühn, zu hoffen, daß uns dann neue geistige Kräfte der in den letzten Jahrzehnten so gefährdeten Einheit des wissenschaftlichen Weltbildes wieder näher bringen werden.

GERHARD DOMAGK

Chemotherapie der Streptokokkeninfektionen

1936

Daß eine Chemotherapie der Infektionen des Menschen und der Tiere erfolgreich sein kann, brauche ich nicht näher auszuführen. Ich erinnere nur an die Erfolge, die mit Salvarsan bei der Lues, mit Germanin bei der Schlafkrankheit, mit Plasmochin und Atebrin bei der Malaria, mit Antimonverbindungen bei Kala-Azar und der Bilharzia-Infektion erzielt werden können. Bei bakteriellen Infektionen war jedoch bisher kein sicher wirksames chemisch synthetisiertes Produkt bekannt.

Vielfach wurde die Ansicht vertreten, daß bakterielle Infektionen dem chemotherapeutischen Zugriff überhaupt nicht zugänglich seien. Diese Ansicht dürfte darin eine gewisse Begründung finden, daß Bakterien wesentlich weniger differenzierte Organismen darstellen als die Erreger der obengenannten und bisher chemotherapeutisch angreifbaren Krankheiten. Protozoen, Spirochäten usw. stellen gegenüber Bakterien schon relativ weit ausdifferenzierte Gebilde dar, und je weiter solch ein Krankheitserreger entwickelt ist, um so mehr Angriffspunkte scheint er dem chemotherapeutischen Zugriff zu bieten. Die Bakterien aber stehen unter den Mikroorganismen an niedrigster Stelle, sie haben einerseits verwandtschaftliche Beziehungen zu den Mikroorganismen rein pflanzlicher Natur, zu den Faden- und Sproßpilzen, andererseits zu solchen sicher tierischer Natur, zu den Protozoen; sie stehen aber noch unterhalb dieser Differenzierung nach der pflanzlichen und tierischen Seite.

Es war nun die Frage, ob sich trotz dieser relativen Undifferenziertheit unter den verschiedenen bekannten Bakterienarten doch noch genügend Unterschiede ergaben, so daß eine Chemotherapie der bakteriellen Infektionen nicht ganz aussichtslos erschien. Denn gerade das Vorhandensein spezifischer Eigenschaften schien mir entscheidend für die Möglichkeit einer Chemotherapie der bakteriellen Infektionen.

Zunächst ergaben sich neben den rein morphologischen Unterschieden Differenzierungsmöglichkeiten der Bakterien durch verschiedene Färbungen. Einige Bakterien z.B. färben sich nach Gram positiv, andere negativ. Die Gramsche Färbung besteht darin, daß nach Hitzefixation der Bakterien auf einem Objektträger eine Färbung mit Krystallviolett bzw. Methylviolett und eine Nachbeizung mit Jodlösung erfolgt. Die Gram-festen Bakterien, wie Streptokokken, Staphylokokken usw., geben den aufgenommenen blauen Farbstoff auch beim Differenzieren in Alkohol nicht ab, was hingegen bei den Gram-negativen Bakterien geschieht. Über das Zustandekommen der Gramschen Färbung gibt es eine große Anzahl von Theorien, sowohl solche, die die Hauptursache der Färbung chemischen Eigenschaften zuschreiben, als auch solche, welche die physikalischen Eigenschaften der Bakterien dafür verantwortlich machen. In neuerer Zeit hat sich immer mehr der Gedanke durchgesetzt, daß die verschiedene Gram-Färbbarkeit der Bakterien am besten von kolloidchemischen Gesichtspunkten aus zu erklären ist. Für diese Ansicht spricht, daß Bakterien, die infolge verschiedener Einwirkungen ihre Gram-Festigkeit verlieren, diese wiedererlangen, wenn man sie mit hypertonischen Salzlösungen behandelt, durch die infolge ihrer eiweißfällenden Wirkung eine Abnahme des Dispersitätsgrades, also eine Substanzverdichtung, eintritt. Behandlung Gram-positiver Bakterien mit hypotonischen Salzlösungen führt hingegen zu einer starken Erhöhung des Dispersitätsgrades und zum Verlust der Gram-Färbbarkeit. Den Änderungen des Dispersitätsgrades der Bakteriensubstanz parallel geht also die Adsorptionsfähigkeit der für die Gram-Färbung benutzten Pararosanilinfarbstoffe. Danach könnten also physikalische Eigenschaften der Bakterien evtl. von Bedeutung für die Chemotherapie, z.B. die Bindung bestimmter parasitotrop wirksamer Farbstoffe, sein.

Aber auch noch andere physikalische Eigenschaften der Bakterien schienen von Bedeutung für die normalen Heilungsvorgänge sowie für die Chemotherapie, vor allem die Eigenschaft der Bakterien, im elektrischen Strom von der Kathode zur Anode zu wandern. Dieselbe Eigenschaft haben z.B. auch Metallkolloide, die bei der Bekämpfung einiger Infektionen einen gewissen Wert zeigen, ferner nach den Untersuchungen von Schulemann u.a. auch zahlreiche Farbstoffe, besonders saure, wenn sie eine bestimmte Molekülgröße besitzen. Diese Substanzen, Metallkolloide und saure Farbstoffe, zeigen mit den Bakterien gleichzeitig noch eine gemeinsame bemerkenswerte Eigenschaft, nämlich Phagozytose bzw. Speicherung in bestimmten Zellen des Organismus, und zwar in den retikuloendothelialen Zellen, einem Zellsystem, das vor allem von Aschoff eingehend erforscht worden ist, das sich besonders in Milz, Leber, Lymphdrüsen und noch anderen Orten angehäuft findet, und dem für die Vernichtung der Bakterien eine große Bedeutung zukommt. Aus diesem Grunde ist es möglich, bestimmte chemische Substanzen aufgrund ihrer physikalischen Eigenschaften an Stellen zu lokalisieren, an denen sich auch die Bakterien ansammeln; ja es erscheint sogar unter gewissen Bedingungen möglich, Substanzen in bestimmten Organen zu lokalisieren, wie z.B. in der Lunge oder speziell sogar in Entzündungsherden.

Aber nicht nur die erwähnten physikalischen Eigenschaften der Bakterien, sondern auch spezielle chemische Eigenschaften, die verschiedene Bakterien in künstlichen Kulturen zeigen, schienen beachtlich für die Möglichkeit einer Chemotherapie auch der bakteriellen Infektionen. Denn in künstlichen Nährböden zeigen die Bakterien doch recht erhebliche Verschiedenheiten in ihrem Verhalten gegenüber bestimmten Nährstoffen. Für manche Bakterien konnte man sogar rein synthetische künstliche Nährböden herstellen. Auf diese Weise gelang es allmählich, wenigstens einen bescheidenen Einblick in den komplizierten Verwendungsstoffwechsel der Bakterien zu erhalten. Gerade der Ausbau der Verwendung synthetischer Nährböden zur Erforschung des Bakterienstoffwechsels scheint mir von großer Bedeutung auch für die weitere Entwicklung einer wissenschaftlich aufbauenden Chemotherapie zu sein.

Geht schon aus den vorstehenden Erwägungen hervor, daß die Bakterien sich nicht nur morphologisch, sondern auch durch physikalische Eigenschaften sowie durch chemische Eigentümlichkeiten unterscheiden lassen, was eine Chemotherapie der bakteriellen Infektionen in den Bereich der Möglichkeit rückt, so drängt sich diese Hoffnung ebenfalls auf, wenn man das Verhalten bestimmter Erreger im tierischen und menschlichen Organismus betrachtet. Dabei zeigt sich nämlich, daß bestimmte bakterielle Erreger im Makroorganismus ganz bestimmte Lokalisationen bevorzugen, so daß wir uns doch fragen müssen, warum bevorzugen bestimmte Bakterien, wenn sie von der Haut und den Schleimhäuten aus eindringen, die Ansiedlung in den Gelenken, in den Herzklappen oder gar im Gehirn usw. Auch hierfür müssen doch letzten Endes spezifische, physikalische oder chemische Eigenschaften der Bakterien verantwortlich sein.

Alle diese Betrachtungen gaben mir die Gewißheit, daß auch eine Chemotherapie der bakteriellen Infektionen im Bereich der Möglichkeit lag und daß es sich verlohnen mußte, dieses Arbeitsgebiet intensiv in Angriff zu nehmen, obwohl alle bisherigen Versuche dieses Gebiet als ziemlich aussichtslos erscheinen ließen. Möglich wurde eine intensive Bearbeitung dieses Gebietes aber nur durch den vollen Einsatz nicht leicht verzagender und für diese Arbeit begeisterter Chemiker, der Herren Dr. Mietzsch und Dr. Klarer, die trotz jahrelanger gemeinsamer Enttäuschungen die systematische Bearbeitung der Strepto- und Staphylokokkeninfektionen mit mir nicht aufgaben. Unser ganz besonderer Dank aber gebührt Herrn Prof. Hörlein, der es überhaupt erst ermöglichte, daß diese Arbeiten durchgeführt wurden und dem wir besonders für das Vertrauen, das er unserer Arbeit schenkte, danken müssen.

Die Streptokokken, mit denen ich mich besonders intensiv beschäftigte, zeichnen sich morphologisch gegenüber anderen Bakterien durch ihre Lagerung in Form von Ketten aus. Sie gehören zu den erwähnten Gram-positiven Bakterien. Die Grundform der einzelnen, die Ketten bildenden Kokken ist die Kugelform mit einem Durchmesser von ungefähr 1 µ. Sie gedeihen am besten in Nährböden mit deutlich alkalischer Reaktion, z.B. in Peptonfleischwasserbouillon von einer pH 7,4–7,8. Zusatz von Traubenzukker bis zu etwa 2% fördert das Bakterienwachstum. Das Temperaturoptimum liegt zwischen 35 und 37°. Die meisten pathogenen Arten wachsen besonders gut bei Luftzutritt, jedoch ist auch bei vielen ein Wachstum unter anaeroben Bedingungen möglich. Hoher Sauerstoffdruck schädigt das Bakterienwachstum, Zucker und viele andere Kohlehydrate werden unter Säurebildung reduziert. Von allen Streptokokkenarten werden vergoren: Dextrose, Galaktose, Fructose, Saccharose, Maltose; nicht vergoren werden: Arabinose, Xylose, Erithrit und Adonit. Die z.B. von hämolytischen Streptokokken in Traubenzuckerbouillon gebildete Säure ist hauptsächlich Milchsäure, außerdem wurden festgestellt Essigsäure, auch Ameisensäure, ferner in Spuren Propionsäure und Buttersäure. Die Reduktionswirkungen der Streptokokken sind in der Kultur auch durch Zusatz von kleinen Mengen (0,025–0,05%) indigsulfosaurem Natron nachweisbar. Die für die Ernährung wichtigsten Eiweißstoffe machen sich die Bakterien durch ein Ferment nutzbar, dessen Wirkungsoptimum bei einer pH von 7,2 liegt. Der Streptococcus putridus ist im Gegensatz zu den übrigen Streptokokkenarten ein obligater Anaerobier, der bei der Zersetzung von Eiweißstoffen Schwefelwasserstoff bildet. Zu den für den Menschen gefährlichsten Streptokokkenarten gehört der Streptococcus pyogenes

haemolyticus, der sich dadurch auszeichnet, daß er durch
ein Gift, das Hämolysin, den Farbstoff der roten Blutkörperchen, das für die Sauerstoffübertragung wichtige Hämoglobin zerstört. Auch der Streptococcus viridans zerstört das Hämoglobin, jedoch nicht so vollständig wie der
soeben genannte; der Viridans bildet auf Blutnährböden einen grün erscheinenden Hof um die Wachstumskolonie
herum. Die bisher genannten Streptokokkenarten werden
von Gundel zu den stabilen Streptokokkenformen gerechnet, während er zur Gruppe der weniger stabilen die pleo-
morphen Mund-, Darm- und Milchstreptokokken zählt, sowie alle übrigen nichthämolysierenden Streptokokken. Die
Pneumokokken, die manche Autoren zu den Streptokokken zählen, sollten meines Erachtens aus biologischen und
chemotherapeutischen Erwägungen heraus nicht mit zu
den Streptokokken gerechnet, sondern als Sondergruppe
betrachtet werden.

Im Prinzip standen uns zur Suche nach den bei Streptokokkeninfektionen wirksamen Substanzen 2 Wege zur Verfügung, nämlich die Prüfung der Substanzen in vitro auf
ihre besondere Wirkung bei Streptokokken gegenüber anderen Bakterien und ferner die Prüfung der Substanzen
am lebenden Tier. Wir gingen beide Wege.

Obwohl die Verhältnisse bei der Suche nach chemotherapeutisch wirksamen Substanzen ganz anders liegen als
bei der Suche nach Präparaten zur Desinfektion, können
die Ergebnisse auch dieser Versuche unter Umständen weg-
weisend werden. Zur Desinfektion suchen wir Mittel, die
möglichst viele verschiedene Keime gleichzeitig schädigen
und vernichten, was meist nur möglich ist, wenn wir die
wichtigsten Lebensprozesse der Bakterien überhaupt verhindern, z.B. durch Denaturierung des Protoplasmas, weshalb auch die meisten üblichen Desinfektionsmittel, wie Alkohol, Quecksilberverbindungen, Phenole usw., starke Ei-
weißfällungsmittel sind. In wirksamen Konzentrationen
üben diese Desinfektionsmittel deshalb aber auch meist einen schädigenden Einfluß auf Warmblüterzellen aus, abge-

sehen von den widerstandsfähigeren Epithelien der Haut-
oberfläche.

Es gibt eine große Reihe von Substanzen, die in vitro gegenüber den Bakterien eine sehr hohe Desinfektionswirkung haben, im kranken Organismus aber ganz versagen,
wie z.B. das Sublimat, worauf schon Robert Koch hinwies.
Stellt sich bei solchen Untersuchungen in vitro aber heraus,
daß gewisse Präparate oder Gruppen von Präparaten gegenüber bestimmten Bakterien, z.B. den Gram-positiven
Eitererregern, bemerkenswerte Wirkungen zeigen, auch
unter erschwerten Bedingungen, wie z.B. in Nährböden
mit Serum-Eiweiß- oder Blutzusatz, so lohnt es sich meines
Erachtens, diese Präparate und verwandte Substanzen im
chemotherapeutischen Versuch zu prüfen, selbst wenn die
verwandten Substanzen auch nicht alle in vitro bemerkenswerte Resultate zeigen sollten. Auf der Suche nach solchen
gegenüber bestimmten Bakterien in vitro hochwirksamen
Präparaten fanden wir ganz neuartige Desinfektionsmittel,
z.B. hochmolekulare Alkyldimethyl-benzyl-ammonium-
chloride (Zephirol) und ähnliche Substanzen, die chemotherapeutisch jedoch trotz ihrer hohen Desinfektionswirkung besonders gegenüber Gram-positiven Kokken keinen
Effekt am infizierten Tier zeigten.

Von anderen Substanzen, die speziell gegenüber den
Gram-positiven Bakterien, insbesondere auch den Streptokokken eine bemerkenswerte Wirkung zeigten, waren uns
die in vitro hochwirksamen Hydrocupreinverbindungen
wie Vucin und Eucupin bekannt, ferner Acridinfarbstoffe,
wie Trypaflavin und Rivanol. Diese Substanzen zeigten außer der Desinfektionswirkung in vitro zwar im Tierversuch
noch teilweise eine gewisse tiefenantiseptische Wirkung, jedoch ebenfalls keinen bemerkenswerten Effekt bei Allge-
meininfektionen. Durch tierexperimentelle Untersuchungen gelang es Schnitzer unabhängig von uns, eine von
Jensch und Eisleb synthetisierte Nitroacridinverbindung
mit einer gewissen Streptokokkenwirkung aufzufinden,
die in Verbindung mit Rivanol unter dem Namen Entozon

Eingang in die Veterinärmedizin fand. Auch Goldverbindungen zeigten nach den Untersuchungen von Feldt sowie eigenen Untersuchungen einen experimentell nachweisbaren chemotherapeutischen Effekt bei Strepto- und Pneumokokkeninfektionen.

Auf eine gewisse in vitro-Wirkung von Azoverbindungen gegenüber Bakterien war zuerst 1913 von Eisenberg hingewiesen worden, der aus diesem Grunde bereits die chemotherapeutische Verwendung des Chrysoidins, des 2,4-Diaminoazobenzols in Erwägung zog, aber enttäuscht wurde, denn am infizierten Tier war auch nicht einmal der bescheidenste Effekt zu erzielen. Auch die in der Therapie zur Harndesinfektion empfohlenen Azoverbindungen, wie das Pyridium, das Phenylazo-2,6-diaminopyridin (Tschitschibabin und Seide 1914, Ostromislensky 1923), das Neotropin, das 2'-Butoxy-pyridyl-5,5'-azo-2,6-diaminpyridin (Dohrn und Diedrich 1928) sowie das Serenium, das 4-Äthoxy-2,4-diamino-azobenzol (Ostromislensky 1930) zeigten am streptokokkeninfizierten Tier ebensowenig einen chemotherapeutischen Effekt wie das 2,4-Diaminoazobenzol, welches durch diese Verbindungen bei der in vitro-Prüfung zum Teil übertroffen wurde. Gegenüber den genannten Präparaten mit einer immerhin noch recht geringen in vitro-Wirkung zeigten erstmalig von Klarer synthetisierte Azoverbindungen, die eine mit einem basischen Rest substituierte Aminogruppe trugen, hohe Desinfektionswerte, besonders auch gegenüber Streptokokken. Trotzdem aber waren mit diesen Azoverbindungen am infizierten Tier keine bemerkenswerten Resultate zu erzielen. Die Situation änderte sich erst grundlegend, als es mir gelang, im Versuch an der streptokokkeninfizierten Maus die einwandfreie chemotherapeutische Wirkung sulfonamidhaltiger Azoverbindungen festzustellen. Jetzt konnte eine systematische chemische Bearbeitung dieses Gebietes einsetzen.

Sulfonamidhaltige Azoverbindungen waren 1909 erstmalig von Hörlein zusammen mit Dressel und Kothe für textilfärbetechnische Zwecke hergestellt worden. Von den von Klarer und Mietzsch synthetisierten neuen sulfonamidhaltigen Azoverbindungen war eine der ersten mit einer guten chemotherapeutischen Wirkung bei der Streptokokkensepsis der Maus die folgende:

$$H_2NO_2S-C_6H_4-N=N-C_6H_3(CH_3)-N(C_2H_5)(CH_2CHOH-CH_2NH_2)$$

Bei unserer weiteren Zusammenarbeit gelang es uns dann, noch einfachere, chemotherapeutisch besser wirksame Verbindungen aufzufinden, wie z.B. 4′-Sulfonamid-2,4-diaminoazobenzol:

$$H_2NO_2S-C_6H_4-N=N-C_6H_3(NH_2)-NH_2,$$

das sowohl in Form des salzsauren Salzes als auch in Form der Base bei subkutaner und peroraler Darreichung gut wirksam war und das später den Namen Prontosil erhielt. Besonders bemerkenswert ist, daß diese nunmehr im Tierversuch chemotherapeutisch gut wirksame Verbindung in vitro keine nennenswerte Wirkung mehr zeigte. Das Präparat erwies sich außerdem als für die Warmblüter außerordentlich ungiftig, nach Untersuchungen von Weese und Hecht in chemotherapeutisch wirksamen Dosen und weit darüber hinaus als pharmakologisch indifferent.

Da das 4′-Sulfonamid-2,4-diaminoazobenzol als salzsaures Salz nur 0,25% in Wasser löslich und deshalb zu Injektionszwecken nur schwer verwendbar war, suchten wir nach besser wasserlöslichen, gut wirksamen Verbindungen (Einführung von Sulfosäuregruppen, Karbonsäuregruppen usw.). Hierbei fanden wir die auch im Mäusetest bei intravenöser Applikation gut wirksame und als Prontosil solubile bezeichnete Verbindung:

das Dinatriumsalz der 4'-Sulfonamid-benzol-azo-1-oxy-7-acetyl-amino-naphthalin-3,6-disulfosäure.

In einem Fall war die wirksame Substanz also ein basischer Azofarbstoff, im anderen Fall ein saurer Azofarbstoff. Auch das Ausgangsprodukt des Prontosil, das 4-Aminobenzolsulfonamid, zeigte bereits eine ähnliche chemotherapeutische Wirkung bei der peroralen Verabreichung; als farbloses Produkt findet es unter dem Namen Prontosil album therapeutische Verwendung.

In allen Fällen erwies sich die Sulfonamidgruppe als die von uns als charakteristisch und chemotherapeutisch wirksam erkannte Gruppe. Alle weiteren experimentellen Arbeiten, sowohl eigene als auch die ausländischer Forscher, die nach unseren ersten Publikationen das Gebiet ebenfalls in Angriff nahmen, bestätigten immer wieder die in gemeinsamer Arbeit mit den Chemikern Mietzsch und Klarer von mir festgestellte Beobachtung, daß für den chemotherapeutischen Effekt aller wirksamen Verbindungen die Sulfonamidgruppe typisch ist, und zwar in bestimmten chemischen Stellungen, ganz gleich, ob es sich nun um saure oder basische Azofarbstoffe handelt oder um farblose organische Verbindungen.

Aminosulfonamidverbindungen prüften wir seit 1932 auch aus der Benzol-, Naphthalin-, Acridin- und Azomethinreihe sowie aus vielen anderen Reihen. [...]

Den chemotherapeutischen Effekt der von uns aufgefundenen Prontosilverbindungen wiesen wir an der mit hämolytischen Streptokokken infizierten Maus oder dem mit Streptokokken infizierten Kaninchen nach.

Die Wirkung der als Prontosil bezeichneten Verbindung, des 4'-Sulfonamid-2,4-diaminoazobenzols, ließ sich am besten bei subkutaner oder peroraler Darreichung beweisen. Während nichtbehandelte, intraperitoneal mit virulenten Streptokokken infizierte Mäuse 24–48 Stunden nach der Infektion eingingen, blieben die mit genügenden Dosen von Prontosil subkutan oder peroral behandelten Tiere am Leben; schon mit kleinen Dosen behandelte Tiere zeigten gegenüber den unbehandelten Kontrolltieren eine deutliche Lebensverlängerung. Besonders eindrucksvoll trat die Wirkung des Prontosil vor Augen, wenn wir das Präparat nach der Infektion an mehreren Tagen hintereinander verabreichten. In einzelnen Versuchen, bei denen die Infektion nicht so virulent verlief und die nichtbehandelten Kontrolltiere zwar auch noch sämtlich der Infektion erlagen, aber nicht so rasch wie üblich, erreichten wir sogar noch mit Dosen, die $\frac{1}{100}$–$\frac{1}{500}$ der Dosis tolerata betrugen, deutliche therapeutische Effekte.

Bei intravenöser Injektion waren jedoch mit der 0,25proz. Lösung des 4′-Sulfonamid-2,4-diaminoazobenzols im Experiment bei der Maus nur geringe Heileffekte erzielt worden. Auf der Suche nach besser wasserlöslichen Substanzen fanden wir das erwähnte Prontosil solubile, das sich sogar noch vierprozentig in Wasser leicht löst. Mit einer 4proz. bzw. 2,5proz. Lösung des Prontosil solubile konnten nunmehr auch im Tierversuch deutliche Effekte bei intravenöser Applikation erzielt werden. Außerdem war es nun auch möglich, mit dieser gut löslichen Substanz hochkonzentrierte Lösungen zu erhalten, die intramuskulär ohne Schädigung verabreichbar und wirksam waren. Die gute Wirkung des Prontosil solubile bei intramuskulärer Injektion sei an folgendem Kaninchenversuch nachgewiesen, in dem etwa gleich große, gleich rassige Tiere verwendet wurden. Die Infektion erfolgte mit einem hämolytischen Streptokokkenstamm, und zwar durch intramuskuläre Injektion von 0,5 ccm einer 24stündigen Kultur in den linken Oberschenkel, wodurch sich bei den nichtbehandelten Kontrolltieren eine fortschreitende Phlegmone und daran anschließende Allgemeininfektion entwickelte, der die Tiere erlagen. Hingegen überwanden die meisten mit peroralen

Prontosilgaben sowie mit intravenösen bzw. intramuskulären Injektionen von Prontosil solubile am gesunden Bein behandelten Tiere die Infektion vollständig; die erste Behandlung erfolgte 24 Stunden nach der Infektion, die zweite und dritte Behandlung an den folgenden Tagen.

Die Wirkung des Prontosil war nicht nur an der Lebensverlängerung oder Heilung der Tiere deutlich nachweisbar, sondern überzeugend auch bei Untersuchungen der Bauchexsudatausstriche der intraperitoneal mit virulenten Kokken infizierten Tiere. Während 24 Stunden nach der Infektion die nichtbehandelten Tiere eine starke Vermehrung der Bakterien in der Bauchhöhle zeigten, war bei den behandelten Tieren keine Vermehrung der injizierten Bakterien nachweisbar, bei den mit genügenden Dosen behandelten Tieren waren überhaupt keine Bakterien in der Bauchhöhle mehr feststellbar, selbst wenn die Tiere mit einem Vielfachen der tödlichen Dosis infiziert worden waren. Bei den nichtbehandelten Kontrolltieren beobachtet man bei starken Infektionen eine kontinuierliche Entwicklung der Bakterien und eine kaum nennenswerte Phagozytose. Bei schwächeren Infektionen sieht man zunächst eine Phagozytose der Kokken in Leukozyten und besonders in Monozyten; schließlich aber erliegen diese Zellen im Abwehrkampf und zerfallen, man beobachtet zahlreiche Zerfallsformen dieser Monozyten, die zum Teil neben Bakterien auch geschädigte rote Blutkörperchen phagozytieren. Bei den schwächeren Infektionen bleiben Bakterien oft längere Zeit unsichtbar, nur Vakuolen in den Zellen deuten auf eine phagozytäre Tätigkeit hin. Bisweilen sieht man Einschlüsse, die als veränderte Bakterien gedeutet werden könnten. Nach dem Versagen der Abwehr wird der Organismus dann überraschend schnell mit Kokken überschwemmt. Es ist, als ob mit Streptokokken gefüllte Säcke geplatzt sind; bisweilen kann man sich des Verdachtes nicht erwehren, daß es eine für uns unsichtbare Form der Kokken geben könnte, so überraschend schnell treten plötzlich massenhaft gut färbbare Kokken auf.

Bei sehr stark infizierten Tieren, die trotzdem noch erfolgreich mit Prontosil behandelt wurden, fällt besonders die starke Phagozytose in Monozyten auf, sowie die starke Vakuolenbildung in den Monozyten, die erfolgreich an der Abwehr teilnahmen.

Auch bei nichthämolysierenden Streptokokken, z.B. solchen von Patienten mit Erysipel, Pleuritis, Peritonitis, Otitis usw., erwiesen sich die genannten Verbindungen als wirksam. Gegenüber den Viridansstreptokokken war bisher keine experimentelle Nachprüfung möglich, weil die Viridansstreptokokken sich für unsere Versuchstiere als avirulent erwiesen. [...]

Meine Ergebnisse müssen sich allein auf die experimentelle Arbeit beschränken, die Beurteilung der Wirkung des Prontosil beim kranken Menschen muß ich dem Kliniker überlassen. Erwähnt sei nur, daß über eindeutig günstige Wirkungen des Prontosil beim Menschen bei der Puerperalsepsis, bei septischen Anginen, Streptokokkenperitonitis, Erysipel, Streptokokkenphlegmonen und zahlreichen anderen durch Streptokokken bedingten Erkrankungen, wie Arthritiden usw., berichtet worden ist. Als experimentell Forschende müssen wir mit den bestmöglichen Unterlagen dem Kliniker die gefundenen Produkte zu treuen Händen überlassen und ihm danken, wenn er dann in objektiver Weise versucht, sie zum Segen der Kranken in der Praxis einzuführen. [...]

Nur einen Fall einer schweren Streptokokkeninfektion nach einer Verletzung, den ich selbst beobachtete und behandelte, will ich kurz schildern, da es sich um meine eigene Tochter handelte und ich den Krankheitsverlauf aufs genaueste selbst verfolgen konnte. Das Kind verletzte sich am 4. 12. 1935, als es mit einer Weihnachtshandarbeit beschäftigt war, mit einer Nadel; es lief die Treppe herunter, die Nadel in der rechten Hand, um sich von der Mutter den Faden einziehen zu lassen, so daß beim Fallen die große Nadel mit dem Öhr zuerst in die Hand bis auf die Handwurzelknochen hineinfuhr und abbrach. Eine halbe Stunde später wurde das Kind in der Klinik durchleuchtet und die Nadel operativ entfernt. Am nächsten Tage ansteigende Temperaturen, die zunächst auf das Aufflackern einer Angina bezogen wurden, die das Kind einige Tage vorher durchgemacht hatte. Beim Verbandwechsel nach einigen Tagen starke Schwellung der Hand, trotz Entfernung der Fäden rasch weiter ansteigendes Fieber. Die Entzündung schritt trotz zahlreicher Inzisionen phlegmonös auf den Unterarm weiter. Es trat eine sehr bedenkliche Verschlechterung des Allgemeinbefindens und Benommenheit auf, so daß wir um das Kind ernst besorgt waren. Da weitere chirurgische Eingriffe nicht möglich waren, erbat ich mir von dem behandelnden Chirurgen die Erlaubnis zur Prontosilbehandlung, nachdem ich auch kulturell als Ursache der Erkrankung Streptokokken festgestellt hatte. Temperaturen bei Beginn der Behandlung am 8. 12. axillar morgens 39,3°. Die Prontosil flavum-Tabletten habe ich dem benommenen Kinde zuerst, ohne daß es Notiz davon nahm, zwischen den Zähnen in den Mund gedrückt, außerdem gab ich nachmittags 15 ccm und abends 10 ccm Prontosil solubile rectal. Noch am selben Abend Temperaturabfall auf 38,7°, am nächsten Tage morgens 38,2°, am 10. 12. 37,7°. An diesem Tage nach nochmaliger Inzision beim Verbandwechsel Anstieg der Temperatur abends auf 38,2°. Anstelle des vorher diffusen serösen Infiltrates fand der operierende Chirurg nunmehr pus bonum et laudabile. Am 12. 12. war die Temperatur zur Norm abgesunken. Nach Entfernung eines Drains am 14. 12. erfolgte am 15. 12. wieder leichter Temperaturanstieg, am 17. 12. eine arterielle Blutung beim Handbad, danach am 18. 12. nochmals Temperaturanstieg auf 39° rectal. Auf große perorale Gaben von Prontosil flavum-Tabletten und 15 ccm Prontosil solubile endgültiger Temperatursturz am folgenden Tage und fortschreitende Genesung. Bei der Dosierung richtete ich mich stets nach Temperatur und Allgemeinbefinden, bei Anstieg der Temperaturen gab ich größere Dosen, bis Temperaturabfall und Besserung des Befindens deutlich waren. Nach Abfall der Temperatur zur Norm wurden noch eine Zeitlang täglich 3 Tabletten à 0,3 g verabreicht. [...]

Der Wirkungsmechanismus des Prontosil ist jedoch noch keineswegs exakt geklärt. Wahrscheinlich handelt es sich nicht um eine unspezifische, allgemeine und indirekte Wirkung des Prontosil auf den Organismus, etwa eine unspezifische Aktivierung des Retikuloendothels, wie sie einige Autoren annehmen. In diesem Falle wäre es durchaus unverständlich, warum die Verbindungen der Prontosilgruppe im Experiment so weitgehend spezifisch gegenüber Streptokokken wirken und nicht annähernd so gut bei anderen Bakterien, z.B. bei den den Streptokokken nahestehenden Pneumokokken. Trotzdem aber muß dem Organismus bei dem Wirkungsvorgang eine entscheidende Rolle zukommen. Denn am bemerkenswertesten dürfte für alle Betrachtungen die Tatsache sein, daß Prontosil in vitro gegenüber den Streptokokken keine besondere Wirkung zeigt, weder in Wasser, Bouillon, Serum, Blut noch nach Zusatz frisch entnommener Kaninchenorgane zu den Kulturen, wie aus der folgenden Tabelle zu ersehen ist. Ähnlich wie die in der Tabelle angeführten Substanzen verhalten sich auch das farblose Aminobenzolsulfonamid sowie zahlreiche andere von uns als chemotherapeutisch wirksam befundene Verbindungen.

Wirkung der Prontosil-(flavum-)Tabletten (salzs. Salz) und von Prontosil solubile auf Streptokokkenkulturen, aerob und anaerob.

In Wasser	
In 10proz. Serum	
In Bouillion	
In sterilem Kaninchenblut	Abtötung
In Bouillon	unter 1 : 100
+ frischer steriler Kaninchenleber	nach 1 Stunde
+ sterilisierter Kaninchenleber	
+ frischer steriler Kaninchenmilz	
+ sterilisierter Kaninchenmilz.	

Das Prontosil entfaltet seine Wirkung gegenüber den Kokken nur im lebenden Makroorganismus. Bei den erfolgreich behandelten Tieren blieben [...] die Gewebe normal, als ob das Medikament das Eindringen der Keime in den Organismus überhaupt verhindert hätte, auch waren Kokken nicht nachweisbar. Im Gegensatz dazu fanden sich bei den Kontrollen zahllose Kokken nicht nur im Bauchhöhlenexsudat, sondern auch in den Geweben wie Leber, Milz, Herz, Niere, außerdem Nekrosen und entzündliche Infiltrate von wechselnder Ausdehnung in den verschiedensten Organen. Levaditi und Vaisman nehmen aufgrund ihrer Forschungen an, daß das Prontosil in der Weise im Organismus wirkt, daß es die Einkapselung der in den Organismus eindringenden Streptokokken verhindert und das von den Streptokokken abgesonderte Leukozidin und Hämolysin neutralisiert. Nach der Ansicht von Levaditi kapselt sich der Streptococcus ein, um der Phagozytose zu entgehen; diese Einkapselung soll das Prontosil verhindern. Diese Erklärung würde weitgehend auch unserer Auffassung, daß die Mitwirkung des Organismus die wichtigste Vorbedingung für die Wirkung des Prontosil ist, entsprechen. Mit aller Reserve möchte ich jedoch die Vermutung aussprechen, daß auch noch andere Vorgänge bei der Wirkung des Prontosil in Frage kommen dürften. Jedenfalls glaube ich, daß als erste Phase des chemotherapeutischen Prontosileffektes eine Bindung des Prontosil an den Erreger stattfindet. Gewisse Veränderungen, wie Quellungen und andere Degenerationserscheinungen auch nichtphagozytierter Kokken deuten darauf hin, daß das Prontosil oder ein Umwandlungsprodukt im Organismus primär am Erreger angreift. Inwieweit anschließend daran die Vernichtung der Erreger durch Phagozytose im Organismus erleichtert wird, oder eine Schädigung der Erreger durch Störung spezifischer Stoffwechselvorgänge oder von Teilungsvorgängen erfolgt, so daß eine Vermehrung im Organismus unmöglich wird, muß zur Zeit noch als unentschieden gelten und weiteren Untersuchungen vorbehalten bleiben. Sicher dürfte nur sein, daß auch dem Makroorganismus bei der endgültigen Vernichtung der Erreger immer noch eine bedeutende Rolle zukommt, und daß man deshalb auch mit der Prontosilbehandlung nicht warten soll, bis der Zustand restlos desolat ist und alle natürlichen Abwehrkräfte des Organismus gänzlich erschöpft sind. Denn eine Steigerung der auch normalerweise angedeuteten Phagozytose der Bakterien, besonders in Monozyten, ist bei prontosilbehandelten Tieren gegenüber den Kontrollen sicher nachweisbar, ob allein infolge der Veränderung der Bakterien oder infolge einer erhöhten Phagozytosetätigkeit der Zellen, ist noch nicht ganz eindeutig entschieden. Jedenfalls wirkt das Prontosil in dieser Richtung als Unterstützung eines Naturheilvorganges und setzt den Organismus noch in den Stand, der Infektion Herr zu werden, auch wenn er aufgrund der natürlichen Abwehrkräfte schon sicher erliegen würde.

Eine gewisse prophylaktische Wirkung des Prontosil wurde auch von Levaditi und Mitarbeitern beobachtet. Levaditi berichtet z.B., daß der 1, 2 oder 3 Tage vor der Infektion injizierte Azofarbstoff die vollkommene Heilung hervorruft oder ein ganz offensichtliches Verzögern des Mortalitätszeitpunktes. Es ist meines Erachtens sicher richtig anzunehmen, wie es auch die genannten Autoren tun, daß die prophylaktische Wirkung nur so lange vorhanden ist, wie das Produkt im Organismus kreist.

Bei anderen als Streptokokkeninfektionen ist die Wirkung der Prontosilprodukte längst nicht im gleichen Maß spezifisch. Am besten ist sie nach unseren Erfahrungen noch bei Staphylokokkeninfektionen nachweisbar. Gegenüber Pneumokokken ist die Wirkung gering, relativ am besten noch beim Prontosil album. Von der Klinik wurde eine relativ gute Wirkung auch bei Koli-Infektionen der Harnwege festgestellt. Möglicherweise werden auch Bang-Infektionen günstig beeinflußt. Für einen gewissen Effekt gegenüber Meningokokken sprechen die Beobachtungen der englischen Forscher sowie auch einzelne klinische Beobachtungen in Deutschland. Die endgültige Entscheidung über die Wirkung der Prontosilverbindungen bei diesen und anderen Infektionen muß aber weiteren Beobachtungen vorbehalten bleiben.

Die Arbeiten über die Chemotherapie der bakteriellen Infektionen stehen meines Erachtens erst im Beginn der Entwicklung, und ich hoffe, daß sich noch recht viele Forscher ernsthaft mit diesen Problemen befassen werden. Das Gebiet erscheint mir außerordentlich aussichtsreich, wenn sich genügend Forscher intensiv und mit genügender Begeisterung und Ausdauer der Bearbeitung all der noch ungelöst vor uns liegenden Probleme annehmen. Für unsere junge Generation ein weites Feld, um sich die Sporen zu verdienen und zu beweisen, daß sie gewillt ist, durch exakte, fleißige Arbeit den Beweis zu liefern für ihre ehrliche Begeisterung für den ärztlichen Beruf. Enttäuschungen, berechtigte und unberechtigte Angriffe werden nicht ausbleiben, entscheidend wird auch hier das Wollen bleiben, das Wollen des Arztes aller Zeiten, dem leidenden Menschen zu helfen, sei es durch die Forschung, sei es in der Praxis, soweit das menschlichen Kräften vergönnt ist.

OTTO HECKMANN

Die Astronomie
in der Geistesgeschichte der Neuzeit

1956

I.

1. Die Geschichte der sog. Neuzeit hat keinen genauen Anfang. Renaissance, Humanismus, Zeitalter der Entdeckungen, Kopernikanische Wende sind Schlagworte, die in Ihnen allen das Bild des turbulenten Übergangszeitalters er-
stehen lassen. Schon tief im Mittelalter sind die großen Bewegungen spürbar, in welchen das religiöse und kirchliche
Bewußtsein, verbunden mit dem Nationalismus, sich – teilweise in großen Kriegen – auseinandersetzt mit den herauf-
drängenden Kräften, dem Individualismus und dem veränderten Weltbewußtsein.

In den Materialien zur Geschichte der Farbenlehre findet sich bei Goethe die folgende Stelle:

»Man sagt von dem menschlichen Herzen, es sei ein
trotzig und verzagtes Wesen. Von dem menschlichen Geiste
darf man wohl ähnliches prädizieren. Er ist ungeduldig
und anmaßlich und zugleich unsicher und zaghaft. Er
strebt nach Erfahrung und in ihr nach einer erweiterten,
reineren Tätigkeit, und dann bebt er wieder davor zurück,
und zwar nicht mit Unrecht. Wie er vorschreitet, fühlt er
immer mehr, wie er bedingt sei; daß er verlieren müsse, indem er gewinnt: denn ans Wahre wie ans Falsche sind notwendige Bedingungen des Daseins gebunden.

Daher wehrt man sich im Wissenschaftlichen so lange
als nur möglich für das Hergebrachte, und es entstehen
heftige langwierige Streitigkeiten, theoretische sowohl als
praktische Retardationen. Hievon geben uns das 15. und
16. Jahrhundert die lebhaftesten Beispiele ...«

In dieser Zeit, in diesem wilden und nur schwer übersehbaren Tumult von Ideen und Mächten spielt die Astronomie eine höchst merkwürdige Rolle. Allerdings sieht man die Astronomie ganz empiristisch an, dann ist bis zum Jahre 1600, als Kepler zu Tycho Brahe nach Prag kam und Giordano Bruno in Rom auf dem Scheiterhaufen starb, nichts geschehen, was das Bild der Welt überhaupt hätte beeinflussen können. Die empirische Astronomie war kaum weiter als zu den Zeiten des Hipparch im 2. Jahrhundert v. Chr. Das Neue, das sich in der Mitte des 15. Jahrhunderts anmeldete, lag in der Sphäre der Spekulation und der Phantasie. Neue Gedanken bewiesen ihre Kraft, und die europäischen Völker warteten geradezu darauf, sich von ihnen entzünden zu lassen. Wir können das Durcheinanderwogen der Ideen hier nicht ausführlich darstellen, sondern wollen – in starker Vereinfachung – wenige Hauptzüge des Bildes zeichnen.

2. Zwei prinzipiell verschiedene Konzeptionen des Weltalls sind aus der Blütezeit griechischer Philosophie auf uns gekommen: Für die ionischen Naturphilosophen war das Apeiron, das räumlich Unbegrenzte und zeitlich Unendliche, der Urgrund der Dinge, die aus ihm entstehen und in es vergehen in ewigem Wechsel. Für den bilderreichen Platon aber und den nüchternen Aristoteles ist das Weltall eingeschlossen in die Fixsternsphäre, in deren Mitte die Erde steht. In ewigen Bahnen ziehen die jenseits der Mondsphäre liegenden Gestirne ihre vollkommenen Kreise. Wechsel und Veränderung gibt es nur in unserer sublunaren Welt. Außerhalb der Fixsternsphäre ist nicht der leere Raum, sondern schlechthin nichts.

In beiden Bildern ist der Raum der Ort alles Wirklichen, auch der Seele und der Ideen; der Geist behält Bindung an das Räumliche. Eine neue Lage wird vom christlichen Bewußtsein geschaffen. Es sieht die wahre Wirklichkeit nicht im räumlich Ausgebreiteten. »Gottnähe« und »Gottferne« sind bildhafte Redeweisen für ein geistig-unräumliches Eins- oder Getrenntsein, das im »Inneren«, nicht im »Äußeren« statthat. Das christliche Bewußtsein schafft auch ein neues Zeitempfinden. Doch wollen wir davon noch nicht sprechen.

Im Mittelalter lassen die Philosophen und Theologen der Hochscholastik, etwa Bonaventura und Thomas von Aquin, wieder die Kombination von geistigem Sein und räumlicher Erstreckung zu, veranschaulicht durch Dantes großartiges Zeugnis der Divina Comedia. Die Mystiker aber erfahren den Urgrund des Seins im Innern der Seele.

All das ist zu einfach gesagt; die Zahl der Meinungen und Spekulationen ist groß, und die Übergänge sind vielfältig. Aber man darf doch kurz sagen, daß die Unendlichkeit der Welt in dieser Zeit nicht gelehrt wird, und daß die Welt der Innerlichkeit eine wichtige Rolle erhält, die das klassische Griechentum nicht kannte. – Die wissenschaftliche Astronomie wird in dieser Zeit verkörpert durch das System des Ptolemäus, entstanden um 150 n.Chr. Seine Leistung bestand in einer ziemlich guten, aber – wie wir heute wissen – unnötig komplizierten Darstellung der scheinbaren Bewegung von Sonne, Mond und Planeten, bei der die kugelförmige Erde das Zentrum des Alls ist.

3. Am Ausgang des Mittelalters, um die Mitte des 15. Jahrhunderts, kommt ein neuer Zug in die kosmologischen Vorstellungen durch die Werke des Kardinals und Bischofs Nikolaus von Cues. Er vereinigt in sich die Weisen platonischen und aristotelischen Denkens. In Scholastik und Mystik ist seine geistige Heimat. Aus rein theologischen Spekulationen kommt er schon in seinem ersten Werke, der Docta Ignorantia, zu den berühmten Erkenntnissen, die er so ausdrückt: »Die Welt hat also keinen Umfang. Hätte sie eine Mitte, so hätte sie einen Umfang. Sie hätte dann in sich ihren Anfang und ihr Ende; und die Welt selbst wäre von etwas anderem begrenzt, außer ihr wäre anderes und Raum – das aber entbehrt jeder Wahrheit. Da es also unmöglich ist, die Welt zwischen einem körperhaften Zentrum und ihrem Umfang eingeschlossen zu denken, so ist die Welt nicht verstehbar. Und während diese Welt nicht

unendlich ist, so ist sie doch nicht als endlich begreifbar, da sie der Grenzen entbehrt, die sie einschließen.«

Und weiter: »Die Erde also, da sie nicht Mitte sein kann, kann nicht ohne alle Bewegung sein ... Wie die Erde nicht Zentrum der Welt ist, so ist auch nicht die Fixsternsphäre oder eine andere deren Peripherie ...«

Die Argumentationsweise, die zu diesen bemerkenswerten Behauptungen führt, ist Jahrhunderte später eines der Vorbilder des dialektischen Denkens der romantischen Philosophie geworden. Die Coincidentia Oppositorum und die Docta Ignorantia, die sich beide auf das Denken der Unendlichkeitskategorien beziehen, sind die Begriffe, die schlagwortartig die Spannung im Denken des Cusaners bezeichnen. Das theologische Denken ist bei ihm die Wurzel der Behauptungen über die Welt. Ein Satz wie dieser: »Gott ist das Zentrum der Welt; er ist auch Mittelpunkt der Erde und aller Himmelskörper und von allem, was in der Welt ist; er ist zugleich die unendliche Peripherie von allem« könnte leicht pantheistisch interpretiert werden. Aber der Kardinal hat sich dagegen energisch gewehrt. Der Satz meint vielmehr – in unserer Sprache – einen ganz transzendenten Sachverhalt. Die Endlosigkeit der Welt ist von der Art der Endlosigkeit der Zahlenreihen, in der es keine größte Zahl gibt; die Unendlichkeit Gottes aber ist intensive Vollkommenheit. Die Endlosigkeit der Welt kann also nur als eine Analogie zur göttlichen Unendlichkeit verstanden werden.

Die Kosmologie des Cusaners fand zu seiner Zeit keine Resonanz. Mag sein, daß er im ganzen nicht verstanden wurde. Jedenfalls regte sich niemand sonderlich über ihn auf.

4. Das wesentliche astronomische Ereignis des 16. Jahrhunderts war das Erscheinen von Kopernikus' Werk »De Revolutionibus«, das sich in Gegensatz stellt zu Ptolemäus. Es hält zwar die Fixsternsphäre als Grenze der Welt fest, setzt jedoch in ihre Mitte die Sonne und nicht die Erde, die nun mit den anderen Planeten die Sonne umkreist. Für sein

System führt Kopernikus Gründe der Einfachheit und Symmetrie an. Es ist aus einem wahrhaft pythagoreischen Glauben an die mathematische Schönheit der Welt erwachsen. Gründe, die unser heutiges Denken befriedigen, und gar empirische Beweise im modernen Sinne werden erst Jahrhunderte später gefunden. Im ganzen aber ist das Gesamtbild der Welt nach Kopernikus noch dem ptolemäisch-mittelalterlichen zum Verwechseln ähnlich. Es ist für unser Empfinden harmlos gegenüber den über 100 Jahre älteren Vorstellungen des Cusaners, wenn es auch in seinen Einzelheiten eine spezifisch astronomische Leistung und keine metaphysische Spekulation ist. Über Kopernikus gibt es zwar einige unfreundliche Äußerungen von Theologen, die eine Gefahr in der neuen Weltvorstellung witterten; aber im großen und ganzen hat die wissenschaftliche Öffentlichkeit rund 60 Jahre lang unbehelligt über die kopernikanische Lehre diskutieren können. Sie wurde um die Wende des 16. und 17. Jahrhunderts bereits sogar gelegentlich – wenn auch sehr vorsichtig – auf den Universitäten vorgetragen.

5. In den Stürmen des Zeitalters der Reformation und Gegenreformation stehen sich gegen Ende des 16. Jahrhunderts die großen Gegner mit gesteigertem Mißtrauen und eifersüchtiger Wachsamkeit gegenüber. Die Toleranz des 15. Jahrhunderts und der Humanismus sind weithin vergessen. Es ist nicht mehr ungefährlich, radikal und kühn zu denken.

Das zeigt sich in dem Drama, dessen tragische Hauptgestalt Giordano Bruno ist. Bruno – 1548 in Nola bei Capua geboren –, der unstet durch Europa wandernde Philosoph und Freigeist, vereinigte die cusanische Vorstellung der endlosen Welt mit der kopernikanischen von der die Sonne umkreisenden Erde und lehrte die unendliche Vielzahl der Sonnen. Man kann ihm in der Astronomie des Sonnensystems mancherlei Irrtümer nachweisen. Darauf kommt es hier nicht an. Die Unendlichkeit der Welt berauscht ihn. Mit maßloser Leidenschaft bekämpft er den Aristoteles. Er ist vor der größeren Öffentlichkeit der eigentliche Zertrümmerer der Sphäre, die die mittelalterlich-endliche Welt vom unendlichen Lichthimmel Gottes trennt. Er fordert die Allgültigkeit der irdischen Gesetze für alle Welten und die Gleichheit der kosmischen Stoffe. Er öffnet das Tor zum Ausblick in die unermeßliche, ununterschiedene Sternenwelt. Dabei war er konsequenter Pantheist, der die Bewegungen aller Welten aus den inneren Seelenkräften der Natur hervorgehen ließ.

Goethe nennt ihn ein »Gedanken-Bergwerk«, und seine Anregungen sind noch bei Schelling und anderen romantischen Naturphilosophen nachweisbar. Seine leidenschaftlich-freigeistige Haltung und der unbeugsame Mut, mit dem er 1600 den Feuertod für seine hartnäckige Ketzerei erlitt, machen ihn zu einer Gestalt von symbolischer Kraft und zu einem Märtyrer eines neuen Denkens. Bruno ist es, der den Gefühlswert der neuen Lehre schafft durch sein Werk, sein Leben und sein Sterben.

6. Die Idee von der Unendlichkeit der Welt läuft nun durch die Zeiten bis in unsere Tage. Wir kommen darauf zurück.

Die großen Astronomen aus der Zeit Brunos, Tycho Brahe (1546 bis 1601) und Johannes Kepler (1571 bis 1630), lehren die Endlichkeit der Welt. Der erste liefert das empirische Material und der zweite seine theoretische Analyse in den berühmten drei Gesetzen, die die spätere Entdeckung der allgemeinen Gravitation durch Newton erst möglich machen. Keplers Haltung kommt drastisch zum Ausdruck in einer späteren Randbemerkung zu einem Briefe aus dem Jahre 1603 des jungen Engländers Edmund Bruce, der Kepler seine Ansichten über die Welt vorlegt und dabei einleitend seinen Glauben an die Unendlichkeit der Welt bekennt. Kepler schreibt: »Hoc praeambulum obstitit mihi, quo minus essem attentus ad sequentia«, »Diese Einleitung hat mich daran gehindert, auf das folgende zu achten«.

Galilei aber, dessen Lebenszeit von 1564 bis 1642 reicht, scheint, wie einige ziemlich verdeckte Stellen in den Dialogen andeuten, die Lehre von der Unendlichkeit der Welt gehalten zu haben. Sein berühmter Konflikt mit der Inquisition zeigt, daß die wörtliche Bibelinterpretation nun von hohen kirchlichen Stellen gegen die mildere Form der kopernikanischen Lehre gewendet wird. Wir wissen nicht, ob dabei ein Mißtrauen gegen Brunos Gedanken im Spiel war.

7. Aber die große Öffentlichkeit macht keine feinen Unterschiede: Die beiden Fälle Bruno und Galilei genügen nun, um bis in unsere Tage das Schiff der Astronomie zu beladen mit der Last des Kampfes zwischen Ratio und Tradition. Der Satz: »Die Erde bewegt sich« scheidet plötzlich einen neuen Glauben an Wissenschaft und Untrüglichkeit der Vernunft vom alten Glauben an überlieferte philosophische und theologische Lehren. Die Bewegung der Erde und die Unendlichkeit der Welt, bei Cusanus Ausfluß großartiger, aber frommer Spekulation, sind nun die Fahnen, unter welchen das Zeitalter der Vernunft und die Krisis des europäischen Geistes heraufkommen.

Eine Folge der Verurteilung Galileis und des erst im vorigen Jahrhundert aufgehobenen Verbots aller kopernikanischen Werke war die Lähmung weittragender kosmologischer Gedankenarbeit im Bereich der katholischen Kirche und der Gegenreformation. Dagegen wurde in den Ländern, die dem kirchlichen Einfluß nicht unterstanden, ein geradezu fanatischer Freiheitsdrang im Geistigen ausgelöst. In eben diesen nordischen Ländern, in Deutschland und in den Niederlanden, in England und später in Frankreich, verläuft der Siegeszug der Naturwissenschaften und der großen Systeme der rationalistischen Philosophie.

8. Innerhalb dieser Entwicklung wird gekämpft um ein metaphysisches Teilproblem, das zunächst keinen eigentlich astronomischen Charakter hat, das Problem von der Seinsweise und Natur des Raumes. Erst in unseren Tagen erhält es eine Wendung, die man 300 bis 400 Jahre früher nicht einmal vermuten konnte.

Das seit Bruno religiös gesteigerte Weltpathos baut die Vorstellung vom unendlichen Raume aus zu einem vermit-

telnden Prinzip zwischen dem unendlichen Gott und der
Vielfalt der Welt oder Welten. Der Raum wird zum umgreifenden Gefäß göttlicher Daseinsäußerung; der unendliche
Raum wird von Bruno bis zum jungen Kant dichterisch be-
sungen und bewertet als der unendliche Schauplatz der
Werke des Unendlichen von unsagbarer Weite. Der Raum
wird in erhabener Gleichförmigkeit als ewig und vor allen
Dingen, vor aller Bewegung gedacht. Er wächst fast über
die Dinge hinaus und weist hin auf die Einheit Gottes. Es ist,
als erhielte er ein Seinsübergewicht über die Dinge. Da die
schon seit dem Altertum mathematisierende Vernunft seinen inneren Strukturreichtum aufdeckt, so wird er zum
Vorbild einer gesteigerten höchsten Rationalität, die wiederum dem Menschen einen Abglanz vom Wesen Gottes zu
vermitteln scheint. So entsteht die Spannung zwischen der
Vorstellung eines geistig-personalen Wesens und eines
räumlich strukturierten Universums.

Die großen Denker von Descartes über Spinoza, Leibniz, Berkeley bis zu Kant haben die verschiedensten Hal-
tungen in dieser völlig metaphysischen Frage eingenommen. In unserem Zusammenhang ist wichtig die Haltung
Newtons, der den absoluten Raum in die Physik und Mechanik einführte und dadurch die so heftigen, rein philosophischen Erörterungen zu einer gewissen Berührung mit
der astronomischen Energie brachte. Er glaubt, der Raum
sei das »Sensorium Dei«, eine Art Organ Gottes, mit welchem Gott die Dinge wahrnehme – ein Glaube, den Leibniz
strikt ablehnt – mit metaphysischen Argumenten natürlich,
wie es der Zeit entsprach.

9. Trotzdem ist der sog. absolute Raum ein Begriff, der
in der theoretischen Astronomie eine wesentliche Rolle gespielt hat – und heute noch spielt, weil die mit ihm operierende Newtonsche, die sog. klassische Mechanik so unbe-
streitbare Erfolge hatte, daß sie immer noch die Grundlage
der Ausbildung unserer Physiker und Techniker ist. Die empirische Tatsache, auf der die Brauchbarkeit dieses merkwürdigen Begriffes beruht, ist der sog. absolute Charakter

der Rotation. Die Rotation eines Laboratoriums ist leicht feststellbar von Beobachtern, die die Rotation mitmachen, auch dann noch – und darauf kommt es hier an –, wenn sie die Außenwelt nicht sehen können. Anders ausgedrückt: Wir können die Drehung der Erde auch bei bewölktem Himmel nachweisen, wenn der Sternenhimmel unsichtbar ist. Diese Drehung »relativ zum absoluten Raum« ist zu Newtons Zeiten und noch heute von tiefer Merkwürdigkeit. Reine Positivisten, wie Ernst Mach, haben gefordert, die absolute Rotation in der Theorie zu ersetzen durch die Rotation relativ zum Fixsternhimmel. Albert Einstein glaubte ursprünglich, in seiner neuen Gravitationstheorie seien alle Bewegungen, also auch Beschleunigungen, relativ in dem Sinne, daß man in ihr nur Bewegungen von Körpern relativ zueinander sinnvoll zulassen könne (daher auch der Name »Allgemeine Relativitätstheorie«).

Aber trotz dieses Glaubens hat Einstein gerade den Schritt getan, der dem Raum eine ganz neue Art von physikalischer Realität verlieh. Wir müssen etwas weiter ausholen, um seine Leistung deutlich zu machen.

10. Nach dem langen metaphysischen Kampf um das Wesen des Raumes schien Kants Lehre vom Raum als Form unserer Anschauung das ganze Problem in der bisherigen Fragestellung ad absurdum zu führen. Er erklärt es für sinnlos, dem Raum eine Realität außerhalb des menschlichen Geistes zuzuschreiben. Der Raum ist die Wesensform unseres äußeren, sinnlichen Anschauens von wirklichen Dingen. Nur in bestimmter Einstellung und Relation unseres Geistes auf die Dinge tritt er auf, dann aber mit Notwendigkeit. Die quantitativ-extensive Unendlichkeit ist eine »im Gemüte bereit liegende« Anschauungsweise des endlich-sinnlichen, nicht eine Daseinsweise oder Wirkungsweise des unendlichen Geistes. Damit ist dann die Frage nach dem Verhältnis der Realität des Raumes zum Ens Realissimum gegenstandslos geworden, weil der Raum kein Sein bedeutet, sondern eine besondere Weise menschlichen Erkenntnisvermögens.

Nun war zu Kants Zeiten die Struktur »des« Raumes die sog. euklidische, es galt in ihm schlechthin jene Art von Geometrie, die wir alle auf der Schule gelernt haben, mit unendlichen Geraden und Ebenen, mit Dreiecken, in welchen die Winkelsumme genau zwei Rechte ist. Man kannte keine andere Art von Geometrie, und »die Form unserer Anschauung« war also euklidisch.

11. In der ersten Hälfte und um die Mitte des vorigen Jahrhunderts aber erfand man ganz neue Typen von Geometrie; zunächst solche, in welchen zwar Geraden und Ebenen möglich sind, die Winkelsumme im Dreieck aber von zwei Rechten verschieden ist. Dann aber wurde von B. Riemann jene nach ihm benannte neue Art von Geometrie geschaffen, in der Räume bei beliebiger Dimensionszahl innere Krümmungen mannigfaltigster Art aufweisen. Damit war der rein gedankliche Vorrat an mathematischen Ausdrucksmöglichkeiten enorm bereichert worden.

12. Endlich können wir zum sog. absoluten Raum zurückkehren. Newton und seine Nachfolger bis zu Einstein dachten sich in ihm die sog. Kräfte, insbesondere die Gravitationskraft, eingelagert; der Raum wurde davon nicht berührt, die Gravitationskraft führte ein Dasein im Raume, sie bedurfte zu ihrer näheren Beschreibung des räumlichen Untergrundes, sie war – wie man sagt – Funktion des Ortes; aber der Raum existierte in seiner euklidischen Struktur unverändert, ob die Schwerkraft in ihm war oder nicht. Die Gravitationskraft ist also ausgebreitet im Raum, sie bildet ein Kraftfeld.

Diese Zweiheit von euklidischem Raum und hineingelagertem Schwerkraftfeld ist es, die Einstein aufhob. Er zeigte, daß man nur statt des allzu einfachen euklidischen Raumes den so viel reichhaltigeren Riemannschen Raumbegriff heranzuziehen brauchte, um ganz ohne den unabhängigen Begriff Schwerkraft auszukommen. Kurz gesagt: Einstein zeigte, daß man den Raum selbst als Feld ansehen kann, daß man ihn zum physikalischen Feld machen kann.

Man gibt nur zwei Aspekte derselben Entdeckung, wenn man sagt, Einstein habe die Schwerkraft geometrisiert, oder wenn man umgekehrt sagt, er habe den Raum physikalisiert.

Etwas genauer müßte man sagen, daß nicht allein der Raum, sondern mit ihm zusammen die Zeit, also das sogenannte vierdimensionale Raumzeitkontinuum, geometrisiert wurde. Aber wir wollen nicht auf Einzelheiten eingehen.

13. Wichtig ist, daß die Einsteinsche Gravitationstheorie sich in einigen empirisch prüfbaren Punkten deutlich als der Newtonschen überlegen erwies. Man kann nur bedauern, daß sie dabei gleichzeitig im mathematischen Apparat komplizierter ist als die alte Theorie; deshalb hat die neue gegenüber der alten Auffassung nicht so leicht ein Übergewicht in der allgemeinen Anerkennung finden können.

Wenn aber die Physiker und Astronomen im allgemeinen erkenntnistheoretisch kritische Realisten sind, so müssen wir es heute als legitim ansehen, »dem« Raum den gleichen Grad physikalischer Realität zuzusprechen, den man noch vor 40 Jahren dem Gravitationsfeld zubilligte. »Der« Raum existiert dann nicht nur als Form unserer Anschauung. Man kann bezweifeln, ob wir sein »An-sich-Sein« je in den Griff bekommen; aber daß unsere mathematischen Denkformen keinen konstanten, sondern einen wachsenden Vorrat bilden, haben wir gelernt; daß darin Typen vorkommen, die – ohne eine besondere Schwerkraft zu bemühen – auf die Wirlichkeit der himmlischen Bewegungsphänomene ganz unwahrscheinlich genau passen, die also – nun einfach ausgedrückt – einen ganz unerwarteten Wahrheitsgehalt haben, ist das Ergebnis der Einsteinschen Leistung.

Die Absolutheit des Raumes, die Newton behauptete, die Einstein aber glaubte aufgehoben zu haben, ist in der Einsteinschen Theorie noch völlig enthalten, insofern als der Begriff der absoluten Rotation auch in der Einsteinschen Theorie völlig legitim ist. Ja, es ist in Einsteins Theorie noch sinnvoll, von der Rotation des gesamten Materie-Inhalts der Welt relativ zum absoluten Raum zu sprechen.

14. Das Problem der Unendlichkeit aber, die den jungen Kant berauschte, während der alte sie unter die Antinomien der reinen Vernunft rechnete, hat viel von seinem Gewicht verloren. Die Riemannsche Raumstruktur, deren sich die Einsteinsche Theorie bedient, vermag nämlich neben unendlichen auf vollkommen endliche und doch unbegrenzte Welten zu führen, nach dem zweidimensionalen Vorbild der Kugeloberfläche; und man könnte in der Sprache des Cusaners sagen: »Mundus potest concipi infinitus aut finitus, sed non terminatus«. In der Einsteinschen Theorie haben also unendliche und endliche Raummodelle gleicherweise Platz. Bei der Anwendung auf die Wirklichkeit allerdings läßt sich der Wahrheitsgehalt der Modelle nur in den notwendigen endlichen Bereichen unserer Erfahrung prüfen. – Die Frage, ob das Gebiet, das unsere Instrumente überschauen, auf einen im ganzen endlichen Kosmos schließen lasse, ist bisher nicht entschieden. Und vielleicht ist »das Ganze«, auch bei aller endlichen Unbegrenztheit, noch so groß, daß eine empirische Entscheidung nie möglich ist.

Und selbst die denkerische Extrapolation ins Unendliche ist von Gefahren umdroht, denen möglicherweise sogar der Begriff des Naturgesetzes zum Opfer fallen kann. Dieses abstrakte Problem wollen wir jedoch nicht weiter verfolgen. Hören Sie eine wahre Anekdote: Vor 25 Jahren durfte ich einmal dem Göttinger Mathematiker David Hilbert einen privaten Vortrag halten über kosmologische Probleme in der Einsteinschen Gravitationstheorie. Dabei legte ich Wert auf diejenigen strengen Lösungen des Problems, die auf unendliche Raumformen führen. Da unterbrach mich Hilbert sehr ungeduldig und sagte: »Der Mensch kann die Natur doch nicht als unendlich denken.« Das ist mit Hilbertscher Härte und Übertreibung gesagt, macht aber das Unbehagen des großen alten Mannes deutlich.

531

II.

1. Lassen Sie uns bei einem anderen Aspekt der kopernikanischen Wende noch etwas verweilen. Wir sahen, wie schwer es war, das anthropozentrische Weltbild aufzugeben. Dem Mittelalter mußte es selbstverständlich und heilig sein, weil der Erde – als Schauplatz der Heilsgeschichte – eine ausgezeichnete Stellung im All zukommen mußte – trotz aller Vergänglichkeit. Kepler – insoweit noch ganz Mensch des Mittelalters, als er die begrenzte Symmetrie der Welt festhält – gefährdet zwar als Kopernikaner das anthropozentrische Bild; aber er sucht es zu retten durch den Hinweis darauf, daß das Kleinere (die Erde) dem Größeren (der Sonne) überlegen sei an Würde. Bei dem Teil der europäischen Menschen, der seinen religiösen Glauben mit höchst anschaulichen Bildern ausgestattet hatte, war weithin Ratlosigkeit eingekehrt, die in dem Schaudern Pascals zum Ausdruck kommt; »... wenn ich den kleinen Raum meines Daseins erwäge, der in unendlichen Weiten verschwindet, die ich nicht kenne und die mich nicht kennen, so erfüllt mich dieser Gedanke mit Schrecken ...« – Und wieder: »... Das ewige Schweigen der unendlichen Räume ist für mich etwas Erschreckendes.« – Nun, man hat gelernt, sich damit abzufinden. Kurz nach der Goethe-Stelle, die ich zu Anfang zitierte, findet sich die folgende: »Doch unter allen Entdeckungen und Überzeugungen möchte nichts eine größere Wirkung auf den menschlichen Geist hervorgebracht haben als die Lehre des Kopernikus. Kaum war die Welt (gemeint ist die Erde) als rund anerkannt und in sich selbst abgeschlossen, so sollte sie auf das ungeheure Vorrecht Verzicht tun, der Mittelpunkt des Weltalls zu sein. Vielleicht ist noch nie eine größere Forderung an die Menschheit geschehen: denn was ging nicht alles durch diese Anerkennung in Dunst und Rauch auf: ein zweites Paradies, eine Welt der Unschuld, Dichtkunst und Frömmigkeit, das Zeugnis der Sinne, die Überzeugung eines poetisch-religiösen Glaubens; kein Wunder, daß man dies alles

nicht wollte fahren lassen, daß man sich auf alle Weise einer
solchen Lehre entgegensetzte, die denjenigen, der sie annahm, zu einer bisher unbekannten, ja ungeahnten Denk-
freiheit und Großheit der Gesinnungen berechtigte und
aufforderte.«

2. Es ist aber wenig bekannt, daß im rein fachlich-astro-
nomischen Bereich in unserem Jahrhundert Schritte getan
wurden, die denjenigen des Kopernikus ähnlich waren.
Noch zweimal nämlich meinte man, unser Standpunkt sei
nahe der Mitte größerer Sternsysteme, und jedesmal erwies
sich diese Meinung als Täuschung.

Die astronomische Leistung des Kopernikus und seiner
Nachfolger war es, das Sonnensystem von der Zufälligkeit
des Standpunktes und der Bewegung der Erde unabhängig zu beschreiben. In den ersten Jahrzehnten unseres
Jahrhunderts aber, als die empirische Forschung begann
hinauszutreten in den weiten Raum der Fixsternwelt, da
war die analoge Aufgabe ein zweites Mal gestellt, weil es wieder darauf ankam, den räumlichen Aufbau und die Bewegungen in dem Sternsystem, das wir als Milchstraße sehen,
so zu zeichnen, als stünden wir nicht im Inneren des Systems, sondern außerhalb. Die Aufgabe ist jetzt empirisch
ungleich schwieriger, wenn auch nicht gedanklich – denn
die Tendenz der Astronomie war gegen die Idee gerichtet,
daß der Mensch eine bevorzugte Stellung in der physischen
Welt einnehme. Ich kann hier die einzelnen Stufen der Entwicklung über Thomas Wright aus Durham, Kant, Lambert
nicht schildern. Gegen Ende des 18. Jahrhunderts entwarf
W. Herschel, der sich seine großen Fernrohre selbst baute,
ein räumliches Bild des Milchstraßensystems, bei dem wir
nahe der Mitte einer abgeflachten Sterngesamtheit stehen,
deren größte Erstreckung in Richtung der Milchstraße
liegt. Gegen Ende seines Lebens, nach Gewinnung weiteren Materials, war er allerdings dieses Bildes nicht mehr
sicher.

Das 19. Jahrhundert fährt im wesentlichen fort, unter
strenger Meidung der Spekulation zuverlässigere und

reichere Beobachtungsdaten zu sammeln, bis um die
Wende unseres Jahrhunderts aus den Bemühungen Seeli-
gers und – auf breiterer Basis – Kapteyns ein Bild erwächst,
das dem Herschelschen sehr ähnlich, aber quantitativ viel
besser fundiert ist. Wieder stehen wir mit dem Sonnensystem in der Mitte eines abgeflachten Systems, die Dichte
fällt in Richtung der Milchstraßenebene langsamer, senkrecht dazu rascher ab. In einer Entfernung von fast 30000
Lichtjahren ist die Dichte auf $\frac{1}{100}$ der Dichte in unserer
Nachbarschaft abgesunken. Man war sich zwar klar darüber, daß viele Unregelmäßigkeiten und Einzelstrukturen
von diesem schematischen Bild nicht erfaßt wurden, aber
man glaubte doch, ihm einen beträchtlichen Wahrheitsgehalt zuschreiben zu dürfen.

3. Als um 1920 dieses Bild sich als ziemlich endgültig
präsentierte, da trat ein unerwartetes Ergebnis hinzu, das
ganz auf der Einführung eines riesigen Spiegelteleskops in
die Astronomie beruhte, des 60-Zöllers der Mt. Wilson-
Sternwarte. In den Händen von H. Shapley lieferte das genannte Instrument die Erkenntnis, daß es ein größeres ga-
laktisches System geben müsse, ein Milchstraßensystem,
dessen Zentrum fast 50000 Lichtjahre von uns entfernt ist.
Unser Sonnensystem steht fast am Rande dieses Riesenge-
bildes. Das Zentrum wird dargestellt von der Gesamtheit
der sog. kugelförmigen Sternhaufen, deren individuelle
Entfernungen Shapley als erster erfolgreich bestimmte.
Shapleys Leistung steht in Analogie zu der des Kopernikus.
Das schwache Analogon allerdings zu der Erregung der Gemüter, die der Entdeckung des Kopernikus folgte, war in
den Kreisen der älteren Astronomengeneration ein un-
gläubiges Knurren oder Murmeln, das kaum noch öffent-
lich wurde.

4. Man glaubte dann eine Zeitlang, daß das oben geschilderte lokale System, das Seeliger und Kapteyn heraus-
gearbeitet hatten, eingebettet sei in das große, von Shapley
aufgefundene, und man redete von dem Problem, das Zusammenfallen der Hauptebenen beider Systeme verstehen

zu müssen aus einer dynamischen Wechselwirkung zwischen dem größeren und dem kleineren System.

Während aber die Vorstellung des größeren Systems in immer neuen fruchtbaren Fragestellungen und Ergebnissen an Wahrheitsgehalt zunahm, konnte das kleinere nicht sterben, bis 1930 die (vorher schon gelegentlich vermutete, aber nie empirisch erfaßte) Lichtabsorption in der Milchstraße durch Trümpler entdeckt wurde. Es stellte sich heraus, daß in der Hauptebene des Milchstraßensystems eine Gas- und Staubschicht liegt, die für denjenigen, der in ihr steht (also für die Sonne und uns) das Bild der Milchstraße trübt, so daß man von der weiteren Umgebung so wenig sieht, wie an einem nebligen Tage von der Landschaft. Das lokale, kleinere System war also nichts als eine Täuschung. Daß Shapley trotzdem das größere System richtig erkannte, lag daran, daß die Absorptionssschicht sehr flach ist und somit die Erkennbarkeit der Kugelhaufen – sofern sie nicht selbst zu nahe an der Schicht stehen – nicht stark beeinträchtigte. Nur die Maßstäbe mußten etwas verkleinert werden. Das Zentrum des Systems ist nicht 50000, sondern in Wirklichkeit nur etwa 25000 Lichtjahre entfernt. Man war also, obwohl die geistige Tendenz dem Scheinresultat nicht günstig war, nur durch eine zunächst noch unbekannte Störungsquelle – eben die Absorption – gedrängt worden zu der Vorstellung, wir stünden im Zentrum eines Systems, das es gar nicht gab.

5. Shapley hätte seine Methodik der Entfernungsbestimmung kugelförmiger Sternhaufen leicht anwenden können auf jene seit langem bekannten Gebilde, die zu Millionen den Himmel bevölkern, die im Zuge der Milchstraße aber nicht vorkommen und deshalb außergalaktische Nebel heißen. Viele von ihnen haben Spiralstruktur, andere wieder sehen elliptisch oder spindelförmig aus. Kant hatte schon vor 200 Jahren die Meinung vertreten, sie seien große Sternsysteme, nur so weit entfernt und jenseits der Milchstraße, daß das Fernrohr sie nicht auflösen könne. Diese Meinung Kants war bis in die zwanziger Jahre unse-

res Jahrhunderts hinein von vielen Astronomen geteilt, von manchen auch abgelehnt worden. Eine empirische Entscheidung gab es noch nicht. Shapley aber hätte sie erzwingen können. Sein Instrument reichte aus, wenigstens den größten der Nebel, den Andromeda-Nebel, weit genug aufzulösen, um die für die Entfernungsbestimmung nötigen Einzelsterne zu entdecken. Aber er war völlig überzeugt von der Unmöglichkeit, diese Auflösung einwandfrei zu leisten. Was wirkliche Einzelsterne waren, das hielt er für kleine Sterngruppen, und er riet sogar jüngeren Kollegen ab, sich an dem Problem zu versuchen. So wurde für ein paar Jahre die Meinung fixiert, die Nebel seien zum Milchstraßensystem gehörige, verhältnismäßig nahe Objekte, die Milchstraße umfasse so ziemlich alles, was »das Universum« genannt werden könne. »Hinter« der Milchstraße schien wieder einmal die Welt zu Ende zu sein, wenigstens schien es dort keine Sterne zu geben.

6. Aber wieder wurde eine Sphäre zerschlagen: E. Hubble hatte die Unbefangenheit, die Auflösung des Andromeda-Nebels erneut zu versuchen, übrigens mit einem noch größeren Instrument, das inzwischen aufgestellt worden war, dem 100-Zöller von Mt. Wilson. Und ihm gelang dann der Nachweis, daß der Andromeda-Nebel in der Tat weit außerhalb unseres eigenen Systems steht, also wirklich – um A. v. Humboldts schönes Wort zu gebrauchen – eine »Weltinsel« ist von der Art, die Kant erträumte. Nachdem Hubble die Entfernungen vieler Nebel – so gut es ging – bestimmt hatte, folgte bald die Entdeckung der Korrelation zwischen der Entfernung und der spektroskopisch bestimmten Radialgeschwindigkeit, die diesmal nun ein Phänomen lieferte, das nicht nur die Astronomen anging: das expandierende Universum. Hier ist das große Wort »Weltall« oder »Universum« in jenem empirischen Sinn verstanden, daß es den ganzen überschaubaren Bereich meint, der bis zu den fernsten Nebeln reicht, die unsere größten Instrumente überhaupt erfassen können, also weiter als 1000 Millionen Lichtjahre in den Raum

hinaus; und diese Gesamtheit, die den Raum gleichförmig erfüllt, befindet sich in Expansion. Noch ein letztes Mal könnte es so scheinen, als seien wir die Mitte dieses wahrhaft kosmischen Phänomens, aber sofort zeigt ein wenig Nachdenken, daß eben die weitgehende Proportionalität der Geschwindigkeiten mit den Entfernungen jedem beliebigen Nebel, der die Flucht mitmacht, das gleiche Recht zuerkennt, sich für die Mitte zu halten. Die Welt hat also, soweit wir heute sehen können, keine Mitte mehr.

III.

1. Wir sind nun gezwungen, vom geschichtlichen Aspekt des Kosmos zu sprechen. Erinnern wir uns, daß zwischen der mittelalterlichen und der neuzeitlichen Ansicht ein Unterschied besteht, der sehr ähnlich demjenigen ist, den wir bei den Raumvorstellungen kennenlernten.

Das Mittelalter sieht die von Gott aus dem Nichts geschaffene Welt vor endlicher Zeit entstehen, die Erde ist dann Schauplatz der Menschheitsgeschichte, der Erlösung und der Erwartung der Wiederkunft des Herrn im Gerichte und dann ... »wird ein neuer Himmel und eine neue Erde sein«. Es wäre ein zweifelhaftes Verfahren, mit unseren naturwissenschaftlichen Kategorien den Sinn dieser Prophezeiung aufschließen zu wollen. – Jedenfalls ist, von allen Einzelheiten abgesehen, ein einsinniger geschichtlicher Ablauf vorgestellt, der dem Heilsplan Gottes entspricht.

Dem steht dann etwa um 1700 fertig gegenüber das Bild der unendlichen Welt, die im einzelnen zwar von reichem Werden und Vergehen erfüllt, im großen aber unverändert bleibt. Ihrer räumlichen Endlosigkeit entspricht die zeitliche. Wie diese Welt bei Newton hineingebettet ist in den absoluten Raum, so auch in die absolute Zeit, die gleichförmig dahinrinnt – unbeeinflußt von den Dingen und ihren Veränderungen.

Und wenn auch Kant wiederum die Zeit – ebenso wie den Raum – zur Form unserer Anschauung erklärt, so bleibt doch in Physik und Astronomie die Newtonsche Interpretation mächtig.

Es ist oft geglaubt worden, daß mit der Einsteinschen Relativitäts- und Gravitationstheorie der Absolutcharakter der Zeit in unseren modernen Denksystemen aufgegeben worden sei. Das ist richtig in dem Sinne, daß man lernte, verschiedene Ortszeiten zur Beschreibung physikalischer Phänomene zweckmäßig auch dann einzuführen, wenn die »Orte«, für die sie gelten sollen, relativ zueinander bewegt sind. Darauf hatte das Newtonsche Gedankensystem in der Tat nicht achten können. Die Frage aber, ob man nicht in großen Gebieten des Kosmos eine universelle Zeit zweckmäßig definieren könne, bleibt sinnvoll und läßt sich im Rahmen der Einsteinschen Gravitationstheorie und der auf ihr beruhenden theoretischen Kosmologie untersuchen und bedingt bejahen.

2. Doch ehe wir davon sprechen, vergegenwärtigen wir uns, daß längst vor der Entdeckung der Nebelflucht die Notwendigkeit erkannt war, Entwicklungsvorgänge in der Sternenwelt zu betrachten.

Wenn Kepler in seiner Jugendschrift »Mysterium Cosmographicum« die Abstände der Planeten von der Sonne beschreibt durch die geeignet ineinander geschachtelten fünf regelmäßigen Körper, so sucht er den empirischen Befund nicht aus einer Entwicklung zu verstehen, sondern ihn in der statisch-mathematischen Denkweise seiner Zeit darzustellen. – Selbst Newton vermag den Bau des Sonnensystems nur hinzunehmen als Schöpfung Gottes und rationalisiert den Ablauf der Bewegungen. – Erst Kant macht den – nach unserem heutigen Wissen grundsätzlich richtigen – Versuch, das Sonnensystem entstanden zu denken aus einer chaotischen, rotierenden, diffusen und undifferenzierten Materieverteilung unter Annahme der allgemeinen Gültigkeit der Newtonschen Mechanik und Gravitation.

In der Folge ist immer wieder in ähnlicher Weise argumentiert worden. Die Kategorie der Entwicklung wurde immer allgemeiner benutzt, um kosmische Strukturen verständlich zu machen, mindestens um zu fragen nach dem Alter kosmischer Gebilde. Und diese Fragen bleiben berechtigt, auch wenn wir von der Expansion des Universums nichts wüßten, ja wenn es sie gar nicht gäbe. Dann bliebe es immer noch sinnvoll, zu fragen nach der Genese der Planeten, Satelliten und Kometen, nach der Bildungsweise von einfachen und mehrfachen Sternen, von Sternhaufen und Nebeln, also von irgendwelchen individuellen Gebilden im Weltall.

3. Aber nicht aufgrund von Glaubenslehren, nicht in der Folge metaphysischer Spekulation, sondern durch den empirischen Befund der Expansion sind wir vor die Aufgabe gestellt worden, eine Geschichte des ganzen Kosmos zu zeichnen.

Die Expansion des Universums wurde von de Sitter im Jahre 1917 sehr vage erahnt. Ihre mathematische Entdekkung durch Friedmann im Jahre 1922 wurde von Einstein zunächst als falsch kritisiert. Einstein zog aber 1923 die Kritik zurück, und 1924 ergänzte Friedmann die Theorie um ein wesentliches Stück. Die empirische Realität der Expansion wurde nach einigen Jahren ungewisser Andeutung 1929 von Hubble erkannt, sieben Jahre nach ihrer theoretischen Vorhersage! Bis zum letzten Kriege wurden die theoretischen Deutungen ausgebaut und dem anwachsenden Beobachtungsmaterial kritisch gegenübergestellt. Schon vor dem Kriege, besonders aber nachher, kamen auch einige rivalisierende Deutungsversuche auf, die teilweise mit der Einsteinschen Theorie verwandt waren, teilweise aber auch ganz feindlich zu ihr standen. Ich möchte, um der Kürze willen, im konservativen Rahmen der Einsteinschen Gravitationstheorie bleiben, die in der heutigen Situation noch immer die geringste Willkür in der Behandlung unseres Problemkreises enthält und mit den Beobachtungen nirgendwo in Widerspruch gerät.

4. Nachdem, wie wir gesehen hatten, die Beobachtung der Nebel eine Mittelpunktslosigkeit der Welt über den ganzen erfahrbaren Bereich hin lieferte, kommt die Haltung des modernen Theoretikers darin zum Ausdruck, daß er beim Basteln und Bauen von Weltmodellen mit den gedanklichen Bausteinen der Einsteinschen Gravitationstheorie die geometrische Mittelpunktslosigkeit zum Prinzip erhebt, ohne sich dabei theologischen Bedenken ausgesetzt zu sehen. Aber noch kurz vorher kann er sich überzeugen, daß er fast voraussetzungslos eine universelle kosmische Zeit formal definieren kann, die für alle in der Welt verteilt gedachten Beobachter dieselbe ist, vorausgesetzt, daß diese fingierten Beobachter sich je an ihrer Stelle mit der großräumigen Strömung der Materie (wie sie die Beobachtung in der Expansion zutage förderte) mitbewegen. Die so definierte Zeit ist die Eigenzeit dieser fingierten Beobachter; sie wird also angezeigt von den Uhren oder – physikalisch konkreter gesprochen – von den Schwingungen derjenigen Atome, welche die kosmische Strömung der Materie mitmachen. Die Frage, welche Möglichkeiten und Schwierigkeiten eintreten, wenn man diese kosmische Zeit durch Lichtsignale über die Welt verbreiten will, lassen wir hier unerörtert. Nach Einführung der kosmischen Zeit wird die Mittelpunktslosigkeit der Modelle erzwungen durch das Postulat, daß eine allgemeine Homogenität in der Welt herrsche, daß – wie die Mathematiker sagen – die Modelle invariant sein sollen gegenüber der Transformationsgruppe, welche den Übergang von einem der fingierten Beobachter auf irgendeinen anderen von ihnen beschreibt. Dann dreht man alles durch die Mühle der Einsteinschen Feldgleichungen und erhält eine ganze Reihe von Modellen, die nun alle mit Sicherheit mittelpunktslos sind und eine formal sauber definierte kosmische Zeit enthalten.

5. Diese Reihe von Modellen ist heute merkwürdigerweise noch nicht vollständig bekannt. In einem Jahre etwa wird man sie aber alle vor sich haben. Es gibt unter ihnen räumlich unendliche und endliche. Sodann gibt es minde-

stens eines, in dem der gesamte unendliche Materieinhalt rotiert gegenüber dem unendlichen absoluten Raum. Hier stehen wir an der Schwelle einer Erkenntnis, die neu zu sein scheint:

Einstein wollte dem Raum den Absolutheitscharakter nehmen, er wollte die Machsche Forderung durch seine Theorie zum Ausdruck bringen, daß alle Rotation von Materie auch nur relativ zur Materie verstanden werden dürfe. In seiner Theorie kommen aber unter Umständen absolute Rotationen vor. Diese Umstände kann man beseitigen durch ein zusätzliches Postulat, das man aussprechen kann in verschiedenen Formen. Man kann ihm den Namen »Verbot der absoluten kosmischen Rotation« geben; lassen Sie uns der Kürze halber »Verbotspostulat« sagen. Wenn man es annimmt, schrumpft die Zahl der mittelpunktslosen Modelle stark zusammen. Man könnte sogar über Mach hinausgehen und den Absolutheitscharakter des Raumbegriffes noch weiter einschränken durch die Forderung, daß mit dem Verschwinden aller Materie aus der Welt auch alle Geometrie aufhören solle; denn Abstände in der Welt sind doch Abstände von Dingen. Mach würde an einer so gereinigten Gravitationstheorie seine Freude gehabt haben.

Und doch scheue ich mich, die Postulate zu propagieren. Ich schlage vor, sie zu diskutieren, wenn auch nicht heute und hier. Aber was leistet das mehr oder weniger abstrakte Spiel mit den möglichen Modellen überhaupt?

6. Nun, unter den reinen Empirikern ist ein merkwürdiger Sport eingerissen. Sie berechnen mit der ihnen so wohl anstehenden fröhlichen Unbekümmertheit aus der Fluchtbewegung der Nebel ein Weltalter von 5 Milliarden Jahren mit einer Unsicherheit von etwa einer Milliarde. Sie sagen: »Wenn ein Nebel in der und der Entfernung diese bestimmte Geschwindigkeit und ein anderer in doppelter Entfernung die doppelte Geschwindigkeit hat, wenn also universelle Proportionalität von Entfernung und Geschwindigkeit herrscht, so müssen die Nebel alle vor so und so viel Milliarden Jahren aufeinander gesessen haben.« Das

Verfahren tut so, als wisse man mit Sicherheit, daß die Geschwindigkeit jedes Nebels bei dem Prozeß der Expansion im Laufe der Zeit konstant geblieben sei. Aber diese Annahme hat keine Stütze in der Theorie und in der Erfahrung. Sie hat den einzigen Vorzug, aus Herzen zu kommen, die sich insofern ihre Unschuld bewahrt haben, als sie mit keiner Theorie beschwert sind. Hier greifen nun die Modelle ein. Denn wenn schon eine Annahme gemacht werden muß, dann eine solche, die im Rahmen bewährter und – wenn es geht – konservativer Grundprinzipien steht. Das kann von den Modellen im Rahmen der Einsteinschen Gravitationstheorie behauptet werden. Wenn man das einmal zugestanden hat, dann erkennt man, daß verschiedene Modelle zur Darstellung der Beobachtungen dasselbe leisten; das wieder ist nichts als der legitime Ausdruck dafür, daß einerseits die Beobachtungen nie beliebig genau sind, daß andererseits eine Reihe von theoretischen Vereinfachungen die konkrete Wirklichkeit nicht genau widerspiegeln kann. Kurz, eine gewissenhafte Berechnung des Weltalters aus der Expansion der Nebel liefert eine beträchtliche Ungenauigkeit dieser Zahl. Es scheint aber, als dürften wir sagen, daß in der Tat vor einigen Milliarden Jahren ein Anfangszustand herrschte, der – um das mindeste zu sagen – die Materie der Welt in viel höherer Dichte als heute enthalten haben muß, weil damals die Nebel in der Tat »dicht aufeinander gesessen haben müssen«. Aber wie dicht eigentlich?

7. Darauf läßt sich leider nur eine ganz gewundene Antwort geben; denn die verschiedenen Modelltypen machen über den Anfangszustand sehr verschiedene Aussagen: Die Modelle mit absoluter Rotation zeigen die Möglichkeit einer gewissen endlichen Maximaldichte, die aber abhängt vom Rotationsgehalt des Universums; diese Maximaldichte steht am Ende einer Epoche der Kontraktion, und aus ihr ist die heutige Expansion hervorgegangen. Die Modelle ohne Rotation dagegen führen auf einen Anfangszustand von unendlich hoher Dichte. Man nehme hier das Wort unendlich nicht allzu genau. Aber man nehme es in dem

Sinne, daß jedenfalls die krassesten unter den theoretischen Positivisten, die logischerweise das Verbot absoluter Rotationen anzunehmen hätten, zwangsläufig aus den Beobachtungen mit Hilfe der Einsteinschen Gravitationstheorie schließen müssen auf einen Zustand, der so extrem war, daß in ihm nicht allein individuelle kosmische Formen entstanden sind, sondern möglicherweise die ganze Verteilung der chemischen Elemente im Kosmos, die wir heute beobachten.

Der philosophische Kern der Situation aber ist der, daß die Frage, ob man im Rahmen der Relativitätstheorie einen absoluten Raum zulassen soll oder nicht, zusammenhängt mit der anderen Frage nach dem Urzustand der Welt bei Beginn der Expansion und nach dem Alter der Welt. Die Mathematiker müßte es reizen, den sehr schwierigen topologischen Fragen nachzugehen, die mit den nichtrotierenden und besonders den rotierenden Weltmodellen verbunden sind.

Was die Astronomen aber bisher kaum begonnen haben, das ist eine Theorie der Entstehung individueller kosmischer Formen, die Rekonstruktion von Entwicklungsabläufen im Zusammenhang mit dem Phänomen der Expansion. Das Problem ist äußerst komplex. Sicher werden vorher viele Einzelprobleme zu lösen sein, ehe man eine wirkliche Weltgeschichte schreiben kann. Daß wir in der modernen theoretischen Physik die gedanklichen Mittel haben, um das Problem mit Aussicht auf Erfolg anzugreifen, ist aber kaum zu bezweifeln.

8. Eine der uralten, aber im Laufe der Zeit stets deutlicher gewordenen Erfahrungen, die immer wieder neu die Verwunderung erregen, ist die Tatsache, daß die schöpferische, mathematisierende Vernunft der Menschen in einer prästabilierten Harmonie mit der objektiven formalen Struktur der Welt steht. Es gab Zeiten, in welchen die Spekulation in einem solchen Maße wucherte, daß die Vernunft es sich gefallen lassen mußte, eine Hure gescholten zu werden. Das braucht sie nicht mehr zu dulden, seitdem

die andere Komponente der modernen Wissenschaft, systematische Beobachtung und kritisches Experiment, hinzugetreten ist, um zusammen mit der Vernunft jene Wahrheit zu schaffen, die erst entsteht in der Vereinigung des subjektiven Geistes mit dem in den Dingen sichtbar werdenden objektiven Geist. Von Einstein stammt der Ausspruch: »Das ewig Unbegreifliche an der Welt ist ihre Begreiflichkeit.«

Es sollte niemandem, dem es vergönnt ist, sich durch diese Begreiflichkeit beschenkt und beglückt zu fühlen, verwehrt werden, Dankbarkeit zu empfinden.

»In der Tat« – so sagt Kant am Ende der »Allgemeinen Naturgeschichte und Theorie des Himmels« – »wenn man mit solchen Betrachtungen und mit den vorhergehenden sein Gemüt erfüllet hat, so gibt der Anblick eines bestirnten Himmels bei einer heitern Nacht eine Art des Vergnügens, welches nur edle Seelen empfinden. Bei der allgemeinen Stille der Natur und der Ruhe der Sinne redet das verborgene Erkenntnisvermögen des unsterblichen Geistes eine unnennbare Sprache und gibt unausgewickelte Begriffe, die sich wohl empfinden, aber nicht beschreiben lassen.«

KARL JASPERS

Der Arzt im technischen Zeitalter

1958

Über das Wunder der modernen Medizin bedarf es kaum eines Wortes. Wer seit der Jahrhundertwende dabei war, weiß sich als Zeitgenosse eines Vorgangs, der ohne Vergleich in der Geschichte der Medizin ist. Dieser Fortschrittsprozeß ärztlichen Könnens, langsam begonnen seit dem 17. Jahrhundert, seit der Mitte des 19. Jahrhunderts schneller, hat seit 50 Jahren einen atemberaubenden Gang genommen.

Der Grund dieses Fortschritts ist die naturwissenschaftliche Forschung, und sie allein, von den exakten Wissenschaften bis zur Biologie. Die auffälligsten und folgenreichsten Schritte wurden außerhalb der ärztlichen Praxis getan. Aber diese Praxis blieb der einzige Ort, an dem die naturwissenschaftliche Denkungsart des Arztes, seine Beobachtungskunst, seine schöpferische Übersetzung der chemischen, physikalischen, biologischen Erkenntnis in Diagnostik und Therapie stattfand. Es entstand darüber hinaus eine vorher nie dagewesene klinische Kunde der Formen, Erscheinungen, Verläufe der Krankheiten und die anatomische und physiologische, nachprüfbare Auffassung des Krankheitsgeschehens. Der inneren Medizin wurden einige märchenhaft wirkende Heilmittel zur Verfügung gestellt. Die Chirurgie hat unmöglich scheinende Operationen bis in Lungen, Herz und Hirn verwirklicht. Und dazu umgibt uns heute eine neue Welt von Schönheit in den Räumen der Kliniken, der Laboratorien und Operationssäle, in den Instrumenten und Apparaten und in den Hantierungen der Ärzte.

Wohl haben wir durch die Jahrtausende eine uns fesselnde Geschichte der Medizin. Immer gab es Heilkräuter, geschickte Operationen, unterstützt durch Instrumente, wie Sonden, Messer, Schere, Pinzette. Aber eine ständig fortschreitende Medizin gibt es erst in den neuen Jahrhunderten. Was vorher war, ist dürftig und voller Täuschungen, trotz einzelner Vorwegnahmen, die anmuten wie Zufallstreffer.

Der Ernst des ärztlichen Berufs war im hippokratischen Eid bewußt, die Idee des Arztes schon großartig da. Da aber die Medizin relativ wenig leisten konnte, erschien in den Jahrtausenden der Arzt unter falschen Kleidern des Schamanentums, der Priesterlichkeit, der Zauberei, der Scharlatanerie. Der Satz Montaignes war oft richtig: Wenn du krank wirst, hole keinen Arzt, sonst hast du zwei Krankheiten. Heute ist dieser Satz zu einer Torheit geworden, weil die medizinische Wissenschaft in vielen Fällen so außerordentlich zu helfen vermag, daß man sie, zum erstenmal in der Geschichte, vernünftigerweise als Kranker nicht mehr umgehen kann.

Der Unterschied ist grundsätzlich. Das naturwissenschaftliche Wissen und Können arbeiteten sich rein heraus. Während die ärztliche Auffassung der Natur und des Menschen früher abhängig war von Glaubensanschauungen, Weltbildern, Menschenbildern, Denkstrukturen, die, ohne Reflexion auf sie, selbstverständlich gültig waren, wurde jetzt die Freiheit möglich, sie alle zu kennen und keiner zu verfallen, um das real Wirksame zu tun.

Der Arzt gründete seinen Beruf außer auf die Naturwissenschaft nur auf seine Humanität, die jedem Menschen in körperlichen Leiden, unabhängig von Glauben, Weltanschauung, Politik, von Herkunft und Rasse, zu helfen bereit ist.

Der moderne Arzt der letzten Jahrhunderte hat unter den Ärzten früherer Zeiten in den entscheidenden Punkten kein Vorbild. Erst jetzt wurden Ärzte, was sie sein können, und wurden es in großem Stil.

Alles scheint in bester Ordnung. Täglich werden die großen therapeutischen Erfolge an zahllosen Kranken erzielt. Aber erstaunlich: Es wächst eine Unzufriedenheit bei Kranken und Ärzten. Seit Jahrzehnten ist zugleich mit dem Fortschritt die Rede von Krise der Medizin, von Reformen, von Überwindung der Schulmedizin und Neugründungen der gesamten Krankheitsauffassung und des Arztseins.

Woran liegt das?

Erstens: Die soziologischen Folgen des technischen Zeitalters wirken durch Organisation des Arztwesens auf den ärztlichen Beruf bis zur Bedrohung der Idee des Arztes selber.

Zweitens: Die naturwissenschaftliche Medizin hat eine Tendenz, sich dem Exakten zu unterwerfen, statt es zu nutzen, den Arzt durch den Forscher überwältigen zu lassen.

Drittens: Da an der Grenze der naturwissenschaftlichen Möglichkeiten das ärztliche Tun nicht aufhört, gerät der Arzt an ihr in Verwirrung, hineingezwungen in die Glaubens- und Ziellosigkeit vieler moderner Menschen und des öffentlichen Zustandes überhaupt.

Unser erstes Thema also ist:

Die Einwirkung des technischen Zeitalters auf Organisation und Betrieb des ärztlichen Berufes

Ist nicht jederzeit die Behandlung von zweifacher Art gewesen, die Plato (Gesetze 720 St.) zuerst und für immer geschildert hat? Er sagt: es gibt Sklavenärzte für Sklaven, freie Ärzte für Freie. Die Sklavenärzte laufen in der Stadt herum und warten in den Heilstätten auf die Kranken. Sie geben nie den Grund irgendeiner Krankheit eines dieser Sklaven an, lassen sich nicht vom Kranken darüber aufklären. Jedem verordnet ein solcher Arzt sofort, was ihm nach seiner Erfahrung gut dünkt, eigenmächtig, wie ein Tyrann, um dann in voller Eile wieder zu einem anderen kranken Sklaven zu laufen. – Der freie Arzt dagegen gibt sich mit der Behandlung der Krankheiten von freien Leuten ab, die er von Grund aus ihrem Wesen nach zu erforschen sucht, indem er den Kranken wie auch dessen Freunde darüber befragt. Er belehrt, soweit ihm das möglich ist, den Kranken selbst und trifft seine Verordnung nicht eher, als bis er ihn bis zu einem gewissen Grade zu seiner Ansicht gebracht hat. Dann erst versucht er den durch die Kraft der Überredung beruhigten Kranken durch unablässige Bemühung zur Gesundheit zu führen. – Dem entspricht die Rolle, die in der hippokratischen Medizin die Rhetorik spielt, die Rhetorik im griechischen Sinn, die Kunst des gebildeten Sprechens und Überzeugens. Der Kranke will wissen und hat selbst zu entscheiden. Wohl hat er zur Autorität des Sachkundigen Vertrauen, aber nicht blindes. Freiheit fordert das sinnvolle Fragen und Antworten. Eine antike Anekdote erzählt: Aristoteles, während einer Krankheit, bat den Arzt, der ihm eine Therapie vorschrieb: sage mir die Gründe deines Tuns, dann will ich ihnen, wenn ich überzeugt bin, folgen.

Wie ist nun heute die Situation? Man hört das Wort: Je größer das wissenschaftliche Erkennen und Können, je leistungsfähiger die Apparatur für Diagnostik und Therapie, desto schwerer, einen guten Arzt, ja überhaupt einen Arzt zu finden! Ein Arzt soll doch diesen je einzelnen Kranken behandeln in der Kontinuität seines Lebens. Diesen persönlichen Anspruch aber geradezu zu überwinden, scheint anderen – noch vereinzelten – Stimmen der rechte Fortschritt über das bürgerlich individualistisch gebundene Zeitalter hinaus. Der moderne Kranke, so sagen sie, wolle gar nicht persönlich behandelt werden. Er gehe zur Klinik wie in ein Geschäft, um durch einen unpersönlichen Apparat auf das beste bedient zu werden. Und der moderne Arzt handle als Kollektiv, durch das der Kranke versorgt wird, ohne daß ein Arzt persönlich hervortritt.

Die platonische Unterscheidung scheint hinfällig. Das Arztproblem steht innerhalb des allumfassenden Vorgangs der Technisierung der Welt. »Freie Ärzte oder Sklavenärzte« ist im modernen Apparat nicht mehr das Problem, sondern innerhalb des großen technischen Könnens: individualistisch persönliche oder kollektiv unpersönliche Ärzte. In dem uns im Ganzen undurchsichtigen technischen Zeitalter handelt es sich um das Menschsein überhaupt, in dem zwar der Unterschied von Sklaven und Freien fortfällt, das ganze Dasein aller aber als Absturz in das Sklavendasein oder Aufstieg in das freie Dasein erscheinen kann.

In dieser Situation scheint es eine objektive Frage zu sein, ob wir in ein menschenunwürdiges Dasein geraten und darin auf das Ende der Menschheit zusteuern. Aber objektiv ist die Frage für unser Wissen nie zu beantworten. Vielmehr ist für den Arzt wie für jeden Menschen die Frage, welchen Entschluß er faßt, wofür er leben und wirken wolle. Hinter dem finsteren Aspekt kann sich der Gang in neue Möglichkeiten unseres Wesens verbergen. Derselbe Vorgang, der den Arzt schon auf seine Höhe zu bringen schien, kann ihn verschlingen. Aber er kann ihn auch, wenn er will, in gewaltiger Anstrengung praktischer Selbstbesinnung wirklich seine Höhe erreichen lassen.

Auf ein Beispiel der Organisation werfen wir einen kurzen Blick: Durch die Loslösung der ärztlichen Mittel aus dem Eigentum und der freien Verfügung des einzelnen wird das ärztliche Handeln als Betrieb organisiert. Kliniken, Krankenkassen, Untersuchungslaboratorien treten zwischen Arzt und Kranken. Es entsteht eine Welt, die das in seiner Wirkungskraft so immens gesteigerte ärztliche Tun ermöglicht, dann aber dem Arztsein selbst entgegenwirkt. Ärzte werden zu Funktionen: als allgemeiner praktischer Arzt, als Facharzt, als Krankenhausarzt, als spezialistischer Techniker, als Laborarzt, als Röntgenarzt. Sie werden ferner nicht schon durch Bildungsgang und freie Niederlassung zu Ärzten, sondern erst durch Zulassung, Anstellung, Berufung an die mannigfachen Orte des ärztlichen Betriebes. Zwischen Arzt und Kranken treten Mächte, nach denen sie sich richten müssen. Das Vertrauen von Mensch zu Mensch geht verloren. Eine Tendenz geht von den Kassen aus: Weil aufgrund der Versicherung die Behandlung nichts oder wenig kostet, drängen immer mehr Menschen zum Arzt. Würde man wie die private Niederlassung so auch die Kassenärzte zu freier Konkurrenz zulassen und damit den Kranken unbegrenzt die freie Arztwahl geben, so würde die Zahl der Krankenbehandlungen ins Ungemessene steigen. Tatsächlich: je mehr Kassenärzte man zuläßt, um so größer wird die Gesamtzahl der Kassenpatienten. Nur die Begrenzung der Zahl von Kassenärzten hält die Zahl der Patienten auf erträglichem Niveau. Diese Ärzte haben dann wenig Zeit für die einzelnen Patienten. Sie überarbeiten sich, während der einzelne Kranke nur oberflächlich diagnostiziert und behandelt werden kann. Dies herbeizuführen durch Beschränkung der Zulassung, sind die Kassen durch den Andrang von Patienten gezwungen. Die Humanität im Gedanken an die allgemeine ärztliche Versorgung der gesamten Bevölkerung wird zur Inhumanität durch die Weise dieser Versorgung. Weil die Zahl maßgebend ist, kommt die Minderheit der vernünftigen Kranken und Ärzte nicht zu ihrem vollen Recht. Es handelt sich hierbei um Tendenzen, nicht um vollendete Realitäten. Ihren Ursprung haben sie in dem Kreisprozeß, in dem die Kranken, die Ärzte, die Bürokratie jeder durch das Verhalten der anderen dazu gedrängt wird, seinerseits durch sein Verhalten das Verhängnis zu fördern.

Ich muß verzichten auf die Schilderung weiterer schlimmer Tendenzen. Zu ihrer Korrektur sind Reformen möglich: neue Ordnungen, vor allem aber auch das bewußte Einschränken des Organisierens dort, wo die zu behebenden Störungen Bagatellen sind im Vergleich zu den neu erzeugten Schäden. Der leitende Gedanke sollte sein: Nur der Arzt im Umgang mit den einzelnen Kranken erfüllt den eigentlichen Beruf des Arztes. Die anderen betreiben ein redliches Gewerbe, aber sind nicht Ärzte. Und dann: Die Organisationen sind daraufhin zu prüfen, welche ihrer Umgestaltungen die Chancen für die Wirksamkeit der Vernünftigen fördern.

Alle Reformen können nur Erfolg haben, wenn hinter ihnen ein wirksames Ethos steht. Zum Beispiel: Die Kliniken sind durch die technischen Möglichkeiten ihrer Lei-

stung zum Mittelpunkt des Arztwesens in Praxis und Lehr-
überlieferung geworden. In ihnen ist für den Heilvorgang
entscheidend der Geist des Hauses. Dieser ist in seiner sachlichen Struktur an technischem Können, an baulichen Gestaltungen, an Ordnung und Disziplin ein allgemeiner, in
der ganzen Welt gleicher. Aber dieser Geist selbst ist lebendig durch etwas nicht identisch Wiederholbares, das nur in
geschichtlicher Nachfolge sich erhält: als das im Chef persönlich gewordene, in der freien Gemeinschaft aller sich
verwirklichende vorbildliche ärztliche Leben, in das die
Jüngeren, über alles Lehrbare hinaus, hineinwachsen
durch die Weise des täglichen Umgangs miteinander, mit
den Kranken, mit dem Pflegepersonal. Den technischen
Mechanismus beseelt dieser ärztliche Geist des Hauses als
das Ethos, über das nicht geredet, sondern das getan wird.

Das zweite Thema:

Gefahren der naturwissenschaftlichen Medizin

Wenn der Kranke beim Facharzt und in der Klinik gründlich untersucht und behandelt wird, kann sich folgender
Aspekt zeigen: Die Diagnostik geschieht durch immer zahlreicher werdende Apparate und Laboratoriumsuntersu-
chungen. Die Therapie wird zur errechenbaren, immer
komplizierter werdenden Anwendung der Mittel für den
durch diese diagnostischen Daten erschöpften Fall. Der
Kranke sieht sich in einer Welt von Apparaturen, in der er
verarbeitet wird, ohne daß er den Sinn der über ihn ver-
hängten Vorgänge versteht. Er sieht sich Ärzten gegenüber,
deren keiner sein Arzt ist. Der Arzt selber scheint dann zum
Techniker geworden.

Wie ist es möglich, daß eine Sache, die dem Arzt zu seinem erfolgreichen Wirken verhilft, sich gegen das Arztsein
wendet?

Die Trennung von Forscher und Arzt ist notwendig und
sinnvoll, soweit die Forschung in Laboratorien stattfindet
und die Forschung Aufgaben stellt, die ohne ärztliche Tätigkeit gedeihen. Vielleicht die berühmtesten Namen in der

Entwicklung der Medizin sind nicht die Namen von Ärzten (Claude Bernard, Pasteur, Fleming usf.).

Ganz anders, wenn der Arzt selber Forscher ist. Ihm ist das Ziel nicht Wissenschaft, sondern die Hilfe für den Kranken. Er verfügt über die Ergebnisse der Forschung und sieht ärztlich ihre Chancen und ihre Grenzen. In dem Maße aber als er von der Forschung als solcher ergriffen wird, hört er auf, Arzt zu sein. Verderblich ist es, wenn die Klinik der Forschung unterstellt wird, der ärztliche Chef sich wesentlich für ein Spezialgebiet interessiert und mehr im Laboratorium als bei den Kranken ist.

Aber in der Praxis selber ist der Arzt auch Forscher, aber in einem weiteren Sinn. Da ärztliche Erkenntnis in klinischer Erfahrung ihren Boden und ihre Bewährung hat, gewinnt erst in ihrem Zusammenhang die naturwissenschaftliche Erkenntnis ärztliche Bedeutung. Im Erkennen der Realität des Krankheitsgeschehens jedes einzelnen Patienten ist der Arzt forschend tätig. Er bedarf der naturwissenschaftlichen Urteilskraft nicht nur, um einen Fall richtig unter das Allgemeine zu subsumieren, sondern um in der Auffassung der unendlichen Verkettung von Erscheinungen, Umständen, Faktoren und Möglichkeiten das für eine Behandlung Wesentliche zu erkennen. Diese Urteilskraft setzt voraus den klinischen Blick des Arztes, die Aufgeschlossenheit für den einzelnen Kranken aufgrund der selbst erworbenen konkreten Erfahrungen, die Auffassungsbereitschaft für das ihm Neue, die Beobachtung des Leibes, der Bewegungen, des Benehmens, den Sinn für die Umwelt des Kranken. Solche ärztliche Forschungshaltung schließt die ärztlich sinnlosen, wenn auch vielleicht wissenschaftlich interessanten diagnostischen und therapeutischen Handlungen aus.

Jene Tendenz zur bloßen Technik wird gesteigert mit der Einschränkung der naturwissenschaftlichen Forschung auf das Exakte unter Verkümmerung des Sinns für das Biologische, des morphologischen Sehens, des Erspürens im Lebendigen. Die naturwissenschaftliche Erfahrung ist keineswegs erschöpft mit Physik und Chemie und der mit Hilfe ihrer Methoden und Kategorien erreichten Erkenntnis der Werkzeuge und Hervorbringungen des Lebendigen, die wie unlebendige Maschinen und Prozesse erkennbar sind. Die biologische Erkenntnis reicht viel weiter.

Dieser Biologie entspricht in der Medizin die ärztliche Erfahrung, die Beobachtung von Erscheinungsgestalten, die Anschauung von Krankengeschichten und Lebensläufen. Die moderne Wissenschaft hat nicht nur das Exakte, sondern auch dieses klinische Wissen in Jahrhunderten außerordentlich gesteigert und vervielfacht. Aber vor den großen Entdeckungen mit ihren unmittelbar Aufsehen erregenden Erfolgen ist die nicht minder bewunderungswürdige klinische Entwicklung in den Hintergrund getreten. Es scheint eine Tendenz zu bestehen, hier das schon Gewonnene zu vergessen.

Der Umgang mit dem Lebendigen aufgrund von Wissen geschieht in der naturwissenschaftlichen Medizin auf zweifache Weise: der exakten Naturwissenschaft entsprechend als technisches Machen, der Biologie entsprechend als Pflege, im Hinhorchen auf das Leben selber, durch Bereiten von Bedingungen, durch Gedeihenlassen, durch Hygiene und Diät im weiten hippokratischen Sinn. Aber auch damit ist die Praxis des Arztes nicht erschöpft.

Unser drittes, letztes und Hauptthema:

*Was tut der Arzt dort,
wo die Naturwissenschaft aufhört?*

Die Grenze der Erkenntnis der körperlichen Natur ist da, wo die Wirklichkeit eines Inneren sich kundgibt, und wo dieses Innere als Vernunftwesen mit Vernunftwesen in Kommunikation tritt. Hier im Verstehbaren gibt es gegenüber der technischen Therapie und dem biologischen Pflegen etwas ganz anderes: das Selbsterziehen und Erziehen.

Der Arzt muß wissen, wo er naturwissenschaftlich weiß und handelt, oder wo er diesen anderen Bereich betritt:

den Raum verstehbaren, zwischen Menschen austauschbaren, von ihnen gemeinten Sinns.

1. Die naturwissenschaftliche Medizin sieht die Tatsache, daß der Mensch nicht nur Tier, sondern Vernunftwesen ist, und daß dieses Vernunftwesen selber erkranken zu können scheint, daß der Mensch geisteskrank wird. Ende des 18. Jahrhunderts wurde die Psychiatrie in den Kreis der naturwissenschaftlichen medizinischen Fächer aufgenommen.

Aber es blieb ein merkwürdiges Fach. Es gehört so gut zu den Geisteswissenschaften wie zu den Naturwissenschaften. Die Psychiatrie ist wie die Psychologie Wissenschaft nur, soweit ihr in bezug auf die Seele etwas gegenständlich bestimmt, unterscheidbar, objektiv identifizierbar und damit erforschbar wird. Wissenschaft ist sie weiter nur durch Erfahrung, die zwingend zur Anschauung bringt, ob experimentell oder statistisch oder biographisch, ob im Beobachten von Bewegungen, Formen, Gestalten oder im Umgang mit Menschen.

Die naturwissenschaftliche Psychiatrie hielt zunächst das Studium des Gehirns und des gesamten Körpers für entscheidend und ausreichend zur Erkenntnis und Behandlung der geistigen Erkrankungen. Die Hirnforschung hatte erstaunliche Ergebnisse, fand bestimmte Hirnkrankheiten. Die diagnostische und ätiologische Abgrenzung der progressiven Paralyse und die Entdeckung der Therapie, die diesen Prozeß zum Stillstand bringt, war ein Triumph solcher Forschung.

Aber die meisten geisteskranken Prozesse waren auf diesem Wege bisher nicht zugänglich. Die Benennung aber der nicht geisteskranken Erscheinungen als Psychopathien bedeutete naturwissenschaftlich nichts.

Was die Psychiatrie wirklich weiß und kann, muß die Praxis zeigen. Man sieht sie in den Anstalten, Kliniken und Sprechstunden. Wieweit hat das in Lehrbüchern und Abhandlungen mitgeteilte Wissen mit der Praxis etwas zu tun? Wieweit ist es nur ein wechselnder Jargon, sei dieser hirnmythologisch oder psychomythologisch, ein Jargon, der die Sprechweise bei der Praxis, aber nicht die Praxis selber in ihrer wirksamen Realität wandelt?

Als zu Beginn dieses Jahrhunderts die Unstimmigkeiten zwischen Scheinwissen und Realität, zwischen realen Hirnerkenntnissen und ihrer Unerheblichkeit für die Praxis bewußt wurden, als das nichtige Gerede und Treiben meinen verehrten und geliebten Chef, den Psychiater und Hirnforscher Franz Nissl, in Zorn brachte, da war die erste Bedingung des Weiterkommens methodologische Klarheit über jeden Weg möglicher psychiatrischer Erkenntnis. Entscheidend aber war, daß man begriff: Außer der naturwissenschaftlichen Erkenntnis gibt es in der Psychiatrie eine verstehende Einsicht. Diese ist für die Praxis des Psychiaters unentbehrlich. Obgleich sie nicht Wissenschaft im Sinne der Naturwissenschaft ist, ist sie doch wissenschaftlich methodisch zu gestalten. Die verstehende Psychologie wurde anerkannt.

Der Unterschied ist radikal. Mit naturwissenschaftlicher Forschung werden Fortschritte erzielt, mit den Mitteln des Verstehens aber eine Welt von Sinngehalten eröffnet, ohne Fortschritt als Wissenschaft, vielmehr in wechselnder Höhe der je persönlichen Bildung. Die verstehende Psychologie gewinnt sich immer von neuem als Weite des Sinns für Gehalte im Umgang mit Menschen unter Aneignung der Überlieferung.

An den Grenzen des Verstehens wird das Unverständliche entweder zur kausalen Fragestellung: es zu begreifen als das Symptom etwa eines schizophrenen Prozesses; dies Unverständliche bleibt auf dem Wege eines fortschreitenden Verstehens als solches absolut dunkel. Oder das Unverständliche ist die Unbedingtheit der freien Existenz, als solche aber ins Unendliche dem weiteren verstehenden Eindringen zugänglich.

Nun aber ist der ärztlich entscheidende Punkt: Die Krankheit liegt nicht in den Verstehbarkeiten, sondern im Unverständlichen, insbesondere in den Umsetzungen der

Sinnverstehbarkeiten zu körperlichen oder psychischen Störungen. Warum bewirkt die Verstehbarkeit bei dem einen körperlichen Vorgang oder einen seelisch abnormen Zustand, bei dem anderen nicht? Warum erscheint sie in den Formen hysterischer, eine Abspaltung zwischen bewußt und unbewußt vollziehender Mechanismen, warum in anankastischen Formen, warum in sich selbständig machenden körperlichen Begleiterscheinungen von Erlebnissen? Woher kommt es, daß jene verständlichen Zusammenhänge nur bei einem kleinen Bruchteil der Menschen zu Krankheiten werden? Woher kommt es, daß bei den meisten Menschen, wenn sie vergessen möchten und mit Erfolg verdrängen und vergessen, dies durchaus keine Krankheit bewirkt?

Nicht der verstehbare Sinn, sondern der Mechanismus der Umsetzungen ist das ärztlich Wesentliche. Hier führt das Verstehen an seinen Grenzen zur naturwissenschaftlichen Auffassung zurück. Hier würde ein naturwissenschaftlicher Fortschritt grundsätzlich möglich sein. Aber bisher ist kaum ein Ansatz gegeben. Man denkt sich diese außerbewußten Mechanismen in der Fortsetzung neurologischer Erkenntnis. Aber man kennt nur die Erscheinungen. Sie lassen sich unterscheiden und in vielfachen Bildern kennzeichnen, die keine verifizierbaren Theorien sind.

Die naturwissenschaftliche Therapie würde die Ursachen jener Umsetzungen bei organischen Prozessen, wie der Schizophrenie, treffen, oder die unbekannten Umsetzungsmechanismen bei Nichtgeisteskranken. Die Therapien, wie Elektroschock oder Leukotomie bei Geisteskranken, sind ein gewaltsames Totalverfahren, ohne eigentlichen Zusammenhang mit dem methodisch analysierenden Sinn moderner naturwissenschaftlicher Forschung.

2. Der naturwissenschaftliche Boden trägt nicht mehr, während die Praxis doch ein Handeln fordert. Da der Arzt helfen will, sucht er unmittelbar durch die Seele auf Seele und Körper einzuwirken. Die sich so ergebenden Verfah-

ren heißen Psychotherapie. Gibt es also zwei wesensverschiedene Therapien?

Was Ärzte jederzeit taten: unter Menschen menschenfreundlich zu sein und unberechenbar in Situationen oder bei der inneren Verfassung des Kranken durch Wort und Wendung, im guten Augenblick, eine Umkehr zu bewirken, das wurde in neuerer Zeit an der Grenze der naturwissenschaftlichen Medizin als Psychotherapie in selbständigen Methoden bewußt gemacht.

Dabei bleibt das Gespräch zwischen Arzt und Kranken das Wesentliche. Aber zur Methode, die nicht Gespräch ist, wurde Psychotherapie zuerst in den Verfahren der Hypnose und Suggestion, im Erzählenlassen der Träume, im Aussprechenlassen von auftauchenden Einfällen und Erinnerungen, im sog. Abreagieren.

Mit den psychotherapeutischen Methoden wird kein Fortschritt des Könnens durch wissenschaftliches Erkennen gewonnen. Der psychotherapeutische Effekt ist kein Beweismittel. Er wird mit allen Methoden durch alle Zeiten unberechenbar erzielt. Die Methoden lassen sich mannigfach abwandeln. Sie werden wiedererkannt in Jahrtausende alten asiatischen und abendländischen Verfahren. Der unbefangene moderne Nervenarzt hat sie, losgelöst von ihren Glaubensgrundlagen, zu beliebiger Verfügung.

Man trifft die menschenfreundlichen, harmlosen therapeutischen Umgangsformen gutwilliger Menschen, trifft die Ärzte, die sich von allen Theorien und Dogmatisierungen frei halten möchten, und man trifft die kleinen Heilande, die auf ihre Weise einem Verlangen vieler Menschen genugtun.

3. Innerhalb dessen aber, was unter den Namen Psychoanalayse, Tiefenpsychologie, Psychosomatik geht, ist etwas anderes entstanden. Es läßt sich kaum definieren, am einfachsten: das, was von Freud herkommt, der als der gemeinsame Ahnherr verehrt wird. Man kann nur charakterisieren, was in einzelnen Therapeuten mehr oder weniger stark zur Erscheinung kommt:

Seit dem ersten Bannfluch Freuds gegen Abtrünnige, durch den er ungewollt ein Kennzeichen seiner Bewegung gab, haben sich Sekten gebildet. Diese kämpfen gegen andere Sekten, und vereinigen sich wieder, wie politische Mächte, unter Kompromissen. In der Therapie wird eine Glaubensmeinung den gebändigten Seelen aufgezwungen. Mag der Analysand zunächst Widerstand leisten. Wenn er heilbar, das heißt zum tiefenpsychologischen Glauben irgendeiner Art fähig ist, so geht ihm die offenbare Wahrheit auf, die ihm auch den anfänglichen Widerstand begreiflich macht. Die psychotherapeutische Ausbildung aber nimmt folgende Form an: In der Lehranalyse geschieht die unbewußt raffinierte Einprägung eines Glaubens durch die Exerzitien, die unerschütterlich befestigten, was durch sie in einer Umkehr stattgefunden hat. Diese Indoktrinierung gelingt, wie gelegentlich ausdrücklich gesagt wird, nur bei subjektiver Eignung und Veranlagung. Erweist sich der Widerstand gegen die Indoktrinierung als unüberwindlich, so ist die Lehranalyse abzubrechen und der Adept von der Laufbahn auszuschließen.

Das proteusartig wechselnde Phänomen kann in seiner Vielfachheit fast ins Endlose weiter geschildert werden. Nur noch ein Beispiel. Es gibt innerhalb der Psychoanalyse einen Gegensatz: einerseits die Absicht des unpersönlichen Zuschauens und Eingreifens aufgrund allgemeiner Wahrheit gegenüber den beliebigen Kranken, andererseits die Absicht kommunikativer Nähe gegenüber dem einmaligen Individuum.

Auf jenem ersten Wege ist der Patient befriedigt in der Symbolwelt einer allgemein menschlichen Wirklichkeit. Geschichtliche Symbole werden losgelöst von ihrem Glaubensgrunde unter endlosen Deutungen und Umdeutungen in den psychologischen Raum genommen. Der Patient verlangt, daß er persönlich außer Spiel bleibe wie bei kultischen Riten und daß, was in ihm geschieht, als ein Allgemeines aufgefaßt werde. Der Psychotherapeut darf dann sagen, daß das Persönliche für ihn etwas derart Zufälliges sei, daß er damit nichts anfangen könne. Es konstituiert sich die Dogmatik eines psychifizierten Seins in Analogie zu einer Glaubensdogmatik. Der Patient fühlt sich darin geborgen.

Andere Patienten fühlen, daß sie dabei in ein Nichts versinken, weil sie als sie selbst gleichgültig werden. Ihnen bieten sich für den entgegengesetzten zweiten Weg andere Psychotherapeuten an. Sie wollen dem Patienten ein persönlicher, mit ihm existierender Mensch sein. Zwischen dem Arzt und ihm soll existentielle Kommunikation stattfinden. Der Arzt läßt sich durch den Patienten in Frage stellen, wie dieser durch ihn. Die Maskerade eines liebenden Kampfes soll zum Erwachen der Existenz im Patienten führen – gegen Honorar. Aber geplante Kommunikation muß zu einem Talmigebilde werden.

Gemeinsam ist allen Richtungen, daß sie sich auf eine vermeintlich vorhandene Wissenschaft stützen, in dem Vorgeben, diese sei wahr und richtig und objektiv lernbar und in ständigem Fortschritt.

Gemeinsam ist auch, daß sie nicht im Sinnzusammenhang mit der wissenschaftlichen Psychiatrie aufgetreten, sondern als Totalanschauung fremder Herkunft eingebrochen sind.

Da dieser Typus der Psychoanalyse keine Wissenschaft, weder als Naturwissenschaft noch als verstehende Psychologie ist, ist sie durch wissenschaftliche Kritik auch nicht zu fassen. Gegen den Wissenschaftsanspruch der Psychoanalytiker ist die Kritik längst vollzogen, aber hat sich als wirkungslos erwiesen. Denn sie begegnet in ihnen einer anderen Macht als der der Wissenschaft. Daher sind auch die psychoanalytischen Dogmen nicht wie widerlegte wissenschaftliche Thesen verschwunden, sondern bei den Anhängern zu einer Form des Denkens und Glaubens und Lebens geworden.

Wie ist dieses Ereignis zu begreifen? Selbstverständlich aus dem Begehren der Patienten und Ärzte, die solche Behandlung wollen. Ein Grund dieses Begehrens aber liegt im technischen Zeitalter: Das Handgreifliche der Realität ist alles. Was man begehrt, kann man technisch herstellen. Der Erfahrung der Grenzsituationen wird ausgewichen, weil die Erschütterung nicht ertragen wird. Der Verlust der transzendenten Wirklichkeit hat den irdischen Glückswillen gesteigert zum absoluten. Alle Schwierigkeiten sollen durch technisches Machen aufgrund von Wissenschaft behoben werden. Diese geglaubte Realität aber hat sich aufgelöst in Betrieb, Hast, Genuß und Wechsel, führt daher zu endlosen Enttäuschungen. Ein Bewußtsein der Verlassenheit, der Überflüssigkeit hat eine so radikale Glücklosigkeit erzeugt, daß immer mehr Menschen den Heilbringer suchen. Weil er Glück verlangt, drängt dieser moderne Mensch zum Arzt der Seele. Er ist ihm der Mann der modernen Wissenschaft und der große Techniker der Seele, der das Glück wiederherstellen kann. Er wird zum Priester der Glaubenslosen. Die verzweifelt Glaubenden opfern ihr Vermögen für die Behandlung. Sie glauben an Dinge, die aus dem Traum, aus der Einprägung eines langsam eingeredeten, verborgenen und nun erinnerten Lebensschicksals wie eine Offenbarung wirken, die als wissenschaftliche Erkenntnis gilt.

Dieser moderne Mensch an sich glaubt sich krank, weil er sich unglücklich fühlt. Jeder braucht die Wiederherstelung des »Mutes zu sich selbst« (Titel eines psychotherapeutischen Buches aus dem Anfang des Jahrhunderts), des »Mutes zum Sein«, des »Weges zum Glück«.

Das aber setzt voraus die Verschwommenheit des Krankheitsbegriffs. In einer für die moderne Welt charakteristischen Weise definiert die Weltgesundheitorganisation Gesundheit als einen »Zustand vollkommenen körperlichen, geistigen und sozialen Wohlbefindens«. Solche Gesundheit gibt es nicht. Nach diesem Begriff sind in der Tat alle Menschen und jederzeit irgendwie krank. Wenn aber der Krankheitsbegriff keine Grenzen mehr hat, jeder sich als Dasein schon krank fühlen und zum Arzt gehen darf, wenn der Arzt für alle Leiden da sein soll, dann tritt die existentielle Verwirrung ein.

Vielleicht ist die Psychoanalyse nur ein verkehrtes Schauspiel, das durch seine falsche Lösung indirekt anzeigt, was der Arzt sollte und vermöchte.

Die Psychoanalyse ist nicht durch bloße Verneinung abzutun. Vielmehr ist sie durch die Realität ihrer Verbreitung ein drohender Hinweis auf ärztliche Versäumnisse. Was in ihr an Richtigkeiten vorkommt, ist zu begreifen, und was sie verdreht, einzurenken. Die sie überwindende Wahrheit liegt im Raum der Philosophie, die zum denkenden Menschen als solchem gehört.

Der Weg der Wissenschaft, obgleich ins Unendliche fortschreitend, hat im Ganzen seine Grenzen. Was mit dem Verstande wißbar, als Zweck zu entwerfen ist, muß in der Praxis stets überschritten werden. Wo das wissenschaftliche Erkennen aufhört, da hört aber das Denken nicht auf. Ein anderes Denken, ein in den Gegenständen über das Gegenständliche hinausführendes Denken war da, seit Menschen philosophieren. Dieses andere Denken heißt Vernunft. Vertraue ich mich ihm nicht an, so verliere ich mich in die unverbindlichen oder überwältigenden Gefühle des Irrationalen.

Vergeblich aber versuche ich, in der gewohnten Denkungsart der Naturerkenntnis oder der psychologisch verstehenden Denkungsart verharrend, dieses Irrationale, dies an der Grenze Drohende, Wühlende, Untergrabende oder Beschwingende, Führende, Erfüllende wiederum mit meinem Verstande wie einen Untersuchungsgegenstand zu behandeln. Dann verlasse ich die Wissenschaftlichkeit und erreiche nicht die Philosophie. Philosophie begreife ich erst durch das Denken der Vernunft, die mit jedem Schritte den Verstand benutzt, aber über den Verstand hinausgeht, ohne ihn zu verlieren.

Im Verstande verharrend erfahre ich das Schwebende der Philosophie nur als Ergebnislosigkeit, das Dialektische nur als Widersprüchlichkeit, das Ausbleiben von Anweisungen nur als Nichtigkeit, das Ganze der Philosophie nur als Gerede von Trunkenen.

Wenn ich durch Forschen, statt es methodisch zu durchschauen, verstrickt werde, als ob es alles Denken wäre, dann habe ich mich selbst und mir die Wirklichkeit verschlossen. Ich habe mich eingeschlossen in die Denkformen der empirischen Realität und der gegenständlichen Kategorien überhaupt. Erst eine universale Kategorienlehre, die ausgeführt in der Fachphilosophie deponiert wird, aber ihrerseits unabschließbar ist, macht mich zum Herrn der Denkformen und befreit mich aus dem Gefängnis.

Eingeschlossen aber in meine wissenschaftliche Denkungsart, macht der Durchbruch durch sie in der Praxis mich zu einem ratlosen Kind. Die verführenden Irrationalismen sind bereit mich einzufangen. Dann finde ich nicht die Umkehr in die philosophische Wahrheit des Umgreifenden, sondern nur die Verkehrung in die Unphilosophie pseudowissenschaftlichen Zaubers.

An dieser Grenze zeigt sich die Freiheit. Für die Naturwissenschaft gibt es keine Freiheit. Freiheit ist kein Gegenstand der Forschung, sondern der unendliche Raum der Erhellung dessen, was der Mensch als er selbst sein kann. Hier liegt der alles entscheidende Punkt, an dem die Umkehr geschieht.

Die philosophische Denkungsart erkennen wir wieder in der großen Philosophie der Jahrtausende, die selber keinen Fortschritt kennt, sondern nur Verlust und Wiederherstellung und die Verwandlung ihrer Erscheinung unter den Bedingungen des jeweiligen Daseins und Wissens.

Diese Philosophie spricht heute nicht ohne weiteres an. Das hat einen Grund in einem verhängnisvollen Irren der neueren Jahrhunderte. Denn die großartige moderne Wissenschaft als zwingendes, methodisch gesichertes Wissen in unbeschränktem Fortschrittsprozeß lehnte die Philosophie als das immer gleich bleibende für sie falsche Wissen ab. Philosophie wollte, um dieser neuen Wissenschaft zu genügen, selber solche Wissenschaft werden. Klarheit bestand weder über das Wesen sachlichen Forschungwissens noch über das philosophische Denken.

Da es die ihrer selbst nicht mehr gewisse Philosophie drängte, es der neuen Wissenschaft gleichzutun, wollte sie sich mit ihr als die exakteste Wissenschaft konstituieren. Dabei ging ihr die Philosophie, sie sich selbst verloren in der Fiktion einer »wissenschaftlichen Philosophie«, die bis heute fortdauert. Von der anderen Seite ließen viele Träger wissenschaftlicher Forschung – unwissenschaftlich – ihre Erkenntnis zum Weltbild, das Wissen von ihrer Methode zur Erkenntnistheorie überhaupt, ihre Gesamtanschauung zum Wechselbalg der sog. wissenschaftlichen Weltanschauung werden.

So erwuchsen sogleich mit der modernen Naturwissenschaft und Technik deren geistige Verkehrungen. Nur kurz ein historischer Hinweis: Descartes verkannte die moderne Wissenschaft, verstand nicht einmal Galilei, sondern setzte die alten Spekulationen mit dürftigem Gehalt fort. Obgleich ein schöpferischer Mathematiker, hatte er doch an der modernen Naturwissenschaft keinen Anteil. Seine Modellvorstellungen und ein groteskes mechanistisches Weltbild verführten manche Naturforscher, ihr eigenes Tun mißzuverstehen. Bacon entwarf die moderne technizistische Gesinnung, die Descartes teilte, aber auch er begriff weder die moderne Naturwissenschaft noch fand er eine naturwissenschaftliche Erkenntnis. Echte Naturforscher durchschauten es. Harvey, der Entdecker des Blutkreislaufs, ein früher Meister der Forschung, die durch Beschränkung und Methode der Untersuchung von Ergebnis zu Ergebnis kam, welche für immer Bestand haben –, Harvey konnte ironisch sagen: Bacon philosophiert wie ein Lordkanzler. Liebig hat in seiner Schrift über Bacon (1863), zum Entsetzen der damaligen Fachphilosophen gezeigt, daß keine Spur von moderner Wissenschaft bei ihm vorliegt. Descartes und Bacon aber begleiteten durch ihr ungeheures Ansehen mit ihren Gedanken die folgenden Jahrhunderte. Sie haben die Verkehrungen vollzogen und wirksam ausgesprochen, die den Neigungen des halbwissenschaftlichen Denkens entgegenkamen.

Dieses Unheil der Verkehrung ist aber zugleich ein Hinweis auf die neue moderne Chance des philosophischen und des wissenschaftlichen Wahrheitsbewußtseins. Denn die Wissenschaften bringen die doppelte positive Möglichkeit: ihre eigene reine Entfaltung und durch ihr Dasein die entschiedene Klarheit des Sinns der uralten immer neu zu erringenden Philosophie.

Philosophie, ohne als ihr Moment den Geist der Wissenschaftlichkeit zu haben, wird heute unwahr im Ganzen, Wissenschaft ohne Philosophie wird trotz richtiger einzelner Erkenntnisse im Ganzen unkritisch und in der inneren Verfassung ihrer Träger zu dunkler Verschlossenheit.

Man hört nicht selten: »Philosophie ist mir zu hoch«, »Philosophie verstehe ich nicht«, »für Philosophie habe ich kein Organ«, »Philosophie ist nicht mein Fach«. Philosophie heißt abstrakt. Man sagt, sie sei ein luftleerer Raum, in dem die Stimme nicht trage. Die Antwort wäre: nicht luftleer sei der Raum, aber in der Tat wie bloße Luft, scheinbar nichts, doch die Luft, in der wir atmen müssen, um zu existieren, die Luft der Vernunft, ohne die wir im bloßen Verstand ersticken. Sie wird der Lebensatem der Existenz. Erst durch sie spricht aus tieferem Ursprung die Wirklichkeit.

Unser Blick auf ein Grundproblem der modernen Wissenschaft und Philosophie sollte für das Arztsein den Satz begründen: In der Vereinigung der Aufgaben von Wissenschaft und Philosophie liegt die wesentliche Bedingung, die heute zwar nicht die Forschung, aber die Bewahrung der Idee des Arztes ermöglicht. Die Praxis des Arztes ist konkrete Philosophie.

Abschluß:
Was der Arzt vermöchte

Wir vergegenwärtigen drei unheilvolle Tendenzen im modernen Arzte, die jeweils die Schatten einer Größe sind. Erstens hat die Steigerung der technischen Voraussetzungen des ärztlichen Könnens durch die Organisation zur Begleitung die ruinöse Einwirkung auf die Realität der Idee des Arztes. Zweitens hat der Fortschritt naturwissenschaftlicher Erkenntnis zur Begleitung eine Medizin, die, wenn sie ihre Grenzen nicht sieht, durch Theorien die Therapie und den Kranken vergewaltigt, Geist und Seele beschränkt. Drittens hat die Substanz der philosophischen Idee des Arztes an jenen Grenzen zur Begleitung den Unfug der Unphilosophie.

Sind die drei Tendenzen unabwendbar?

Das Erste: Gegenüber der technisch-organisatorischen Einklemmung sieht man heute Ärzte, die als einzelne in ihrem Raum zu retten suchen, was unter glücklichen Umständen noch gedeihen kann, in einer Stimmung, unter den letzten einer verschwindenden Welt zu sein. Wer aber entschlossen ist, als Arzt seiner Idee zu genügen und als Kranker vernünftig zu werden, läßt sich nie entmutigen. Es findet doch der ständige Kampf um Reformen statt und es gibt die Solidarität der Vernünftigen.

Das Zweite: Die Beschränkung auf die naturwissenschaftliche Medizin ist für den Forscher ungefährlich. Er ist noch nicht Arzt. Der Arzt aber bedarf im Unterschied vom beschränkten Forscher der Universalität. Zwar gibt es keine Ganzheitsmedizin. Das Ganze ist kein Gegenstand, sondern eine Idee. Aber der souveräne Arzt will universal die möglichen Gesichtspunkte zur Verfügung haben und als Mensch in der menschlichen, in der geistigen Welt zu Hause sein.

Das Dritte: Man sieht Ärzte, die Philosophie verwerfen, mit Recht, wenn sie Fachphilosophie und Unphilosophie meinen. Aber ohne Philosophie kann man an der Grenze naturwissenschaftlicher Medizin des Unfugs nicht Herr werden.

Man darf an das hippokratische Wort erinnern: ἰατρὸς φιλόσοφος ἰσόθεος.

Der Arzt, der aufgrund des naturwissenschaftlich technischen Fortschritts so Unerhörtes kann, wird zum ganzen Arzt erst, wenn er diese Praxis in sein Philosophieren aufnimmt. Dann steht er auf dem Felde der Realitäten, die er kundig gestaltet, ohne sich von diesen Realitäten dupieren zu lassen. Als der stärkste Realist weiß er im Nichtwissen.

Durch die Intimität mit seinen Kranken, dieser Zuflucht persönlicher Hilfe, die sich gegen fremde Mächte und den Staat und die Gesellschaft behaupten kann, gelangt der Arzt in seiner Nüchternheit zu der menschlichsten Erfahrung. Angesichts der Not kommt er in der Praxis zu der philosophischen Einsicht, in das Ewige, diese Einsicht, die den Fortschritt selber erst zum Guten wenden kann.

Das aber ist die Schicksalsfrage des technischen Zeitalters überhaupt. In diesem Zeitalter der Aufklärung, in der Steigerung des Wissens und Könnens, im Glauben an den Fortschritt an sich, ist oft unverständlich geworden das, worauf es für den Menschen eigentlich ankommt. Während die realen Dinge in der Welt deutlicher wurden als je, hat sich die Wirklichkeit verdunkelt.

Überall und im Ganzen steht das Zeitalter vor der Frage nach der Umkehr. Niemand weiß, wo die Erneuerung zuerst aufflammen wird.

Der Arzt, der den Forscher in sich zum Bewußtsein seiner Grenzen zwingt, nichts als unbefragt selbstverständlich stehenläßt, und der dem Philosophen in sich durch Besinnung die Führung gibt, könnte, angesichts der tödlichen Gefahren durch die Folgen der Technik und durch Irrlichter, stellvertretend für alle den Weg finden heraus aus dem Gefängnis beschränkten Verstandesdenkens. Vielleicht sind Ärzte berufen, das Zeichen zu geben.

OTTO HAHN

Zur Geschichte der Uranspaltung und den aus dieser Entwicklung entspringenden Konsequenzen

1958

Die Atomforschung nahm ihren Anfang vor genau 60 Jahren, als Professor und Madame Curie in Paris die neuen, stark radioaktiven Elemente Polonium und Radium hergestellt haben. Die schon zwei Jahre vorher entdeckte Radioaktivität des Urans hatte wegen der Geringfügigkeit seiner Strahlenwirkungen auf die Allgemeinheit keinen großen Eindruck gemacht. Vor allem aber das Radium mit seinen millionenmal stärkeren Wirkungen war eine Sensation und wurde die Basis für die stürmisch eintretende Forschung. Heute steht allerdings das Uran mehr als das Radium im Mittelpunkt des Interesses. In 20jähriger Forschung wurden die aus dem Uran und dem Thorium entstehenden radioaktiven Substanzen erkannt und in ihren Eigenschaften untersucht. Das Studium der Umwandlungsvorgänge und der ausgesandten Strahlen brachte die Erkenntnis vom Zerfall der Elemente; das chemische Atom hörte auf, der unveränderliche, unteilbare kleinste Bestandteil der Materie zu sein. Das Rutherfordsche Atommodell brachte die Zusammensetzung des Atoms als Atomkern und die diesen Kern umgebende Elektronenhülle oder Elektronenwolke. Neben die Molekularforschung der Chemie und Physik war die Kernforschung getreten.

Vielleicht das wichtigste an den neuen Erkenntnissen war die Tatsache, daß man die Empfindlichkeit des Nachweises chemischer Elemente und Atome gegenüber den üblichen Methoden der Chemie und Physik durch die Wirkung der von den Radioelementen ausgesandten Strahlenteilchen bis zu unwägbaren Mengen, ja bis hinab zu den ein-

zelnen Atomen steigern, dabei aber ihre Eigenschaften einwandfrei feststellen konnte.

Vor nahezu 40 Jahren kam nun durch den berühmten
Physiker Ernest Rutherford eine neue umwälzende Entdeckung: Die künstliche Atomumwandlung, nämlich die
Umwandlung des Stickstoffs bei Beschießen mit den ener-
giereichen α-Teilchen des Radiums, das sind Heliumatome,
in Sauerstoff und Wasserstoff. Aus 14+4, den Massen von
Stickstoff und Helium (α-Teilchen), entstanden die Massen
17+1. Der Jahrhunderte alte Traum der Alchemisten war in
Erfüllung gegangen, allerdings anders, als die Alchemisten
es sich gedacht hatten. Wieder handelte es sich nur um absolut unwägbare Mengen. Rutherford rechnete sich aus,
daß es wohl ein paar tausend Jahre dauern würde, bis unter
seinen Versuchsbedingungen auch nur 1 cm^3 Wasserstoff
entstanden sei.

Der Rutherfordschen Entdeckung folgten weitere, und
das Jahr 1932 brachte neben dem Positron und dem schweren Wasserstoff die Entdeckung des Neutrons durch Chad-
wick in England. 1934 folgte die Entdeckung der künstlichen Radioaktivität durch das Ehepaar Joliot-Curie. Durch
das Neutron erfolgte die Erklärung der Isotopie.

Die Entwicklung ging in immer schnellerem Tempo weiter. Nicht nur mit den schnell bewegten α-Teilchen des Radiums wurden künstliche Atomumwandlungen durchge-
führt; allmählich war es auch gelungen, statt der α-Strahlen
des Radiums intensivere Geschosse für Atomumwandlungen zu gewinnen, und zwar vor allem hochbeschleunigte
Wasserstoffatomkerne. Das von dem Amerikaner Ernest
Lawrence gebaute Zyklotron lieferte Strahlen, die an Intensität Kilogrammen von Radium gleichwertig waren. Die
Methoden des Nachweises der Umwandlungen blieben dieselben. An eine Wägbarkeit war zunächst noch nicht zu denken.

Wieder gab es einen Schritt vorwärts. Es war der italieni-
sche Physiker Enrico Fermi, der mit Segrè und anderen den
Vorteil der Neutronen gegenüber den bisher verwandten

elektrisch geladenen Wasserstoff- und Heliumteilchen erkannte. Mit den positiv geladenen Teilchen konnte man an die ebenso positiv geladenen höheren, schwereren Elemente nicht herankommen. Sie wurden trotz ihrer großen Bewegungsenergie abgestoßen. Die Neutronen dagegen erfahren keine Abstoßung, wenn sie einen Atomkern treffen. Sie können von dem Kern aufgenommen werden, erhöhen dessen Atomgewicht um das Atomgewicht des Neutrons, also um eine Einheit. In vielen Fällen ist aber ein solches künstliches Atom nicht stabil, ein negatives Elektron verläßt das Atom, das Element verwandelt sich dabei in das nächst höhere Element.

Fermi machte also seine Versuche mit den ungeladenen Neutronen, und es gelang ihm, Atomumwandlungen über das ganze Periodische System der Elemente durchzuführen, bis hinauf zum Uran. Er bekam Aktivitäten, die von der Emission von β-Strahlen, also negativen Elektronen, herrührten. Nach allem, was man damals wußte, mußten aus dem Uran, dem höchsten in der Natur vorkommenden Element, durch die Emission von β-Strahlen Elemente jenseits Uran, Trans-Urane, Vertreter des Elementes 93 und vielleicht noch ein höheres entstanden sein. Ein sog. 13 min-Körper wurde genauer untersucht, die anderen Aktivitäten verschwanden zu schnell für eine sichere Messung.

Die Fermischen Versuche wurden teilweise bestritten, es wurde auf die Möglichkeit hingewiesen, das von Fermi als Element 93 angenommene Element von 13 min Halbwertszeit sei vielleicht ein Vertreter, ein Isotop, des nächst niederen Elementes der Kernladung 91.

Bei diesem Stand der Forschung entschlossen sich Professor Meitner und ich, die Fermischen Versuche nachzuprüfen, denn wir hatten schon fast 20 Jahre vorher das Prot actinium, den langlebigen Vertreter des Elementes 91, entdeckt und kannten seine Eigenschaften.

Wir konnten einwandfrei nachweisen, daß der Fermische 13 min-Körper kein Protactinium war; der Schluß auf

ein neues Element jenseits Uran schien also zwingend. Denn nach dem damaligen Stande der theoretischen Atomkernforschung konnten durch Neutronen aus dem Uran nur dessen nächste Nachbarn entstehen.

In jahrelanger Arbeit haben wir, Lise Meitner, Fritz Strassmann und ich, die Versuche fortgesetzt; wir fanden viele künstlich radioaktive Substanzen, die wir alle für Elemente jenseits Uran ansehen mußten.

Die Verhältnisse waren recht verwickelt, und sie wurden noch verwickelter, als Dr. Strassmann und ich im Herbst 1938 einige weitere künstlich aktive Stoffe abschieden, die wir für künstliche Vertreter des Radiums halten mußten. Der Schluß auf Radium war zwingend, denn nach den chemischen Eigenschaften der neuen Substanzen konnte es sich nur um Radium oder um Barium handeln. Barium als im System der Elemente weit von Uran entferntes Element war nach dem Stand der Forschung ausgeschlossen, also blieb nur das Radium.

Aber als wir dieses künstliche Radium aus dem zugesetzten Trägerelement Barium anreichern wollten, gelang dies nicht. Dabei waren uns die Trennmethoden absolut geläufig, denn ich hatte schon im Jahre 1906 ein Element mit den Eigenschaften des Radiums, das Mesothor, entdeckt und festgestellt, daß eine Trennung unmöglich ist. Die Substanzen sind Isotope. Ein weiteres Isotop des Radiums ist das aus dem ebenfalls von mir aufgefundenen Radiothor entstehende ThX.

Unsere künstlichen Präparate waren nur im Geiger-Müller-Zähler als wenige Atome nachweisbar. Mit ebenso schwachen Präparaten des β-strahlenden Mesothors und des α-strahlenden ThX wiederholten wir nun unsere uns seit vielen Jahren geläufigen Trennungen Radium von Barium. Auch die wenigen Atome der natürlichen Radium-Isotope Msth und ThX ließen sich von Barium trennen, unsere künstlichen, aus dem bestrahlten Uran abgetrennten aber nicht. Alles sprach bei den künstlichen Atomen für Barium, aber wir zweifelten noch immer.

Schließlich gingen wir noch einen Schritt weiter und stellten uns Mischungen her von den natürlichen Radium-Isotopen Msth einerseits, ThX andererseits, getrennt von deren Umwandlungsprodukten und von unseren künstlichen sog. Radium-Isotopen, ebenfalls getrennt von allen anderen Umwandlungsprodukten der Uranbestrahlung. Träger für die Versuche war wieder das Barium. Das Ergebnis war: wir konnten das natürliche Radium vom Barium durch fraktionierte Kristallisation trennen, das künstliche nicht. Nun war kein Zweifel mehr. Unsere künstlichen Radiumpräparate waren kein Radium, sie waren Barium, ein auch von uns zunächst sehr bezweifeltes, weil von der Physik für unmöglich gehaltenes Ergebnis. Das Uran war in mittelschwere Elemente zerplatzt, von denen wir zunächst das Barium in Gestalt dreier Isotope nachgewiesen hatten.

Bei diesen Arbeiten, bei denen es sich immer um die Trennung zahlreicher, sich weiter umwandelnder aktiver Atomarten handelte, man also immer schnell, aber chemisch einwandfrei arbeiten mußte, bewährten sich die Methoden, die wir in langen Jahren als Radiochemiker gelernt hatten. Wenige Wochen nach dem Barium hatten wir auch den zweiten Partner, das Krypton, nachgewiesen.

Die Kernladungen Barium 56 und Krypton 36 ergeben die Kernladung des Urans.

Unmittelbar nach unserer ersten Mitteilung konnten meine frühere Kollegin Lise Meitner und ihr Neffe Frisch das Zerplatzen des Urans aufgrund neuer theoretischer Überlegungen erklären und berechnen, daß bei dem Vorgang eine außerordentlich große Energiemenge freigesetzt wird.

Meitner und Frisch schlugen den Ausdruck »Spaltung« oder englisch »fission« vor, ein Wort, das dann allgemein angenommen wurde.

Unsere Arbeiten waren in den kernphysikalischen Laboratorien der Welt nach physikalischen Methoden in wenigen Tagen bestätigt. Die Physiker wunderten sich, daß sie den Vorgang der Spaltung vorher für unmöglich gehalten hatten, so daß es so lange gedauert hatte, bis er entdeckt werden konnte.

Dies war in großen Zügen die Darstellung der Versuche, die zu der Auffindung der Spaltung des Urans geführt haben.

Die Vorgänge stellten sich weiter als sehr komplex heraus. Außer dem Barium und Krypton wurden eine große Anzahl weiterer Spaltelemente aufgefunden. Die von Meitner, Hahn und Strassmann vermuteten sog. Trans-Urane waren in Wirklichkeit alles Elemente mittlerer Kernladungszahl.

Im Januar 1939 erschien unsere erste Arbeit. Im Dezember 1939 gab es bereits eine Bibliographie über dieses neue Arbeitsgebiet mit 100 Arbeiten.

Aber die Arbeit von Strassmann und mir wäre wohl ohne große Folgen geblieben, wenn nicht bei der Spaltung in je zwei Elemente eine Nebenreaktion vor sich ginge, nämlich die Emission von zusätzlichen Neutronen. Strassmann und ich hatten schon auf die Möglichkeit der Entstehung solcher Neutronen hingewiesen, weil sich leicht zeigen ließ, daß die entstandenen künstlichen Elemente ein zu hohes Atomgewicht haben. Der experimentelle Beweis für diese vermehrte Neutronenabgabe stammt aber von Joliot u. Mitarb. in Frankreich und unabhängig davon von amerikanischen Forschern.

Mit diesem Nachweis der zusätzlichen Neutronen wurde die Zerspaltung des Urans ein Vorgang von größter Bedeutung. Wenn bei der Einwirkung von Neutronen, also sozusagen der Munition für den mit großer Energie verlaufenden Spaltvorgang, weitere Neutronen, also neue Munition, geliefert werden, dann konnte man an eine Kettenreaktion denken, bei der die einzelnen Vorgänge ins Ungeheure gesteigert werden können. Aus den nur im Geiger-Müller-Zähler nachweisbaren, wenigen künstlichen Atomen können sich Billionen und Aberbillionen von Spaltprodukten bilden, also schließlich wägbare Mengen, Gramme, ja Kilogramme. Und aus der nur berechenbaren, niemals direkt nachweisbaren Spaltenergie des Einzelvorgangs können sich bei der Kettenreaktion die Energiebeträge billionenfach addieren. Die Nutzbarmachung der in den Atomen schlummernden Energie war in den Bereich des Möglichen gebracht, und zwar die Nutzbarmachung zum Guten wie zum Bösen.

Zum Guten durch Anlagen, in denen die Kettenreaktion in gebändigter, kontrollierter Form wertvollste radioaktive Spaltprodukte in praktisch beliebig großer Menge zu gewinnen erlaubt und wo die frei werdende Energie als Wärme und deren Überführung in elektrischen Strom die bisherigen Energiequellen, Kohle und Erdöl, wird ersetzen können.

Oder aber es gab die Nutzbarmachung zum Bösen, wo statt der geregelten Kettenreaktion durch Entfernen der kontrollierenden Anordnungen ein Kriegsinstrument geschaffen werden kann, das die stärksten bisher verwendeten Sprengstoffe um das Vieltausendfache übertrifft.

Beide Möglichkeiten der Nutzbarmachung, die guten und die bösen, wurden in die Tat umgesetzt: die geregelte Kettenreaktion in Form der Atomreaktoren, von denen heute auch in Deutschland einige aufgestellt oder im Aufbau begriffen sind; die ungeregelte Kettenreaktion in Gestalt der Atombombe.

Auf die Wirkungsweise der Kernreaktoren für friedliche Zwecke gegenüber der Atombombe möchte ich nur mit wenig Worten eingehen.

Das chemische Element Uran besteht aus 2 Uranarten, 2 Isotopen, von denen das eine viel seltenere Isotop 235 für die unter großer Energie verlaufende Spaltung verantwortlich ist, während aus dem anderen Isotop der Masse 238 ein Element jenseits Uran, das Plutonium, entsteht.

Sowohl das seltene Uranisotop 235 – wenn es vom Uran 238 abgetrennt ist – als auch das Plutonium sind das Material der Atombombe.

Im August 1945 wurden eine Bombe aus Plutonium, eine aus Uran 235 in Japan zum Einsatz gebracht; der Krieg gegen Japan wurde damit beendet.

Uns interessiert hier zunächst die Verwendung der Atomspaltung für friedliche Zwecke.

Jeder Kernreaktor stellt eine Quelle für die Erzeugung radioaktiver Atomarten dar. Einmal entstehen bei der Kernspaltung selbst eine große Anzahl radioaktiver Isotope der Elemente Zink bis Terbium, deren wichtigste dem Krypton, Rubidium, Strontium, Yttrium, Zirkon, Niob, Ruthen, Tellur, Jod, Xenon, Cäsium, Barium, Lanthan und den Seltenen Erden angehören. Aber auch von fast allen anderen Elementen lassen sich mit Hilfe der in jedem Kernreaktor beim Ablauf der Kettenreaktion auftretenden Neutronenströme radioaktive Isotope erzeugen.

Die erstgenannte Gruppe entsteht zwangsläufig beim Betrieb der Reaktoren, und zwar in so großen Mengen, daß die wirtschaftliche Nutzung der radioaktiven Abfälle — oder Reaktorasche, wie man auch sagt — ein brennendes Problem im Hinblick auf die Wirtschaftlichkeit der Atomenergie geworden ist.

Auch die anderen aktiven Elemente, zu denen insbesondere die so wichtigen Radio-Isotope des Kohlenstoffs, Phosphors und Schwefels oder das Radio-Kobalt gehören, lassen sich nach Bedarf in beliebiger Weise erzeugen. Sie sind heute nicht schwieriger zu beschaffen als andere für die Forschung, Technik oder Medizin benötigten Feinchemikalien, und sie sind aus der Arbeit zahlreicher Laboratorien nicht mehr fortzudenken.

Man kann die friedliche Verwendung der Atomenergie in zwei große Gruppen einteilen: die Verwendung der Energie zur Gewinnung von elektrischem Strom und die Möglichkeit der Herstellung künstlich radioaktiver Elemente und Atomarten in praktisch beliebig großer Menge für alle nur möglichen Gebiete angewandter und reiner Forschung.

Was die Gewinnung von elektrischem Strom angeht, so kann ich mich hier ziemlich kurz fassen. In Deutschland sind noch keine Anlagen vorhanden; es sind jetzt aber fünf sog. Musterkraftwerke geplant, von denen vier von Deutschland allein finanziert werden mit einem Aufwand von etwa 600 Millionen DM. Sie werden eine Energiekapazität von mehreren hunderttausend Kilowatt haben.

In dem an Kohle viel knapper versorgten England laufen schon seit einiger Zeit Atomkraftwerke, und England hofft, daß der Strom aus Atomkraft in Zukunft nicht teurer, vielleicht sogar billiger wird als der aus Kohle oder Erdöl. In den USA hat man schon Unterseeboote, die mit Atomkraft betrieben werden; wir haben ja vor kurzem gehört, daß die beiden Unterseeboote Nautilus und Skate den Nordpol unter dem Polareis durchfahren haben. Natürlich ist auch Rußland in der Entwicklung nicht zurück.

Von unmittelbarem Interesse für uns sind die künstlich radioaktiven Elemente und Atomarten, die man im Kernreaktor gewinnen kann.

Wir können für diese Substanzen zwei große Anwendungsgebiete unterscheiden: einmal die Verwendung der aktiven Substanzen als starke Strahlenquellen – etwa ähnlich den Röntgenstrahlen –, andererseits die Verwendung der aktiven Substanzen als Indikatoren für das chemische Verhalten der betreffenden Elemente. Durch ihre Strahlung lassen sich ja die aktiven Elemente in beliebig großer Verdünnung sicher und leicht erkennen.

Bei der Verwendung als Strahlenquellen erinnere ich an deren Wirkung für medizinische Zwecke. Früher hatte man dafür nur das Radium und zum bescheideneren Teil das Mesothor zur Verfügung. Heute hat man Präparate mit den verschiedensten Strahlenenergien und in beliebiger Strahlenstärke zur Hand.

Früher kostete 1 g Radium, dessen Strahlungsintensität man als 1 Curie bezeichnet, 200000 DM und noch mehr. Seitdem es Kernreaktoren gibt, haben wir künstliche Radio-Elemente, deren Preis pro Curie, also 1 g Radium entsprechend, teilweise nur noch 1 DM beträgt. Die Verpakkungskosten dieser Präparate sind dann höher als der Preis des Radioelements.

Etwa 40000 Menschen sind nach offiziellen britischen Informationsnachrichten im vergangenen Jahr durch radioaktive Präparate vom Krebs geheilt worden.

In der Technik mehrt sich die Verwendung der strahlenden Substanzen von Tag zu Tag; durch geeignete Wahl der radioaktiven Atomart lassen sich die Dicken der verschiedensten Materialien, von dicken Stahlbändern bis zum dünnen Papier und dünnen Folien, unter kontinuierlicher Kontrolle prüfen. Auch in der Bundesrepublik haben schon 240 Firmen diese automatische radioaktive Dickenkontrolle eingeführt. Eine Routinemethode ist die Methode zur Prüfung auf Leckstellen in Kabeln und Leitungssystemen zum Nachweis von Lunkern und Hohlräumen in Maschinen, Schiffsschrauben und Flugzeugen.

Bei den größeren Überlandölleitungen gibt das schmutzige Rohöl leicht Anlaß zu Verstopfungen, denen man mit Hilfe eines Metallschabers zu begegnen hofft. Bei zu großem Schmutz bleibt der Schaber auf der unter Umständen mehr als 1000 km langen Strecke stecken. Macht man den Schaber künstlich aktiv, dann läßt sich dessen γ-Aktivität von außen feststellen, und man erfährt, wo die Stockung in der Leitung eingetreten ist.

Eine ganz große Zukunft hat die durch die starke γ-Strahlung bewirkte Änderung der inneren Eigenschaften von Kunststoffen und Metallen; also nicht nur eine Materialprüfung, sondern eine Materialverbesserung ist möglich.

Ionisierende Strahlung führt z.B. beim Polyäthylen zu einer Vernetzung der Molekeln. Das hat großen Einfluß auf Schmelzpunkt, Löslichkeit, Wärmebeständigkeit und mechanische Eigenschaften. Je nach der Intensität der Bestrahlung kann man den Kunststoffen die für bestimmte Zwecke erwünschten Eigenschaften anpassen.

Und schon liegen aussichtsreiche Versuche vor über die Konservierung von Lebensmitteln und über die sog. Kaltsterilisierung für Materialien und Präparate, die hitze-empfindlich sind.

Die Getreideversorgung der Welt könnte um die Hälfte gesteigert werden, wenn die schädlichen Insekten einer genügenden Bestrahlung ausgesetzt würden, um sie unfruchtbar zu machen. Bekannt ist, daß man das Keimen der Kartoffel verhindern kann, ohne der Kartoffel zu schaden.

Für derartig mehr oder weniger großtechnische Verfahren bedarf es allerdings sehr starker Strahlenquellen, die unter Umständen an Strahlenstärke Kilogrammen von Radium entsprechen. Aber es handelt sich bei der Verwendung der großen Aktivitäten im allgemeinen um durchdringende γ-Strahlen, so daß die Präparate nur in sicher verschlossenen Gefäßen zur Anwendung kommen und radioaktive Infektionen ausgeschlossen sind.

Für die reine Forschung ist die zweite Verwendungsart von größerem Interesse, die Verwendung der Strahlen nicht als Selbstzweck, sondern die Verwendung der einzelnen chemischen Elemente in Form ihrer radioaktiven Isotope, nachgewiesen durch ihre Strahlung.

Die Bedeutung der aktiven Atomarten liegt in ihrer leichten Nachweisbarkeit. Für sich allein oder vermischt mit den gewöhnlichen chemischen Elementen, mit denen sie chemisch gleich sind, bietet der empfindliche Strahlennachweis das Hilfsmittel, den Verbleib des betreffenden Elements oder jeder beliebigen, das Element enthaltenden Verbindung im menschlichen, tierischen Körper und in der Pflanze zu studieren.

Ein paar Beispiele geben ihnen vielleicht einen Begriff von den zahlreichen Möglichkeiten.

Zieht man z.B. Mückenlarven in Wässern, die radioaktiven Phosphor in Form von Phosphationen enthalten, so nehmen die Tiere diese radioaktive Substanz in ihren Stoffwechsel auf, und die später ausschlüpfenden Mücken lassen sich mit Hilfe eines Geigerzählers von anderen Mücken an Hand ihrer Radioaktivität unterscheiden. Mit Hilfe derartig gekennzeichneter Mücken, die man zu Hunderttausenden gezüchtet hat, ist der Flugbereich einzelner Gattungen ermittelt worden. Es hat sich herausgestellt, daß die Tiere viele Kilometer vom Punkt, an dem sie geschlüpft waren, auftauchen können.

Ein schönes Beispiel der sog. Indikatorenmethode radioaktiv indizierter Stoffe ist die Prüfung der Wirksamkeit von phosphorhaltigem Kunstdünger. Wird ein solcher phosphathaltiger Kunstdünger mit radioaktivem Phosphor markiert, also dessen Nachweisbarkeit erhöht, dann läßt sich feststellen, wie viel des mit dem Dünger angebotenen Phosphats von einer Pflanze aufgenommen wird, wie wirksam der Dünger also ist. Das radioaktiv markierte Phosphat läßt sich in der Pflanze durch seine Strahlung quantitativ bestimmen, ohne daß das aus der Erde oder anderen Quellen stammende Phosphat diese Bestimmung irgendwie stört. Es war ja nicht aktiv markiert, läßt sich also nicht nachweisen.

Ein Beispiel der sog. radioaktiven Verdünnungsmethode ist z.B. die quantitative Bestimmung des Naphthalins im Rohteer, eine wichtige Frage.

Dieser Kohlenwasserstoff findet sich in den verschiedenen Fraktionen der Teerdestillation und läßt sich nur schwer von anderen, ihn begleitenden chemisch ähnlichen Substanzen trennen.

Mischt man zu der zu untersuchenden Teerprobe einige 100 mg eines Naphthalins, das mit radioaktivem Kohlenstoff markiert ist und dessen spezifische Aktivität man bestimmt hat, so genügt es, aus dem homogenisierten Gemisch eine kleine Menge des Naphthalins zu isolieren und es, selbst unter weiteren Verlusten, umzukristallisieren, bis es chemisch rein ist, um dann seine spezifische Aktivität zu bestimmen und mit ihrer Hilfe den Naphthalingehalt in der Rohteerprobe zu ermitteln.

Die außerordentliche Empfindlichkeit radioaktiver analytischer Methoden zeigt schließlich noch ein Versuch, über den französische Forscher vor einiger Zeit berichtet haben. Sie haben die Tatsache, daß dem Menschen verabreichtes Arsen sich im Haar anreichert, benutzt, um festzustellen, zu welchen Zeiten eine Versuchsperson geringe Arsengaben aufgenommen hatte. Dazu wurde ein Kopfhaar von ihr im Reaktor mit Neutronen bestrahlt und die Aktivität Millimeter für Millimeter mit einem Geiger-Müller-Zählrohr ausgezählt. Man erhielt eine Aktivitätsverteilung, die sich durch mehrere Maxima auszeichnete. Die Maxima entsprachen den erneuten Arsenaufnahmen der Versuchsperson. Daß die allgemeine Aktivität entlang des Haares nach dem Haarende zu abnahm, erklärte sich durch das Dünnerwerden des Haares durch Abnutzung.

Nur in kurzen Schlagworten kann ich hier noch einige der vielen Anwendungsgebiete der Indikatorenmethode nennen.

Viele Elemente, wie Eisen, Jod, Strontium, Phosphor, haben eine Vorliebe für besondere Gewebe unseres Körpers; so das Eisen zum Blut, das Jod zur Schilddrüse, Strontium und Phosphor zu den Knochen, das Chlor als NaCl zu den Körperflüssigkeiten. Ihr Verhalten läßt sich durch die Strahlung der zugesetzten aktiven Elementvertreter verfolgen.

Ein Element möchte ich hier aber noch besonders hervorheben: es ist der Kohlenstoff 14, der im Reaktor durch Bestrahlen von Stickstoff mit Neutronen entsteht. Dieser Kohlenstoff hat eine lange Lebensdauer, er läßt sich als aktiver, also leicht zu erkennender Bestandteil, in die organischen Verbindungen einbauen. Ganz neue Forschungsgebiete über den Reaktionsverlauf in organischen Verbindungen, biochemischen Prozessen, wurden mit dem aktiven Kohlenstoff erschlossen und sind in schnellster Entwicklung. Auch die Assimilation von CO_2 und Wasser zum Aufbau der Pflanzen ist in ihrer Reaktionsfolge im wesentlichen erkannt.

In einem Bericht der Isotopen-Kommission in Harwell (England) für das Jahr 1956 fand ich die Angabe, daß allein auf dem Sektor der Biochemie bis zu diesem Jahre 10000 bis 30000 Isotopenarbeiten erschienen sind.

Fürwahr: Die hier kurz dargestellte Entwicklung ist ein Triumph wissenschaftlicher und vorausschauender Technik. Sie hat vor 60 Jahren ihren Anfang genommen, und ihren heutigen Stand konnte man vor wenigen Wochen in überwältigender Vielseitigkeit in Genf auf dem 2. Kongreß für friedliche Verwendung der Atomenergie erleben.

Etwa 2200 Arbeiten wurden dem Kongreß eingereicht. 600 davon wurden vorgetragen und diskutiert. Die Veröffentlichung soll 34 Bände von je etwa 500 Seiten umfassen. Preis pro Band 15 Dollar.

Man könnte darüber erschrecken; aber das Gebiet der Verwendung der künstlichen Atome, die technische Ausnutzung der Strahlen, die außerordentlich mannigfachen Groß- und Kleingeräte, beginnend mit den Kraftwerken und den Reaktoren bis hinunter zu den Methoden zum Nachweis weniger Atome neuer chemischer Elemente, ist ungeheuer umfassend; dennoch findet sich der Fachmann in den zahlreichen, sachverständig unterteilten Forschungsgruppen zurecht, das heißt, er findet das, was er für seine Arbeiten braucht, und die Entwicklung bricht nicht ab.

Welch außerordentliche Bedeutung die Verwendung der künstlich radioaktiven Elemente einerseits als Lieferanten intensivster Strahlenquellen, andererseits als aktive Indikatoren heute schon wirtschaftlich bekommen hat, sehen wir aus der amerikanischen Angabe, daß die Firmen in den USA, die sich radioaktiver Präparate und Methoden bei ihren Arbeitsprozessen bedienen, heute schon mehr als eine halbe Milliarde Dollar pro Jahr einsparen. Der bekannte amerikanische Physiker Libby nimmt an, daß die Ersparnisse in ein paar Jahren auf einige Milliarden ansteigen.

Aber noch ein anderes hat der Genfer Kongreß zur Kenntnis gebracht, nämlich die bisher mehr oder weniger unter dem Ausschluß der Öffentlichkeit durchgeführten Versuche zur Verschmelzung des Wasserstoffs in Helium, also den gesteuerten, nur der friedlichen Anwendung dienenden Prozeß, der in der Wasserstoffbombe seine verheerende Wirkung zeigt. Amerika und England, Rußland und Deutschland sind auf dem Wege zur Lösung dieses Problems. Es wird noch viele Jahre dauern, bis der Erfolg gesichert ist. Aber die Arbeit ist des Schweißes der Edlen, der bekanntesten Physiker der Welt, wohl wert: nämlich die Verwendung des in den Meeren der Welt in unerschöpflicher Menge enthaltenen Schweren Wasserstoffs an Stelle des Urans zur friedlichen Nutzung der Atomenergie. Die Vorträge und Diskussionen über diese Kernverschmelzung waren ein Höhepunkt der ganzen Tagung.

Wie schön wäre es, wenn es nur diese friedliche Verwendung der Atomenergie gäbe. Aber es gab ja auch die Bomben auf Hiroshima und auf Nagasaki. Es gibt die Wasserstoffbombe und es gibt die Atomraketen, die strategischen und die taktischen Atomwaffen.

Immer wieder hören wir von Versuchen zur Einstellung der Bombentests, von geplanten Konferenzen über eine Rüstungsverminderung. Sie führen vielleicht einmal zu Ergebnissen. Aber auf der anderen Seite lesen wir von den Plänen so mancher Länder, die nun auch ihre eigenen Atombomben machen wollen. Hätte es nicht genügt, wenn die USA und Rußland, meinetwegen auch noch England, sich als gleichgefährliche Gegner gegenüberstehen und aus diesem Grunde keinen Krieg anfangen können! Wo soll es hinführen, wenn in einer Reihe von Jahren alle möglichen größeren und kleineren, verantwortungsvolle und verantwortungslose Machthaber auf den Knopf drücken und die Katastrophen auslösen können, was ihnen heute Gott sei Dank noch verwehrt ist.

Die 18 Atomphysiker bestehen deshalb auch heute noch auf ihrem Manifest vom Frühjahr vorigen Jahres, auf der Ablehnung einer Mitarbeit an Atomwaffenversuchen.

Auch die Broschüre von unserem Kollegen von Weizsäcker »Mit der Bombe leben« – die durch ihre wohl allzu vorsichtigen Formulierungen mißverstanden und mißdeutet worden ist – war, wie er nach deren Veröffentlichung in der Presse ausdrücklich mitteilen ließ und persönlich betont hat, kein Ausweichen vor der von ihm mitunterschriebenen Erklärung der 18 Physiker; und ein anderer Mitunterzeichner der Erklärung schloß seinen vor den deutschen Physikern im Herbst vorigen Jahres gehaltenen Vortrag mit den Worten: »Diese sogenannten Waffen sind keine Waffen mehr im Sinne eines Verteidigungsmittels zur Abwehr einer Bedrohung, sie sind in erster Linie Mittel der Vernichtung und der Bedrohung. Als solche sind sie nach den Regeln eines vernünftigen Völkerrechts zu ächten und unter Kontrolle zu stellen. Dies zu erreichen muß das Ziel aller Menschen sein.«

Die Wissenschaftler können nicht verhindern, was mit den Ergebnissen ihrer Forschung geschieht. Aber sie können doch immer wieder versuchen, den Frieden vor den Krieg zu stellen. Heute haben wir die Wasserstoffbombe als das drohende Gespenst der explosiven Vereinigung von Wasserstoff in Helium. Aber unsere Sonne zeigt uns ja etwas ganz anderes: Daß unsere Erde noch bewohnbar ist, daß sie nicht längst zu einem toten Steinhaufen erkaltet ist, verdanken wir der in der Sonne seit Jahrmilliarden vor sich gehenden, geregelten Verschmelzung des Wasserstoffs in Helium, also dem, worum sich unsere Wissenschaftler jetzt bemühen. Und unsere Kinder oder Enkel werden den Prozeß gemeistert haben; sie bringen die Sonne auf die Erde, wenn man ihnen vorher ein Weiterleben auf der Erde gestattet.

Vielleicht ist es dann doch möglich, daß unsere Urenkel bei der 125- oder 150-Jahrfeier der Gesellschaft Deutscher Naturforscher und Ärzte – vielleicht heißt sie dann »Gesellschaft Europäischer Naturforscher und Ärzte« – sich treffen können in einer Welt frei von Furcht und erfüllt von den Segnungen der künstlichen Atomprozesse.

Biographische und bibliographische Hinweise

Die einzelnen Beiträge sind in modernisierter Orthographie und zum Teil leicht gekürzt abgedruckt. Textgrundlage waren, wenn nicht anders angegeben, die offiziellen Tagungsberichte, die unter dem Titel »Amtlicher Bericht über die ... Versammlung der Gesellschaft Deutscher Naturforscher und Ärzte in ...« oder »Verhandlungen der Gesellschaft Deutscher Naturforscher und Ärzte. ... Versammlung in ...« jeweils als selbständige Publikation erschienen sind.

Für ausführliche Informationen über Leben und Werk der einzelnen Autoren wird in den folgenden Anmerkungen auf die nachstehend genannten biographischen Nachschlagewerke verwiesen:

ADB: Allgemeine Deutsche Biographie. Bd. 1–56. Berlin: Duncker & Humblot 1875–1912.

DSB: Dictionary of Scientific Biography. Vol. 1–16. New York: Scribner 1970–1980.

Kürschner: Kürschners Deutscher Gelehrten-Kalender. Berlin, New York: de Gruyter. 12. Ausg. 1976. 14. Ausg. 1983.

NDB: Neue Deutsche Biographie. Bd. 1 [»Aachen«] – 14 [»Locher-Freuler«] Berlin: Duncker & Humblot 1971–1985.

Poggendorff: Biographisch-literarisches Handwörterbuch zur Geschichte der exakten Wissenschaften, gesammelt von Johann Christian Poggendorff. Bd. 1 ff. Leipzig: Barth u.a. 1863 ff.

HEISENBERG, WERNER KARL (1901–1976), Physiker. Mitbegründer der Quantenmechanik. Nobelpreis 1932. – Kürschner 12 (1976) – 93. Versammlung, Hannover, 16.–20. September 1934. Verhandlungen, Seite 36–42.   483–501

HELMHOLTZ, HERMANN VON (1821–1894), Physiker und Physiologe. – NDB 8, Seite 498–501. – 43. Versammlung, Innsbruck, 18.–24. September 1869. Text nach: Helmholtz: Vorträge und Reden. Bd. 1.
Braunschweig 1884, Seite 369–398.   32–62

HERTZ, HEINRICH (1857–1894), Physiker. Entdecker der nach ihm benannten elektromagnetischen Wellen. – NDB 8, 713–714. – 62. Versammlung, Heidelberg, 18.–23. September 1889. Tageblatt, Seite 144–149.   187–203

HUMBOLDT, ALEXANDER VON (1769–1859), Naturforscher. – NDB 10, Seite 33–43. – 14. Versammlung, Jena, 18.–26. September 1836. Text nach Humboldt: Kosmos. 1. Bd. Stuttgart und Tübingen 1845, Seite 3–40.   12–31

JASPERS, KARL (1883–1969), Psychiater, Philosoph. Friedenspreis des Deutschen Buchhandels 1958. – NDB 10, Seite 362–365. – 100. Versammlung, Wiesbaden, 28. September–2. Oktober 1958. Verhandlungen, S. 146–152.   545–566

LAUE, MAX VON (1879–1960), Physiker, Nobelpreis für Physik 1914. – NDB 13, Seite 702–705. – 87. Versammlung, Leipzig, 17.–24. September 1923.
Verhandlungen, Seite 45–57.   389–405

NERNST, WALTHER (1864–1941), Physiker. Untersuchung elektro- und thermochemischer Gesetzmäßigkeiten; Nobelpreis für Chemie 1920. – Poggendorff 4, 6, 7a Seite 405. – 84. Versammlung, Münster i. W., 15.–21. September 1912.
Verhandlungen, Teil 1, S. 100–116.   341–360

PANETH, FRIEDRICH (1887–1958), Chemiker. Forschungen auf dem Gebiet der Strahlenchemie. – Poggendorff 6, 7a Seite 500–502. – 91. Versammlung, Königsberg i.Pr., 7.–11. September 1930. Verhandlungen, Seite 964–976.   448–482

RICHTHOFEN, FERDINAND FREIHERR VON (1833–1905), Geograph, Forschungsreisender. Begründer der modernen Geomorphologie. – Poggendorff 2–6, 7a Suppl. Seite 545–546. – 47. Versammlung, Breslau, 18.–24. September 1874.
Tageblatt, Seite 160–172.   63–90

Zur Geschichte der Gesellschaft Deutscher Naturforscher und Ärzte sei auf folgende Titel verwiesen:

Engelhardt, Dietrich von: Wissenschaftsgeschichte auf den Versammlungen der Gesellschaft Deutscher Naturforscher und Ärzte 1822–1972. Stuttgart: Wissenschaftliche Verlagsgesellschaft 1987. (Schriftenreihe zur Geschichte der Versammlungen Deutscher Naturforscher und Ärzte. Bd. 4.). – Pfannenstiel, Max: Kleines Quellenbuch zur Geschichte der Gesellschaft Deutscher Naturforscher und Ärzte. Berlin, Göttingen, Heidelberg: Springer 1958. – Pfetsch, Frank R.: Zur Entwicklung der Wissenschaftspolitik in Deutschland 1750–1914. Berlin: Dunkker & Humblot 1974. – Die Vorträge der allgemeinen Sitzungen auf der 1.–85. Versammlung 1822–1913. Zusammengestellt von Hermann Lampe und Hans Querner. Mit einer Bibliographie der Berichte über die Versammlungen von Ilse Gärtner. Hildesheim: Gerstenberg 1972 (Schriftenreihe zur Geschichte der Versammlungen deutscher Naturforscher und Ärzte, Bd. 1). – Schipperges, Heinrich: Weltbild und Wissenschaft. Eröffnungsreden zu den Naturforscher-Versammlungen 1822–1972. Hildesheim: Gerstenberg 1976. – Wege der Naturforschung, 1822–1972, im Spiegel der Versammlungen Deutscher Naturforscher und Ärzte. Hrsg. von Hans Querner und Heinrich Schipperges. Berlin, Heidelberg, New York: Springer 1972.

Für die Genehmigung zum Abdruck urheberrechtlich geschützter Beiträge dankt der Springer-Verlag Frau Irmgard Groten-Paulssen (Otto Binswanger), Herrn Prof. Dr. Götz F. Domagk (Gerhard Domagk), Herrn Dietrich Hahn (Otto Hahn), Frau Elisabeth Heisenberg (Werner Heisenberg), Herrn Dr. Hans Saner (Karl Jaspers), Frau Hilde Lemcke (Max von Laue), Frau Barbara F. B. van de Velde-Schlick und Herrn Albert M. Schlick (Moritz Schlick), Frau Dr. Brita Resch (Hans Spemann), Frau Dipl. Psych. Waltraut Wien (Wilhelm Wien). – Trotz intensiver Bemühungen ist es dem Verlag nicht gelungen, alle Rechtsnachfolger zu ermitteln. Wahrnehmungsberechtigte, die von uns nicht angesprochen wurden, bitten wir um Kontaktaufnahme.